Les mutations
de la sidérurgie mondiale
du XXe siècle à nos jours

The Transformation
of the World Steel Industry
from the XXth Century to the Present

P.I.E. Peter Lang

Bruxelles · Bern · Berlin · Frankfurt am Main · New York · Oxford · Wien

**L'Europe et les Europes
(19ᵉ et 20ᵉ siècles)**

Construire l'Europe, ce n'est pas seulement élargir l'Union ou doter les institutions communes de nouvelles compétences. C'est aussi promouvoir l'Europe dans la diversité de ses cultures et de ses passés qui participent tous à la conscience que les peuples européens ont de leur destin commun. Préparer l'avenir de l'Union demande donc de se souvenir de ce passé. Car la connaissance de l'histoire contribue à maîtriser la mémoire collective.

La collection *L'Europe et les Europes* se donne comme objectif de publier des travaux historiques consacrés aux États et aux nations européennes, à leurs relations, entre eux et avec l'ensemble du monde. Elle privilégie l'étude des crises internationales, la démarche comparative et l'histoire de l'histoire. Si le politique, qu'il s'agisse d'institutions, de doctrines ou de mentalités occupe une place de choix, la collection est également ouverte aux sciences sociales et humaines, en souhaitant refléter ainsi les activités de l'Association internationale d'histoire contemporaine de l'Europe.

Directeur de collection :
L'Association internationale
d'histoire contemporaine de l'Europe (AIHCE)

représentée par :
John Keiger
Président de l'AIHCE

et Christine Manigand
Responsable scientifique de la collection

Charles BARTHEL, Ivan KHARABA, Philippe MIOCHE
(dir./eds.)

Les mutations de la sidérurgie mondiale du XXe siècle à nos jours

The Transformation of the World Steel Industry from the XXth Century to the Present

L'Europe et les Europes
No. 11

Illustration de couverture / cover picture : *Enlèvement d'Europe*. Statère en argent de Gortyne (Crète). Dessin de Monique Halm-Tisserant, d'après C.M. Kraay-M. Hirmer, Greek Coins (1966), pl. 164, n° 538.

Toute représentation ou reproduction intégrale ou partielle faite par quelque procédé que ce soit, sans le consentement de l'éditeur ou de ses ayants droit, est illicite. Tous droits réservés.

No part of this book may be reproduced in any form, by print, photocopy, microfilm or any other means, without prior written permission from the publisher. All rights reserved.

Cette publication a fait l'objet d'une évaluation par les pairs.

This publication has been peer-reviewed.

© P.I.E. PETER LANG S.A.
Éditions scientifiques internationales
Bruxelles / Brussels, 2014
1 avenue Maurice, B-1050 Bruxelles, Belgique
www.peterlang.com ; info@peterlang.com

ISSN 1422-9846
ISBN 978-28-7574-148-6
D/2014/5678/62

Information bibliographique publiée par « Die Deutsche Bibliothek »

« Die Deutsche Bibliothek » répertorie cette publication dans la « Deutsche National-bibliografie » ; les données bibliographiques détaillées sont disponibles sur le site http://dnb.ddb.de.

Bibliographic information published by "Die Deutsche Bibliothek"

"Die Deutsche Bibliothek" lists this publication in the "Deutsche National-bibliografie"; detailed bibliographic data is available in the Internet at <http://dnb.ddb.de>.

CIP available from the British Library, GB
and the Library of Congress, USA.

Table des matières / Table of Contents

Introduction générale 11

Première partie
Les destinées de la sidérurgie européenne

Part One
The Destinies of European Steel Industry

Quand l'État s'en mêle
When the Governments get involved

**Le marché du coke métallurgique
en France de 1914 à 1921**.. 21
Pierre Chancerel

**La relation entre la métallurgie d'État et les compagnies
métallurgiques privées de Roumanie pendant
l'entre-deux-guerres**.. 39
Ludovic Báthory, Nicolae Păun

André Oleffe, un « Grand Duc » de la sidérurgie belge 55
Pierre Tilly

Quelle taille pour les entreprises ?
What Size for Companies?

**The Internationalization of the Thyssen Group
Before the First World War** 71
Manfred Rasch

**Le processus de concentration des entreprises
sidérurgiques en Allemagne** 93
Karl Lauschke

**The Steel Industry in a Nutshell:
from Falck to the "Mini-mills"** 103
Valerio Varini

ENTRE INNOVATION ET DIVERSIFICATION
BETWEEN INNOVATION AND DIVERSIFICATION

Machine Building and Vehicle Manufacturing Within the Iron and Steel Industry 121
Christian Marx

L'implantation d'Usinor à Dunkerque au début des années 1960 141
Jean-François Eck

Crisis and Transformation of the Steel Industry in the Border Region of Saarland and Luxembourg in the 1970s 163
Veit Damm

STRATÉGIES NOUVELLES
NEW STRATEGIES

Autarchy, War and Economic Planning 173
Gian Luca Podestà

The End of Public Steel in Italy (1992-1993) 189
Ruggero Ranieri

DE LA LIBRE CONCURRENCE ET DES CARTELS
ABOUT FREE COMPETITION AND CARTELS

Un comptoir de vente particulier : Columeta 199
Gérald Arboit

Free Competition and Social Utility 223
Birgit Karlsson

Les Comptoirs internationaux provisoires de 1930 241
Paul Feltes

Conclusion de la première partie 249
Denis Woronoff

Deuxième partie
Les mutations de la sidérurgie mondiale du XXe siècle à nos jours

Part Two
Changing in World Steel Industry from 20TH Century to Nowadays

Mutations des territoires de la sidérurgie
Changing Steel Production Areas

Politics and Technology 259
Tobias Witschke

**The Emergence of a Leader. The Case of the
Brazilian Company Gerdau (1901-2011)** 277
Hildete de Moraes Vodopives

**L'émergence d'un leader asiatique de la sidérurgie :
POSCO (1968-2010)** 299
Dominique Barjot, Rang-Ri Park-Barjot

Patrimoines et représentations de la sidérurgie
Inheritance and Representation of Steel Industry

**Quelques portraits de la sidérurgie, paysages,
machines, ouvriers du Creusot au XXe siècle** 323
Françoise Bouchet

Grandeur et déclin d'une entreprise sidérurgique 345
Jean-Louis Delaet

Innovations et techniques de la sidérurgie
Innovation and Technology in Steel Industry

**Technological Trajectories. The Wide Strip Mill
for Steel in Europe** 363
Ruggero Ranieri and Jonathan Aylen

**Développements récents et perspectives
pour l'acier dans l'industrie automobile** 381
Thierry Iung

Nickel et sidérurgie 397
Yann Bencivengo

Économies d'énergie et localisation des usines sidérurgiques en Europe occidentale au début du XXᵉ siècle 413
Jean-Philippe Passaqui

Organisation du travail et des rapports sociaux dans la sidérurgie
Organization of Labor Force an Social Relations in Steel Industry

Notes sur le rôle économique et social des entrepreneurs et des travailleurs de la sidérurgie italienne au XXᵉ siècle 435
Paolo Tedeschi

Le recrutement comparé des dirigeants de la sidérurgie en France et en Allemagne 463
Hervé Joly

Restructurations entrepreneuriales et évolutions du travail dans la sidérurgie lorraine (1966-2006) 483
Pascal Raggi

Conclusion de la deuxième partie 503
Denis Woronoff

Résumés / Abstracts 509

Index des noms de personnes 525

Introduction générale
Plaidoyer pour l'histoire de la sidérurgie

Cet ouvrage collectif entend combler un vide historiographique en dressant un bilan des mutations de la sidérurgie européenne au XXe siècle et entamer une démarche similaire pour la sidérurgie mondiale. En prenant appui sur les aléas nécessaires d'un appel à proposition international, nous tentons de rassembler des recherches pluridisciplinaires en cours afin de rendre intelligible la nouvelle mondialisation de la sidérurgie qui s'est amplifiée à la fin du XXe siècle. L'enjeu est thématique à propos de la sidérurgie qui demeure un fondement de la civilisation industrielle à un moment où des interrogations naissent – sans qu'il soit nécessaire de les partager – sur le futur de cette industrie en Europe. Le propos de l'ouvrage est aussi historiographique dans le contexte d'une histoire économique et sociale qui s'est appauvrie dans le domaine de l'étude des secteurs industriels.

Le XXe siècle sidérurgique a été marqué par la grande dépression économique des pays anciennement industrialisé. Mais sur l'étendue du siècle, la sidérurgie et l'acier ne sont pas en crise à l'échelle mondiale. Trois chiffres permettent de parcourir la période. La production mondiale d'acier brut était de 65 millions de tonnes quand commence la Première Guerre mondiale, elle s'établit à un peu plus de 200 millions de tonnes en 1952 quand débute la première communauté européenne. Elle a dépassé les 800 millions en 2000, le milliard de tonnes en 2004 pour atteindre 1,5 milliard en 2012. La production mondiale a été multipliée par 23 entre 1914 et 2012. À l'échelle du siècle, les moments de récession de la production comme au début des années 1980 puis des années 1990, en 2009 enfin, sont de courtes durées et n'infléchissent pas le trend d'une production physique croissante. Jamais les hommes dans leur histoire n'ont produit autant d'acier.

Mais, et c'est le premier constat d'évidence, au cours du XXe siècle, la géographie de la production de l'acier a profondément changé. À elle seule, la Chine a produit 37 millions de tonnes en 1980, 182 en 2002, 683 en 2012. En 2010, la production mondiale d'acier brut se répartit pour 8 % en Amérique du Nord, 8 % dans l'ex-URSS, 12 % dans l'Union européenne à 27, 8 % dans le reste du monde et 64 % en Asie. Une comparaison chronologique est très parlante pour les historiens : en 1948, les États-Unis ont produit la moitié de l'acier du monde. En 2012, la Chine en a fait de même. Des transformations aussi rapides et aussi massives sont peu courantes en histoire économique.

La mutation de la géographie de l'acier s'est accompagnée d'une transformation des acteurs. Si l'on compare la liste des dix premiers producteurs mondiaux en 1991 et en 2011, seuls le Coréen *Posco* et *Nippon Steel* sont présents dans les deux références. Tous les autres sont de nouveaux acteurs. A l'échelle européenne, cette mutation s'est traduite notamment par l'irruption de *Mittal* qui a défrayé la chronique en 2006 et depuis, puis celle de l'Indien *Tata* ainsi que celle d'acteurs russes depuis la libéralisation de ce pays, des chinois enfin. Qui sont les « nouveaux maîtres de forges » dans un monde sidérurgique changeant et au demeurant encore peu consolidé ?[1]

Les mutations du XXe siècle ne se limitent pas à l'augmentation de la production et au bouleversement des structures des entreprises. Ces mutations nourrissent des liens étroits avec la taille des unités de production, l'évolution des procédés et la diversification des produits aciers. L'essor des grands laminoirs au XXe siècle a toute sa place, car ceux-ci marquent l'entrée de la sidérurgie dans la consommation de masse à travers notamment du vecteur de l'automobile. D'une façon générale, les technologies sidérurgiques du XXe siècle ont prolongé et accéléré la marche vers la production en continu. Quant aux produits aciers, ils ont prolongé leur tendance longue à une infinie diversification, y compris vers des aciers de haute technologie aux propriétés sans cesse renouvelées.

Ces mutations technologiques ont transformé la sidérurgie d'une industrie de main d'œuvre en une industrie de procédés. L'emploi sidérurgique a considérablement diminué, les qualifications se sont élevées. Qui sont les nouveaux travailleurs de la sidérurgie ? Ces transformations se traduisent-elles par des changements équivalents pour l'organisation des marchés et les relations avec les États ? Que sont devenus les rapports de force entre producteurs d'acier et propriétaires de matières premières ainsi que les grands clients ? L'époque des ententes est-elle terminée ? Les relations si particulières que la sidérurgie entretenait avec les États dans les pays anciennement industrialisés se reproduisent-elles avec les sidérurgies émergentes ou sommes-nous dans d'autres configurations des relations entre les entreprises et les États ?

Les mutations de la sidérurgie européenne et mondiale font que cette industrie ne ressemble plus guère à celle de la seconde industrialisation dont elle était le symbole vers lequel les regards se tournaient. De ce fait les représentations évoluent et si le matériau acier s'est banalisé dans les consommations et les usages, il s'est diversifié à l'infini et se renouvelle sans cesse. Les représentations de la sidérurgie comme industrie

---

[1] En 2012, la première entreprise mondiale, ArcelorMittal, a produit environ 7 % du total mondial.

d'exception n'ont pas disparues comme le montre l'intensité de l'émotion partagée à l'occasion des conflits sur la fermeture de sites en Wallonie et en Lorraine.

Au regard de cet inventaire très partiel des mutations de la sidérurgie au XXe siècle, le contraste est important avec l'évolution de la recherche en sciences humaines et sociales sur la sidérurgie. La littérature académique au sens large du terme (livres, revues, articles) a connu deux pics de production : au tournant des années 1960 et lors de la crise industrielle et financière de la sidérurgie européenne et américaine à la fin des années 1970. Cette industrie qui était l'objet de toutes les attentions scientifiques est « passée de mode » pour les chercheurs. Pourtant, l'histoire des entreprises s'est considérablement développée sous l'effet de diverses impulsions comme celle des travaux d'Alfred Chandler ou de l'histoire financière. Mais les sciences humaines et sociales peinent à suivre pour la sidérurgie. Il n'a y a plus de nos jours d'audacieuses tentatives comme celles de Bertrand Gilles pour la sidérurgie européenne, ou celles du pasteur William T. Hogan pour la sidérurgie américaine.[2] Autour du nouveau millénaire, les synthèses sur l'histoire de sidérurgies nationales sont rares, c'est une entreprise abandonnée.[3] Citons l'exemple français pour lequel nous disposons de séquences remarquablement étudiées, mais pas d'une vision d'ensemble de longue durée sur la sidérurgie en France.[4] Il n'existe pas d'histoire de la sidérurgie en Europe alors que cette industrie a été constitutive de la construction européenne. Pourquoi la sidérurgie sort-elle des écrans savants alors qu'elle demeure présente dans les cœurs ?

Certes, cette déshérence du champ s'inscrit dans une double régression : celle de l'attraction et de la production en histoire économique et sociale,[5] et celle des approches sectorielles ou de « branches ». Mais si la macro-économie n'est pas plus de gauche que la micro-économie de droite, la méso-économie a encore beaucoup à nous dire pour rendre intelligible le changement historique. D'autant que le dynamisme de l'histoire d'entreprises, dont nous nous réjouissons tous, porte avec lui les risques

---

[2] *Revue d'Histoire de la sidérurgie*, 1964 ; HOGAN W.T., *Economic history of the iron and steel industry in the United States*, Heath, Lexington Mass., 1971, 5v.

[3] HASEGAWA H., *The Steel Industry in Japan, a comparison with Britain*, Routledge, London, 1996.

[4] Cf. VIAL J., *L'industrialisation de la sidérurgie française 1814-1864*, Mouton, Paris/La Haye, 1967 ; WORONOFF D., *L'industrie sidérurgique en France pendant la Révolution et l'Empire*, Éditions de l'EHESS, Paris, 1984.

[5] DAUMAS J.-C., *L'Histoire économique en mouvement entre héritages et renouvellements*, Presses universitaires du Septentrion, Villeneuve d'Asq, 2012.

d'une « histoire en miettes ». Faute de repères, la confusion s'installe dans les médias.[6]

Nous voulons rendre intelligible les changements sidérurgiques car les travaux des historiens peuvent aussi contribuer à éclairer raisonnablement les décideurs à l'heure où, par exemple, la Commission européenne prend conscience des spécificités de l'industrie sidérurgique dans l'Union.[7]

Les deux colloques et le présent ouvrage n'entendent pas combler tous ces vides et la table des matières illustre par défaut toutes les thématiques qu'il conviendrait d'approfondir et tous les territoires de la sidérurgie qu'il faudrait découvrir à l'aube du XXIe siècle. Mais si notre entreprise peut contribuer à rouvrir, même partiellement, le chantier de la recherche internationale sur la sidérurgie il aura atteint son but.

Il reste que ces colloques et cette publication ont été rendus possibles grâce à de nombreux acteurs qu'il convient à présent de remercier. À commencer par la trentaine des intervenants, qui, par la qualité de leurs recherches et la clarté de leurs exposés, tant oraux qu'écrits, ont sans nul doute fourni le plus grande contribution au succès du colloque. Ensuite, nous ne voudrions pas manquer d'exprimer notre gratitude à l'Association Internationale d'Histoire Contemporaine de l'Europe (AIHCE), qui, en assumant le patronage du projet, nous a proposé sa collection d'actes de colloques pour publier les résultats des deux rencontres scientifiques du 24 et 25 mai 2012 au Creusot et du 13 et 14 septembre 2012 à Luxembourg ; au groupe ArcelorMittal-Luxembourg, qui ont gracieusement mis à notre disposition leurs locaux ; au Fonds National de la Recherche à Luxembourg ainsi qu'au Ministère d'État du Grand-duché de Luxembourg, sans le concours financier desquels il aurait été matériellement impossible d'organiser une manifestation de cette envergure et de publier les actes de colloques ; au personnel du Centre d'études et de recherches européennes Robert Schuman, pour leur appui logistique. Finalement, nous aimerions exprimer notre gratitude à Messieurs Gwenole Cozigou, Directeur de la DG Industrie et entreprises de la Commission européenne, Étienne Davignon, ancien Commissaire de la Commission européenne, Pierre Leyers, rédacteur des rubriques économique et financière du *Luxemburger Wort*, Nicolas Schmit, ministre du Travail du Grand-duché de Luxembourg et Michel Wurth, Président du

---

[6] Nous citons deux exemples, dans *Le Monde* du 12 février 2013, Hubert Bonin, par ailleurs historien renommé de l'histoire bancaire, évoque les plans Jeanneney (1960) et Bettencourt (1968) dans un article consacré à la sidérurgie alors qu'il s'agit de plans pour les charbonnages. Dans le même journal, le 12 juin 2013, le journaliste Cédric Pietralunga évoque la « filière sidérurgique » à propos d'une usine d'aluminium.

[7] Cf. Commission européenne, « Plan d'action pour une industrie sidérurgique compétitive et durable en Europe », COM (2013) 407.

Conseil d'administration d'ArcelorMittal-Luxembourg pour leur participation à la table ronde sur « Les destinées de la sidérurgie européenne : entre globalisation et patriotisme économique ».

Charles BARTHEL, Centre d'études et de recherches européennes, Robert Schuman,
Ivan KHARABA, Académie François Bourdon au Creusot,
Philippe MIOCHE, Université d'Aix-Marseille

Première partie

Les destinées de la sidérurgie européenne

Part One

The Destinies of European Steel Industry

Quand l'État s'en mêle

When the Governments get involved

Le marché du coke métallurgique en France de 1914 à 1921

Une régulation des prix par l'État

Pierre CHANCEREL

Université de Picardie Jules Verne

L'objectif de cet article est de montrer comment, entre 1914 et 1921, l'État français a mené une politique sidérurgiste le conduisant à organiser le marché français du coke métallurgique grâce à la fixation des prix de vente du coke. Ce produit est fondamental pour cette industrie et détermine en partie la géographie de l'industrie sidérurgique de la France.

La période envisagée présente plusieurs intérêts. Sur le plan institutionnel, elle voit un développement général du rôle de l'État dans l'économie, notamment dans le domaine de l'énergie qui fait alors figure de secteur stratégique. En 1916 le Bureau national des Charbons est ainsi créé au ministère des Travaux publics. Il est chargé de répartir le charbon entre les consommateurs et d'en fixer les prix. Il constitue pour le gouvernement un instrument lui permettant d'exercer un contrôle du marché des combustibles minéraux jusqu'à la fin de l'année 1921, où il est supprimé. Le contexte économique est également intéressant. La période est marquée par une pénurie de combustible en France (1914-1920) à laquelle succède brusquement, en 1921, une crise industrielle de surproduction, caractérisée par un marché du charbon et du coke saturé. Enfin, les prix du coke sont limités par des mesures gouvernementales, par des accords interalliés et par le traité de Versailles, ce qui induit des différences de prix importantes selon l'origine du coke.

On cherche donc à savoir quels sont les objectifs de la politique de l'État en matière de coke dans cette période brève, mais mouvementée. Plus généralement, que ces objectifs révèlent-ils de la manière dont les acteurs politiques et économiques envisagent l'organisation du marché du coke et la géographie de la sidérurgie en France ?

On distinguera trois périodes pour répondre à cette question. D'abord, entre 1914 et 1919, la sidérurgie française fait face à une forte pénurie de coke métallurgique, principalement en raison de l'arrêt de l'importation allemande. Les années 1919-1920, marquées par l'inexécution du traité de Versailles, voient la pénurie s'aggraver tandis que les prix de vente atteignent des niveaux sans précédent. Enfin, à partir de la fin de l'année 1920 commence une période de crise industrielle marquée par une surproduction et contraignant la France à favoriser l'exportation de ses produits sidérurgiques.

Une solidarité instituée pendant la guerre

En 1913, la France est tributaire de l'étranger pour le coke nécessaire à son industrie. Pour produire trois tonnes de coke métallurgique, il faut à peu près quatre tonnes d'un charbon spécifique (les fines à coke). Or, c'est ce charbon qui manque le plus à la France avant la guerre. Sur une consommation annuelle de 6 892 000 tonnes, la France n'en produit que 4 027 000, soit 56 %. Elle importe 3 070 000 tonnes de coke.[1]

La production française a pourtant fortement augmenté dans les années précédant la guerre.[2] Le coke français est fabriqué principalement par les départements du Nord (1,2 million de tonnes) et du Pas-de-Calais (1,8 million de tonnes). Lens est ainsi le plus gros producteur français (661 000 tonnes en 1913), devant Béthune (393 000 tonnes) et Aniche (300 000 tonnes). Leurs principaux clients, les sociétés métallurgiques de Meurthe-et-Moselle, achètent la moitié de la production du Nord et du Pas-de-Calais. Elles sont puissamment organisées et ont même acheté des concessions minières dans les premières années du XXe siècle.[3] Les bassins du Centre de la France fournissent, quant à eux, 700 000 tonnes. Les 200 000 tonnes restantes sont produites à Trignac, en Loire-Inférieure et au Boucau, dans les Landes. Elles sont consommées localement.

Le coke peut être fabriqué avec du charbon français uniquement si celui-ci convient. C'est le cas à Nœux, Dourges, Carmaux ou Bessèges. Mais il est parfois nécessaire d'adjoindre du charbon importé parce que celui extrait sur place est insuffisant ou parce que sa qualité ne convient pas tout à fait à la production de coke. Ainsi, comme les charbons extraits dans la région sont trop maigres, les cokeries des mines de Lens ou d'Anzin emploient des fines anglaises. Au contraire, à Decazeville ou à Crespin, le charbon trop gras exige d'ajouter des fines plus maigres. Enfin, certaines

---

[1] *Statistique de l'industrie minérale*, 1913, pp. 23-24 et 94-95. L'exportation est marginale ; elle se chiffre à 205 000 tonnes.

[2] ROBERT-MULLER C., « Le Charbon, nos besoins et certains moyens d'y satisfaire », in *Enquête sur la production française et la concurrence étrangère*, t.IV, Association nationale d'expansion économique, Paris, 1917, pp. 30-32.

[3] GILLET M., *Les Charbonnages du Nord de la France au XIXe siècle*, Mouton, Paris, 1973, pp. 270-271 et 291.

usines de carbonisation ont été construites de manière à utiliser du charbon étranger. C'est le cas, par exemple, de la société lorraine de carbonisation à Auby, près de Douai. La cokéfaction de charbons étrangers est surtout réalisée dans les ports. Ainsi, Le Boucau, à l'embouchure de l'Adour, Trignac, dans l'estuaire de la Loire, Outreau, près de Boulogne-sur-Mer, ou encore Calais travaillent avec des fines anglaises. L'industrie chimique allemande, soucieuse de conserver les sous-produits de distillation,[4] n'envoie en France que des cokes déjà fabriqués. Seul le port de Caen reçoit des charbons à coke allemands, qu'il échange contre du minerai de fer normand.

Production de coke en 1913[5]

Département	Nombre de tonnes de coke produites	Part dans production totale (en %)
Pas-de-Calais	1 821 611	45,23
Nord	1 256 717	31,20
Loire	179 989	4,47
Loire-Inférieure	137 357	3,41
Tarn	125 984	3,13
Saône-et-Loire	115 732	2,87
Aveyron	98 463	2,44
Landes	91 039	2,26
Gard	87 787	2,18
Isère	60 010	1,49
Rhône	22 500	0,56
Haute-Saône	17 664	0,44
Cantal	11 230	0,28
Haute-Loire	1 341	0,03
Total	4 027 424	100

Le coke importé vient pour les trois quarts de Westphalie (2,4 millions de tonnes). Les Allemands s'avèrent des concurrents redoutables en raison de leur production considérable, mais également à cause des qualités géologiques de leur coke qui offre notamment une résistance à la pression. Ils disposent aussi d'une organisation commerciale puissante, structurée autour d'un comptoir unique de vente. Le coke allemand est principalement consommé par les usines sidérurgiques de Meurthe-et-Moselle, dans les bassins de Longwy, Briey et Nancy. Le deuxième pays d'approvisionnement, la Belgique, n'exporte que 550 000 tonnes de coke en France en 1913. L'Angleterre n'exporte pratiquement pas de coke en France en raison de la détérioration du produit lors des transports maritimes, mais elle vend du charbon à coke, transformé par les usines du littoral.

---

[4] Goudron, ammoniac, benzène, toluène, phénol, crésol, naphtaline, etc.
[5] *Statistique de l'industrie minérale*, 1913, pp. 94-95.

Les hauts fourneaux français forment trois groupes, dont les sources d'approvisionnement en coke sont spécifiques. Ceux de l'Est de la France reçoivent du coke allemand et du coke fabriqué dans les cokeries du Nord et du Pas-de-Calais. Ceux du littoral (de Calais au Boucau) disposent de leurs fours à coke, alimentés par des charbons anglais chers. Enfin, ceux du Centre et du Midi ont également leurs fours à coke ou s'approvisionnent auprès des mines de charbon du Massif central. Cette localisation engendre des inégalités de prix de revient des cokes rendus dans les différents sites sidérurgiques.

Localisation des fours à coke et des hauts fourneaux en France en 1918[6]

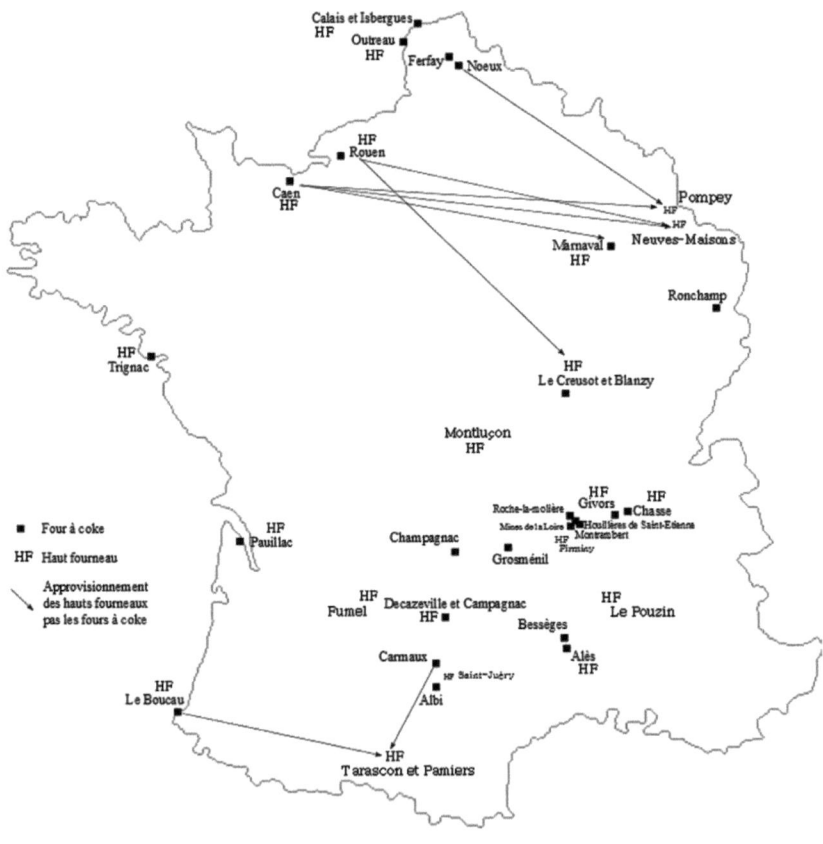

---

[6] AN [Archives Nationales, Paris], F14 18926, Production et répartition des fours à coke pour le 2ᵉ trimestre 1918.

En privant l'industrie française du coke allemand et belge, la guerre contraint la France à augmenter sa production et à faire appel à l'importation de charbon à coke et même de coke britannique.[7] Le développement de la production des usines de guerre au cours de l'année 1915 augmente les besoins, au point que le ravitaillement des établissements travaillant pour la défense nationale est menacé. Cette situation impose des mesures étatiques pour répartir le coke et en fixer les prix.

Tout d'abord, une commission de Répartition des combustibles, créée en février 1915, établit une liste des usines prioritaires et fixe un programme de répartition d'ensemble. Au mois de septembre 1915, tout le coke métallurgique produit par les cokeries françaises doit recevoir une autorisation de cette commission pour être expédié.[8]

Ensuite, l'écart de prix entre le coke anglais et le coke français constitue une difficulté importante. Au début de l'année 1916, les prix français sont limités. Ils oscillent autour de 50 francs tandis le coke anglais est vendu environ 130 francs par tonne.[9] La différence tient essentiellement au coût du transport maritime. Pour diminuer l'écart, la commission de répartition décide qu'à partir du 1er juillet 1916, les Chemins de fer de l'État achèteront tous les cokes et les revendront à un prix uniforme, représentant à peu près la moyenne entre le prix français et le prix anglais. Cette péréquation des prix du coke est instituée afin de supprimer les transports inutiles et pour traiter de la même façon les différentes entreprises qui travaillent pour l'État. Il s'agit notamment pour l'État d'établir un prix du coke moyen qui permet de fixer un prix d'achat commun à l'ensemble de ses fournisseurs. Ces deux opérations sont contrôlées par le Bureau national des Charbons à partir de 1916.

Les prix du coke sont peu à peu élevés pour tenir compte de l'augmentation des prix de revient. Lors de la signature de l'armistice, le prix de vente du coke métallurgique est de 175 francs par tonne. L'arrêt de la guerre sous-marine et l'espoir d'un retour aux conditions du marché d'avant-guerre font espérer un abaissement des prix du charbon et du transport maritime. Le ministre de la Reconstitution industrielle, Louis Loucheur, décide donc de ramener à 100 francs celui des cokes métallurgiques vendus par les Chemins de fer de l'État.

En fait, les prix de revient ne diminuent pas, principalement en raison de la pénurie mondiale de charbon et de coke après le conflit. Au contraire, la situation de l'après-guerre exige de renforcer le dispositif étatique.

---

[7] Nulle en 1914, l'importation de coke s'élève à 780 000 tonnes en 1916, à 660 000 tonnes en 1917 et à 512 000 tonnes en 1918 (*Statistique de l'industrie minérale*, 1914-1918).

[8] AN, 637 AP 95, Note du Bureau national des Charbons sur la question des cokes, fin 1916.

[9] AN, 637 AP 95, Note sur l'approvisionnement de l'industrie en coke, 1917.

La péréquation au service d'un marché national

Après l'armistice, les conditions d'approvisionnement changent : la France retrouve le charbon belge et surtout le charbon allemand. Le traité de Versailles prévoit en effet des livraisons en nature de charbon et de coke. Seulement, jusqu'aux accords internationaux de Spa, en juillet 1920, le programme des livraisons allemandes n'est que très partiellement réalisé. Néanmoins, la France dispose d'une nouvelle source d'approvisionnement bon marché, puisque les fournitures sont comptabilisées au prix intérieur allemand. En même temps, les prix anglais ne sont plus limités par le gouvernement britannique et ne cessent d'augmenter, au point de dépasser le niveau atteint pendant la guerre. Ces éléments compliquent les conditions de la concurrence entre les différentes entreprises françaises, qui ne bénéficient pas des mêmes conditions d'approvisionnement.

La politique d'approvisionnement en coke dans l'après-guerre a été étudiée par Alain Baudant du point de vue de l'entreprise des *Hauts Fourneaux et Fonderies de Pont-à-Mousson*.[10] Mais on voudrait ici se placer du point de vue de l'État pour montrer 1) que la politique du gouvernement adopte les mêmes modalités que pendant la guerre (c'est-à-dire une action sur les prix) et 2) que l'administration des Charbons vise à unifier le marché du coke métallurgique.

Le maintien de la péréquation des prix après la guerre est demandé par les sidérurgistes. En effet, l'augmentation du prix du charbon anglais en 1920 a conduit le directeur du service des Charbons au ministère des Travaux publics à envisager d'arrêter certaines entreprises qui fabriquent de l'acier à des prix élevés pour développer la production d'autres usines. Or, pour Léon Lévy, administrateur de *Châtillon-Commentry et Neuves-Maisons* et vice-président du Comité de Forges, « la péréquation est absolument nécessaire » puisque « dans une période anormale, il faut pour y remédier des mesures anormales ».[11] La péréquation contribue à augmenter le coût moyen du coke en facilitant l'importation de produits anglais chers, mais elle permet de satisfaire une demande très importante de produits métallurgiques et d'éviter le chômage des ouvriers des hauts fourneaux.

Mais la péréquation est surtout une façon de réguler la concurrence entre « les consommateurs pour lesquels le prix du charbon constitue un élément plus important du prix de revient ».[12] Du 1er mars au 1er mai 1920,

---

[10] BAUDANT A., *Pont-à-Mousson, 1918-1939 stratégies industrielles d'une dynastie*, Publications de la Sorbonne, Paris, 1980, pp. 25-37.

[11] AN, AJ[26] 105, Compte-rendu de la conférence tenue au BNC pour la révision des prix péréqués des cokes et charbons à coke.

[12] AN, AJ[26] 156, Comité consultatif des Charbons, 22.07.1920.

le calcul du prix de la tonne de coke prend même en compte à la fois les coûts de transformation du charbon à coke et les frais de transport de façon à établir un prix identique pour chaque tonne de coke non pas à la sortie des fours à coke, mais dans chaque haut fourneau. Le service des charbons place ainsi chaque société sidérurgique sur un pied d'égalité, indépendamment de sa situation géographique et de l'origine des cokes qu'elle consomme.

La péréquation des prix est ainsi organisée sur une base professionnelle et à l'échelle de la France. Elle contribue à unifier l'industrie sidérurgique française en permettant à l'ensemble des usines du territoire d'acheter son coke au même prix. Elle permet d'affirmer également que pour le directeur du service des Charbons, le coût de l'approvisionnement en coke ne doit pas constituer un critère sur lequel se fonde la concurrence entre les différentes usines.

Prix de revient des cokes métallurgiques à partir du 1ᵉʳ mars 1920[13]

Hauts fourneaux de l'Est		Hauts fourneaux du Centre	Hauts fourneaux du littoral
Coke allemand : 90 frs	Coke anglais : 210 frs	Coke : 210 frs	Charbon à coke : 150 frs => Coke : 210 frs
Transport : 34 frs	Transport : 14 frs	Transport : 14 frs	Transport : 10 frs + Brouettage : 4 frs

Prix de revient du coke au lieu de consommation : 224 frs

Cependant, plusieurs entreprises métallurgiques refusent cette conception nationale et montrent que la péréquation des prix perturbe les équilibres économiques régionaux établis avant la guerre parce que certains critères influant sur le prix de revient sont ignorés.

Les dirigeants des aciéries du Nord de la France rejettent ainsi la péréquation des cokes, qui les désavantage face à leurs concurrents. L'avantage qu'ils tiraient avant la guerre d'un approvisionnement en coke à bon marché face aux sidérurgistes lorrains est en effet remis en cause par une péréquation qui prend en compte les coûts de transport jusqu'au lieu de consommation :

> Les usines du Nord se sont en effet construites dans la région des houillères, sur le charbon, pour profiter de la proximité de leur approvisionnement

---

[13] AN, AJ26 105, Note du chef du service des Cokes à l'adjoint du directeur général des Charbons, 26.02.1920.

en combustibles, exactement comme par la suite, lors de la découverte du procédé Thomas, les usines de l'Est se sont construites dans la région des mines de fer phosphoreux, sur le minerai, pour profiter de la proximité de leur approvisionnement en minerai. Il y a là deux situations géographiques différentes, présentant chacune leurs avantages et leurs inconvénients et dont chaque groupe d'usines a su tirer le parti qui avant la guerre avait fait la prospérité de chacune. Aujourd'hui, par l'effet d'une combinaison reposant uniquement sur des bases aussi factices que la baisse du change allemand et l'obligation imposée à l'Allemagne de livrer ses combustibles à un prix fixé en dehors des conditions de concurrence normale s'ajoutant à la ruine momentanée des charbonnages du Nord, nous voyons s'établir ce paradoxe que les usines de l'Est, quoiqu'éloignées des charbonnages, vont payer leurs combustibles moins cher que celles du Nord, voisines des houillères. Ces usines de l'Est vont donc ajouter à l'avantage réel et indiscuté qu'elles possédaient déjà d'être à proximité du minerai l'avantage artificiel d'être approvisionnées de combustibles obtenus à bas prix par une interprétation qui fait tourner à leur profit particulier des avantages que le traité de Versailles attribue à l'ensemble de la consommation française.[14]

Les sociétés métallurgiques du Nord de la France expliquent ainsi la localisation de la sidérurgie par des raisons déterministes. Pour leurs dirigeants, c'est avant tout la présence de ressources naturelles – charbon ou minerai de fer – qui permet le développement de cette industrie. Aussi entendent-ils rétablir l'équilibre industriel qui existait avant la guerre entre leurs hauts fourneaux et ceux de l'Est de la France et qui reposait sur des prix différenciés des matières premières. Derrière cette critique transparaît une approche avant tout régionaliste de l'activité industrielle. Il ne faut pas fournir à chaque société exactement les mêmes conditions de concurrence mais, au contraire, laisser chacune tirer profit de l'ensemble des avantages naturels de sa région. Même si cet argumentaire est utilisé avant tout parce qu'il est conforme à leurs intérêts, il révèle, de la part des sidérurgistes du Nord, une logique de spécialisation économique régionale. La mise en avant de la région comme unité économique n'est pas associée à une volonté de décentralisation, mais relève plutôt d'une conception déterministe de la géographie.

La conception régionaliste est également invoquée par les établissements *Schneider* pour réfuter le principe de la péréquation des charbons. Ceux-ci refusent de payer plus cher le charbon français qu'ils utilisent. Approvisionnés essentiellement en charbon à coke français bon marché, ils contestent en effet le principe d'une péréquation des cokes

---

[14] AN, AJ^{26} 91, Lettre de la société des Forges et Aciéries du Nord et de l'Est, des Aciéries et Forges de Firminy, de la société des Hauts fourneaux de Denain et d'Anzin et de la société des Aciéries de France au ministre des Travaux publics, 23.12.1921.

« dont [bénéficient] seuls leurs concurrents de l'Est ».[15] Ainsi, l'inflexion régionaliste s'oppose à la vision égalitariste défendue par le service des Charbons et qui permettrait à terme une politique volontariste d'aménagement du territoire. Pour ses partisans, l'État ne doit pas avoir pour mission l'industrialisation de l'ensemble du territoire, qui serait permise par la mise à disposition du charbon au même prix partout. Au contraire, chaque région doit être aménagée en fonction de ses avantages naturels propres.

À partir de l'automne 1920, l'économie française connaît une stagnation, puis une véritable récession. Brusquement, à la pénurie succède la surproduction. Désormais le marché est saturé et ne peut absorber l'ensemble du coke disponible. C'est le moment où le coke allemand fourni au titre des réparations du traité de Versailles devient plus abondant. Livré à un faible prix, il concurrence directement les cokeries des mines françaises.

La péréquation, arme contre la crise industrielle

La crise industrielle conduit à maintenir des mesures de contrôle des prix du coke métallurgique. Mais leur objectif change. Puisque le marché national ne peut absorber l'intégralité de la production française d'acier, il s'agit désormais de favoriser les entreprises qui exportent leurs produits. Or, les prix du coke consommé en France restent beaucoup plus élevés qu'à l'étranger. En Belgique, par exemple, le coke est vendu 150 francs par tonne, contre 277 francs en France. Cette situation place la sidérurgie française dans une situation difficile.

La situation de son approvisionnement en combustibles exige de maintenir un contrôle de l'État sur le marché du coke métallurgique. En effet, pour le directeur du service des Charbons, l'application de la liberté commerciale dans le marché des cokes, demandée par les sidérurgistes de l'Est, avantagerait les consommateurs de charbon allemand. Elle aurait pour conséquence « la disparition rapide d'un certain nombre d'usines du Centre de la France, moins bien placées que la métallurgie de l'Est, et la concentration de toute notre métallurgie près de la frontière, avec tous les inconvénients qu'il pourrait en résulter en cas de nouveau conflit avec l'Allemagne ».[16]

---

[15] AN, AJ^{26} 154, Note du chef du service des Charbon à l'agent comptable du service d'apurement des Comptes spéciaux du Trésor, 12.01.1929.

[16] AN, AJ^{26} 91, Note pour le ministre – péréquation des cokes et des fines à coke, mars 1921.

Le directeur du service des Charbons au ministère des Travaux publics justifie donc l'intervention de l'État par la volonté du gouvernement de maintenir l'ensemble de l'activité sidérurgique du pays :

> Un courant assez net se dessine parmi eux dans le sens du retour complet à la liberté commerciale, devrait-il en résulter la disparition momentanée de certaines usines que certains estiment préférable au maintien artificiel de ces usines en production, à un moment où l'ensemble de la métallurgie subit une crise si inquiétante, et est obligée de fonctionner à perte. Mais si on retourne à la liberté commerciale, qu'adviendra-t-il des fournitures de coke allemand que l'État est obligé de soumettre aux lois de l'offre et de la demande, et qui, ainsi, serait vendu à des prix inférieures au prix de revient des mines françaises, lesquelles seraient obligées d'arrêter leurs cokeries ? De toute façon, le maintien en activité des fours à coke des mines françaises ne pourra être obtenu que par un régime artificiel qui devra être imposé par l'État d'autorité, les intérêts des diverses parties en cause étant trop divergents pour qu'une entente puisse être réalisée entre elles.[17]

Par ailleurs, une coordination entre les différentes usines sidérurgiques permettra d'accorder plus facilement des avantages au métal destiné à fabriquer des produits exportés, véritable remède à la crise. Enfin, le service des Charbons craint aussi que le retour intégral à la liberté de vente des cokes permette aux sidérurgistes de s'entendre pour acheter les cokes allemands au-dessous de leur prix de revient, ce qui entraînerait une perte importante au Trésor. Dès lors, la politique de l'État en matière de coke vise trois objectifs : le maintien en activité des usines de l'ensemble du territoire, la sauvegarde des intérêts des producteurs et des consommateurs français de coke et le développement de l'exportation. Cette politique a tendance à avantager les intérêts de la sidérurgie française au détriment de ceux des producteurs de coke dépendant des mines de charbons. Ces objectifs déterminent une politique sidérurgique qui se décline en trois temps au cours de la crise industrielle.

L'avantage accordé aux hauts fourneaux sur les fondeurs (octobre 1920 - juillet 1921)

Le ministre des Travaux publics décide d'abord de consentir des prix plus faibles pour les cokes destinés aux hauts fourneaux, dont le coke intervient pour une part plus importante dans le prix de revient des produits que les autres consommateurs. À partir du 1er octobre 1920, le coke allemand leur est réservé, au prix de 175 francs par tonne. Les cokes anglais et français sont attribués aux autres consommateurs. Leurs prix font l'objet d'une péréquation par le service des Charbons et sont

---

[17] AN, AJ^{26} 154, Note pour le ministre – proposition du Contrôle des charbons pour la liquidation du BNC, 20.06.1921.

fixés à 275 francs par tonne. En contrepartie, les sidérurgistes s'engagent à diminuer immédiatement le prix de leurs produits.[18] Ce n'est donc plus seulement en fonction de leur origine qu'est fixé le prix des cokes, mais aussi selon leur usage.

Cette décision engendre les plaintes des fondeurs, qui se voient contraints de financer les avantages accordés aux hauts fourneaux. Ils affirment employer plus d'ouvriers que les producteurs d'acier.[19] Ils font valoir également que la plupart des aciéries et des hauts fourneaux possèdent également des fonderies de deuxième fusion qu'ils pourront alimenter avec le coke moins cher, si bien que la décision faussera donc la concurrence sur leur marché. Enfin, ils dénoncent, à juste titre, le fait que l'avantage accordé aux hauts fourneaux résulte de la composition d'un comité qui discute les prix du coke avec le gouvernement et qui ne comprend aucun fondeur.[20]

Les baisses de prix accordées au début de l'année 1921 montrent que le gouvernement fait également primer les intérêts des sidérurgistes sur ceux des houillères. Les modifications de prix sont d'ailleurs inspirées directement par les exigences des sidérurgistes : le prix du coke métallurgique fixé le 30 mars par le ministre des Travaux publics est celui qui a été proposé par le Comité des Forges un mois plus tôt (110 francs par tonne).[21] En revanche, le niveau du prix du coke de fonderie est fixé en fonction de ceux pratiqués par la concurrence étrangère : c'est la baisse du prix anglais qui fait diminuer deux fois de suite celui de ces cokes. Le 1er février 1921, celui-ci est fixé à 175 francs, puis à 125 francs un mois plus tard.[22]

---

[18] AN, AJ[26] 105, Note pour le ministre au sujet de la péréquation des cokes métallurgiques, 24.09.1920 ; Note de l'inspecteur des Finances Emmanuel Vergé au sujet de la diminution du prix des cokes métallurgiques, 20.10.1920 ; Arrêté du ministre des Travaux publics, 02.10.1920.

[19] AN, AJ[26] 90, Lettres du Syndicat général des fondeurs de fer en France au ministre des Travaux publics, 28.02 et 08.03.1921.

[20] Un seul compte-rendu de réunion est conservé dans les archives du BNC (AN, AJ[26] 48, Conférence du 23 février 1920). Les industriels qui y assistent sont les administrateurs-délégués des Forges de Châtillon-Commentry et Neuves-Maisons Léon Lévy et Émile Paraf, le secrétaire général des hauts fourneaux de Rouen Jacques Aguillon, les administrateurs des Forges de Joeuf Humbert de Wendel et Jean Mercier, l'administrateur de Senelle Maubeuge Auguste Dondelinger, l'ingénieur à Pont-à-Mousson Eugène Roy, le président des Aciéries de Longwy Alexandre Dreux, Leroy des Forges de la Providence, Royer de Aciéries de Micheville, Denis du Comptoir de Longwy, Delabroise de la Société normande de métallurgie.

[21] AN, AJ[26] 91, Comité des Forges au ministre des Travaux publics, 18.02.1921. Robert Pinot écrit que ce prix est « l'abaissement minimum qui puisse être envisagé dans la situation actuelle de l'industrie métallurgique ».

[22] AN, AJ[26] 105, Note manuscrite d'Henri Ader, 18.03.1921.

La prise en compte des coûts de transport
(juillet - décembre 1921)

Les diminutions du prix du coke accordées au printemps 1921 engendrent les plaintes des cokeries françaises du nord de la France, qui sont désavantagées face au coke allemand. À partir de l'été, commence donc une deuxième période, où les prix de vente du coke prennent de nouveau en compte le coût de transport pour être identiques sur l'ensemble du territoire.

Ainsi, en juillet 1921, la compagnie des mines de Béthune montre que le prix des cokes désavantage les cokeries du nord de la France face à leurs concurrentes allemandes. En effet, le prix du coke allemand, fixé 110 francs à la frontière, revient à environ 115 francs à Longwy, alors que le coke produit par la compagnie de Béthune, facturé également 110 francs à la mine, revient à Longwy à 135 francs.[23] Plus que le prix de vente, c'est la situation géographique relative des exploitations houillères et des usines sidérurgiques qui est ici en cause. Le coke allemand est plus concurrentiel non seulement à cause de son prix de vente mais aussi parce que ce prix est fixé à la frontière, à proximité de la sidérurgie lorraine. Au contraire, le prix du coke produit par les cokeries du Nord et du Pas-de-Calais est majoré des frais de transport plus élevés. Établir un prix de péréquation n'est donc pas suffisant. C'est en agissant également sur les tarifs de transport que le gouvernement français peut avantager la production française de coke.

Les mines d'Anzin demandent également « que les attributions de cokes français faites aux hauts fourneaux de l'est permettent à ces hauts fourneaux de consommer ces cokes à un prix équivalent à celui des cokes allemandes de manière à assurer l'écoulement de leur production de coke métallurgique ».[24] Tout en maintenant les avantages accordés à la métallurgie, il importe donc de favoriser la vente du coke fabriqué par les compagnies houillères des régions en cours de reconstruction.

À partir du mois d'août 1921, c'est le prix allemand qui sert de référence pour l'ensemble du coke vendu en France. Il s'agit de faire bénéficier tous les consommateurs de coke français de ces prix inférieurs aux cours mondiaux, mais sans léser les intérêts des mines françaises. Il est décidé que le coke allemand sera vendu aux hauts fourneaux de l'Est au prix de revient et que « le prix des fines à coke consommées dans les usines du littoral sera réduit de façon à permettre à ces usines

---

[23]   AN, AJ[26] 91, Lettre de la compagnie des Mines de Béthune, 03.07.1921.
[24]   AN, AJ[26] 105, Chef du service des Cokes au secrétariat général de la direction des Charbons, 12.07.1921.

de fabriquer le coke au même prix que celui auquel reviendrait le coke allemand rendu usine ».[25]

L'arrêté du 21 août 1921[26] prescrit que le coke allemand sera livré aux hauts fourneaux au prix de revient – 75 francs la tonne – majoré des frais de transport. Une ristourne sera versée aux clients des cokeries françaises du littoral pour ramener le prix des cokes à 100 francs la tonne au départ de la cokerie – le prix auquel reviendrait le charbon allemand dans les hauts fourneaux du littoral. Comme ces hauts fourneaux ont leurs fours à coke, le prix du charbon à coke qu'ils distillent est fixé à 65 francs afin que la tonne de coke ressorte à 100 francs.

La ristourne permet de maintenir le niveau de revenu des cokeries françaises sans accroître la charge de leurs clients. Ceux-ci bénéficient d'une ristourne supplémentaire qui ramène le coke qu'ils consomment au prix du coke allemand rendu au lieu de consommation, dans la limite de la moitié des frais de transport.

Prix des cokes et des charbons à coke définis par l'arrêté du 21 août 1921

Prix des cokes rendus au haut-fourneau	Prix des charbons à cokes rendus à la cokerie
Prix des cokes allemands P(a) : 75 francs + frais de transport	**Charbons allemands :** prix de revient + frais de transport (ne peut dépasser 65 francs)
Prix des cokes français : Prix du coke à la cokerie – ristourne [ramène le prix du coke à 100 francs] + frais de transport – ristourne [égale à 100 francs – P(a), limitée à la moitié des frais de transport]	**Prix des charbons français, anglais et américains :** Prix de revient + frais de transport – ristourne [égale à la différence entre le prix des charbons allemands et celui des autres charbons rendus à la cokerie et limitée à la moitié des frais de transport]

Pour le service des charbons, la formule a « l'avantage d'intéresser les consommateurs de coke à ne pas s'écarter des conditions naturelles d'approvisionnement de leurs hauts fourneaux et des prix à payer pour les transports ». L'objectif est double. Il s'agit de faire bénéficier toute la sidérurgie française des prix peu élevés du coke allemand. Mais, pour ne

---

[25] AN, AJ[26] 105, Note pour le ministre – nouveau régime des usines sidérurgiques.
[26] AN, AJ[26] 105, Arrêté du ministre des Travaux publics, 21.08.1921 ; Circulaire du ministre des Travaux publics aux ingénieurs en chef des mines, […] au directeur de l'OHS, aux délégués de ports et aux consommateurs de coke, 09.09.1921.

pas léser les intérêts des cokeries françaises, l'arrêté vise en même temps à conserver leurs positions d'avant-guerre. Ainsi, « c'est l'État lui-même qui permet l'harmonisation des intérêts divergents des métallurgistes et des houillères. Réciproquement, c'est l'existence de ces intérêts divergents qui rend impossible le retour à la liberté commerciale, et inéluctable le prolongement de l'intervention de l'État ».[27]

Pourtant, l'arrêté ne satisfait pas le Comité central des Houillères de France qui considère que le nouveau régime n'a été institué que pour satisfaire la sidérurgie, sans prendre en compte les intérêts des mines. Il estime que la ristourne est insuffisante et met en danger les cokeries françaises.[28] L'argument vise à montrer que la politique des cokes menée par le service des Charbons défend en priorité les intérêts de la sidérurgie sur ceux des mines. Le directeur des Mines au ministère des Travaux publics adresse les mêmes reproches et préférerait également privilégier les fours à coke des mines françaises.

Le régime du 21 août est exceptionnel car il fonctionne à perte. En effet, les ristournes ne sont financées par aucune surtaxe majorant le prix des cokes bon marché (c'est-à-dire les cokes allemands). La perte engendrée pendant le troisième trimestre 1921 est estimée à 2 624 500 francs.[29] Pour la première fois, il ne s'agit donc plus d'une péréquation des prix à proprement parler mais bien de subventions accordées à l'industrie sidérurgique. Celles-ci sont instituées pendant l'été 1921, au pire moment de la crise industrielle. Aussi ce régime ne peut-il être que transitoire. Prévu à l'origine pour trois mois, il est finalement étendu à la fin de l'année 1921.[30] C'est ce que relève de façon ironique André Grandpierre, ingénieur à Pont-à-Mousson :

> Il faut que le régime projeté ne mette pas en évidence une perte considérable de l'État au profit de la métallurgie : les jalousies des autres industries s'exerceraient et le projet ne passerait pas au Parlement. Il est donc souhaitable que l'on trouve une formule qui s'équilibre au point de vue financier, tout en favorisant autant que possible : la métallurgie de l'Est, la métallurgie du littoral, la métallurgie du Centre, les fours Martin et enfin l'exportation. (En somme il faut faire plaisir à tout le monde sans dépenser un sou) ![31]

---

[27] BAUDANT A., *op. cit.*, p. 33.

[28] AN, AJ[26] 89, Note du Comité central des Houillères de France sur le régime des cokes, 06.09.1921.

[29] AN, AJ[26] 105, Note pour le directeur du service des Charbons, 29.07.1921.

[30] AN, AJ[26] 105, Arrêté du ministre des Travaux publics, 26.11.1921 ; Note concernant l'application de l'arrêté relatif à l'approvisionnement de la métallurgie en combustibles, 29.11.1921.

[31] Cité par BAUDANT A., *op. cit.*, p. 34.

C'est parce que le service des Charbons a essayé de ne léser aucun intérêt que le système mis en place s'avère aussi complexe. Le directeur du service des Charbons écrit ainsi à Robert Pinot, le secrétaire du Comité des Forges, qu'il a « eu beaucoup de mal à trouver une formule qui s'applique bien aux divers cas particuliers que nous avions à envisager ».[32] Pour maintenir l'activité et limiter le chômage, il a essayé de maintenir les usines sidérurgiques sur l'ensemble du territoire, y compris dans les régions moins avantagées. C'est ce que lui reproche le directeur des Mines du ministère des Travaux publics. Selon lui, le nouveau régime engendrera « l'arrêt brutal imposé aux cokeries des mines alors qu'on soutient artificiellement celles des métallurgistes qui travaillent en général dans des conditions plus onéreuses ».[33]

Il cite l'exemple des fours à coke de Marnaval, près de Saint-Dizier, approvisionnés en charbon à coke britannique. Construits à la fin de la guerre à l'instigation de Louis Loucheur, ils alimentent les fonderies de la Haute-Marne. Mais l'essentiel de leur production est destiné à la sidérurgie de Meurthe-et-Moselle.[34] Éloignés à la fois des sources d'approvisionnement et de leur clientèle, les fours à coke connaissent des difficultés financières dès 1919. L'augmentation des tarifs de transport au début de l'année 1920 rend leur situation critique. Or, les dispositions de l'arrêté du 21 août 1921 leur permettent de maintenir leur activité.

Le financement de ce régime qui subventionne la métallurgie est en fait assuré par les bénéfices tirés de la vente des charbons de réparation en France. En voulant maintenir des sites de production peu rentables, l'État est donc conduit à diminuer l'avantage que la France aurait pu retirer de livraisons de combustibles allemands à bas prix. Même s'il instaure un régime d'exception, l'arrêté du 21 août montre que l'objectif de l'État a bien été d'amortir les effets de la crise industrielle de 1921, et non de profiter de cette crise pour privilégier les sites les plus compétitifs, en supprimant les autres. Il y parvient à l'aide du BNC, un instrument hérité de la guerre, créé à l'origine pour atteindre des objectifs opposés. Autrement dit, le changement ne réside pas dans la géographie industrielle, qu'il s'agit au contraire de préserver, mais dans les moyens de l'État pour y parvenir.

L'arrêté confirme également que le service des Charbons privilégie une organisation corporatiste nationale sur une organisation régionale. Son objectif a été de fournir du coke au même prix à l'ensemble de la sidérurgie française et non de pratiquer des prix spécifiques à chaque région, en fonction de ses avantages respectifs.

---

[32] AN, AJ^{26} 91, Ader à Pinot, 02.08.1921.
[33] AN, AJ^{26} 91, Note du directeur des Mines au sujet du prix des cokes, 04.08.1921.
[34] AN, AJ^{26} 90, Note sur les fours à coke de Marnaval, mai 1920.

Une politique de dumping (1922)

Dès la fin de l'année 1921, il convient de mettre fin au régime transitoire et déficitaire. Or, sidérurgistes et fonctionnaires ne cessent de répéter que le remède à la crise est l'exportation. À partir de ce constat, le service des Charbons organise une politique de dumping à partir de 1922. Il est ainsi amené à distinguer deux prix : un plus faible pour les produits exportés et un autre plus élevé pour ceux écoulés sur le marché intérieur. De cette conception, découle l'établissement de deux prix distincts du coke en fonction de sa destination. Le coke allemand nécessaire aux produits métallurgiques exportés sera livré au prix de revient, soit 63 francs, pour pouvoir soutenir la concurrence avec l'Allemagne. Le coke allemand restant et le coke français feront l'objet d'une péréquation pour établir un prix moyen unique, fixé à 80 francs, auquel seront ajoutés les frais de transport. Georges-Henri Soutou indique que c'est certainement cette décision qui a permis la reprise de l'activité sidérurgiste en 1922.[35]

Le service des Charbons arrête de contrôler les opérations de répartition et de péréquation après le 31 décembre 1921. Le Comité des Forges prend alors les opérations de péréquation à sa charge, par l'intermédiaire d'un organisme corporatif, la *Société des Cokes de Hauts fourneaux* (SCOF). Le régime spécifique aux cokes métallurgiques mis en place dès 1916 est ainsi prolongé dans l'entre-deux-guerres par un comptoir commun d'achat. Cette création, nécessaire pour poursuivre l'arbitrage de l'État entre les différentes usines permet donc de nuancer l'affirmation d'Alain Baudant pour qui, à partir d'août 1920, « la solidarité nécessaire qui avait rassemblé les industriels vole en éclat » en raison de leurs intérêts divergents.[36]

Conclusion

La crise fait donc apparaître la volonté des ministres des Travaux publics et de l'Armement d'agir sur les localisations industrielles. L'État souhaite ne pas modifier la géographie industrielle mais il entend au contraire sauvegarder les situations existantes.

La mutation réside en réalité plutôt dans l'utilisation de moyens nouveaux : le Bureau national des Charbons permet à l'État d'exercer une véritable tutelle sur le marché du coke métallurgique. Le contrôle de la concurrence prend ici une forme bien plus forte que le seul instrument traditionnel que constitue la tarification des transports.

---

[35] SOUTOU G.-H., « Le coke dans les relations internationales en Europe de 1914 au plan Dawes (1924) », in *Relations internationales*, 43(1985), p. 260.
[36] BAUDANT A., *op. cit.*, p. 37.

Cette politique contribue à renforcer la solidarité nationale entre tous les hauts fourneaux. Elle montre que le service des Charbons privilégie une organisation professionnelle nationale plutôt qu'une organisation régionale. Son objectif a été de fournir du coke au même prix à l'ensemble de la sidérurgie française et non de pratiquer des prix spécifiques à chaque région en fonction de ses avantages respectifs.

Annexe 1

Prix de vente des coke

Chronologie	Cokes anglais et français		Cokes allemands
	Métallurgie	Fonderie	
Avant le 1er décembre 1918 (Circulaire du 21 décembre 1919)	175 frs		
Décembre 1918 – décembre 1919 (Circulaire du 30 décembre 1919)	100 frs	105 frs	105 frs
Janvier et février 1920 (Circulaire du 30 décembre 1919)	160 frs		140 frs
Mars et avril 1920 (Note du 29 février 1920)	210 frs		190 frs
Mai à juillet 1920 (Note du 23 avril 1920)	275 frs		245 frs
Août à septembre 1920	275 frs		245 frs
	Hauts fourneaux		Autres industries
Octobre – décembre 1920 (Arrêté du 2 octobre 1920)	175 frs		275 frs
Janvier 1921 (Arrêté du 31 décembre 1920)	135 frs		200 frs
Février 1921	135 frs		175 frs
20 mars 1921	135 frs		125 frs
Avril – juin 1921 (Arrêté du 30 mars 1921)	110 frs		Prix libres
	Usines du littoral	Usines du Centre	Usines de l'Est
3e trimestre 1921 (Arrêté du 21 août 1921)	100 frs	100 frs	75 frs
4e trimestre 1921 (Arrêté du 26 novembre 1921)	90 frs – frais de transport	90 frs – frais de transport	65 frs

Ristournes et prix de vente des fines à coke[37]

	Sur fines anglaises		
Juin et juillet 1919	37,50 frs		
Août 1919	55 frs		
Septembre 1919	100 frs		
Octobre 1919	120 frs		
Novembre 1919	165 frs		
Décembre 1919	205 frs		
Prix de péréquation	**Anglais**	**Français**	**Allemands**
Janvier 1920	112 frs	112 frs	112 frs
Mars 1920	150 frs	150 frs	150 frs
Mai 1920	190 frs	190 frs	190 frs
Octobre 1920	120 frs	120 frs	120 frs
Janvier 1921	90 frs	90 frs	90 frs
Avril 1921	72 frs	72 frs	72 frs
3ᵉ trimestre 1921	65 frs	65 frs	65 frs
4ᵉ trimestre 1921	57 frs	57 frs	57 frs

---

[37] AN, AJ26 47, Péréquation des cokes et charbons à coke ; AJ26 105, Péréquation des cokes métallurgiques au cours des années 1919 à 1922.

La relation entre la métallurgie d'État et les compagnies métallurgiques privées de Roumanie pendant l'entre-deux-guerres

Ludovic BÁTHORY, Nicolae PĂUN

Babes-Bolyai University, Cluj-Napoca

Les premières entreprises métallurgiques sur le territoire actuel de la Roumanie sont apparues au XIXe siècle en Transylvanie, où il y a de la houille et du minerai de fer. À l'époque, la Transylvanie faisait partie de l'empire austro-hongrois. Les principales compagnies sidérurgiques ont par conséquent été créées avec du capital autrichien et hongrois. La plus grande entreprise métallurgique était la *Österreichische Staats-Eisenbahn-Gesellschaft* (STEG), qui gérait le complexe industriel de Reşiţa-Anina et qui se trouvait entre les mains de la grande banque viennoise *Allgemeine Österreichische Boden Credit Anstalt* en coparticipation avec des firmes françaises. L'autre grande société métallurgique était la *Société des Mines et des Fourneaux de Călan (Kalaner Bergbau- und Hüttenwerke AG)*, contrôlée par les banques *Wiener Bankverein* et *Pester Ungarishe Commerzial Bank*. En outre, l'État hongrois avait ouvert des exploitations de minerais de fer, des fourneaux de fonte et des fours d'acier dans la contrée industrielle de Hunedoara. Au début du XXe siècle, les fours d'acier ont été démontés, car ils travaillaient à perte.

L'inclusion des *Usines du fer de l'État de Hunedoara* dans le cadre de l'économie roumaine après la Première Guerre mondiale créait des conditions favorables à l'évolution, vu que le marché interne avait besoin de grandes quantités de produits métallurgiques. Comme la sidérurgie de Transylvanie et la métallurgie productrice de l'ancienne Roumanie étaient dans une large mesure complémentaires, l'inclusion de Hunedoara dans l'économie roumaine a contribué à l'harmonisation et à l'équilibre de l'économie nationale.[1]

---

[1] Théoriquement, afin de couvrir la consommation des produits sidérurgiques et métallurgiques, pour la plupart en se fondant sur la production interne, on aurait nécessité un débit d'au moins 350 000 tonnes de fontes brutes chaque année, ce qui dépassait

Au moment du rachat des Usines de fer de Hunedoara par l'État roumain, conformément aux stipulations des traités de paix, elles disposaient d'un potentiel significatif.² Pourtant, afin que les usines de Hunedoara puissent assumer leur rôle, il était absolument nécessaire qu'elles soient dotées tout d'abord d'une aciérie et de laminoirs qui transforment la fonte brute en produits semi-finis qui soient employés par les industries des métaux. Les spécialistes extrêmement compétents et les politiciens lucides se sont rendu compte très tôt du besoin d'achever un développement multilatéral des usines de Hunedoara.

Au mois de novembre 1919, une commission instituée sur ordre du ministère de la Guerre a visité, sous la direction du général Ştefan Burileanu, les principales entreprises métallurgiques de Transylvanie. Les conclusions de l'enquête ont montré que le rétablissement des aciéries de Hunedoara était devenu une nécessité, préconisant la construction de fours électriques et Martin, aussi bien que de laminoirs et de forges. On envisageait ainsi la transformation de Hunedoara en un centre métallurgique aussi important que Reşiţa,³ motivant cette proposition par l'emplacement beaucoup plus sûr du point de vue stratégique de la contrée de Hunedoara, située au centre du pays, dans une zone montagneuse. Les milieux d'affaires voyaient les projets de renforcement de l'industrie de Hunedoara d'un mauvais œil. Ils considéraient dangereuse la compétition exercée par les produits d'une entreprise d'État pour leurs profits. Ils auraient accepté l'accomplissement de projets de développement de

---

de loin les capacités de production de 265 000 tonnes de tous les fourneaux du pays. Les usines de Hunedoara avaient donc un large débouché pour le placement de leurs produits.

² Le patrimoine des usines d'État comprenait des exploitations de minerai de fer, 5 hauts-fourneaux d'une capacité de production de 119 000 tonnes par an, un atelier de fonderie pour des pièces de fonte, une forge aux marteaux à vapeur, un atelier mécanique, une carrière de calcaire, des charbonnages, une centrale hydroélectrique de 400 CV et des funiculaires pour le transport des matières premières. À part cela, les usines d'État détenaient aussi un fourneau à Govăjdia, qui est devenu connu dans l'Europe entière après avoir fourni une partie de la fonte nécessaire à la construction de la prestigieuse Tour Eiffel à Paris. Bref, les usines possédaient non seulement de quoi produire de la fonte et de l'acier, mais encore leurs propres matières premières. Voir notamment BÁTHORY L., « Dezvoltarea Uzinelor de Fier ale Statului de la Hunedoara între anii 1919-1940 » [Le développement des Usines de fer de l'État de Hunedoara pendant les années 1919-1940)], in BÁTHORY L., CSUCSUJA ŞT., IANCU GH., ŞTIRBAN M., *Dezvoltarea întreprinderilor metalurgice din Transilvania (1919-1940)* [Le développement des entreprises métallurgiques de Transylvanie (1919-1940)], Ed. Studium, Cluj-Napoca, 2003, p. 170.

³ BURILEANU ŞT., « Industria metalurgică a Banatului şi Transilvaniei » [L'industrie métallurgique du Banat et de la Transylvanie], in *Buletinul Societăţii Regale Române de Geografie* [Bulletin de la Société royale roumaine de géographie], XXXIX (1920), pp. 60-70.

la sidérurgie à Hunedoara, mais à condition que celle-ci soit placée sous le contrôle du capital privé. Dans la période de sa création, la société *Les Aciéries et Domaines de Reşiţa* (UDR) a essayé de racheter aussi les usines d'État de Hunedoara et Cugir, ce qui aurait abouti à la concentration des plus grands centres sidérurgiques du pays dans les mains d'un monopoliste tout-puissant, étroitement lié au capital étranger, dont l'activité ne pouvait plus être ni contrôlée ni dirigée conformément aux intérêts supérieurs d'État. Les forces économiques du pays et l'opinion publique ont repéré à temps les conséquences nuisibles qui pouvaient dériver de la concrétisation de ce projet, qui a été finalement abandonné.

Pendant la période du gouvernement national-paysan (1929-1933), on a entrepris de nouveaux essais de racheter des Usines de Hunedoara par les milieux d'affaires qui influençaient la politique économique de ce parti. En 1929, on a envisagé leur fusion avec la *Société métallurgique Copşa Mică-Cugir*, tandis qu'en 1930, les usines *Škoda*, connaissant la prédisposition des nationaux-paysans de collaborer avec le capital étranger, ont à leur tour fait des démarches pour acheter les entreprises de Hunedoara et celles de Cugir, dans le cadre d'une coparticipation avec l'État roumain. L'entreprise *Titan-Nădrag-Călan* (TNC), dont le directeur, Max Ausschnitt, bénéficiait non seulement du soutien du gouvernement, mais aussi de celui du capital étranger, a tenté d'obtenir le contrôle de Hunedoara en 1933. L'arrivée des libéraux au pouvoir a empêché pourtant la continuation des transactions, qui auraient pu transformer les usines d'État en une simple annexe des grandes firmes privées TNC et UDR.

Ces firmes sont apparues suite à la réorganisation en Roumanie des entreprises détenues par la Österreichische Staats-Eisenbahn-Gesellschaft et la société hongroise des Mines et Fourneaux de Călan. Après la guerre, la société STEG, dont la fortune était désormais fragmentée du point de vue territorial entre l'Autriche, la Tchécoslovaquie et la Roumanie, a traversé un processus difficile d'adaptation aux nouvelles circonstances, sans être démantelée. Les entreprises de Roumanie situées à Reşiţa ont été obligées de céder la majorité de leur capital aux banques et aux compagnies roumaines. Elles ont été soumises à un processus compliqué de réorganisation financière, qui s'est prolongé jusqu'en 1924, aboutissant finalement à la création des Aciéries et Domaines de Reşiţa, dans lesquelles la participation du capital roumain allait être de 60 %, conformément aux stipulations statutaires et à la loi de « nationalisation » adoptée par le Parlement. Environ 25 % du capital est resté la propriété du groupe STEG-Boden Creditanstalt. Bien que, formellement, le pourcentage du capital réservé aux actionnaires roumains ait été toujours respecté (1925 – 62 % ; 1927 – 62,04 % et 1929 – 61,72 %), le groupe STEG-Boden Creditanstalt, profitant du fait que c'était le principal créditeur de la Société Reşiţa, a réussi à contrôler ultérieurement de manière effective une partie de plus en plus importante du capital (jusqu'à 30 % en 1928 et approximativement 40 % en 1929). En 1929, la Boden Creditanstalt est quand même plongée dans une situation financière précaire par suite de sa fusion obligée avec la *Creditanstalt für Handel und Gewerbe*, dominée par le groupe Rothschild et le capital anglais. Les hommes d'affaires anglais détenaient aussi directement du capital, la plus importante participation anglaise directe dans l'industrie sidérurgique de Roumaine étant celle de la compagnie *Vickers Ltd.*, qui, selon les appréciations de certains cercles d'affaires, détenait environ 20 % du capital de 750 000 000 lei de la Société Aciéries et Domaines Reşiţa. Le capital anglais est arrivé à dominer la société UDR en 1929, lorsque la *Anglo-International Bank*, ensemble avec d'autres banques anglaises, a pris le contrôle de la situation, grâce à la fusion entre la Boden Creditanstalt et la Creditanstalt für Handel und Gewerbe.

Le capital anglais a participé également à l'activité d'une autre grande entreprise de l'industrie métallurgique roumaine, les Usines métallurgiques réunies Titan-Nădrag-Călan, créées en 1924 par le rachat de la plupart du capital de la Société Mines et Fourneaux de Călan par des hommes d'affaires roumains. En 1927, les compagnies *Bessler-Wæchter et Co. Ldt.* de Londres et la *Swiss Bank Corporation* détenaient 40 000 actions, soit 13,33 % du total de 300 000 actions de la société. Le capital autrichien y jouait aussi un rôle important. La STEG avait détenu dès la création de la société TNC un nombre de 20 000 actions. Celui-ci a augmenté à plus de 40 000 en 1932. D'ailleurs, les relations avec la STEG sont devenues extrêmement étroites à partir de 1931, quand TNC, en collaboration avec le grand entrepreneur Nicolae Malaxa, a acheté un paquet important d'actions de cette société, les participations entre les deux compagnies devenant ainsi réciproques.

En revanche, c'est le capital suisse qui fait son apparition et gagne du terrain. La *SA pour Valeurs Industrielles – Berne* (Sovalin) détenait 6 000 actions, tandis que *Partisa SA Génève* en avait 5 750 pendant les années de la crise économique. À partir de 1934, la firme holding internationale *Compagnie Européenne de Participations Industrielles – Monaco* (CEPI) a pris une grande importance dans l'activité de TNC. La même année, elle recueillait 40 840 actions de TNC. Par ailleurs, TNC a participé elle-même à la création de ce holding, en collaboration avec les firmes Vickers, STEG et Sovalin.

Le capital autochtone a maintenu sa prépondérance dans TNC pendant toute la période entre les deux guerres, respectant l'obligation inscrite dans les statuts, d'en détenir au moins 60 % des actions. En 1927, plus de 200 000 des 300 000 actions se trouvaient entre les mains de citoyens roumains. Le reste des actions appartenait à des actionnaires anglais (40 000 titres), autrichiens (approximativement 36 000 titres), hongrois (approximativement

18 000 parts) et suisses (approximativement 200 actions). Après que les firmes roumaines ont acquis la majorité du capital social des grandes corporations métallurgiques, les gouvernements roumains successifs ont promu une politique de plus en plus énergique visant à encourager le développement de l'industrie, surtout pendant les années trente, lorsque l'évolution économique a été marquée par une forte intervention de l'État.[4] Parmi les stimuli mis en place pour promouvoir l'industrie métallurgique, on distingue notamment les taxes douanières protectionnistes, les acquisitions d'État, les crédits accordés à des conditions avantageuses, l'encouragement des investissements publics et privés.[5]

Par conséquent, jusqu'en 1939, l'industrie métallurgique est montée au deuxième rang en ce qui concerne la valeur du capital investi dans les installations industrielles, après l'industrie extractive, qui était la branche industrielle la plus importante de Roumanie.[6] À cause de cela, les principaux produits de l'industrie sidérurgique roumaine ont connu une croissance considérable durant l'entre-deux-guerres :[7]

	Total production (tonnes)		Per capita (kg)	
	1920	1938	1920	1938
Minerai de fer	82 000	200 000	5,3	10,1
Acier	40 000	264 000	2,6	13,4
Laminés finis	41 000	194 000	2,6	11,8

En parallèle, la production de fonte de la Roumanie a augmenté de 32 600 tonnes en 1921 à 126 630 tonnes en 1938. Avant la Seconde Guerre mondiale, l'industrie sidérurgique autochtone satisfaisait la plus grande partie de la demande du marché intérieur, couvrant, en 1937, 94,8 % du besoin de fonte, 69 % de l'acier et 96,2 % des laminés.[8]

---

[4] PĂUN N., ȘTIRBAN M., « Politica economică a României între primul și al doilea război mondial » [La politique économique de la Roumanie entre la Première et la Seconde guerre mondiale), in : PUȘCAȘ V., VESA V. (eds.), *Dezvoltare și modernizare în România interbelică 1919-1939* [Développement et modernisation en Roumanie entre les deux guerres 1919-1939], Recueil d'études, Ed. Politică, Bucarest, 1988, pp. 68-138, ici : p. 111.

[5] BÁTHORY L., CSUCSUJA ȘT., IANCU GH., ȘTIRBAN M., *op. cit.*, pp. 18-20.

[6] BÁTHORY L., « Trăsături generale ale dezvoltării și modernizării sistemului industrial-bancar » [Traits généraux du développement et de la modernisation du système industriel-bancaire], in : PUȘCAȘ V., VESA V. (eds.), *op. cit.*, p. 220.

[7] PĂUN N., *Viața economică a României 1918-1948* [La vie économique de la Roumanie 1918-1948], Presa Universitară Clujeană, Cluj-Napoca, 2009, p. 400.

[8] CIMPONERIU E., « Dezvoltarea industriei metalurgice din Transilvania după Unirea cu România (1919-1939) » [Le développement de l'industrie métallurgique de

Dans l'entre-deux-guerres, les entreprises sidérurgiques-métallurgiques s'efforçaient pour couvrir leurs besoins tant en matières premières qu'en ressources humaines par leurs propres moyens, afin d'acquérir l'autonomie sur le marché intérieur des produits métallifères. L'entreprise la plus avancée en la matière étaient les Aciéries et Domaines de Reşiţa, qui avaient à leur portée, dans une zone géographique très proche, toutes les sources dont elles avaient besoin. Le complexe industriel de Reşiţa, dénommé aussi « le petit Krupp de l'Europe orientale », jouissait d'un rôle extrêmement important dans l'économie nationale de la Roumanie. À la fin de l'entre-deux-guerres, il fournissait 100 % de la production de coke métallurgique, 75 % de la production de fonte, 80 % de la production d'acier, 70 % de la production de laminés et 100 % des équipements pour les chemins de fer ![9]

À la différence de la société Reşiţa, qui était un trust vertical, la société des Usines métallurgiques réunies Titan-Nădrag-Călan était un groupe horizontal, car ses unités de production étaient éparpillées sur différentes provinces, en Moldavie, en Transylvanie et au Banat, tandis que ses bureaux de vente se trouvaient à Bucarest. Les différents sites se complétaient réciproquement, s'intégrant dans un vaste complexe sidérurgique-métallurgique, avec une production en croissance à un rythme accéléré. À la fin de l'entre-deux-guerres, elle assurait 24,5 % de la production de minerai de fer, 18,3 % de celle de fonte et 20 % de la production d'acier.[10] La contribution la plus importante de la société TNC était pourtant celle à la production des laminés. En 1937, elle offrait 56 % de la production de fer laminé commercial et 97 % de celle de tôle, détenant en fait le monopole dans ce domaine.

Afin de gagner du terrain sur le marché métallurgique intérieur, la société TNC n'a pas seulement utilisé l'arme de la concurrence pacifique, mais elle a aussi recouru à des pressions et des méthodes d'intimidation des firmes concurrentes, disposant dans ce but du soutien des autres grandes compagnies métallurgiques. TNC, pour l'élimination de ses concurrents, a notamment collaboré très étroitement avec la société UDR, avec laquelle elle avait partagé le marché intérieur de Roumanie à partir de 1924 ; en outre, en 1926, on a créé un organe commun de vente, la *Société commerciale métallurgique* (Socomet), appelée à commercialiser les produits des deux sociétés, qui pouvaient désormais dicter les conditions de

---

Transylvanie après l'unification avec la Roumanie (1919-1939)], in *Studii. Revistă de istorie* [Études. Revue d'histoire], 6(1968), p. 1208.

[9] Pour des données supplémentaires, voir : PERIANU, D.G., *Istoria uzinelor din Reşiţa 1771-1996* [Histoire des usines de Reşiţa 1771-1996], Ed. Timpul, Reşiţa, 1996.

[10] BÁTHORY L., « Evoluţia Societăţii „Titan-Nădrag-Călan" între cele două războaie mondiale » [L'évolution de la Société „Titan-Nădrag-Călan" entre les deux guerres mondiales], in BÁTHORY L., CSUCSUJA ŞT., IANCU GH., ŞTIRBAN M., *op. cit.*, p. 106.

vente puisqu'elles fournissaient ensemble la grande majorité de la production. Plus tard, *L'Industrie du fil de fer* y a adhéré. Ces trois compagnies ont formé ainsi un véritable cartel du fer, dont l'organe de vente était la Socomet.

Les grandes compagnies métallurgiques de Hongrie, d'Autriche et de Tchécoslovaquie, qui détenaient d'importantes participations dans l'industrie du fer roumaine, ont appelé de leurs vœux la création d'un syndicat du fer en Roumanie, afin de pouvoir négocier le partage du marché local entre les monopoles étrangers et les sociétés autochtones placées pour la plupart sous la tutelle de capitalistes étrangers. Le premier accord entre les représentants des entrepreneurs métallurgiques de l'Europe centrale et de Roumanie a été conclu en 1924. Il a à ce moment été signé, du côté des firmes roumaines, seulement par la société Reşiţa. Quoique TNC ait bientôt rallié l'accord, il ne s'est pas révélé viable. En fait, il avait été signé seulement pour une période de quatre ans. En 1928, de nouveaux pourparlers ont démarré entre les représentants de l'industrie central-européenne et les firmes UDR, TNC, l'Industrie du fil de fer et les *Usines Griviţa Bucarest*, qui, jusqu'en 1929, ont conclu un accord sur le partage du marché du fer en Roumanie.[11] Par suite du déclenchement de la crise économique, qui a renversé tous les calculs des grands monopoles, les stipulations de l'accord n'ont cependant pas pu être respectées. Dans les années 1931-1932, de nouvelles négociations ont commencé pour la fondation d'un syndicat du fer en Roumanie et en Europe centrale.

L'État roumain a essayé de règlementer l'activité des cartels de l'industrie métallurgique, sans que les Usines de fer de l'État de Hunedoara adhèrent à ces cartels. Ainsi, la politique de l'État à l'égard des Usines de Hunedoara oscillait entre d'une part la tendance de maintenir en fonction et de moderniser cet important potentiel de production, et d'autre part la nécessité de tenir compte des intérêts des grandes corporations métallurgiques. Le problème le plus important des usines de l'État était celui de la vente de la production de fonte sur le marché intérieur.

Pour assurer l'écoulement des quantités accrues de fontes obtenues dans les fourneaux de Hunedoara pendant les années 1925 et 1929, on a agi de sorte à aboutir à une entente avec les fonderies privées. L'Union des industries métallurgiques et minières, qui regroupait également les patrons des fonderies de fonte, s'est montrée disposée à prendre des quantités de fonte plus grandes et de conclure ainsi un accord stable de longue durée. On a constaté que les fonderies du pays auraient eu besoin justement de la quantité produite par le fourneau qui était en fonction. Elles se plaignaient toutefois de l'augmentation du prix de la fonte de Hunedoara,

---

[11] Pour les détails, voir MANOLESCU V., *225 de ani de siderurgie la Reşiţa (1771-1996)* [225 ans de sidérurgie à Reşiţa (1771-1996)], Ed. Timpul, Reşiţa, 1996, p. 125.

qui, en comparaison avec celui des fontes d'importation en provenance de la Tchécoslovaquie, était trop élevé. Il est vrai, ultérieurement, les prix ont commencé à baisser.

Entre 1925 et 1929, le prix moyen de la fonte vendue par l'Administration des Usines de Hunedoara a baissé au total de 19,6 %. Toujours vers la même époque, le prix des pièces de fonte coulée a chuté de 31,7 %. Le prix des tubes de fonte et des pièces mécaniques finies, récemment mises en fabrication, a lui-aussi diminué.[12] Parmi les produits des Usines de Hunedoara, il n'y a que les outils agricoles qui ont connu jusqu'en 1929 une augmentation d'approximativement 25,8 % de leur prix. Certes, l'État menait une politique volontaire de baisse des prix, afin de contrecarrer les tendances inflationnistes sur le marché intérieur. Cela a pourtant provoqué le mécontentement des compagnies privées, qui voyaient leurs profits en péril. Il s'ensuit qu'en 1927 l'Union des industries métallurgiques et minières a adressé au ministère de l'Industrie et du commerce un mémoire dans lequel elle protestait contre la baisse des prix des produits fabriqués par l'industrie d'État.[13]

Dans ce mémoire, on démontre que

> certaines industries d'État, comme Hunedoara – le principal fournisseur des fonderies du pays – sont en compétition même avec leurs clients, avec des pièces tournées et aux prix dénués d'une base réelle de circulation. Pour ce cas spécial de concurrence des fournisseurs contre leurs propres clients fabricants de pièces de fonderie, nous vous prions, Monsieur le Ministre, d'avoir l'amabilité d'accorder toute Votre attention à l'arrêt d'une concurrence fondée sur des principes illégaux et de guider les Usines de fer de Hunedoara vers un accord aussi intime que possible avec les fonderies du pays qui consomment chaque année plus de 2 000 tonnes de fonte de Hunedoara.[14]

La vente des produits des Usines de Hunedoara ne se faisait pourtant pas selon les règles du commerce normal, mais conformément aux stipulations de la Loi de la comptabilité publique, ce qui entraînait l'accomplissement de nombreuses formalités bureaucratiques, la sollicitation de multiples approbations auprès du ministère de l'Industrie et du Commerce, la déposition de contrevaleurs à l'Administration financière, etc. La complexité du système rendait la vente des produits sur le marché tellement difficile que la clientèle privée n'acheta plus les produits des Usines d'État.

---

[12] BURUIANĂ I., « L'activité des entreprises minières et métallurgiques de l'État en Transylvanie pendant la période 1925-1931 », in *Correspondance économique roumaine*, 1(1933), annexe 7.

[13] Archives nationales de Roumanie, Bucarest, fonds Union des industries métallurgiques et minières de Roumanie (UIMMR), dossier no.6-1927, f.220-226.

[14] *Ibid.*

Après l'année 1928, le gouvernement national-paysan a essayé, par de diverses mesures de caractère organisationnel, d'accroître l'efficience des entreprises d'État. Pour cela, on a adopté la Loi pour l'organisation et l'administration des biens et des propriétés de l'État, selon laquelle, depuis 1930, les exploitations minières et métallurgiques dépendant du ministère de l'Industrie et du commerce se sont constituées en trois régies publiques distinctes.[15] Ultérieurement, leur fonctionnement séparé s'est avéré non-profitable, de sorte qu'elles ont été démantelées à partir du 15 mai 1931 pour être remplacées en Transylvanie par la *Régie publique commerciale des Entreprises minières et métallurgiques de l'État*, en abrégé RIMMA.[16]

Une administration plus judicieuse des fonds était également nécessaire, puisque la pénurie de ressources financières avait abouti au début de la crise à la dégradation des installations de l'entreprise. À Hunedoara, la plupart des outils étaient non seulement usés ; ils ne répondaient plus aux exigences du temps. Un fourneau s'est écroulé ! À défaut des fonds requis, il n'a pu être réparé. Autant dire que la gestion des usines devait à son tour être améliorée à tout prix. Le système de commercialisation des articles fabriqués à Hunedoara a par conséquent été modifié en rompant avec les structures bureaucratiques qui imposaient de nombreuses formalités. Il en résultait un système commercial plus expéditif. Dans le même but, les Usines de Hunedoara sont entrées en collaboration avec des firmes commerciales privées. L'objectif était de trouver de plus larges possibilités de diffusion pour leurs produits. À cause des difficultés provoquées par la crise, le gouvernement s'est proposé de faciliter, par tous les moyens, la vente de fonte et des produits de fonte brute qui n'avaient pas été vendus. Puisque l'on immobilisait aussi de cette façon des sommes d'argent considérables, le Conseil des ministres a décidé, le 2 décembre 1931, de soutenir la RIMMA en l'autorisant à s'approvisionner avec des matériaux d'exploitation et des machines, non seulement contre des paiements en espèces, mais aussi par la fourniture en nature de certains produits des entreprises d'État, y compris de la fonte, des pièces coulées ou forgées, dont quelques-unes étaient destinées à des productions agricoles. La décision, bien qu'adoptée en 1931, a seulement été appliquée à partir de 1933.

Afin d'élargir davantage les possibilités de vente pour les entreprises RIMMA, le Conseil des ministres a décidé pendant la même année

---

[15] PĂUN N., *op. cit.*

[16] *Proiect de buget pe anul 1932 al Întreprinderilor Miniere și Metalurgice ale Statului din Ardeal* [Projet du budget sur l'an 1932 des Entreprises minières et métallurgiques de l'État de Transylvanie)], Bucarest, 1931, p. 3.

que les institutions d'État – départementales et communales – seraient contraintes à acheter par entente commune des produits des Usines de l'État, comme de la fonte brute, des pièces coulées et forgées, des tubes de fonte, etc. Les institutions d'État ne pouvaient pas s'approvisionner ailleurs, à moins qu'aux licitations publiques, les entreprises privées n'aient offert de meilleurs prix que ceux de la Direction RIMMA.[17] Une telle mesure a déclenché l'ancienne crainte des firmes métallurgiques privées devant le danger de la concurrence exercée par les entreprises publiques. Les premières ont fait appel à l'Union des industries métallurgiques et minières, qui a convoqué une réunion de protestation des représentants de l'industrie privée, lors de laquelle l'on a adopté un mémoire qu'une délégation des entrepreneurs de la métallurgie a ultérieurement remis au ministère de l'Industrie et du commerce.[18]

Soumise à des pressions insistantes de la part des plus influents cercles de la communauté des affaires, la politique gouvernementale a fait encore une fois des concessions aux intérêts de l'industrie privée. Néanmoins, dans l'ensemble, sous l'impulsion des plus clairvoyants représentants de la stratégie économique, la politique de l'État a encouragé sous de multiples aspects le développement des Usines de Hunedoara. Le gouvernement libéral, arrivé au pouvoir à la fin de 1933, a accordé une attention de plus en plus grande aux Usines de Hunedoara. Gheorghe Tătărescu, le ministre de l'Industrie et du commerce est en visite des usines lors de la remise en service du fourneau, le 16 décembre 1933. À l'occasion il a promis que le gouvernement assurerait aux Usines de l'État des commandes appropriées afin de leur garantir un degré d'activité élevé.

Tous les avantages obtenus par les entreprises métallurgiques d'État ont déclenché le mécontentement des grands entrepreneurs de la branche. Ils considéraient que « de telle manière, RIMMA obtient une situation avantageuse par rapport aux entreprises privées, exerçant à l'égard de celles-ci une concurrence déloyale ». D'ailleurs, pendant ces années-là, les cercles monopolistes de l'industrie métallurgique ont fait appel à tous les moyens, depuis les attaques dans la presse jusqu'aux pressions sur le gouvernement et même au chantage économique et au sabotage, pour empêcher le développement harmonieux et multilatéral des Usines de Hunedoara. L'Union des industries métallurgiques et minières a protesté avec acharnement contre la clause par laquelle le gouvernement national-paysan visait à obliger les institutions d'État de s'approvisionner avec des produits de fer et de métal des entreprises RIMMA Les patrons ont fini par gagner.[19]

---

[17] *Monitorul fierului* [Le journal du fer], 05.10.1933, p. 5.
[18] *Ibid.*
[19] BÁTHORY L., *Dezvoltarea Uzinelor de Fier ale Statului de la Hunedoara ...*, *op. cit.*, p. 193.

Afin de susciter des ennuis qui entravent l'activité normale des Usines de Hunedoara, les monopoles métallurgiques n'ont pas hésité à recourir parfois au sabotage. Au mois d'août 1934, la société *Marginea* a désassemblé les ponts de la voie de fer privée Marginea-Poieni, sous prétexte de les réparer. Or, les meules de charbon de bois qui approvisionnaient Hunedoara avec des combustibles se trouvaient justement à Poieni. Certes, la société Marginea aurait dû au moins notifier son intention à la Direction des Usines de l'État, mais elle ne l'a pas fait. À cause de l'interruption de la circulation sur la ligne Marginea-Poieni, les usines de fer ont alors subi des pertes significatives, car les fourneaux, par manque de charbon de bois, ont travaillé pendant deux mois à un rythme très ralenti, tandis que le charbon de bois entreposé à Poieni s'altérait et devait inutilisable avec le temps. Il en fut de même d'un demi-wagon de farine destiné à l'approvisionnement des travailleurs d'Hunedoara. Le ministère de l'Industrie et du commerce, en collaboration avec l'Inspectorat général de la gendarmerie, a effectué des investigations à ce propos, concluant que « l'acte de sabotage était évident ».[20]

Il devient plus clair à qui a servi cet acte, quand on sait que la société Marginea était une filiale de la société Reşiţa. Or, l'essor pris par les Usines de Hunedoara en ce qui concerne la diversification de leur production ne convenait pas du tout à la société UDR. La gazette *Le Moniteur du fer*, financée par les grands monopoles métallurgiques, s'est prononcée maintes fois contre la création d'une industrie de traitement de la fonte à Hunedoara, « parce que ces entreprises font de la concurrence nuisible aux entreprises privées, qui accomplissent de grandes tâches publiques, tandis que les entreprises de l'État ne correspondent pas du tout au dessein pour lequel elles ont été créées ».[21] La même gazette essayait de suggérer sans cesse que le vrai « dessein » des Usines de l'État aurait été la vente de fonte, à un prix aussi bas que possible, aux entreprises privées, et elle qualifiait les efforts de la direction des Usines d'État d'enrichir leur variété de produits « d'aventures industrielles », prévoyant un « désastre complet et permanent » pour celles-ci.

Le déficit chronique enregistré dans le bilan des Usines de Hunedoara constituait un autre thème d'attaque favori des milieux d'affaires. Les journaux *Argus*, *Bursa* et *Monitorul Fierului* attaquaient incessamment l'administration de RIMMA pour ce phénomène, mais toujours dans le but de la déterminer à renoncer à l'extension de son activité. « Pour que RIMMA redevienne rentable, il faut changer de manière radicale la politique d'affaires de cette entreprise et, en premier lieu, il s'impose qu'elle intensifie sa production de matières premières et de semi-finis dont nous

---

[20] *Ibid.*
[21] *Monitorul Fierului* [Le Moniteur du fer], 21(1935), p. 5.

avons besoin aujourd'hui, sans investissements plus importants, et à un moment où l'approvisionnement de l'industrie nationale est confronté à tant de difficultés provenant de l'étranger ».

Si les représentants des monopoles et des cartels essayaient de toute façon d'empêcher le développement naturel des Usines de Hunedoara, d'autres cercles d'affaires de l'industrie métallurgique, notamment les petites et moyennes entreprises, aussi bien que les entreprises qui étaient exploitées par les mêmes monopoles, considéraient que l'approvisionnement du marché du fer avec des produits des Usines de l'État dans des quantités aussi grandes que possible et par des produits plus variés (semi-finis, laminés, acier de construction, tôle) pourrait les protéger contre les prix exagérés, « entravant la spéculation infamante du cartel du fer ». Dans la gazette *Fierul* (Le fer), le porte-parole de ces cercles notait : « donc, c'est le devoir de Monsieur le ministre de l'Industrie et du commerce, dans les attributions duquel se trouvent ces usines, de faire de son mieux afin d'assurer un développement aussi grand que possible de celles-ci, car elles sont appelées pour défendre les consommateurs contre la tendance de spéculation des laminoirs de fer et de tôle des cartels ».

Les commerçants et les fabricants de fer, qui devaient mener un combat permanent contre le cartel formé par les grands monopolistes afin de survivre, considéraient que les Usines de fer de l'État « ne pouvaient pas, en tout cas, entrer dans le cartel », promettant que « si ces usines [...] se développeraient dans cette direction, les commerçants de fer et les représentants de l'industrie nationale du traitement contribueraient, par leurs commandes, dans un délai relativement court, à leur fleurissement rapide ».[22] Ces cercles condamnaient surtout les sociétés TNC et l'Industrie du fil de fer pour le fait de « protester, d'une manière très acharnée, contre la tendance d'extension ou d'amplification des Usines de fer de l'État de Hunedoara et de recourir aux manœuvres parmi les plus impossibles pour empêcher les usines de l'État d'y installer un laminoir, bien qu'elles ne soient pas seulement prédestinées à l'installation d'un laminoir, mais, vu l'intérêt civique, cela serait leur devoir ».[23] Quoique certains cercles d'affaires aient tâché d'entraver le développement de Hunedoara, la politique économique des gouvernements des années 1934-1939 s'est orientée vers l'élargissement de la capacité de production des sections existantes et l'installation de nouveaux ateliers et sections productrices, afin de diversifier la production et d'assurer à l'économie nationale des produits sidérurgiques-métalliques de première nécessité. Dans ce but, il fallait créer tout d'abord une aciérie et un laminoir de grande capacité. Bien qu'il y ait eu des pressions aussi pour l'abandon de ce projet au profit des compagnies

---

[22] *Fierul* [Le fer], 1-2(1936), p. 20.
[23] *Ibid.*, 9(1937), p. 6.

privées, et pour le maintien d'Hunedoara dans un rôle de banal fournisseur de fonte brute à bon marché pour d'autres usines, la tendance dominante de la politique d'État a commencé à devenir, pendant cette période, celle de transformer les usines de l'État en des unités productrices puissantes, disposant de leurs propres outillages pour le traitement de la fonte dans des quantités de plus en plus grandes. Ainsi, pendant les années 1930-1931, on est arrivé au point que l'usine était capable de transformer dans ses propres installations environ 14-17 % de la production totale de fonte des Usines de l'État. Cette façon de procéder était de loin plus lucrative, car elle permettait de facturer des prix de 30-50 % supérieurs.[24]

Plusieurs agents ont concouru pour imposer à l'administration de RIMMA le développement des sections de traitement auprès des Usines de l'État. L'un d'entre eux a eu un caractère conjoncturel, lié à la tendance de la politique économique d'État de tempérer les conséquences nuisibles de la crise économique. Afin de stimuler l'activité économique générale en vue d'empêcher une augmentation du nombre des chômeurs, RIMMA a mené une politique d'investissements soutenus dans toutes les usines qu'elle exploitait. Par conséquent, pendant les années 1930 à 1933, les Usines de Hunedoara ont non seulement évité de ralentir leur rythme d'activité, mais elles se sont aussi enrichies de nouvelles unités productrices modernes, qui ont transformé graduellement ce centre industriel en un complexe sidérurgique-métallurgique d'une importance vitale pour l'économie roumaine.

À part les facteurs de nature économique, c'est la politique d'État qui a contribué au développement de la métallurgie à Hunedoara, car elle a eu des raisons solides pour encourager, pendant les années qui ont précédé la Seconde Guerre mondiale, cet important pilier de l'économie roumaine. Après 1933, l'accession sur le plan mondial des pouvoirs fascistes et révisionnistes a obligé la Roumanie d'accorder une attention de plus en plus grande au renforcement de sa capacité de défense, pour protéger l'unité nationale de l'État, accomplie au moyen de tant de sacrifices.

Dans ces conditions, les Usines de Hunedoara qui occupaient un emplacement stratégique avantageux et qui disposaient d'importantes réserves de minerai et d'une main-d'œuvre qualifiée, acquéraient une importance considérable. En conséquence, on a pris les mesures nécessaires afin de concrétiser les propositions élaborées dès les lendemains de la Grande Guerre, pour transformer Hunedoara en une puissante base de l'industrie sidérurgique-métallurgique roumaine, qui, si nécessaire, serait

---

[24] CHINDLER N., DÂNCAN V., DOBRIN I., PĂȚAN R., POPA S., *Combinatul siderurgic Hunedoara. Tradiție și progres în siderurgie 1884-1974* [Le combinat sidérurgique de Hunedoara. Tradition et progrès en sidérurgie 1884-1974], Ed. Pentru Turism, Bucarest, 1974.

capable d'approvisionner tant l'économie que l'armée avec des produits d'une importance primaire.[25] En dépit de tout cela, le développement des Usines de fer de l'État n'a vraiment été ni linéaire ni dépourvu de difficultés. La raison en est l'opposition acharnée sous différentes formes des grands konzerns, notamment TNC et UDR, qui voyaient la « concurrence » exercée par les produits de l'industrie d'État comme une menace sur le marché métallurgique. Ainsi, ils intervenaient sur le marché du crédit pour entraver le financement du développement des Usines de fer de Hunedoara. En 1935 par exemple, l'administration de RIMMA avait essayé d'obtenir des crédits de la part de la Société nationale du crédit industriel pour financer les investissements nécessaires. Sa demande fut toutefois refusée par suite des pressions des milieux d'affaires ! Là-dessus RIMMA a démarré des négociations avec la compagnie *Ferrostahl AG* de Essen en Allemagne, une filiale de la *Gutehoffnungshütte*. Le konzern a accepté d'avancer les fonds requis tout en offrant aux entreprises d'État de les rembourser dans une large mesure sous forme de matières premières nécessaires à l'industrie métallurgique allemande.[26]

L'accord définitif prévoyait ainsi que Ferrostahl fournirait une aciérie, un laminoir, une installation de dolomite, une centrale électrique et une aciérie électrique. Le laminoir produirait chaque année 100 000 tonnes de semi-finis nécessaires aux usines d'armement, des aciers spéciaux, des billettes, du fer carré et de la platine. Son coût était estimé à 9 420 357 de marks. Par l'installation de l'aciérie et du laminoir à Hunedoara, les capacités de production de la sidérurgie roumaine ont augmenté de manière notable. Les quatre fours fixes Siemens-Martin de 25 tonnes par charge, avaient une capacité de production de 100 000 tonnes annuelles, tandis que les deux fours électriques produisaient 4 000 tonnes par an. Ainsi, la capacité de production des aciéries de Roumanie est arrivée à 388 000 tonnes d'acier, dont 23 000 tonnes étaient de l'acier électrique. Les Usines de Hunedoara détenaient 27 % de la capacité de production d'acier Martin et 17 % de celle d'acier électrique de Roumanie. En outre, elles participaient avec un taux de 24 % à la capacité de production des profilés et avec un taux de 40 % à la capacité de production de fonte. Hunedoara détenait environ 12 % du potentiel de fabrication de toutes les forges de fonte du pays.

Les Usines de Hunedoara ont accompli pendant les deux décennies de l'entre-deux-guerres un effort visant à faire accroître la quantité et la qualité de la production, ainsi que la productivité du travail grâce à une modernisation de l'outillage et l'augmentation des capacités de production.

---

[25] PĂUN N., *op. cit.*
[26] BÁTHORY L., *Dezvoltarea Uzinelor de Fier ale Statului de la Hunedoara ...*, *op. cit.*, p. 196.

Durant les 20 ans d'activité, les coulées de fonte ont doublé ; la fabrication des pièces de fonte a augmenté de 6 fois ; celle des outils agricoles est multipliée par 5 et celle des tubes de fonte par 8. Du point de vue de la valeur, la production totale des Usines de Hunedoara a augmenté de 36 054 415 lei pendant l'exercice comptable de 1921/22, à 249 223 546 lei en 1938, donc six fois plus. Équivalant en or, la valeur totale de la production de Hunedoara a été d'approximativement 1 480 kg en 1938, contre environ 490 kg en 1921.[27]

L'amplification de la productivité de travail a été accomplie, en grande partie, grâce à la diversification de la production et à l'assimilation de certains produits qui gagnaient de la valeur par un traitement de plus en plus complexe ; le rendement par habitant exprimé en valeur-or a augmenté d'à peu près 90 grammes en 1921 jusqu'à approximativement 300 grammes en 1930 et environ 420 grammes en 1930, soit au total 4,6 fois plus. Malgré l'opposition des cercles d'affaires privés, les Usines de fer de l'État de Hunedoara ont manifesté une évolution ascendante pendant l'entre-deux-guerres. Ainsi, elles sont devenues une entreprise métallurgique à cycle intégral, qui était capable de produire les articles les plus divers : de la fonte à partir du minerai, du fer et de l'acier, des demi-produits et des laminés jusque, y compris, des pièces finies de haute technicité.

---

[27] CHINDLER N., DÂNCAN V., DOBRIN I., PĂȚAN R., POPA S., *op. cit.*, p. 66.

André Oleffe, un « Grand Duc » de la sidérurgie belge

Pierre TILLY

Université catholique de Louvain-la-Neuve

Au milieu des années 1960, un homme d'influence est appelé à la rescousse de l'industrie sidérurgique belge. Ce choix ne relève aucunement du hasard. Directeur général à la Commission bancaire, président du Mouvement ouvrier chrétien, bientôt président du Conseil d'administration de l'Université catholique de Louvain et ministre des Affaires économiques, André Oleffe est un homme qui compte dans le landerneau belge et qui fait l'unanimité parmi les milieux concernés. Respecté par le patronat et par le monde politique, proche du monde syndical, il va jouer un rôle clé dans le dossier sidérurgique belge en tant que « sherpa » du gouvernement belge pour redresser la situation très préoccupante de ce secteur. De 1968 à 1974, il préside un comité de concertation de la politique sidérurgique qui réunit tous les acteurs du secteur avec l'ambition de moderniser et rationaliser le secteur par la voie du dialogue.

Cet épisode important dans le long feuilleton connu par la sidérurgie belge depuis les temps glorieux de l'apogée de cette industrie jusqu'à son déclin doit être tout d'abord replacé dans un contexte général pour prendre la mesure des enjeux, ce qui sera fait dans un premier temps. Ensuite, il s'agira de présenter la large panoplie des acteurs en présence qu'ils soient politiques, sociaux, financiers, scientifiques et qu'ils soient actifs au niveau national, régional ou local et parfois européen. Ces acteurs occupent en tous les cas une place centrale dans la pièce qui se joue. Leur action et leur positionnement dans les différents dossiers vont peser lourdement dans les choix opérés, les réussites et les échecs rencontrés face à la douloureuse adaptation du secteur aux changements structurels survenus depuis les années 1960. Poussée dans le dos par l'innovation technologique, la sidérurgie se dirige résolument vers la constitution d'unités de production et de gestion de plus en plus grandes.[1]

---

[1] LEBOUTTE R., *Histoire économique et sociale de la construction européenne*, PIE Peter Lang, Bruxelles, p. 457.

Un processus qui passe par des restructurations et des fusions qui menacent clairement l'emploi.

La sidérurgie belge dans une situation délicate

Durant l'été 1965, des discussions au plus haut niveau se déroulent pour remédier à la situation délicate que traverse le secteur sidérurgique. Elles visent à fixer les modalités d'une convention entre le gouvernement, la Société Nationale du Crédit à l'Industrie (SNCI) et les dirigeants d'une des entreprises les plus importantes, *Espérance-Longdoz* (E-L) qui fait partie du groupe *Coppée*. En août 1965, l'octroi d'un crédit de 3 milliards de francs à cette société donne l'occasion au gouvernement belge dirigé par Pierre Harmel de procéder à un examen d'ensemble de la situation de la métallurgie en Belgique. D'après différentes études émanant de la CECA, de l'OCDE ou d'autres organismes publics ou professionnels privés, la situation difficile que connaît la sidérurgie au plan européen, voir au niveau mondial est le résultat d'un déséquilibre durable entre la consommation et les capacités de production d'acier.[2] L'excès de capacité est particulièrement sensible dans le domaine des produits plats et plus particulièrement, dans les laminoirs semi-continus ou continus à large bandes.

Quelles sont les raisons qui ont conduit à cette situation ? Selon une étude de la société *Allegheny-Longdoz* de 1965, la première raison est à trouver dans un accroissement plus lent de l'activité économique générale par rapport à la décennie précédente. Le fait que cet accroissement se soit réalisé davantage dans des secteurs qui constituent de moins gros consommateurs d'acier comme la chimie, les plastiques et les services joue également son rôle.[3] Par ailleurs, des pays émergents traditionnellement importateurs d'acier se sont équipés pour faire face à leurs propres besoins. Ils sont même intervenus comme exportateurs sur le marché mondial. Enfin, il faut y voir la marque de l'évolution technique rapide dans le secteur sidérurgique qui a provoqué une série de décisions d'investissement généralement au moyen de capacités de production unitaire très grandes. Sur le plan belge, les usines belges sont confrontées à deux types de problème. Les unes sont de dimensions trop restreintes et orientées vers des produits de gamme limitée dans un marché en pleine évolution. D'autres ont vu leurs installations vieillir ; leurs produits sont moins recherchés. C'est le cas par exemple du bassin de Charleroi. Quant aux entreprises de dimensions plus importantes, elles se sont dirigées vers la production de produits plats grâce à des investissements importants. Une option qui

---

[2] LEBOUTTE R., *Histoire économique et sociale de la construction européenne*, *op. cit.*, pp. 465-475.

[3] AGR [Archives générales du Royaume, Bruxelles], Fonds Coppée, n° 26535, Notes de Van De Putte pour Delville, 29.03.1965.

a pour principale conséquence de poser des problèmes sérieux de charges fixes (intérêts, amortissements) qu'il faut parvenir à dominer.

D'autres difficultés sont mises en exergue par les représentants du monde patronal. Pour le Groupement des Hauts Fourneaux et Aciéries Belges (GHFAB), l'un des problèmes majeurs réside dans les conditions d'accès aux sources de matières premières. Les consommateurs belges parmi lesquels figurent en ordre principal les usines sidérurgiques s'estiment défavorisés du fait de l'isolement du marché belge dans le cadre de la CECA. Or, les sidérurgistes souhaitent bénéficier d'une entière liberté d'approvisionnement aux sources les plus intéressantes de la Communauté. Un régime réellement communautaire doit être institué pour les importations de charbon des pays tiers. Cette politique énergétique communautaire devrait avoir une orientation libérale.[4]

Une solution originale au secours de la sidérurgie belge

Face à ces difficultés réelles ou potentielles, un effort important de concentration et de mise en commun s'impose, aux yeux du gouvernement belge, qui veut éviter des doubles emplois. Si certains efforts ont été faits par les intéressés, ils doivent être renforcés et encouragés par les pouvoirs publics. Ceci étant, dans un contexte marqué par les fermetures continues de charbonnages et par la nécessité de favoriser l'activité industrielle dans les régions qui en sont victimes, le gouvernement Lefèvre-Spaak craint de voir se multiplier les demandes d'intervention et d'assistance financière notamment en faveur du secteur sidérurgique. Il est de pratique courante que les subsides à l'industrie soient accordés en présence d'un problème social aigu ou si des espoirs de redressement existent à plus ou moins bref délai.

Dans l'immédiat, il faut en tous les cas répondre à certains problèmes de financement qui se posent de manière urgente. La création du Comité de concertation de la politique sidérurgique (CCPS) répond en partie à la volonté du gouvernement de voir les crédits associés à l'exécution d'un plan d'amélioration de l'industrie sidérurgique, notamment en favorisant des concentrations ou la création d'unités communes de production ou de recherche. Du côté du secteur privé, on appuie l'idée d'un plan analogue à celui du gouvernement français ;[5] mais surtout on ne veut pas être l'objet d'interventions extérieures.[6] Il faut également prendre en compte les

---

[4] *Conseil Professionnel du métal*, Commission "programmation économique", remarques concernant le projet de programme à cinq ans établi par le Bureau de Programmation économique, 21.02.1962.

[5] FREYSSENET M., *La sidérurgie française. 1945-1979. L'histoire d'une faillite. Les solutions qui s'affrontent*, Savelli, Paris, 1979.

[6] La mondialisation des entreprises sidérurgiques commence alors à faire sentir ses effets. STORA B., « Crise de la sidérurgie mondiale et perspective de la sidérurgie

préoccupations des organisations syndicales qui s'estiment confrontées à la politique du fait accompli à la suite des concentrations financières et industrielles opérées dans le secteur sidérurgique. Elles ne cachent pas les soucis que leur causent les projets de restructuration annoncés comme celui des usines de la *Providence* à Marchienne-au-Pont qui sont absorbées par *Cockerill-Ougrée*. Bref, le temps est à l'orage dans le ciel de la sidérurgie belge. L'enjeu essentiel pour Oleffe qui va donc être appelé au chevet du secteur est le climat existant entre les entreprises sidérurgiques et les sortir d'une logique de pure compétition pour les amener à coopérer.

Pour désamorcer la bombe, le gouvernement décide d'organiser une conférence nationale de la sidérurgie, une solution originale à bien des égards dans l'Europe de cette époque.[7] Elle se tient le 21 novembre 1966.[8] Cette conférence nationale sectorielle regroupe les forces vives du secteur, à savoir les pouvoirs publics, les représentants des organisations syndicales qui sont présents en nombre et les représentants patronaux parmi lesquels Max Nokin, gouverneur de la *Société générale de Belgique* (SGB), Pierre Van Der Rest, président du Groupement des hauts fourneaux (GHFAB) ou encore le baron Evence Coppée, l'un des principaux patrons du secteur. Ces personnalités se réunissent au départ d'un noyau dur appelé le comité de la sidérurgie belge.[9] C'est un groupe de travail interministériel orchestré par Claude Josz, secrétaire général du Bureau de programmation, qui a préparé l'événement du 21 novembre. Sur le fond du problème, Josz, animateur de ce groupe de travail, ne veut pas céder à *Hainaut Sambre* en matière d'aciérie dans la mesure où des compléments d'investissements apparaîtraient vite indispensables au niveau des hauts fourneaux et des trains de laminage. Il faut donc en quelque sorte mouiller les groupes sidérurgiques pour qu'ils se coordonnent et adoptent une position commune.

Dans une déclaration du 11 janvier 1967, le gouvernement confirme à la délégation restreinte de la conférence de la sidérurgie sa volonté d'entreprendre et de soutenir des efforts particuliers de reconversion

---

européenne », in *Annales de l'économie publique, sociale et coopérative*, 4(1980), pp. 375-395.

[7] En France, la « Convention générale État-Sidérurgie » (1966) constitue une autre approche. En contrepartie de prêts plus importants de l'État, les Sociétés sidérurgiques acceptent de se regrouper. L'usine neuve de Gandrange remplacera des capacités anciennes en produits longs. Le doublement de l'usine de Dunkerque accroîtra les capacités en produits plats. La deuxième usine littorale est renvoyée à plus tard. Voir FREYSSENET M., *op. cit.*, p. 26.

[8] AGR, Fonds Coppée, n° 19430. Le compte-rendu était encore à la fin des années 1960 confidentiel car il n'y aura pas de p-v officiel de la conférence.

[9] En revanche, en France, les syndicats vont être court-circuités et exclus officiellement de l'élaboration du système économique. Il n'y avait pas en fait de tradition de consultation des syndicats qui n'avaient pas su créer un véritable rapport de force en ce sens. MENY Y., WRIGHT V., *La crise de la sidérurgie européenne, 1974-1984*, PUF, Paris, 1985, p. 84.

économique dans certaines régions. Cela concerne celles où l'adaptation des entreprises sidérurgiques aux conditions générales d'évolution de cette industrie entraînerait au cours des prochaines années une réduction importante de sa capacité d'emploi. La constitution du Comité de Concertation de la Politique Sidérurgique (CCPS) est entérinée le 18 avril 1967 par le biais d'une convention courant sur trois ans prévoyant en son article 13 le renouvellement par tacite reconduction. Le 1er juin 1967, la première réunion du CCPS se tient à Bruxelles sous la présidence d'André Oleffe. La sidérurgie entre comme le secteur de l'électricité dix ans plus tôt dans une forme d'économie concertée.[10]

Des dossiers chauds comme entrée en matière

Le CCPS a pour mission officielle « d'étudier et de proposer toute mesure de nature à assurer la mise en œuvre d'une politique de coordination, de restructuration, de rationalisation et de modernisation des entreprises, pour améliorer les conditions générales d'activité et de compétitivité du secteur ; et assurer le reclassement du personnel et la reconversion économique des régions ». Ceci étant, la convention qui a donné naissance au comité de concertation n'est pas un contrat juridique mais bien davantage un protocole politique. Cela en révèle toute la précarité comme le souligne un représentant patronal. « Ce comité a un simple rôle d'étude et d'avis ; il reçoit "le pouvoir" d'être renseigné et de formuler des recommandations et avis. En fait, ce pouvoir n'est assorti d'aucune sanction », observe un conseiller d'Espérance-Longdoz.[11] La volonté de concertation et son efficacité sont alors encore du domaine de l'hypothèse et restent à construire. Quant à la confidentialité des informations, l'article 11 de la Convention défend aux membres et aux experts de divulguer les renseignements et les études qui ne peuvent, en vertu du règlement d'ordre intérieur, être rendues publiques qu'après accord du Bureau.

Dès les premiers pas de sa présidence, Oleffe est confronté à quelques dossiers chauds qu'il va administrer, de l'avis même des dirigeants de la Société Générale de Belgique, avec justesse, lui qui « se montre extrêmement diligent et soucieux de donner aux problèmes posés des solutions acceptées par toutes les parties ».[12] Oleffe entre de suite dans le vif du sujet avec une affaire urgente et une fermeture annoncée. Le premier dossier, délicat, examiné d'emblée par le CCPS dans l'urgence et

---

[10] TILLY P., *André Renard. Pour la révolution constructive*, Le Cri, Bruxelles, 2005, pp. 388-395.
[11] AGR, Fonds Coppée, n° 17511, Note à Dubois, secrétaire général de Thoreau, 03.01.1969.
[12] AGR, Société Générale de Belgique (SGB), troisième versement, Fonds Lenders, dos 84, Exposé au Conseil général du 28 mai 1968.

sous la pression des événements est celui de Hainaut-Sambre. Le CCPS le résoudra avec succès.[13] D'autres bassins sidérurgiques sont également menacés, même si il n'y a pas encore de fait nouveau notamment sur la fermeture éventuelle de l'usine d'Athus, une entreprise spécialisée dans la fabrication des produits longs, fil machine, ronds et fers marchands.

Athus, un laboratoire pour l'Europe

Le 17 octobre 1966, le Roi Baudouin visite l'usine d'Athus et à cette occasion, le président de Cockerill, propriétaire du site, se veut rassurant sur le maintien de l'occupation régionale de la main-d'œuvre même si les circonstances économiques risquent de poser un jour le problème de la diversification des activités locales. Ce qui va effectivement se produire. Au cours d'une réunion, le 4 juillet 1967, Charles Huriaux, au nom de la *Société Cockerill Ougrée Providence* (COP), fait part de la nécessité d'arrêter dans un certain délai l'usine d'Athus sans que le terme du processus en soit fixé. À la suite de cette réunion, des extraits du procès-verbal de cette réunion sont diffusés par des délégués de l'usine d'Athus relatant les propos de Huriaux. La situation est à ce point délicate pour qu'Oleffe rappelle qu'il faut prendre le maximum de précautions afin qu'à l'avenir la discrétion des travaux soit respectée. Le problème reste entier et le couperet menace toujours de tomber sur Athus. Le président du CCPS est continuellement sollicité par les organisations syndicales. Il faut, selon lui, examiner la situation de l'entreprise dans le cadre social global de la région. Lors d'un entretien avec Max Nokin, Paul Renders et Adolphe Paulus, le 8 avril 1968, Oleffe se dit conscient de la nécessité inéluctable de réduire les activités et, ultérieurement, de fermer Athus dans le contexte du développement général de COP et de l'accroissement de son efficacité économique.[14] Mais cela ne suffira pas pour faire accepter la décision par les syndicats. Il insiste sur le caractère dramatique de la situation de la région et réclame l'aide de la SGB. Du côté des dirigeants patronaux, on retient en tous les cas la nécessité d'ouvrir un dossier Athus qui veut plus globalement améliorer la rentabilité des participations de la SG en sidérurgie dans les dix ans qui viennent. En effet, les dividendes moyens des quatre premiers exercices des années 1960 sont faibles par rapport aux cours de bourse alors en vigueur et nettement insuffisants en regard de l'ensemble des fonds investis dans chaque société.[15] Le principe fondamental qui doit être suivi est de créer une collaboration efficace et de longue durée entre l'*Arbed*, COP, en écartant toute idée de

---

[13] TILLY P., *André Oleffe. Un homme d'influence*, Le Cri, Bruxelles, 2009, pp. 381-383.
[14] AGR, SGB, Fonds Lenders, dos 84, Notes de réunion.
[15] AGR, SGB, Fonds Lenders, dos 84, Problèmes à résoudre par la Société générale en sidérurgie, 25.01.1965.

fusion mais bien en encourageant des engagements communs de style *Gentlemen Agreement* au niveau des holdings et des sociétés (par des accords particuliers).

Une sourde inquiétude règne sur le Sud du Luxembourg durant l'été 1968. Le gouvernement parviendra-t-il à sauver l'aciérie d'Athus ?[16] Quelques jours plus tôt, Oleffe est invité par le ministre des Affaires étrangères Jean-Joseph Merlot à participer à une réunion au sujet des problèmes d'Athus et de l'économie du Sud-Luxembourg. À la demande des parlementaires présents et de la délégation syndicale d'Athus qui ne peut accepter une politique qui aboutit, par phases successives à la fermeture du site industriel, le gouvernement s'engage à inviter la CEE, en application du traité, à étudier l'ensemble du problème régional.

Si le président du CCPS estime que le gouvernement belge et la CEE mettront tout en œuvre pour aider les efforts de reconversion industrielle, il en appelle également à la SGB, car « l'essentiel de nos difficultés seraient évacué si la Société Générale de Belgique apportait un important projet nouveau d'investissement en dehors de la sidérurgie ».[17]

Athus et Rodange : quelle solidarité au-delà de la frontière ?

Le rapprochement entre les deux usines Athus et Rodange, qui ont des capacités identiques et des structures assez voisines est dans l'air au début des années 1970. En octobre 1972, une fusion entre Athus et Rodange est sérieusement envisagée avec la création d'une société luxembourgeoise. Il en résulterait une réduction significative de l'emploi, côté belge surtout, alors que le Gouvernement belge ne serait plus habilité à intervenir sous forme de prêts, garanties, subsides ou autrement. Dans une lettre à Charles Huriaux, Oleffe rappelle en des termes très policés les déclarations des groupes financiers quant à des investissements futurs en dehors de la sidérurgie « qui restent depuis longtemps une manifestation d'intention dont le défaut de concrétisation ne favorise pas la prise en considération ».[18] Oleffe défend l'idée d'une solution inverse à savoir l'apport par Rodange à Cockerill. Il faudrait pour cela que l'autre actionnaire important, la *Compagnie Bruxelles Lambert* avalise le projet. Moyennant certaines garanties, Oleffe s'engage à obtenir l'accord de la SNCI et du CCPS. Ceci étant, il mesure les difficultés auxquelles il faut s'attendre du côté des délégués ouvriers qui restent traumatisés par les relations antérieures entre Rodange et Athus et par l'absence d'investissements industriels dans la région. Un second point sur lequel le président du CCPS avoue être resté

---

[16] *Le Soir*, 14.08.1968.
[17] AGR, SGB, Fonds Renders, dos 91, Oleffe à Huriaux, 12.08.1968.
[18] AGR, SGB, Fonds Paulus, n° 389, Dossier rapprochement Athus-Rodange, Oleffe à Huriau, 19.12.1972.

« à quia » lors de sa rencontre avec ces mêmes délégués. Comment expliquer en effet que des projets industriels sont réalisés au Grand-Duché alors que le zoning d'Aubange reste désespérément vide ?

L'opération sera au bout du compte réalisée le 30 mars 1973 par l'apport de la division d'Athus de Cockerill à la *Société Métallurgique et Minière de Rodange* non sans qu'un protocole d'accord n'ait été conclu au CCPS le 5 février 1973 et avec l'appui des gouvernements belges et luxembourgeois. L'intégration des deux usines sanctionnait un projet de longue date des dirigeants des deux entreprises. Il restait à réaliser des liaisons intérieures entre les deux unités de production distantes l'une de l'autre de 350 mètres seulement, mais séparées par la frontière. Ce fut le début de la fin pour l'usine d'Athus, qui fermera ses portes en 1977.

Un changement d'optique des pouvoirs publics

Les pouvoirs publics nationaux participent ainsi à l'examen des grands programmes d'investissements et de concentration du secteur en s'appuyant en particulier sur les structures para-étatiques qui financent ces investissements. Il s'agit principalement de la *Caisse Générale d'Épargne et de Retraite* et la Société Nationale du Crédit à l'Industrie. Un changement d'optique apparaît toutefois à partir de 1968. Le gouvernement estime alors qu'une partie de ses apports doit dorénavant être traduite en participations dans les entreprises bénéficiant de son soutien. En matière de croissance interne et externe, la procédure de changement de contrôle des entreprises sidérurgiques est en principe encadrée par le CCPS. Et cette procédure officielle est en partie respectée. On note en particulier une très nette rupture en matière de croissance externe par rapport à la période qui précède sa création. En effet, avant 1966 ce sont principalement les logiques financières qui président aux choix de concentration du secteur. Avant cette date, la Société Générale de Belgique, principal actionnaire des entreprises du secteur, cherche à intégrer les politiques d'investissement de ses participations sidérurgiques. Toutefois, cette proposition est rejetée par le holding qui anticipe des protestations de l'opinion publique à l'égard de la mainmise des holdings financiers en Belgique.

À partir de 1967, le CCPS, en la personne de son président s'immisce dans la politique des entreprises sidérurgiques. Il est un « chaud partisan de la constitution d'une grande société sidérurgique par bassin ».[19] Il est à l'initiative d'une étude sur le regroupement des trois grandes sociétés sidérurgiques liégeoises : Cockerill-Ougrée-Providence, Espérance-Longdoz et *Phenix Works*. Mais le processus de concentration a commencé en fait

---

[19] BRION R., Moreau, J.L., *La Société Générale de Belgique 1822-1997*, Fonds Mercator, Anvers, 1998, p. 432.

une décennie plus tôt. Oleffe était alors au cœur des négociations grâce à son rôle de directeur à la Commission Bancaire.

L'avenir du CCPS

La compétence du CCPS est pour rappel précisée lors de la conférence nationale de la sidérurgie du 13 janvier 1969 par le gouvernement qui annonce officiellement que tous les crédits pour la sidérurgie font désormais partie d'un budget sectoriel national. Il s'agit d'écarter le danger bien réel d'une régionalisation de ce dossier chaud au propre comme au figuré défendue notamment par André Vlérick, ministre en partie de l'Économie régionale et des syndicalistes renardistes à Liège. Un problème surgit à la fin des travaux de cette conférence. D'après *La Libre Belgique*, les ministres Alfred Bertrand et André Vlérick auraient exprimé leur mécontentement de voir les Flamands aussi peu représentés au CCPS et auraient demandé la parité linguistique en son sein.[20] Quant à la FGTB de Liège, elle voudrait que le CCPS dispose d'un véritable pouvoir de décision.

En avril 1970, le CCPS semble entré dans une période de reconduction *sine die* du fait du renouvellement tacite de la convention de 1967, le texte de celle-ci ne prévoyant pas de nouveau délai. Une installation plus définitive après la phase expérimentale qui fut parfois mouvementée du fait de problèmes nombreux et complexes est donc à l'ordre du jour. La préoccupation quant à une faillite éventuelle n'est pourtant pas absente dans le camp syndical. Roger Vandeperre, le président de la Centrale des métallurgistes de Belgique (CMB), considère que le CCPS doit s'attacher particulièrement à la réalisation de l'une des conclusions de la conférence de janvier 1969, qui vise au maintien global de l'emploi dans les entreprises et les régions, la sidérurgie restant le soutien fondamental de l'économie de certaines de ces régions. Pour la FGTB, le CCPS doit disposer de plus de moyens et inscrire son action dans une action plus générale à mener au niveau de la CEE pour parvenir à une coordination et à la définition de perspectives qui peuvent se dégager au niveau communautaire pour que les choses réussissent. René Javaux pour la Confédération des syndicats chrétiens (CSC) complète en soulignant les attentes en matière de démocratisation économique, le CCPS pouvant s'inscrire dans cette perspective dans le domaine de l'information aux travailleurs notamment. Pour Javaux, il faut arriver à une concertation au plan européen, mais si cela ne sera pas facile. Le Baron Pierre Van der Rest dans le camp patronal ne dit pas autre chose en déplorant que la concertation sidérurgique qui existe en Belgique ne soit pas une réalité ailleurs. Il serait bon, à ses yeux,

---

[20] *La Libre Belgique*, 14.01.1969, p. 1.

de tenter d'établir une coordination européenne des investissements. Dans les rangs ministériels, on se félicite du travail accompli par le CCPS.

Au début des années 1970, la consommation de produits plats dans la CECA et dans le monde est en augmentation de 5 à 6 % par an. Oleffe ne semble pas craindre de difficultés vraiment fondamentales. Mais des dossiers restent sensibles. Le projet présenté par *Sidmar* permettant une augmentation substantielle de sa production avec un investissement de l'ordre de 3 milliards de francs belges est accepté par le CCPS sans aucune difficulté. L'équilibre à *Tubes Meuse* entre *Vallourec* (groupe français) et Cockerill est également une préoccupation qui s'exprime au sein du CCPS comme la restructuration et la réorganisation des cokeries.

Cockerill encore et toujours

La situation de Cockerill, essentielle pour l'avenir du secteur en Wallonie reste une préoccupation constante. En 1972, le groupe sidérurgique veut renouer avec la « légitime » rémunération du capital investi et « ouvrir à nouveau l'ère des dividendes ». Ceci étant, en exécution des conventions d'ouverture de crédit à taux réduit conclues avec la garantie de l'État, il s'agit de se concerter avec le Président du CCPS, celui de la SNCI et de consulter le ministre des Affaires économiques. Pour les dirigeants de COP, il allait de soi que cette concertation cesserait de s'imposer lorsque l'évolution générale de la société débitrice lui permettrait de financer régulièrement son expansion par les voies normales du recours au marché des capitaux. Selon Michel Capron, chercheur à l'Université catholique de Louvain, la coordination des stratégies d'investissements et de concentrations par un organe national avait clairement ses limites.[21] Dès le retour de la croissance (1972-1974), la plupart des projets d'investissements, de concentration et d'implantation d'installations échapperont selon certains auteurs au contrôle du Comité généralement informé lorsque les décisions ont été prises. Les propos du Baron Pierre Clerdent à ses actionnaires montrent effectivement les limites de l'exercice. Il s'agit bien de concertation et de consultation, mais non de demande d'autorisation, car l'assemblée générale, conformément à la loi, reste souveraine pour décider de l'attribution éventuelle d'un dividende. Si Oleffe, après avoir obtenu tous les renseignements qu'il estimait nécessaires, donne un avis favorable à la distribution d'un dividende de 60 francs net par titre pour l'exercice 1972, ce n'est pas l'avis du président de la SNCI. Il déconseille l'octroi d'un dividende et suggère que le bénéfice soit à nouveau réservé

---

[21] CAPRON M., « The State, the Regions and Industrial Redevelopment: The Challenge of the Belgian Steel Crisis », in MÉNY Y., WRIGHT V., RHODES M.J., *The Politics of steel: Western Europe and the steel industry in the crisis years (1974-1984)*, Walter de Gruyter, Berlin-New York, pp. 692-790.

tout en reconnaissant que cela ne compromettrait en rien le remboursement du crédit. Même son de cloche du côté du ministre des Affaires économiques, Willy Claes, qui estime le moment mal choisi. Clerdent souligne au passage que l'opinion différente de celle d'Oleffe manifestée par les deux autres personnalités s'explique, à ses yeux, par une situation à première vue étonnante. « La concertation et la consultation impliquent le dialogue. Elles supposent une information réciproque, la connaissance des objections éventuelles et la possibilité d'y répondre ». Ce qui est le cas avec Oleffe, alors que dans les deux autres cas, « nous n'avons pas eu la possibilité de répondre à des arguments que nous ignorons ».[22]

D'après les chiffres avancés par Cockerill, les actionnaires des sociétés qui constituent le groupe ont perçu, à titre de dividendes, une rémunération annuelle moyenne de 189 millions de francs sur la période allant de 1963 à 1972. Rapportée aux fonds propres au 31 décembre 1972 (19,7 milliards), cette rémunération moyenne ne représente même pas 1 % des capitaux investis, alors que les institutions publiques belges de crédit perçoivent actuellement des intérêts calculés au taux de 7,9 % l'an. Une comparaison qui fait ressortir, selon Cockerill, l'inégalité de traitement entre deux catégories de bailleurs de fonds. « À la légitimité du juste salaire, il y a lieu d'associer l'équitable rémunération de l'épargne ». Il est vrai que le débat est vif sur Cockerill considérée dans les rangs syndicaux de gauche principalement comme une entreprise parasitaire ne subsistant que grâce aux aides de l'État dont elle distribuerait les largesses à ses actionnaires. Du côté de Cockerill, on réfute bien entendu ces attaques en soulignant que les aides accordées par les pouvoirs publics le sont dans un cadre légal et qu'elles n'ont en rien un caractère de privilège. On en appelle plutôt à la nécessité d'instaurer un climat durable de travail et de paix sociale. Et cela peut se faire en toute transparence. « Nous sommes au contraire partisans de la mise en œuvre d'une publicité officielle qui indiquerait l'identité des entreprises aidées, le montant et les justifications de l'aide apportée ».[23] Un débat contradictoire dans lequel Oleffe ne s'inscrit pas. Finalement, un dividende est bel et bien versé et le gouvernement a admis cette position pour autant que la date de distribution des sommes ainsi affectées ne soit fixée qu'après un nouveau contact avec les instances officielles toujours dans un esprit de concertation et non d'obligation.

À partir de 1974, lorsque l'actionnaire majoritaire souhaitera se retirer de la sidérurgie, que les pouvoirs publics seront dessaisis du dossier et

---

[22] Archives de la Commission Bancaire, Bruxelles, Cockerill-Providence-Espérance Longdoz, assemblée générale ordinaire du 30 avril 1973, allocution du Baron Clerdent, président du CA de la Société, pp. 3 et 4.

[23] *Ibid.*, p. 13.

que les organisations syndicales traversées par des conflits internes, les investissements seront revus à la baisse, certains projets de construction reportés (un laminoir à fil), tandis que d'autres seront abandonnés (un gigantesque haut fourneau).

La création du triangle de Charleroi : une véritable tempête

Oleffe quitte la présidence du CCPS qui est dissous en 1974 lorsque *Hainaut Sambre* annonce la création d'un laminoir à large bande sans en avoir averti préalablement le comité. Il est remplacé par Van Der Rest, le doyen d'âge du CCPS. Marc Installé parle alors des relations tendues que le CCPS et son président entretiennent avec la Société Générale, ce qui est bien entendu une évidence.[24] En fait, dans les rangs syndicaux, on n'était pas loin de penser que depuis 1973, le CCPS n'existait plus que de nom, les groupes financiers belges et étrangers « saccageant son autorité par des décisions arbitraires et partisanes ».[25]

Constatant l'impossibilité d'avancer dans la mise au point d'un plan global de développement et la nécessité de remettre sur les rails un CCPS rénové et renforcé, les syndicalistes décident en janvier 1975 de stopper provisoirement toute activité du CCPS. Cela dure six mois. Un protocole additionnel destiné à le renforcer est proposé par les organisations syndicales, mais il tarde à être signé. Le remplacement d'Oleffe à la tête du CCPS n'est toujours pas réglé alors que le sentiment prédomine selon lequel la sidérurgie vit des heures dramatiques. Une grande réunion tripartite de confrontation des idées et des propositions se tient le 17 juin 1975 sous la présidence de Pierre Bourguignon membre du cabinet du ministre des Affaires économiques, André Oleffe.

À l'heure du bilan du CCPS et de l'action d'Oleffe à sa tête, la Centrale Chrétienne des Métallurgistes de Belgique (CCMB) garde le souvenir d'un homme qui a fait cheminer par des sentiers difficiles et avec des hauts et des bas la concertation en sidérurgie.[26] D'autres observateurs retiendront notamment de lui qu'il fut un chaud partisan de la constitution d'une grande société sidérurgique par bassin.[27] Ceci étant, les syndicats sont pour le moins mitigés sur le rôle qu'a pu jouer le CCPS en général.

---

[24] INSTALLÉ M., « L'industrie sidérurgique en Belgique », in *Courrier hebdomadaire du CRISP*, n° 660-661(1974), p. 15.

[25] Archives de la Confédération Syndicat Chrétien de Charleroi, projet de motion, Centrale Chrétienne des Métallurgistes de Belgique (CCMB) Charleroi-Thuin, 30.09.1976.

[26] Centrale Chrétienne des Métallurgistes de Belgique, *Rapport d'activité 1972-1975*, p. 105.

[27] BRION R., MOREAU J.L., *op. cit.*, p. 432.

Du côté de la Centrale chrétienne des métallos, on considère que malgré la mise sur pied du CCPS, la politique sidérurgique est restée uniquement le fait des holdings privés. Certaines opérations financières comme à Clabecq, la restructuration de Charleroi via le Ruau, Athus-Rodange, l'achat de titres de Cockerill se sont passées ou se passent encore en dehors de celui-ci. Et pourtant, elles ont une incidence manifeste sur la structure et l'avenir de la sidérurgie, autant de domaines de compétence du CCPS. Les pouvoirs publics doivent trouver dans la concertation la contrepartie effective de leurs interventions sous la forme d'un accès aux informations, la poursuite d'une planification contractuelle grâce aux contrats de progrès et de restructuration tels que prévu par la loi Leburton du 30 décembre 1970. La CMB demande aussi un contrôle direct du CCPS et la possibilité de sanctions en cas de mauvaise utilisation des aides publiques.

Conclusion

Ce sont surtout les pouvoirs publics qui ont été invités à jouer le rôle principal pour sauver les entreprises en difficulté. Le secteur privé est resté globalement à l'écart tout en conservant le contrôle des décisions en matière d'investissements, d'amélioration de la productivité et de rationalisation de l'outil. Sur le terrain, l'État belge fait surtout preuve de son impuissance devant la stratégie des sidérurgistes tout en devant se soumettre au plan européen lancé par le Commissaire belge Étienne Davignon en 1977 qui marque le commencement de l'européanisation de la sidérurgie. Pour conclure, nous en dresserons les grandes lignes et étapes dans la seconde moitié des années 1970.

En mars 1977, certains syndicalistes socialistes réclament la nationalisation du secteur. Le ministre des Affaires économiques, le socialiste flamand Willy Claes, propose de son côté un plan qui vise à maintenir la sidérurgie au rang de secteur national alors que les tensions entre le Nord et le Sud du Royaume deviennent de plus en plus vives. Un an plus tard, les accords d'Hanzinelle sont appuyés par les organisations syndicales soucieuses de voir les pouvoirs publics entrer dans le capital des entreprises sidérurgiques en difficulté. On assiste à la mise sur pied d'un programme social marquant une étape importante que la Commission européenne approuve. C'est surtout le Plan Claes I qui va traduire ce tournant majeur avec l'engagement financier de l'État.

Le signal de départ de la restructuration financière de la sidérurgie commence véritablement avec la table ronde qui se tient le 23 novembre 1978 à la suite des accords du 20 mai 1978 signés entre les partenaires de la Conférence nationale de l'acier. L'objectif est de faire face à la crise de l'acier. L'accord signé lors de la table ronde et ratifié le même jour par le Conseil des ministres prévoit de restructurer la sidérurgie belge en trois pôles à court terme (1978-1980). Il s'agit tout d'abord du « Croissant » Arbed, Sidmar et le Triangle à Charleroi auquel viendra s'ajouter Cockerill-Providence à Marchienne. Ensuite, on retrouve un second pôle au travers du bassin liégeois : Cockerill, les Tubes de la Meuse et Phénix-Works. Enfin, il faut mentionner le groupe dit des « indépendants »: deux entreprises du groupe *Boël* (les usines Boël à La Louvière et la *Fabrique de Fer* à Charleroi) ainsi que les *Forges de Clabecq*.

Un certain nombre d'investissements sont programmés à travers un financement qui repose suivant les cas sur des augmentations de capital, l'apport d'actifs, l'autofinancement, l'émission d'obligations convertibles (participantes ou non), des emprunts auprès de la SNCI. Un maximum d'achat devra être effectué auprès de l'industrie belge. Il est prévu que le financement s'opère selon une logique 50 % public, 50 % privé. Les groupes financiers se voient offrir la possibilité de créer une société qui pourra lancer des emprunts internationaux avec l'aide de la CECA.

Ce plan de restructuration industriel et financier des industries adopté par le gouvernement Martens fin 1978 ne sera pas appliqué dans les faits. C'est aussi le signal de départ d'une profonde restructuration du secteur en Belgique qui est toujours en cours.

QUELLE TAILLE POUR LES ENTREPRISES ?

WHAT SIZE FOR COMPANIES?

The Internationalization of the Thyssen Group Before the First World War

Manfred RASCH

ThyssenKrupp Konzernarchiv

This paper presents information on the German *Thyssen group*, based on the Lower Rhine, and its efforts, not only to found branches for trading and to buy ore mines all over the world immediately before the First World War, but also to build several steel works. The focus lies on the concept of the founder August Thyssen for a vertically structured trust.

The paper is divided into three sections. The first section introduces the man who gave his name to the group, August Thyssen, and his business activities up to the age of 60 – it was only after this that he drove forward the international growth of his enterprise. The main section presents iron ore, trade, and transportation as the main pillars of the international growth of this iron and steel company. The final section gives an outlook on developments in the post-war period.

The entrepreneur August Thyssen

August Thyssen was born in 1842 in Eschweiler near Aachen. He was the first son of a Catholic family of entrepreneurs and civil servants who had been members of Aachen's middle class for generations.[1] With no starting capital, his father had worked his way up from being the technical manager of the first wire rolling mill in the Aachen mining region (1832) to becoming its co-proprietor and then a banker in his own small private bank (1859). This indicates that he too, possessed both technical expertise and business

---

[1] For the following see RASCH M., « August Thyssen: Der katholische Großindustrielle der Wilhelminischen Epoche », in RASCH M., FELDMAN G.D. (eds.), *August Thyssen und Hugo Stinnes. Ein Briefwechsel 1898-1922. Bearbeitet und annotiert von Vera Schmidt*, C.H. Beck, München, 2003, pp. 13-107; LESCZENSKI, J., *August Thyssen 1842-1926. Lebenswelt eines Wirtschaftsbürgers*, Klartext, Essen, 2008; FEAR J.R., *Organizing Control. August Thyssen and the Construction of German Corporate Management*, Harvard University Press, Cambridge (Mass.)-London, 2005.

skill. From 1859 to 1861 his son August Thyssen attended lectures on mechanical engineering, mechanics, inorganic chemistry, mineralogy and metallurgy at the Polytechnic School in Karlsruhe. Well into old age, he was to remain open to the perpetual process of modernization, in the area of technology and elsewhere. He then spent a year at Europe's first commercial college, the Institut Supérieur du Commerce de l'État in Antwerp. Thyssen left both universities without qualifications because he had no intention of entering the civil service. In his subsequent military service he seems to have been introduced to the new Prussian mission-type tactics, because later he was to manage his business group on a decentralized basis. After his time as a soldier he joined his father's bank to learn about finance. The financial departments of his large companies, for instance *Gewerkschaft Deutscher Kaiser* (GDK), *Thyssen & Co.* would later operate partly like banks.

In 1867, at the age of 24, August Thyssen founded a small iron rolling mill in Duisburg on the Rhine, together with a Belgian rolling mill specialist, with his Belgian brother-in-law and with other – mostly related – investors. Rather than Aachen, which was already an established mining region, Thyssen chose the rapidly growing industrial Ruhr area for his first business enterprise. He became commercial manager of the newly established company *Thyssen, Fossoul & Co.* at Duisburg, but sold his stake after just four years, by which time he had quadrupled his capital investment. In 1871 Thyssen founded his own puddling and rolling mill – *Thyssen & Co* – at Styrum nearby Mülheim an der Ruhr for the sum of 70,000 thalers, with his father as a silent partner (50%).

In 1872 August Thyssen married Hedwig Pelzer, a girl from Mülheim, who smoothed his path to the upper class of the town, which was predominantly Protestant. He invested her dowry in the further expansion of his company and also in projects on the stock exchange. By purchasing small shares in numerous companies in the Ruhr region, he acquired extensive information about technical and economic developments. In the period up to 1891 he and his brother Joseph, co-proprietor since the death of their father in 1877, bought up the shares of the coal mining company Gewerkschaft Deutscher Kaiser, which while not particularly flourishing, was conveniently situated on the Rhine. They expanded the colliery into a fully integrated iron and steel works by building an open-hearth mill (1891), rolling mills (1892) and a blast furnace group with coke ovens (1897). Anticipating the formation of raw materials cartels, Thyssen decided to invest in the upstream areas of coal and pig iron. The vertically integrated iron and steel company was not Thyssen's invention, but he optimized the concept in his network of companies. In parallel with efforts to secure an adequate supply of ore for his blast furnaces, the internationalization of the group in raw materials, trading and transportation began from the turn of the century.

Iron ore, trade and transportation: the main pillars of the international growth of the Thyssen group before the First World War

In extending the international reach of his company, August Thyssen's aim was to secure an adequate supply of ore for his blast furnaces in Bruckhausen (commissioned in 1897) and Meiderich (commissioned in 1903). No longer able to obtain the iron ore concessions he needed in the German Reich, he had to buy most of his requirements abroad. In addition, Thyssen wanted to eliminate the intermediate distributors with their profit margins and for this reason built up his own trading and shipping network with branches throughout the world.

From the end of the 19th century, he developed a vertically integrated, locally managed group of enterprises from raw materials to processing and distribution. The trading companies aside, his foreign investments were focused exclusively on raw materials, not on production. Where he did set up production sites abroad, it was to optimize freight costs or gain access to low-cost ore deposits. Similar ideas prompted German and British companies to set up enterprises for example in Ukraine,[2] while August Thyssen also invested in Western France – the only foreigner to do so.

Minette ore from Lorraine

With the start-up of the blast furnaces in Bruckhausen in 1897, most of the needed ore had to be purchased via trading companies. From 1899 to 1901 the prime cost for pig iron from Bruckhausen increased by 13 Mark per ton due to unfavourable ore contracts. August Thyssen was looking for a consultant for ore purchasing. It was Fritz Sültemeyer, since 1888 managing director of the *AG Schalker Gruben- und Hüttenverein*, Department Vulkan in Duisburg, who fulfilled Thyssen's requirements for the consultancy. In 1899 August Thyssen engaged him as general director of GDK.[3] The uncertain quality of the ore supplied and dependence on intermediate suppliers went also against Thyssen's nature, and so he endeavored to acquire small ore mines in Germany,[4] large Minette ore fields

---

[2] KIRCHNER W., *Die deutsche Industrie und die Industrialisierung Russlands 1815-1914*, Scripta Mercaturae Verlag, St. Katharinen, 1986, pp. 247-253; LEMKE H. (ed.), *Deutsch-russische Wirtschaftsbeziehungen 1906-1914. Dokumente*, Akademie-Verlag, Berlin, 1991.

[3] TKA [ThyssenKrupp Konzernarchiv] A/1774, Franz Dahl: Erinnerungen an die Frühzeit (typescript), without headline and date, p. 10; RASCH M., « Fritz Sültemeyer », in *Neue Deutsche Biographie*, 25(2013), pp. 674-675.

[4] The AG für Hüttenbetrieb had interests in several companies which held licenses for iron ore mining, see RASCH M., *August Thyssen: Der katholische Großindustrielle ...*, *op. cit.*, p. 48.

in Lorraine and Luxembourg,[5] and concessions or long-term licenses for high-quality iron ore from Europe, Asia and Africa.

Hagendingen in Lorraine, an area with Thyssen's own Minette ore deposits[6]

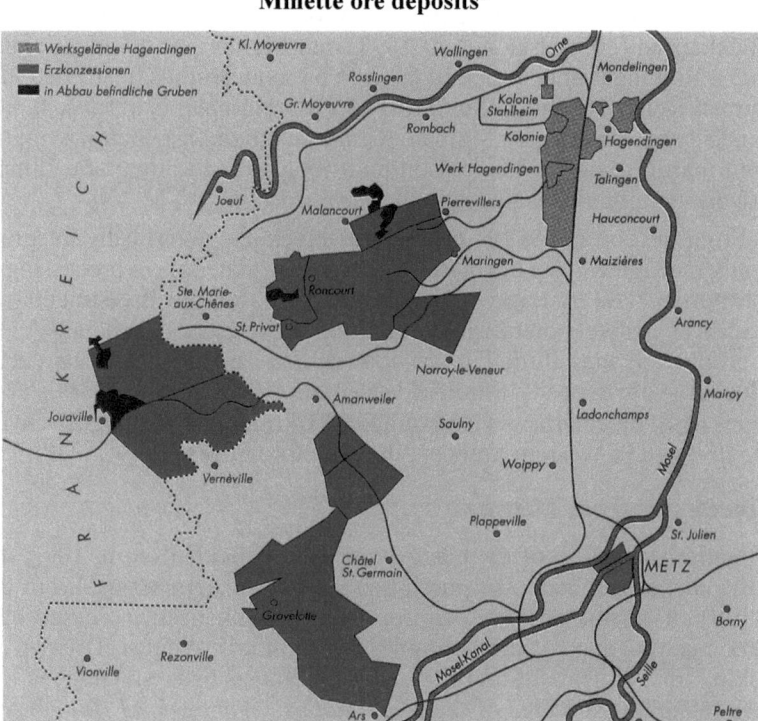

However, the high-quality ore deposits in Alsace-Lorraine and Luxembourg were not available anymore. From 1902 Thyssen therefore became the first German industrialist to purchase French iron ore from the Basin of Longwy and Briey directly on the border to Germany and founded the *SA des Mines de Jouaville* (2 million French Franc). A French frontman helped the company to join this concession with a concession for Batilly and also to apply for the permission to build a cable railway over a distance of about 3 km, crossing the border between Germany and

---

[5] In 1902 purchase of the ore fields Pierrevillers, Zukunft and Fêves from the Société des Mines et Usines de Pierrevillers, Brussels, and in 1903 purchase of ore fields from Jacobus and Gardeschütze in Lorraine, see TKA A/531/1.

[6] Source: ThyssenKrupp Konzernarchiv, Duisburg.

France, to connect the Thyssen-works in Hagendingen with the French ore fields. Initially Thyssen planned to use the French ores in his steelworks to save his own deposits. The purchase of the concession for Batilly was finally granted, but the building project for the cable railway did not come to conclusion before the beginning of the First World War.[7]

Rail freight costs for the low-iron Minette ore, though cheaper than other ore, also increased the cost of iron and steelmaking on the Ruhr. Following the example of *Gelsenkirchener Bergwerks-AG* (GBAG) with its Emil-Adolf-Hütte steelworks in Esch-sur-Alzette, Luxembourg,[8] the aim was for the newly founded *Stahlwerk Thyssen AG* to manufacture semi-finished products in Hagendingen, Lorraine, which could then be processed in Thyssen's other plants on the Rhine.[9] Early in the summer of 1912 Europe's most advanced iron and steelmaking plant with the biggest blast furnaces and converters for the acid Bessemer process (35 tons) went into operation,[10] but inadequate supplies of ore and coke meant it could not operate to full capacity. The oversized Hagendingen steelworks needed more ore and coal than the company's own mines in the region could deliver.[11] Therefore the GDK at first secured itself 100,000 tons per year in 1913/14 and later an additional 250,000 t/y from the French mining consortium in Briey, which was about 4.5% of the yearly production of the consortium.[12]

In this difficult supply situation, Thyssen purchased the *Lothringer Eisenwerke AG* in Ars-sur-Moselle for its valuable ore fields (17 km²) in 1912, but the German Metz fortress command prohibited mining there for military reasons.[13] For the same strategic reasons Thyssen gradually

---

[7] WILSBERG K., « Die Unternehmungen August Thyssens in Frankreich und die Kooperation mit französischen Unternehmen vor dem Ersten Weltkrieg, 1910-1914 », in *Zeitschrift des Geschichtsvereins Mülheim a. d. Ruhr*, 68(1996), pp. 106-139, here p. 117.

[8] « Die Adolf-Emil-Hütte in Esch », in *Stahl und Eisen*, 33(1913), pp. 713-745, with 14 folded tables, no pagination.

[9] NIEVELSTEIN M., *Der Zug nach der Minette. Deutsche Unternehmen in Lothringen 1871-1918. Handlungsspielräume und Strategien im Spannungsfeld des deutsch-französischen Grenzgebietes*, Universitätsverlag N. Brockmeyer, Bochum, 1993.

[10] ARNST P., *August Thyssen und sein Werk*, Gloeckner, Leipzig, 1925, p. 49; DAHL F., « Die Anlagen des Stahlwerkes Thyssen AG in Hagendingen (Lothr.) », in *Stahl und Eisen*, 41(1921), pp. 430-443; PROSIC M., *L'Usine Créatrice. L'Usine de Hagondange: Naissance de la vie ouvrière (1910-1938)*, Ville de Hagondange, Hagondange, 1996.

[11] The coal came from the Saar- und Mosel-Bergwerks-Gesellschaft in Karlingen, Lorraine, in which both Hugo Stinnes and August Thyssen held shares.

[12] WILSBERG K., *Die Unternehmungen ..., op. cit.*, p. 116.

[13] MAAS J., « August Thyssen und die luxembugische Minenkonzessionsaffäre von 1912 », in *Zeitschrift des Geschichtsvereins Mülheim a.d. Ruhr*, 66(1993), pp. 433-466,

acquired the *Société Métallurgique de Sambre et Moselle*[14] in Belgium in the period from 1906 to 1913. Ore mined there was sent to the Hagendingen site and the blast furnaces of the Société in Maizières were shut down. Apart from some French financial partnerships, August Thyssen was the only foreigner, who took over a Belgian steel works before the First World War.[15]

In 1912, Thyssen directly or indirectly controlled 21 km² of ore concessions in the Département de Meurthe-et-Moselle in France and almost 32 km² in the German part of Lorraine, and thus became the biggest Rhenish-Westphalian owner of mining property in Lorraine, in terms of quantity which says nothing about the quality, however.

Despite the significant expansion of the own ore base, Thyssen offered Stahlwerk Thyssen AG for sale in 1912. The newly established ARBED declined to acquire.[16] The integration of yet another steel mill would have overburdened the company at least organizationally. Negotiations with *de Wendel*, a company with extensive ore fields in Lorraine but outdated steelmaking equipment there, failed to progress before the outbreak of the First World War.[17] With its state-of-the-art facilities (high degree of electrification) the Hagendingen plant was thought to have cost 80 to 100 million marks and was unsellable at this price.[18] The plant was confiscated after the War by the French government and auctioned off to a consortium (*Union des Consommateurs de Produits Métallurgiques et Industriels*). Thyssen eventually received compensation for his works and mines in Lorraine from the German government, that amounted to 246 million Mark.[19]

---

here p. 437; Nievelstein M., *op. cit.*, p. 220; Schlenker M., « Das Eisenhüttenwesen in Elsaß-Lothringen », in SCHLENKER M. (ed.), *Die wirtschaftliche Entwicklung Elsaß-Lothringens 1871 bis 1918*, Selbstverlag des Elsass-Lothringen-Institutes, Frankfurt a.M., 1931, pp. 169-231, here p. 212. The factory for small ironware and the foundries were affiliated to the Stahlwerk Thyssen AG. Thyssen filed a suit against the prohibition of mililtary reason and won, see TKA A/611/2.

[14] In Maizière near Metz/Lorraine the company operated blast furnaces and foundries, in Montignies near Charleroi/Belgium steelworks and rolling mills as well as a sheet mill near Châtelineau. Thyssen had held interests in this company for a longer time before he finally bought it, see TREUE W., *Die Feuer verlöschen nie. August Thyssen-Hütte 1890-1926*, Econ, Düsseldorf, 1966, pp. 79-84.

[15] Salzgitter Konzernarchiv, Mannesmann-Archiv R 11025 (4), Company portrayal, excerpt 1915.

[16] MAAS J., *op. cit.*, pp. 453-454.

[17] ARNST P., *op. cit.*, p. 51.

[18] NIEVELSTEIN M., *op. cit.*, pp. 268-269.

[19] 163 m Mark for steel works, 43 m Mark for mines, 40 m Marks for stock (data for 1920); compared to other German companies, which ran business in Lorrain, the Thyssen group had to accept the highest losses. TREUE W., *op. cit.*, p. 197.

The construction of a steelworks on the Minette ore fields had not improved ore supplies to Thyssen's blast furnaces in the Duisburg region – as originally intended – but had tied up additional capital and manpower. For his blast furnaces on the lower Rhine, whose use of Minette ore decreased from approximately 25% at the beginning of the century to just 11.5% by 1913, Thyssen looked for ore concessions outside the German Reich, sometimes in unusual places.

Consumption of minette ore at the blast furnaces in Bruckhausen[20]

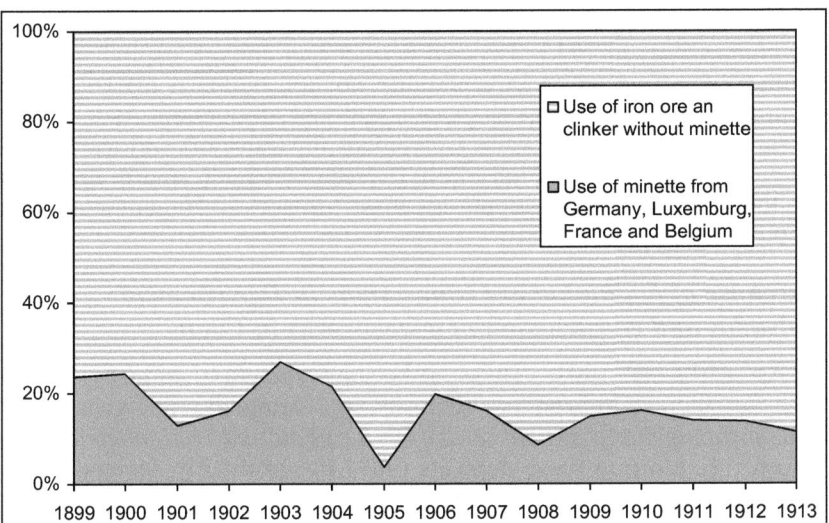

The failed purchase of ore concessions in the Grand Duchy of Luxembourg

Through the lack of suitable ores for his blast furnaces in Hagendingen, August Thyssen was led to take into his geographical considerations the ore fields in the Grand Duchy of Luxembourg in 1911 – particularly thanks to Luxembourg being part of the German customs union (Zollverein). However, the local government granted mining concessions only on the condition that the ores were processed in Luxembourg. Five companies consented to this condition: *ARBED SA*, *SA d'Ougrée-Marihaye* (Rodange steel works), *Gelsenkirchener Bergwerks- und Hütten-AG*, Department Esch, *Deutsch-Luxemburgische Bergwerks- und Hütten-AG* (Differdingen steel works) and *Ch. & J. Collart Hauts-fourneaux et*

---

[20] Diagram by the author based on details in: TREUE W., *op. cit.*, p. 81.

exploitation de minerais de fer (Steinfort). They offered annual interest rates in exchange for the concessions, but Stahlwerk Thyssen AG outbid them by 20% which provoked arguments in domestic politics. August Thyssen took advantage of the dispute between the Clerical Party and the government. In the course of the dispute the Clerical Party accused the government, which was also attacked for its educational politics, of wasting public money. But the Clerical Party intentionally ignored the fact, that Thyssen never bindingly confirmed that he was about to process the ores in Luxembourg and to employ domestic civil engineers. In 1912 ARBED of Luxembourg left the consortium of bidders, but the remaining partners outbid Thyssen's offer and were awarded the concessions in 1913. Thyssen neither had enough capital to build another blast furnace in Luxembourg, nor did he see a market in the vicinity of the steel works to place additional production. As it seems, a search for sites which were convenient for transport and traffic had never been undertaken. First of all Thyssen was interested in broadening the basis for ores to supply his blast furnaces in Hagendingen and on the river Ruhr.[21]

Purchase of additional ore concessions in Département Calvados and construction of a steelworks in Caen

As early as 1901, Thyssen became the first industrialist to take an interest in iron ore deposits in Normandy; ten years later *Gutehoffnungshütte Aktien-Verein für Bergbau und Hüttenbetrieb* followed.[22] Exploiting these deposits (44% Fe) profitably seemed to require a high level of capital-intensive automation and mechanization. The *Société des Mines de Soumont and Perrières*, which belonged to *Société Minière et Metallurgique du Calvados*, was licensed to mine on a site about 30 km in the South of the inland harbour Caen-Ouistreham.[23] Smelting was planned to be done on site with coal from Northrhine-Westphalia as well as in the Ruhr area. Thyssen's biggest project was the establishment in 1910 of the blast furnace company *SA des Hauts Fourneaux et Aciéries de Caen*, Paris, (30 million French Francs, about 24 million Mark), in which he initially held three quarters of the shares, as well as a mining company *Societé Minière* (40% Thyssen) and a construction company for a private port with 3 million French Francs

---

[21] MAAS J., *op. cit.*, p. 440.
[22] On 4th November 1910 GDK signed a contract for the supply of 975,000 t of ore from Caen with Société Française de Mines de Fer, carbon copy. See TKA A/549/2.
[23] TKA A/518/1, Contracts and statutes.

capital (40% Thyssen).²⁴ The blast furnace company and *Gewerkschaft Die Lippe*, which owned two undeveloped coal fields near Dortmund, were connected by cross-shareholding (36.7%); by 1912 the acquisition of Gewerkschaft Die Lippe by Thyssen was completed.²⁵

On a site covering an area of about 230 ha in the South of Caen initially seven plants were planned to be built: two blast furnaces, each with a capacity of 375-400 t per day; a coking plant with plants for by-products; an oversized plant for the calcination of ores; an open-hearth steel plant and a power station operated by coke oven gas. The power station combined gas engines with turbines powered by waste heat. The energy was also needed to electrify the railway connection between the mine and the plant as well as the plant and the harbour. Returning from the plant to the mine the ore waggons were to transport slag sand, which was used as flush in the mines.²⁶ It was a rather distinguished plant due to its elaborate energy and logistics system. Originally GDK was responsible for the entire planning of the plant; the necessary equipment and machines should be delivered by the *Maschinenfabrik Thyssen*. A shareholder from France was to hold a minority of shares of 25% at the most. By keeping his share low, GDK was able to supply the plant with coal – regarded as self consumption – within the bounds of the Rhenish-Westphalian Coal Syndicate (RWKS).

It was planned to export 400,000 to 600,000 t/y of calcined ore from Normandy, representing a quarter to a third of the requirements of the Bruckhausen blast furnaces. This would provide additional economic advantages if the ore freighters were to transport coal to the Caen blast furnace plant on their outward journey from Germany. In addition, Ukrainian ore was to be shipped via Thyssen's own Nikolaev port on his own freighters to Caen to improve the quality of the pig iron produced in one of the three planned blast furnaces,²⁷ where Louis Le Chatelier (1853-1928) was a junior business associate at first. He was the son of Louis Le

---

[24] TKA A/531/1, Articles of agreement between Thyssen & Co/GDK and Société Française de Constructions Mecanique SA concerning the founding of the various companies, 21.01.1910; TKA A/625/1, Hauts Fourneaux et Aciéries de Caen, *Rapport – Bilan – Résolutions 1911*, Paris, 1912. LE CHATELIER R., « Les Hauts-Fourneaux de Caen », in *Revue de Métallurgie*, 10(1913), pp. 325-335.

[25] RASCH M., FELDMAN G.D. (eds.), *op. cit.*, p. 743. The blast furnace company was supposed to purchase its machinery equipment partially from Maschinenfabrik Thyssen in Mülheim. See TKA A/625/1.

[26] *Stahl und Eisen*, 33(1913), pp. 783-785 and 36(1916), pp. 384-385.

[27] RASCH M., « Unternehmungen des Thyssen-Konzerns im zarischen Russland », in DAHLMANN D., SCHEIDE C. (eds.), „... *das einzige Land in Europa, das eine große Zukunft vor sich hat.*" *Deutsche Unternehmen und Unternehmer im Russischen Reich im 19. und frühen 20. Jahrhundert*, Klartext, Essen, 1998, pp. 225-271, here p. 270.

Chatelier the elder (1815-1873), a famous civil engineer and entrepreneur, and brother of the even more famous scientist (physical chemistry) Henry Le Chatelier (1850-1936). Not only had the family been in steel business for decades, but it had also carried out research into steel alloys. Louis the younger was head of Ponts et Chaussées, one of the builders of the Metro in Paris, and in 1892 he also founded a French society for exploiting Ukrainian iron ore and was chairman of the supervisory board of the company (*SA des Mines de la Doubovaia-Balka*).[28] From this company August Thyssen purchased high-quality iron ore directly before the First World War. Thus did he make the acquaintance of the family Le Chatelier in 1909.[29] August Thyssen and his son Fritz (1873-1951) – together with Henry Le Chatelier – joined the Supervisory board of *SA des Hauts Fourneaux et Aciéries de Caen*, founded in 1910. This engagement in France inspired August Thyssen junior (1874-1943) in 1910 in the argument about the inheritance to suggest that he should take over the complete French partnerships of the trust, while his brother Fritz should inherit the German one.[30]

However, as a consequence of the crisis in Marocco in 1911, and on the instructions of the Paris authorities, August Thyssen was forced to allow French partners a majority sharehold in this venture. In January 1912 Louis Le Chatelier became chairman of the supervisory board; he was president of the *Société Française de Constructions Mécaniques SA*, Paris, formerly *Cail*, a company that built locomotives and bridges and owned plants in the North of France (Denain), but did not have any blast furnaces or ore mines. Although this company planned the blast furnace, the blowing engines, producers, equipment for rolling mills and the like was supplied by *Maschinenfabrik Thyssen*. The expansion of the Caen project was held up because of trouble between both of the shareholders.[31] Before the First World War the company recruited workers from Greece, Marocco and above all from Italy.[32] It was not until 1916/17 that the steelworks – which had been under French management from the beginning of

---

[28] Orbituary in *Revue de la Métallurgie*, 4(1929), p. 229.
[29] TKA A/849/4 and A/849/5, Contracts concerning the delivery of iron ore in 1909 and 1911.
[30] TKA A/886, August Thyssen junior to August Thyssen, 08.08.1910.
[31] TKA A/823/2, Survey of settlement dates; Wilsberg K., „*Terrible ami – aimable ennemi*". *Kooperation und Konflikt in den deutsch-französischen Beziehungen 1911-1914*, Bouvier, Bonn, 1998, pp. 231-232 and 226.
[32] Translation of a note enclosed in a letter from Le Chatelier, 29.10.1913, in Rheinisch-Westfälisches Wirtschaftsarchiv, Gutehoffnungshütte Aktienverein 300193006.

the First World War – finally went into operation.³³ Nevertheless, this project improved Thyssen's ore supplies before the First World War, which had been the genuine purpose. Correspondingly high was the participation in the ore mines.³⁴

Additional concessions in Département Manche

In 1907 August Thyssen purchased concessions for ore-mining nearby Diélette in the South of Cherbourg and founded in cooperation with the previous owner, E. Casel, the *Société des Mines et Carrières de Flamanville*. Casel and the French Charles-Émile Solacroup (1878-1915) became members of the supervisory board.³⁵ Charles-Émile Solacroup was also a member of the supervisory board of the Russian-French company *SA des Mines de la Doubavaia-Balka* (administrateur délégue) and was cooperating with Thyssen in the plant in Caen. German members of the supervisory board of the company in Flamanville were Thyssen and his employee Alphons Horten. Until the beginning of the First World War the investments of GDK added up to about ten million Francs, an amount that was regarded as proprietary capital. Because there was no port nearby and the Germans were denied access to the French strategic harbour of Cherbourg, shipping facilities and a berth for steamships were built that reached about 650 meters into the sea. There the ores could be loaded directly onto the steamships at low costs. Even a power station had been built for that purpose by the company. The ore mine, where the ore was also to be exploited beneath the sea, was planned to be part of Thyssen's international transportation system. Mining was planned to commence in 1913, but due to difficulties concerning workers and construction material as well as to the lack of coal supply, but most of all due to anti-German public opinion that was not only based on military or strategic reasons, mining did not start before the beginning of the First World War. This project bound capital, manpower and time, but the outcome was poor: not a single ton of ore had ever been mined there for Thyssen.³⁶

---

[33] GIARD M., *Diélette. Une mine sous la mer*, Éd. A. Sutton, Saint-Cyr-sur-Loire, 2007, p. 45.

[34] Shares in Société des Mines de Soumont and Société Minière et Métallurgique du Calvados added up to 54.43% and corresponded to a value of FF 72.72 million. TKA A/741/6, Survey of losses, no date given.

[35] He was the grandson of the railway pioneer Emile Solacroup (1821-1880).

[36] WILSBERG K., *Die Unternehmungen ..., op. cit.*, pp. 129-131; GIARD M., *Diélette. Une mine sous la mer*, pp. 25, 28, 40-43; Thyssen held 88.89% of shares in the Société des Mines et Carrières de Flamanville worth 29.11 million French Francs. See TKA A/741/6, Survey of losses in foreign countries, no date.

Loading facilities in Flamanville, 1915[37]

Further ore supplies from Russia (Ukraine and Caucasus)

From 1905 August Thyssen invested in the Caucasian manganese mining industry, initially as a junior partner of the joint venture with *AG Schalker Gruben- und Hütten-Verein*, to secure supplies to his new high-grade pig iron plant in Meiderich (commissioned: 1903). Manganese was used as a deoxidizing and desulphurization agent in steel production. From 1908 the two partners, now under Thyssen's leadership, acquired further ore mines in the Caucasus and planned to make them profitable through mechanization. After the death of the member of the executive board of GBAG, Franz Burgers, in March 1911, the GBAG, now owner of the Schalker Verein after a merger, almost completely lost the initiative in ore exploration, ore mining and trading in Russia. Due to local hindrances industrial projects were not carried out, even in spite of the initiative of GDK. Up to the First World War the harbour facilities at Poti had not been mechanized, but in 1913 a cable railway for freight and a modern ore washing plant in Rgani started operations. Caucasian export of manganese rose from 152,000 t in 1905 to 390,000 t in 1913. These ores were imported via Rotterdam. The share of these ores for the purchasing cooperation of GBAG and GDK in the same period rose from

---

[37] Source: ThyssenKrupp Konzernarchiv, Duisburg.

18% up to 62%; both companies exported additionally purchased ores to save their own ore fields. Plans to build an own steelmaking plant were not taken further.[38]

Political and economic conditions under the Czar made direct investment in Russia difficult, and so rather than purchasing ore fields in Ukraine the Thyssen group got together with GBAG to set up a branch for the export of ore, coal and grain in 1909, now under Thyssen's leadership.[39] The aim of the two German steel producers was to break the export monopoly of the German ore trading companies *Wm. H. Müller & Co*, Rotterdam (sea-route), and *Rawack & Grünfeld*, Beuthen/Upper Silesia (by land). On the basis of long-term contracts with local mine operators, they cut out the intermediate distributors and exported ore to Germany at their own risk. For exporting the iron-rich ore from Krivoy Rog, the company installed modern German loading equipment (delivered by *Bleichert & Co*, Leipzig) on a plot of land leased in the Port of Nikolaev[40] on the mouth of the Bug. On 25th July 1910 the first ore was delivered by train to the company's harbour site in Nikolaev; on 2nd October 1910 the first steamship berthed there, which carried the ore to Rotterdam from where it was transported upstream on the river Rhine to Meiderich (AG für Hüttenbetrieb) and Gelsenkirchen (GBAG, Department Schalker Verein). The official inauguration of the site with municipal dignitaries finally took place in winter 1910. Carl Rabes (GDK) and Franz Burgers (GBAG) – each of them was member of the board of directors and responsible for purchasing ore for their companies – as well as Fritz Thyssen, the eldest son of August, attended the inauguration, thus indicating the importance of the branch in Nikolaev for the German companies.

The investments in the new loading equipment turned out to be profitable. Gradually the loading capacity of the trade center was increased: While in 1911 only an average of 127 t/h could be realized, it was 178 t/h in 1912 and in June 1912 even 325 t/h. And in 1913 two new steamships for ore transport, which had been especially built by request of the Thyssen-group, reached the Nikolaev harbour. They had a capacity for 10,000 t and were loaded in only two days. With the outbreak

---

[38] RASCH M., *Unternehmungen ... im zarischen Rußland, op. cit.*, pp. 252-261; RASCH M., *August Thyssen, op. cit.*, p. 59.

[39] BBA [Bergbau-Archiv Bochum], 55/327, Abkommen zwischen der GBAG in Gelsenkirchen und der GDK in Bruckhausen ..., 31.01.1908; TKA A/850/2, Bedingungen betrifft die Tätigkeit der deutschen Aktien-Gesellschaft, unter Benennung Gewerkschaft Deutscher Kaiser in Russland, berichtigte Übersetzung von Rechtsanwalt Berlinn. On 31.07.1909 the shareholders of GDK decided to expand the activities to Russia and to set up business with a basic capital of M 600,000, see TKA A/786/2, Gewerkenprotokoll.

[40] In the early 20th century usually spelled Nikolajew or Nicolajeff.

of the First World War this procurement source was lost,[41] which had only provided an added amount of 860,445 t of iron ore for GDK and GBAG. Both companies had broken the monopoly of Wm. H. Müller & Co in ore-export and were now stepping up from just purchasing ore for the companies requirements to profitable trading in iron ore.

Though mechanizing the loading equipment, establishing an own shipping company and the use of huge steamships for ore transportation reduced the costs for ore supply from Russia, the company's second aim was missed: to secure the ore supply for its own needs in the long run. The October Revolution in Russia stopped further ambitions during the First World War and post war period, e.g. the Thyssen-group had participated in German-dominated ore exporting companies during the occupation of Ukraine and Georgia.

Manganese ores from India and Brazil

Around 1906/07, when, due to economic factors, manganese ores were scarce commodities in Germany, GDK was not only interested in Brazilian manganese ores, but also in those from India. Together with the Schalker Verein and the GBAG, the GDK was involved in the *General Sandur Mining Company*, London, with Brussels being the place of business. About 28% of the shares were owned by the two German companies; these shares were confiscated in the First World War.[42] The company mined manganese ores in India in the Principality Sandur, about 280 km from the Portuguese possession of Goa. August Thyssen's son Fritz – accompanied by his wife – travelled to India and Ceylon at the beginning of 1908, in order to inspect the ore fields there. Maps and architectural plans still give information about the planning at that time; e.g. a cable railway over a distance of 20 km was to be built.[43] But never have considerable amounts of manganese ores been exported from India to Germany.[44] Brazilian ores that were mined in the centre of the country, where the infrastructure for traffic and transport was not developed yet and where transportation costs were too high, had also only been exported in small amounts.

---

[41] RASCH M., *Unternehmungen ... im zarischen Rußland, op. cit.*, pp. 240 f.

[42] TKA VSt/1549, Aktennotiz Kurt Emil Dittmann: Sandur Mining Company, 25.01.1946. After the First World War Thyssen stated the quota of his participation as 10%, see TKA A/741/6.

[43] TKA K/A/729-736, Map of ore-deposits of Sandur Mining Company.

[44] TKA A/635/18, Copy of the contract, 18.06.1908. The contract for the delivery of manganese ore with the SA des Mines de Manganese d'Ouropreto respectively with the Société Coloniale Anversoise, Rio de Janeiro, stipulated deliveries of 10,000-15,000 t from 1908-1913, altogether 45,000 t of manganese ore. See also TKA NZT 039, Reise-Tagebuch Amélie Thyssen Indien & Ceylon, 16.01-25.04.1908.

Iron ore from Africa

Thyssen's African mining projects were less successful. Since 1902 GDK held a few shares of the *Société d'Études de l'Quenza*, a society for ore-studies, with members from Britain, France, Germany and Belgium, and which operated in Algiers under the direction of *Schneider & Cie*, Le Creusot. The German companies *Fried. Krupp AG* and the Schalker Gruben- und Hütten-Verein also shared interests in the Société d'Études de l'Quenza. GDK had the right to purchase a ninth of the production, or at least 120,000 t of ore per year. But GDK lost this right when the company was re-established. The case was taken to French court, but had not been successfully closed by the beginning of the First World War, because international relations were burdened with the crises of Agadir and Marocco. Moreover, ore-production had not begun at that time. Additionally, even the partnership with *Union des Mines Marocaines*, that was established in 1907 – a joined venture of Italian, Portuguese, German, French, British and Spanish companies – and its subsidiary company *Société d'Études du Haut-Guire*, did not provide a single ton of mined ore.[45]

Scandinavian ore

At around 30%, the largest portion of the iron ore melted in the Thyssen blast furnaces in the Ruhr area before the First World War was to come quite unspectacularly from Scandinavia. This corresponded approximately to the German quota of ore-imports. Thyssen failed in his attempt to take over the Swedish ore-fields of the investor Emil Broms, with the help of *Disconto-Gesellschaft* and *Deutsche Bank*. Long-term supply contracts existed with the Lübeck distributor *L. Possehl & Co.* But here too, Thyssen also invested in ore mines, from 1911/12 above all in the Norwegian company *Aktieselskabet Sydvaranger*.[46] The First World War interrupted this process. The fact that ore supplies for his blast furnaces continued to be of major concern to August Thyssen after the war is shown by the great personal efforts he made. In 1924, for example, he himself – aged 82 – travelled to Sweden to purchase ore.[47]

---

[45] TREUE W., *op. cit.*, pp. 87 f.
[46] TREUE W., *op. cit.*, pp. 80 and 90. See also TKA A/22310, Erzabschlüsse Bruckhausen 1913 für Herrn Dir. Rabes.
[47] August Thyssen to Heinrich Thyssen-Bornemisza, 16.08.1924, in RASCH M. (ed.), *August Thyssen und Heinrich Thyssen-Bornemisza. Briefe einer Industriellenfamilie 1919-1926*, Klartext, Essen, 2010, p. 326.

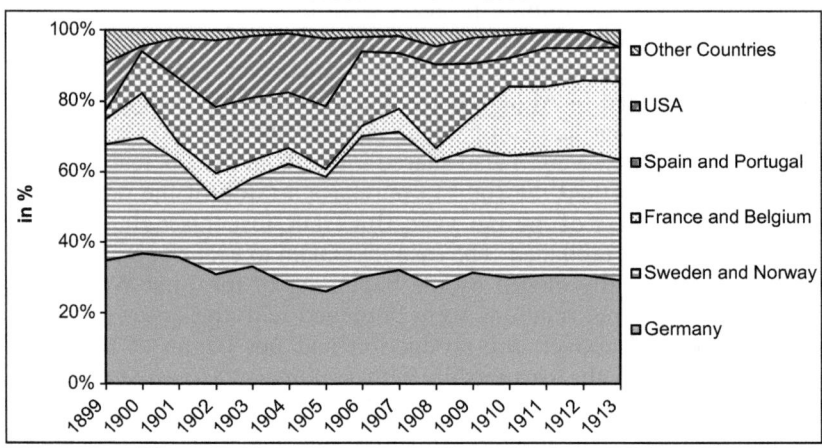

Consumption of iron ore and clinker at the blast furnaces in Bruckhausen[48]

Internationalization of the group's trading and transportation operations

In parallel with the acquisition of ore fields, August Thyssen tried to minimize trading costs by transporting, handling, and storing these bulk commodities under his own management. This made the GDK one of the biggest German ironworks, that wanted to gain influence on the trade, while in some other cases ironworks were dominated by wholesalers. Thyssen's policy was to give his ironworks a free hand in the trade to improve its agility in the market, even if it meant purchasing additional materials from competitors.

As a first step, a new private port with modern loading equipment was built on the river Rhine near the GDK, Bruckhausen between 1903 and 1907. The new harbour Schwelgern was an addition to the still existing private port Alsum, which was operating until 1925, but had no success. Therefore in 1906 Thyssen founded his own transportation company *Transportkontor Vulkan GmbH* in Bruckhausen with a branch in Rotterdam for the operation of freight ships, in particular to ship ore coming into Rotterdam up the Rhine to Germany.[49] In 1917 Transportkontor had 52 freighters for transport on the river Rhine at its disposal which had a capacity for up to 800 t.[50]

---

[48] TREUE W., *op. cit.*, p. 81.

[49] TKA A/523/1, Gesellschaftsvertrag, 16.01.1906. In 1905 August Thyssen was interested in buying the shipping company for inland water transport of Haniel. RASCH M., FELDMAN G.D. (eds.), *op. cit.*, p. 332.

[50] TKA A/777/6, Annual Report of N.V. Handel- en Transportmaatschappij "Vulcaan", 1914 and 1916.

In 1910, when the first Ukrainian ore was being shipped to the company's handling facility in Nikolaev, Thyssen established the ocean shipping company *N.V. Handels- en Transport-Maatschappij "Vulcaan"*, Rotterdam, to secure his company's autonomy from the international freight market and the ore wholesalers. Initially Vulcaan hired a fleet of ore steamers, taking a business risk by having new, larger steamers (10,000 t) built for the shipment of coal and ore in Europe and hiring these from their Norwegian owners for ten to fifteen years. A special shipping company (*Vulcan Reederei GmbH*, Hamborn) had been established for the Mediterranean region. The company ran its business with a fleet of second-hand freighters (steamships), which were based in Hamborn Harbour and entered into service in 1913. Each of the steamships was named after an old employee (directors) of Thyssen who had proved his worth; the ships were either run as limited companies or leased.[51]

In 1912 Vulcaan founded the Vulcaan Coal Company (*Vulcaan Kolen-Maatschappij*) in Rotterdam with branches in Cardiff and Newcastle-upon-Tyne to operate coaling stations in the Mediterranean region. Through the storage of low-cost coal at different stations and priority handling in the ports, the running costs of the Vulcaan ships were to be reduced. In addition, instead of carrying ballast the freight vessels could transport coal to the coaling stations or freight for third parties for part of the journey. Initially, as well as selling imported British coal,[52] the aim was to generate additional sales (exports) for the Thyssen collieries outside the Rhenish-Westphalian Coal Syndicate,[53] which started production in 1912. The Vulcaan Coal Company established branches for example in Algiers (l'Quenza mine), Port Said and Suez (franchised Sinai iron ore company). Additional branches could be found at Oran, Naples, Bona, Bizerta, Tangier and Genoa and one branch was planned to be established on a well-situated island in the Cyclades (Syros or Keá). The final destinations of these ocean routes were ore mines in India and – via the Black Sea – Ukraine and the Caucasus where the company had its own loading equipment in the ports of Nikolaev and Poti (not realized until the First World War). Vulcaan Kolen-Maatschapij also undertook the distribution of coal to brickworks and deep-sea fishing industry (coal bunker in Ijmuiden by the canal to the North Sea). In France SA *Charbonnière Kronberg*, Nancy, distributed coal for Vulcaan Coal Company.[54]

---

[51] The names of the steamships were Otto Kalthoff, Albert Killing, August Wilke and Franz Wilke. See TKA A/1782, A/776/1, A/776/2.

[52] From collieries in Northumberland, Durham, Glamorganshire and Monmouthshire.

[53] The two collieries Gewerkschaft Rhein I and Lohberg were not part of Rheinisch-Westfälisches Kohlen-Syndikat until the state forced them to join the sales organization in the First World War.

[54] TKA A/777/1, Annual Report of the Vulcaan Coal Co., 1913, pp. 14-15; WILSBERG K., *Die Unternehmungen ...*, *op. cit.*, p. 122.

Vulcaan Coal Company's stations on the way to the ports of Nikolaev and Poti/Batum in the Black Sea and to India via Suez and Port Said[55]

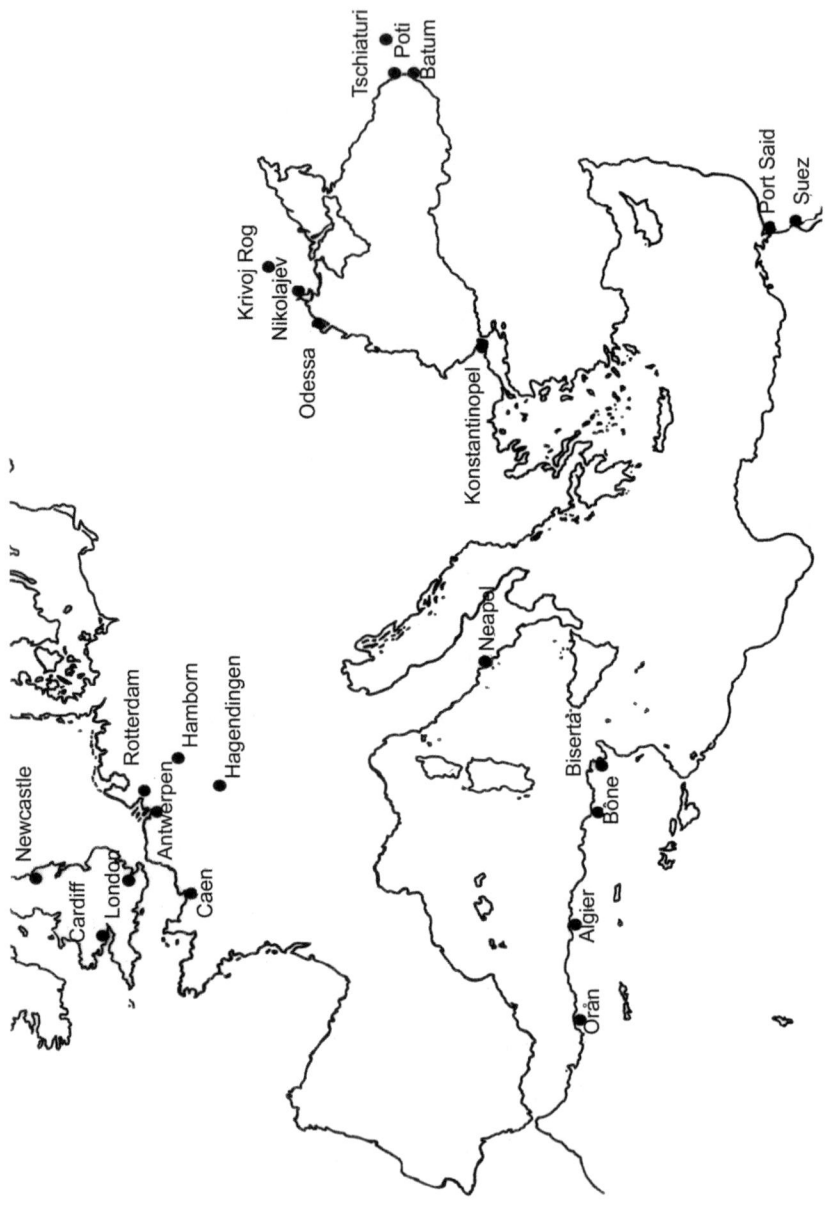

---
[55] Source: ThyssenKrupp Konzernarchiv, Duisburg.

In this golden age of Thyssen's transportation and trading ventures, the civil and water engineering inspector Wilhelm Kern,[56] who worked for GDK from 1908 to 1917, joined the executive board of the company in 1911. Apart from family members nobody but experts from administrative areas like plant, mining, rolling mill Dinslaken and head office were granted a seat on the executive board of the Gewerkschaft Deutscher Kaiser. His appointment illustrates the strategic importance Thyssen attached to the rail and ports departments as well as land surveying in the years immediately prior to the First World War. The land surveyors had to find suitable locations for the trading branches and handling facilities and purchase the necessary properties, while the rail and port office was responsible for the overall planning of the optimized infrastructure.[57] With this strategic real estate and transportation policy, Thyssen was far ahead of his time.

From 1912 to 1914 Thyssen built his own stockyard with ultra-modern handling equipment in the port of Mannheim-Rheinau, offering convenient access to the Mannheim marshalling yard and trading regions in the Southeast of Germany.[58] A similar project was carried out in the port of Strasbourg in 1913-1914 in order to gain waterway access to the ore in Lorraine and *Stahlwerk Thyssen* AG in Hagendingen via France, and also to develop the Upper Rhine region including Switzerland as a trading area. The two ports would be used for the distribution of coal from the proprietary non-syndicated collieries by the coal trading company originally established for the German region in 1910 under the name *Thyssen'sche Kohlenhandelsgesellschaft mbH*, which was renamed *Thyssen'sche Handelsgesellschaft* in 1912.[59]

Since even before the First World War GDK exported approximately 30% of its production – mostly via the Rhine. In 1911 *N.V. Handels- en Transport-Maatschappij Vulcaan* purchased a piece of land on the "Nieuwe Waterweg" between Hook of Holland and Rotterdam near Vlaardingen

---

[56] Wilhelm Kern (1871-1952) studied at the Technische Hochschule Karlsruhe after which he worked as a civil servant in Baden, in the end as an inspector for hydraulic engineering and road construction. In 1917 Kern left GDK and joined the executive board of the Oberrheinische Eisenbahngesellschaft which was part of the Stinnes group. He planned the harbour arrangements and railway constructions in Mannheim-Rheinau, Flamanville, Caen, Hagendingen, Nikolaev und Vlardingen. See PUDOR F., *Lebensbilder aus dem Rheinisch-Westfälischen Industriegebiet. Jahrgang 1952-1954*, A. Bagel, Düsseldorf, 1957, pp. 15-16.

[57] See TKA A/773/6.

[58] *Jahrbuch für den Oberbergamtsbezirk Dortmund für das Jahr 1907/08*, Essen, 1909, p. 26.

[59] The company established branches in (Duisburg-)Hamborn, Köln, Essen, Mannheim, Halle, Erfurt, Hamburg, Hannover, Leipzig and Düsseldorf. See TKA A/773/6, Geschäftsbericht der Thyssen'sche Handelsgesellschaft mbH zur Vorlage in der Gesellschafterversammlung vom 30. Juni 1915; TKA A/935, Gründungsprotokoll mit Umbenennung, typescript, 09.08.1912.

suitable for setting up a private port, an early "Europort". Here the ocean-going ships were to unload their freight of ore from proprietary or leased foreign mines onto Rhine vessels. In return they would take on board company-owned coke or coal and steel products from the company's lighters so as to ship coal to the Mediterranean and Scandinavia, coke to the steelworks in Caen in Normandy, and steel products throughout the world. Because of the First World War, the land on the "Nieuwe Waterweg" had to wait until 1918 to be developed into a major private port for bulk and general cargo, with handling, repair and shipyard facilities.[60] In 1920 the company was finally reorganized as *N.V. Hafenbedrijf "Vlaardingen-Oost"*.

By building up his own international trading and shipping network, August Thyssen – like Hugo Stinnes[61] at the same time – wanted to become independent of the ore traders and transportation companies. The containment of transportation costs was key to increasing the exportability of his steel and rolling mill products. From 1912 the principle of return freight and triangular deals (Ruhr coke/coal versus ore) was extended to Latin America (iron goods versus grain). Thyssen had recognized the beginning industrialization in South and Middle America. In 1912 export of iron and steel to Latin America was carried out by Vulcaan's office in Antwerp. In 1913 the overseas trading company *Deutsch-Überseeische Handelsgesellschaft der Thyssen'schen Werke mbH* was established in (Duisburg-) Hamborn with a branch in Buenos Aires.[62] A directory of "Foreign representative offices of the Thyssen group" printed before the First World War lists the company's own and associated trading agencies throughout the world, including Egypt, Brazil, Guatemala, Japan, Canada, Mexico, the Ottoman Empire, Siam and South Africa.[63] While other German coal and steel companies had agencies and mines abroad, none of them had such a sophisticated network of proprietary ships and ports, most of which were run as small independent enterprises. All served to optimize freight transportation and reduce costs. To secure the further growth of this network, August Thyssen invested in two German shipyards and a German shipping line even before the war ended.[64]

---

[60] TKA TLi/2354, 2351.

[61] FELDMAN G.D., *Hugo Stinnes. Biographie eines Industriellen 1870-1924*, C.H. Beck, München, 1998.

[62] TKA A/15506, Walther Däbritz, Unternehmensgeschichte (typeskript), Die Gewerkschaft Deutscher Kaiser 1904 bis 1914. Die kaufmännischen Betriebe, Handels- und Transportgesellschaften, Verbände und Syndikate ; TKA A/774/1, Geschäftsberichte Deutsch-Überseeische Handelsgesellschaft der Thyssen'schen Werke mbH für 1913 und 1914.

[63] Gewerkschaft Deutscher Kaiser, Außenvertretungen, no date.

[64] The companies concerned are *Bremer Vulkan AG, Flensburger Schiffsbau-Gesellschaft, Deutsche Dampfschifffahrts-Gesellschaft „Hansa"*.

Outlook

The First World War stopped this chapter of international growth for the Thyssen group. The companies and outlets located in France, the United Kingdom and Russia were expropriated as enemy property.[65] After the war the 76-year-old August Thyssen was no longer interested in pursuing the renewed internationalization of his company, especially as it was now important to consolidate his businesses in Germany, make up for the losses suffered by the German operations in the First World War, and finance and carry out the repair work that had been neglected during the years of the conflict. The emerging hyperinflation and efforts to nationalize the coal and steel industry added to the need to focus the business activities of Thyssen and his sons initially on Germany. Nevertheless, the foundation stone for renewing the group's internationalization was laid just before the end of the First World War. On 5th July 1918, in the neutral Netherlands, Thyssen established the *Bank voor Handel en Scheepvaart NV* with a Dutch executive board and supervisory board members via his Netherlands-based company NV Handels- en Transport-Maatschappij Vulcaan, among other things to protect at least some of the Thyssen group's assets in the German state of Alsace-Lorraine from confiscation by the French after the armistice.[66] Thyssen's youngest son Heinrich Thyssen-Bornemisza, who had been permanently resident in the Netherlands since 1919 and now took up a position of responsibility in his father's company, controlled the Thyssen group's incoming foreign capital via the Bank voor Handel en Scheepvaart NV. Directly after Germany's defeat, the bank gave the Thyssen group access to the international money market, even though not to the extent desired by August Thyssen. It was only after Thyssen's death in 1926 that the bank increasingly developed into a holding company for Heinrich Thyssen-Bornemisza's inheritance, with the business interests initially remaining in Germany.[67]

---

[65] Even the Dutch *Vulcaan* was regarded as a German company and therefore its branches in the Mediterranean region as well as in Great Britain were confiscated. Mandatory administration for the warehouses in Algiers and Oran was set up in 1914 by the French Government, in Port Said in 1915 by Great Britain, and the branches in Cardiff and Newcastle were liquidated in 1916.

[66] Even before the First World War ended the bank granted Stahlwerk Thyssen AG and Gewerkschaft Jacobus in Hagendingen corresponding hypothecary credits. See RASCH M., *August Thyssen: Der katholische Großindustrielle, op. cit.*, pp. 87-88.

[67] RASCH M., « Was wurde aus August Thyssens Firmen nach seinem Tod 1926? Genealogie seiner größeren Konzernunternehmen », in WEGENER S. (ed.), *August und Joseph Thyssen. Die Familie und ihre Unternehmen*, 2nd ed., Klartext Verlag, Essen, 2008, pp. 213-332, here p. 225; RASCH M., « August Thyssen und sein Sohn Heinrich Baron Thyssen-Bornemisza. Die zweite und dritte Unternehmergeneration Thyssen », in RASCH M., (ed.), *August Thyssen und Heinrich Thyssen-Bornemisza, op. cit.*, pp. 62-63.

Until the First World War, August Thyssen argued in favour of world trade, of increasingly globalized trade and production, as this was essential for the further growth of his blast furnace and steel production plants in Germany. In an open letter to "Nord und Süd. Monatsschrift für internationale Zusammenarbeit", a journal for international cooperation, he stated in summer 1912: "I am deeply convinced that in the age of internationalization of national economies, trade and transportation, international relations among peoples are primarily set up on a commercial basis and must therefore be regulated on a commercial basis".[68]

He always put his business interests before national political considerations, for example when he promoted technical progress in "arch enemy" France by building his Caen steelworks, or when he encouraged trade with British coal, which he began in summer 1912, by directing his open letter towards England.[69] August Thyssen, however, tried to gain influence on economic politics not only in Germany in favour of his own economic interests, which can be shown in the affair concerning mining concessions in Luxembourg in 1912. But he did not want to influence state policy in general, also did he not allow himself to be influenced by political tensions in his international business affairs, e.g. with France (the crisis in Marocco in 1907 and in Agadir in 1911). At the outbreak of the war, he abandoned this position and demanded annexations in both countries, France and Russia.[70]

This brief outline shows that the globalization of the steel industry is not the result of the last 20 or 40 years, even if the strategic considerations were different 100 years ago.

---

[68] THYSSEN A., « Offener Brief an den Herausgeber », in *Nord und Süd. Monatsschrift für internationale Zusammenarbeit*, July 1912, pp. 75-79, here p. 79, original in German.

[69] August Thyssen sympathized with the conservative Zentrum. The best-known representative of this party was Matthias Erzberger. In 1915 Thyssen appointed him member of the supervisory board of GDK, to be able to give him 20,000 Mark per year. When Erzberger argued for diplomatic conclusion of peace (Verständigungsfrieden) in the First World War, August Thyssen put an end to the financial relationship with Erzberger, see RASCH M., *August Thyssen: Der katholische Großindustrielle*, op. cit., p. 98.

[70] RASCH M., *Unternehmungen des Thyssen-Konzerns im zarischen Rußland*, op. cit., p. 271; VAN DE KERKHOF S., *Von der Friedens- zur Kriegswirtschaft. Unternehmensstrategien der deutschen Eisen- und Stahlindustrie vom Kaiserreich bis zum Ende des Ersten Weltkriegs*, Klartext, Essen, 2006, pp. 349-360 and 366-371.

Le processus de concentration des entreprises sidérurgiques en Allemagne

Karl Lauschke

Technische Unversität Dortmund

Dans les années 1970, sept grands groupes dominent la sidérurgie d'Allemagne occidentale : *Thyssen, Krupp, Hoesch* et *Mannesmann* dans la Ruhr, la région principale de la sidérurgie allemande où sont produits plus de soixante pour cent de l'acier brut, et, hors de la Ruhr, *Peine-Salzgitter* en Basse-Saxe, *Arbed* en Sarre et *Klöckner* avec la Georgsmarienhütte en Basse-Saxe et ses usine à Brême près du littoral et à Sulzbach-Rosenberg en Bavière. Ces sept groupes produisent environ quatre-vingt quinze pour cent de l'acier brut en Allemagne.

Actuellement, dans la Ruhr, une seule entreprise a survécu : *ThyssenKrupp*, produisant un tiers de l'acier brut en Allemagne réunifiée. Des groupes avec une longue tradition comme Mannesmann, Klöckner, Hoesch et Arbed, qui aux années 1970 se présentent encore comme des entreprises très fortes et compétitives par suite des modernisations et des fusions antérieures ont aujourd'hui disparu pour différentes raisons. Mannesmann a dû se séparer de ses activités sidérurgiques en se transformant en un groupe technologique. En 2000, il a été repris par *Vodafone*. Klöckner a perdu ses aciéries à Brême, aujourd'hui une filiale d'*Arcelor-Mittal* ; la Georgsmarienhütte a été reprise en 1993 par le dirigeant Jürgen Großmann, et à Sulzbach-Rosenberg, l'usine a été fermée définitivement en 2002 à la suite d'une faillite Le groupe Hoesch a quant à lui été repris par un coup de main de Krupp en 1993 et disparut complètement dans la foulée de la fusion de Thyssen avec Krupp quatre ans plus tard. L'Arbed aussi a été intégrée dans un groupe élargi. Depuis 2001 elle fait partie d'*Arcelor* qui, en 2007, fusionne avec *Mittal Steel*. Outre ThyssenKrupp, en Allemagne il reste le groupe allemand Salzgitter et le groupe transnational ArcelorMittal ayant les usines métallurgiques à Brême et à Eisenhüttenstadt à l'Est de Berlin. En Sarre, les deux sociétés *Dillinger Hütte* et *Saarstahl* ont survécu bien que les conditions régionales fussent très désavantageuses.

Entre 1970 et aujourd'hui des changements profonds ont donc eu lieu. Sans doute l'histoire de l'industrie sidérurgique est une histoire des coopérations et des fusions permanentes. Au cours de la décennie précédente par exemple la *Dortmund-Hörder-Hüttenunion AG* est reprise par Hoesch en 1966 après une période de coopération commençant cinq ans plus tôt. En 1965, et de la même manière, la *Krupp-Hüttenwerke AG* et la *Gussstahlwerk Bochumer Verein AG* procédèrent à une fusion en créant la *Krupp Stahl AG* et après avoir coopéré avec la *Hüttenwerk Oberhausen AG* au bout de sept ans, Thyssen l'intègre complètement au groupe en 1971.[1] Les comptoirs communs de l'acier laminé fondés en 1966 dans quatre régions finalement sont considérés comme des « centres d'entraînement pour une concentration des entreprises ».[2]

Mais la période depuis les années 1970 diffère des précédentes à beaucoup d'égards, notamment à cause de la crise persistante après 1975 et de la mondialisation rapide. Malgré l'existence de la Communauté Européenne du Charbon et de l'Acier la coopération directe entre les entreprises reste confinée jusqu'à la fin des années 1960 endéans les frontières nationales, car dans tous les pays la sidérurgie est considérée comme un symbole de la puissance nationale. Aussi la première coopération transfrontalière impliquant une firme allemande n'a-t-elle lieu qu'en 1972 lorsque Hoesch et le producteur néerlandais *Hoogovens en Staalfabrieken NV* s'unissent en procédant à la création d'*Estel* qui, en 1981, est à nouveau dissoute à cause des pertes menaçantes.[3] Sous la pression d'une concurrence grandissante au cours de la crise, les groupes sont obligés de s'adapter aux conditions modifiées et d'améliorer leur compétitivité au niveau global.

Ce processus n'est pas une évolution automatique ; ce n'est pas non plus le produit des forces libres d'un marché anonyme ni le résultat d'une manœuvre commandée par une institution centrale quelle que soit : les restructurations sont la conséquence des conflits et des coopérations entre les groupes industriels et surtout, des interventions du secteur bancaire ou des acteurs politiques. Tous les protagonistes – que ce soient les entreprises ou les banques ou encore les gouvernements – ne peuvent pas raisonnablement prévoir les résultats de leurs actions qui sont conditionnées par la force des circonstances dans un climat d'incertitude, bien que, par après, dans la rétrospective, elles paraissent logiques, voire en tout cas nécessaires et sans une alternative.

---

[1] MÜLLER G., *Strukturwandel und Arbeitnehmerrechte. Die wirtschaftliche Mitbestimmung in der Eisen- und Stahlindustrie 1945-1975*, Klartext, Essen, 1991, pp. 377-386.

[2] UEBBING H., *Stahl schreibt Geschichte. 125 Jahre Wirtschaftsvereinigung Stahl*, Stahleisen, Düsseldorf, 1999, pp. 341-356.

[3] DIETER A., *Die Krise der deutschen Stahlindustrie. Darstellung, Ursachenanalyse und theoretisch-empirische Überprüfung strategischer Konzepte der Krisenbewältigung*, thèse, Würzburg, 1992, pp. 93 et 463-466.

En analysant le processus d'adaptation à des conditions de la concurrence internationale, notamment le processus de concentration de l'industrie sidérurgique des années 1970 à nos jours, on peut constater, pour anticiper mes conclusions générales,

- premièrement, que les tentatives au niveau européen aussi bien que national de surmonter les problèmes économiques par une restructuration de la branche sont vouées à l'échec ou du moins ne sont pas réalisées de la même manière qu'elles avaient été projetées ;
- deuxièmement, que précisément à l'époque de la mondialisation, on réalise des formes de restructuration régionales qui varient selon les circonstances particulières et
- troisièmement, que ces restructurations ne sont possibles qu'avec l'aide et le concours des acteurs politiques.

Il faut d'ailleurs qu'on distingue des cas différents et qu'on parle du cas allemand sous réserve, ou, en d'autres mots, en plus des mouvements de concentration en Rhénanie-du-Nord-Westphalie, pour la plupart identifiés avec la sidérurgie allemande en général, il existe des mouvements particuliers en Sarre, à Brême et en Basse-Saxe – et qui concordent avec la structure fédérale de l'Allemagne. Or, quoique mes recherches actuels sur les formes régionales de surmonter la crise pendant la période des années 1970 aux années 1990 hors de la Rhénanie-du-Nord-Westphalie ne sont pas encore achevées, je voudrais néanmoins expliquer ici généralement mes hypothèses à l'exemple de la Rhénanie-du-Nord-Westphalie.[4]

Premières réactions à la crise

La crise de l'industrie sidérurgique éclatée au milieu des années 1970 de manière inattendue marque un tournant grave. En Allemagne, la production de l'acier brut tombe de 53,2 millions de tonnes en 1974 à 40,4 millions de tonnes en 1975 ; autant dire que pendant une seule année, les coulées diminuent presque d'un quart, et d'un seul coup, le degré d'utilisation des équipements tombe de 88,1 % à 64,3 %. Mais on ne considère pas cette baisse comme une crise structurelle. On la considère comme phase conjoncturelle et temporaire qu'on surmonterait bientôt. Pour cette raison les entreprises ne changent pas leurs stratégies. D'abord elles réduisent leurs effectifs, mais elles ne ferment pas des aciéries, pas plus qu'elles ne fusionnent. Le chiffre des emplois qui en 1974 comprend encore environ 344 000 personnes, n'atteint plus que 308 000 unités trois ans plus tard. Seule la Sarre fait exception. Son industrie sidérurgique

---

[4] LAUSCHKE K., « Wandel und neue Krisen: Die alten Industrien in den 1970er und 1980er Jahren », in GOCH S. (dir.), *Strukturwandel und Strukturpolitik in Nordrhein-Westfalen*, Aschendorff, Münster, 2004, pp. 136-162.

reste en arrière du niveau avancé des grands groupes allemands.[5] Car en Sarre la défaillance de la sidérurgie est synonyme de le remise en question de toute l'existence économique du pays. À partir de 1976, il s'y réalise donc un « cartel régulateur » politique, composé du gouvernement fédéral et du Land, des entreprises et du syndicat qui, en 1978, s'accordent sur un programme de restructuration aboutissant à une concentration des entreprises sidérurgiques. En 1982, la société *Arbed-Saarstahl* se forme autour des aciéries Röchling-Burbach et Neunkircher Eisenwerke et enfin en 1989, le holding financier *Dillinger Hütte Saarstahl* est créé.

Les grands groupes notamment à la Ruhr ont confiance dans leurs propres moyens et ils croient avoir « les reins suffisamment solides » pour faire face à la concurrence européenne. Ils ont modernisé leurs installations au cours des années 1960, accru leur productivité et se sont dotées d'unités productives plus grandes, aux capacités accrues. Pour cette raison ils ne font appel à des subventions publiques que dans une faible mesure et ils rejettent fermement le dirigisme. À sa place, ils recourent de préférence à des ententes conclues sur la base du volontariat, comme par exemple Eurofer, pour uniformiser les conditions de concurrence bien qu'on ne puisse pas sauvegarder ce cartel à long terme. C'est pourquoi en 1981 la commission de la Communauté européenne déclare « l'état de crise manifeste » et impose une politique de quotas de production sur presque tous les produits sidérurgiques. Jusqu'à cette date, il n'y a pas eu en Allemagne de fusions entre les grands groupes. Les tentatives de s'associer sont en effet toutes vouées à l'échec. Après la résiliation de la fusion entre Hoesch et l'entreprise néerlandaise Hoogovens en 1981, l'effort de fonder une société commune de Krupp et Hoesch, la « Ruhrstahl AG », inspirée et assistée par le gouvernement fédéral et le Land (comme on avait fait en Sarre avec Arbed Saarstahl) échoue à cause de l'intervention de l'entreprise phare Thyssen qui coopère avec Krupp au secteur de l'acier spécial.[6] Autrement dit, l'effort des sociétés les plus menacées de faillite ne réussit pas et, au lieu d'un resserrement réel des coudes, il n'existe en 1982 que des coopérations très limitées initiées par la société dominante qui introduit une phase de regroupements partiels.

À partir de 1977, la situation économique de la branche se détend. En 1979, la production de l'acier brut remonte à 46 millions t. Mais

---

[5] ESSER J., FACH W., VÄTH W., *Krisenregulierung. Zur politischen Durchsetzung ökonomischer Zwänge*, Suhrkamp, Francfort-sur-le-Main, 1983 ; LAUSCHKE K., *Die halbe Macht. Mitbestimmung in der Eisen- und Stahlindustrie 1945 bis 1989*, Klartext, Essen, 2007, pp. 259-283.

[6] BÜNNIG J., HARTMANN J., HÖFFKES U., JÄGER S., *Stahlkrise – Regionalkrise. Ursachen, Verlauf und regionale Auswirkungen der Stahlkrise mit einer Dokumentation der Lösungskonzepte*, Revier, Duisburg, 1993, pp. 198-199 ; LAUSCHKE K., *Die halbe Macht ...*, *op. cit.*, pp. 290-291.

ce n'est qu'une détente temporaire. La production diminue à nouveau et, en 1982 finalement, elle chute à 35,9 millions t d'acier alors que la capacité permettrait d'atteindre 65,4 millions t, c'est-à-dire un tonnage plus élevé qu'avant la crise. Le degré d'utilisation des appareils de production tombe à 54,9 %. En conséquence presque toutes les sociétés sidérurgiques accusent des pertes financières et manquent des disponibilités tant et si bien qu'elles doivent avoir recours à des capitaux empruntés.[7] L'endettement augmente et la quote-part des capitaux propres tombe. De plus en plus d'entreprises éprouvent des difficultés sérieuses de paiement. En 1981 la charge annuelle d'intérêts de Hoesch par exemple monte à 593 millions DM et la quote-part des capitaux propres qui, en 1974, se chiffrait à 39,4 % diminue à 19,8 % bien qu'en même temps l'entreprise a réduit ses effectifs de 51 000 à 41 700 personnes. La situation de la société sidérurgique de Krupp est presque pareille : en 1982, sa charge annuelle d'intérêts monte à 266 millions DM et la quote-part des capitaux propres se solde à 16,5 %. Seule la situation de Thyssen, l'entreprise phare de la branche, et de Mannesmann – qui s'est déjà transformé en une société technologique – demeure satisfaisante.

Une solution nationale sans résultat

Lorsque la situation mauvaise persiste, voire s'aggrave encore à partir de l'année 1981, le gouvernement fédéral mandate trois financiers liés à la branche d'élaborer une proposition pour une solution efficace et complète appliquée au secteur sidérurgique en Allemagne. Les trois experts sont Alfred Herrhausen de la *Deutsche Bank*, Marcus Bierich de la société d'assurance *Allianz*, comme représentants du secteur financier soucieux de s'assurer le remboursement de ses crédits, et Günter Vogelsang, un expert excellent de la branche.[8] Face à la surcapacité énorme, les trois experts insistent sur une restructuration profonde de toute la branche. Les « arbitres modérateurs » explorent les voies de rapprochements, voire de fusions entre les groupes pour réduire les capacités de production et pour lutter contre la crise. Au début de 1983, ils présentent leur rapport en proposant la fondation de deux groupes bien proportionnés aux appareils de production, à savoir le groupe « Rhein », constitué par les sociétés Thyssen et Krupp, et le groupe « Ruhr », réunissant tout le reste, c'est-à-dire les société Hoesch, Klöckner et Peine-Salzgitter avec des aciéries réparties à travers toute l'Allemagne, de Brême au Nord à la Bavière au Sud. Ils suggèrent que pour l'instant les principaux lieux de production, quels qu'ils soient, subsisteront. Mais en même temps ils soulignent la

---

[7] DIETER A., *op. cit.*, pp. 85-154.
[8] BÜNNIG J., HARTMANN J., HÖFFKES U., JÄGER S., *op. cit.*, pp. 124-129 et le texte du rapport, pp. 206-237.

nécessité de rationaliser la production et de réduire les capacités. Cela veut dire que certaines aciéries doivent redouter leur fermeture d'autant plus que les « arbitres modérateurs » ne disent mot du désendettement des sociétés en danger. Quant au syndicat, il critique l'orientation unilatérale des recommandations en fonction du seul critère des intérêts économiques du capital sans tenir compte des intérêts sociaux des salariés.

Les entreprises sidérurgiques à leur tour rejettent les recommandations des experts. Au regard des options qui leur restent, les unes continuent à se croire assez fortes pour sortir indemnes de la lutte pour l'existence en se fiant à leurs propres moyens. Au fur et à mesure que la situation économique s'améliore, leurs vues – apparemment – se trouvent confirmées. Les autres entreprises, notamment celles du groupe « Ruhr », craignent qu'à la longue la réalisation des recommandations signifie une « mort par acomptes ». Bref, on ne réalise pas le plan projeté par les « arbitres modérateurs ». La pression du marché n'est pas encore assez forte et les pouvoirs publics, tant au niveau fédéral qu'à celui du Land, n'ont aucun moyen de contraindre les sociétés à suivre les consignes.

Chaque entreprise sidérurgique poursuit dès lors son propre chemin. Au lieu d'un plan national imposé de force par un acteur politique, une régulation volontaire et conforme aux conditions du marché libre est déployée. Ainsi, en juillet 1985, le plan d'une fusion entre Krupp et Klöckner avec la participation de la société *Conzinc Rio Tinto of Australia* ne réussit pas.[9] À l'exception des coopérations partielles dans des secteurs limités, comme l'entreprise en participation Krupp-Klöckner fondée à Bochum à la fin de 1983 au secteur des forges, toutes les entreprises essaient d'améliorer leur compétitivité en solitaires. Hoesch par exemple réduit ses effectifs de plus de 38 000 personnes en 1982 à 33 500 deux ans plus tard ; l'entreprise sidérurgique de Krupp d'environ 36 000 procède à une baisss de ses effectifs à moins de 28 500 et l'entreprise de tubes de Mannesmann passe de 37 500 à moins de 32 000 collaborateurs. Au total les emplois diminuent d'environ 252 000 personnes en 1982 à 215 500 en 1984. Et la baisse continue pour atteindre en 1988 son niveau le plus bas avec 181 500 personnes. En même temps le degré d'utilisation des appareils de production monte de 54,9 % à 76,4 % deux ans plus tard et finalement à 87,7 % en 1988. Autant dire qu'entre-temps beaucoup d'aciéries ont fermé leurs portes et nombre de lieux de production sont abandonnés, provoquant les régions concernées les inévitables problèmes sociaux.

---

[9] BÜNNIG J., « Krupp/Klöckner – Ohne Mitgift keine Hochzeit », in BARCILKOWSKI R., BÜNNIG J., HARTMANN R., KONEGEN N., LAXGANGER H., *Jeder kocht seinen eigenen Stahl. 10 Jahre Stahlpolitik in der Krise. Darstellung und Perspektiven*, Sovec, Göttingen, 1985, pp. 153-176.

Cette évolution dramatique s'accompagne de luttes sociales violentes pour préserver les unités de production. Bien que les actions des salariés soient très massives, elles ne sont pas couronnées de succès. Les aciéries de Thyssen à Oberhausen et à Hattingen par exemple – chaque compte 3 500 employés – sont fermées en 1987. Le cas le plus spectaculaire est le conflit à propos de l'aciérie de Krupp à Rheinhausen en 1987/88.[10] En mars 1987 le directoire de Krupp a déjà annoncé une suppression de 2 000 postes et en septembre, dans son programme visant à optimiser la production (il a été entériné par le comité d'entreprise), il assure la continuité de l'aciérie sous la condition de la réduction du personnel. Deux mois plus tard, l'entreprise décide de fermer complètement l'aciérie qui compte 5 300 employés avant la fin de 1988. Entre-temps, dans des négociations sécrètes, le directoire de Krupp a projeté une coopération avec Thyssen et Mannesmann dans la région de Duisburg : en échange de la fermeture de l'aciérie à Rheinhausen, qui occasionne des pertes importantes, l'aciérie de Thyssen à Duisburg-Bruckhausen doit se charger de la production des profilés et l'usine de Mannesmann à Duisburg-Huckingen, également déficitaire, doit approvisionner l'usine de Krupp à Bochum avec de l'acier brut. Elle serait dirigée à l'avenir par Krupp et Mannesmann en commun.

Les actions d'empêcher la fermeture de l'aciérie de Rheinhausen durent presque six mois ; elles deviennent le symbole contre « la coupe blanche » des entrepreneurs sidérurgiques dans le bassin de la Ruhr. Des ouvriers furieux organisent des manifestations, attaquent la séance du conseil de surveillance et occupent un pont du Rhin ainsi que des autoroutes. Mais ils ne parviennent pas à triompher du projet du directoire. Grâce à la médiation du gouvernement du Land, ils obtiennent seulement un ajournement de la fermeture et la garantie de création d'emplois de substitution. En août 1993, l'aciérie de Rheinhausen est fermée définitivement.

La réorganisation de l'industrie sidérurgique en Rhénanie-du-Nord-Westphalie

Les efforts des entreprises ne suffisent pas. À l'exception de Thyssen, les autres producteurs n'arrivent pas à atteindre la taille qu'il faudrait afin de résister à la concurrence au niveau global. Après la chute du mur de Berlin, la situation économique de l'industrie sidérurgique devient plus incertaine et plus difficile à vaincre.[11] Outre le redressement des entreprises en Allemagne de l'Est, la mondialisation force l'allure. Elle fait monter la concurrence et exerce une pression sur la compétitivité des

---

[10] BIERWIRTH W., KÖNIG O. (dir.), *Schmelzpunkte. Stahl: Krise und Widerstand im Revier*, Klartext, Essen, 1988.
[11] UEBBING H., *op. cit.*, pp. 445-460.

entreprises. Pour les sociétés sidérurgiques le risque de tomber en faillite monte. De ce point de vue la pression croît ; elle condamne les dirigeants à agir. Or, une restructuration volontaire de l'industrie sidérurgique ne paraît guère possible, malgré la multiplication des problèmes rencontrés par la branche dès le début des années 1990. Krupp, des banques et le gouvernement du Land, deviennent alors la clé pour pousser le mouvement de concentration en Rhénanie-du-Nord-Westphalie pendant qu'en Basse-Saxe et à Brême des solutions régionales aussi se réalisent, mais sans recourir à des fusions. Contre toute prévision les deux aciéries de la société de Klöckner menacée de faillite peuvent continuer d'exister. En avril 1993 l'aciérie de la Georgsmarienhütte est sauvée en étant prise en possession par le management, et en octobre 1993, l'aciérie à Brême reçoit l'assistance du gouvernement du Land.

Dans la région de la Ruhr, Krupp s'avère particulièrement apte à réorganiser la branche. En 1987, la société a déjà fait l'objet d'une fusion par suite de la fondation à Duisburg, en 1990, des *Hüttenwerke Krupp Mannesmann*. Elle a donc démontré par là, et notamment le président de son directoire, Gerhard Cromme, sa détermination et son engagement pour obtenir une restructuration de l'industrie sidérurgique à la Ruhr. Cromme, qui dirige les affaires chez Krupp depuis octobre 1986, avait ordonné la fermeture de l'aciérie à Rheinhausen malgré la ferme résistance de toute la population de la ville. Il avait ainsi montré non seulement son aptitude à faire des choix stratégiques, mais encore sa force de décision et son courage. En mars 1989, il est nommé le président du directoire du holding. De plus, vu la situation économique, Krupp se retrouve en position de faiblesse, mais en comparaison avec d'autres entreprises, sa forme juridique est avantageuse pour des opérations boursières. Krupp est une société à responsabilité limitée possédée à la majorité des trois quarts par la fondation Krupp, c'est-à-dire que des émules potentiels ne peuvent pas s'emparer de Krupp par des opérations boursières. À l'inverse Krupp, est cependant capable d'acheter des actions d'autres sociétés, à condition qu'elle dispose des moyens financiers suffisants.

De fait, en 1992, Krupp réussit par surprise à s'emparer de la majorité du capital de Hoesch.[12] Les circonstances exactes de cette « reprise hostile » ne sont pas connues en détail, mais probablement l'OPA associe, outre la *Deutsche Bank* et la *Schweizerische Kreditanstalt*, la *Westdeutsche Landesbank* qui, en tant qu'instrument du gouvernement du Land, sert celui-ci pour faire progresser l'industrie en Rhénanie-du-Nord-Westphalie. Afin d'acheter les actions, Krupp avait besoin de plus de 500 millions DM. La société doit les emprunter bien que ses dettes

---

[12] *Der Krupp-Komplex. Der Stahlkrimi an der Ruhr*, film de Reinhold Böhm pour la télévision, Westdeutscher Rundfunk, 2003.

se soldent déjà à 4,32 milliards DM, soit plus du double de son propre capital. D'un autre côté, le moment est propice ; après la démission du président du directoire de Hoesch, Carsten D. Rohwedder, au début de 1991, il manque un homme à la tête de la société. Pendant ce temps, Krupp commence à acheter des actions en cachette et en octobre 1991, la presse révèle que l'entreprise possède environ un quart du capital de Hoesch, avec une option pour l'achat d'un autre paquet de 30 pour cent des titres. En mars 1992, la société Krupp est ensuite transformée en une société anonyme pour rendre possible la fusion et en décembre 1992 finalement la société *Fried. Krupp AG Hoesch-Krupp* est fondée.

Quatre ans plus tard, Krupp-Hoesch commence à faire le deuxième pas, l'essai d'une « reprise hostile » de Thyssen.[13] Comme entreprise phare de la branche, Thyssen est sûre de soi en espérant que tôt ou tard Krupp-Hoesch ne survivra pas tant et si bien que cette société tombe dans les mains de Thyssen qui s'en emparerait pratiquement pour une poire et une pomme. Pour cette raison, il n'est pas à présumer que Thyssen prendra l'initiative d'une réorganisation de l'industrie sidérurgique en Rhénanie-du-Nord-Westphalie. Krupp-Hoesch, dont le directoire a connaissance de l'état précaire de la société rivale malgré une réduction de ses dettes entre 1993 et 1996 de 5,48 milliards DM à 2,84 milliards DM, se voit à l'opposé contraint à pratiquer la fuite en avant. Face à la situation économique, elle ne voit aucune alternative : elle doit essayer de reprendre Thyssen bien qu'elle soit plus petite et moins efficace que son émule régional. Cette opération coûteuse et secrète n'a été possible que moyennant l'assistance de la Deutsche Bank et de *Goldman Sachs*, qui accordent un crédit jusqu'à 15 milliards DM à Krupp-Hoesch pour acheter des actions de Thyssen. En mars 1997 ce projet s'ébruite avant que les préparatifs ne soient clôturés. Probablement le gouvernement du Land, représenté chez Krupp-Hoesch par son Premier ministre, et chez Thyssen par son ministre des Finances, a livré le secret, car la solution envisagée par le secteur privé risque de provoquer des conflits sociaux aux résultats incertains. Le gouvernement offre d'ailleurs aux directoires des sociétés sidérurgiques ses services de médiateur et, bien qu'on ne peut pas réaliser le premier projet comme prévu, les chances sont très grandes d'arriver à un regroupement.

Pour réduire les frais et pour éviter le poids des dettes qui grèveraient la société à l'avenir, Krupp-Hoesch préférait certes éluder la « reprise hostile », mais pour le moment, elle continue à offrir 435 DM par action bien que le cours de bourse se chiffre seulement à 346,50 DM. De l'autre

---

[13] WILDEMANN H., *Unternehmensfusion. Die Krupp-Hoesch-Thyssen-Fallstudie*, TCW Transfer-Centrum, München, 2000 ; KÄPPNER J., *Bertold Beitz. Die Biographie*, Berlin Verlag, Berlin, 2010, pp. 488-506.

côté, sous la menace d'une « reprise hostile », Thyssen est à son tour prêt à entamer des négociations en vue d'une solution à l'amiable. Mais il s'en faut de l'intervention des deux « parrains », Bertold Beitz et Günter Vogelsang, les présidents d'honneur des conseils de surveillance de Krupp respectivement de Thyssen, pour surmonter les clivages. Quelques semaines plus tard, en avril 1997, ils réussissent à s'accorder d'abord sur la fusion des sociétés sidérurgiques au détriment de l'ancienne entreprise de Hoesch à Dortmund, qui perd 5 000 employés. En août 1997 on continue les négociations dans le but d'une fusion complète de Krupp et de Thyssen et finalement, en octobre 1998, la société ThyssenKrupp AG voit le jour sous la réserve qu'il y aura une présidence du directoire à deux têtes et que les capitaux des sociétés seront au prorata de 2 : 1 en faveur de Thyssen. La fondation Krupp reste le plus grand et important actionnaire. Elle détient 17,36 % des actions et, en 2006, elle relève sa quote-part à 25,33 %. Par la fusion, la ThyssenKrupp AG devient le cinquième plus grand groupe industriel en Allemagne avec un chiffre d'affaires de 70 milliards DM et plus de 170 000 employés.

La nouvelle société ThyssenKrupp AG ressemble un peu au groupe « Rhein » proposé en 1983 par les « arbitres modérateurs ». Dans une certaine mesure leur plan arrive au but, plus tard il est vrai, et d'une manière différente : au lieu du groupe « Ruhr » il existe plusieurs entreprises réparties sur diverses régions d'Allemagne, et ce soit sous forme de filiales d'une société transnationale, soit sous l'enseigne d'une société allemande personnelle ou anonyme. À l'encontre du plan schématique jadis élaboré, il existe finalement une diversité des formes qui résultent des développements régionaux particuliers.

The Steel Industry in a Nutshell: from Falck to the "Mini-mills"

Lombard Steel Companies During the 20th Century

Valerio VARINI

Università degli studi Milano Bicocca

The Italian steel industry can be divided in two large groups, based on a prevalent territorial division, which in time took on a differentiation in terms of ownership – one mainly privately owned, the other state controlled.[1] Traditional Alpine steelmaking[2] existed throughout the North, while further South, particularly in coastal areas, the other, Tyrrhenian, component prospered – a division that became more marked in the course of the last century. The Alpine component was mainly concentrated in the regions of Lombardy and Piedmont. In Lombardy most of the steel mills were located in the valleys and in the towns at their Southern ends; in neighbouring Piedmont, except for some specific areas, the industry was dominated by *Fiat*.[3] Steelmaking in Lombardy suffered a gradual decline in the course of the 19th century and risked losing out to the more innovative steel mills elsewhere in Europe. Around the turn of the 20th century major technological innovations in the fragmented panorama of Alpine manufacturers, enabled some of the larger businesses to assert themselves and display strong leadership in the industry. This had a profound effect on the two national steel industries, where the coastal component tended towards an integrated production cycle, while the Alpine component increasingly adopted "solid charge", namely iron scrap.[4] Following the economic crisis

---

[1] FUMAGALLI M., *La siderurgia padana, l'industria dell'acciaio a settentrione degli Appennini*, Acciaierie e Ferriere Lombarde Falck, Milan, 1961.

[2] For more on Alpine steel production, see BELHOSTE J.-F., *Histoire des forges d'Allevard*, Éd. Didier-Richard, Grenoble, 1982; CUOMO di CAPRIO N., SIMONI C. (eds.), *Dal basso fuoco all'altoforno*, Grafo, Brescia, 1991.

[3] BINEL C. (ed.), *Dall'Ansaldo alla Cogne. Un esempio di siderurgia integrale 1917-1945*, Electa, Milan, 1985.

[4] COLLI A., *Legami di ferro. Storia del distretto metallurgico e meccanico lecchese tra Otto e Novecento*, Donzelli, Rome, 1999; POZZOBON M., « L'industria padana

in the early 1930s, when IRI was founded, this sectorial dualism was accentuated by different kinds of governance, one based on family ownership, the other on state ownership.[5] This distinction was the result of a process that commenced at the start of the century and was characterised by the clear leadership of certain companies, which profoundly changed steelmaking in Lombardy. The main one was *Acciaierie e Ferriere Lombarde Falck*, which became a benchmark for the entire industry.

This work provides an overview of the main stages of steel production in Lombardy, from its origins in the latter decades of the 19th century to the rise of the mini-mills in the late 20th century. It will give priority to the development of the companies that were to mark the evolution of steelmaking in the North of Italy and show how, based on the above factors, their success is due to their close synergy and proximity to the target markets.

Steel production developed in the Alpine valleys due to the presence of iron ore. This, combined with the water power available, enabled the mills there to make various kinds of iron used to produce items ranging from small arms to farm implements. In the first half of the 19th century this production suffered a severe crisis due to the obsolescence of the technology used and a lack of raw materials, namely iron ore and charcoal.[6] There followed a profound transformation of the industry, leading to the emergence of a handful of entrepreneurs who, by pooling their efforts, launched a widespread process of modernisation. One of the first people to be successful in the Brescian valleys was Giovanni Andrea Gregorini, who, gifted with strong technological sensitivity, reorganised the family business's entire production process and moved it further down the valley. This was the first clear attempt to move the place of production closer to the place of use. Gregorini's observation of innovations being tested abroad – such as the use of Siemens furnaces, or methods experimented in the French steel mills – enabled him to exploit their potential.

The other decisive change adopted by the steel mills in Lombardy was in their organisation. In these early attempts at renewal, which also involved Francesco Glisenti, an instrumental move was vertical integration of the production cycle, from iron ore mining to production of the finished item. This enabled the possible economies of scale and specialisation to be exploited to the full by concentrating production activities at a single site, allowing an expansion in the target markets. As a result of this

---

dell'acciaio nel primo trentennio del Novecento », in BONELLI F. (ed.), *Acciaio per l'industrializzazione*, Einaudi, Turin, 1982, p. 162.

[5] For more on the origins of state-owned steel production, see DORIA M., « I trasporti marittimi, la siderurgia », in CASTRONOVO V. (ed.), *Storia dell'IRI 1. Dalle origini al dopoguerra*, Laterza, Rome-Bari, 2012, pp. 359-420.

[6] ONGER S., « La produzione di acciaio nel Bresciano in età napoleonica tra processi tradizionali e tentativi di innovazione », in *Storia in Lombardia*, 3(2006), pp. 37-50.

development, in 1888 Gregorini had a 1,600-strong workforce, including some 500 employees working at the main site on the banks of Lake Iseo, and an even higher number in the early decades of the 20th century.[7]

A similar process was under way in the valleys around Lecco, another historic site in Lombardy steelmaking, where myriad small family-run enterprises were in operation. In the latter decades of the 19th century, some of them developed rapidly and profoundly modernised the structure of the industry. In particular, the Falck family, the dynasty crucial for future development, moved from the Lecco area to the outskirts of Milan. Giorgio Enrico Falck had the initiative to impose his leadership in the sector and was a benchmark throughout the first half of the 20th century at a national as well as local level. He descended from a family originating from Alsace with a long-standing tradition in steel production. After acquiring invaluable experience as an apprentice working in Europe[8] and later as the manager of some steel mills in the mountainous area, he set up his own business in the early 20th century in Sesto San Giovanni, an area near Milan that was destined to become one of the country's main industrial districts.[9] This was the start of a "split" in the industry at a regional level: on one hand, large companies increasingly gravitating around the main towns, having close links with the steel-consuming sectors, ranging from building construction to mechanics and infrastructures (water, energy, transport), such as *Gregorini* and *Falck*; on the other, small producers located up in the valleys, yet not entirely foreign to the technological innovations introduced by their larger rivals.[10]

At a national level, the industry was becoming increasingly specialised. Some products, such as sheet metal or rails for large government contracts or building construction, were handled by manufacturers adopting the integral production system; others, such as sections, girders and intermediate products for the fragmented mechanical industry, were made by manufacturers in the Po valley.[11] The missing element

---

[7] GREGORINI G., « Lavoro, produzione, comunità », in GREGORINI G., FACCHINI C., *Onde d'acciaio, Lo stabilimento di Lovere e il lago: centocinquant'anni di storia*, La Cittadina, Gianico, 2006, pp. 46-47 and 55.

[8] During his apprenticeship, Giorgio Enrico Falck worked mainly in Germany, in Dortmund, Plettemberg and Cologne, and went on study trips to Luxembourg, the Saar region and Hannover.

[9] For more on the Falck family, see FRUMENTO A., *Imprese lombarde nella storia della siderurgia italiana. Il contributo dei Falck*, Allegretti, Milan, 1952; JAMES H., *Family Capitalism: Wendels, Haniels, Falcks, and the Continental European Model*, Harvard University Press, Harvard, 2006; VARINI V., *L'opera condivisa: La città delle fabbriche, Sesto San Giovanni 1903-1952: L'industria*, Franco Angeli, Milan, 2006.

[10] For more on diversified production in the valleys, see ONGER S., *Verso la modernità. I bresciani e le esposizioni industriali 1800-1915*, Franco Angeli, Milan, 2010.

[11] On the national steel market, see FEDERICO G., « La domanda siderurgica italiana negli anni Trenta », in BONELLI F. (ed.), *op. cit.*, pp. 378-381.

in the strategy adopted by the steel manufacturers came into being in the years preceding the First World War, namely the electric arc furnace, which considerably enhanced the solid charge process. The first industrial application of the electric arc furnace in the steel mill and rolling mill was patented by Ernesto Stassano in 1898, and it was subsequently improved at the Tassara mill in Darfo, a small town in the mountains to the North of Brescia. The use of electricity had two main advantages: it solved the problem of dwindling supplies of charcoal, and it provided a much more flexible process compared to Siemens-Martin furnaces.[12] What is more, the widespread availability of water power enabled the steel mills in the valleys to exploit a local source of energy and, early on at least, low production costs. The First World War acted as a boost for production and quickly enabled the steel manufacturers to improve their technology and organisation.

Some steel producers benefited more than others, starting with Franchi Griffin, which merged with Gregorini in 1916-1917 to create the *Franchi-Gregorini Group*. Franchi developed considerably during the war years into a group with seven production plants and a workforce of around 24,600.[13] Another good example is *Breda*, which originally made items for railway applications and later set up a steel production plant, with electric arc furnaces and rolling mills, in Sesto San Giovanni.[14] However, the company that achieved the most success and adopted a coherent strategy to exploit the market opportunities, wartime demand and technological innovations was undoubtedly Falck.[15] These factors combined to earn it

---

[12] For more on electric furnaces and improvements made by Stassano, see PEARL M.L., « La siderurgia », in *Storia della tecnologia*, vol.6, *Il ventesimo secolo. L'energie e le risorse*, Bollati Boringhieri, Turin, 1982, pp. 503-504, (*A History of technology*, Oxford, Clarendon Press, vol.6, part 1, 1978). On the Tassara steel mill and the first stage of electric steelmaking in Valle Camonica, see FACCHINI C., SIMONI C., PREDALI R., *L'industria del ferro e dell'acciaio nel bresciano. Il caso della Valcamonica*, FdP editore, Marone, 2011, p. 131.

[13] On Franchi-Gregorini and its expansion following acquisition of the production plant by the German company Mannesman in Dalmine, see DELLA VALENTINA G., « Dalmine: un profilo storico », in *Quaderni della Fondazione Dalmine*, 3(1994), pp. 35-37; GREGORINI G., *op. cit.*, p. 76; FERRI P., « Grande industria e banca d'affari. L'emblematica vicenda del gruppo Franchi-Gregorini », in AA. VV., *Maestri e Imprenditori. Un secolo di trasformazione dell'industria a Brescia*, Brescia, Grafo, 1985, pp. 97-127.

[14] In 1917 Breda decided to build a steel mill next to the plant for producing railway items and equipped it with two Martin furnaces and two Héroult electric arc furnaces (PETRILLO G., « La Breda di Sesto San Giovanni fra la fine dell'Ottocento e i primi decenni del Novecento », in *La Breda. Dalla Società Italiana Ernesto Breda alla Finanziaria Ernesto Breda 1886-1986*, Amilcare Pizzi Editore, Milan, 1986, p. 154).

[15] Other smaller producers include Redaelli, Coleotto, Ceretti and Cobianchi. In neighbouring Piedmont, Fiat also underwent a similar transformation in terms of steel

a prominent position compared to other similar manufacturers, which, in addition to being linked to it through cross-shareholdings, virtually followed along the same lines.[16]

This organisation particularly suited the limited size of the domestic market, which made it very difficult to adopt blast furnace technology, which was advocated by the main exponents of state-owned steel mills and was not achieved until after the Second World War, when the boom in mass marketing, of cars and household appliances for example, allowed the adoption of specialized production plants based on large economies of scale.[17] At this point it is interesting to run through the main stages in the development of Acciaierie e Ferriere Lombarde Falck, normally referred to simply as Falck.

Falck was set up in 1906, with the contribution of the production sites in Vobarno and Dongo, and support from *Banca Commerciale*, the leading bank in Italy. Sesto San Giovanni was chosen as the location for the production site as it was near the outlet markets and had good railway links with Northern Europe. Work immediately got under way on the construction of a steel mill equipped with four 30-35 tons Siemens-Martin furnaces and 260-650 mm rolling mills. By 1914, only a few years later, Falck was already producing more than 80,000 metric tons of steel a year, accounting for over 9% of national production.[18] This was the result of a clear strategy – to extend the production range by taking over firms specialised in making intermediate products. This turned out to be a good choice, with a durable effect in terms of competitive edge, especially at times of crisis, such as the years leading up to the First World War, or in the late 1920s and the early 1930s, when cartel agreements assigning production quotas to the various steel manufacturers were adopted.[19]

---

production. See CASTRONOVO V., *FIAT 1899-1999. Un secolo di storia italiana*, Rizzoli, Milan, 1999.

[16] In addition to Breda and Redaelli, it is worth mentioning Franco Tosi, Vanzetti, Pracchi, Marazzi & Stramessi and Dalmine (MACCHIONE P., *L'oro e il ferro. Storia della Franco Tosi*, Franco Angeli, Milan, 1987; AMATORI F., LICINI S. (eds.), « Dalmine 1906-2006. Un secolo d'industria », in *Quaderni della Fondazione Dalmine*, 5(2006).

[17] For more on the development of "mass steel production" after the second World War, see RANIERI R., « La grande siderurgia in Italia. Dalla scommessa sul mercato all'industria dei partiti », in OSTI G.L., *L'industria di Stato dall'ascesa al degrado. Trent'anni nel gruppo Finsider*, Il Mulino, Bologna, 1993, pp. 30-31.

[18] CONFALONIERI A., *Banca e industria in Italia. 1894-1906*, Banca Commerciale Italiana, Milan, 1976, vol.III, pp. 328-333; FRUMENTO A., *Imprese lombarde ...*, op. cit., pp. 202-204; see also SCAGNETTI G., *La siderurgia in Italia*, Industria Tipografica Romana, Roma 1923.

[19] For more on cartel agreements, see A. DELL'OREFICI, « La politica industriale del fascismo », in FAUSTO D. (ed.), *Intervento pubblico e politica economica fascista*, Franco Angeli, Milan, 2007, p. 207.

After a period of stabilisation in the 1920s, Falck pursued a policy of specialisation at different plants. The production site in Sesto San Giovanni was divided as follows: Concordia handled rolled products and small mechanical parts (bolts and shaped items); Vittoria specialised in drawing and producing steel strips; Vulcano, which was taken over in 1926, joined forces with *Montecatini*, Italy's largest chemicals factory, to produce pig iron from pyrite ash using electric arc furnaces (EAF) in the early 1930s: lastly, Unione, the steel mill, the heart of production, which also handled the first downstream processes.[20] These production plants were in addition to the original ones in Vobarno (hot-rolling of seamless pipes and wire rod) and Dongo (cast iron foundry and hot-rolling of sections and cold-processing of seamless piping). During the following decades, the Falck group acquired other production sites and invested in steelmaking and metalworking companies.

The increase in production during the First World War enabled Falck to use its full production capacity, meet market demand promptly thanks to close relations with manufacturers of intermediate products and facilitate the adoption of electric steelmaking. The company achieved remarkable results, accounting for more than 10% of domestic production in 1918 and, more importantly, over 50% of steel production and processing in Lombardy.[21] The group's production structure turned out to be advantageous after the war as well, enabling Giorgio Falck to overcome the shortage of raw materials more easily than his rivals. The use of electricity in the steelmaking process enabled the company to step up its output significantly (from 85,841 metric tons in 1920 to 146,619 tons in 1926). Confirmation of the excellent results achieved in Lombardy steel production comes from the fact that it accounted for around 35% of domestic production in the early 1930s, when steel production rose from 208,000 to 511,000 metric tons. In addition to this sharp rise in output, steel production in Lombardy showed itself to be highly flexible, switching in a short space of time from items for warfare to ones for civilian use. The main reason for this increase was the ability to adapt to market requirements, the mechanical industry now playing the leading role and the traditional sectors of building and railway construction lagging behind. This change mainly affected steel mills using blast furnace technology, which in the years of the Great Depression suffered a severe financial crisis, which was solved in 1933 by the establishment of IRI, the state-run organisation set up to bail out the leading steel

---

[20] For a detailed description of the production plants and products, see VARINI V., *L'opera condivisa ...*, *op. cit.*, pp. 148-152.

[21] Falck archives, Acciaio grezzo per processi produttivi e per tipo di prodotto; SCAGNETTI G., *op. cit.*

manufacturers.[22] This supremacy was sanctioned by a consortium policy, namely the creation in the latter half of the 1920s of voluntary agreements between the leading manufacturers with regard to the division of market shares. The central years of the crisis (1932-1934) witnessed a sharp rise in EAF technology, which involved 35% of the output of the companies based near Milan – namely Falck, Breda and *Redaelli* – thanks to direct energy production, minimised their production costs.[23]

Falck maintained its role as a leader even during the Great Depression. The company stepped up its production capacity significantly by installing other powerful rolling mills in 1927 and, after repeatedly violating the agreements, subsequently decided to adopt less aggressive behaviour by joining the various "consortia", now a legal requirement, and achieving higher market shares thanks to the efficiency and flexibility of its production system. The crisis, however, forced the company to focus on growth by extension rather increasing its production capacity. Links with other steel manufacturers – *Trafilerie & Corderie Italiane, Trafilerie e Laminatori di Metalli, Cantieri Metallurgici* and *Franco Tosi* – were reinforced by relations with the main financial institutions in Italy.[24] Despite the severity of the crisis and plummeting consumption, which required rigorous rationalisation of the production equipment and specialised work, in the years leading up to the second World War steel output rose from 113,848 metric tons in 1927 to 279,748 in 1939, EAF technology accounting for 50% of overall output.

By the end of 1930s Falck was implementing a mature strategy and had a stable organisation, with four production plants in Sesto San Giovanni and five elsewhere in Lombardy (Milan, Arcore, Dongo, Vobarno and Zogno). It also managed a consortium for iron ore mines in the Lombardy valleys and a series of hydroelectric power stations. In the first year of the war (1940), the company employed a total workforce of 13,557, and its differentiation in terms of product range was in stark contrast with that of the state-owned steel mills, whose production processes were characterised by high output and considerable standardisation.[25] This was

---

[22] AMATORI F., « Beyond State and Market. Italy's Futile Search for a Third Way », in TONINELLI P.A. (ed.), *The Rise and Fall of State-Owned Enterprise in the Western World*, Cambridge University Press, Cambridge, 2000, pp. 130-131.

[23] POZZOBON M., *op. cit.*, p. 208.

[24] On the division of production shares among the consortium members, see GOLZIO S., *L'industria dei metalli in Italia*, Einaudi, Turin, 1942; see also BARCA F., BERTUCCI F., CAPELLO G., CASAVOLA P., « La trasformazione proprietaria di Fiat, Pirelli, e Falck dal 1947 ad oggi », in BARCA F. (ed.), *Storia del capitalismo italiano dal dopoguerra ad oggi*, Donzelli, Rome, 1997.

[25] Falck archives, Giorgio Enrico Falck Industria Siderurgica Italiana. Report on steel rolled products; the general reasons in defence of steelmaking in the Po Valley (RANIERI R., *La grande siderurgia ...*, *op. cit.*, pp. 18-19).

an arduous task at a time when raw materials (ferrous metal and coal) were lacking at a national level, and it was increasingly difficult to obtain supplies from abroad.[26] The reorganisation of Falck at that time was accompanied by a change in succession, when the founder's eldest son, Enrico, was appointed general manager, followed later by his siblings Giovanni and Bruno, and headed the company for several years immediately after the end of the Second World War. They succeeded in overcoming the difficulties of post-war reconstruction, after which they were faced with a different scenario, characterised by the gradual liberalisation of the European markets. At the start of the 1950s, the steel industry, which had long been defended by protectionist barriers, was regulated by ECSC agreements.

The first few years after the Second World War turned out to be particularly profitable ones for Falck due to the availability of energy and an abundance of scrap, which were exploited to the full and the production plant was adapted to meet domestic demand.[27] Subsequently it was necessary to restructure the company, and the Marshall Plan was an excellent opportunity to gain access to otherwise scarce financial and technological resources. Falck continued to pursue its strategy as a company focusing on "quality products" for a "steel industry just a phone call away from the mechanical industry", as an important economic observer put it,[28] so much so that Oscar Sinigaglia, the chief executive of state-owned steel industry, considered the Falck steel mill "the best there is in Italy" due to its "technical-industrial combination".[29]

The Marshall Plan played a decisive role in the fate of the Italian steel industry as a whole, which opened up the possibility of a profound renewal of state-owned steel industry, with full adoption of the integral cycle in Conegliano,[30] and enabled Falck to draw up restructuring plans to step up production capacity and output, efficiency and quality. The company could thus continue to pursue its policy of development. It drew up a

---

[26] PETRI R., *Storia economica d'Italia*, Il Mulino, Bologna, 2002, pp. 120-125.

[27] In 1945-1952, Falck's share of the national total remained up 10% picking at 15% in 1945 and in 1952 most of the steel was produced using an electric arc furnace (VARINI V., *L'opera condivisa ..., op. cit.*, p. 206).

[28] VILLARI L., *Il capitalismo italiano nel Novecento*, Laterza, Rome-Bari, 1972, p. 535.

[29] SINIGAGLIA O., *Situazione e prospettive dell'industria siderurgica italiana. Prolusione al 14 corso dirigenti di aziende presso il Politecnico di Milan*, Poliglotta Cuor di Maria, Milan, 1949, p. 22.

[30] On the Marshall Plan and the Conegliano steel mill, see RANIERI R., « Il Piano Marshall e la ricostruzione della siderurgia a ciclo integrale », in *Studi storici*, 1(1996); RANIERI R., « Il Piano Sinigaglia e la ristrutturazione della siderurgia italiana (1945-1958) », in *Annali di storia dell'impresa*, 15-16(2004/05), pp. 17-48.

detailed long-term investment plan to replace specific machinery in view of increasing productivity significantly and to "renew the equipment [...] to give new impetus to existing production". Essentially, the investment plan submitted to the authorities charged with assigning funds under the Marshall Plan was divided between upgrading the steel mill and rolling mill, and stepping up the production of small components for the mechanical industry.[31] All this enabled Falck to maintain its leadership in the industry and keep the "richest production" for itself, in line with the market policy of reducing conflict and competition with the state-owned steel industry.[32]

The period of technological modernisation in the 1950s was followed by the economic boom, which enabled Italy, at the height of European growth, to complete its long and gradual process of industrialisation. Falck, and the steel industry in general, made a significant contribution to this transformation, at a time when major changes were taking place in the industry in Lombardy. Falck maintained its record production, which rose from 241,439 metric tons in 1950 to 731,540 in 1960, but the early 1960s witnessed the first significant drop in growth, with 581,272 metric tons produced in 1965.[33]

The directors adopted a policy of "prudence for the future" due to the uncertainty as to the prospects for the industry, which was increasingly conditioned by government choices and the risky decision to abandon corporate policy. In 1957-1958 the company assessed the feasibility of setting up a coastal production plant jointly with Fiat, equipped with two blast furnaces capable of producing "up to 720,000 metric tons of steel". The project was eventually shelved in favour of a more cautious "strengthening" in line with corporate policy.[34] In continuity with past policy, Falck upgraded its rolling mills with "new equipment capable of producing medium-size sheet metal", while the amount of steel produced was gradually increased in line with greater production capacity. Falck's expansion peaked in 1963 with a total of 15,867 employees, 9,594 of whom worked in Sesto San Giovanni alone. The peak in production occurred at the end of the decade, with just over 1,200,000 metric tons,

---

[31] For an analysis of the investments made, see VARINI V., « Technology and Productivity. The Impact of the Marshall Plan on Italian Industry: an Empirical Study », in FAURI F., TEDESCHI P. (eds.), *Novel Outlooks on the Marshall Plan*, PIE Peter Lang, Brussels, 2011, pp. 112-119.

[32] OSTI G.L., *L'industria di Stato dall'ascesa al degrado. Trent'anni nel gruppo Finsider*, Il Mulino, Bologna, 1993.

[33] Falck archives, Production chart.

[34] Falck archives, Vado Ligure plant ; for details of why FIAT abandoned the Vado Ligure project, see BALCONI M., *La siderurgia italiana 1945-1990: tra sostegno pubblico ed incentivi del mercato*, Il Mulino, Bologna, 1990, pp. 108-110.

although the company's domestic quota dropped constantly to around 5% in 1970.[35] The company opted to increase the value added of its processes rather than expanding specialisation by pursuing high economies of scale, as was happening in the state-owned steel industry.[36]

The competitive scenario, however, was undergoing profound changes compared to the past. On one hand, the step-up in steel production by state-owned mills led to a sharp increase in supply; on the other, new insidious competitors had emerged during the economic boom years. These rival manufacturers resumed steel production in historic Lombardy style, in terms of location among other things.[37] Falck found itself operating in a context marked by increased competition that could no longer be controlled by means of protectionist measures or agreements between manufacturers; rather, it was based on heightened technological challenges, with businesses set up in the same area having similar characteristics in terms of production flexibility and proximity to the market. These new competitors were "the Brescians" dotted around the Alpine valleys, who had survived the modernisation of the past century thanks to the ancient craft of making work tools for farming and building.[38] In many way, as we shall see, they followed the same route marked out by the pioneers, including Falck, but unlike them they maintained at length a more efficient organisation based on direct family control, reduced size and a wise use of production technology.[39]

Up until the eve of the Second World War, their survival has been aided by the availability on site of production factors, namely raw materials (charcoal, water and iron ore) and plenty of skilled labour. However, a shortage of iron ore led to the use of scrap and forced the producers to specialise in circumscribed market niches in order to avoid competition from the big manufacturers. Some production sites were taken over by larger steel manufacturers, such as the Falck plant in Vobarno and

---

[35] VARINI V., « La metamorfosi industriale: dalla città delle fabbriche all'impresa diffusa », in TREZZI L. (ed.), *Sesto San Giovanni 1953-1973. Economia e società: equilibrio e mutamento*, Skira, Milan, 2007, pp. 185 and 190-191.

[36] In the late 1950s it was decided to build a fourth steel mill, in Taranto, which could produce up to four million tons of steel a year (OSTI G.L., *op. cit.*, p. 199).

[37] RANIERI R., KIPPING M., DANKERS J., « The Emergence of New Competitor Nations in the European Steel Industry: Italy and The Netherlands, 1945-65 », in *Business History*, 1(2001), pp. 69-96; FRUMENTO A., TUROLLA O., *I baricentri siderurgici italiani fra il 1949 e il 1971*, CEDAM, Padua, 1968.

[38] On the features of steelmaking in the Alps, see MASSI E., « Tipi geografici-economici nell'evoluzione della siderurgia italiana », in *Ricerche storiche*, 1(1978), pp. 307-330.

[39] For a detailed description of the features of these manufacturers in the valleys, see BELLICINI A., *La siderurgia bresciana. Storia, aspetti geografici, problemi economici*, Editoriale Viscontea, Pavia, 1987.

ILVA, which took over Lovere-based Franchi Gregorini.[40] Lastly, some firms started experimenting with electric arc furnaces to make intermediate products for the building industry. These were the precursors of what, after the war, were to become the *tondinari* (rebar makers), who – as we will see – gave life to the so-called mini-mills.

The opportunity for profound renewal of the industry presented itself in the post-war reconstruction years, when rising demand and the widespread availability of scrap from war surplus distributed by Arar, enabled these flexible producers to exploit their production capacity to the full.[41] First of all they concentrated on rolling rails, which, with a few operations, produced the reinforcing bar required extensively in the building industry. One of the first of these entrepreneurs was Oger Martin, who was of French origin and a pioneer in the use of scrap in production processes, which he had learned about in his native land, further confirmation of the age-old links between steelmaking in the Po valley and the rest of Europe highlighted by the foundation of Falck and Giovanni Gregorini's apprenticeship. Scrap processing, which commenced in 1946, was continued by Carlo Antonini, another enterprising manufacturer who was the first to procure, in addition to the rolling mill, an electric arc furnace to complete the production process.

This paved the way, though at a basic level, for future development. Having established their own clear product range, namely materials for the building industry, the Brescian manufacturers perfected their processing methods and the quality of their products in the pre-boom years thanks to pressure from the competition and reciprocal emulation. The results brought them such success at a national level that they became inconvenient outsiders for the state-owned steel mills and those of more ancient lineage, including Falck, Redaelli and Breda, faced with critical production conditions, especially at Breda Siderurgica, accused the Brescian of being "illegal".[42] The factories were concentrated in certain areas, such as the small town of Nave, where, following the example of Ori Martin, some producers experimented highly effective technical solutions and created veritable dynasties of steelmakers, such as Fratelli Stefana and the Pasinis in nearby Odolo (Valle Sabbia); others tested collective solutions by forming consortia for small producers (e.g. ILFO – *Industrie Laminatoi Ferrosi Odolesi*) to help them increase in size. Even the larger companies

---

[40] FUMAGALLI M., « La siderurgia italiana », in MASSI E. (ed.), *Geografia dell'acciaio*, vol.I, Giuffrè, Milan, 1973, pp. 142-250.

[41] SEGRETO L., *Arar. Un'azienda statale tra mercato e dirigismo*, Franco Angeli, Milan, 2001; PEDROCCO G., *I Bresciani dal rottame al tondino. Mezzo secolo di siderurgia (1945-2000)*, Jaca Book, Milan, 2000.

[42] VARINI V., *La metamorfosi industriale ...*, *op. cit.*, pp. 168-169; ISEC Foundation, Breda Archives, Fondo Misc.5, b.58, Assider meeting, 23.08.1958.

cooperated to a certain extent. The largest ones had some work done by the smallest and supported them financially, generating what could be called partnerships to encourage the growth of the more promising entrepreneurs.[43] Cooperation between manufacturers was widespread and enabled enterprising workers to set up their own businesses, some of which became very successful, such as *Ferriera Valsabbia* owned by the Brumori family.

Strong economic growth in the latter half of the 1950s enabled the Brescian steelmakers to lead the way in the rebar market and procure supplies for a rapidly expanding market – building construction[44] – without competition from other manufacturers, especially state-run firms, which were not interested in such products as they considered them of little value. The advent of the ECSC, however, and the shortage of raw materials (railway sleepers) for the rolling process forced the Brescians to take their first decisive technological leap forward – the addition of a steel mill with an electric arc furnace to supply the rolling mill. Following the example of Martin and Antonini, other producers started equipping themselves with electric arc furnaces. Some of them were bought straight from divesting producers, such as former Franchi Gregorini, and were operated by workers who had gained experience at Falck or Breda and had returned to their towns of origin in the Brescian valleys.[45] This move was decisive in terms of business management, since the financial resources required to purchase the furnaces restricted the number of buyers, and in terms of output. In a mere five years, between 1955 and 1960, the amount of steel produced by the Brescians rose from 50,000 to 400,000 metric tons, and that of rolled products increased from 450,000 to 900,000 metric tons.[46]

This jump in production opened the way for new enterprises, such as ALFA (*Acciaierie Laminatori Fonderie Affini*), which, besides being located in an urban area adjacent to the provincial capital, was established to produce billets and wire rod for the tondinari, in direct competition with Falck.[47] The same activity, namely the supply of intermediate

---

[43] VITO F., MaAZZOCCHI G., FREY L., *Sullo studio e l'occupazione delle imprese siderurgiche nelle province di Brescia e Udine*, ECSC, Luxembourg, 1961, p. 92.

[44] For further details of the national construction industry and an analysis of the main property market in Lombardy, see MOCARELLI L., « La ricostruzione edilizia a Milano tra intervento pubblico e privato (1945-1953) », in COVA A., FUMI G. (eds.), *L'intervento dello Stato nell'economia italiana*, Franco Angeli, Milan, 2011.

[45] For more on these migratory links between valley workers and production sites, especially Sesto San Giovanni, see SUDATI L.F., *Tutti i dialetti in un cortile. Immigrazione a Sesto San Giovanni nella prima metà del '900*, Guerini e Associati, Milan, 2008.

[46] FUMAGALLI M., *La siderurgia italiana, op. cit.*, vol.I, p. 240.

[47] For more information on ALFA, see PEDROCCO G. (ed.), *Alfa Acciai 1954-2004*, IGB Group, Brescia, 2004 ; VARINI V., *La metamorfosi industriale ..., op. cit.*; TREZZI L., *Sesto San Giovanni 1953-1973 ..., op. cit.*, p. 188.

products for rolling, was implemented in associated form, when a new steel mill, *Sideral*, was set up in 1956 again near the town centre to make use of the main motorway networks.[48] The rapid development of the Brescians continued until the early 1960s, when the Italian economy suffered a setback, leading to a temporary crisis in the industry. The crisis was due to over-development, however. It caused the downfall of the weakest producers[49] and forced the larger ones to make a new step forward in terms of innovation, namely continuous casting, whereby intermediate products could be obtained directly from molten steel.[50] This process was first applied in the 1920s, but failed to achieve a high enough level of efficiency. It made a comeback in the 1960s and led to a sort of competitive race involving the Brescian manufacturers and also Falck, which was attempting to recover from the crisis that affected it.[51] The Brescians prevailed in the end, just behind Emilio Riva, another regional producer.[52]

The successful innovation achieved by the Brescians was thanks to the collaboration of Luigi Danieli, and exceptionally gifted engineer, who, after managing *Safau* in Udine and subsequently setting up his own business to supply steelmaking plants, had gained enough experience to set up the first continuous casting plant in close cooperation with the steel consumers.[53] Pioneering tests were conducted in 1964 by *Riva*, a scrap collecting company that decided to switch to the direct supply of ingots to the *tondinari*. In the short space of three years, from 1965 to 1968, ten

---

[48] Sideral shareholders were leading Brescian steel manufacturers, including Ori Martin, Ilfo and Fratelli Stefana (PEDROCCO G., *I Bresciani ..., op. cit.*, p. 47).

[49] Sixteen rolling mills closed down between 1964 and 1968, four of which were taken over by other larger ones. For the whole list, see PEDROCCO G., *I Bresciani ..., op. cit.*, pp. 67-68; LIZZERI G., ROSIO C., *Aspetti strutturali e comprensoriali della siderurgia italiana: il caso della siderurgia bresciana*, Ilses, Milan, 1969.

[50] For the advantages and characteristics of this technology, see NICODEMI W., *Siderurgia. Processi e impianti*, Associazione Italiana di Metallurgia, Milan, 1994, pp. 428-432; SCHREWE G., *Continuous casting of steel*, Verlag Stahleisen, Düsseldorf, 1989.

[51] For more on the degree of maturity achieved by Falck in the 1970s and its subsequent slow decline to virtual abandonment of the plants in the early 1990s, see TREZZI L. (ed.), *Sesto San Giovanni alla fine del XX secolo 1973-1996. L'eredità volta al futuro*, Skira, Milan, 2012.

[52] Falck did not equip itself with a continuous casting machine until the early 1980s, well behind the other Brescians, (VARINI V., *La metamorfosi industriale ..., op. cit.*, p. 189). For more on Emilio Riva and his business, see BALCONI M., *La siderurgia italiana ..., op. cit.*, pp. 159-160; and BALCONI M., *Riva 1954-1994*, Casagrande, Milan, 1995.

[53] Danieli is currently a world leader in the design and construction of steel mills (www.danieli.com); see REBORA G., « Danieli & C. S.p.A », in REBORA G., *Materiale didattico*, Unicopli, Milan, 1984, p. 169.

steel manufacturers in the Brescia area invested in continuous casting, which increased overall production capacity to 2 million metric tons of steel. The innovations introduced concerned not just casting, but the entire production process, and included the adoption of more powerful and more flexible electric furnaces and upgrading of the roughing stands to speed up the work and diversify the end products. The result of all this was the so-called mini-mills, smaller production plants compared to the large ones that the integral steel mills were tending towards.[54]

These mini-mills operated the EAF-continuous casting-rolling mill sequence and they were continuously perfectly thanks to competition between the various manufacturers, which encouraged the rapid exchange of skills within a limited area. Highly skilled workers were called on to operate the plants, which had the advantages of reduced overheads, high operating speed and competitive average production costs. The combination of advanced technology and practical know-how enabled the Brescian steel manufacturers to export their rebar to the rest of Europe. What is more, the oil crisis in 1973 opened up new markets in the Middle East, further reinforcing Brescia's leadership in a market segment, that of steel products for the building industry, which had long been neglected by the other manufacturers. The European market was pushing to increase the range of steel grades in line with the standards in force in the various countries. This was achieved by improving technologies for the management and control of production processes, which enabled the steel mills to meet the standards, especially the German ones, which were particularly severe in terms of product certification.[55]

The Brescian steel makers that renewed in these terms were fully equipped to tackle competition abroad in terms of output as well. Increased domestic competition, as well as polarising the production areas,[56] led to the emergence of several leaders increasingly able to impose themselves in the industry.[57] This was achieved thanks to the farsightedness and ability of three entrepreneurs in particular – Oddino Pietra, Luigi Lucchini and Carlo Pasini – as well as a fourth, Emilio Riva, who, though not from the same area, was similar in terms of enterprise. They pursued

---

[54] MANINETTI L., *Ori Martin: le radici del futuro*, Tecnica & Grafica, Brescia, 1995, p. 53; FUMAGALLI M., « La colata continua nel mondo: rimarchevole presenza italiana », in *La Metallurgia Italiana*, 12(1975), pp. 697-698; BALCONI M., *La siderurgia italiana ...*, *op. cit.*, p. 231.

[55] PEDROCCO G., *I Bresciani ...*, *op. cit.*, pp. 76 and 78.

[56] This polarisation was not merely geographical, there were also differences in terms of type of company and ability to innovate. See, for example, SIMONCELLI R., *La Val Camonica. Una valle siderurgica alpina*, Istituto di geografia economica, Rome, 1973.

[57] Of the top eleven steel manufacturers using mini-mill technology in the list drawn up in 1990 eight were based in the Brescia area.

their expansion policy by taking over steel mills in neighbouring regions, mainly Piedmont, or by opening up new ones in South Italy and the islands. These developments gave them a competitive edge over the state-owned steel mills, which were weighed down by huge scale production and rigid management policies.[58]

Although the Brescian mini-mills were the result of an age-old steel-making tradition, they were faced with international competition from various sides, from the United States, which had developed the first mini-mills, and more recently Japan. A comparison with Japanese experience showed that competition between the great integrated manufacturers and the mini-mills, which heightened in the late 1970s and the early 1980s, led to the supremacy of the mini-mills in terms of reduced production costs. This is the result of the "difference in capacity utilization rates and rationalization between the integrated firms and the electric furnace mills [...] which changed the basis of competitive advantage after the oil crisis".[59] In the mid-1970s Italy had the highest number of mini-mills in the world and the largest output, although they were smaller on average and scattered all over the country.[60]

The limited size of the family-run firms in the Brescia area became a critical factor in the turbulent 1980s, when EU policies led to further reduction in number of Brescian manufacturers, only the best-organised ones being destined to play a leading role at a national level and ready to push beyond national boundaries in the privatisation years.[61] The greatest success was undoubtedly achieved by Luigi Lucchini, who was elected President of Confindustria (the Italian Industrial Association) and took over some of Europe's main steel mills. He also became a leading player in the divestment of state-owned steel mills by taking over the plant in Piombino.[62] It is also worth noting that there were some egregious examples of businesses that went under, best exemplified by Oddino Pietra's

---

[58] BALCONI M., *La siderurgia italiana ...*, op. cit., pp. 316-319.
[59] YONEKURA S., *The Japanese Iron and Steel Industry, 1850-1990. Continuity and discontinuity*, St. Martin's Press, New York, pp. 254-256.
[60] CARTA S., GHEZA F., MAZZA B., NANO G., SINIGAGLIA D., « Un caso di compatibilità, ma fino a quale punto? Le miniacciaierie », in *Sapere*, 811(1978), pp. 36-37; PEDROCCO G., *I Bresciani ...*, op. cit., p. 105.
[61] In 1980 there were 80 steelmaking plants in the Brescia area, of which 27 mini-mills, 11 steel mills and 42 rolling mills.
[62] Luigi Lucchini held several important posts, including that of president of the national industrial association (Confindustria 1984-1988), and later took active part in the privatisation process. In 1991 he purchased the *Huta Warszawa* steel mill in Poland. This was followed by further takeovers in France and the acquisition of stakes in other companies, leading up to the takeover of the historic steel mill in Piombino, long one of the main state-owned steel mills. See CHIARINI R., *Falco e colomba. Luigi Lucchini si racconta*, Marsilio, Venice, 2009.

failed attempt to handle the entire production chain, i.e. the production of steel to make pipes for the oil industry. As part of this on-going "destructive creation", new manufacturers[63] entered the limelight in the continuous process of renewal of steelmaking in the Brescia area, a clear proof of unbridled vitality that drew its strength from an age-old tradition of iron-making.

---

[63] One of these was Arvedi, who played a leading role in the early 1990s when he set up "compact plants for producing steel coils" of small size and able to compete due to their "compactness, flexibility and product quality" in the globalised market of steelmaking (www.arvedi.it/ast/it/200/LaStoria.htm).

ENTRE INNOVATION ET DIVERSIFICATION

BETWEEN INNOVATION AND DIVERSIFICATION

Machine Building and Vehicle Manufacturing Within the Iron and Steel Industry

The Transformation of the *Gutehoffnungshütte* (GHH) Under the Leadership of Paul Reusch (1909-1953)

Christian MARX

Universität Trier

In the first half of the 20th century the *Gutehoffnungshütte* (GHH) at Oberhausen in the Ruhr district belonged to the ten biggest iron and steel producers of German heavy industry. The German iron and steel companies were still essential for the economic development of the whole German economy and had a remarkable influence on the political field, but since the end of the 19th century the significance of new industries like the chemical industry or machine building raised enormously.[1] After the First World War the GHH was diversified in a short process of expansion into several fields of processing. The vertical integration und the formation of the GHH-corporation with diverse subsidiaries has been mainly pushed by its general director Paul Reusch, who joined the GHH in 1905.[2] In contrast to many other German iron and steel enterprises the GHH did not become part of the *Vereinigte Stahlwerke*, the world's largest steel producer after *US Steel* in the 1930s, and unlike to other managers – like Friedrich Flick – Reusch did not alter the investments of the holding in the time of the Great Crash, but rather underlined his strategy of an independent and vertically

---

[1] FELDENKIRCHEN W., *Die Eisen- und Stahlindustrie des Ruhrgebiets, 1879-1914. Wachstum, Finanzierung und Struktur ihrer Großunternehmen*, Steiner, Wiesbaden, 1982; ZIEGLER D., « Das Zeitalter der Industrialisierung (1815-1914) », in NORTH M. (ed.), *Deutsche Wirtschaftsgeschichte. Ein Jahrtausend im Überblick*, Beck, München, 2000, pp. 192-281, especially pp. 234-242.

[2] BÄHR J., « GHH und MAN in der Weimarer Republik, im Nationalsozialismus und in der Nachkriegszeit (1920-1960) », in BÄHR J., BANKEN R., FLEMMING T. (eds.), *Die MAN. Eine deutsche Industriegeschichte*, Beck, München, 2008, pp. 231-371, 538-569; BÜCHNER F., *125 Jahre Geschichte der Gutehoffnungshütte*, A. Bagel Verlag, Düsseldorf, 1935; MASCHKE E., *Es entsteht ein Konzern. Paul Reusch und die GHH*, Wunderlich, Tübingen, 1969.

integrated enterprise.[3] Thus, there did not exist a single strategy in the German heavy industry during the Weimar Republic – like a one-best-way in organisational and developmental strategies –, although all German iron and steel producers expanded after World War I. The GHH was part of an enormous industrial concentration process, which had been taking place from the late 19th century onwards and was linked to the typical organisation of German capitalism in cartels and syndicates.[4]

Since the 18th century, the GHH was in possession of the Haniel family. In the 1870s the family members gave up the operational business of the enterprise and controlled the GHH from the board of directors (Aufsichtsrat), but the GHH still remained a family owned company. Therefore the analysis of the GHH is a prominent example of German family capitalism in the 20th century.[5] The following explanation shows several insights in the internal structures of the enterprise, the composition of share capital and the financing of a family owned company. Furthermore, the profile of general director Paul Reusch is illustrated, who led the GHH for more than 30 years until his demission in 1942. Since the Haniels retired from operational business, the executive board (Vorstand) consisted of professional managers rather than family members. As a result of World War II and the deconcentration of German economy the GHH was divided into parts and in 1953 different successors absorbed the separate enterprises of the holding.

---

[3] PRIEMEL K.C., *Flick. Eine Konzerngeschichte vom Kaiserreich bis zur Bundesrepublik*, Wallstein, Göttingen, 2007; RECKENDREES A., *Das "Stahltrust"-Projekt. Die Gründung der Vereinigte Stahlwerke AG und ihre Unternehmensentwicklung 1926-1933/34*, Beck, München, 2000; RECKENDREES A., « From Cartel Regulation to Monopolostic Control? The Founding of the German "Steel Trust" in 1926 and its Effect on Market Regulation », in *Business History*, 3(2003), pp. 22-51.

[4] FEAR J.R., « Cartels », in JONES G., ZEITLIN J. (eds.), *The Oxford Handbook of Business History*, Oxford University Press, Oxford, 2008, pp. 268-292; FELDENKIRCHEN W., « Concentration in German Industry 1870-1939 », in POHL H. (ed.), *The Concentration Process in the Entrepreneurial Economy since the Late 19*[th] *Century*, Steiner, Stuttgart, 1988, pp. 113-146; HANNAH L., « Mergers, Cartels and Concentration: Legal Factors in the U.S. and European Experience », in HORN N., KOCKA J. (eds.), *Recht und Entwicklung der Großunternehmen im 19. und frühen 20. Jahrhundert. Wirtschafts-, sozial- und rechtshistorische Untersuchungen zur Industrialisierung in Deutschland, Frankreich, England und den USA*, Vandenhoeck & Ruprecht, Göttingen, 1979, pp. 306-316; POHL H., « Die Konzentration in der deutschen Wirtschaft vom ausgehenden 19. Jahrhundert bis 1945 », in TREUE W., POHL H. (eds.), *Die Konzentration in der deutschen Wirtschaft seit dem 19. Jahrhundert*, Steiner, Wiesbaden, 1978, pp. 4-44.

[5] BANKEN R., « Die Gutehoffnungshütte. Vom Eisenwerk zum Konzern (1758-1920) », in BÄHR J., BANKEN R., FLEMMING T. (eds.), *op. cit.*, pp. 15-129, 487-520; COLLI A., ROSE M.B., « Family Business », in JONES G., ZEITLIN J. (eds.), *The Oxford Handbook of Business History*, Oxford University Press, Oxford, 2008, pp. 194-218; JONES G., ROSE M.B., « Family Capitalism », in *Business History*, 4(1993), pp. 1-16.

Management policy and business strategy

The business history of the GHH is significantly formed by path dependencies. The foundation of the enterprise goes back to the 18th century and the family factor persisted over the whole period. The profit strategy set by Reusch could not ignore the principle of family business, he rather had to take account of the requests of the Haniels by transforming the company. His father was head of the state-owned iron and steel works in Swabia, so Paul Reusch, born in 1868, already came into contact with the *habitus* of the heavy industry in his youth. Although his family did not bequeath a family-owned company, Reusch knew about the distinction within industrial circles and the requirements of an entrepreneurial career. So he studied several semesters mining and metallurgy at the reputable polytechnic at Stuttgart, then he worked abroad for some years – first at a smelting work in Tyrol (*Jenbacher Berg- und Hüttenwerke*, 1889/90), later on at a iron foundry and engineering works at Budapest (*Ganz & Comp. Eisengießerei und Maschinen-Fabriks-AG*, 1891-1895) and a iron and steel works at Vítkovice (*Witkowitzer Bergbau- und Hüttengesellschaft*, 1895-1901). After another engagement at the *Friedrich Wilhelms-Hütte* in the Ruhr district, he entered the GHH and received the chairmanship of the board. Now he fundamentally changed the organisational structure of the GHH, though he respected the interests of the family at once.[6]

Expansion, diversification and creation of a multicorporate enterprise (1909-1923)

In the years after 1895 the enterprise had enlarged its extraction of coal, and from 1906 onwards the iron and steel works of the GHH had been modernised. With the beginning of Reusch's chairmanship in 1909 the company's strategy was focused on other fields: At first he increased the ore resources of the GHH and restructured the trading sector of the enterprise. Since the 1870s the GHH was in possession of ore fields in Lorraine, now the company acquired further deposits in Normandy and Chile.[7] Afterwards Reusch entered into long range contracts with several firms of processing and integrated some smaller wire plants and roller mills into the GHH (*Drahtwerk Boecker & Comp.*;

---

[6] For a detailed historical analysis of the corporate governance of the GHH, see MARX C., *Paul Reusch und die Gutehoffnungshütte. Leitung eines deutschen Großunternehmens*, Wallstein, Göttingen, 2013.

[7] Rheinisch-Westfälisches Wirtschaftsarchiv [RWWA], 130-300193006/15, Erzgrubenfelder in der Normandie (1911-1916) ; 130-300193006/19, Erwerb der Erzgrube Algarrobo in Chile (1914-1926) ; SZYMANSKI P.R., *Die Entwicklung der Gutehoffnungshütte zum Konzern, 1908-1929*, Oberhausen, 1930, part I, pp. 3-29, part II, pp. 9-80.

Altenhundemer Walz- und Hammerwerk); hereby, the medium-sized enterprises lost their legal entity.[8] Furthermore, Reusch planned to build up large new smelting works at Lorraine to exploit the minette fields of the GHH at the face, but the First World War confounded his scheme.[9] With the acquisition of processing plants, Reusch made the first move towards diversification and vertical integration. He took the chance of the difficulties of the processing industry, which suffered from sales, supply and financial problems. The diversification of heavy industry was mainly a result of the cartelisation of the German coal and steel sector, and Reusch – like other businessmen – thought, that he could raise profits in engineering.[10]

The war chest of the GHH was well filled after the First World War, because of the military armament and the production of weapons as well as the compensation money of the state for the loss of German property. In contrast to Hugo Stinnes or Friedrich Flick, Reusch did not construct the enterprise on credits and cannot be described as winner of inflation, but he benefited from the general economic conditions.[11] The candidates for acquisition – copper and wire plants as well as engineering works like the Drahtwerk Boecker & Comp., the *Osnabrücker Kupfer- und Drahtwerk* or the *Maschinenfabrik Esslingen* – definitely had an interest to cooperate with a large-scale enterprise of the Ruhr, yet they did not want to lose their independence.[12] But Reusch did not accept a loose contract for

---

[8] RWWA, 130-300193004/20 to 22, Boecker & Co. (1911-1912); RWWA, 130-300193007/2, Erwerb des Altenhundemer Walzwerkes (1911-1918).

[9] MARX C., « Deutsch-luxemburgisch-lothringische Wirtschaftsverflechtungen im ‚imperialen Zeitalter'. Das Streben der Ruhrindustrie nach Rohstoffen in Luxemburg und Lothringen am Beispiel der Gutehoffnungshütte (1873-1914) », in *Hémecht*, (4) (2012), pp. 41-55.

[10] WENGENROTH U., « Die Entwicklung der Kartellbewegung bis 1914 », in POHL H. (ed.), *Kartelle und Kartellgesetzgebung in Praxis und Rechtsprechung vom 19. Jahrhundert bis zur Gegenwart*, Steiner, Stuttgart, 1985, pp. 15-24.

[11] FELDMANN G.D., « Paul Reusch and the Politics of German Heavy Industry », in BRUCKER G. (ed.), *People and Communities in the Western World*, vol.II, Dorsey Press, Homewood/Georgetown, 1979, pp. 293-331; FELDMANN G.D., *Hugo Stinnes. Biographie eines Industriellen 1870-1924*, Beck, München, 1998; HOLTFRERICH C.-L., *Die deutsche Inflation 1914-1923. Ursachen und Folgen in internationaler Perspektive*, De Gruyter, Berlin, 1980 ; RWWA, 130-300111/3, Abkommen mit dem Reich wegen Entschädigung Elsaß-Lothringen, 1925; 130-300070/15, Entschädigungszahlungen des Reiches betr. Elsaß-Lothringen ..., 1919-1929.

[12] HENTSCHEL V., *Wirtschaftsgeschichte der Maschinenfabrik Esslingen AG 1846-1918. Eine historisch-betriebswissenschaftliche Analyse*, Klett, Stuttgart, 1977 ; MATSCHOSS C., *Osnabrücker Kupfer- & Drahtwerk 1873-1923*, VDI-Verlag, Osnabrück, 1923 ; RWWA, 130-300193011/0, Maschinenfabrik Esslingen, 1920-1922; 130-300193014/0, Direktor E. Moeller, 1921-1923.

delivery and insisted on the purchase of the majority of shares. Normally, the smaller and medium-sized companies came up to the wishes of the GHH, only in the case of *MAN* in 1920/21 a profound dissent developed between Reusch and the chairman of the MAN-board Anton von Rieppel. Finally, Rieppel had to leave the MAN and Reusch acquired the majority of shares.[13] With the acquisition of MAN and some other processing firms (*Eisenwerk Nürnberg*; *Zahnräderfabrik Augsburg*) Reusch formed an additional central production site of the enterprise in the South of Germany. Furthermore, the GHH has participated in the foundation of a new enterprise, a dockyard at Hamburg (*Deutsche Werft*), together with *AEG* and *HAPAG*, though Reusch generally preferred buying completed plants and was not inclined to share the influence on investments with other powerful players.[14]

The first acquisitions were integrated in the business structure of the GHH und lost their legal entity, whereas after World War I the purchases kept their legal form of a joint-stock company and were linked to the parent company by capital and personal interlocking. Reusch insisted on the majority of shares and often claimed the chairmanship in the board of directors. Since 1921 Karl Haniel was chairman of the supervisory board of the GHH and acted as deputy of the Haniel family; he represented the interest of the property owners and frequently had a chair in the board of directors of the subsidiaries, too.[15] On the one hand Reusch respected the path dependencies and principles of family business, on the other hand his scope of action enlarged by the expansion of the company and he could make more and more decisions without the explicit agreement of the Haniels. The stage of corporation-building ended with the construction of the holding in 1923 during the military occupation of the Ruhr district. For fear the French government might expropriate the Ruhr industry, Reusch ordered the transport of important documents to Nuremberg, where the new official company domicile was located.[16] Until the creation of the holding, the company was not managed by a modern business organisation. The innovative merit of Reusch cannot be

---

[13] HA-MAN [Historisches Archiv der MAN], A 1.3.3.1-109, Reusch to Cramer-Klett, 28.06 and 27.07.1921; RWWA, 130-300193010/2-4, Kommerzienrat R. Buz, 1921-1922; 130-300193010/16, Freiherr v. Cramer-Klett, 1919-1923.

[14] CLAVIEZ W., *50 Jahre Deutsche Werft: 1918-1968*, Broschek, Hamburg, 1968; RWWA, 130-300193012/2, Konsortialvertrag betr. Deutsche Werft zwischen GHH, AEG und HAPAG, 1918.

[15] JAMES H., *Familienunternehmen in Europa. Haniel, Wendel und Falck*, Beck, München, 2005, pp. 215-216; PUDOR F., *Nekrologe aus dem rheinisch-westfälischen Industriegebiet. Jahrgang 1939-1951*, Bagel, Düsseldorf, 1955, pp. 88-89.

[16] FISCHER C., *The Ruhr Crisis, 1923-1924*, Oxford University Press, Oxford, 2003; KRUMEICH G., SCHRÖDER J. (eds.), *Der Schatten des Weltkriegs: Die Ruhrbesetzung 1923*, Klartext, Essen, 2004.

seen in the invention of a new product, but his creativeness was build up on merging a montane enterprise with the processing industry.[17]

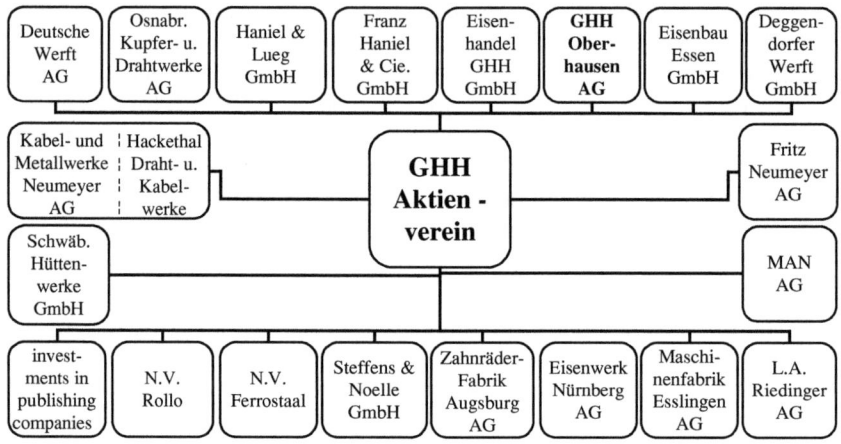

Consolidation and global economic crisis (1924-1933)

In contrast to the period of acquisitions Reusch now had to consolidate and reconstruct the different subsidiaries. Both the dockyard and some engineering works did not achieve the profit margin, so the parent company GHH had to make additional payments und restructure the different firms.[18] But the companies were not sold. Reusch instead tried to restore the financial base and to increase the productivity of the medium-sized enterprises. By that, he turned against ideas of a horizontal integration of the whole German heavy industry proposed by Albert Vögler and other businessmen; the foundation of the steel trust Vereinigte Stahlwerke in the 1920s was in parts the realisation of such ideas.[19] The GHH maintained an independent enterprise like *Krupp*, *Hoesch* and *Mannesmann*. The attempt of Werner Carp, a member of the Haniel family and one of the shareowners of the GHH, to integrate the GHH into the Vereinigte

---

[17] FEAR J.R., *Organizing Control. August Thyssen and the Construction of German Corporate Management*, Harvard University Press, Cambridge, 2005, pp. 368-370.

[18] DAG-MB-AC [Daimler AG, Mercedes-Benz Archives & Collection], II/53 Protokoll Nr.202 u. 205 über die Aufsichtsratssitzung der MFE, 17.12.1928 und 15.11.1929; RWWA, 130-4001012011/4, Maschinenfabrik Esslingen. Verkauf des Werks Cannstatt an die AEG, 1928-1929.

[19] In German chemical industry the creation of the *I.G. Farbenindustrie AG* in 1925/26 is another example for horizontal integration in this period. JOHNSON J.A., « Die Macht der Synthese (1900-1925) », in ABELSHAUSER W. (ed.), *Die BASF. Eine Unternehmensgeschichte*, Beck, München, 2007, pp. 117-219.

Stahlwerke was averted by Reusch and Karl Haniel, who had to pay an enormous bonus to the other shareholders to convince them of their profit strategy. Carp proposed an exchange of shares between the GHH and the Vereinigte Stahlwerke, but Reusch and Karl Haniel presented the GHH-shareowners a more comfortable counterproposal by offering a sales price of 2,000 Reichsmark for one GHH-share and a dividend of ten percent. This offer convinced the majority of the Haniel family, even though the company did not generate revenues for such a high dividend in the global economic crisis.[20]

The global crash endangered the whole company's survival. Reusch was convinced that a vertically integrated enterprise would easier endure an economic crisis than a horizontal steel trust, but now he had to learn that all sections of the company turned into deficit. The GHH und the subsidiaries had to reduce their staff and to close down their furnaces. The salaries of the board of directors were cut and the shareholders did not receive any dividend.[21] Not before autumn 1932 the demand on iron and steel products increased and the GHH slowly recovered from the crisis. For Reusch every enterprise had a "natural limitation" and the GHH had reached this limit by the growth process after the First World War. Thus, he also defended his vertical model against ideas of a horizontal steel trust in the times of global economic crisis.[22]

Nazi- and wartime-economy: Cooperation and conflicts (1933-1945)

When the National Socialists came into power, the structure of the GHH-corporation did not change and the management stayed in position, even though the general economic and political conditions changed dramatically.[23] Reusch was not a convinced Nazi, he favoured an authoritarian regime

---

[20] BÄHR J., « Paul Reusch und Friedrich Flick. Zum persönlichen Faktor im unternehmerischen Handeln der NS-Zeit », in BERGHOFF H., KOCKA J., ZIEGLER D. (eds.), *Wirtschaft im Zeitalter der Extreme. Beiträge zur Unternehmensgeschichte Deutschlands und Österreichs. Im Gedenken an Gerald D. Feldman*, Beck, München, 2010, pp. 275-297, especially pp. 278-279; RWWA, 130-4001012000/19, Reusch to Carp, 03.07 and 27.07.1930 ; Carp to Reusch, 10.07.1930; Stichworte Reuschs zur Rede vor der ordentlichen Hauptversammlung der GHH, 29.11.1930.

[21] RWWA, 130-400101209/4, Der Gehaltsabbau bei der Gutehoffnungshütte, 05.09.1930.

[22] See a.o. BUCHHEIM C., « Die Erholung von der Weltwirtschaftskrise 1932/33 in Deutschland », in *Jahrbuch für Wirtschaftsgeschichte*, 1(2003), pp. 13-26; RWWA, 130-40010128/6, Die wirtschaftliche Sicherheit der GHH. Ein Interview mit Kommerzienrat Reusch, 20.01.1927.

[23] PLUMPE W., « Unternehmen im Nationalsozialismus. Eine Zwischenbilanz », in ABELSHAUSER W., HESSE J.-O., PLUMPE W. (eds.), *Wirtschaftsordnung, Staat und Unternehmen. Neue Forschungen zur Wirtschaftsgeschichte des Nationalsozialismus*, Klartext, Essen, 2003, pp. 243-266, especially p. 261.

with a liberal economic constitution such as the German Empire before 1918. But he changed the GHH-production in consequence to the requests of military armament. The economic recovery of the different GHH-subsidiaries cannot be separated from the production of ammunitions. Reusch's contradictory position in relation to the economic policy of the National Socialists and the less beneficial role at Aryanisation in comparison to other enterprises cannot hide the fact, that he already practised a secret form of armament by the shadowy company *Mefo* in 1933. By that, he created the basis for the Second World War. Simultaneously, his stubbornness collided with the Nazi claim to power and this conflict culminated in his enforced dismissal in 1942. Hence, Reusch's relation to National Socialism was ambivalent. He thought it would be necessary to repress the social achievements of the Weimar Republic and he did not regret the fall of parliamentarism and democracy, but he never joined the Nazi party and he fought against any governmental interventions into internal business matters.[24]

The era of Paul Reusch at the GHH ended in 1942; the corporation remained in its structure until the end of the war and the deconcentration under allied occupation. Reusch lost his functions and his property rights at Oberhausen and could only maintain his influence on some subsidiaries in Southern Germany. His successor Hermann Kellermann was only an interim chairman of the board, who continued the previous business management.[25] In 1944 the long-standing chairman of the supervisory board Karl Haniel died, but the contact between the families Reusch and Haniel still remained. Consequently, Hermann Reusch, the eldest son of Paul Reusch, who had entered the GHH management in 1935 and was classified by the allies as non-incriminated person, was installed as new chairman by the Haniels after war.[26] Paul Reusch could not pass the chair directly to his son, because he only was in possession of a small block of shares and could not be considered as entrepreneur with full property rights, but he attempted to give his two sons a profound education and arranged their entering in the GHH during the 1930s.

---

[24] BA [Bundesarchiv Berlin], R 26 I/51, Zentrale: Reusch-Franke, 1941-1942; RWWA, 130-40010128/35, Ausscheiden bei der GHH, 1942; Staatsarchiv Ludwigsburg, EL 902/3 Bü 7702, Entnazifizierungsakte Paul Reusch. See also SCHNEIDER M.C., « "Geräuschlose" Finanzierung durch Mefo-Wechsel », in BÄHR J. (ed.), *Die Dresdner Bank in der Wirtschaft des Dritten Reichs*, Oldenbourg, München, 2006, pp. 299-301; HETZER G., « Unternehmer in Umbruchszeiten: Paul und Hermann Reusch », in HOSER P., BAUMANN R. (eds.), *Kriegsende und Neubeginn. Die Besatzungszeit im schwäbisch-alemannischen Raum*, UVK, Konstanz, 2003, pp. 463-496.

[25] RWWA, 130-4001028/22, Lebenslauf Hermann Kellermann, undated.

[26] OBERMÜLLER B., « Hermann Reusch und die Beziehungen zur Eigentümerfamilie Haniel », in HILGER S., SOÉNIUS U.S. (eds.), *Netzwerke – Nachfolge – Soziales Kapital. Familienunternehmen im Rheinland im 19. und 20. Jahrhundert*, RWWA, Köln, 2009, pp. 159-174.

Postwar economy: Decartelisation and deconcentration (1945-1953)

There were some enterprises of the German heavy industry which benefited more from Nazi aggression and wartime economy, but the GHH also absorbed companies in the occupied European countries and employed forced labourers on its plants.[27] Consequently, the enterprise was involved in allied deconcentration and decartelisation, too. The American, French and British governments wanted to break the power of German heavy industry which was blamed to have supported the rise of the Nazis and military armament; especially the dynasties of the Ruhr were of central interest to the allies. But neither the Reuschs nor the Haniels participated in the Nazi party. Even though the GHH had been obliged to give up its investment at the *Bayerische Vereinsbank* and to divest its ore reserves at Salzgitter during the Third Reich, several managers, who led the GHH between 1942 and 1945, were arrested after war.[28] Paul and Hermann Reusch were not imprisoned due to their enforced dismissal, and in 1945 Reusch jr. became the new chairman of the GHH. In comparison with other companies the GHH had an advantage because of a functioning board of managers after the Second World War. Now Reusch jr. became the new spokesman of German heavy industry.[29]

In consequence of the allied deconcentration, the management had to form three new firms: One for the iron and steel works in Oberhausen (*Hüttenwerk Oberhausen AG*), one for mining (*Bergbau-AG Neue Hoffnung*) and one for trade and commerce (*Franz Haniel & Cie.*); only the processing plants like machine-building, wire and gear wheels production, and automotive constructing remained at the new *GHH Aktienverein*. Thus, the vertical structure of the old GHH-corporation was destroyed and the core of the enterprise changed from old industries like iron and steel to the growing industry of engineering. In contrast to other Ruhr dynasties the Haniel family did not have to sell their shares, but the property rights were restrained by

---

[27] MOLLIN G.T., *Montankonzerne und "Drittes Reich". Der Gegensatz zwischen Monopolindustrie und Befehlswirtschaft in der deutschen Rüstung und Expansion 1936-1944*, Vandenhoeck & Ruprecht, Göttingen, 1988.

[28] RWWA, 130-40010121/6, Bayerische Vereinsbank (1935-38); 130-400101303/4a-b, Vierjahresplan – Reichswerke, 1937-39. See also GOTTO B., « Information und Kommunikation: Die Führung des Flick-Konzerns 1933-1945 », in BÄHR J. (ed.), *Der Flick-Konzern im Dritten Reich*, Oldenbourg, München, 2008, pp. 165-294; TOOZE J.A., *The Wages of Destruction. The Making and Breaking of Nazi Economy*, Lane, London, 2006, pp. 234-239.

[29] ABELSHAUSER W., *Wirtschaft in Westdeutschland 1945-1948. Rekonstruktion und Wachstumsbedingungen in der amerikanischen und britischen Zone*, DVA, Stuttgart, 1975; BÜHRER W., *Ruhrstahl und Europa. Die Wirtschaftsvereinigung Eisen- und Stahlindustrie und die Anfänge der europäischen Integration 1945-1952*, Oldenbourg, München, 1986.

reducing the voting power. Hence, the Haniels got into trouble controlling the majority of shares and became dependent on other shareholders.[30]

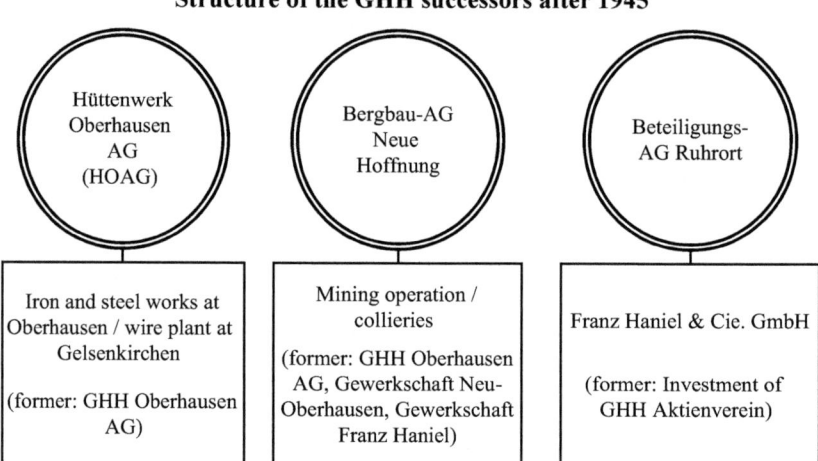

Structure of the GHH successors after 1945

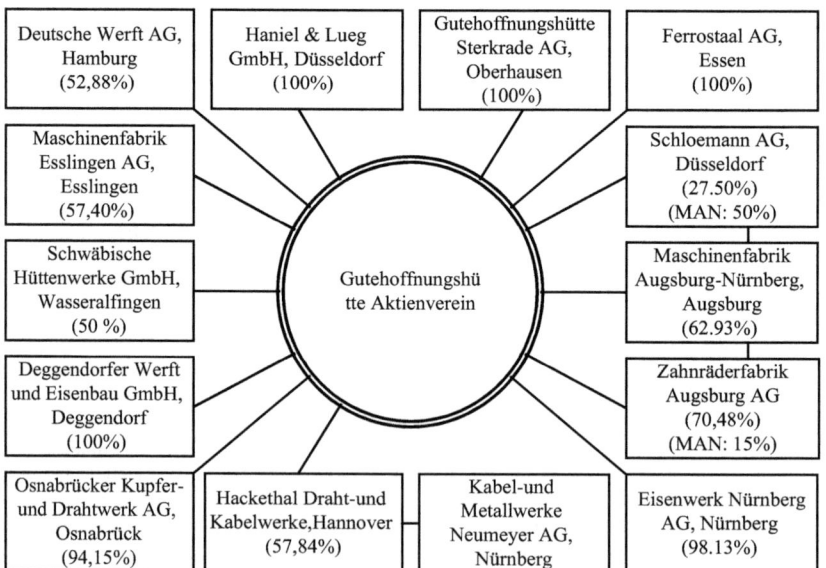

Investments and structure of the GHH Aktienverein 1952

---

[30] BÄHR J., *GHH und MAN* ..., *op. cit.*, pp. 344-356; JAMES H., *op. cit.*, pp. 255-266.

Composition of capital, business financing and family capitalism

The GHH can be characterised by a defensive attitude towards banks which resulted from bad financial experiences of the Haniels in the period of promoterism. The family company had lost a lot of money at the end of the 19th century. Unlike other industrial enterprises there were no bankers or other entrepreneurs represented in the board of directors, but only members of the family or family friends. Neither did banks hold any shares at the parent company.[31] Reusch adopted this strategy from the family-owners and refused to admit any bankers in the board. Hence, a hostile takeover of the GHH and an external control over the family-owned business was impossible.

At the subsidiaries the relation to the financial sector and other industrial companies was organised in another way: The foundation of the dockyard (Deutsche Werft) was a cooperational project of GHH, AEG and HAPAG in 1918; as a consequence, the shares and the board of directors were split into the three parts.[32] Many of the GHH-acquisitions mentioned above had enormous financial problems since the First World War and were dependent on bank credits. Thus, bankers were in their board of directors.[33] Here, Reusch accepted the attendance of influential bankers, but simultaneously in the beginning of the 1920s, he requested the subsidiaries to reduce their debts, and the parent company partially served as lender. The GHH-corporation was able to diminish its debts during hyperinflation, but afterwards the demand of capital of the whole enterprise increased again and could only be satisfied by an US-loan of ten million dollars.[34] Despite the US-loan the relations to German banks still continued and powerful persons of the German economic and financial elite stayed in the boards of directors, like Emil Georg von Stauß, Oscar Schlitter or Franz Urbig.[35] Reusch kept them out of the control centre of the GHH at Oberhausen, but he knew about their importance and their multifarious relations in the German corporate governance system. The GHH always hold the majority of shares at her subsidiaries, so the banks

---

[31] RWWA, 130-3001091/33-82, Ordentliche und außerordentliche Generalversammlungen, 1903-1942.

[32] RWWA, 130-300193012/2, Konsortialvertrag betr. Deutsche Werft zwischen GHH, AEG und HAPAG, 1918.

[33] *Handbuch der deutschen Aktiengesellschaften*, 1918-1933.

[34] RWWA, 130-4001012002/10-11, Amerikanische Anleihe, 1925-1930; WIXFORTH H., *Banken und Schwerindustrie in der Weimarer Republik*, Böhlau, Köln/Wien, 1995, pp. 164-170.

[35] Membership: Stauß at the Maschinenfabrik Esslingen; Schlitter and Urbig at the MAN.

were hardly able to interfere into his profit strategy. Bankers primarily formed an information pool for him and they kept up the connection to the capital market. Although there was no close relation between the GHH and banks, Reusch himself was member of the board of directors at the *Deutsche Bank* from 1922 to 1931, and he cultivated a friendship with Max Warburg, a powerful private banker in the Weimar Republic.[36]

The distanced relationship between the GHH and the financial sector was not restricted to the contribution of capital and the distribution of seats at the board of directors. This principle became apparent in the investment policy, too. New building works and constructions were mainly financed by reinvestments which implicated a moderate dividend payment. Such a dividend policy was only possible in a family-owned enterprise. At the same time only the shareholders of the GHH were allowed to sign the GHH-loans. Thus, the influence of outside capital remained little and management decisions depended on the capital of the family. Due to this strategic direction the increase of capital stock was funded by profits or the Haniels themselves, and the GHH-corporation was regarded as underpriced during the whole investigation period. The expansion of the company after the First World War could be explained by three circumstances: First on reserves and a capital increase, second on war gains, and third on an additional payment and compensations of the state for the loss of property at Lorraine and Normandy. The well filled war chest of the GHH enforced Reusch at his shopping trip and put him into a powerful position towards the manufacturing industry.

The core plants of the original GHH at Oberhausen were aggregated to the GHH Oberhausen AG in 1923, which became a subsidiary company of the holding GHH Aktienverein and had to transfer all its profits to the parent company. Because of the personal and financial overlapping between the GHH-holding and the GHH-subsidiary, it is nearly impossible to separate the two firms financially from each other. In the middle of the 1920s the subscription of the US-loan marked a new phase in business financing. After the expansion of the GHH the financial options of the family were stretched to its limit and the management had to establish new ways of financing. But the GHH-corporation did not become dependent on banks, because Reusch was able to profit from the competition within the financial sector. In this context the Bayerische Vereinsbank took a special role. In the 1920s the GHH participated indirectly in the bank and in 1928 Reusch joined the board of directors; the bank should not become

---

[36] HAUSER D., KREUTZMÜLLER C., « Max Warburg (1867-1946) », in POHL H. (ed.), *Deutsche Bankiers des 20. Jahrhunderts*, Steiner, Stuttgart, 2008, pp. 419-432; RWWA, 130-400101251/0a-b, Bankier M.M. Warburg, 1922-1955; 130-400101251/2a-b, Deutsche Bank, 1923-1931.

the house bank of the GHH – Reusch still claimed to take advantage of the competition between the banks –, but he wanted to concede a privilege to the bank for the GHH-subsidiaries in Southern Germany.[37] Finally he failed with his plan. After the National Socialists came into power, he refused to bring the bank into line of the political rulers and to dismiss the Jewish members. In 1938, he did not only have to leave the board of directors, but also the GHH had to cede the shares to the Nazi-party. The enforced divestiture was contrary to his attitude of business management.[38]

During the whole period of investigation, the capital structure was characterised by the dominance of the Haniel family and overall there are four central pillars:[39] (1) Although the share capital of the GHH was already separated between more than 50 persons at the beginning of the 20th century, the distribution of shares increased in the following years and in the end of the 1930s the GHH had more than 200 shareholders. The owners were mostly in possession of only very few shares and they regularly transferred their voting rights to a few representatives at the general assembly. (2) Almost all shareholders were members of the Haniel family or family friends, so the character of the GHH as family company could be maintained from the 19th century to the end of the Third Reich. Institutional investors played a minor role in the distribution of shares and could not enforce any business interest. (3) The GHH-shares were not traded at the stock market and the enterprise had a specific right of pre-emption, so the management could prevent the irruption of outside investors. Furthermore, not all shareholders were able to defray the different increases of capital; in this case the shares, which could not be placed within the family, were transferred to a direct GHH-subsidiary (*Oberhausener Kohlen- und Eisenhandelsgesellschaft mbH*; *Lade AG*).[40] These shares were represented by Reusch at the annual general assemblies, so the border between management and ownership was obliterated. This close relationship between Reusch and the GHH can only partially be made comprehensible by the traditional principal agent problem of a manager led enterprise. (4) In contrast to Franz and August Haniel, the

---

[37] At first the GHH held an indirect investment at the Bayerische Vereinsbank, because the Fritz Neumeyer AG, which was acquired by the GHH in 1921, was in possession of bank shares; after the liquidation of the Neumeyer AG in 1935 the relation changed to a direct investment. RWWA, 130-4001012016/10, Niederschrift der Aufsichtsratssitzung, 30.09.1935; 130-4001012016/11, Bericht zur Auflösung der Neumeyer AG, 28.12.1942.

[38] RWWA, 130-40010121/3-6, Bayerische Vereinsbank, 1927-1938.

[39] The reports of the general assemblies are containing detailed listings about the shareholders of the GHH ; the four pillars are based on the analysis of these annual proceedings. Ordentliche und außerordentliche Generalversammlungen, *op. cit.*

[40] RWWA, 130-4001012004/24, Reusch to GHH-Hauptverwaltung, 29.05.1923; 130-40010150/79, Ausländische Beteiligungen der GHH, 30.06.1930.

two chairmen of the board of directors till 1921, Karl Haniel was only in possession of a medium-sized block of shares at the beginning 1920s and he had to reduce it in the 1930s because of financial straits.[41] In the same period of time, Werner Carp, the opponent of Reusch and owner of the steel works *Carp & Hones*, could extend his equity component, and in 1938 he achieved his cooptation in the board of directors.[42] Although there were conflicts between Reusch and Carp, the controversy could not be described by the antagonism of management and ownership, because the dispute was rather situated inside the Haniel family. Reusch also received a broad support for his business strategy from several members of the family. Hence, the GHH remained a family owned company until the end of the Second World War; not until the allied deconcentration after 1945 the impact of the Haniels diminished. By then, the GHH steadily lost its character as a family enterprise.

Profile of entrepreneur: Management and control

After Reusch had obtained the chairmanship, he adjusted the information system on his person and demanded regular reports from the different GHH-departments about productivity and efficiency.[43] By this, he had an information advantage towards the other managers and the property owners, and he became the uncontested authority of the GHH-corporation. The enormous information system also provided him with news about the economic policy, so Reusch was regarded as one of the best informed industrialists in the Weimar Republic.[44] The control of the GHH-corporation was based on three pillars: First on a precise and extensive information system, second on his vast workload seven days a week and a minor part of privacy, and third on an enormous expansion of his travelling.

The first acquisitions before the First World War were completely integrated into the business structure. Afterwards Reusch changed his strategy and maintained the legal entity of the enterprises. The new affiliated

---

[41] RWWA, 130-300193000/0, Geheimer Kommerzienrat F. Haniel, 1908-1912; 130-300193000/12, F. Haniel, 1912-1916; 130/300193000/4-5, August Haniel, 1917-1925; 130-4001012000/27, K. Haniel Darlehn, 1925-1926; 130-400101290/127, Landrat a.D. K. Haniel. Gewährung eines Darlehns, 1925-1949.

[42] RWWA, 130-4001012000/19 and 130-400101308/6, W. Carp, 1924-1941 and 1932-1945.

[43] See for example the detailed report of the Deutsche Werft including information about money assets, average wages, profit, etc. RWWA, 130-300193012/4, Reusch to Vorstand der Deutschen Werft, 07.02.1919.

[44] RECKENDREES A., « Der Property-Rights-Ansatz und sein möglicher Nutzen für die historische Unternehmensforschung. Ein Versuch », in ELLERBROCK K.-P., WISCHERMANN C. (eds.), *Die Wirtschaftsgeschichte vor der Herausforderung durch die New Institutional Economics*, Ardey, Dortmund, 2004, pp. 272-291.

firms became independent subsidiaries of the GHH and neither the parent company nor the associated corporation had to change their institutional structure. As the GHH had no multidivisional structure until 1923, a full integration of the new acquisitions would have caused enormous problems of adjustment, so the persistence of legal entity appeared as the simplest solution and reduced transaction costs.[45] With the foundation of the holding in 1923 the enterprise received a multidivisional structure. Although the single firms maintained their legal entity, they were bound to the will of Oberhausen. Because of the high equity components of the GHH the deliveries to the subsidiaries were treated as internal transfers and not counted on the rates of the cartels and syndicates. Thus, there arose no negative financial consequence out of legal entity. During the German Empire and the Weimar Republic the cartels in the heavy industry led to a huge increase of iron and steel producing enterprises by vertical integration; enterprises like Krupp or *Thyssen* also intensified their engagement in processing to use to full capacity.[46] Yet, there was no ruinous contest about acquisitions, and with exception of the MAN all take-overs of the GHH between 1918 and 1923 can be classified as friendly, because both sides had an interest at cooperation.

With the purchase of existing plants the GHH left the path of internal growth and was not limited geographically to the Ruhr district any longer. Beside a few acquisitions in foreign countries, especially some trading companies in the Netherlands, Reusch built up a widespread corporation with production centres throughout Germany.[47] Consequently, the operative decisions and the daily business could not be organised from Oberhausen, but the subsidiaries had to find local solutions. The function of Reusch as a businessman changed: He had to act more and more as a general director literally speaking. The line between Reusch and the directors of the subsidiaries was marked by the differentiation of tactical and strategic responsibilities; he defined the fundamental profit strategy and did not accept any protest of his subordinates. He knew about the advantages of delegation, which was a managerial ability to lead a major

---

[45] BERGHOFF H., « Transaktionskosten. Generalschlüssel zum Verständnis langfristiger Unternehmensentwicklung? Zum Verhältnis von Neuer Institutionenökonomik und moderner Unternehmensgeschichte », in *Jahrbuch für Wirtschaftsgeschichte*, 2(1999), pp. 159-176; CHANDLER A.D., *Strategy and Structure. Chapters in the History of the Industrial Enterprise*, MIT Press, Cambridge, 1962; COASE R.H., « The Nature of the Firm », in *Economica*, 4(1937), pp. 386-405.

[46] TENFELDE K., « Krupp in Krieg und Krisen. Unternehmensgeschichte der Fried. Krupp AG 1914 bis 1924/25 », in GALL L. (ed.), *Krupp im 20. Jahrhundert. Die Geschichte des Unternehmens vom Ersten Weltkrieg bis zur Gründung der Stiftung*, Siedler, Berlin, 2002, pp. 15-165, especially pp. 98-108.

[47] RWWA, 130-300193022/0, N.V. Ferrostaal (1921-23); RWWA, 130-300193022/4, Abkommen Ferrostaal-Goudriaan (1922).

corporation like the GHH, but in doing so, he never lost control within the business group. With the foundation of the holding in 1923 the business development of the GHH achieved a new stage. The corporation included a special department which was responsible for the coordination between the parent company and the single subsidiaries among each other.[48] By these means, the GHH received a decentralised basic structure with central control of Reusch and his administration.[49] Although the place of residence of the holding was officially at Nuremberg, the headquarters at Oberhausen remained the corporation's centre of decision. The directors of the GHH-subsidiaries were responsible for deliveries and sales of their factories, and they also had the competence to select the personnel, but Reusch paid high attention for efficiency, and at any time he had the possibility to intervene. Moreover, he demanded a friendly relationship between the several subsidiaries and interfered in times of intragroup conflicts. On the one hand products should only be sold to market prices within the GHH-group, on the other hand the subsidiaries were allowed to buy on the free market. By this way, he wanted to prevent the corporation from an internal preference system; the GHH should remain competitive on the market.

By the purchase of a mansion called Katharinenhof near Stuttgart, Reusch created a second domicile beside his villa at Oberhausen, which he used for business affairs of the subsidiaries in Southern Germany and which satisfied his requirements of social status.[50] He also invited members of the Haniel family to his palace. In the beginning of the 1920s he could act more and more without the permanent confirmation of the Haniels. His authority was based on an omnipresent mixture of reports, business trips, conferences, and informal meetings. As a general rule Reusch claimed the majority of seats in the boards of the subsidiaries for the GHH and in addition to the GHH-managers these positions were filled by members of the Haniels, so the interests of ownership were taken into consideration. The Haniel relatives did not have the ability to control Reusch, only Karl Haniel possessed enough knowledge about the corporation. Karl Haniel was the central axis between management and ownership, but he was more reserved in public, so Reusch was regarded as head of the GHH in industrial circles. Because of Reusch's powerful

---

[48] RWWA, 130-300193023/0, Konzernstelle – Direktor Schmerse, 1921-1924.

[49] There were some parallels to the organisation of the Thyssen and the Flick corporation in this time.

[50] MARX C., « Die Mischung macht's. Zur Bedeutung von kulturellem, ökonomischem und sozialem Kapital bei Paul Reusch während des Konzernaufbaus der Gutehoffnungshütte (1918-1924) », in GAMPER M., RESCHKE L. (eds.), *Knoten und Kanten. Soziale Netzwerkforschung in Wirtschafts- und Migrationsforschung*, Transcript Verlag, Bielefeld, 2010, pp. 159-193.

position in industrial associations, he became the spokesman of German heavy industry. Thereby, he claimed the complete retreat of the state from industrial relations and was a pronounced opponent of any kind of codetermination.[51]

In the final phase of the Weimar Republic he was enforced to get more influence on the political field. He forged an alliance with Hitler and instructed the GHH-owned papers not to publish any articles against the Nazi-party.[52] He underestimated the craving for power of the National Socialists. Hitler broke the agreement and after a while Reusch himself came into the spotlight of Nazi persecution because of his critical attitude concerning governmental interventions into economic spheres. The dismissal of Ernst Franke, a director at a GHH-subsidiary at Nuremberg, finally led to his demission. Franke had excellent relations to the Nazi party leadership in Berlin and informed the NSDAP about Reusch's adverse attitude concerning the party aims. After the Second World War Paul Reusch did not reenter the management of the GHH, he remained in Southern Germany and still controlled the development of some GHH-subsidiaries until 1953. In the meantime his son inherited the chairmanship of the GHH-management.

Conclusion

In the end the demerger of the coal mines and the iron and steel producing plants created the conditions for a successful rebuilding of the new GHH in Western Germany after 1945. Neither the coal crisis in 1957/58 nor the steel crisis since the end of the 1960s had sweeping implications for the development of the GHH with its new core business in machine building, wire and gear wheels production, and vehicle manufacturing. As a consequence of the coal and steel crises the Haniels sold their remaining shares of the steel works in Oberhausen, which was merged in 1968/69 with the Thyssen company; with exception of one coal mine all collieries were closed until the 1990s. Because of the increase of share capital, the Haniel part of the GHH reduced in the following years, and in 1983 they offloaded the remaining ten per cent of the capital stock. At the same time the GHH was restructured and the MAN became the new parent company. The Haniel family now focused on trade and services industries with the *Franz Haniel & Cie.* in Duisburg, which represents still today the centre of the Haniel group with a turnover of 27.3 milliards Euros and around 57,000 employees in 2011. Although there is a growth of

---

[51] REUSCH P., « Laßt die Wirtschaft doch endlich einmal in Ruhe! », in *Deutsche Wirtschafts-Zeitung*, 18.11.1926.

[52] LANGER P., « Paul Reusch und die "Machtergreifung" », in *Mitteilungsblatt des Instituts für soziale Bewegungen*, 28(2003), pp. 157-201.

institutional investors and many families failed to continue their business in the 20th century – the frequently predicted end of family capitalism –, the Haniels are an example that family enterprise can keep on to this day. The MAN also mastered the structural change after the boom and belongs to the 30 largest enterprises listed in the German share index today.[53]

Under the leadership of Paul Reusch the GHH developed from an iron and steel enterprise to a vertical integrated montane corporation with an extensive engineering sector. Although nearly all heavy enterprises went into processing after the First World War because of the regulation of the coal, iron and steel market by cartels and syndicates, there existed quite different profit strategies. Some industrialists, like Albert Vögler or Fritz Thyssen, favoured a horizontal solution, whereas the GHH, Krupp, Hoesch and Mannesmann remained independent. Furthermore, Reusch could be contrasted to businessmen like Flick, Stinnes or Otto Wolff: both Reusch and Flick did not belong to one of the Ruhr dynasties, but were social climbers to the societal elite. Even though Flick became entrepreneur by ownership – like Stinnes and Wolff –, he had no close relationship to his companies and treated them like financial investments. By contrast, Reusch only held a small block of shares, but he had a very close link to the company.

The GHH of the 20th century differed obviously from the typical centralised one-dimensional enterprise of family capitalism in the 19th century. Management and ownership was separated from each other. The Haniels took care of the recruitment of a professional board of management and controlled business from the board of directors. After the expansion of the company Reusch provided the GHH with a modern organisational structure in 1923 and he established a decentralised holding with centralised control based on a wide information and report system. This communication system put him in an extraordinary position. On the one hand the accelerated expansion of the iron and steel enterprise after the First World War could be ascribed to structural conditions of the German economy (cartelisation), on the other hand it was Reusch, who was mainly responsible for the profit strategy of the GHH since 1909. Although he was an employed manager, he behaved like an industrialist with ownership and had a self-image comparable to Gustav Krupp or August Thyssen.

The success of the enterprise stood above all other goals. Reusch demanded a high workload from his directors and from himself. At once the business attitude of the Haniel family and his intention of a vertical enterprise harmonised. An additional expansion after 1923 would have

---

[53] FLEMMING T., « Der Weg zur heutigen MAN Gruppe (1960-2008) », in BÄHR J., BANKEN R., FLEMMING T. (eds.), *op. cit.*, pp. 375-474, 569-577; see also the homepage: http://www.haniel.de/public/de/group/profil [01.11.2012].

exceeded the limit of his conception and endangered Haniel's influence on the company, so it remained undone. The logic of enterprising success as self purpose could be made clear during the wartimes and the Nazi regime. Neither in the First World War nor in the Second World War Reusch questioned the employment of forced labourers. Especially after 1939, the GHH only could maintain the economies of scale by forced labour. Although he did not completely agree with the economic policy of the National Socialists, he supported the military armament, which corresponded to his right-conservative attitude. Values outside the economic rationality played a minor part. Nevertheless the GHH did not benefit from Nazi occupation like other German heavy enterprises and only in two subsidiaries prisoners of concentration camps were employed. Finally, the conflicts between the Nazi regime and the GHH heated up and Reusch senior as well as his son Hermann had to leave the company. Their demission remained an exceptional and uncommon course of events amongst the heavy industrialists during the Nazi regime. At first the dismissal of Hermann Reusch hindered his career, but after the war he gained the chairmanship of the GHH. Although Paul Reusch could not simply bequest his position to his son, Hermann Reusch was privileged successfully by passing on special information about the power structure of the GHH to him. Hermann Reusch had finished his studies in mining, gained experience during several visits abroad and entered the board of management of the GHH in 1935. All at once the Haniels had a large interest to appoint him as chairman after 1945, because he was acquitted by the allies and had close relations to the owners for more than ten years.

The entrepreneurial success of Paul Reusch could be summarised in three points: first he led the GHH from an internal to an external process of growth, formed a diversified and vertically integrated montane corporation with more than 80,000 employees and added a new central product line to the GHH with the diverse engineering plants. Second he was successful in conserving the organisational structure during the Weimar Republic and the Nazi regime, whereas other formations like the *Stinnes-corporation* failed. In contrast to other heavy enterprises Reusch preserved the autonomy towards competitive firms and banks, the GHH remained a family owned company. Third he was successful in passing his position to his eldest son Hermann Reusch. The reason for this cannot be found in the distribution of share capital, it was rather the close relationship of trust between the two families leading to an extraordinary manager dynasty in Germany.

L'implantation d'Usinor à Dunkerque au début des années 1960

Origines et portée d'un choix majeur de localisation

Jean-François ECK

Université de Lille III

Même si, dans le passé, plusieurs installations sidérurgiques ont été édifiées en France sur des sites portuaires ou côtiers, l'usine de Dunkerque est la première qui constitue un complexe littoral intégré. Définitivement achevée en 1963 – date de mise à feu du premier haut fourneau, un an après le démarrage de l'aciérie et du train de laminage à larges bandes et à chaud – elle représente l'un des événements majeurs de l'histoire industrielle de la France au XXe siècle. Par lui, la sidérurgie, renonçant à l'autonomie procurée par les ressources nationales en minerai de fer, rompt avec ses traditions de localisation internes, se tourne vers le reste du monde et adopte une stratégie de développement semblable à celle des autres pays industrialisés. De plus, la réussite de Dunkerque polarise l'attention. Elle contraste avec les difficultés rencontrées à Fos, le deuxième grand complexe sidérurgique littoral français, dont l'ouverture, une dizaine d'années plus tard, nécessitera l'appel à un groupe étranger, alors que Dunkerque n'avait mobilisé que l'épargne nationale.

Dans ces conditions, il peut paraître étrange de constater qu'en dépit des nombreuses études disponibles sur les stratégies des grands groupes sidérurgiques, de multiples incertitudes subsistent sur la décision qui a conduit à ouvrir l'usine de Dunkerque. Quand, par qui et pourquoi a-t-elle été prise ? Par l'État et, si oui, au sein de quelles instances ? Le service de la Sidérurgie au ministère de l'Industrie ? Le Commissariat au Plan ? Le ministère des Finances et des Affaires économiques ? La présidence du Conseil ? Ou bien par les groupes sidérurgiques, encore à cette date de statut privé ? Quel rôle ont joué ceux qui s'étaient associés à *Usinor* depuis 1956 dans le cadre de la Société dunkerquoise de sidérurgie ? Quelle attitude ont adopté les établissements financiers ? Quelles instances sont intervenues au niveau local ? Comment ont-elles obtenu que Dunkerque soit retenu de préférence à d'autres localisations ? En ces temps de mise en place de la politique d'aménagement du territoire, dans un Nord menacé de déclin relatif, l'usine de Dunkerque a-t-elle représenté un atout à exploiter ?

À toutes ces questions, nous ne prétendons pas apporter de réponse inédite. Souvent, on le verra, nous en serons réduits à formuler des hypothèses. Non seulement l'identité même des décideurs, mais aussi leurs motivations sont malaisées à dégager à partir des fonds disponibles.[1] Du moins ceux-ci permettent-ils de suivre les cheminements d'une affaire qui, durant près de dix ans (1956-1965), a mobilisé les énergies de multiples catégories d'acteurs sous deux Républiques successives, dans une économie repliée face au reste du monde, puis ouverte sur l'extérieur dans le cadre du Marché commun. À travers eux, l'usine de Dunkerque relève de plusieurs logiques différentes qui, même si elles se superposent et s'entrelacent, n'en doivent pas moins être distinguées : une nouvelle organisation de la production ; une redistribution des forces à l'intérieur du secteur ; enfin, une mutation des rapports avec les institutions qui encadrent l'entreprise, tant au niveau local que national. Nous les adopterons comme fil conducteur pour cette contribution, sans oublier qu'elles furent développées, tour à tour ou simultanément, par toutes les instances qui sont intervenues dans le processus de décision.

Dunkerque : une organisation nouvelle de la production

L'usine de Dunkerque relève d'abord d'une logique nouvelle d'organisation de la production. Il s'agit, pour la première fois en France, d'une véritable usine sidérurgique littorale, c'est-à-dire d'un établissement de vastes dimensions, aux fabrications intégrées, situé directement en bordure de la mer, doté des derniers perfectionnements techniques, tourné vers le marché mondial, tant pour ses approvisionnements que ses ventes. L'installation d'Usinor à Dunkerque répond à tous ces critères, ce qui la distingue des autres usines qui, depuis la fin du XIXe siècle, s'étaient implantées sur des sites littoraux comme Mondeville, en Basse-Normandie, Le Boucau, près de Bayonne, Trignac, près de Saint-Nazaire, ou encore Hennebont, dans la rade de Lorient. Des raisons diverses justifiaient de tels choix : facilités d'approvisionnement en minerai de fer espagnol et en charbon anglais (Le Boucau), proximité d'un gros client comme les ateliers de la Marine

---

[1] Nous avons consulté les archives Usinor, conservées aux Archives Arcelor-Mittal à Florange, celles du ministère de l'Économie et des Finances, à Savigny-le-Temple, du Crédit lyonnais (Archives historiques du Crédit agricole) et de la Banque de Paris et des Pays-Bas (Archives BNP-Paribas), à Paris, enfin celles de la Chambre de commerce de Dunkerque, conservées aux Archives municipales de cette ville. Que leurs responsables respectifs trouvent ici l'expression de toute notre reconnaissance pour l'aide et les conseils qu'ils nous ont apportés dans nos recherches. Par contre, nous n'avons pas cru utile de consulter à nouveau les fonds du Ministère de l'Industrie, déjà largement mis à profit par Philippe Mioche et par Éric Godelier dans leurs thèses respectives.

nationale (Hennebont), présence d'un canal maritime reliant à la côte (Mondeville). Plusieurs, comme Trignac, avaient fermé leurs portes depuis les années 1930. Toutes, par leurs dimensions réduites, la disparition des conditions qui avaient motivé leur installation, se trouvaient en situation difficile au moment de la mise en place du projet dunkerquois. Pour un géographe comme Jean Chardonnet, « l'ensemble de ces usines littorales [qui] n'arrive qu'en cinquième position [en France] pour la main-d'œuvre, après la Lorraine, le Nord, la Sarre et le Massif Central » ne présentait qu'un intérêt limité, même s'il reconnaissait que « sous certaines conditions [...], les lieux de débarquement facile des matières premières, donc les ports du littoral, comportent des localisations avantageuses ». Et de plaider, en conséquence, pour de nouveaux investissements en Lorraine car, « étant donné la masse importante de minerai de fer consommé en France, [cette formule] paraît devoir constituer l'implantation la plus économique ».[2]

La logique qui s'applique à Dunkerque est complètement différente. Elle s'insère dans le vaste mouvement d'ensemble commun à tous les grands pays industrialisés durant le second XXe siècle, excepté ceux du camp socialiste. L'usine est inaugurée après celles ouvertes sur la côte atlantique des États-Unis (Sparrows Point, créée dès 1891, Morrisville), sur les littoraux du Japon (Hirohata, ouverte en 1937) et de l'Europe occidentale (Ijmuiden, près d'Amsterdam, fondée en 1924 pour traiter des ferrailles importées, puis reconstruite après 1948, Port Talbot, Bremerhaven et Cornigliano, inaugurées au début des années 1950). Inversement, Dunkerque devance Zelzate, ouvert par *Arbed* près de Gand en 1967, ainsi que les grands établissements d'Italie du Sud (Bagnoli, Tarente) et la plupart de ceux du Japon.[3] Les présentations alors faites de son choix se réfèrent à ce mouvement général, tout en retenant moins l'extraversion qu'il implique que l'augmentation de puissance qu'il permet. Ainsi le président d'Usinor, René Damien, développant devant le conseil d'administration de son groupe en juin 1956 « les perspectives de développement de la sidérurgie dans le monde, et en particulier à l'intérieur de la CECA », déclare : « La sidérurgie française doit envisager, pour maintenir sa situation relative, de porter sa capacité de production à 17 millions de tonnes annuelles. Cette augmentation de capacité nécessite l'installation d'usines nouvelles. Une telle usine peut être avantageusement placée à Dunkerque, tant du point de vue de l'approvisionnement en matières premières que [de celui] des livraisons aux chantiers navals et

---

[2] CHARDONNET J., *La sidérurgie française. Progrès ou décadence ?*, Armand Colin, Paris, 1954, pp. 150-151 et 229.

[3] MALÉZIEUX J., *Les centres sidérurgiques des rivages de la mer du Nord et leur influence sur l'organisation de l'espace*, Publications de la Sorbonne, Paris, 1981 ; BIENFAIT J., « Un exemple de sidérurgie maritime : la sidérurgie japonaise », in *Revue de géographie de Lyon*, 4(1963), pp. 257-313.

à l'exportation ».⁴ Un an plus tard, il prévient l'assemblée générale des actionnaires que « ce projet ne pourra être envisagé que si nous sommes assurés que cette usine ne sera pas mise par les pouvoirs publics en état d'infériorité par rapport aux usines similaires d'Allemagne, de Hollande ou d'Italie ».⁵

Tel qu'il se présente, le projet résulte d'une initiative conjointe des sidérurgistes et des pouvoirs publics. Certes, comme le soulignent tous les témoignages, notamment ceux recueillis dans leurs études respectives par Philippe Mioche et par Éric Godelier, il doit en grande partie son existence à René Damien dont le sens de l'initiative et la hardiesse ont « manifestement beaucoup compté ».⁶ Mais il n'a été décidé ni par Usinor, ni par les sociétés qui se sont associées à lui en juillet 1956 dans le cadre de la *Société dunkerquoise de sidérurgie* (SDS) : Firminy, Châtillon–Commentry et la *Banque de Paris et des Pays-Bas*. L'État est également partie prenante. Maurice Borgeaud, le directeur général d'Usinor, le déclare explicitement aux administrateurs de la Sds lors de l'un des premiers conseils de cette société placée sous sa présidence : « La direction de la Sidérurgie a fait état d'un besoin de tôles fortes auquel elle veut apporter une solution rapide. Elle nous a fait savoir qu'elle est toute disposée à appuyer la Dunkerquoise pour un programme de réalisations dans ce sens à inscrire au 3ᵉ Plan. En conséquence, devant l'intérêt de cette possibilité et la nécessité d'une prise rapide de position, il a été déposé au Commissariat au Plan les grandes lignes d'un projet comprenant un haut fourneau de 1 200 à 1 500 tonnes par jour, une aciérie, un laminoir à tôles fortes ».⁷ Sans l'aval et peut-être la pression des pouvoirs publics, l'usine n'aurait guère eu de chances de voir le jour.

Dans tout ceci, le moment joue un rôle décisif. La préparation du 3ᵉ Plan, applicable de 1958 à 1961, incite la profession à réfléchir sur le bien-fondé des localisations traditionnelles sur le charbon et le minerai de fer. Une note émanant, sinon directement de la Chambre syndicale de la sidérurgie, du moins de milieux qui en sont proches, est remise par Jacques Ferry au directeur du Trésor, Pierre-Paul Schweitzer, dont le département joue un rôle clé dans le financement du Plan, à travers le secrétariat du Fonds de développement économique et social (FDES). Elle insiste sur l'importance de la voie d'eau qui pourrait compenser la « situation

---

⁴   Arch. Usinor [Archives Usinor], 987/5, Registre des délibérations du Conseil d'administration d'Usinor, 21.06.1956.

⁵   Arch. Crédit Lyonnais, DEEF [Archives Crédit Lyonnais, Direction des études économiques et financières] 64 889/2, Assemblée générale des actionnaires d'Usinor, 16.05.1957.

⁶   MIOCHE P., *La sidérurgie et l'État en France des années 1940 aux années 1960*, thèse Paris IV, 1992, p. 95.

⁷   Arch. Usinor, EAA 52/75, 26.10.1956.

généralement éloignée des côtes de la sidérurgie française », pourvu que la modernisation du transport fluvial en fasse « un prolongement du transport maritime ». Assortie de quelques formules frappantes, elle montre une préoccupation nouvelle dans les milieux patronaux français, même si ses auteurs ne préconisent pas encore ouvertement la littoralisation.[8]

Parallèlement, au ministère de l'Industrie, le chef du service de la Sidérurgie, Albert Denis, s'alarme du prochain retour de la Sarre à l'Allemagne. Décidé lors des entretiens Adenauer-Mendès France à La Celle Saint-Cloud, acquis politiquement depuis le référendum d'octobre 1955, même si la Sarre reste intégrée dans l'espace douanier français jusqu'en 1959, il risque, au plus mauvais moment, de priver la France d'acier. Les besoins se multiplient en effet dans de nombreux secteurs : chantiers navals, construction automobile, bâtiment, industrie des tubes pour pipelines ou gazoducs ... Il faut de toute urgence pousser la production nationale. Dans ce but, le nouveau président du Conseil, Guy Mollet, demande au secrétaire d'État à l'Industrie, Maurice Lemaire, de reprendre un rapport préparé l'année précédente par son prédécesseur, André Morice. Un groupe de travail restreint, fonctionnant parallèlement à la Commission de modernisation de la sidérurgie et composé comme elle de hauts fonctionnaires et de représentants de la profession, rend en février 1957 ses conclusions. Annoncées « avec une grande discrétion, car un choix explicite soulèverait des tollés parmi les sidérurgistes lorrains et des problèmes externes »,[9] elles n'en sont pas moins nettes : « L'extension de notre sidérurgie rend nécessaire l'implantation en France d'une usine intégrée, équipée avec les derniers perfectionnements de la technique, notamment pour la fabrication des tôles fortes destinées aux chantiers navals et aux pipelines, et capable de consommer en particulier les minerais riches que l'on met actuellement en valeur dans nos territoires d'outre-mer ». Relevant avec satisfaction la création de la SDS, le rapport ajoute que « la direction des Mines et de la Sidérurgie au ministère de l'Industrie et du Commerce demande que ses objectifs soient réalisés dans les plus courts délais » et détaille en annexe la liste des investissements prévus à Dunkerque qui nécessiteront au total 40 milliards de francs de 1957 à 1960, dont la plus grande partie destinée au laminoir (15 milliards, soit 37,5 %) pour une

---

[8] Arch. Trésor [Archives du ministère de l'Économie et des Finances], fonds Trésor, B 18 210, Note dactylographiée intitulée « Essai de définition d'une politique de la sidérurgie », novembre 1956, p. 19. Parmi ces formules, on relève l'affirmation : « Mettre la sidérurgie française 'sur l'eau' est devenu un slogan, mais c'est un slogan qui correspond à une réalité ».

[9] PADIOLEAU J.-G., *Quand la France s'enferre. La politique sidérurgique de la France depuis 1945*, PUF, Paris, 1981, p. 80.

production de 350 000 tonnes de tôles fortes.[10] Il y a donc rencontre, et même concertation, entre les associés de la SDS et les pouvoirs publics. On ne saurait parler d'une initiative émanant du seul secteur privé, pas plus que d'une décision unilatérale des pouvoirs publics. La réalité se situe à mi-chemin entre les deux et il semble impossible de l'attribuer aux uns plutôt qu'aux autres.

Mais, dans ses premières années de fonctionnement, cette usine littorale ne représente encore qu'une extraversion limitée. L'approvisionnement en minerai de fer depuis l'outre-mer ne forme pas une condition préalable au démarrage du projet. Rétrospectivement, on a beaucoup insisté sur l'importance qu'aurait revêtue, pour son lancement, le gisement de Fort-Gouraud, en Mauritanie, dont la mise en exploitation pour les besoins d'un complexe sidérurgique métropolitain aurait été décidée par François Mitterrand, lors de son passage au ministère de la France d'Outre-mer en 1950-1951. Celle-ci coïncide effectivement avec la création, un an plus tard, de la *Société des mines de fer de Mauritanie* (MIFERMA). Pourtant, relève Jacques Ferry, « [le gisement de Mauritanie] n'était pas le but essentiel [de la création de Dunkerque], mais [...] l'une des cartes que souhaitait jouer Usinor pour s'affranchir en partie de ses fournisseurs traditionnels de minerai, lorrains notamment ».[11] De fait, les rapports d'activité de MIFERMA n'indiquent pas de liens étroits entre la compagnie minière et Usinor.[12] La majorité du capital de la compagnie, d'abord détenue par le groupe minier canadien *Frobisher Ltd*, passe en 1956 à des intérêts français, conduits par le Bureau minier de la France d'outre-mer, associé à des banques (*de Rothschild frères*), des compagnies minières (*Mokta el Hadid*), des sociétés coloniales (*SOFFO*) et quelques groupes sidérurgiques. Usinor y figure, mais pour 4,8 % seulement, portés à 7,35 % en 1967. Le groupe possède aussi d'autres participations minières en Afrique, notamment dans la *Société des mines de fer de Mekambo*, fondée au Gabon en 1958. Enfin et surtout, même si des contrats d'approvisionnement à long terme sont signés en 1959 entre MIFERMA et la SDS, la lourdeur des travaux nécessaires pour aménager un port minéralier et construire les 680 km de voie ferrée acheminant le minerai reporte à 1964 l'arrivée à Dunkerque des premières cargaisons. Comme l'explique un rapport bancaire, « en attendant, on recourra aux minerais d'Amérique du Sud (Brésil, Pérou, Venezuela), du Libéria et de

---

[10] Arch. Trésor, B 23 540, Note du Commissariat au Plan sur le projet d'usine sidérurgique à Dunkerque, sans indication d'auteur, 01.02.1957.

[11] MIOCHE P., *Jacques Ferry et la sidérurgie française depuis la Seconde Guerre mondiale*, Presses de l'Université de Provence, Aix-en-Provence, 1993, pp. 186-187.

[12] Arch. Crédit Lyonnais, DEEF 52 268/2 (années 1952-1955) et DEEF 6298 (années 1956-1969).

Suède ».[13] Cette réalisation spectaculaire, confiée par le gouvernement français à des hauts fonctionnaires prestigieux,[14] permet à Usinor de présenter Dunkerque comme le « point de rencontre » entre les ressources de la Laponie et de la Mauritanie, « deux régions désertiques, l'une enfouie sous la glace et la neige, l'autre brûlée par le soleil [qui] sortent de leur torpeur et deviennent les terres d'élection de l'industrie sidérurgique mondiale ».[15] Mais elle ne procure à l'usine sa source d'approvisionnement essentielle que pour peu de temps. La part de la Mauritanie, culminant à 46 % en 1966, devançant celle du Libéria (31 %), n'est plus que de 14 % dix ans plus tard, tandis que celle du Brésil passe de 4 à 25 % du total des approvisionnements.[16]

L'option mauritanienne n'a donc pas le caractère fondamental que l'on pourrait imaginer. De plus, l'extraversion des approvisionnements résulte d'une contrainte subie par Usinor en raison de ses structures, ce qui relativise d'autant sa portée. À partir de la mise en œuvre du traité CECA en 1953, les entreprises sidérurgiques qui, comme Usinor, ne possèdent pas de gisements propres doivent acheter leur minerai en respectant le barème de prix fixé par la Haute Autorité, nettement moins avantageux que les prix de cession pratiqués en interne dans les groupes intégrés. Les deux sociétés fondatrices d'Usinor, *Denain-Anzin* et *Nord-Est*, ayant conservé en portefeuille leurs parts de sociétés minières et restant juridiquement distinctes d'Usinor, lui vendent le minerai à des prix trop élevés. Ainsi, la structure juridique adoptée en 1948 incite-t-elle Usinor à s'approvisionner hors de France, ce qui pousse le groupe à se littoraliser. Cette contrainte, soulignée par les notes bancaires, donne à la recherche des minerais d'outre-mer à bas prix le caractère d'une nécessité subie par les dirigeants au moins autant que d'un choix volontaire.[17]

Quant aux autres flux reliant l'usine à l'extérieur, ils restent, durant les premières années de son existence, à l'échelle nationale, voire locale. Le coke provient des *Houillères du bassin du Nord-Pas-de-Calais* en vertu de

---

[13] Arch. Crédit Lyonnais, DEEF 62578, Les problèmes posés par la construction de l'usine de Dunkerque de la société Usinor, 11.12.1962.

[14] Le président de MIFERMA est, de 1956 à 1972, Paul Leroy-Beaulieu, ancien directeur des Affaires économiques et financières au Haut-Commissariat de la République française en Allemagne, puis attaché financier à Londres, dont la carrière antérieure à 1946 est retracée par CARRÉ DE MALBERG N., *Le grand état-major financier : les inspecteurs des Finances 1918-1946. Les hommes, le métier, les carrières*, Comité pour l'histoire économique et financière de la France, Paris, 2011, *passim*.

[15] Arch. Crédit Lyonnais, DEEF 74229, Journal d'entreprise *Usinor*, édition spéciale, sd [1962], article intitulé *Cercle arctique et Tropique du Cancer, au rendez-vous de Dunkerque*.

[16] Chiffres de MALÉZIEUX J., *op. cit.*, p. 228.

[17] Arch. Crédit Lyonnais, DEEF 50706, Note sur Usinor, septembre 1953.

conventions à long terme. Usinor participe depuis 1954, comme d'autres groupes sidérurgiques français, au consortium *Sidechar* qui doit leur procurer à bas prix le coke du bassin de la Ruhr. Mais René Damien en juge les résultats décevants et dénonce « le niveau actuel du prix du coke, […] trop élevé par rapport à celui payé par les sidérurgies étrangères, et plus spécialement par les usines maritimes des autres pays de la CECA qui peuvent s'approvisionner librement à des prix particulièrement favorables en fines américaines ».[18] Quant aux tôles produites à Dunkerque, leur destination, pour un groupe faiblement exportateur comme l'est encore Usinor à cette date, reste pour l'essentiel régionale. Nul doute à cet égard que la présence sur ce site des *Ateliers et chantiers de France*, constructeurs de navires spécialisés, ait beaucoup compté dans le choix de localisation effectué, tout comme la possibilité d'écouler la production auprès des entreprises industrielles du Nord et du Pas-de-Calais. À ses débuts, Dunkerque mérite d'être qualifiée d'« usine semi-littorale, en ce sens qu'elle permet d'importer des matières premières, [mais] en tournant sa production vers le marché intérieur, et non vers l'exportation ».[19]

Mais, au-delà de l'organisation de la production, de tels éléments concernent la stratégie d'ensemble des groupes qui possèdent l'usine. Pour la comprendre, il faut examiner la redistribution des pouvoirs à l'intérieur du secteur sidérurgique, deuxième logique du projet dunkerquois qui implique à la fois des groupes industriels et bancaires.

Dunkerque : une redistribution des pouvoirs à l'intérieur de la sidérurgie

En 1956, au moment où est prise la décision de construire l'usine de Dunkerque, Usinor est un acteur de taille moyenne par rapport aux autres entreprises d'un secteur sidérurgique encore peu concentré. Dunkerque constitue une étape décisive dans le processus qui permet au groupe de supplanter ses confrères, assurant dès 1962 17 % de la production totale d'acier, avant *Sidélor* (12 %), *Lorraine-Escaut* (12 %), *De Wendel* (10 %) et *Sollac* (10 %).[20] Dans cette nouvelle configuration, l'évolution du projet dunkerquois a joué un rôle décisif. On peut la suivre à travers les rapports qui se sont noués en juillet 1956 entre les groupes qui se sont associés à l'intérieur de la SDS.

---

[18] *Ibid.*, DEEF 74229, Rapport d'activité pour 1963, assemblée générale des actionnaires d'Usinor, 21.05.1964.
[19] MIOCHE P., *La sidérurgie et l'État …, op. cit.*, p. 95.
[20] CHARDONNET J., *L'économie française*, tome II : *Les grandes industries françaises*, 1re partie : *Les grandes industries métallurgiques*, Dalloz, Paris, 1971, p. 104.

Des trois partenaires industriels, Usinor, Firminy et Châtillon-Commentry, les deux derniers sont attirés par le projet en raison d'établissements possédés dans la région : dans l'agglomération dunkerquoise, à Leffrinckoucke, pour Firminy qui y exploite depuis 1911 l'usine des Dunes, spécialisée dans les essieux et roues monobloc pour chemins de fer ; dans l'intérieur des terres pour Châtillon-Commentry dont l'usine, fondée en 1881, produit à Isbergues, non loin de Saint-Omer, de l'acier pour tôles « à grains orientés », selon un procédé américain Armco adopté en 1932. C'est surtout Firminy, dont l'usine des Dunes est particulièrement rentable, qui espère de la future usine littorale un abaissement de ses prix de revient, grâce à des approvisionnements en acier à bas coût, à tel point même que, selon certains témoins, l'idée du nouveau complexe reviendrait, non à René Damien, mais à Marcel Macaux, le président de Firminy.[21] La clé de répartition du capital de la SDS, revue peu après sa fondation, souligne le poids de Firminy dont la part passe de 24 % à 34 %, tandis que celle d'Usinor, naguère majoritaire, est abaissée de 51 % à 44 %, tout comme celles de Châtillon-Commentry (20 %, puis 18 %) et de *Paribas* (5 %, puis 4 %). De plus, tandis que ses associés règlent leurs parts en numéraire, Firminy le fait sans bourse délier, son apport étant constitué par l'usine des Dunes. Une convention précise que Firminy en conservera durant six années la gestion – sauf les travaux neufs, mis à la charge de la SDS –, et même les bénéfices, diminués d'une redevance convenue à l'avance.[22] À tous égards, l'usine des Dunes occupe une place à part dans le nouvel ensemble, expression d'un rapport de forces qui, à cette date, n'est pas favorable à Usinor.

Est-ce son manque de capitaux pour une opération de cette taille qui a incité Firminy à s'adresser à Usinor, dont la trésorerie est réputée florissante ? Toujours est-il qu'à l'intérieur de la SDS le rapport de forces, d'abord favorable aux intérêts de Firminy, évolue bientôt à son détriment. En septembre 1959, quelques mois seulement après l'approbation du plan de financement de la future usine par les pouvoirs publics, Damien crée la surprise en annonçant son intention d'installer à Denain un nouveau train de laminage à chaud et à larges bandes qui doublerait l'installation faite en 1948. C'est remettre profondément en cause le projet dunkerquois où n'avait été prévu qu'un train « classique » à froid. Le mécontentement des associés d'Usinor s'exprime en plein conseil d'administration de la SDS dont le procès-verbal mentionne – fait rare dans ce genre de source, en général fort édulcorée – leur « vive surprise » devant un événement

---

[21] GODELIER É., *Usinor-Arcelor, du local au global*, Hermès science publications-Lavoisier, Paris, 2006, au témoignage du directeur général d'Usinor-Dunkerque, Paul Aussure, pp. 107-110.

[22] Arch. Paribas [Archives BNP-Paribas], Secrétariat général, dossier 457, Protocoles d'accord relatifs à la SDS, 23 et 28.05.1957.

dont ils n'ont été avisés que par voie de presse.[23] À la fin de janvier 1960, une entrevue entre Macaux et Damien, qualifiée d'« orageuse » par l'un des membres du cabinet du ministre des Finances, ne parvient pas à faire revenir le président d'Usinor sur sa décision.[24]

On en arrive ainsi à la solution que, vraisemblablement, le président d'Usinor recherchait en menaçant d'installer à Denain le train à larges bandes : Firminy se retire de la SDS, suivi, quelques mois plus tard, par Châtillon-Commentry et Paribas. Firminy récupère certes la propriété de l'usine des Dunes, retirée du complexe dunkerquois auquel – on l'a vu – elle n'était que partiellement rattachée. Mais le groupe doit renoncer à tout rôle au sein de l'usine littorale en construction dont, peut-être, son président, Macaux, avait eu l'idée, avant même Damien. Usinor, pour sa part, absorbe entièrement la SDS, à des conditions intéressantes, l'opération étant assimilée par l'administration fiscale à une fusion, et non à une acquisition, donc assujettie à des droits réduits de moitié.[25] Un programme massif d'extension des capacités de production prévues est annoncé par Damien au conseil d'administration d'Usinor, lors d'une séance solennelle, en présence des principaux directeurs du groupe.[26] Il comporte l'installation à Dunkerque d'un deuxième haut fourneau – le premier n'a pas encore été mis à feu – et d'un troisième convertisseur Olp/Ld – les deux premiers sont en cours d'installation – destiné à approvisionner le train à larges bandes qui sera finalement installé, non pas à Denain, comme en menaçait Damien, mais… à Dunkerque. Un mois plus tard, on présente aux actionnaires, réunis en assemblée générale, l'absorption de la SDS comme la conséquence logique de « l'installation du train à larges bandes à Dunkerque [et de] la coordination des activités des usines de Dunkerque d'une part, de Denain et de *Montataire* d'autre part [qui ne pouvait] se concevoir de façon rationnelle sans l'intégration de l'usine de Dunkerque dans notre société ».[27] Ni les autres groupes sidérurgiques, ni les pouvoirs publics n'ont été avisés au préalable de cette extension qui change radicalement les dimensions

---

[23] Arch. Usinor, EA 52/75, Registre des délibérations du conseil d'administration de la SDS, 22.09.1959.

[24] Arch. Trésor, B 23 539, Note de Philippe Dargenton pour le secrétaire d'État, Valéry Giscard d'Estaing, 22.01.1960.

[25] Arch. Paribas, IND 1054, Dossier transmis par les services d'Usinor à Paribas, 26.02.1960.

[26] Arch. Usinor, 987/5, Délibérations du conseil d'administration d'Usinor, 21.04.1960. Parmi les administrateurs présents, on relève le nom d'Emmanuel Mönick, le président de Paribas, mais par contre l'absence, aisément compréhensible, de Léon Bureau, président de Châtillon-Commentry. Assistent également à la séance Maurice Borgeaud, directeur général, Jean Hue de la Colombe, directeur adjoint, plusieurs chefs de services et les deux délégués du Comité central d'entreprise.

[27] Arch. Crédit Lyonnais, DEEF 74229, Rapport d'activité pour 1959. Assemblée générale des actionnaires d'Usinor, 19.05.1960.

du projet dunkerquois et n'avait pas été prévue au 3ᵉ Plan. Autant l'on peut comprendre le mutisme de René Damien vis-à-vis de ses confrères, notamment lorrains, face auxquels « il prenait d'une certaine manière une revanche sur l'Est, sur le rival traditionnel qu'était de Wendel »,[28] autant on voit mal pourquoi il n'en a pas avisé l'État, sinon pour éviter d'ébruiter le projet. Toujours est-il qu'un net contraste oppose son comportement brusqué et unilatéral de la manière plus consensuelle dont étaient présentées les grandes orientations de la SDS aux pouvoirs publics, lors d'entrevues où les dirigeants se faisaient accompagner par un représentant de la Chambre syndicale, pour bien marquer l'appui donné par l'ensemble de la profession à leurs projets.

Ayant mis ses partenaires devant le fait accompli, René Damien a pris une décision qui confère au groupe qu'il préside un poids dominant à l'intérieur du secteur sidérurgique. Il a aussi, peut-être délibérément, donné le signal d'opérations de concentration dont les implications dépassent les associés de l'ancienne SDS. Le futur train à larges bandes de Dunkerque attire d'autres partenaires. Lorraine-Escaut, pour y faire laminer une partie de sa production d'acier, prête à Usinor à long terme 7 millions de francs en 1964, aussitôt utilisés pour le financement de l'installation.[29] S'étant rapprochés à cette occasion, les deux groupes fusionneront deux ans plus tard. La création de l'usine de Dunkerque a ainsi permis l'une des premières concentrations prévues par la convention État-sidérurgie de juillet 1966. De même, Firminy, au lendemain de sa rupture avec Usinor, fait apport de l'usine des Dunes à la *Compagnie des ateliers et forges de la Loire* (CAFL), puis fusionne avec *Marine-Saint-Étienne*, en une opération qui est la conséquence logique du retrait de Dunkerque et annonce la fusion *CAFL-Schneider* réalisée en 1970. Il ne faut d'ailleurs pas exagérer la portée des antagonismes nés de la récupération du projet dunkerquois par les dirigeants d'Usinor. Les conventions permettant aux protagonistes, moyennant redevances, d'utiliser les installations de laminage de Dunkerque, restent en vigueur. C'est bien là, aux yeux d'un haut fonctionnaire du ministère de l'Industrie, l'essentiel : « La SDS », relève-t-il, « s'est dissoute après que des accords techniques satisfaisants pour les parties en présence aient garanti aux anciens partenaires des avantages pour leurs propres usines équivalent à ceux qu'ils comptaient [en] retirer. C'est cet aspect des choses qui avait surtout incité l'administration à pousser Usinor à constituer la Dunkerquoise avec d'autres partenaires ».[30]

---

[28] MIOCHE P., *Jacques Ferry ...*, *op. cit.*, p. 199.
[29] Arch. Usinor, EA 52/75, Conseil d'administration de la SDS, 22.09 et 26.10.1959 ; Arch. Crédit Lyonnais, DEEF 74229, Rapport d'activité pour 1963. Assemblée générale des actionnaires d'Usinor, 21.05.1964.
[30] Arch. Trésor, B 23539, Philippe Mallet (du ministère de l'Industrie), à la direction du Trésor, 20.06.1960.

Dès ce moment, à l'intérieur du secteur sidérurgique, concentration technique et concentration financière vont de pair.

Dans cette nouvelle configuration, les banques jouent un rôle actif. On l'observe notamment à propos de Paribas. Si la banque a fait partie, durant quatre ans, des associés de la SDS, c'est, semble-t-il, dans le cadre de la stratégie qu'elle mène durant cette période, sous l'impulsion de Jean Reyre. Soutenant la modernisation des grands équipements industriels, en France et dans plusieurs pays d'Europe, elle renoue avec sa vocation d'origine, lorsque par exemple, de 1915 à 1925, Gaston Griolet cumulait les présidences de Paribas et des *Forges et aciéries du Nord et de l'Est*, l'un des groupes fondateurs d'Usinor. Emmanuel Mönick, son successeur, avait accepté en 1950 de représenter Paribas au conseil de Nord-Est. Le projet dunkerquois permet de resserrer ces liens. Paribas ayant figuré parmi les co-fondateurs de la SDS, puis accepté, aisément semble-t-il, qu'Usinor en prenne le contrôle, réciproquement, le groupe Nord-Est donne son accord pour participer au conseil d'administration de la *Société d'investissement de Paribas*, qui, selon Jean Reyre, est « un dédoublement de la banque, ayant M. Mönick comme président et moi-même comme directeur général ».[31] Tout ceci témoigne de l'intensité des liens noués entre la banque et le groupe sidérurgique à l'occasion des péripéties du projet dunkerquois. L'épisode confirme aussi le rôle qu'y jouent certains dirigeants de Paribas, notamment le directeur-adjoint Gustave Rambaud. Familier des problèmes de la grande industrie depuis son passage au cabinet de Jean-Marie Louvel, ministre de l'Industrie en 1950-1954, il suit attentivement le dossier de la SDS, cosigne avec Jean Reyre les protocoles d'accords successifs passés entre ses associés, est informé confidentiellement par Maurice Borgeaud du projet d'absorption de la SDS par Usinor.[32] Plus tard, en 1978, il jouera « un rôle crucial dans le rapprochement entre Usinor et *Châtillon-Neuves-Maisons* » à l'intérieur d'une holding où il fait nommer Claude Etchegaray, ancien président de *Chiers-Châtillon*.[33] Les enjeux apparus lors de la fondation d'Usinor-Dunkerque se retrouvent donc longtemps après, jusqu'aux grandes opérations de restructuration du secteur menées à la fin des années 1970.

---

[31] Arch. Paribas, IND 1054, Jean Reyre à Pierre Fontaine, directeur général des Forges et aciéries du Nord et de l'Est, faisant allusion aux « liens qui avaient successivement uni dans le passé les conseils » des deux sociétés, 25.01 et 04.02.1960.

[32] *Ibid.*, Secrétariat général, dossier 457, Protocole d'accord des 23 et 28.05.1957 ; IND 1054, Maurice Borgeaud à Léon Bureau, président de Châtillon-Commentry, et à Gustave Rambaud, 20.01.1960. Le directeur général d'Usinor écrit avec dépit : « Nous avons été devancés – et je ne sais pas par qui – puisque l'AFP a émis ce matin la dépêche [faisant état] de remaniements très importants actuellement en cours au sein de la nouvelle Société dunkerquoise ».

[33] Sur Gustave Rambaud, cf. BUSSIÈRE É., *Paribas, l'Europe et le monde 1872-1992*, Fonds Mercator, Anvers, 1992, p. 168 ; GODELIER É., *op. cit.*, pp. 251 et 356.

À la différence de Paribas, acteur direct des mutations du secteur sidérurgique occasionnées par l'usine de Dunkerque, le *Crédit lyonnais* joue un rôle plus effacé, mais néanmoins important. Il concerne surtout le financement des investissements et le placement des emprunts obligataires lancés par les groupes sidérurgiques, collectivement dans le cadre du Groupement des industries sidérurgiques (GIS) ou individuellement par Usinor. Dans les notes rédigées à cette occasion par la direction des Études économiques et financières (DEEF), se fait jour une perplexité croissante devant les conséquences de la course au gigantisme initiée à Dunkerque. Dès décembre 1960, à l'occasion de l'annonce d'un emprunt obligataire Usinor de 50 millions de nouveaux francs, au taux de 5 %, remboursable sur vingt annuités, elle constate que, « même si les résultats [en 1957-1959] avant amortissement sont largement supérieurs aux charges des emprunts actuels, y compris celui envisagé, ceux-ci ne représentent toutefois qu'une partie du financement de l'usine de Dunkerque dont la première tranche coûtera 1 milliard de nouveaux francs. Il importerait donc de connaître l'ensemble des projets de la société et les avantages (bonifications d'intérêt, garanties de l'État, etc.) dont elle pourra éventuellement bénéficier ».[34] Cette prudence n'est pas entamée par les efforts d'Usinor qui organise une visite collective du chantier de Dunkerque où les représentants des grandes banques et de la presse économique sont accueillis par trois cadres supérieurs du groupe, dont le directeur des Services financiers qui conclut son exposé en exprimant l'espoir « que vous pourrez transmettre à votre personnel qui aura la charge de placer notre emprunt un esprit de confiance, de dynamisme et de persuasion qui fera dire, demain, que l'emprunt Usinor a été un grand succès ». L'opération est réitérée quatre ans plus tard, lors de l'arrivée à Dunkerque des premiers minéraliers venus de Port-Étienne, dans le cadre d'une visite du Groupement professionnel HEC Banque, bourse et finance.[35] On voit même poindre à la DEEF une certaine hostilité, à l'occasion notamment de la fusion entre Usinor et Lorraine-Escaut. Une coupure de presse de *Valeurs actuelles* accuse les « technocrates les plus brillants d'Usinor » d'avoir réussi un coup de poker au détriment des petits actionnaires de Lorraine-Escaut, lésés par les conditions mises à l'échange des actions, en une opération qui risque à terme de se retourner contre ses promoteurs, car, constatant l'insuffisante rentabilité de leurs titres, les petits porteurs s'en dessaisiront à la première occasion.[36] Il convient certes de relativiser cet avis émanant d'une revue dont les opinions ne sont pas nécessairement

---

[34] Arch. Crédit Lyonnais, DEEF 59 809, Note sur Usinor, 29.11.1960.
[35] *Ibid.*, DEEF 62 578, Exposé de Delplanque, directeur financier du groupe, [fin 1960] ; Compte rendu d'une visite à Dunkerque par Guy Rossignol, 09.11.1964.
[36] *Ibid.*, DEEF 75 788/2, Article anonyme de *Valeurs actuelles*, 14.09.1967, intitulé *Le coup de poker d'Usinor : gagnant ? perdant ?* Les « technocrates de la finance » y sont

partagées par les analystes de la banque. Il n'en est pas moins significatif d'une méfiance qui, peu à peu, s'installe devant les conséquences des restructurations du secteur sidérurgique auxquelles la construction de l'usine de Dunkerque a donné une accélération décisive.

Il n'est guère surprenant de constater que l'usine de Dunkerque, ayant transformé profondément les équilibres entre les groupes, a aussi contribué à la mutation des rapports entre les entreprises sidérurgiques et les institutions qui les environnent, tant au niveau local que national. Tel est le troisième et dernier aspect des logiques du projet dunkerquois qu'il nous faut maintenant examiner.

Dunkerque : de nouveaux rapports entre entreprises et institutions

Il convient de suivre l'évolution de ces rapports à un double niveau, local et national. Ceux-ci sont concernés par le projet dunkerquois, en une période qui correspond à l'essor des politiques publiques, tant au niveau de la planification, qualifiée en 1961 par le chef de l'État d'« ardente obligation », que de l'aménagement du territoire qui affiche ses ambitions et met en place ses procédures.

Sur le plan local, l'usine sidérurgique intéresse au premier chef les responsables de l'économie portuaire. Au milieu des années 1950, ceux-ci attendent de l'État un engagement ferme et définitif en faveur d'un projet dont rien ne garantit encore qu'il se réalise à Dunkerque plutôt qu'au Havre, à Saint-Nazaire, Bordeaux ou Marseille. Jean Chardonnet préconisait, au cas où l'option de la littoralisation serait retenue, de choisir la Basse-Loire où l'usine « recevrait par mer, de Rotterdam, son charbon, par fer, sur moins de 100 km, le fer de Segré et de Châteaubriant et pourrait ravitailler les chantiers navals de Saint-Nazaire et de Nantes, l'usine Carnaud de Basse-Indre, la construction mécanique d'Indret et de Nantes ».[37] Très désireuse de voir aboutir le projet, à la fois pour augmenter le trafic portuaire et pour renouer avec des projets d'aménagement abandonnés depuis les années 1930, la Chambre de commerce de Dunkerque joue ici un rôle essentiel. Ses présidents successifs, André Ziegler, propriétaire d'une entreprise de réparation navale, puis Étienne de Clebsattel, chef d'une ancienne maison d'armement, commission et courtage maritime, trouvent un appui de choix en la personne d'un homme politique de premier plan : Paul Reynaud.

---

nommément désignés : il s'agit de René Damien, Maurice Borgeaud et Jean Hue de la Colombe.

[37] CHARDONNET J., *La sidérurgie française. Progrès ou décadence ?*, *op. cit.*, p. 229.

On sait comment celui-ci, à la recherche d'une circonscription au lendemain de la Seconde Guerre mondiale, avait pris contact avec la chambre de commerce et s'était fait élire, à l'issue d'une campagne mouvementée, député de la circonscription de Dunkerque, à l'Assemblée constituante en juin 1946, puis, cinq mois plus tard, à l'Assemblée nationale où il conservera son siège jusqu'en novembre 1962.[38] Pour les intérêts consulaires, ce soutien est évidemment fondamental, en raison non seulement de l'autorité de l'ancien président du Conseil, mais aussi de son acharnement à obtenir satisfaction. Les archives consulaires révèlent la multiplicité et la fréquence de ses démarches, alimentant une abondante correspondance, à un rythme parfois quotidien, avec de Clebsattel. Dès 1954, le projet de canalisation de la Moselle menaçant de détourner le trafic sidérurgique vers Anvers, Paul Reynaud se fait l'artisan d'un accord entre les sidérurgistes lorrains, le Consortium pour la canalisation de la Moselle et le port de Dunkerque : tandis qu'un aménagement des tarifs ferroviaires assurera la compétitivité de Dunkerque, les sidérurgistes lorrains s'engagent à lui accorder une préférence sur Anvers. À ce prix, la chambre de commerce accepte de mettre fin à son obstruction au projet mosellan.[39] Au même moment, Jacques Chaban-Delmas, ministre des Transports du gouvernement Mendès France, ayant promis, lors d'une visite à Dunkerque, la reprise des travaux de creusement d'une darse accessible aux navires de fort tonnage, Reynaud est prié par de Clebsattel de solliciter une entrevue, « pour vous-même, M. Ricard et moi-même […] afin de bien lui faire sentir que la sidérurgie française du Nord et de l'Est nous rejoint dans les desiderata que nous pouvons exprimer ».[40]

Il n'est pas encore question, à cette date, d'usine sidérurgique. Le pas est franchi trois ans plus tard. Le secrétaire d'État aux Travaux publics et aux Transports du gouvernement Guy Mollet, Auguste Pinton, accepte de favoriser « l'installation à Dunkerque d'une importante usine sidérurgique sur le domaine public maritime, accessible par un canal creusé à titre de compensation pour Dunkerque de la canalisation de la Moselle ».[41] Chargé d'en obtenir confirmation écrite, Reynaud obtient

---

[38] TELLIER T., *Paul Reynaud (1878-1966). Un indépendant en politique*, Fayard, Paris, 2005, pp. 708-715. Nous remercions ici chaleureusement notre collègue et ami Thibault Tellier pour l'aide qu'il nous a apportée à l'occasion de cette recherche.

[39] Arch. Dunkerque [Archives de la Chambre de commerce de Dunkerque], 9 S 8438, Lettre du président de la Chambre de commerce à Paul Reynaud, le conviant à un déjeuner, « chez Laurent, rue Gabriel, à Paris », pour commémorer la conclusion de l'accord, 28.05.1954. Parmi les protagonistes de l'accord, figure Lucien Lefol, président des Ateliers et chantiers de France et successeur de Théodore Laurent à la tête des Forges et ateliers de la Marine et d'Homécourt.

[40] *Ibid.*, Président de la Chambre de commerce à Reynaud, 04.10.1954.

[41] *Ibid.*, De Clebsattel à Reynaud, 30.07.1956.

que soit reçue en février 1957 à la présidence du Conseil une délégation dirigée par lui où figurent les représentants du monde consulaire (le président et le vice-président de la Chambre de commerce de Dunkerque) et ceux du monde parlementaire (les députés socialistes du Nord Albert Denvers, maire de Gravelines, futur fondateur de la Communauté urbaine de Dunkerque, et Marcel Darou, premier adjoint au maire d'Hazebrouck). Celle-ci ayant trouvé un accueil « très compréhensif » de la part de Guy Mollet, le choix de Dunkerque devient définitif.[42] Faut-il donc voir en Reynaud celui qui a réussi à faire aboutir le projet d'usine littorale ? Certes il le qualifiera ultérieurement, lors d'une conférence prononcée devant les milieux portuaires, d'« enfant qui nous a donné beaucoup de mal ».[43] Mais on ne saurait faire de lui le seul responsable du succès, pas plus qu'on ne peut voir dans l'ancrage régional de Guy Mollet, députémaire d'Arras, ou dans l'appartenance d'Albert Denvers et de Marcel Darou à la SFIO les éléments qui ont permis d'obtenir la décision. Même si « toutes les conditions étaient réunies pour que Dunkerque l'emporte sur ses concurrents »,[44] il est erroné d'attribuer à l'un ou l'autre des protagonistes l'aboutissement heureux d'un projet qui, encore une fois, se situe à un point de rencontre.

Encore faut-il obtenir pour l'usine les crédits nécessaires. Reynaud s'y emploie activement. En février 1958, il transmet à Pierre Pflimlin, ministre des Finances du gouvernement Gaillard, une « note émanant du président de la SDS mettant l'accent sur la nécessité de procéder dans les plus brefs délais possible à la mise en route des travaux d'installation de l'usine sidérurgique de Dunkerque ».[45] L'année suivante, il tente de vaincre les réserves de son successeur Antoine Pinay face aux demandes de prêts du Trésor présentées par la SDS. En avril 1960, il proteste auprès de Wilfried Baumgartner contre l'insuffisance des allégements consentis face à « la charge écrasante qui pèse sur [la chambre de commerce], appelée à

---

[42] *Ibid.*, 9 S 11 771, Délibérations de la Chambre de commerce, 22.02.1957.

[43] *Ibid.*, 9 S 8374, Conférence de Reynaud devant l'Union maritime et commerciale du port de Dunkerque, « Le Marché commun, sa situation actuelle, ses perspectives », 24.03.1961. De Clebsattel est lui-même l'auteur d'une conférence devant l'Académie de Marine, le 9 mai 1958, intitulée « Dunkerque et le Marché Commun » (Académie de Marine, Paris, 1958, 17 p.) où il plaide en faveur de l'usine sidérurgique.

[44] ODDONE P., « Un « Grand Dunkerque » économique et électoral », in CABANTOUS A. (dir.), *Histoire de Dunkerque*, Privat, Toulouse, 1983, p. 236. Nous ne pouvons suivre sur ce point Olivier Ratouis, auteur d'une thèse inédite d'histoire et civilisation, intitulée *Dunkerque ou la question de la ville comme totalité, de la reconstruction aux années 1970* (EHESS, Paris, 1997), qui, dans *Je t'aime, moi non plus ? Expertise urbaine à Dunkerque*, in *Annales de la recherche urbaine*, juin 2008, pp. 76-83, fait d'Albert Denvers « [celui] qui obtient la sidérurgie ».

[45] Arch. Trésor, B 23 540, Lettre transmise à la direction du Trésor.

participer à de grands travaux d'intérêt national ».⁴⁶ Il suit jusqu'au bout ce dossier, d'autant plus difficile qu'il concerne de multiples administrations : direction des Ports maritimes et des Travaux publics au ministère de l'Équipement, directions du Trésor et des Domaines au ministère des Finances, service de la Sidérurgie au ministère de l'Industrie, et même ministère des Armées, une base sous-marine ayant été implantée sur le site dont il faut obtenir le déménagement. Le député du Nord qui n'a pas ménagé ses efforts mérite bien « l'hommage très particulier de reconnaissance » que lui adressera la Chambre de commerce, sur proposition d'Étienne de Clebsattel, quelques jours après l'annonce de sa défaite au premier tour des élections législatives des 18 et 25 novembre 1962.⁴⁷

Mais le projet dunkerquois dépasse évidemment le seul cadre local. Son importance est déterminante au niveau régional. En ce moment où, au Comité d'études régionales économiques et sociales (CERES) fondé à Lille par le recteur Guy Debeyre et l'industriel roubaisien et homme politique Bertrand Motte, émerge une prise de conscience du déclin nordiste, l'usine littorale semble permettre l'aboutissement de projets différés depuis longtemps comme l'aménagement à grand gabarit de l'axe navigable Dunkerque-Lille-Valenciennes, la multiplication des retombées industrielles, la création d'emplois au profit de toute la région. Enfin le projet a une portée nationale. Les pouvoirs publics en suivent la réalisation, ne serait-ce qu'en raison de l'importance des fonds qu'il requiert. Mais, du même coup, leurs rapports avec les groupes sidérurgiques évoluent. L'usine littorale de Dunkerque joue à cette occasion un rôle non négligeable dans la mutation progressive des rapports entre les entreprises privées et les institutions qui les environnent.

Le montant des fonds requis dépassant de loin les ressources propres des entreprises concernées, celles-ci multiplient dès l'origine leurs appels à l'État qui est sans cesse sollicité pour l'obtention des autorisations nécessaires au lancement des emprunts obligataires et pour celle de prêts garantis. Chacune de ces demandes est examinée par les services de direction du Trésor qui la transmet pour examen à un comité spécialisé du FDES placé sous l'autorité du président du *Crédit national*. En cas d'avis favorable à l'unanimité, les fonds sont débloqués, soit par recours aux ressources budgétaires sous forme de prêts du FDES, soit par octroi d'un prêt de la *Caisse des dépôts et consignations*, à un taux d'intérêt bonifié par l'État et avec garantie publique, pourvu du moins que les hypothèques de premier rang soient jugées de qualité suffisante. Tout au long de cette procédure, les hauts fonctionnaires de la direction du Trésor examinent les

---

⁴⁶ Arch. Dunkerque, 9 S 8438, De Clebsattel à Reynaud, 13.04.1960 et réponse du ministre, 25.08.1960, accordant satisfaction partielle à la demande.
⁴⁷ *Ibid.*, 9 S 11 776, Délibérations de la Chambre, 30.11.1962.

demandes, reçoivent les représentants de la SDS, puis d'Usinor – souvent Maurice Borgeaud -, discutent le contenu du dossier. Souvent aussi interviennent d'importants responsables de la direction du Trésor comme Jean Saint-Geours ou comme le directeur en personne, Pierre-Paul Schweitzer, puis, à partir de 1960, Maurice Pérouse.

Les plans de financement élaborés à l'occasion de ces demandes montrent la place écrasante qu'occupe l'usine de Dunkerque dans les besoins du groupe Usinor. De 1960 à 1965, elle représente chaque année entre les deux tiers et les trois quarts du total. Encore faut-il y ajouter d'autres catégories de dépenses étroitement liées aux investissements, comme la participation d'Usinor aux augmentations de capital de la MIFERMA ou le remboursement des emprunts occasionnés par l'usine. Du côté des ressources, les fonds propres d'Usinor (augmentations de capital, dotations aux amortissements) restent en général inférieurs à la moitié des besoins. Les émissions d'emprunts obligataires sont très réduites (5,7 % du total), même si elles sont complétées par celles effectuées dans le cadre du GIS ou auprès d'institutions financières internationales comme la Haute Autorité de la CECA et l'*Eximbank*. Dans ces conditions, la part requise de la Caisse des dépôts et consignations s'enfle sensiblement durant quatre ans, passant de 8,6 % en 1960 à 21,4 % en 1963. Aussi, confrontés en 1964 à un nouveau programme d'extension des capacités de l'usine présenté par Usinor qui prévoit la mise à feu d'un troisième haut fourneau en 1968, puis d'un quatrième en 1973, ainsi que l'installation d'une deuxième aciérie, les hauts fonctionnaires s'interrogent sur les risques de dérive.

À la bienveillance dont bénéficiait le projet dunkerquois lors de son lancement, se substitue peu à peu chez eux une réserve grandissante, tout comme on l'avait constaté de la part du Crédit lyonnais. Étudiant le plan de financement présenté par Usinor pour 1964-1965, l'un d'eux note : « Le bilan est très lourd. L'équilibre est assuré par l'endettement à long terme. Les fonds propres ne couvrent que 50 % des immobilisations. Trésorerie très étroite. Pas de fonds de roulement. […] Manquent 121 millions. […] L'endettement représente déjà 80 % du chiffre d'affaires. Une augmentation de capital paraît nécessaire en 1965. Pour 1964, il manque une quarantaine de millions, dont une partie pourra être procurée par *Getrafer*. Peut-être une émission obligataire 64-65 » ?[48] On se situe ici entre la critique face à l'attitude des actionnaires qui refusent tout effort financier en procédant à des augmentations de capital et le

---

[48] Arch. Trésor, B 23 538. Note manuscrite de M. Brillaud insérée dans un dossier sur la participation d'Usinor à un emprunt GIS pour 1964. Le consortium Getrafer, comme le GIS, permet à la profession sidérurgique de lancer des emprunts groupés sur le marché financier.

conseil adressé aux dirigeants de l'entreprise sur les possibilités d'accès au marché financier. De manière générale, il devient évident que la direction du Trésor manifeste un embarras croissant face aux incessantes demandes présentées par Usinor.

Plans de financement d'Usinor de 1960 à 1965
(en millions de francs)[49]

Besoins	1960	1961	1962	1963	1964	1965	Total
Dunkerque	161	432	525	353	210	147	1 828
Autres usines	201	195	135	50	60	-	641
Participations	12	6	12	12	17	5	64
Remboursement des emprunts	24	24	35	53	60	80	276
Augmentation des stocks	39	24	-	50	-	20	133
Total	437	681	707	518	347	252	2 942
Ressources							
Augmentations de capital	121	106	-	150	-	-	377
Dotation amortissements	235	184	150	200	120	170	1 059
Emprunts GIS	69	85	72	75	120	-	421
Obligations	-	50	100	-	-	-	150
Emprunt banques suisses	-	-	-	-	57	-	57
Emprunt Lorraine-Escaut	-	-	-	-	7	-	7
Eximbank	5	21	28	-	4	-	58
Haute Autorité	-	98	-	-	-	-	98
Caisse des dépôts	40	40	100	116	-	-	296
Moyen terme	-	-	100	-	-	-	100
Total	470	584	550	541	308	170	2 623
Excédent (+) ou insuffisance (–) par rapport aux besoins	+33	–97	–157	+23	–39	–82	–319

De plus, le contexte économique d'ensemble évolue d'une façon qui leur est de moins en moins favorable. Depuis le plan Pinay-Rueff de décembre 1958, la politique économique est hostile aux bonifications d'intérêt, accusées de fausser l'allocation des ressources, et aux prêts du

---

[49] Tableau élaboré d'après Arch. Trésor, B 23 539, « Note au ministre » faisant la synthèse d'un rapport signé René Damien, 15.11.1961 ; B 23 538, Note manuscrite de M. Brillaud, sd.

Trésor, source de déficit budgétaire, donc d'inflation. Les demandes présentées pour l'usine de Dunkerque en subissent l'inévitable contrecoup. En octobre 1958, Antoine Pinay s'oppose à l'octroi d'un prêt garanti de 200 millions de nouveaux francs réclamé par la SDS pour la durée du 3e Plan qui serait supporté pour moitié par le FDES, pour l'autre moitié « par le *Crédit national*, les Assurances ou d'autres organismes ». Ce projet avait été pourtant auparavant approuvé par Pierre Pflimlin, après un examen où étaient intervenus Jean Saint-Geours (direction du Trésor), Albert Denis (ministère de l'Industrie) et Jean Ripert (Commissariat au Plan). Mais le refus de Pinay ne peut être surmonté, malgré une démarche effectuée auprès du Premier ministre Michel Debré par les dirigeants du groupe, accompagnés de Jacques Ferry et appuyés par Paul Reynaud. Il est approuvé par le secrétaire d'État aux Finances, Valéry Giscard d'Estaing, qui, face à l'insistance du ministre de l'Industrie Jean-Marcel Jeanneney, répond : « Je persiste à considérer que [...], pour les investissements de cette nature, les ressources à long terme doivent être fournies par l'épargne ».[50] Il préconise le recours, non pas aux fonds du Trésor, mais à un emprunt auprès de la Caisse des dépôts et consignations, avec bonification partielle d'intérêts. L'usine littorale de Dunkerque conforte donc une partie des responsables dans leurs convictions : il est devenu indispensable de mettre en œuvre de nouvelles méthodes de financement des investissements. Il est symptomatique que ce soit son exemple qui est évoqué lors des débats entre hauts fonctionnaires sur l'évolution de la politique financière suivie depuis les années 1950. La solution trouvée pour Dunkerque fait figure de modèle pour ceux qui critiquent les moyens qui avaient été adoptés lors du plan Monnet.[51] À sa manière, l'usine de Dunkerque a contribué à la redéfinition des principes de la politique économique et à la remise en cause – tout au moins partielle – des vertus du dirigisme « à la française ».

Conclusion

Force est de constater, à l'issue de cette recherche, que nous n'avons pu apporter de réponse tranchée à la question, pourtant d'apparence simple, posée au départ. Qui a été l'initiateur de l'usine littorale de Dunkerque ? Qui en a décidé la réalisation ? À chaque étape du processus, nous avons

---

[50] *Ibid.*, Secrétaire d'État aux Finances au ministre du Commerce et de l'Industrie, 14.04.1959.

[51] Archives Trésor, B 18 211, Évolution des modalités du concours apporté par l'État à la sidérurgie depuis 1949, janvier 1964. Un billet envoyé précédemment par Jean Ripert à Jean Saint-Geours, réputé pour ses orientations dirigistes, s'appuyait déjà sur les cas de Sollac et d'Usinor, accompagné de la mention manuscrite : « Ceci n'est pas pour vous convaincre, mais pour ajouter à votre documentation ». (Archives Trésor, B 23 540, [automne 1958]).

constaté qu'il impliquait, non pas un seul, mais plusieurs individus ou institutions. Le projet dunkerquois a-t-il été imaginé par Marcel Macaux ou par René Damien ? Leur a-t-il été suggéré par les hauts fonctionnaires du ministère de l'Industrie ou du Commissariat au Plan ? Et, une fois lancé, de quel poids ont compté, dans l'appui que lui ont apporté les derniers gouvernements de la Quatrième République et les premiers du régime suivant, les appartenances partisanes, l'enracinement local, la pression des milieux consulaires qui ont su trouver en Paul Reynaud un intervenant efficace ? Peut-être ces questions n'ont-elles guère de sens, s'agissant d'un projet aux implications tellement ramifiées qu'il ne pouvait que concerner à la fois les entreprises privées et les pouvoirs publics, les industriels et les banquiers, les milieux consulaires et les hommes politiques, au niveau national et local.

Aussi, en élargissant la perspective, le principal apport du cas de Dunkerque nous semble se situer ailleurs. Il permet de souligner l'importance que revêt, pour l'histoire de la sidérurgie, en France et dans les autres pays industrialisés, la période qui s'écoule entre le milieu des années 1950 et le milieu de la décennie suivante. L'acier y reste un facteur de puissance. C'est à l'aune de sa production que l'on mesure les forces respectives des grandes économies. Cependant, il n'anime plus les « rêves de puissance »,[52] du moins en Europe occidentale où la CECA, par son existence même, redistribue les cartes. Essentiel dans la fabrication de multiples biens d'équipement ou d'objets dont dépend la vie quotidienne, il n'est cependant pas un produit banal dont tous pourraient maîtriser la technologie ou disposer des ressources financières nécessaires à son développement. Par la massivité des installations qu'il exige, les choix de localisation qu'il réclame, l'importance des trafics qu'il suscite, l'acier conserve un caractère stratégique. Les entreprises qui le fabriquent intéressent donc nécessairement les États. Leurs dirigeants le savent et jouent sur ce registre lorsqu'ils sollicitent l'aide des pouvoirs publics ou leur protection contre les projets d'installations en cours dans les pays voisins. Mais, durant cette période, les conditions de production de l'acier évoluent radicalement. À mesure que les prix du minerai s'effondrent, sous l'impact de la révolution des transports maritimes et de la stratégie de développement des pays qui, comme le Brésil, optent pour l'exportation de produits bruts, l'implantation des usines sur les fronts de mer devient inéluctable. Pour l'avoir compris avant les autres, les sidérurgistes américains, japonais et néerlandais ont pris une avance qui incite à l'imitation. C'est donc une nouvelle carte des lieux de production qui, en quelques années seulement, se met en place. Elle permettra une croissance brillante, jusqu'au

---

[52] LIBERA M., *Un rêve de puissance. La France et le contrôle de l'économie allemande (1942-1949)*, PIE Peter Lang, Bruxelles, 2012.

moment où le suréquipement, la concurrence des nouveaux matériaux, l'endettement des entreprises créeront les conditions d'une crise, perceptible dans l'évolution des prix dès la fin des années 1960. N'y a-t-il pas là l'une des manifestations du triomphe précoce, puis de la remise en cause de la mondialisation ? Toujours est-il que la période où cette reconfiguration du secteur se produit, puis se retourne, est très courte : une dizaine d'années tout au plus. À sa manière, le cas de Dunkerque témoigne de l'intérêt qui s'attacherait à en approfondir l'étude, dans un cadre qui ne saurait être que comparatif.

Crisis and Transformation of the Steel Industry in the Border Region of Saarland and Luxembourg in the 1970s

Veit DAMM

Universität des Saarlandes

The steel industry had and has an enormous economic, political and social significance as a taxpayer and employer in the Luxembourg-Saarland border region.[1] It still used to be a mono-industrial coal and steel region in the early 1970s. The slowdown of the economic growth rates after the post-war boom and the oil price shocks of 1973 and 1979 were the starting point of a period of crises and transformation in the steel industry in all Western industrial countries.[2] In addition, in all Western industrial countries the growth rates of steel demand decreased since the end of the post-war boom. Until the year 1970 there was a parallel development of the growth of the gross national product (GNP) and the growth of the steel

---

[1] See RIED H., *Vom Montandreieck zur Saar-Lor-Lux-Industrieregion*, Diesterweg, Frankfurt/M., 1972; REITEL F., *Krise und Zukunft des Montandreiecks Saar-Lor-Lux*, Diesterweg, Frankfurt/M., 1980. See also for the political significance of the Western European steel industry in general AMBROSIUS G., *Wirtschaftsraum Europa. Vom Ende der Nationalökonomien*, Fischer-Taschenbücher, Frankfurt/M., 1998, pp. 79 f.; ABELSHAUSER W., *Deutsche Wirtschaftsgeschichte. Von 1945 bis zur Gegenwart*, Bundeszentrale für Politische Bildung, Bonn, 2011, p. 236; MESSERLIN P.A., « The European Steel Industry and the World Crisis », in MÉNY Y., WRIGHT V. (eds.), *The Politics of Steel. Western Europe and the Steel Industry in the Crisis Years*, De Gruyter, Berlin, 1987, pp. 111-136, here p. 111; PLUMPE W., « Krisen in der Stahlindustrie der Bundesrepublik Deutschland », in HENNING F.-W. (ed.), *Krisen und Krisenbewältigung vom 19. Jahrhundert bis heute*, Peter Lang, Frankfurt/M., 1998, pp. 70-91, here p. 72.

[2] See DOERING-MANTEUFFEL A., « Langfristige Ursprünge und dauerhafte Auswirkungen. Zur historischen Einordnung der siebziger Jahre », in JARAUSCH K.H. (ed.), *Das Ende der Zuversicht? Die siebziger Jahre als Geschichte*, Vandenhoeck & Ruprecht, Göttingen, 2008, pp. 313-329, here p. 318. See also DAMM V., « Stahlunternehmen und ihre Standorte in den Transformationsprozessen der "langen" 1970er Jahre (1967-1984). Die Beispiele Röchling und ARBED im Saarland und in », in *Hémecht. Zeitschrift für Luxemburger Geschichte*, 64(2012), pp. 95-108.

demand. This elasticity disappeared until 1985. The growth of the GNP in the industrial countries became independent from the steel demand.[3] At the same time capacities of producers increased and new competitors appeared on the world market especially from East Asian countries like South Korea. Thus the steel markets became more crowded. More competition resulted in price crises especially after 1974 and after 1982. Prices for European steel products dropped extremely after 1974 and also from 1979 to 1982.[4]

The steel industry of the Saar-Lor-Lux-region was hit very hard by the economic changes, especially the two biggest producers *Aciéries Réunies de Burbach-Eich-Dudelange SA* (Arbed) of Luxembourg and *Röchling*[5] of the Saarland. Nonetheless, problems were not new in the 1970s. The regional steel industry had already suffered from structural problems since the beginning of the 1960s.[6] For example it suffered from antiquated production plants, inefficient company structures and disadvantages of the location. These problems were partly hidden in the 1960s because of the high steel demand of the post-war prosperity. However, as figure 1 shows, in the 1970s and 1980s there were

---

[3] See KERZ S., *Bewältigung der Stahlkrisen in den USA, Japan und der Europäischen Gemeinschaft mit besonderer Berücksichtigung der Bundesrepublik Deutschland. Vergleich der Maßnahmen und Konzeptionen sowie deren Auswirkungen auf die Branche*, Vandenhoeck + Ruprecht, Hamburg, 1990, pp. 15 f.; WIENERT H. (ed.), *Stahlkrise – ist der Staat gefordert?*, Duncker & Humblot, Berlin, 1985; BERTHOLD N., *Dauerkrise am europäischen Stahlmarkt – Markt- oder Politikversagen?*, Frankfurter Institut – Stiftung Marktwirtschaft und Politik, Bad Homburg, 1994; GIESECK A., *Krisenmanagement in der Stahlindustrie. Eine theoretische und empirische Analyse der europäischen Stahlpolitik 1975-1988*, Duncker & Humblot, Berlin, 1995; OBERENDER P., « Die Krise der deutschen Stahlindustrie. Folge öffentlicher Regulierung? Eine markttheoretische Analyse », in BOMBACH G., GAHLEN B., OTT A.E. (eds.), *Industrieökonomik : Theorie und Empirie*, Mohr, Tübingen, 1985, pp. 235-264; KRIWET H., « Die deutsche Stahlindustrie zwischen Krise und Anpassung », in RÖPER B. (ed.), *Wettbewerb und Anpassung in der Stahlindustrie*, Duncker & Humblot, Berlin, 1989, pp. 45-55; VONDRAN R., « Stahl im Umbruch », in P. Oberender (ed.), *Branchen im Umbruch*, Duncker & Humblot, Berlin, 1995, pp. 47-53.

[4] See KERZ S., *op. cit.*, pp. 41 f.; PLUMPE W., *op. cit.*, p. 90.

[5] From 1896 to 1971 the full name of the company was *Röchling'sche Eisen und Stahlwerke GmbH*. It was changed to *Stahlwerke Röchling-Burbach GmbH* (Röchling-Burbach) in 1971 after a partial merger with the Luxembourgish Aciéries Réunies de Burbach-Eich-Dudelange SA and renamed again in 1982 into *Arbed-Saarstahl GmbH* after a full merger of Arbed and Röchling. After the dissolution of the merger in 1986 the name of the company was changed to *Saarstahl Völklingen GmbH*.

[6] See MARCUS H., OPPENLÄNDER K., *Eisen- und Stahlindustrie. Strukturelle Probleme und Wachstumschancen*, Duncker & Humblot, Berlin, 1966. See also LAUSCHKE K., *Die halbe Macht. Mitbestimmung in der Eisen- und Stahlindustrie 1945 bis 1989*, Klartext, Essen, 2007, p. 260.

true collapses of the crude steel production of Arbed and Röchling after 1974 and after 1979 or 1980. Also the sales of the companies dropped sharpely.

Figure 1. Crude steel production of ARBED / Röchling and its successors (Average 1965-1983 = 100)[7]

The long term economic trends of the world steel market after 1975

Figure 2 shows that worldwide crude steel production as a whole decreased after 1979. Generally in Western countries it was supposed that in the future steel would be replaced by other materials such as synthetic material or aluminium and that the remaining steel demand would be served from low-wage or newly industrialised countries.[8] Many politicians, especially in the Saarland, feared a total bankruptcy of the regional steel industry at this time.

---

[7] Sources: Berichte über das Geschäftsjahr der Röchling'schen Eisen- und Stahlwerke GmbH 1969-1970; Geschäftsberichte der Stahlwerke Röchling-Burbach GmbH 1971-1982; Geschäftsberichte der Arbed-Saarstahl AG 1982-1983; Berichte über das Geschäftsjahr der Arbed SA 1964-1983.

[8] See KERZ S., *op. cit.*, pp. 16 f.; BERTHOLD N., *op. cit.*, pp. 24 f.; MÉNY Y., WRIGHT V., « State and Steel in Western Europe », in MÉNY Y., WRIGHT V. (eds.), *op. cit.*, pp. 1-110, here p. 11. See also MIOCHE P., *Fünfzig Jahre Kohle und Stahl in Europa 1952-2002*, OPOCE, Luxemburg, 2004.

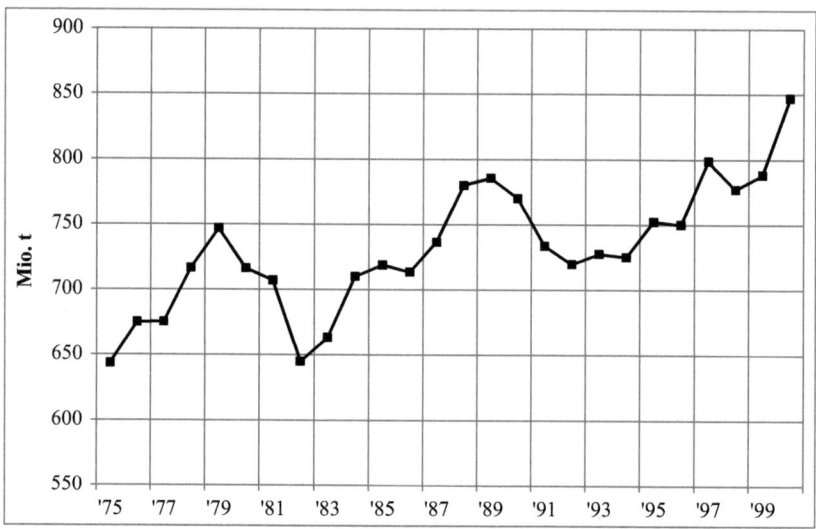

Figure 2. World crude steel production 1975-2000[9]

The Saarland already suffered from high unemployment in the mid 1970s and also Luxembourg was also threatened by an employment crisis. Therefore the rescue of the regional steel industry had a high political significance.[10] A deep modernization and restructuration process of the regional steel industry took place that was supported by political forces.[11] Moreover, since the mid 1990s the world crude steel production increased again.[12] The pessimistic views on the future steel demand did not come true. In 2010 world production was as twice as high as in 1984. It became evident that other materials would not replace steel in the near future.

---

[9] Source: World Steel Statistical Yearbooks 1993 (1975-90) and 2001 (1991-2000).

[10] See ESSER J., FACH W., VÄTH W., *Krisenregulierung. Zur politischen Durchsetzung ökonomischer Zwänge*, Suhrkamp, Frankfurt/M., 1983.

[11] See D'COSTA A.P., *The global restructuring of the steel industry. Innovations, institutions and industrial change*, Routledge, London, 1999 and BAIN T., *Banking the furnace. Restructuring of the steel industry in eight countries*, W.E. Upjohn Inst. for Employment Research, Kalamazoo, 1992 for an overview.

[12] See KUBANI F., *Die Europäische Stahlindustrie. Eine Untersuchung auf der Basis des Konzepts zur Koordinationsmängeldiagnose*, Kovač, Hamburg, 2007; Idem., « Der deutsche Stahlmarkt nach der Krise. Eine wettbewerbspolitische Untersuchung », in *Wirtschaftsdienst. Zeitschrift für Wirtschaftspolitik*, 87(2007), pp. 243-248; MIOCHE P., « Retour sur la "Lotharingie industrielle". La sidérurgie du groupe des Quatre (Allemagne, Belgique, Luxembourg et France) de 1974 à 2002 », in DUMOULIN M., ELVERT J., SCHIRMANN S. (eds.), *Ces chers voisins. L'Allemagne, la Belgique et la France en Europe du XIXe au XXIe siècles*, Franz Steiner Verlag, Stuttgart 2010, pp. 243-260.

Industrial restructuring from mass steel production to quality steel production

Technological change

How can the restructuring of the regional steel producers be described? According to industrial sociologists, Western industrial producers in general had lower chances on markets for standardized mass products after the end of the post-war boom. Mass products often could be produced cheaper in other regions for example in the so called emerging countries in Southeast Asia. But Western producers had good chances on "non-mass markets in which competition was not only over the price of basically homogeneous goods but over product quality and the degree to which products [met] the special needs of individual customers".[13] With these products "old industrial, high wage economies" could "remain competitive".[14] Besides, the producers could use the advantage of highly skilled workers. This model can be applied for the regional steel industry in question.

Both, Arbed and Röchling were mass steel producers in the 1960s. In the 1970s demand for mass steel decreased while demand for stainless steel and special steel of Arbed and Röchling increased. So, industrial restructuring from mass-steel to quality steel producers was one of many promising strategies for regional companies to stay competitive and to protect their employment. In the Luxemburg-Saarland-border region the restructuring process was accompanied by the expansion of the Luxembourgian steel producer Arbed across the border into the Saarland. This was an attempt to deal with the challenges of the 1970s.

The steel giant merged with the Röchling'sche Eisen- und Stahlwerke in two steps from 1971-1986 and founded the companies *Röchling-Burbach* and later *Arbed Saarstahl*. Until 1977/78 the strategy of Arbed and Röchling was mainly to expand mass steel capacities, to rationalize and to increase productivity. In the mid 1970s the Arbed-Group with the Luxembourgian Arbed plants, the Belgian *SIDMAR* and Röchling-Burbach was the tenth biggest steel producer in the world directly behind the *August Thyssen-Hütte AG* at Duisburg which was considered a main competitor. But not before 1978 – after years of decreasing mass steel sales – a restructuring plan was finally conceived at the Röchling-Burbach Company. At the Völklingen site mass steel capacity was reduced in a slowly process and the old plants from the late 19th century were closed until 1986. In 1980 the construction of a new oxygen-steel plant started. Moreover, in 1981 also an association

---

[13] STREECK W., SORGE A., « Industrial relations and technical change. The case for an extended perspective », in HYMAN R. (ed.), *New technology and industrial relations*, Blackwell, New York 1988, pp. 19-47, p. 29.

[14] *Ibid.*, p. 31.

(Verbundwirtschaft) with the *Dillinger Hütte AG* was established for the production of pig iron. Röchling-Burbach – which was renamed Arbed Saarstahl in 1982 – transformed from a producer of mass-steel to a highly specialised producer of rolled steel products (Walzprodukte) for the machine building and car industry as well as for forge products (Schmiedeprodukte) for the energy machine building industry (Energiemaschinenbau) – in this niche the successor *Saarstahl AG* became world market leader. The restructuring was embedded in a change of the regional economy, which was characterised by the location of the car industry and its suppliers in the Saar area in the 1960s and 1970s. The regional steel industry tried to adapt to the special needs of these regional customers. For example, close supply relations between Röchling-Burbach / Arbed Saarstahl and the companies *Michelin* and *Bosch* were established, that both came to the Saarland during the 1970s.[15]

Effects on employment

The restructuring process had a high impact on the employment in the company Röchling-Burbach / Arbed Saarstahl. Figure 3 shows that from 1979 – the year after the beginning of the restructuring plan – the number of employees decreased massively until 1987 from around 24,000 to around 9,000 persons. In the Luxembourgian plants of the Arbed-group around 10,000 employees were discharged. The number of employees decreased from about 21,000 to 11,000 persons.

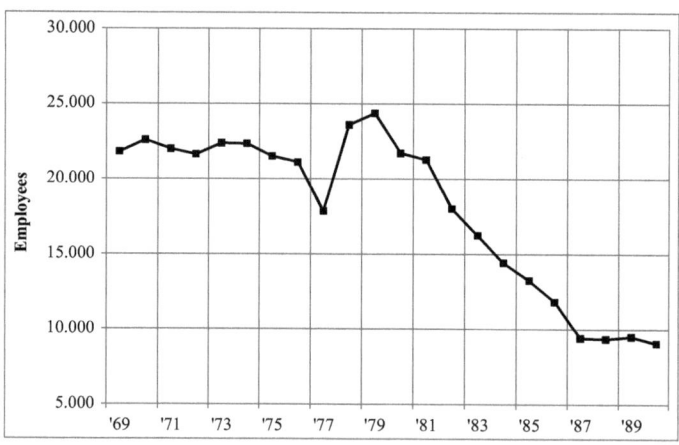

Figure 3. Employees of Röchling and its successors[16]

---

[15] See BURTENSHAW D., *Problem Regions of Europe: Saar-Lorraine*, Oxford University Press, Oxford, 1976, pp. 27-30.

[16] Source: Berichte über das Geschäftsjahr der Röchling'schen Eisen- und Stahlwerke GmbH, 1969-1970; Geschäftsberichte der Stahlwerke Röchling-Burbach GmbH,

At Röchling-Burbach / Arbed Saarstahl at the same time productivity increased from 130 tons crude steel per employee to almost 300 tons per employee (1988). After all 9,000 jobs were saved until the end of the 1980s. In the 2010s the successor Saarstahl AG had around 5,000 to 6,000 employees. At the same time the new technology changed the profession of the remaining steelworkers. Many professions in the steel plants disappeared. Fewer workers were employed in the production process that was more and more automated. The amount of unskilled workers decreased. They were replaced by qualified, theoretically and systematically skilled workers. The demand of technological experts grew, who partly took over the functions of former workers.[17]

Conclusion: Further questions and perspectives

Nonetheless, we know only little about this change of the steelworker's profession in the regional steel industry and about the winners and the losers of the technological change amongst the employees. When you visit a production plant nowadays you can hardly find any worker on the production site. More research is needed on the change of the steelworker's profession as well as on the details of the technological change and the changes of customer needs. The restructuring of the steel producers remains still a highly charged issue even today. The transformation of Western European steel producers had a first peak in the 1970s but has not come to an end yet. This is clearly shown by the latest closures of regional steel plants of *ArcelorMittal* – the successor of the Arbed – in 2012.

1971-1982 ; Geschäftsberichte der Arbed-Saarstahl AG, 1982-1986 ; Geschäftsberichte der „Saarstahl Völklingen GmbH", 1986-1989.

[17] See LAUSCHKE K., *op. cit.*, pp. 159-161.

STRATÉGIES NOUVELLES

NEW STRATEGIES

Autarchy, War and Economic Planning

The Organisational and Technological Revolution in the Italian Iron- and Steel Industry during the Second World War

Gian Luca PODESTÀ

Università degli Studi di Parma

After the great 1933 crisis, the most important Italian iron-and steel industries were united into the *Istituto di Ricostruzione Industriale* (IRI – Institute for Industrial Reconstruction), the public body managing State shareholdings. In 1934 IRI developed a plan for the global restructuring of the iron-and steel industry, posing the foundations for the start of integrated cycle production (from raw material to the finished product), following the example of the more modern steel industries existing in other countries. The plan, formulated by Oscar Sinigaglia and Agostino Rocca, was opposed by private industrialists (*Falck*), who claimed that for Italy the best and least expensive way to produce steel was to use the electric furnace and scrap. This latter opinion won the day and Sinigaglia was forced to abandon his plans.

After the sanctions imposed on Italy in 1935 for its aggression against Ethiopia and the start of the autarchy programme, Benito Mussolini was persuaded by the IRI engineers, supported by the military, that the start of integrated cycle production would produce consistent savings and above all that Italy would no longer have to depend on large imports of scrap from abroad (especially from France): in a war economy this factor proved decisive and Mussolini authorised the IRI engineers to implement the plans that had been rejected in 1934.

A special holding was created to manage public iron- and steel industries, called *Finsider*, first headed by Agostino Rocca and later by Arturo Bocciardo. In Genoa the *Ansaldo Steel Works* was separated and the *Società Altiforni di Cornigliano* (Cornigliano Blast Furnaces Company) was created, destined to become the first pilot plant of the new integrated cycle industry. German technology and German engineers were used to build this factory.

During the war, orders for the military were used to modernise the industry: for Rocca the conflict was an ideal occasion to render steel production more efficient, by concentrating it in few large modern plants, standardising production and reducing costs. Thus the conditions necessary for the mass production of goods had finally materialised, allowing Italy to reach a level of industrial specialisation that would prove crucial after the war.

Even though during the war the iron-and steel works suffered great damages (the Cornigliano factory was dismantled by the Germans and transferred to Germany), the foundations were nevertheless laid for the modernisation of the sector. In the post-war period the public sector steel industry underwent a colossal increase which accompanied the economic boom of the 1950s. A compromise was made, establishing the premises for the productive integration of the sector: the great State-owned integrated-cycle steel works (*ILVA*) in Genoa Cornigliano, Piombino, Naples Bagnoli and Taranto provided the large mechanical industries (such as *FIAT*) with laminates, whilst private industrialists using the electric furnace and scrap supplied the building sector, or specialised in the production of special-type steel.

Today the public sector steel industry no longer exists, whilst the best plants still in function have been bought by private companies (*Riva, ThyssenKrupp*). Without State investment the modernisation of the steel industry would not have taken place: besides investing in new technologies, the public sector produced a generation of technocrats, such as Rocca and Sinigaglia, who played an essential role in revolutionising both technology and the managerial organisation of industrial production.

The First World War

At the start of the 20th century Italian industry underwent remarkable growth. Besides the consolidation of traditional sectors, such as textiles, the iron-and steel industry, chemicals and mechanics were also thriving. This latter sector was strengthened by the advent of car manufacturing. Stimulated by economic development, the demand for steel increased greatly. Italy (at least in the North-West) was coming out of backwardness. Until the Second World War, however, the iron-and steel industry continued to be penalised by its "original flaw", that is the fact that the increase in company size and the technological innovations notably contributing to augment their productive capacity had to face the limits of the internal market, as well as the impossibility to compete with foreign industries beyond Italy's borders. The State therefore assumed a crucial supporting function through its military and civilian orders, as in the case of the plans for restructuring and modernising the railways after nationalisation in 1905, which absorbed a consistent share of steel production. But the public orders, also due to their occasional and cyclic character (as in the case of armaments), were not enough to guarantee an outlet for the industry's increased productive capacity. Therefore iron-and steel companies also relied for support on their relationship with the most important banks, often finding themselves in the middle of complex speculative manoeuvres in the Stock Exchange, which artificially increased the value of shares. This practice had started as early as 1899, when a group of French and Belgian capitalists, joined by the *Ferriere Italiane* of Arturo Luzzatto and with the backing of the *Credito Italiano* bank, had created the *Società Elba*, entrusted with extracting iron ore on the Elba Island off the coast of Tuscany (up to a maximum quantity of 200,000 tons), which was supposed to be used in a new plant at Portoferraio to produce cast iron in a coke blast furnace.[1]

The vigorous growth registered by the Italian economy since 1896 had produced renewed interest in the metallurgic industry. After complex manoeuvres, the financier Edilio Raggio, who at the start of the century had made a successful bid for the Terni works and had created a new enterprise called *Società siderurgica di Savona* (Savona Iron-and steel Company), took over from the Franco-Belgian group and acquired control over Elba, which therefore became part of the *Terni-Siderurgica di Savona holding*, in its turn closely linked to Attilio Odero and Giuseppe Orlando's ship-building business in Leghorn, forming a powerful metallurgic trust. This new financial formation was supported by the *Banca Commerciale*, already connected to the Terni works, which had replaced the Credito Italiano as the main financial backer; the Banca Commerciale was then elaborating a strategy to fight off the unscrupulous initiatives of the *Società Altiforni e Fonderie* in Piombino (Blast Furnaces and Foundries Company), controlled by the financier Max Bondi and aimed at building another integrated cycle iron-and steel plant at Porto Vecchio.[2] The war between the two groups would have degenerated if new legislation had not been issued in 1904, as part of the special laws for Naples, which regulated extraction on the Elba Island, and which forced the two contenders to form an alliance.[3] By 1903 the total requirement of rails was covered for about 70% by the national iron-and steel industry (compared to 30% two years before). In 1905, from the merger of the two groups conceived under the auspices of the Banca Commerciale and *Credito Italiano*, ILVA was created and started building an integrated-cycle plant in Bagnoli, which was supposed to absorb a relevant portion of the iron ore coming from the Elba Island (200,000 tons). The two banks generously financed

---

[1] CASTRONOVO V., *Storia economica d'Italia. Dall'Ottocento ai giorni nostri*, G. Einaudi, Torino, 1995, p. 150.
[2] PECORARI P. (ed.), *L'Italia economica. Tempi e fenomeni del cambiamento (1861-2000)*, CEDAM, Padova, 2009, p. 86.
[3] CASTRONOVO V., *Storia economica d'Italia* ..., *op. cit.*, p. 166.

the enlargement of the plants and their technological modernisation, allowing full utilisation of the Elba mineral (which by now was no longer exported), and laying the foundations for the national productive organisation that would support steel production in Italy almost up to the present time, with the creation of the two great iron-and steel poles of Bagnoli and Piombino, later flanked by another two in Cornigliano and Taranto. On the contrary, the development of the Portoferraio works was limited by the impossibility to enlarge its premises because of the narrow site where it was located, which impeded the creation of rolling mills and forced them to carry out steel lamination in the Savona plant. But the Italian iron-and steel industry did not exhaust itself in the activities of the above-mentioned businesses, because in Lombardy equally important initiatives were being carried out by some capable entrepreneurs. The distance from the sea ports, which increased fuel and mineral costs, was compensated by the growing use of scrap and above all by the new electric furnace. In 1906 the Dalmine factory was built in Bergamo, as an offshoot of the *Mannesmann Pipe Company* of Düsseldorf, for the production of weld-less steel pipes, while in the same year Giorgio Enrico Falck, with the Banca Commerciale's financial backing, had created the *Acciaierie and Ferriere Lombarde* (Lombard Iron and Steel Works), which in 1908 could boast the great plant situated in Sesto San Giovanni, integrated with other factories in Dongo and Vobarno. Falck's products, besides being bought by the public administration, were mostly used to meet demand by private businesses involved in residential and industrial building.

From 1900 to 1910 production grew exponentially: from 8,000 tons of cast iron produced on average with charcoal between 1895 and 1897, production rose to 427,000 tons of cast iron with the coke blast furnace in 1913; while total steel production in the same period of time increased from 60,000 to 933,000 tons a year.[4] The cast iron needed by the Italian market, however, was still largely superior to production, generating an increase in imports which amounted to about 200-250,000 tons a year on the eve of the First World War. A constant increment was reported in the imports of scrap, which grew from 131,000 tons in 1907 to 326,000 in 1913 (with peaks of 400,000 in some years). On the other hand most Italian plants used this technology, like the Siderurgica company in Savona, the *Ligure Metallurgica*, the steel works in Genoa (at Voltri, Prà, Bolzaneto), those in Rogoredo, Terni, Torre Annunziata, the *Magona d'Italia* factory in Piombino, the Falck plant in Sesto San Giovanni, the *Gregorini* in Castro di Lovere, the *Piedmont Iron Works* in Turin, the *Udine Iron Works* and other smaller ones.

---

[4] ROMEO R., *Breve storia della grande industria in Italia 1861-1961*, Il Saggiatore, Milano, p. 62.

Production was fragmented, compared to the iron-and steel industries of more advanced countries, which generated an inevitable increase in costs and also technological obsolescence. Martin-Siemens furnaces were almost exclusively used, even in the most modern plants, and although they facilitated the use of scrap as raw material, they needed large quantities of coal to function.[5] The use of the more recent Bessemer and Thomas converters, which allowed a notable reduction in costs, was thwarted by the fact that the first was not suitable for the fusion of phosphorous cast iron such as that obtained from the mineral coming from the Elba Island, whilst the latter had been vetoed by the engineers of the Railways administration (among the best customers of the metallurgic industry) who doubted the quality of steel produced using that method.

The fragility of the iron-and steel industry, especially as regards the major enterprises making up the trust, was clear after the 1907 financial crisis, which slowed down the expansion stage, highlighting not only an evident productive overcapacity vis-à-vis the internal market, but also the fact that a consistent part of the financial resources had been used to speculate on the Stock Exchange rather than to modernise the plants. The crisis forced the banks to suspend financial support and the iron-and steel industries found themselves on the brink of bankruptcy. Only direct intervention by the Bank of Italy, which created a consortium of credit institutions in 1911, saved the whole sector. A commercial syndicate was also established to regulate prices and quotas on the Italian market, in order to fight against foreign producers' tough dumping policy, especially German ones. But by then Sarajevo was looming near.

The war offered the sector new and unexpected opportunities. Steel production rose to 1.34 million tons in 1917, though it fell to about one million in 1918.[6] ILVA, which after a whirlwind of financial speculations had been acquired by Bondi, increased its registered capital to 300 million lire, by buying consistent shares in various mining, mechanical, electrical and ship-building enterprises.[7] This company had developed a vast programme providing for the creation of an integral cycle, starting from the raw material down to mechanical and naval industries. The project elaborated by the Perrone Brothers, Mario and Pio (the Ansaldo administrators) was even more ambitious: they planned to realise a grand integrated system comprising mines and power stations for the production of electricity, steel works and arm factories, shipyards and maritime companies, mechanical and car factories. The great development, rapid but chaotic, generated by high prices and military orders, had determined a remarkable

---

[5] CASTRONOVO V., *Storia economica d'Italia* ..., *op. cit.*, p. 152.
[6] ROMEO R., *op. cit.*, p. 91.
[7] CASTRONOVO V., *Storia economica d'Italia* ..., *op. cit.*, p. 204.

increase in the size of plants, not always correlated to the market capacity in times of peace. The imperialistic ambitions beyond the national borders, which on the wave of the November 1918 victory had deluded both politicians and industrialists, were quickly frustrated by the results of the Paris Conference. The peace, paradoxically, left the country with a stronger and more modern iron-and steel sector, which, however, continued to show just as much the same original faults of the pre-war period.

The Great Depression, the Rescuing of the Iron-and-Steel Industry and the Birth of IRI

After the First World War, the plentiful offer of war-surplus materials at prices lower than other raw materials, favoured industries producing steel from scrap, in the Martin-Siemens or electric furnaces, which were more flexible and better able to meet the volatile demand, compared to integrated-cycle plants. Moreover, producing steel from scrap favoured small size plants, situated far from the coast, able to manufacture the whole range of metallurgic products in limited quantities, as well as to satisfy the greatly dispersive character of the internal market. Until the 1930s Italy would remain the largest scrap importer in Europe. The factories were almost all situated in Lombardy and Piedmont: Falck and FIAT were the most important ones; though they possessed Martin-Siemens furnaces, both also produced steel with the electric furnace, a technology which was then very advanced in Italy.[8] To support the enterprises, the State and the banks promoted the formation of trusts and consortiums such as the *Società anonima consorzio italiano acciaierie e ferriere* (the Anonymous Italian Iron- and Steel Consortium Company) in 1928, in which Falck preferred not to participate, and in 1929 the *Consorzio Siderurgico Italiano* (Italian Iron-and Steel Consortium) and the *Unione Siderurgica Italiana* (Italian Iron-and Steel Union), respectively devoted to improve the rationalisation of production and plants, as well as product commercialisation.

Certainly the Italian iron-and-steel industry had progressed remarkably since the start of the century: if in 1902 the production of cast iron amounted to 24,000 tons and that of steel to 135,000, in 1929 it had increased respectively to 678,000 and 2.12 million tons. The reorganisation plans had just started to be implemented when the great crisis caused a dramatic scenario, which imposed revolutionary choices such as the nationalisation of the iron-and steel industry.

---

[8] POZZOBON M., « L'industria padana dell'acciaio nel primo trentennio del Novecento », in BONELLI F. (ed.), *Acciaio per l'industrializzazione. Contributi allo studio del problema siderurgico italiano*, Fondazione Luigi Einaudi. Studi, G. Einaudi, Torino, 1982, pp. 161-214.

The creation of IRI in 1933 was crucial for the modernisation of Italian metallurgic industry. IRI was in charge of a vast industrial empire, in which iron-and-steel production constituted one of the most strategic areas (the others being mechanics and shipbuilding), worth 38% of the whole capital of anonymous metallurgic companies. IRI also managed almost all the "special" military iron-and-steel production, as well as 40% of the common "civilian" metallurgic industry. The Institute controlled several companies, such as ILVA, Dalmine, Terni, Cogne, the new *Italian Steel Company of Cornigliano* (SIAC) and numerous other companies connected to the extraction of the raw mineral and product commercialisation (*Ferromin, Rimifer* and *Commercial Metallurgy*). On the eve of World War Two, State industries contributed 77% of the national cast iron production, 45% of steel, 75% of pipes, 67% of iron mineral, 80% of shipbuilding, 22% of aeronautic construction, 39% of engines and tractors, 50% of armaments and munitions, and an average of 23% of mechanical production; they also controlled 90% of subsidised maritime lines.[9]

The Great Depression and the birth of IRI stimulated a new debate on the future of Italian iron-and-steel industry. In 1932 the Central Corporate Committee had decreed that the State had the power to regulate the construction and extension of factories manufacturing products subject to compulsory trusts. Following this decision, a special Commission for the Iron-and Steel Industry was set up, headed by Nicola Parravano, Admiral of the Naval Engineers, who had the task of supervising the repartition of trust shares. In 1934 IRI Steel promoted the creation of a technical committee to investigate problems of special steel production in times of war; it elaborated a programme, approved by Mussolini, providing for, among other things, the concentration of production of special steel for armaments in just two plants (Cornigliano and Terni), the break-up of the Cornigliano Works from Ansaldo, the merger of the Cornigliano and Cogne plants (this latter's activity would be strongly reduced because it was deemed anti-economic and also too vulnerable in case of war with France), which were united in the new *Italian Steel Company of Cornigliano and Cogne* (SIACC).

Oscar Sinigaglia, the newly appointed ILVA President, was most active in formulating an innovative plan, supported by Agostino Rocca, another IRI manager. Sinigaglia believed that "the original sin" of Italian metallurgy was not relying from the start on the integrated cycle, thus guaranteeing the survival of small plants, too dispersed on the territory and too expensive, kept alive only thanks to protectionist custom duties and State support. According to him, the restructuring project developed by ILVA executives, which contemplated the concentration of production

---

[9] ASIRI [IRI's Historical Archive], Serie Nera [from now on N], b.24, L'IRI ente di carattere permanente (1937-1943).

in five main plants (Venice Marghera, Novi Ligure, Piombino, Bagnoli and Trieste Servola), the closure of numerous other factories and the reduction of processing types, was still not bold enough and would not be effective, because it did not address the crucial point: it continued to reflect what Sinigaglia later called "the traditional Italian concept of rolling mills without steel works and without blast furnaces";[10] moreover, he thought that five plants were still too many. In his opinion, it would be better to concentrate basic production in just three integrated-cycle plants, by restructuring Piombino and Bagnoli, whilst creating a new iron-and-steel factory in Genoa (the future Cornigliano works), equipped with the most up-to-date technology. At the time, however, Sinigaglia's futuristic conception was not accepted. Resistance was too high both inside ILVA and in the compact front of private industrialists headed by Falck; moreover, such heavy restructuring of the sector would also have a strong social impact, which could possibly cause problems for the fascist regime. In March 1935 Oscar Sinigaglia resigned, despite the fact that Alberto Beneduce, the IRI President, had defended him to Mussolini.

The turning point, however, only came after the Society of Nations had decreed sanctions against Italy for its aggression on Ethiopia. On 23 March 1936 Mussolini had launched a "planning scheme for the New Italian Economy", in which he had delineated the main points of a new autarchic policy, as well as the necessity to assess all available resources in the country and in the colonies, in order to prepare for war.[11] The Duce's directives allowed Rocca to re-launch his programme for the restructuring of the iron-and-steel industry. The IRI men had finally managed to convince Mussolini to accept their revolutionary ideas about the integrated cycle, both because the concentration of manufacturing in few large plants would rationalise production, by eliminating waste and reducing costs (in line with Mussolini's desire to create "large units" corresponding to State-controlled "key industries" in the sectors linked to national defence), and because Italy could not continue to depend on foreign supplies of raw materials, mostly imported from a hostile country such as France (then governed by the Popular Front, a left-of-centre coalition led by Léon Blum). The paradox generated by autarchism was that a policy conceived to prepare for war, would later revolutionise the post-war scenario, equipping the country with a modern nationalised steel industry which proved crucial in generating the economic boom, perfectly integrating itself with the private iron-and-steel industries specialised in other types of production. Until privatisation in the

---

[10] CARPARELLI A., « I perchè di una 'mezza siderurgia' », in BONELLI F. (ed.), *op. cit.*, p. 108.

[11] SUSMEL D., SUSMEL E. (eds.), *Opera omnia di Benito Mussolini*, vol.XXVII, *Dall'inaugurazione della provincia di Littoria alla proclamazione dell'impero (19 dicembre 1934-9 maggio 1936)*, La Fenice, Firenze 1963, pp. 241-248.

1990s, publicly owned steel works would represent a pivotal element of the sector, also in terms of impulse given to research and innovation and of training of management, technicians and skilled workers.

Direct support by Mussolini and by the Minister for Exchange and Currency, Felice Guarnieri, who highlighted the monetary advantages of this new metallurgic plan, allowed Rocca to crush the last resistance inside ILVA and to ensure support by the president of Terni, Arturo Bocciardo, who was also the President of the National Federation of Mechanic and Metallurgic Entrepreneurs (Federmetal). In June 1937 the guidelines of the plan for the iron-and-steel industry were presented, elaborated by a special commission charged with investigating the problem of metallurgic autarchy; the commission had been created by the Finance Minister, Paolo Thaon di Revel, at IRI's request, and was made up of men working for the Cogne, Dalmine, ILVA and Terni industries, as well as for the SIAC, and was headed by Bocciardo.[12] At the same time the IRI became a permanent State organisation (on 24 June 1937) and was authorised to found Finsider, a body charged both with the technical coordination of public iron-and-steel enterprises, and with raising the necessary financial resources for the "development" of the same companies through the issue of bonds, "according to the requirements of national defence and the implementation of the policy of economic autarchy".[13] The document submitted by the commission, in particular, decreed the following:[14]

1. Imports of mineral were preferable to imports of scrap, both for monetary reasons and to reduce production costs;
2. It was necessary to start a "gradual reform of productive cycles and of the structure of the national iron-and-steel industry;
3. Mass production should be concentrated in integrated-cycle plants with a productive capacity of at least 1,000 tons per day;
4. The aim was to achieve a production of 2.5 million tons of raw steel, limiting imports of scrap to just 150,000 tons;
5. It was absolutely necessary to expand existing factories and build a new integrated cycle plant;
6. Integrated-cycle plants should not employ more than 5-10% of scrap in the load;
7. Maximum impulse should be given to the use of national minerals and to electro-metallurgic production.

---

[12] BONELLI F., CARPARELLI A., POZZOBON M., « La riforma siderurgica IRI tra autarchia e mercato (1935-42) », in BONELLI F. (ed.), *op. cit.*, p. 244.
[13] *Ibid.*, p. 249.
[14] ASIRI, N, b.24, L'IRI ente di carattere permanente (1937-1943).

According to the plan, the Finsider group should contribute over a million tons to total steel production, in the three integrated-cycle plants of ILVA's Bagnoli and Piombino, and in the new works then being built in Cornigliano by SIAC, while the ILVAnia plant (at Trieste Servola) should produce, together with the Portoferraio factory (on the Elba Island), cast iron for third parties and for foundries; finally, Terni should produce 75,000 tons of cast iron in the electric furnace.[15] IRI's investments would take nationalised iron-and-steel production to the top vis-à-vis private industries, also in relation to future post-war scenarios. In fact, because of the war, Finsider only managed to expand the ILVA plants, especially at Bagnoli and to build the new Cornigliano factory to an advanced stage, whilst almost all capitals successfully raised on the market through IRI-Ferro bonds (amounting to 1.8 billion lire) were re-directed to the production of armaments.[16]

In 1944 a report by Rocca entitled "Industrial Unification and Specialisation. Possible Post-war Production of Unified Parts at the Ansaldo Plant" clearly showed that during the previous years unification of manufacturing had taken place in Italy for several products that found their application especially in civil and military naval construction, although they could also be used for production on the land.[17] That way, the "necessary conditions for mass production" of many constructive elements had finally materialised, as well as the premises needed to gradually achieve a "true" industrial specialisation, such as had been auspicated in the autarchy programmes. This was the start of a revolution which would display its full effects after the war, during a time of peace and free trade, and which respected the fundamental parameters of the modern international iron-and-steel industry:

1. The new factories were modern and technologically up-to-date, on a par with those in other parts of Europe;
2. They were located on the coast, which meant they were better placed to receive raw materials without the need for further transfers;
3. The most important plants were situated near the great mechanical and naval industrial works.

Agostino Rocca believed that autarchy first and the war later would offer an ideal occasion to modernise and standardise productions, by

---

[15] ASIRI, N, b.24, Istituto per la Ricostruzione Industriale, Realizzazioni autarchiche nell'ambito dell'IRI. Relazione al Ministero delle Corporazioni per la Commissione Suprema per l'autarchia, Roma 1939-XVII.

[16] ASIRI, N, b.119, Precedenti e prospettive nel campo della socializzazione: le esperienze dell'IRI, [notes elaborated by Sergio Paronetto], February 1945.

[17] ASIRI, N, b.113/1, Agostino Rocca to Francesco Giordani [president of IRI], 07.05.1941.

concentrating them in few large plants, also "taking into account any post-war developments".[18] During the conflict he strongly argued against the IRI and Finsider executives (Arturo Bocciardo) because in his opinion not enough was being done to improve productivity and reduce costs, while obsolete factories were still being kept alive, such as that in Portoferraio. In 1943 Rocca refused Mussolini's invitation to become Minister for War Production in the Repubblica Sociale Italiana (Italian Social Republic), denouncing that not even the Fascist regime had managed to solve the "profound indiscipline" characterising Italian industry, that it had impeded "the rationalisation of production, of industrial concentration, of the centralisation of authority, of the sharing of patents and processes, as well as the transfer of machinery and technicians from one factory to the other".[19] It was better – Rocca concluded – to leave the task of organising and coordinating Italian industry to the Germans, also because the leaders of the German Ministry for Armaments and War Production (RUK) were, unlike their Italian counterparts, men really connected with the industry, with whom one could reach a quick understanding and set up a collaboration which would allow to "shift" Italian enterprises towards the post-war scenario, perhaps by exploiting the input of German technology into the production process to finally start a new course for Italian industry.[20]

During the war the sector's productive capacity peaked in 1942, to decrease the following year, but not uniformly in all compartments: the reduction in the mechanical and shipbuilding sector was slighter, whilst the metallurgic and mining sectors suffered more. A real collapse of production would come about only after the armistice with the Allies on 8 September 1943, because of the suspension or cancellation of orders by the armed forces, partly compensated by new orders by the German military authorities between 1943 and 1944.

In the mining and iron-and steel industries the decline of production was more notable also because the ILVA works in Naples had been heavily damaged by bombing and later destroyed just before the Allied occupation. After the armistice, the Germans started to remove and/or destroy the Terni, Portoferraio, Piombino and Cornigliano plants. Only the Dalmine factory would more or less maintain the same level of production. In 1943 the IRI, directly or indirectly through Finsider, controlled about 50% of

---

[18] ASIRI, N, b.113/1, Agostino Rocca to Francesco Giordani (president of IRI), 07.05.1941.

[19] ACS, SPD, RSI, b.15, f.70 [Archivio Centrale dello Stato, Segreteria Particolare del Duce – Repubblica Sociale Italiana], Agostino Rocca to Rodolfo Graziani (chief commander of army), 06.11.1943.

[20] PODESTÀ G.L., « La guerra », in CASTRONOVO V. (ed.), *Storia dell'IRI*, vol.I, *L'IRI dalle origini al dopoguerra 1933-1948*, Editori Laterza, Roma/Bari, 2012, p. 472.

the iron-and steel industry, as well as 75% of all mining activities, whilst its participation in the chemical sector was marginal. In particular, the companies controlled by the Institute produced 65/70% of iron mineral and 75/80% of manganese, 65/70% of cast iron, 40/45% of steel, 35/40% of rolled iron, whilst it only manufactured 15% of chemical fertilisers, 12% of ammonia and 5% of cellulose. IRI's contribution was more relevant in the sector of synthetic rubber, as it controlled 100% of the Italian production through a company called SAIGS, and quicksilver, for which the Monte Amiata company (32.7% of whose capital was controlled by IRI) held a 60% share of the national market.

Table 1: ILVA's total production and average monthly production (in tons)[21]

	Cast Iron	Steel	Rolled and forged iron
1942	409,377	424,742	296,528
1943	306,098	386,405	264,629
July 1943	29,499	38,709	32,137
December 1943	12,656	15,791	13,526

Table 2: SIAC's total production and average monthly production (in tons)[22]

	Steel	Rolled and sectioned iron
1942	95,922	47,555
1943	80,630	42,493
January-August 1943	7,758	4,362
December 1943	5,276	3,032

Table 3: Terni's total and six-monthly production (in tons)[23]

	1942	1943 1st semester	1943 2nd semester	1943 Total
Iron ore	36,535	9,583	2,711	12,294
Lignite	516,800	262,445	98,061	360,506
Steel	133,300	71,357	11,781	83,138
Ammonia	15,220	7,735	3,795	11,350
Fertilisers	73,621	32,857	23,292	56,149

---

[21] ACS, SPD, CR, RSI, b.32, f.240 r, Report on the activities of the IRI group in 1943, [spring 1944].

[22] ACS, SPD, CR, RSI, b.32, f.240 r, Report on the activities of the IRI group in 1943, [spring 1944].

[23] ACS, SPD, CR, RSI, b.32, f.240 r, Report on the activities of the IRI group in 1943, [spring 1944].

Table 4: Total 1942 production by the Finsider plants inactive at the end of 1943 and comparison with the group's total (in tons)[24]

1 Bagnoli-Torre annunziata			5 Total			
2 Terni			6 Total Finsider Production			
3 Piombino			7 % of Finsider Production			
4 Portoferraio						

	1	2	3	4	5	6	7
Cast iron	168,397		195,144	98,220	461,761	577,774	79.9
Steel	120,329	133,300	129,180		382,809	874,145	43.8
Rolled & forged iron	100,005	77,893	48,000		225,898	521,979	43.3

Considering that in 1938 Finsider companies' total output amounted to 662,000 tons of cast iron (i.e. 77% of the Italian total) and 1,038,000 of steel (45%), and taking into account that the war economy had caused a notable reduction in the demand for civilian products, the results obtained by IRI's iron-and steel factories during the conflict were not brilliant, which confirmed Rocca's opinion: the failed concentration and the fragmentation of production in numerous plants, some of which obsolete (like Portoferraio, for example), produced unsatisfactory results for a modern industrial power.[25]

After the War

The Italian iron-and-steel industry was greatly damaged during the Second World War. The ILVA plants in Naples were first heavily bombed by the Allies and later destroyed by the Germans. After the armistice in 1943 the Germans proceeded to transfer and/or destroy the Terni, Elba, Piombino and Cornigliano factories. Only the Dalmine plant managed to keep production going almost unchanged.

In 1945 Oscar Sinigaglia was again put in charge of the public iron-and-steel sector, whilst in 1948 a new development programme was launched, called "Sinigaglia Plan" after its creator, which on the whole retraced the guidelines of the Finsider programme of the pre-war period:[26]

1. Estimating an absorption capacity by the market of about 3.5 million tons, national production of raw steel should rise to 3 million tons and to 250,000 tons of cast iron for foundry;

---

[24] ACS, SPD, CR, RSI, b.32, f.240 r, Report on the activities of the IRI group in 1943, [spring 1944].

[25] ASIRI, N, b.24, L'IRI. Ente di carattere permanente (1937-1942), [1943].

[26] MINISTRY FOR INDUSTRY AND COMMERCE, *L'Istituto per la Ricostruzione Industriale-IRI-, I, Studi e documenti*, UTET, Torino, 1955, pp. 27-28.

2. 55% of the necessary raw materials should be of national provenance, while the rest could be imported;
3. The companies belonging to the Finsider Group should contribute about 60% of production, with an annual output of 1.8 million tons, almost totally produced using the integrated cycle (1.45 million);
4. The concentration of mass production would take place in three plants: Bagnoli (over 400,000 tons per year), Piombino (300,000) and Cornigliano (500,000);
5. In the two continuous rolling "trains" for billets, bars and wire rods at Bagnoli, a total annual production of 250,000 tons should be achieved, whilst Cornigliano planned to produce 450,000 tons of hot-rolled tape and 250,000 tons of sheet steel and tinplate for the cold-rolling trains.

Therefore ILVA, which before the war had concentrated especially on raw steel, should also produce sectional steel, rails and coated steel, whilst the new Cornigliano plant (practically re-built *ex-novo* and completed in 1954) would specialise in the manufacturing of flat sheet steel for the car industry. The project met with some opposition, once again led by Falck, but this time support by FIAT proved decisive; this latter, abandoned its autonomous plans for the steel sector, signed a purchase agreement for a consistent part of the rolled iron produced in Cornigliano. This was a decisive event for the sector's economic development: by 1954 Italian production of raw steel had shot up to 4.2 million tons (ILVA's share was 48%), iron ore was almost 1.1 million tons (61.8%), common cast iron had increased to 1.26 million tons (74.8%), almost 2.79 million tons of hot-rolled sheets were produced (42.7%), finished pipes amounted to 412,000 tons (74.5%), whilst IRI employed 43% of the total workforce in the iron-and steel industry.[27]

Between 1949 and 1954 IRI invested 120 billion lire in the iron-and-steel industry, a large share of which had come from America, as provided for in the European Recovery Program (ERP); the money was used to buy raw materials, machinery and instrumental goods in the United States. As early as 1946 a group of Finsider technicians had visited the most important American plants, and had acknowledged American technological leadership.[28] However, the major novelty of the plan did not just reside in the choice of integrated cycle production, but also in the conviction

---

[27] MINISTRY FOR INDUSTRY AND COMMERCE, *L'Istituto per la Ricostruzione Industriale-IRI-, III, Origini, ordinamenti e attività svolta (Report of Prof. Pasquale Saraceno)*, UTET, Torino, 1956, pp. 81 and 225-245.

[28] AMATORI F., « Cicli produttivi, tecnologie, organizzazione del lavoro. La siderurgia a ciclo integrale dal piano "autarchico" alla fondazione dell'Italsider (1937-1941) », in AMATORI F., *La storia d'impresa come professione*, Marsilio, Venezia, 2008, p. 157.

that it was possible to create a modern and competitive iron-and-steel industry in Italy.[29] As a consequence, the production of cast iron increased six-fold between 1950 and 1961 (from 503,768 to 3.1 million tons) and that of raw steel almost four times (from 2.3 to 9.1). Nevertheless, the production of solid charge steel, typical of private enterprises, still represented the majority output (66% in 1961), a higher percentage than in other Western European countries, thanks above all to the vitality of industries located in Lombardy. Another crucial factor in the achievement of growth was Italian membership of the European Community of Coal and Steel (ECSC), which ensured greater price stability and, thanks to the liberalisation of trade, promoted the modernisation of the sector. As early as 1957 the plan was drawn up for the creation of a fourth large iron-and-steel works, which many hoped would be built at Vado Ligure, in the North-West, because of its proximity to the FIAT plants, but which was built instead in the Southern Italian city of Taranto, in the illusion of promoting diffuse industrialisation in a vast area of Southern Italy. The factory, the largest and most modern in Europe, possessed a productive capacity of 2.5 million tons, double that planned ten years earlier for Cornigliano, and was entirely based on the new Linz-Donawitz process. In 1961 the Finsider group companies merged into the new *Italsider*, endowed with a registered capital of 200 billion lire, a turnover of 247 billion and about 30,000 employees. At the same time the use of oxygen in the traditional plants (Martin and electrical furnaces) multiplied productivity, allowing Italy to exceed the average productivity-per-employee ratio inside the CECA area.[30]

The creation of the Taranto steelworks represented the apex of a cycle started almost a century earlier: total steel production in Italy would reach over 26 million tons at the end of the 1970s. But by then the decline of great public enterprises had already started, because of growing international competition, but also because of excessive interference on the part of politicians, a fact which strongly deteriorated the industry's financial situation.[31] Privatisation in the 1990s, imposed by Europe, represented a chance to revitalise the Italian iron-and-steel sector, which faced the challenge of new Asian and East-European competitors. The fact that Italy remains to this day the second largest producer in the European Union (after Germany), besides being evidence of the vitality of the Italian steel industry, testifies that the legacy of the past has not been lost.

---

[29] ROMEO R., *op. cit.*, p. 239.
[30] *Ibid.*, p. 244.
[31] CIOCCA P., TONIOLO G. (eds.), *Storia economica d'Italia, 2. Annali*, Laterza, Roma/Bari, 1999, p. 527.

The End of Public Steel in Italy
IRI and the Selling off of ILVA (1992-1993)

Ruggero RANIERI

Università degli Studi di Padova

This paper deals with the decision, taken in 1993, to privatize the Italian public steel sector, namely the holding company, *ILVA*, part of the State-owned conglomerate, *IRI*. As is well known, in the late summer of 1993, ILVA was put into liquidation; its assets were split into three holding companies: *ILP* (*ILVA Laminati Piani*); *AST* (*Acciai Speciali Terni*) and *ILVA Residua in Liquidazione*. The EU Commission gave the Italian government a deadline of one year within which the first two companies, ILP and AST, were to be entirely privatized.[1]

The topic of privatization of Italy's public steel sector has received some attention in the literature, but existing accounts rely on secondary sources.[2] My paper, on the other hand, is the result of research in the archives of IRI.[3] Among the issues that I will address is the question of who

---

[1] A fuller version of this paper will appear as « La fine della siderurgia pubblica: dalla creazione dell'ILVA alle privatizzazioni (dal 1989 al 1999) », in *Storia dell'IRI*, vol.5, Laterza, Roma/Bari, forthcoming.

[2] MASI A., « Steel », in KASSIM H., MENON A. (eds.), *The European Union and National Industrial Policy*, Routledge, London, 1995, pp. 70-87; BALCONI M., « The Privatization of the Italian State-Owned Steel Industry: Causes and Results », in RANIERI R., GIBELLIERI E. (eds.), *The Steel Industry in the New Millennium*, vol.2, *Institutions, Privatisation and Social Dimension*, IOM, London, 1998, pp. 51-64; For an official view, see BEMPORAD S., REVIGLIO E. (eds.), *Le privatizzazioni in Italia 1992-2000*, Edindustria, Roma, 2001, pp. 156 f.

[3] ACS [Archivio Centrale dello Stato], ASIRI [Archivio Iri]. It is important to recall that IRI was a large public sector conglomerate controlling various holding companies, each of which specialized in a particular sector; one of these was ILVA. On IRI see POSNER M.V., WOOLF S.J., *Italian Public Enterprise*, Gerald Duckworth & Co, London, 1967; HOLLAND S. (ed.), *The State as Entrepreneur: new dimensions for public entreprise: the IRI state shareholding formula*, Weidenfeld and Nicolson, London, 1972; BIANCHI P., « The IRI in Italy: Strategic Role and Political Constraints », in *Western European Politics*, 2(1987), pp. 269-290.

was responsible for the decision to privatize and what was the role played by the EC/EU Commission, a common theme in the literature being that Italy was forced to privatize by Europe, acting under the pressure and in the interest of its main competitors.

Italy's public steel sector had fallen into the red in the 1970s and had since failed to recover, despite cuts and restructuring carried out under the EEC manifest crisis regime between 1981 and 1988. Attempts to recover creditable levels of competitiveness and productivity had largely failed and by 1987 *Finsider*, the main public sector steel holding, was the only company in Europe still needing State aid to survive. The reasons for this debacle are many and complex and they have been well investigated by the literature.[4] They included low productivity rates, poor management and interference by politicians, high levels of labour unrest, pricing competitive disadvantage in the EU market due to real currency appreciation of the Lira inside the ERM. Certainly an examination of Finsider's balance sheets shows that within the public steel sector there were many companies and plants that could be easily identified as hopeless, in terms of inadequate technology and uncompetitive performance. Among these, basically, the entire gamut of plants producing long products both in common or special steel. Other plants, focusing on thin flats, of common and special steel, including the newer ones of Taranto and Novi Ligure, as well as Terni, were better placed and could conceivably be turned around and made profitable again.

In 1987, given its desperate situation, Finsider was wound down and put into voluntary liquidation. The aim was to transfer all its loss-making assets into a bad company, which would either sell them off or close them, while the best plants would be handed over to a new company, named ILVA, under a new CEO, Giovanni Gambardella. The debts that had burdened Finsider would be, in great measure, taken over by IRI, under a special allowance by the EC Council of Ministers, under art. 95 of the ECSC Treaty, in return for capacity cuts designed to lead to better plant utilization and improved performance. Following this restructuring, ILVA made a promising start in 1989 and 1990, but soon after that the picture deteriorated and losses again began to mount. ILVA lost Lit 500 billion in 1991, which was bad, but still not entirely unreasonable, given the new recession that hit the European steel market in that year. However, in 1992, losses reached the unsustainable level of Lit 2,269 billion. The dire situation of the early 1980s was back with a vengeance.

---

[4] See, among others BALCONI M., *La siderurgia italiana (1945-1990) - Tra controllo pubblico e incentivi del mercato*, Fondazione Assi, Il Mulino, Bologna, 1991; OSTI G.L., *L'industria di Stato dall'ascesa al degrado – Trent'anni nel gruppo Finsider, conversazioni con Ruggero Ranieri*, Il Mulino, Bologna, 1993; VENTURINO F., *La politica industriale in Italia. Il caso della siderurgia pubblica 1951-1990*, Marietti, Genova, 1991.

Why, then, this new fiasco? A satisfactory answer would require too complex an analysis to be offered here. I will limit myself to some very brief observations. Firstly, the restructuring and streamlining that had been promised in 1988 had not, in fact, taken place, except marginally and hard choices had been postponed. ILVA, a conglomerate with about 50,000 workers, still possessed a vast number of plants and tried to be an important market player in all sections of the steel market, be it long or flat, common or special steel products. By spreading its resources so widely, moreover, ILVA had failed to invest enough in its key steel plants, especially Taranto. The government, moreover, had given the wrong messages: far from encouraging further rationalization, it had allowed ILVA to embark on a new spree of investments and acquisitions.[5]

The years between 1989 and 1992 were the last of the so-called Prima Repubblica. In 1992 Italy entered a very serious economic and fiscal crisis. After 1992, given the lack of a clear cut political majority, the government was run first by Giuliano Amato and then by Carlo Azeglio Ciampi, former Governor of the *Bank of Italy*. Both were essentially technocrats, appointed by the President of the Republic, Oscar Luigi Scalfaro, with the mandate of saving the country from economic collapse.[6]

One of the first moves of the Amato cabinet was to change the nature of IRI from a public sector agency (Ente di diritto pubblico) to a joint stock company, *IRI S.p.A.* (IRI Ltd). This was meant to convince markets that Italy was serious in wanting to scale down and privatize its vast public sector. While, therefore, in the short term, the move meant little, since there was only one shareholder in IRI S.p.A. and that was the Treasury (Ministero del Tesoro), over the medium term IRI S.p.A. (a company, itself, due for liquidation) was supposed to be able to attract private shareholders.[7]

The months between the summers of 1992 and 1993 were very dramatic. Strong pressures were applied by the government to force the public sector to embark on a process of privatization, which had hitherto always being conducted half-heartedly and on a very limited scale.

---

[5] DRINGOLI A., « Le privatizzazioni nel settore siderurgico », in AFFINITO M., DE CECCO M., DRINGOLI A. (eds.), *Le privatizzazioni nell'industria manifatturiera italiana*, Donzelli, Roma, 2000, pp. 22 f.; PINI M., *I giorni dell'IRI. Storie e misfatti da Beneduce a Prodi*, Mondadori, Milano, 2000, pp. 177 f.; RANCI P., « La via italiana alle privatizzazioni », in CER/IRS, *La ricostruzione difficile. Settimo rapporto sull'industria e la politica industriale*, Il Mulino, Bologna, 1995, pp. 119 f.

[6] P. BARUCCI, *L'isola italiana del Tesoro*, Rizzoli, Milano, 1995, pp. 209 f.; ROSSI S., *La politica economica italiana 1968-2007*, Laterza, Bari/Roma, 2007; CIOCCA P., *Ricchi per sempre? Una storia economica d'Italia (1796-2005)*, Bollati Boringhieri, Torino, 2007, pp. 313 f.

[7] BARUCCI E., PIEROBON F., *Le privatizzazioni in Italia*, Roma, Carocci, 2007, pp. 40-44.

Internationally, moreover, the government sought to convince both the EU and the markets that Italy was serious in wanting to restore some order to its public finances.[8]

The situation of ILVA was very serious. IRI's top executives at first failed to understand the scale of the losses ILVA was incurring, not least because ILVA's CEO Gambardella failed to disclose them fully, until very late in the day. This eventually led, at the beginning of 1993, to his sacking and replacement with Hayao Nakamura, a former Nippon Steel executive, long time consultant to ILVA. By this time, however, decision making had passed firmly from ILVA into IRI's hands. The days of ILVA's independence, which in any case had always been partial, were definitely over. Government officials from the Treasury, looking into the public sector to identify possible savings were baffled, to say the least: all they could recommend was that ILVA should rapidly endeavour to sell as many assets as possible. A couple of companies were indeed sold off in late 1992: in particular a majority stake in Piombino was acquired by Luigi Lucchini, a former mini-mill owner. However, selling during a recession and from a position of weakness could not, and in fact did not yield good returns.[9]

Under pressure to do something quickly, IRI worked out a plan of partial privatization, which would keep at least part of the steel sector in public hands. This plan revolved around the creation of yet a new company, called *Nuova Siderurgica*, to which ILVA would transfer its best plants, Taranto and Novi. It was thought that Nuova Siderurgica might attract private investors and it was planned to float it on the stock market within three years. The rest of ILVA would be sold off, including Terni, Dalmine and other companies which were still considered of some promise. In order to make Nuova Siderurgica a viable company, however, fresh capital was needed. IRI planned to raise it through in-house captive sale transactions. Some assets, considered to be non-strategic, but which could credibly fetch a convenient price, were to be sold by ILVA to a new IRI owned-vehicle, called *Sofinpar*, in order to generate some short term liquidity.[10] In other words, in the middle of a storm that was blowing away

---

[8] BEMPORAD S., REVIGLIO E. (eds.), *Le privatizzazioni in Italia 1992-2000*, Edindustria, Roma, 2001.

[9] Ministero del Tesoro, Libro verde sulle partecipazioni dello Stato: Enel, Eni, Iri, Ina, Imi Bnl. Situazioni, prospettive, elementi per un programma di riordino (art 16). Decreto-legge 11 luglio 1992, n.333 … Allegati. IRI. Gruppo Ilva, Quadro attuale e prospettive. Ottobre 1992, pp. 55-56. On the privatization of Piombino: ACS, ASIRI, AG (Affari generali). 100.02.14. Ilva SpA, Acquisto cessione trasf partecipazioni nuove iniziative e fusioni, busta R- 283, fascicolo "Accordo con Lucchini", "Siderurgia. Privatizzazione comparto prodotti lunghi", 20.10.1992.

[10] ACS, ASIRI, AU [Archivio Pratiche degli Uffici. Numerazione Nera], Organi Deliberanti, C.d.A (Consiglio di Amministrazione), Libri verbali, busta AG 541,

the Italian economy, forcing the government to sell the family jewels (the bank *Credito Italiano* was privatized in 1993 through a public purchase offer, followed by *Banca Commerciale Italiana*), here was IRI concocting a plan for the creation of yet another public sector steel company. It is interesting to note that IRI, which was, to all effects, entirely owned by the government, still displayed the resilience and the strength to put forward its own, independent, strategy. IRI's new plans showed, once more, how steel was at the core of IRI. The Presidents of IRI might change (Romano Prodi was called back in 1993 to replace Michele Tedeschi), but there was a remarkable continuity in the organization's policy.

In this case, however, IRI's plan was unsuccessful. Three factors contributed to IRI's defeat. The first was that IRI was no longer able to speak for the whole government. There was a new voice, that of the economists, among whom Mario Draghi, at the time Director General of the Treasury. Draghi made clear that he thought that the plan IRI had worked out was little more than a scam. Captive sales at fictitious prices were apt to destroy rather than create value and would generate accounting practices which could no longer be sustained in a private market environment. The argument between IRI's top managers and the technocrats from the Treasury took place in June 1993. Surprisingly, however, IRI (at that time represented by its President, Romano Prodi and its Director General, Enrico Micheli) did not reconsider its plan, at least not immediately, still feeling strong enough to waive aside any objections, despite they having been put forward by representatives of their one and only shareholder.[11]

The second factor that undermined IRI's plans was the scale of ILVA's losses. By early 1993 ILVA was a dying giant. As well as running big operative losses, was heavily indebted to its suppliers as well as to many banks. Consequently, it required large injections of cash from IRI, to the tune of over Lit. 100 billion a month, just to stay alive. In fact, by the end of 1993, ILVA had posted a yearly loss of over Lit. 4,300 billion, its overall level of debt being around Lit. 10,000 billion. Numbers on this scale made attempts at financial engineering and vague promises of future sell-offs pale into insignificance. Even the finest brains in IRI could not find a way around these numbers.

The third significant actor to undermine IRI's plans was the Commission, who played a crucial role in settling the argument in favour of immediate privatization. There was a long history of controversies, followed by

---

fascicolo "Iri Spa, Verbali Consiglio Amministrazione" (Ilva: criteri di bilancio, 31.12.1992; Lineamenti per il programma, 15.04.1993 and Ilva progetto di ristrutturazione, 28.04.1993).

[11] ACS, ASIRI, AU, Organi Deliberanti, CdA, Libri Verbali, busta DG 541, fascicolo "Iri Spa 'Verbali Consiglio Amministrazione'", 17.06.1993 ("Ilva stato di attuazione del piano di riassetto").

patched up agreements between the EC Commission on one side and the Italian government, IRI and ILVA, on the other. One might quote here the long tussle over the fate of Bagnoli, the closure of which had been repeatedly requested by Brussels, at least since 1984, only to meet an incredibly long string of excuses, delays and outright rejections from the Italian side. In fact, in 1993, Bagnoli's rolling mills were still in operation.[12]

By 1993, however, the Commission had manoeuvred itself into a strong position. Throughout the 1980s legislation on State aids, in accordance with article 4(c) of the ECSC Treaty had been progressively tightened. A number of Steel Aids Codes had been issued, which, had succeeded in restricting State subsidies, of whatever kind, to very special circumstances. In addition a procedure for special emergencies had been worked out, under art. 95 of the ECSC Treaty – broadly mirrored by art. 92(c)3 of the Treaty of the EU – according to which governments could still ask permission to recapitalize their steel industry, but their request, in order to be accepted, had to be matched by corresponding cuts in capacity. The Commission, finally, had also equipped itself to deal with the problems of state-owned industries such as ILVA, by elaborating the "public investor principle" (first spelled out in the ECSC Steel Aid Code of 1981), which, at least formally, preserved the neutrality between public and private ownership embedded in the Treaties. According to this principle there is no State aid only if the same investment or recapitalization carried out by a public company could be, credibly, undertaken by a private investor, expecting a normal return on his money. Everything else was considered an infringement of art. 4(c).[13]

By the early 1990s the Commission, backed by the Court of Justice, had tightened its grip on State aid legislation, restricting the options open to Member States. Clearly Brussels could still be resisted in the name of the national interest, but it was increasingly difficult to do so, particularly when the country, as was the case for Italy, was dangerously exposed. Thus IRI's plan to create a new, publicly owned company, came under scrutiny by the Commission in the spring of 1993. The omens for the

---

[12] BALCONI M., « La gestione comunitaria della crisi siderurgica (1975-1987) », in MALAMAN R., RANCI P. (eds.), *Le politiche industriali della CEE,* Il Mulino, Bologna, 1988, pp. 15-55; Idem, « Bagnoli puo' vivere », in *Micromega,* 3(1989), pp. 98-108 ; ACS, IRI, AU, Rapporti esterni, Rapporti internazionali, DIC, busta RAP INT 168, fascicolo "Servizio EEC", "Appunto. Aiuti di Stato, (IRI, ENI, EFIM, ILVA)", 09.07.1993 ; SMITH M.P., « Autonomy by the Rules: The European Commission and the Development of State Aid Policy », in *Journal of Common Market Studies,* 1(1998), pp. 56-78.

[13] MONTI M., « Competition and the ECSC Treaty. The regulation of anti-trust, concentrations and State aid », in COMUNITÀ EUROPEA, *CECA EKSF EGKS EKAX ECSC EHTY EKSG 1952-2002,* Office des publications officielles des Communautés européennes, Luxembourg, 2002, pp. 159-166; EHLERMANN C.D., « State aids Under European Community Competition Law », in *Fordham International Law Journal,* December (1994), pp. 1212-1229.

Italian side were not very good, since ILVA was already being charged of infringing State Aid legislation for two minor recapitalizations carried out in 1991 and 1992. Examining IRI's latest plans, the Commission very rapidly came to the conclusion that creating a new company could only mean cancelling ILVA's massive debts. It made very little of IRI's financial engineering: IRI, the Commission noted, had huge problems of its own, how could it conceivably find fresh capital for ILVA? Nor was the Commission swayed by legal arguments referring to Italy's civil code, whereby IRI, owning the entire capital of ILVA, claimed to be automatically responsible for ILVA's survival and was, therefore, entitled to recapitalize it. This, argued the Commission, might well have been legally true, but the only credible response was for IRI to shed its role of sole shareholder and seek private sector involvement. In sum, Brussels's verdict was that IRI was, in fact, asking for a waiver to inject subsidies of Lit. 8,000 billion (4 billion ECU) into ILVA; in order to obtain it, the Commission required IRI to submit plans to cut at least 3 million tons of ILVA's hot rolling capacity.[14]

Cutting capacity was, in fact, an important part of the Commission's strategy. Given that it had identified a large overhang of capacity, equivalent to 30 million tonnes of finished products, in the European steel market, and given that Member States and industries adamantly refused a return to the manifest crisis regime of 1981, Brussels intended to use State aid legislation as a means to force industries to restructure.[15] Italy, a weak link, was the ideal testing ground. The Commission therefore requested that IRI/ILVA close down 3 million tons, hinting that it might be necessary, among others, to shut down one of the two wide strip mills at the Taranto plant. If this had happened, however, IRI's strategy of building a new viable company would have been in tatters, since it was difficult to imagine any future private sector involvement in a company so deprived of one of its key units.

Confronted with a threat of imminent legal action by Brussels, in July 1993, IRI's options clearly narrowed; they became finally convinced that it was time to release their grip on steel. The decision was, therefore, taken to negotiate with Brussels in order to soften the required cuts, offering in return a timetable leading to the full privatization of ILVA. During

---

[14] ACS, ASIRI, AU, Rapporti Esterni – Rapporti internazionali, DIC, busta RAP INT 168, fascicolo "Servizio EEC", Karol Van Miert, Commissione, al Ministro Beniamino Andreatta, Oggetto: Aiuti di Stato Italia, 14.07.1993; ACS, ASIRI, Direzione generale, Documentazione con codice (16.01), CdA, busta DG 44, fascicolo "Ilva stato di attuazione del piano di risanamento, Rapporti IRI-CE, 17.06.1993.

[15] VANDERSEYPEN G., « La politique de restructuration sidérurgique: un bilan nuancé », in *Revue du Marché commun et de l'Union européenne*, March (1995), pp. 160-168; CHÈROT J.Y., *Les aides d'État dans les Communautés européennes*, Economica, Paris, 1998, p. 4.

the fall of 1993 the deal was done: ILVA was split into three parts, two of which, ILP and AST, were put on the market immediately, with the commitment to sell them off within one year (a deadline later extended by three months for ILP). Capacity cuts, in return, were scaled down to 2 million tons to which, however, Taranto would contribute by stopping just two reheating furnaces, while, on the other hand, it was allowed to keep both of its wide strip mills in production. A firm commitment, on the other hand, was secured by Brussels that ILVA should shut down the wide strip mill in Bagnoli, which was to be either dismantled or sold outside Europe, thus putting an end to a long controversy. Recapitalization was brought down to around Lit. 5,000 billion (2.5 billion Ecu); the rest of the amount needed to offset ILVA's remaining losses would derive from the proceeds of the sale of ILP and AST, estimated at over Lit. 4,000 billion. The deal was approved by the EU Council of Ministers in December 1993 and finalized by the Commission a few months later.[16]

In conclusion, my research supports the notion that privatization of Italy's public steel was, to a certain degree, forced upon IRI by the EU Commission. There were, however, two contributory causes: one was that while IRI was still powerful, it no longer commanded the unstinting support of the Italian government, part of which had come to embrace a more free-market approach. The second factor, which was more compelling, was that simply too much money was needed to put ILVA on its feet again, at a time when resources in the public sector were scarce. IRI, therefore, had to surrender to Brussels. In fact, in the end, it had itself mainly to blame. One question that my research has not been able to answer satisfactorily is how far the Commission, in dealing with the Italian case, was acting under pressure from other member states, keen to weaken Italy's steel industry. Undoubtedly there is evidence that some pressure was indeed exercised.[17] However, the evidence does not support a blatant case of regulatory capture by Italy's competitors; rather it would seem the Commission favoured a compromise, which can be seen as a reasonable outcome to a long festering problem.

---

[16] ACS, ASIRI, AU, Direzioni Pianificazione e controllo, busta DPC, 68, Ilva in Liquidazione 1993/1994, Decisione della Commissione relativa alla concessione da parte dell'Italia di aiuti di Stato alle imprese siderurgiche del gruppo pubblica (ILVA) c (94) 423, April 1994. The decision by the Commission was the C(94) 423.def.

[17] Evidence of pressures on the Commission by member states against ILVA in: ACS, ASIRI, Rapporti esterni. Rapporti internazionali. Dic, Servizio EEC, Busta RAP INT 168, 26.01.1993; Nota di dossier. Ilva/CEE, Ricapitalizzazione L. mldi 650. Cronistoria. On the broader subject of the process leading to the privatization of IRI see, in particular, the agreement between the Italian government and the Commission, known as the Andreatta-Van Miert agreement. According to this agreement the Italian government was to progressively scale down its share ownership of IRI and to reduce IRI's debts to a "normal" level by 1996. See BIATTI S., *Gli aiuti di Stato alle imprese nel diritto comunitario*, Giuffrè, Milano, 1998, pp. 330-333.

DE LA LIBRE CONCURRENCE ET DES CARTELS

ABOUT FREE COMPETITION AND CARTELS

Un comptoir de vente particulier : Columeta

Gérald ARBOIT

Centre français de recherche sur le renseignement, Paris

La marque choisie par les concepteurs du comptoir de vente des *Aciéries réunies de Burbach-Eich-Dudelange* (Arbed) au sortir de la Première Guerre mondiale témoignait du souci de répondre aux deux principaux problèmes des entreprises sidérurgiques de l'après-guerre, celui des approvisionnements et des débouchés. À Paris, le lieutenant Gaston Barbanson avait pu prendre connaissance, dans une édition du *Bulletin de la Société de l'Industrie minérale* de 1916, des théories de l'organisation formelle du travail d'Henri Fayol. Parmi ses principes d'*Administration industrielle et générale*, le directeur de la société de *Commentry, Fourchambault et Decazeville* n'avait-il pas problématisé le mieux les enjeux des entreprises européennes de l'après-guerre, et particulièrement luxembourgeoises ? Ainsi avait-il écrit : « La prospérité d'une entreprise industrielle dépend souvent de la fonction commerciale autant que de la fonction technique ; si le produit ne s'écoule pas, c'est la ruine. Savoir acheter et vendre est aussi important que de savoir bien fabriquer ».[1]

La marque du Comptoir Métallurgique Luxembourgeois SA représente une gerbe de blé liée ; au milieu le mot « Columeta » ; à la base de la gerbe, le mot : « Luxembourg ». Entre « Columeta » et « Luxembourg » une faucille sur deux marteaux. Tout au-dessus les mots : « Scories Thomas gar. pur ».

---

[1] « Administration industrielle et générale », in *Bulletin de la Société de l'Industrie Minérale*, 10(1916), pp. 5-164. Rééd. Dunod, Paris, 1918.

Cette gerbe de blé, sur laquelle prenait place une faucille sur deux marteaux, entendait montrer le caractère paternaliste de la Société, fondement d'un « État Arbed », autant que la complexité de la sidérurgie de l'époque, consommant du minerai – les marteaux – et produisant des déchets, les scories, dont l'agriculture était friande – la faucille. Cette étrange réunion de deux secteurs économiques différents autant qu'antinomiques faisait aussi écho à l'action « humanitaire » de l'Arbed, chargée de nourrir ses employés et ouvriers pendant la Guerre, suite au ralentissement de l'activité.

Cette marque faisait aussi un écho au sentiment des dirigeants de l'Arbed à propos du nouvel ordre économique. Les buts de guerre allemands, français et belge, et notamment les contributions que les industriels purent y apporter le montraient bien, avaient tous plaidé pour un retour aux pratiques libérales – au travers de la clause de la nation la plus favorisée – qui prévalaient avant 1914. Au Grand-Duché, qui quittait non seulement le *Zollverein* (union douanière allemande) dès décembre 1918, mais aussi les syndicats professionnels du Reich, plus qu'ailleurs peut-être, on savait qu'il ne s'agissait que d'une illusion. L'avenir serait à ceux qui voudraient « aller à travers le monde, à la périphérie de la consommation », jusqu'aux États-Unis et au Japon, même si, depuis l'été 1915, figuraient « en première ligne la Hollande, suivie des pays scandinaves et de la Suisse ».[2]

La situation du monde au lendemain du 11 novembre 1918 imposait donc de nouvelles approches commerciales. Émile Mayrisch et Gaston Barbanson poursuivirent leur approche de la Première Guerre mondiale, fondée sur une réelle vision entrepreneuriale du renseignement, abordant pragmatiquement l'environnement de l'entreprise. La paix revenue, le renseignement économique, auxquels seuls quelques-uns avaient réellement pensé, devenait une arme adaptée à la conquête de ces nouveaux marchés. Toutefois, alors que Français et Belges liquidaient les services constitués pendant le conflit au profit d'une hypothétique « mobilisation économique », l'approche luxembourgeoise renouvelait la pratique des agences privées de renseignement en constituant la première structure de veille permanente au sein d'une entreprise. L'autre intérêt de la chose était qu'elle s'insérait sous couvert d'un comptoir de vente, la *Columeta* (abrégé de *Comptoir Métallurgique Luxembourgeois SA*), et sous la forme d'une société externalisée par rapport à l'Arbed.[3]

---

[2] ARBED [Archives des Aciéries Réunies de Burbach-Eich-Dudelange], P.XXXVI (36), Barbanson à Despret, 04.10.1921 ; ANLux [Archives nationales de Luxembourg], AE 466/3, Mayrisch : État de l'industrie du Grand-Duché de Luxembourg et sa situation internationale, 20.03.1918.

[3] Cette étude s'inscrit dans le cadre d'une bourse de recherche et de formation du Fonds national de la recherche luxembourgeois.

Le service de documentation
de la sidérurgie luxembourgeoise

Le 20 novembre 1918, le retour de Gaston Barbanson, lieutenant auxiliaire d'administration pour la durée de la guerre, dans une Belgique libérée, signifiait également la reprise des relations avec Émile Mayrisch, après onze mois d'interruption. Peut-être avaient-elles même recommencé quelques semaines plus tôt par un moyen inconnu ?[4] En effet, une proposition du directeur général technique de l'Arbed à la séance de la Commission d'étude des problèmes économiques posés par la guerre et ses conséquences éventuelles du 12 octobre précédent pouvait le laisser entendre. Ce jour-là, Mayrisch avait suggéré que le gouvernement grand-ducal créât « un bureau central de renseignement commercial et industriel » pour « se renseigner d'une manière aussi rapide et sûre que possible des affaires quelconques, concernant l'industrie et le commerce allemand ».[5] Ainsi précisait-il un peu plus ses pensées sur l'organisation de l'expansion commerciale que le pays devait adopter pour l'après-guerre, notamment en développant son réseau diplomatique et en lui associant systématiquement une chambre de commerce évoquée dans son rapport du printemps. Six semaines plus tard, l'agent 45-A du service des renseignements du Deuxième bureau français, à Annemasse, était en mesure de présenter une « société pour l'extension commerciale du Grand-Duché dont le but inavoué serait de travailler comme intermédiaire entre la France et l'Allemagne ». L'emploi du terme « extension » en lieu et place d'« expansion », concept encore peu usité en France montrait que l'informateur était d'évidence Luxembourgeois.[6] Ainsi pouvait-il attribuer la paternité de cette idée à « la grosse industrie ferroviaire qui ne désir[ait] pas rompre avec l'Allemagne » et en confiait-il la mise en œuvre au « Directeur Général de l'Arbed […] qui joui[ssait] d'une grande influence dans les milieux gouvernementaux luxembourgeois ».[7] Malgré son évidente teneur antiallemande et hostile à la seule entreprise sidérurgique réellement luxembourgeoise,

---

[4] MRAHM [Musée royal de l'armée et d'histoire militaire, Bruxelles], Dossier personnel, Barbanson, 13736, Arrêté royal du 05.03.1918 ; Barbanson à Broqueville, 20.03.1918].

[5] ANLux, AE 466/8, Procès-verbal de la réunion de la Commission d'étude des problèmes économiques posés par la guerre et ses conséquences éventuelles, 12.10.1918.

[6] Il n'apparaît en effet qu'avec la loi du 25.08.1919, bien que depuis 1915 il existât une Association nationale d'expansion économique. Cf. KEROUREDAN G., *Un aspect de l'organisation patronale au XX*e *siècle : l'Association nationale d'expansion économique (décembre 1915-mars 1951)*, Thèse de doctorat, Paris I-Panthéon-Sorbonne, 1986.

[7] AMAE [Archives du ministère des Affaires étrangères, Paris], Europe, Z, Luxembourg, 27, f. 3-4.

mais également son sentiment antibelge, cet informateur semblait néanmoins bien introduit dans le milieu qu'il décrivait. Peut-être comptait-il même parmi la quinzaine de membres de la Commission d'étude ? Pour autant, il n'était pas un familier de Mayrisch, bien qu'il semblât être au fait des affaires de l'Arbed ; en effet il ne l'accusait pas de fabriquer du matériel de guerre ! Sinon aurait-il impliqué Barbanson dans la paternité de cette agence d'information. En effet, la succincte présentation du directeur général de l'automne 1918 était semblable, bien qu'adaptée à la situation luxembourgeoise, à celle que son actionnaire avait fait au Premier ministre belge Charles de Broqueville au printemps 1917.[8]

De même, il était peu probable que cette « société pour l'extension commerciale » vît le jour, à tout le moins sous la forme qu'évoquait l'agent 45-A. Entre la succincte proposition de Mayrisch et son rapport au service des renseignements d'Annemasse, il ne se passa pas un temps nécessaire à la mise en œuvre d'un « bureau central de renseignement » de l'ampleur présentée. L'idée de Mayrisch n'était d'ailleurs pas aussi précise que le laissait entendre l'informateur clandestin. Dans l'immédiat, il n'entendait pas à autre chose qu'une structure légère au sein de la Commission d'étude ; elle serait chargée d'assurer une veille documentaire sur les évolutions intéressant le commerce et l'industrie luxembourgeoise, c'est-à-dire l'objet de la mission de la Commission, tandis que lui et Antoine Lefort, le chargé d'affaires luxembourgeois à Berne, apporteraient des informations de première main, provenant de leurs réseaux en Rhénanie et en Sarre, ainsi que de la presse libre, comme la *Neue Züricher Zeitung*. Même dans une configuration aussi simple, le premier problème restait l'accès aux informations ouvertes. L'Arbed recevait bien certains journaux allemands, comme la *Frankfurter Zeitung* et la *Kölnische Zeitung*, qui rapportait aussi, parfois, les propos de quotidiens français ou britanniques. Mais cela ne suffisait d'évidence pas pour une bonne information, fût-elle limitée au Reich. Le président de la Commission d'étude, le conseiller d'État Joseph Steichen, regrettait ainsi, le 27 juillet 1918, de ne pas avoir accès au *Journal officiel* de la République française en plus de *L'Économiste* pour « faire connaître les mesures prises ou à prendre dans le domaine économique, tout en les commentant et en les discutant dans leur portée ».[9] La situation changea du tout au tout après le 11 novembre. Dès le lendemain de l'Armistice, même la *Luxemburger Zeitung* pouvait

---

[8] AGR [Archives générales du Royaume, Bruxelles], Fonds Broqueville, 43, Barbanson à Broqueville, 26.04.1917.

[9] ANLux, AE 466/8, Procès-verbal de la réunion de la Commission d'étude des problèmes économiques posés par la guerre et ses conséquences éventuelles, 27.07.1918.

publier un compte-rendu d'une étude de Robert Pinot, secrétaire général du Comité des Forges de France.[10]

Cette veille organisée empiriquement à Luxembourg au lendemain de la Première Guerre mondiale trouvait son origine autant dans la diffusion de la machine à écrire que dans l'élaboration de nouveaux processus cognitifs amplifiés par le conflit. Comme la dactylographie de ces articles ne se comprenait « que sous la forme d'un feuillet individuel »,[11] l'action de renseigner résultait de son analyse et de son traitement. Les services de renseignements de l'Entente comme de la Triplice n'avaient pas procédé différemment pendant quatre ans. Les Bulletins de renseignement édités par les services de Belfort ou la Section de contrôle des renseignements, comme ceux du renseignement aérien, publiés à compter du 31 août 1917 seulement, procédaient tous des mêmes principes : classement thématique et présentation raisonnée des informations, avec identification de leurs sources. Diffusés à plusieurs centaines de correspondants, dans les états-majors de ligne ou d'arrière, et même aux services alliés, ces publications finirent bien par arriver entre les mains de Barbanson, très certainement par Frédéric François-Marsal, son contact à l'état-major-général, puis du cabinet du ministre de la Guerre. Rien d'étonnant que cette façon de traiter l'information passât la guerre finie dans le monde de l'économie, non seulement grand-ducale, mais aussi française et belge.

La seule différence tint dans les structures informationnelles préexistantes. L'existence de syndicats professionnels comme le Comité des Forges de France et le Groupement des hauts-fourneaux et aciéries belges, ayant développé de longue date leurs propres bureaux d'information et leurs propres supports de publication, pouvait expliquer à elle-seule la disparition des services de renseignement économique mis en place pendant la guerre. La problématique était toute différente au Grand-Duché. Non seulement il n'existait pas d'organisme professionnel de la taille de ses confrères français et belges. Mais les sidérurgistes luxembourgeois se retrouvaient, du fait de la défaite allemande autant que d'une décision gouvernementale qu'ils avaient impulsée, en dehors des syndicats du Reich auxquels ils appartenaient depuis leur création. En effet, l'Association des ingénieurs luxembourgeois, rebaptisés Association Luxembourgeoise des Ingénieurs et Industriels (1922), et son bulletin mensuel *Revue technique luxembourgeoise*, ressemblaient plutôt à une corporation médiévale qu'à un groupe de pression. Et même si le gouvernement pouvait lui demander son avis, comme en 1906, sur la

---

[10] « Zukunftspläne der französischen Schwerindustrie », in *Luxemburger Zeitung*, 12.11.1918.

[11] GARDEY D., *Écrire, calculer, classer. Comment une révolution de papier a transformé les sociétés contemporaines (1800-1940)*, La Découverte, Paris, 2008, p. 152.

Les mutations de la sidérurgie mondiale du XXe siècle à nos jours

modernisation des usines, les besoins d'industrialisation ou les assurances sociales, l'Association n'intervenait qu'en tant qu'experte et aucunement comme une source d'information.

De la même façon que Paul Wurth entreprit d'organiser la Fédération des industriels luxembourgeois (Fedil)[12] en groupe de pression dès l'armistice, Émile Mayrisch songea à organiser ce « bureau central de renseignement » qu'il avait évoqué devant la Commission d'étude des problèmes économiques posés par la guerre et ses conséquences éventuelles. Dans son esprit, les opérations d'information ne pouvaient être dissociées de celles de vente de la société. À cette époque, il se trouvait à Luxembourg l'ancien directeur de la représentation du Stahlwerksverband à Londres, avant guerre, Bernard Clasen. Cet avocat originaire de Grevenmacher, propriétaire de vignes, s'occupait depuis l'été 1918 de viticulture …[13] Le 28 février 1919, sa nomination comme directeur commercial de l'Arbed le ramenait à son domaine de compétences. Il fallait tout construire puisque l'appartenance des *Hauts-fourneaux et forges de Dudelange* et des *Mines du Luxembourg et des forges de Sarrebruck*, puis de leur successeur, au Stahlwerksverband, les avait dispensé de s'occuper des questions de vente de leurs produits. Dans un rapport du 18 février 1913, l'administrateur Barbanson ne s'était-il pas étonné que « la seule chose qu'on puisse dire de l'organisation commerciale, c'est que nous ne la connaissons pas ».[14] Retenu au ministère des Affaires économiques jusqu'au 1er septembre 1919 et déterminé à y remédier au plus tôt, il avait entre-temps retrouvé Hector Dieudonné, encore ingénieur à Bruxelles. Sur instruction d'Émile Mayrisch, les deux hommes avaient formé la *Société belgo-luxembourgeoise pour le commerce des minerais et métaux* en juin.[15] Dans le même temps, le 15 juillet, preuve que Mayrisch et Barbanson avaient agi dans la discrétion vis-à-vis de leur direction, le commissaire et secrétaire général de l'Arbed, Léon Laval, cousin germain et protégé du premier, faisait enregistrer chez Me Paul Kuborn, notaire de Luxembourg, les statuts de la *Société générale pour le commerce de*

---

[12] Cf. MARGUE P., ALS G., TRAUSCH G., *FEDIL: 1918-1993 : plaquette éditée à l'occasion du 75e anniversaire de la Fédération des industriels luxembourgeois*, Fedil, Luxembourg, 1993.

[13] Le 30 juillet 1918, Clasen avait remplacé son père à la Commission de viticulture Il conserva cette position jusqu'à sa démission le 3 octobre 1919. Quatre mois plus tôt, il avait également démissionné de sa fonction de juge-suppléant du tribunal d'arrondissement de Luxembourg, après dix ans de services [*Mémorial du Grand-Duché de Luxembourg*, 04.08.1918, p. 944 ; 04.10.1919, p. 1125 ; 06.06.1919, p. 616 ; 16.12.1909, p. 1093.

[14] ARBED, P.XXXIV (34).

[15] MRAHM, 13736, Extrait de matricule, 01.04.1924 ; ARBED, AC.6712, Mayrisch à Dieudonné, 28.03.1919; Avis de Me Paul van der Eycken, avocat à la Cour d'Appel, 07.04.1919.

produits industriels (Sogeco).[16] L'idée de constituer un comptoir de vente séparé de la maison-mère finit par s'imposer à mesure qu'avançait la reprise des actifs de la *Gelsenkirchener Bergwerks AG* au Grand-Duché. Elle différait des vues de Clasen qui pensait avoir été nommé à la tête d'un vaste ensemble doté d'un secrétariat central, de bureaux des ventes, des achats, de la comptabilité des commandes, des transports et affrètements, des archives et télégraphique. Elle ne prenait pas plus la direction de la construction de Laval, qui s'était arrangé pour faire connaître sa manœuvre à ses partenaires allemands de l'Industrie-Club de Düsseldorf. Le 16 août 1919, Hugo Stinnes était mis au courant « que le Dr. Lavalle [sic], l'ancien secrétaire général de l'administration de Dudelange a quitté celle-ci [sic] et qu'il vient de fonder avec le concours d'une série de Messieurs bien connus une nouvelle société. Cette société monopolise la totalité des ventes de minettes françaises destinées aux marchés allemand et luxembourgeois ».[17]

L'informateur allait un peu vite en besogne, puisque Laval ne quitta officiellement l'Arbed que le 20 juin 1920, après avoir puisé au plus près les informations sur les conditions de la vente Gelsenkirchener et les avoirs transmis à Théodore Laurent.[18] Par contre, pour ces « Messieurs bien connus », il parlait bien entendu de Nicolas Hoffmann-Bettendorf, dont le nom était apparu dans la conversation du 18 avril entre le président du conseil d'administration de la *Compagnie des forges et aciéries de la Marine et d'Homécourt* et le représentant de la *Deutsch-Luxemburgische Bergwerks- und Hütten-AG*, Heinrich Vehling.[19] Mais il y avait aussi Edmond Muller-Tesch, actionnaire « sédentaire » de l'Arbed, laissant entendre que Laval n'entendait pas vraiment couper avec cette société.[20]

La manœuvre de Barbanson, qui était entretemps rentré à Luxembourg, allait pourtant pousser Laval à franchir le Rubicon. Le 2 février 1920, le nouveau président du conseil d'administration de l'Arbed officialisait la constitution d'une entité commerciale commune aux diverses entités composant l'entreprise, sur le modèle proposé par Clasen, mais

---

[16] *Mémorial du Grand-Duché de Luxembourg*, 19.07.1920, pp. 751-752.

[17] Compte rendu d'une réunion de l'Industrieclub, 16.08.1919, cité par BARTHEL C., *Bras de fer 1918-1929. Les maîtres de forges luxembourgeois, entre les débuts difficiles de l'UEBL et le Locarno sidérurgique des cartels internationaux*, Luxembourg, Saint-Paul, 2004, p. 46.

[18] ANLux, Arbed-01-2157, Laval à Laurent, 14.11 et 08.12.1919. Laval alla jusqu'à demander au ministre des Finances, Alphonse Neyens, « de dresser pour [Laurent] un relevé exact de ces conditions ». *Ibid.*, Laval à Neyens, 15.11.1919.

[19] ANLux, Arbed-01-2160, Vehling à Perrin, 19.04.1919.

[20] ARBED, P.3/A, Mayrisch à Thys, 28.05.1924.

externalisée de la direction générale. Cette société autonome prendrait la forme d'un Comptoir métallurgique luxembourgeois (Columeta), telle une réminiscence du Stahlwerksverband perdu.[21] Surtout, il abritait un véritable « bureau central de renseignement », ainsi que l'avaient imaginé Barbanson, dans son « exil » parisien, et Mayrisch. Aussi n'était-il pas totalement étonnant qu'il se camoufla derrière une marque à la gerbe de blé...

Un service d'information économique

La nouvelle société fut constituée le 30 juin 1920 par l'Arbed et la *Société métallurgique des Terres Rouges*. Les deux sociétés lui concédaient la vente de leurs produits métallurgiques, soit un tonnage de fer et d'acier évalué à deux millions et demi.[22] Le 1er août, la direction et la gérance du comptoir furent confiées à Hector Dieudonné, au grand dam de Bernard Clasen. En fait, les deux hommes avaient des profils trop différents et l'expérience plaidait évidemment pour le premier, ingénieur de formation et gérant de centre de profit de métier depuis 1903. En revanche, le second, avocat-avoué à Luxembourg depuis qu'il avait quitté la délégation britannique du Stahlwerksverband, disposait d'un entregent évident dans la communauté sidérurgique internationale.[23] Clasen fut donc affecté, dans un premier temps, au développement du réseau de succursales et de filiales à l'étranger. Sa première étape fut évidemment Londres, où il était connu. En octobre 1920, il participait à la mission de reconnaissance organisée par Barbanson au Brésil. Il installa un bureau de la Columeta à Rio, poussa en mars 1921 jusqu'à Buenos-Aires avant de retourner en Grande-Bretagne à l'été par Shanghai, Tokyo, où il ouvrit de nouveaux bureaux, et les Indes anglaises et néerlandaises, où aucun partenaire sérieux ne fut retenu.[24] De retour à Londres, il assura la direction de la *Columeta Export Company Limited* (1929) jusqu'à la Seconde Guerre mondiale, alternant des allers et retour vers le Luxembourg. Le 15 juillet 1929, le gouvernement grand-ducal prenait acte de la situation en lui assignant la charge de consul général honoraire près la cour de Saint-James, qui lui conféra l'exequatur le 30 août suivant.[25] Avec Norbert Le Gallais remplissant les mêmes fonctions près

---

[21] *Mémorial du Grand-Duché de Luxembourg*, 04.03.1921, p. 202.

[22] *Annuaire des sociétés par actions en Alsace et Lorraine, Luxembourg, Sarre*, Sogenal, Strasbourg, 1922, p. 524.

[23] *Journal of the Iron and Steel Institute*, 85(1912), p. 2.

[24] Cf. ANLux, Arbed-02-382 et Arbed-02-402.

[25] Le 23.06.1941, la société fut mise sous séquestre pendant la durée du conflit comme bien ennemi et gérée par le liquidateur Horace Evelyn Sier, expert-comptable de Viney,

le gouvernement royal à Luxembourg, les relations diplomatiques entre les deux pays étaient gérées par l'« État Arbed ».[26]

La société britannique de la Columeta s'ajoutait à un réseau de six filiales principales créées dans la foulée de la maison-mère. En parallèle de celle de Bruxelles, au printemps 1919, le directeur-général de l'Arbed avait enjoint André Vicaire à prendre

> soin de [ses] intérêts en France, dans le sens le plus étendu ; vous aurez plus spécialement à soutenir ces intérêts vis-à-vis de l'administration française, ainsi que dans les groupements, syndicats et organisations avec lesquelles nous aurons à traiter. […] Le placement de nos produits ainsi que l'organisation de la vente, év[entuellement] de l'achat, rentrent dans vos attributions.[27]

Comme à Londres, le bureau initial fut transformé en société indépendante le 1er juillet 1926,[28] de même forme qu'à Bruxelles. À cette nouvelle entité s'en ajoutaient trois autres, à Bâle,[29] à Rotterdam et à Cologne. Si les deux premières s'inscrivaient dans la stratégie de déploiement vers les pays neutres exposée au printemps 1918 par Mayrisch, le choix du port néerlandais s'inscrivait résolument dans une stratégie d'ouverture sur le monde. La même logique présida à la création de la *Société de transports et d'affrètements* (Transaf), cette fois dans le port belge voisin et concurrent d'Anvers, le 16 juin 1922.[30] La dernière société prenait appui sur une structure existante, l'*Artewek Handelsgesellschaft für Berg- und Hüttenerzeugnisse mbH* du Kommerzienrat Carl Ludwig Schneider, réorganisée en octobre 1920 par Karl Heimann-Kreuser, un autre transfuge de la Gelsenkirchen après Heinrich Vehling.[31]

Price & Goodyear. *The London Gazette*, 04.07.1941, p. 3848 et 25.10.1925, p. 6764. Cf. aussi *Mémorial du Grand-Duché de Luxembourg*, 12.10.1929, p. 921.

[26] Il gérait également une autre relation, moins intéressante toutefois pour ses affaires industrielles, avec l'Albanie, dont Albert Calmes était le consul général *ad honoram* [*Mémorial du Grand-Duché de Luxembourg*, n° 55, 26/10/1923, p. 617].

[27] Cité par BARTHEL C., *op. cit.*, p. 135.

[28] Archives Arcelor Real Estate France (Florange), AMF 24/14, Société française Columeta à Société minière des Terres Rouges, 24.11.1926 et Archives privées, Société minière des Terres Rouges, Registre des délibérations du conseil d'administration, 1919-1943, 18.02.1927. La Société minière avait souscrit 31 % du capital de 500 000 francs.

[29] Cf. ANLux, Arbed-02-379.

[30] LOYEN R., BUYST E., DEVOS G. (dir.), *Struggling for leadership: Antwerp-Rotterdam port competition between 1870 and 2000*, Physica Verlag/Springer-Verlag Company, Heidelberg/New York, 2002. Voir aussi ARBED, P.XXXVI (36), Réunion du conseil d'administration, 23.06.1922.

[31] BARTHEL C., *op. cit.*, p. 136.

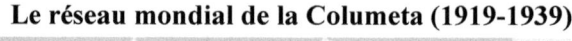

Le réseau mondial de la Columeta (1919-1939)

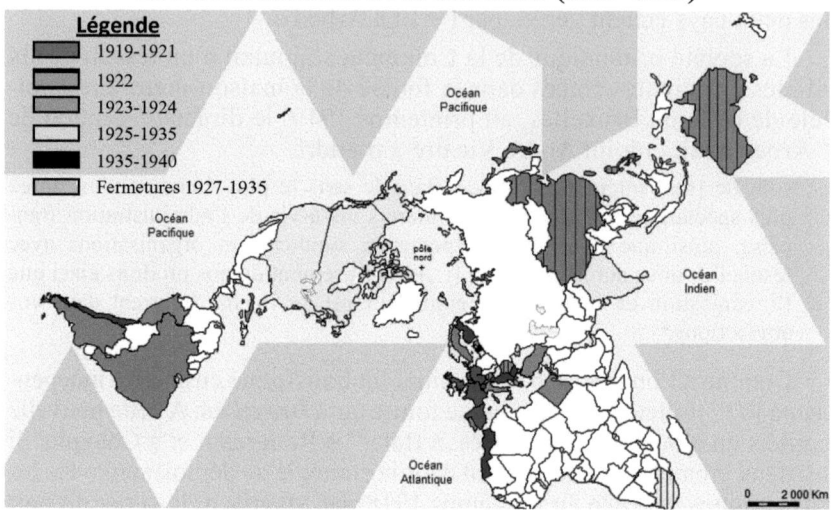

Les six filiales de la Columeta, auxquelles s'ajoutait aussi celle de Buenos-Aires, devaient donner naissance à un vaste réseau de cinquante-sept succursales en Europe (49 %), en Amérique du Nord (5 %) et du Sud (11 %), en Afrique (3 %), au Proche-Orient (14 %), en Asie (16 %) et Océanie (2 %) entre 1919 et 1939. Ce déploiement planétaire supputait l'existence d'un marché mondial des produits sidérurgiques, aussi bien à l'exportation qu'à l'importation. Ainsi en allait-il du développement économique argentin et japonais, où le comptoir luxembourgeois ouvrit ses premiers bureaux ultramarins, qui reposait sur une analyse optimiste de l'ouverture de leurs économies, alors que le Brésil n'apparaissait que comme un fournisseur de matières premières.[32] Rapporté aux ventes des usines luxembourgeoises du groupe Arbed-Terres Rouges entre 1919 et 1939, l'importance de ce réseau ne se retrouvait pas véritablement : l'Europe comptait pour 74,3 %, l'Amérique du Nord 2,4 %, l'Amérique du Sud 7,8 %, le Proche-Orient 2,6 %, l'Asie 9,9 % et l'Océanie 3 %. L'apparente légèreté de ces choix apparut clairement dès les premiers ralentissements de l'économie mondiale qui se manifestèrent, à partir de 1927, par une stagnation dans certaines zones, par des tensions protectionnistes dans d'autres. Dans les huit années qui suivirent, dix-huit représentations furent néanmoins abandonnées (= 24 % dont, en Europe

---

[32] L'Argentine absorbe 3,38 % des productions des usines luxembourgeoises du groupe Arbed-Terres Rouges entre 1920 et 1939 ; Le Brésil ne comptait que pour 1,08 %. Cf. CHOMÉ F., *Un demi-siècle d'histoire industrielle 1911-1964*, Arbed, Luxembourg, 1964, pp. 174 et 196.

centrale 22 %, en Amérique latine 6 %, en Afrique 6 %, au Proche-Orient 17 %, en Asie 44 % et en Océanie 6 %). Seule la succursale de Madrid fut liquidée en 1929 et remplacée par un représentant local, la *SA Vers*, une importante société madrilène de construction et de réparation de matériel ferroviaire.[33]

Les chiffres d'affaires de la Columeta et de la Sogeco (1920-1937)

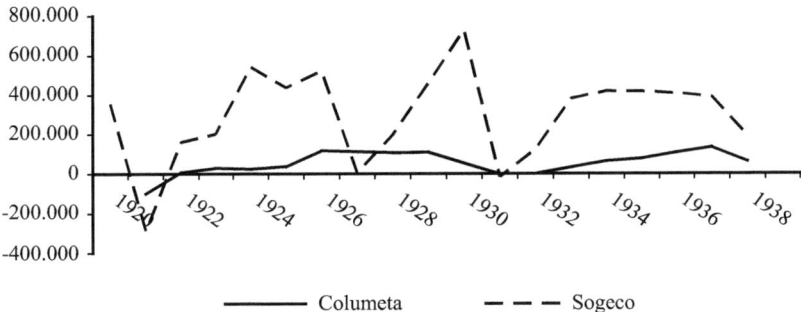

Ces replis tactiques se répercutèrent sur le chiffre d'affaires du comptoir. La comparaison avec la Sogeco était édifiante. Ce concurrent avait adopté la même stratégie de développement que la Columeta ; depuis janvier 1921, elle s'était mise au service du concurrent d'Arbed au Grand-Duché, les *Hauts-fourneaux et Aciéries de Differdange-St.Ingbert-Rumelange* (Hadir), ainsi que des aciéries lorraine de *Rombas* et sarroise de *Dillingen* appartenant au groupe de Théodore Laurent. Toutefois, elle présentait moitié moins de filiales et d'agences ; en 1924, année de son développement maximum, elle n'en comptait que vingt-six. L'Europe était au cœur de son d'activité (73 %), avec une surreprésentation évidente de l'Allemagne (26 %), et le même pari avait été fait à propos de l'Amérique du Sud (15 %). L'Amérique du Nord, l'Asie et l'Océanie ne figuraient que pour 4 % chacun.[34] Ces marchés n'étaient pas jugés prioritaires pour le développement ni du comptoir de vente, ni des sociétés sidérurgiques qu'il représentait. À telle enseigne que cinq ans plus tard, alors que le groupe sidérurgique s'était retiré de son capital (ce retrait s'était effectué depuis deux années au profit d'une structure plus intégrée, filiale du Comité des Forges de France, rebaptisée *Dépôts et agences de vente d'usines métallurgiques* dite Davum-Exportation), elle échangea

---

[33] Cf. ANL, Arbed-02-444 et 445.
[34] *Annuaire des sociétés par actions ...*, *op. cit.*, 1924, p. 630. Cf. WAGNER C., *La sidérurgie luxembourgeoise sous les régimes du Zollverein et de l'Union économique belgo-luxembourgeoise*, Impr. artistique luxembourgeoise, Luxembourg, 1930, p. 131.

Les mutations de la sidérurgie mondiale du XXe siècle à nos jours

ces trois agences contre deux nouvelles, l'une dans les Indes anglaises, l'autre dans l'Union Sud-africaine.[35] Nonobstant le non-renouvellement de la convention qui la liait aux entreprises de Théodore Laurent en décembre 1927, mais qui était prévisible depuis le début de l'année, la Sogeco présentait une rentabilité financière de 79 % supérieure à celle de la Columeta. Dans le même temps, elle présentait une faible résistance aux crises économiques, la récession de 1921 ayant amené Hadir à entrer dans son capital à l'occasion d'une augmentation de capital de un à trois millions, lors de son assemblée générale extraordinaire de janvier, celle de 1929 obligeant ses premiers actionnaires, comme l'affairiste Nicolas Hoffmann-Bettendorf ou le banquier luxembourgeois Max Lambert, à intervenir pour six millions supplémentaires en avril 1930.[36]

Une autre explication pouvait être avancée pour expliquer la différence de chiffre d'affaires entre les deux comptoirs. La Sogeco était réellement un comptoir de vente au seul profit des usines qui lui étaient affiliées. De son côté, la Columeta était aussi un « bureau central de renseignement » ; spécialement organisée pour assurer la vente des produits de l'Arbed et des Terres Rouges, elle recueillait également une documentation abondante par le biais de ses correspondants répartis dans le monde entier. Son organisation était confidentielle, ses dix services s'identifiant simplement par des initiales obscures, que seuls les effectifs permettaient de tenter d'identifier. La base de toute réflexion doit être le plan d'organisation de Clasen présenté au printemps 1919. Par diverses indiscrétions transparaissant de la documentation, il est possible d'affirmer que les services N et W ne furent agrégés qu'en 1933, le premier en lien avec la reformation de l'Entente Internationale de l'Acier, le second suite à la prise en charge par Columeta du service commercial de Dommeldange ; cette année-là, le personnel passa de cent à cent-dix personnes, pour se maintenir peu ou prou à ce niveau jusqu'en 1939 (cent-huit employés). Le service F était assurément celui des transports, de même que le E, dirigé depuis le 15 janvier 1923 par Jean-Pierre Zanen, ingénieur agronome et docteur en sciences naturelles, était chargé des scories Thomas. Pareillement, suite au départ du secrétaire général Paul Palgen, fin avril 1925, et à la découverte de fuites relatives à la vente des scories, sept mois plus tard, le service central des archives, logiquement rattaché au secrétariat général et occupant deux employés, fut supprimé.[37]

---

[35] « Le Comité des forges et ses filiales », in *Les documents politiques, économiques et financiers*, janvier 1933, p. 31 ; *Annuaire des sociétés par actions ..., op. cit.*, 1929 et 1931, p. 855 resp. 171. Cf. ANL, Arbed-02-0020 et Centre des archives du monde du travail (Roubaix), 65 AQ K 514.

[36] *Annuaire des sociétés par actions ..., op. cit.*, 1937, p. 698.

[37] ANL, Arbed-02-0467, passim ; Arbed-03-0025, Turk à Brasseur, affaire Dismer, 04.12.1926. Cf. aussi *Mémorial du Grand-Duché de Luxembourg*, 10.03.1921, p. 216.

Essai d'identification des services de la Columeta (1939)

Initiale	Effectifs	Dénomination du service	Chef de service
A	14	Ventes ?	Mathias Faber
B	16	Achats ?	Michel Roller
C	14	Comptabilité des commandes ?	Michel Goedert
D	4	Feuillards	Hugues Le Gallais
E	4	Scories Thomas	Jean-Pierre Zanen
F	12	Transports et affrètement	Arthur Daubenfeld
H	15	Comptabilité ?	Pierre Conradt
N	4	Centralisation des comptoirs (1933)	Nicolas Schmit/Marc Goedert
W	7	Commercial de Dommeldange (1933)	Albert Weirich
S.G.	5	Secrétariat général	Fernand Turk/Raymond Blanpain
S.G./Exp	3	Secrétariat général, Expédition	
S.G./P	4	Secrétariat général, Bulletin quotidien	
S.G./Ch	4	Secrétariat général, statistique	

Relativement au « bureau central de renseignement », il se composait de deux entités rattachées au secrétariat général : le bureau statistique et celui du *Bulletin quotidien*. Émile Mayrisch semblait avoir toujours considéré l'information statistique comme un élément important de compétitivité. Encore à Dudelange, il avait fait suivre de cette façon l'environnement de son entreprise, qu'il s'agît de la métallurgie belge en 1913 ou des mouvements du commerce, de l'industrie et de l'agriculture avant 1914 et pendant le conflit.[38] Ce souci s'amplifia pendant la Première Guerre mondiale, au point qu'il n'hésita pas à embaucher André Widung, l'ancien secrétaire de la Commission permanente de statistique luxembourgeoise (1908-1914), après son expulsion par les autorités italiennes fin 1917-début 1918. Un an plus tard, l'étoile de l'homme sembla pâtir de l'incident parlementaire provoqué au moment de la publication de son rapport favorable à la France.[39] À moins que son importance ne fut éclipsée qu'à compter du 1er février 1922, avec l'arrivée d'Albert Calmes, docteur en sciences économiques comme lui, pour coiffer les services

---

[38] ANLux, AE 466/1, Mayrisch à Schefchen, 27.09.1919 ; AE 466/8, Commission d'étude des problèmes économiques posés par la guerre …, 20.10.1917 ; AE 466/7, Statistik des Außenhandels und Handelsbilanz des Großherzogtums Luxemburg (21.12.1916), Die Landwirtschaft im Großherzogtums Luxemburg (18.01.1917), Die Luxemburgische Landwirtschaft unter veränderten Verhältnissen und ihre Intensivierung (25.01.1917), Luxemburg in wirtschaftlicher Abhängigkeit vom Auslande (23.10.1917).

[39] ANLux, AE 466/2, Widung à Steichen, 22.02.1919 ; AE 466/8 ; ARBED, AC.208, Incident Widung, Commission d'étude des problèmes économiques posés par la guerre …, 01.03.1919. Cf. aussi BARTHEL C., *op. cit.*, pp. 177-178.

économiques. Toujours est-il qu'il ne fit pas carrière ni à l'Arbed ni à la Columeta dans l'entre-deux-guerres ; le 24 mai 1934, un arrêté grand-ducal l'agréa comme mandataire général de la compagnie bruxelloise d'assurances *Union et Prévoyance* pour le Grand-Duché.[40]

À la Columeta, le poste de chef du service de statistique fut occupé jusqu'au 1er juin 1926 par Henri Dismer ; les raisons de sa rapide accession à ce poste – il était entré à la direction commerciale de l'Arbed le 15 janvier 1919 et était passé à la Columeta dans les mois suivants comme « commis » – étaient aussi obscures que la disgrâce de Widung, apparemment sans relation aucune. Le bureau de statistique appartenait au secrétariat général, où se trouvaient le service expédition et, jusqu'en novembre 1925, les archives centrales. Il cohabitait avec un second service composant le « bureau central de renseignement », plus par proximité d'objectif que par nécessité de collaboration. En effet, le service du *Bulletin quotidien* s'occupait uniquement de renseigner « les nouvelles économiques et financières du jour puisées dans les journaux, périodiques et revues importantes [sic] des principaux pays continentaux. L'avant-dernière page de ce bulletin [était] constitué par un tableau des changes distribués par feuille volante le jour-même de son impression et annexé au *Bulletin quotidien* du lendemain ».[41]

La palette de sources était en fait plus large que les seules informations ouvertes revendiquées par la Columeta dans le cadre de la procédure ouverte pour espionnage contre Dismer. En effet, des données provenaient évidemment de ses propres services, filiales et succursales à travers le monde. La Belgo-Luxemburgeoise lui transmettait ainsi journellement, par téléphone, la situation du marché boursier de la place de Bruxelles et les prix, officiels ou de *gentleman agreement*, des transports à Anvers. Mais le réseau possédait une palette de contacts et un accès à des ressources journalistiques qui n'étaient, d'évidence, pas disponibles à Luxembourg.

Barbanson devait ainsi être en mesure de fournir les informations du service d'études économiques de la *Banque nationale de Belgique*.[42] Il était à même d'informer la direction de Columeta des événements qui se produisaient, comme la rébellion brésilienne du 6 novembre 1924.[43] Deux

---

[40] *Mémorial du Grand-Duché de Luxembourg*, 02.06.1936, p. 624.
[41] *Ibid.*, annexe 12, 07.12.1923, p. 347.
[42] En 1929, il y était entré comme censeur et devint, six ans plus tard, régent de la banque centrale belge. Cf. BANQUE NATIONALE DE BELGIQUE, *Assemblée générale de la Banque nationale de Belgique* Banque nationale de Belgique, Bruxelles, *passim* 1929-1939.
[43] MARLEY D.F., *Wars of the Americas : a Chronology of Armed Conflict in the New World, 1492 to the Present*, ABC-CLIO, Santa-Barbara, 1998, p. 637.

jours plus tard, le *Bulletin quotidien Columeta-Luxembourg* notait : « Aux termes d'un télégramme que nous avons reçu ce matin de Rio de Janeiro, la situation est redevenue normale ». Des informations arrivaient encore de la direction générale de l'Arbed. Il s'agissait notamment du tableau des changes, établis par FinArbed, de données financières relatives à l'entreprise, à ses participations ou à son personnel.[44] Mais le « service spécial de Columeta » se procurait encore des « informations particulières » auprès des autorités portuaires, douanières, bancaires et même consulaires.[45] S'ajoutaient enfin les « informations grises » que les banques diffusaient auprès de leurs clients, les entreprises auprès de leurs actionnaires et, comme le *Bulletin de la Société d'étude et d'information économique*, les syndicats patronaux auprès de ses adhérents.[46] Cette dernière publication était assurément le modèle du *Bulletin quotidien Columeta-Luxembourg*.

Le monde vu de Luxembourg

La trajectoire de la publication luxembourgeoise était même calquée sur celle du bulletin parisien de la Société d'étude et d'information économique. Barbanson en avait ramené un exemplaire polycopié de qualité moyenne de ses années de guerre. En avril 1919, André François-Poncet avait été chargé par Robert Pinot, secrétaire général du Comité des Forges de France, de rendre la feuille française plus vivante, plus rapide et, surtout, moins spécialisée qu'elle ne l'était jusque-là. Son fonctionnement reposait toujours sur un « dépouillement de la presse auquel s'ajoutaient des correspondants sérieux et sûrs dans les grandes capitales mondiales ». La fondation en mai 1920 de la Société d'étude et d'information économique changea en fait l'aspect formel de la publication, moins confidentielle et destinée à un public plus large que la première version. Un rédacteur en chef, Émile Rivaud, en prit la direction, une quinzaine de collaborateurs y tinrent un poste fixe, tandis qu'autant de correspondants apportaient leur contribution régulière. Afin d'assurer à ce média une indépendance financière, une procédure d'abonnement fut mise en place. Le nouveau *Bulletin du Comité des Forges* se fit donc sans cet organe patronal – d'ailleurs, il ne s'y abonna pas, laissa l'opportunité à ses adhérents de le faire – et trouva un large public en France, mais également au-delà de ses frontières, tant auprès d'industriels, que de syndicats patronaux,

---

[44] ANLux, Arbed-02-0025, 02-0085, 02-0137 et 02-00195, *Bulletin quotidien*, 02.02.1924, 12.11.1929, 29.11.1934 et 24.10.1939.

[45] ANLux, Arbed-02-0025, *Bulletin quotidien*, 31.10, 25.11, 29.11, 24.12, et 30.12.1924.

[46] Le 14 mars 1931, Barbanson demandait pour sa « Société de ventes à Paris » à bénéficier des informations de la Banque de Paris et des Pays-Bas. Neuf jours plus tard, cette dernière donnait son accord. Archives historiques de BNP-Paribas, Paris, 416 Luxembourg II.2 B.

d'agences télégraphiques, de journaux, de bibliothèques, d'administrations, d'ambassades, de gouvernements.[47]

Le premier numéro de *Bulletin quotidien Columeta-Luxembourg* fut publié le 16 octobre 1919 par le secrétariat. D'un format d'une feuille de machine à écrire et d'une pagination aléatoire de deux à six pages, ses exemplaires étaient ronéotypés et distribués du lundi au samedi « au personnel supérieur de Columeta et ses filiales, d'Arbed et Terres Rouges ».[48] Au fil du temps, il prit une apparence plus policée, avec un rubriquage qui se précisa, séparant formellement à l'automne 1921 informations et le cours des changes respectivement la cote des valeurs à Bruxelles relevés dans les différents journaux.[49] Deux ans plus tard, chaque numéro se déroulait autour d'informations économiques et financières égales. Début 1930, une troisième rubrique sépara les sociétés de la partie financière. En 1935, FinArbed prit l'habitude de fournir les cours des changes. La pagination devenue régulière dès 1920, se fixa à dix pages de revue de presse et d'informations particulières, les cotes en bourse étant reléguées sur deux pages annexées. Dans le second semestre de 1939, conséquence de la déclaration de guerre, le format fut réduit à quatre/six pages. Du fait de l'établissement de l'Arbed au Grand-Duché et en Sarre, deux éditions en langues française et allemande étaient proposées.

Les informations publiées se bornaient dans un premier temps à ne reprendre que des extraits ou des résumés d'articles, toujours suivis de leurs références précises. Elles provenaient de soixante-huit médias différents de quatre grands pays (Grande-Bretagne, Allemagne, Belgique, France). Les supports étaient de trois principaux types (économique, information, financier) et se répartissaient entre deux orientations générales (industrielles ou libérales). L'importance des sources et l'amplitude de leur nature permettaient au « service spécial de Columeta » de réaliser une veille environnementale, concurrentielle et stratégique suivant les mouvements sociaux, l'évolution des législations nationales, les concentrations industrielles comme la vie des sociétés, au travers du déroulement de leurs assemblées générales. Les dissolutions des différents Comptoirs belges et français entre décembre 1919 et décembre 1922, étaient suivies avec intérêt.[50] De même, les créations de l'*Office français des houillères sinistrées*, le 16 octobre 1919, ou du « Trust de la Ruhr », les *Vereinigte Stahlwerke*, du printemps 1924 à la fin de l'été 1925, concrétisant les tendances

---

[47] FRANÇOIS-PONCET A., *La vie et l'œuvre de Robert Pinot*, Armand Colin, Paris, 1927, pp. 268-271.
[48] Turk à Brasseur, 04.12.1926, *op. cit.*
[49] La séparation se déroula entre le 21.09.1921 et le 24.10.1921.
[50] ANLux, Arbed-02-0001 à 02-0006, *Bulletin quotidien*, 20.12.1919, 02.01.1920, 24.01.1921, 07.12.1922, 16.12.1922 et 25.12.1922.

cartellistes européennes déjà signalées, ou de la *Société commerciale belge* (Socobelge), le 1ᵉʳ décembre 1924, étaient rapportées.⁵¹

Mais cette publication était d'abord un instrument de communication interne. Aussi ne publia-t-elle, dans un premier temps, que les cours des actions et des obligations Arbed et Terres Rouges. Les grands événements du groupe, et les plus tristes aussi, trouvaient aussi leur place dans le *Bulletin quotidien Columeta-Luxembourg*, en première page, centré et avec un double interligne afin de bien les distinguer des autres informations, sous le titre « Interna ». Ainsi put-on suivre la promotion d'Henri-Claude Coqueugnot dans l'ordre de la Légion d'honneur française, puis dans l'ordre pontifical de Saint-Grégoire-le-Grand.⁵² Le remplacement d'André Vicaire, devenu directeur-général de *Schneider & Cie*, à la tête de la *Société française Columeta* par le directeur du siège luxembourgeois, Charles Lestras, le 31 octobre 1929, fut annoncé par cette publication au groupe Arbed-Terres Rouges.⁵³ Les décès d'administrateurs du groupe, comme Guillaume Dumont de Chassart ou René Muller-Laval, y trouvèrent également leur place.⁵⁴

La géographie du *Bulletin quotidien Columeta Luxembourg*

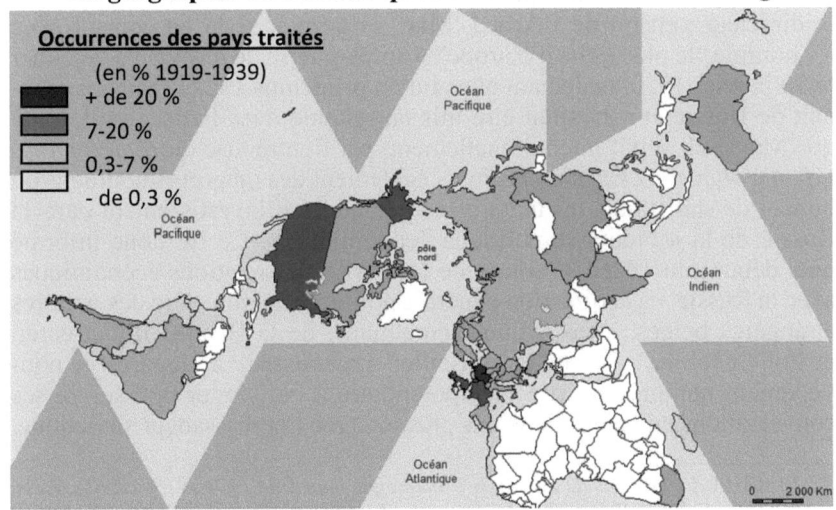

---

⁵¹ ANLux, Arbed-02-0001 et 02-0020 à 02-0027, *Bulletin quotidien*, 16.12.1919, 25.04.1924, 23.07.1924 et 10.12.1924.
⁵² ANLux, Arbed-02-0014 et 02-0025, *Bulletin quotidien*, 15.10.1923 et 15.11.1924.
⁵³ ANLux, Arbed-002-0085, *Bulletin quotidien*, 12.11.1929.
⁵⁴ ANLux, Arbed-002-0187 et 002-0194, *Bulletin quotidien*, 13.02 et 15.09.1939.

La géographie que réalisait le *Bulletin quotidien Columeta-Luxembourg* entre 1919 et 1939 montrait une nouvelle réalité des besoins d'information de l'entreprise et, au-delà, des centres d'intérêt des dirigeants de l'Arbed. À l'exclusion du Proche-Orient dans sa grande totalité (0,73 %), de l'Afrique (0,23 %) et de l'Asie du Sud-Est (0,23 %), le monde entier était couvert. Évidemment, compte tenu des orientations naturelles de la sidérurgie luxembourgeoise – 60 % de ses exportations en 1911-1914, 23 % en 1919-1939 –, et particulièrement de l'Arbed, l'Allemagne était généralement surveillée (22 %). Sans préjuger de quoi que ce fût, cette veille se prolongeait vers l'Europe centrale (9 %) et orientale (4 %), cette *Mitteleuropa* vers laquelle les sidérurgistes allemands, Emil Kirdorf en tête, avaient regardé pendant la Première Guerre mondiale, avant de s'y rallier au printemps 1918. Le 16 mai de cette année, Bruno Bruhn, directeur chez Krupp, avait même convié les principales autorités du Reich (Secrétariat d'État à l'Économie, Auswärtiges Amt, Oberste Heeresleitung, Reichsbank) et quelques industriels triés sur le volet à discuter de « l'organisation du commerce avec la Russie, l'Ukraine, les Balkans ». Accompagnant son directeur Hugo Stinnes, un informateur de Mayrisch, Albert Vögler, était présent.[55] Il n'est pas dit que « le sinistre marguillier », ainsi que le surnommait Aline Mayrisch, ait informé le directeur général de l'Arbed. Mais ce dernier resta en contact avec « l'homme "le plus riche d'Europe" » après-guerre, le recevant à déjeuner le 30 janvier 1920, négociant avec lui au printemps 1922.[56] Stinnes revenait de Russie et souhaitait être mis en relation avec Paris… Nul doute que Mayrisch suivît intentionnellement, par l'entremise du *Bulletin quotidien Columeta-Luxembourg*, mais également des rapports quotidiens du bureau de statistique, les tentatives allemandes d'investissement dans la Russie de la « Nouvelle politique économique ». Ce fut donc informé que, début juin 1926, il parla « de la reprise des relations économiques avec la Russie » à la direction générale politique du ministère des Affaires étrangères belges, avec Arthur Bemelmans, de la Banque d'Outremer, et Pol LeTellier,[57] jusque-là conseiller d'ambassade à Londres et nouvellement nommé ministre plénipotentiaire à Paris pour poursuivre ses conversations entamées deux ans plus tôt avec l'ambassadeur soviétique,

---

[55] FISCHER F., *Les buts de guerre de l'Allemagne impériale 1914-1918*, Trévise, Paris, 1970, p. 562 ; BOROWSKY P., *Deutsche Ukrainepolitik 1918 : Unter besonderer Berücks. d. Wirtschaftsfragen*, Matthiesen, Lübeck, 1970, p. 226.

[56] MASSON P., MEDER C., *André Gide, Aline Mayrisch, Correspondance 1903-1946*, Gallimard, Paris, 2003, p. 181: La note 2 est tentée d'identifier ce convive par Gustav Krupp von Bohlen, mais sans certitude. Stinnes correspond mieux à la description, surtout accompagnée de la mention relative à Vögler. De plus, ces hommes étaient en relation d'affaires avec Mayrisch à cette époque.

[57] ASPFAE [Archives du service public fédéral des Affaires étrangères, Bruxelles], B1, 1925-1934, A, 1925-1928, Bemelmans à Rolin, 12.06.1926.

Khristian Rakowsky.[58] En juin 1931, Gaston Barbanson s'intéressa à son tour à l'Union soviétique (2,3 % des informations recueillies et 6,27 % des ventes, 1919-1939), proposant de conclure une entente internationale avec elle. Mais l'affaire resta semble-t-il sans suite.[59] Le président du conseil d'administration de l'Arbed laissa aller sa bile dans une conférence, éditée ensuite sous le titre de « La crise économique et le dumping soviétique ».[60] Tout était dit dans le titre !

L'Amérique du Nord, et plus particulièrement les États-Unis (7,05 %), était également une destination suivie par le *Bulletin quotidien Columeta-Luxembourg*. Ce traitement était le résultat de l'importance croissante que prenait ce pays dans l'actualité internationale. Il témoignait également de l'exemplarité de ce pays pour les industriels européens. La Première Guerre mondiale consistait d'ailleurs en un inversement de tendance. Désormais, le modèle américain devenait attractif dans tous les aspects de la production. Ses méthodes de gestion, son contrôle de la sécurité ou de l'hygiène étaient des éléments pris en grande considération du côté européen. Le dynamisme de l'industrie semblait désormais si écrasant que l'on n'évoquait plus de compétition et peu de critiques. Ce modèle à imiter imposait de le placer sous surveillance.[61] À Luxembourg, Coqueugnot était le seul ingénieur à avoir eu une expérience américaine. Mobilisé comme lieutenant du Génie en août 1914, il avait été mis à disposition de Schneider & Cie en juin suivant pour s'occuper de l'intensification de la production de métal dans les usines du Creusot. En septembre, il avait été intégré au voyage d'étude que l'entreprise organisait aux États-Unis. Pendant cinq mois, il avait sillonné le *Manufacture Belt* avec pour mission de s'instruire sur la résistance au tir de cuirasses commandées par l'armée française et de s'assurer des moyens de production d'une usine pouvant fournir quatre cent mille obus.[62] S'il n'en était pas revenu emballé par la technologie américaine, toujours était-il

---

[58] AGR, Z8, Conseil de cabinet, 22.03.1926.

[59] Réunion de la Gérance de Solvay du 30 juin 1931, citée par ACCARIN M., *La Société Lubinoff, Solvay et Cie*, Presses universitaires de l'Université catholique de Louvain, Louvain, 2002, pp. 30-31.

[60] BARBASON G., *La crise économique et le dumping soviétique*, Impr. industrielle et financière, Bruxelles, 1931.

[61] Cf. BERGER F., « Le regard sur l'Amérique dans la sidérurgie française. Des voyages d'études de la fin du XIXe siècle aux missions de productivité du Plan Marshall », in HARTER H., MARES A., MELANDRI P., NICAULT C. (dir.), *Terres promises. Mélanges offert à André Kaspi*, Publications de la Sorbonne, Paris, 2008, pp. 193-210.

[62] AFB [Archives François Bourdon, Le Creusot], 01G0110, Voyages de Potin aux Etats-Unis, 01.09.1915-04.02.1916 ; Service historique de la Défense, département de l'armée de Terre, 6 Ye 15773 et Archives nationales, LH/587/4, Coqueugnot, s.d. [08/1923], annexée à sa lettre au grand chancelier de la Légion d'Honneur du 23.08.1923.

qu'il en gardât l'idée de transfert d'idées, de techniques et de méthodes d'organisation.

Le *Bulletin quotidien Columeta-Luxembourg* et les rapports du bureau de statistique furent aussi mis à contribution. Cette fois, il s'agissait de renseigner sur les possibilités d'intervenir sur le marché financier américain, ce qui fut fait à partir de 1926. Incidemment, il s'agissait aussi de préparer une mission que l'Arbed avait décidé d'envoyer aux États-Unis. En mars et avril 1923, puis en juillet et août 1924, l'ingénieur Léopold Bouvier, le directeur de l'usine de Dudelange, Arthur Kipgen, et Heinrich Vehling, directeur technique de la Gelsenkirchener reconverti en ingénieur-conseil du groupe Arbed-Terres Rouges, se rendirent étudier les fours à coke, les hauts fourneaux, les fonderies et les aciéries américaines. Ils en ramenèrent force plans, croquis, photographies et statistiques qui servirent à décider de la modernisation des vieux hauts fourneaux de Dudelange.[63] Comme leurs confrères de Schneider depuis 1892, leurs rapports reflétaient les transferts de technologie à envisager, mais sous un angle bien plus large que les seules évolutions des machines et des procédés de production. Eux-aussi participaient au travail de renseignement dont la Columeta et le bureau scientifique de Jean-Pierre Arend étaient chargés.

Il convient de corréler ces constatations aux capacités d'information offertes par la presse européenne de l'époque. En effet, les employés du « service spécial de Columeta » étaient tributaires des données qu'ils recueillaient dans les journaux qu'ils dépouillaient journellement. L'actualité internationale n'était pas un thème prisé, autrement par des échos servant à équilibrer les colonnes. Nombre de raisons peuvent être avancées : faible ouverture mondiale à une époque où les domaines coloniaux représentaient encore 34 % des espaces, relecture de l'actualité étrangère en fonction d'impératifs intérieurs, préférence à l'impondérable pour fonder l'événement, etc. À ces « géo-caricatures »,[64] il convient d'ajouter le relatif recours aux correspondances, les facilités du télégraphe et du téléphone apparaissant se limitant aux envoyés spéciaux, dont Albert Londres devait rester l'archétype pour la période d'entre-deux-guerres. Quant à l'information économique et financière, ces conditions de formation la rendaient inévitablement suspecte aux yeux de ceux qui étaient amenés à la manipuler.[65] Ces raisons expliquaient que les créateurs du *Bulletin quotidien Columeta-Luxembourg* aient eu recours à des sources complémentaires, grâce aux ressources des technologies de

---

[63] ANLux, AC-CI-78/1 et 2.
[64] Concept fondé par GERVEREAU L., *Inventer l'actualité. La construction imaginaire du monde par les médias internationaux*, La Découverte, Paris, 2004, pp. 113-120.
[65] Cf. les conseils de la Banque de Bruxelles dans la lettre à Mayrisch. ANL, Arbed-03-Pr-30, 30.09.1925.

communication de l'époque, et aux contacts personnels. À Paris, Vicaire avait ses entrées au Quai d'Orsay, auprès de Jacques Seydoux, au ministère du Commerce, auprès de Daniel Serruys, et jusque dans l'entourage du ministre Louis Loucheur. Grâce à quoi paraissait, cinq jours sur cinq, une revue de presse améliorée et équilibrée. De 1919 à 1939, la rubrique économique représenta 50 % des sujets, tandis que la financière en couvrait à 43 %, puisque l'actualité des sociétés (7 %) lui avait été retirée courant 1930.

Ce travail était le fruit de quatre employés et d'un chef de service rattachés au secrétariat général. En 1939, deux services pouvaient être concernés, le SG/P et le SG/Ch, en admettant que Raymond Blanpain, qui intégra la Columeta le 1er mai 1921, en provenance de la société Belgo-luxembourgeoise qu'il avait rejoint le 1er juillet précédent, en fût le responsable. Les conditions de confection du *Bulletin quotidien*, notamment la gestion des contacts et l'analyse de l'information, plaidaient pour une stabilité du personnel, autant que pour son éducation. L'analyse de la « statistique du personnel » corrigée au 31 décembre 1939 plaiderait pour affecter le *Bulletin quotidien* au SG/P, l'autre étant nécessairement le bureau de statistique. En effet, le SG/P resta stable sur toute la période, avec trois employés entrés entre 1922 et 1927, nantis de l'examen d'admission à l'Arbed, souvent passé un à trois ans avant l'embauche, le dernier étant diplômé des Hautes études commerciales et titulaire d'une licence en droit de l'Université de Paris. Par contre, le SG/Ch présentait la même stabilité, mais fut frappé de deux départs féminins en octobre et novembre 1939, tandis que deux personnels avaient rejoint en 1935 et 1937. Ce *turn-over* ne plaidait pas pour la continuité exigée pour confectionner le *Bulletin quotidien*, alors qu'il ne désorganisait en rien le travail de statistique. Enfin, une note accompagnant une coupure de presse relative au *Comité franco-allemande d'information et de documentation*, précisait qu'elle était fournie par « Columeta P ».[66]

Il est admis que l'« information grise » créée par le SG/P servait l'activité de vente des produits du groupe Arbed-Terres Rouges. Pourtant, la confrontation des agences et des occurrences nationales dans le *Bulletin quotidien* avec les ventes pour la période 1919-1939 tendrait à remettre en question cette croyance. D'évidents déséquilibres apparaissent au niveau de l'information. Ainsi, existait-il une indéniable corrélation en Europe entre les visées du comptoir commercial, les renseignements produits et les écoulements de produits sidérurgiques. En dehors du Proche-Orient, pour lequel les données relatives aux ventes manquaient, vraisemblablement incorporées en Afrique, cette correspondance ne se retrouvait pas ailleurs. Mieux, un véritable déséquilibre informationnel apparaissait

---

[66] ANLux, Arbed-03-Pr46.

clairement pour les zones régionales sur lesquels la presse de masse et spécialisée restait largement silencieuse. Cette absence de corrélation entre l'action de vente de la Columeta et l'information recueillie laissait entendre que cette dernière servait à autre chose.

Comparaison des implantations des agences, des occurrences du Bulletin quotidien Columeta-Luxembourg et des ventes des usines du groupe Arbed-Terres Rouges (1919-1939)

Régions	Agences	Informations	Ventes
Europe	49 %	87,56 %	74,3 %
Amérique du Nord	5 %	7,05 %	2,4 %
Amérique du Sud	11 %	2,19 %	7,8 %
Afrique	3 %	0,23 %	2,6 %
Proche-Orient	14 %	0,73 %	
Asie	16 %	2,01 %	9,9 %
Océanie	2 %	0,23 %	3 %

Cette tendance semblait claire après que le comptoir eût réduit de 24 % sa couverture mondiale d'agences, privilégiant les accords de représentation, sans modifier le mode de fonctionnement du SG/P. La distribution du *Bulletin quotidien Columeta-Luxembourg* confirmait cette orientation. Fernand Turk déclarait le 4 décembre 1926, dans le cadre de l'affaire Dismer, trois choses. D'abord, que seul le « personnel supérieur » de Columeta et d'Arbed-Terres Rouges en était destinataire et qu'il devait le retourner au secrétariat général une fois lu. De fait, seules quelques vingt-deux personnes étaient concernées à la direction générale de l'Arbed, neuf dans ses divisions, dix à la direction de la Columeta et douze dans ses filiales, soit cinquante-trois personnes.[67] Ensuite, le secrétaire général du comptoir commercial notait que la publication n'était pas distribuée à l'extérieur du groupe. Un « établissement indigène étroitement lié au groupe Arbed », vraisemblablement la *Société anonyme des anciens établissements Paul Wurth*, dont l'Arbed venait de prendre définitivement le contrôle après que son fondateur lui ait cédé toutes ses actions, n'avait pu être compris dans les destinataires. Cela, avait conclu Turk, parce que le *Bulletin quotidien* contenait « des renseignements sinon confidentiels, du moins précieux pour tout homme d'affaires ». De fait, l'action du « bureau central de renseignement » passa entièrement inaperçue au corps diplomatique en poste à Luxembourg. Ni les ministres français, ni les ministres belges n'en firent mention dans leurs rapports.

---

[67] CHOMÉ F., *op. cit.*, pp. 235-240 et 242-246 ; ANLux, Arbed-02-0467, Statistique du personnel de Columeta, 1939.

Le 26 juillet 1926, une note de la direction politique du ministère belge des Affaires étrangères analysait « un article de M. Mayrisch, dont l'influence politique [était] incontestable et qui, paraissant à ce moment, [prenait] un caractère quelque peu officieux », en raison de la reprise des relations belgo-luxembourgeoises, suite à l'élection de Joseph Bech.[68] Le rédacteur s'étonnait que le président de la direction générale de l'Arbed fît « mention, sans l'exposer », de la question de la représentation consulaire, alors qu'il avait passé longuement en revue la clause financière, les problèmes des chemins de fer et viticoles de l'Union économique belgo-luxembourgeoise (UEBL). Aussi s'hasardait-il à une explication, qui démontrait l'état d'ignorance des capacités informationnelles du groupe luxembourgeois : « peut-être s'agit-il simplement de l'admission des firmes luxembourgeoises à bénéficier des renseignements commerciaux fournis par nos consuls. Cette question est depuis longtemps tranchée dans un sens favorable au Luxembourg, mais à plusieurs reprises il est apparu que la mesure prise par M. Hymans, en 1924, n'avait pas reçu au Luxembourg la publicité nécessaire pour le faire connaître du public intéressé ».

Et de préciser qu'Albert Calmes, qui avait remplacé Émile Mayrisch au Conseil supérieur de l'UEBL, l'ignorait.[69] Et pour cause, secrétaire général du groupe Arbed-Terres Rouges depuis 1922, il était destinataire du *Bulletin quotidien Columeta-Luxembourg* ...

---

[68] ASPFAE, B1, 1925-1934, A, 1925-1928.
[69] *Mémorial du Grand-Duché de Luxembourg*, 14.04.1922, p. 344 et 29.11.1924, p. 832. Depuis le 07 avril 1922, Calmes était le suppléant de Mayrisch à cette fonction.

Free Competition and Social Utility
Steel Industry Regulation in the 1950s

Birgit KARLSSON

University of Gothenburg

Free competition and liberalism are words that are often used to characterize the strivings of the European Union. According to article 3a in the Treaty of Rome (1957) the member States were required to adopt an economic policy in accordance with the principle of an open market economy with free competition.[1] The representatives for the precursor of the EU – the European Coal and Steel Community (ECSC) also argued that their aim was to develop a liberal economy.[2]

There was a political tension implicit in the relations between Sweden and the ECSC. Sweden did not consider joining the ECSC, since the motives for it were mainly expressed in foreign policy terms which were not easily compatible with Swedish neutrality. Sweden also had a social democratic government which had launched several plans on increased State interventions in the economy, while the ECSC was regarded as strongly affiliated with liberal principles. Even cartel legislation within the ECSC was regarded as more "liberal" since it was a result of American influence. In the following a description of the regulation of competition within ECSC and Sweden will be made. As starting point the historical experience of cartels in the inter-war period is used. The ECSC as well as the Swedish cartels and cartel legislation are seen as different ways of creating institutions to make competition produce maximum social utility. The effects of the ECSC on Swedish producers are analyzed by discussing problems related to import and export. An attempt is also made to evaluate the results of the different institutional settings in terms of efficiency and pricing.

---

[1] Treaty Establishing the European Community as Amended by Subsequent Treaties, Rome, 25 March 1957, http://www.hri.org/docs/Rome57/Part1.html.
[2] Treaty establishing the European Coal and Steel Community (ECSC), http://en.wikisource.org/wiki/The_Treaty_establishing_the_European_Coal_and_Steel_Community_(ECSC).

Free competition in theory and practice

Free competition as a political concept refers to individual freedom and non-intervention from State and authorities. In the discourse of economic liberalism, free competition where individuals maximize their utility is supposed to lead to maximum social utility. Economies of scale are a big obstacle for the functioning of free competition.

It is a big problem for proponents of free competition that if competition is unregulated it will often lead to the cessation of competition, especially in areas where economies of scale exist. In reality competition is always regulated in the meaning that rules for competition are established. This is an important part of the institutional setting of capitalism. Regulation by the market itself, without any agreements or State interference will tend to lead to oligopolies or monopoly. Regulation by the business community often means cartels or informal cooperation between the majority of companies. Regulation by the State means for example forbidding cartels or other kinds of cooperation between companies.[3]

During the 20th century it became accepted that the State had the right to legislate on competition matters. Two different principles developed in the US and in Western Europe. In the US, the principle of prohibition was chosen which meant that cartels and other forms of cooperation were in principle forbidden. In Western Europe the principle of abuse dominated for a long time. This meant that cartels were legal as long as they did not abuse their power for example by raising prices far above costs. The problem was that in many cases cooperation could lead to a more rational big-scale production. These advantages had to be weighed against the risks for abuse of dominating position. When the ECSC was founded the inspiration was very much from American legislation and cartels became prohibited. Article 101 of the Treaty on the Functioning of the European Union implies that all agreements which have as their object the prevention, restriction or distortion of competition are prohibited. Nevertheless a loophole appears already in paragraph 3, since this prohibition can be declared inapplicable if the agreements contribute to improving production or distribution, promoting technical or economic progress allowing consumers a fair share of the benefit.[4]

The concept of "free competition" can be regarded mainly as a political concept. It can be used for defending no regulation at all, referring to the idea of the "invisible hand". It can also be used for defending regulations by cartels referring to the idea of freedom from State regulations. This makes the "free competition" concept rather meaningless. When studying the formation

---

[3] DILLARD D., *Västeuropas och Förenta Staternas ekonomiska historia*, (Economic development of the North Atlantic Community)Liber Läromedel, Lund, 1980, chapters 22-23.

[4] http://ec.europa.eu/competition/mergers/legislation/merger_compilation.pdf.

of the ECSC as well as the Swedish legislation on cartels it is obvious that many other adjectives were used for describing what kind of competition that was desired. Competition should be sound, effective and fair. And competition should be evaluated in relation to its effects, not to its ideals. If the regulation of competition led to maximum social utility it was regarded as acceptable. The problem was how this social utility should be measured.

Social utility in relation to competition practices was in Swedish legislation expressed in these terms – if consumers had to pay high prices and if efficiency was not enhanced and if new actors were unable to get access to the market, social utility was not maximized.[5] There is a correspondence to the words in the ECSC treaty article 3 where the institutions of the Community are supposed to assure all consumers equal access to production to lowest possible prices and make sure that enterprises will be able to improve their ability to produce. In the following will be studied how regulation of competition took place within the iron and steel industry during the inter-war period. This institutional setting provides part of the explanation why Sweden and the ECSC chose different ways of regulating steel competition after the Second World War.

Historical background

Iron- and steel production was one of the areas in which cartels were formed early. There are many reasons for this – economies of scale, high fixed costs, quick technical development which meant that the production capacity often increased faster than demand. Another important characteristic is that a national steel industry provides basis for other industries to develop and big investments in steel production has been made in many countries. One example of early cooperation is the formation of *United Steel Corporation* in 1901 which was a holding company created to diminish competition in the US steel industry. A corresponding European example is the creation of the German Stahlwerksverband in 1904. After World War I, the steel industry had big overcapacity problems and competition was regarded as ruinous. To overcome these problems and create stability on the market an International Steel Cartel (EIA – Entente Internationale de l'Acier) was formed in 1926 with participants from Germany, France, Belgium and Luxemburg.[6] Together they produced 30% of the world's steel and were responsible for 65% of the world export. This cartel was organised in terms of production quotas and respect for home markets of each producer. The cartel was met with great expectations, not least related to foreign policy. Cartels were seen

---

[5] KBL, §5, Act on restriction of competition 1953.
[6] For a detailed account for the attempts to create cooperation within the continental steel industry, see BARTHEL C., *Bras de fer 1918-1929*, Saint-Paul, Luxembourg, 2006.

as contributing to peace. Private regulation within the continental cartel 1926 was greeted with satisfaction in the US since economic cooperation within a cartel was seen as more contributing to peace than diplomatic agreements.[7] The idea that economic cooperation created mutual dependency and thereby became an obstacle for war was thereby expressed. However the cartel did not survive the declining prices of the depression 1929 and in 1931 it was liquidated.[8]

New efforts were made and in 1933 an international cartel was created by producers from France, Belgium, Luxemburg and France. Later even Poland, Czechoslovakia, Great Britain and the USA became members This cartel was more efficient, partly since it was directed towards regulation, not of production, but of export. This meant that countries who were not parts of this cartel could meet strong competition from abroad. This structure promoted national self-sufficiency, since for most products the participants promised to respect each other's home markets. Competition was thereby confined to outside markets.[9]

Swedish iron- and steel cartels

Iron- and steel production has long traditions in Sweden but during the inter-war period it was regarded as an industry in crisis. Swedish production units were comparatively small and it was difficult to compete with big continental producers. According to the Swedish producers it was also a problem that tariff levels were so low in Sweden. During the period 1919-1933 64 ironworks were closed down in Sweden.[10] Attempts of cooperation had been undertaken for a long time – some were more successful than others. Cooperation existed on all levels – raw material, steel production and steel distribution.

The Swedish production cartels were organized according to the product logic. There were cartels for rolled iron, drill steel, girders and rails and so on. Most companies had diversified production which meant that they participated in many different cartels. The high fixed costs were a strong incentive to keep production close to the capacity level, which meant that companies often had to face new cartel organizations.[11]

---

[7] National Archives, Stockholm, Archive of Foreign Office, H 1157, Af Wirsén to the Foreign Minister, 13.10.1926.
[8] HEXNER E., *International cartels,* University of California Press, Durham N.C., 1946, pp. 206 and 210.
[9] *Ibid.*, pp. 210-213.
[10] FRITZ M., *Svenskt stål: nittonhundratal: från järnhantering till stålindustri,* Jernkontoret, Stockholm, 1997, pp. 25-26 and 37.
[11] Official reports of the Swedish government 1940:35, *Organiserad samverkan inom svenskt näringsliv* [Organised cooperation within Swedish business], pp. 29-30.

When it came to distribution, the Swedish wholesalers of steel became organized in 1934. This was a result of the creation of the international steel cartel EIA, which was an export cartel. For EIA it was important to be able to make an agreement with a national organization which meant that EIA sold only to members and the local members bought only from EIA. The Swedish organization was called JBG (Järn- och balkgrossisters förening). This organization in turn had to have a counterpart and the corresponding producer organization was Valsjärnsgruppen, in which many of the big Swedish ironworks became members.[12]

Swedish producers and distributors saw State interference as a threat. They were convinced that the market had to be regulated but they were equally sure that this was done best through private regulations. There were cooperative traditions to build on but there is no doubt that the cartelization process accelerated during the interwar period. The threat of State interference was an incentive to recruit producers who wanted to stay out of cartels. Second the international development is crucial for understanding the development. The international cartels that were created more or less demanded national counterparts. Organized markets were regarded as necessary. This aspect is tightly connected to the national aspect. The Swedish producers were convinced that they had a common interest in defending their home market from foreign competition. The fear that the international cartels would dump their excess production in Sweden was regarded as a reality. For the iron organizations it was regarded as self evident that protecting Swedish iron production was a national interest. Despite the averseness to the State, the cartels did not hesitate to ask for tariff protection when the private regulation did not deliver the desired results.[13]

The whole discussion on the necessity for regulation was motivated with the striving for stability. The violent price fluctuations during the interwar period created a situation in which it was very difficult to make predictions on the future. This caused economic damage, since companies refrained from investment in better technique. This was the common view of the political as well as the economic establishment.[14]

The discourse in which the iron- and steel producers worked could be summarized in a few words – private ownership and private regulation, fair competition, national interest and stability.

---

[12] *Järnimporten*, Svenska järn- och balkgrossisters förening, Stockholm, 1949 pp. 17-18.
[13] Organiserad samverkan ..., *op. cit.*, pp. 29-30.
[14] SOU 1935:65, Betänkande om folkförsörjning och arbetsfred [Report on national food supply and industrial peace], p. 60.

Creation of the ECSC

The hope for cartels to be peace preserving turned out to be wrong. Protectionism and diminishing trade characterized the inter-war period and cartels became tools for Nazi economic policy in Germany. From a historical perspective the development of the ECSC can be seen as a continuation of the interwar efforts to create regulated competition. A functioning institutional setting had to work at troughs as well as peaks in the business cycle and independently of political events. The privately organized cartels had failed in these aspects. The hope was that the semi-official status of the High Authority would have enough of State character to provide necessary regulation and enough of business organization character to retain the confidence of business. The High Authority's members were appointed by the governments but not responsible to the governments. Their task was to undertake measures for the common good of the community, unbound by national interests.[15] There was economic rationality for the arrangements in terms of increased possibilities for exchange and rationalization but the main motivation was political. It was related to the firm opinion that increased trade led to increased dependency and that countries who were economically interdependent would refrain from going into war with each other. To this can be remarked that this same logic was used as a reason for going to war by the Nazi government. The very fact of being dependent on the Western powers that had access to their own empires was a reason to undertake war measures. When this had been done the Nazi vision was to create a common economic market in Europe, to achieve enough economic strength to be able to withstand outside aggression.[16]

When the Schuman Plan was launched it was motivated politically by once again emphasizing the connection between mutual economic interdependence and peace creation. There was also a more direct economic purpose with the Schuman Plan. Efficiency in production should be increased by removing tariffs and other obstacles for trade. A rational interplay between countries in Europe to use resources for coal and steel had so far been hindered. There was a considerable amount of American

---

[15] Problems related to the creation of ECSC have been discussed in a number of publications, for example HAAS E., *The uniting of Europe*, Stevens, London, 1958; LISTER L., *Europe's coal and steel community*, European coal and steel community, New York, 1960; DIEBOLD W., *The Schuman plan: A study in economic cooperation 1950-1959*, Praeger for the Council on Foreign Relations, New York, 1959; MILWARD A.S., *The reconstruction of Western Europe 1945-1951*, University of California Press, Berkeley, 1986; GILLINGHAM J., *Coal, steel and the rebirth of Europe 1945-1955*, Cambridge University Press, Cambridge, 1991.

[16] KARLSSON, B., *Egenintresse eller samhällsintresse: Nazityskland och svensk skogsindustri 1933-1945*, Sekel, Lund, 2007, p. 17.

influence over the process that led to the establishment of ECSC.[17] The prohibition principle on cartels was established. To make sure that competition between companies led to maximum social utility a governing body of supranational character was regarded as necessary – the High Authority. Producers were compelled to publish their prices. Tariffs towards outsiders were initially quite high, even if the aim was to lower them. The High Authority could also in times of crisis decide maximum or minimum prices and even quotation of production. Companies which did not follow the rules could be sentenced to fines. The High Authority also had responsibility for investments and right to tax companies to be able to plan investments.[18]

The ECSC was committed to principles of fairness in competition. In practice this meant that the ECSC would provide equal opportunity to compete for all producers. For example discrimination related to freight rates were to be removed. This would make economic exchange between member countries easier. Rules for pricing were established. The aim was not to achieve equal prices for every buyer, but to make sure that every buyer, buying from the same firm, would get the same price. At the initial position, discrimination was not allowed. Producers had to deliver price lists to the governing body.[19] The prices applied to a base point chosen by the company to achieve an adjustment of price differences for freight. However the company was allowed to reduce his price if another union member company had a lower price on a certain district. This was called alignment.[20] The price rules of ECSC were built on the principles of the American Robinson-Patman law in which the main principle was no discrimination between similar customers.[21]

Swedish cartel legislation

During the inter-war period public investigations had been undertaken regarding the problems of cartels and competition. They had not led to many changes in legislation. Cartels were regarded as more good than bad even though abuse must be fought. After the Second World War investigations started again and this time they led to changes in legislation. In 1951 a big public commission presented an investigation on cartels and

---

[17] See MILWARD, A.S., *op. cit.*
[18] JA [Jernkontorets arkiv, Stockholm (Archive of the Swedish steel producers' association)], RS, Montanuionens marknadsregler [Market rules of the ECSC], 12.02.1958.
[19] JA, PM ang. regler för prissättning å stål inom ett eventuellt europeiskt frihandelsområde [Memo for steel prices in a European free trade area], 22.04.1958.
[20] RUIST E., *Utvecklingstendenser för svensk stålindustri*, Almqvist & Wiksell, Stockholm, 1966, pp. 72-73.
[21] JA, Sundén Ragnar, *Konkurrensregler och marknadsorganisation*, 1958.

competition. The commission maintained that cooperation and concentration was socially acceptable, only if it made rationalization possible. Legislation still conformed to the principle of abuse instead of prohibition. Cartels had to be registered and the register was published. The public controlling body had the right to undertake investigations if they had information that suggested abuse. Bidding cartels were prohibited but recommended basic prices were allowed.[22]

The more severe cartel legislation did not fall heavy on iron industry. Their cooperation could often be motivated in terms of rationality and efficiency. The legislators were more concerned about cooperation within trade and distribution where no real value was considered to be added in the chain from producer to consumer. In the public cartel register which was created there were 34 cartels registered within the iron and steel industry in 1950. Thereby the complexity in which the companies acted also became visible. As examples can be mentioned that *Sandvikens Jernverk* participated in 20 of these cartels, *Fagerstabruken* in 21 and *Avesta Järnverk* in 10 cartels. Each of the companies had to take a line to cartels when they were acting as buyers of raw material, when they were producers and when they were sellers.[23]

Discussions within the trade association *Jernkontoret* once again showed the sceptical view on State measures to increase efficiency in production. According to the persons who took part in the internal debate the main reason for constraints and stiffness in the economic life were related to State measures – depreciation and taxation were emphasized. It was also argued that cartel did not mean that competition was abolished. Cartel agreements were normally concluded for one year and then had to be renegotiated. Import was also an important brake on high prices, since Sweden had exceptionally low tariff protection. There was competition and this competition forced the producers to constant technical development.[24]

Trade and tariffs

From Swedish standpoint the development towards protectionism during the inter-war period was deeply problematic. Sweden, together with other small countries, had tried to establish cooperation for freer trade but had no success.[25] The big countries set the agenda. It is a well-known

---

[22] KBL, §2 and 3.
[23] KOMMERSKOLLEGIUM (ed.), *Kartellregistret* [Cartel register], Monopolutredningsbyrån, Stockholm, 1951.
[24] JA, Federation of Swedish Industries to Minister of Trade, 25.01.1952.
[25] These attempts were made for example within the Oslo convention 1930 which was an agreement on certain free trade principles between Denmark, Norway, Sweden, Netherlands, Belgium and Luxemburg.

fact that small States have more to win from free trade than big countries that can produce almost everything within their own borders.

The countries within the ECSC were vital for Swedish producers as well as consumers. Sweden was not self-sufficient on steel and 60-70% of all imported steel came from ECSC-countries. Swedish exports to ECSC consisted mainly of quality steel and 30% of the quality steel export went to these countries.[26] When it came to ordinary steel Sweden needed import and most of this import came from the ECSC-countries. The dependence on imported iron was regarded as a national problem and a common plan for expansion of Swedish production of ordinary steel was launched in 1946. The investment plan was implemented and financed by the iron-works themselves.[27]

A general revision of Swedish trade tariffs was undertaken in 1952 in which so called normal tariff rates were calculated. For iron and steel the calculations resulted in a proposal of on average 7,3%. Swedish producers discussed the proposal within Jernkontoret and tried to weigh the advantages of cheaper iron import against the need for some protection for Swedish producers. One of the argument for accepting this tariff level was the desirability of good relations to the ECSC, where tariffs on average were 11-14% but was about to be cut to 6%. The Swedish steel producers were prepared to accept the 6%-level if the Swedish State removed some taxes that burdened the producers. The ambivalence was clearly expressed by one of the persons who participated in the debate: "We are positive to free trade but worried about what will happen in the future. We are protectionist free-traders".[28]

A problem for the Swedish steel industry was the memories of dumping during the inter-war period. This problem had been even more severe for the other Scandinavian countries. Some continental cartel steel – mainly tubes – had been sold for low prices and disturbed the Swedish producers during the 1930s. According to the Swedish opinion, this was unfair competition, since the big producers on the continent could sell for low prices long enough to cut out Swedish producers and then raise prices to higher level. The unfairness was in size and access to capital-big companies, belonging to a strong cartel could continue this practice in a way smaller companies could not. Nevertheless the existence of Swedish competitors had, during the inter-war period meant that imported steel on the Swedish market had been quite cheap, which had benefitted the consumers. In Denmark and Norway there were very few, if any,

---

[26] JA, Ragnar Sundén, Om Montanunionen, 08.11.1954.
[27] FRITZ M., *op. cit.*, p. 58.
[28] JA, Diskussionen ang. tullfrågan vid fullmäktige i Jernkontoret sammanträde [Discussion of the tariff question], 17.12.1953.

steel producers. The continental cartel used the situation and sold steel to these countries during the 1930s to prices that were 10-20% higher than to Sweden. In Denmark the reaction was to start an own national steelwork – *Fredriksverk*.[29]

Table 1: Tariffs in November 1955 for different steel products (in percent)[30]

	Swedish tariff	ECSC (end goal)	Tariff committee proposal
Wire rod	5	6	7
Hot rolled bars	5	5	7
Cold worked rods	5	3-22	8
Hot rolled beams	4	5	7
Cold worked beams	4	6-25	8
Hot worked hoop iron	4	8	7
Cold worked hoop iron	5	6-25	8
Plates over 3 mm	4	5	6
	Swedish tariff	ECSC (end goal)	Tariff committee proposal
Plates under 3 mm	7	6	8
Drawn wire	3-4	4-22	8
Alloy steel	1	6	7-8
Carbon rich steel	1	6	7-8
Hot rolled tubes	3-5	8-19	7
Cold worked tubes	5	6-25	8

ECSC and dumping

There was no doubt a difference in power and endurance between big continental companies and Swedish steel producers, who were big in a national context, but small internationally. This difference on company level was accentuated by the different trade policies with lower tariff levels in Sweden. Nevertheless the continental exporters regarded it as necessary to form a cartel to deal with exports. Exports were not really regulated within the ECSC, but cartels were. Nevertheless the Brussels cartel was formed. It organized the producers of ECSC for agreement on export. The structure of the cartel was inspired of the experiences from the steel cartel of the 1930s and the aim was to fix export quotas.[31] The ECSC disliked the Brussels cartel, but could not do much to stop it. According to the proponents of the cartel, it was necessary for increasing possibilities

---

[29] JA, Till plenum [For plenary meeting], 17.12.1953.
[30] JA, Aide mémoire, 03.11.1955.
[31] BARTHEL C., « La crise sidérurgique des "Golden Sixties" », in Terres rouges, Histoire de la sidérurgie luxembourgeoise, Centre d'études et de recherché européenne Robert Schuman, Luxembourg, 2010, p. 49.

for self-financing of investments and for rationalizations. This seems to be another way of saying that cooperation was considered necessary to increase the profit level.[32]

At the same time as Sweden feared dumping from ECSC, this organization wanted Sweden to provide guarantees for not dumping within the ECSC. The High Authority wanted the Swedish industry to guarantee that double pricing was not to take place. Swedish industry should adapt to the pricing system of the ECSC and Swedish prices should be published in the same way as prices were published within the union. It was important that Swedish producers followed the guidelines which meant that different price for the same commodity was not allowed. The Swedish representatives were unwilling to enter into written agreements but argued that they were not guilty of dumping. This problem related, according to the Swedes, to the Austrian State-owned industry, not to the Swedish.[33] The High Authority insisted on some kind of agreement and regarded it first as a question on government level. The Swedish industry representatives refused and explained that the power over pricing was not a government issue. However it implied at least a silent acceptance from the government. A strong unity between Swedish producers and exporters, even wholesalers was a prerequisite.[34] The Swedish producers also had objections against the ECSC rule of applying homogenous prices for all customers. Many steel products were made to orders and price depended a lot on quantity.[35]

When the "foreign minister" of the High Authority visited Sweden, he was eager to underline the political goal of the High Authority as liberal. He wished low tariffs towards outsiders but also wanted agreements to ensure sound and loyal business codes. Agreement on prices was a part of this. It seems that the main reason for this was to avoid discriminating prices for different countries within the ECSC. It can be discussed what liberalism meant to him, but it can either be interpreted as a political concept, only slightly related to economics. If it is related to economics it must be interpreted as meaning regional free trade and increased

---

[32] JA, PM för jernkontorets fullmäktigerubricerat Ang Montanunionen, (Memo ECSC).
[33] JA, Anteckningar från sammanträde den 2 juli 1954 betr. den gemensamma marknaden för kvalitetsstål inom Montanunionen [Notes from meeting concerning the common market for quality steel].
[34] JA, Synpunkter på de förestående kontakterna mellan den svensk järn- och stålindustrien samt Höga Myndigheten i Luxemburg [Considerations on coming contacts between Swedish steel industry and the High Authority in Luxembourg], Ragnar Sundén, 24.08.1954.
[35] JA, Redogörelse för den svenska industridelegationens besök hos Höga Myndigheten i Luxemburg [Account of visit by the Swedish industry delegation to High Authority], Ragnar Sundén, 07.09.1954.

competition, not free competition. Instead of national discourse, the regional discourse was the important one. The social utility brought about by competition was expected to increase within the region, not globally.

Special steel cartel

Swedish export to the ECSC area consisted mainly of special steel which only gradually became a part of the ECSC. In this area, the main Swedish interest was that tariffs were to be kept low, not to hinder the Swedish exports. This was one of the areas in which the old cartel organization continued to exist. National cartels cooperated to form an international cartel. The German producers of special steel cooperated within the Edelstahlvereinigung. This cartel wanted to establish an agreement with Swedish producers on common minimum prices. According to the German organization, the High Authority was officially against such cooperation but at the same time willing to accept it if ruining competition thereby could be avoided. The products affected were mainly stainless steel and high-speed steel. In January 1955, an agreement was made between the German and the British producers on the two products and also on tool steel.[36] This was followed by a series of negotiations leading to agreements on different markets – France, England, Germany and Austria made an agreement on prices for high-speed steel in Switzerland, Belgium and Holland and Sweden subscribed to an agreement for high-speed steel in Italy. This agreement between England, Germany, France, Austria, Italy and Sweden included respect for home markets, which had been the normal way of creating international cartels during the inter-war period. The French and the German organizations argued that these agreements were a complement to the market order within the ECSC which would make it possible for producers in countries, which for political reason could not take part, to cooperate in private forms. Swedish desires for tariff cuts and the phasing out of quantitative restrictions were not possible to meet. The reason, according to ECSC, was that Great Britain had been unable to reach an agreement with the organisation. The official negotiation way was thereby closed but it was still possible to gain advantages through private and commercial agreements.[37]

The agreement on high-speed steel caused discussion among Swedish producers. The Swedish legislation against cartels had been sharpened and the main problem was if it would be possible to make an agreement on

---

[36] JA, Rapport från överläggningar med representanter för de franska kvalitetsstålverken [Notes from discussions with representatives of French steelworks], (Ragnar Sundén), 16.02.1955.

[37] JA, Ang. fortsatta internationella överläggningar rörande kvalitetsstål [With reference to continued international discussions concerning quality steel], 15.09.1955.

protection of domestic market-prices. Some persons argued that such a decision was incompatible with the cartel legislation. This was however dismissed, since there were other Swedish cartels – Valsjärngruppen – that worked precisely in this way. It was stated that protection of domestic market was not a violation of law but there was a risk that such an agreement could be registered by the Swedish cartel bureau.[38] There was no obligation to report a new cartel agreement to the authorities – a request was needed. However, one had to count on that the authorities sooner or later would make an investigation and at that time a request would be issued. At that point Swedish as well as foreign parts would be mentioned by name and it would become public that Swedish producers had been granted protection for the domestic market. On the international conference where the problem was discussed the Swedish concerns were met with unsympathetic laughs. But it could, according to Swedish actors be really troublesome if information on international cartel agreements with protected home markets became published. Both the US and the Soviet Union subscribed on the publications from the Swedish cartel register. It could be a world sensation – that inter-war steel cartels were being revived.

Different ways of taking part in the agreement on high-speed steel were discussed. An alternative was to limit oneself to exchange of pricelists without entering into agreement. This kind of tacit cooperation could only be understood as a cartel agreement if there were identical prices and identical size and time. If one wanted to cooperate, it was important not to change prices on the same day. By waiting one day, the change could be explained as adaptation to competition. In the end the dangers relating to binding agreements became too much for the Swedish organization and it was decided only to exchange pricelists. At the international conference for special steel in Paris, Sweden participated when high-speed steel was discussed but had the role of observer when tool steel and stainless steel was discussed.[39]

There was also an agreement between the Scandinavian countries that no one should engage in international cooperation without informing the other producers. The Swedish organization informed *Stavanger Electro-Staalverk* whose representatives expressed their big interest for European cooperation both for high-speed steel and other material.[40]

---

[38] JA, Anteckningar från diskussionen ang. "de fortsatta internationella överläggningarna rörande kvalitetsstål" vid herrar fullmäktiges i Jernkontoret sammanträde [Notes from continued international discussions concerning quality steel], 15.09.1955.

[39] JA, Rapport från Parissammanträdet ang. vissa kvalitetsstålfrågor m.m. [Report from Paris meeting on certain quality steel issues], 20.10.1955.

[40] JA, Betr. Översikt över den senaste utvecklingen ifråga om det europeiska prissamarbetet [Concerning the latest development of European price cooperation], 12.09.1955.

ECSC regulation on special steel

The established cooperation between special steel producers in Western Europe met new challenges since the High Authority wanted to increase publishing of steel prices. For the cooperation within the Special steel club, this meant that producers from ECSC countries would have to publish, while producers from Sweden, England and Austria were not obliged to. Thus it was important for the ECSC-producers to make sure that for example Swedish producers would continue their cooperation on prices. The ECSC-producers' maintained that it would not be wise for Swedish producers to underbid. First, the High Authority could stop disloyal competition from the outside and second the ECSC-countries could compete through alignment. This would lead to a negative spiral with so low prices that no one could make business. A common solution was necessary. The president of the Edelstahlvereinigung wanted to know if the Swedish producers were prepared to work out a common price level and commit themselves to respect it. According to the president there were two possible developments ahead – a price war or a continued "Gentlemen's Club".[41] The Swedish steelworks discussed the problem and expressed that they were positive to commit themselves to respect published ECSC-prices under certain presumptions. They expected considerations to be taken of Swedish views and they wanted to be able to leave the agreement if others did not stick to it. They also wanted the English, Austrian and Norwegian steelworks to take part and that it would be possible reconsider the agreement.[42]

A Nordic common market

Representatives for steel industries in the Nordic countries had taken part in internal discussions for some years. The contacts intensified as a general Nordic common market became a matter for discussion.[43] A proposal for regulation of Nordic steel market was launched. It aimed to create sound competitive relations which would make a harmonized investment policy possible. Standardization of production built on standardization of

---

[41] JA, Europeiska prissamarbetet – Rapport från delegationschefskonferens i Zürich, Svenska Järnbrukens Gruppcentral, Bengt Ingeland [European price cooperation – report from conference in Zürich], 17.07.1958.

[42] JA, Betr. Ställningstagande till frågan om eventuell utvidgning av de svenska verkens anslutning till det europeiska prissamarbetet, Bengt Ingeland, Svenska Järnbrukens Gruppcentral [Concerning possible expansion of Swedish steelworks' association with the European price cooperation], 26.08.1958.

[43] STRÅTH B., *Nordic industry and Nordic economic cooperation: the Nordic industrial federations and the Nordic customs union negotiations 1947-1959*, Almqvist & Wiksell, Stockholm, 1978.

consumption. The self-sufficiency aspect was also there – a strengthened steel industry could safeguard Nordic consumption of steel. Specialization could take place through negotiations between companies. The organization was not to be created in the form of a cartel, but there was no prohibition against regulation of competition.[44] Nordic production amounted to 50% of the Nordic consumption.

The Nordic countries had different motives for Nordic cooperation. The Danish industry was mainly concerned about the import. The country had no tariffs on steel but still had to pay about the same price as Sweden, which had tariffs. The reason was the price policy of the continental exporters who, according to Danish opinion used the opportunity to get high prices, since there was so little competition from Danish producers. In Norway the problem was similar – during the inter-war period Norway paid 15% higher prices for ordinary steel than Sweden and the influential Norwegian politician Erik Brofoss considered the ECSC on its way to be a cartel of the old kind, exploiting the weak state of small importing countries. Norway had therefore with great sacrifices started to build up an own steel industry.[45] Even Sweden regarded their own production of ordinary iron as too small and during the 1950s big investments in new plants for producing ordinary steel had been made.[46] Brofoss proposed a real cartelization modelled from pulp- and paper industry also for steel. It would mean coordination of investments, maybe even of production, agreements on export to ECSC and coordinated pricing.[47] The Swedish steel producers regarded Brofoss' proposals as quite far-reaching. In relation to Denmark it was obvious that the main interest for Sweden was to protect the producers from dumping in the troughs of business cycles, while Danish interest were mainly on consumption, trying to protect consumers at the peak of business cycles.[48]

Evaluation of Swedish and ECSC regulations

Sweden and ECSC developed different institutional structures to regulate their steel industry. The purpose of both systems was to make sure

---

[44] JA, Kommentarer till förslaget angående stadga för de nordiska järn- och stålproducenternas samarbetsorganisation [Comments to the proposal on rules for the Nordic steelproducers' cooperation].
[45] JA, Meddelande från sammanträde med den nordiska expertgruppen för järn- och stålfrågor [Message from meeting with Nordic expert group on iron- and steel questions], Ragnar Sundén, 20.04.1955.
[46] FRITZ M., *op. cit.*, pp. 58-60.
[47] JA, Meddelande från sammanträde med den nordiska expertgruppen för järn- och stålfrågor [Message from meeting with Nordic expert group on iron- and steel questions], Ragnar Sundén, 20.04.1955.
[48] JA, Frågor rörande nordisk marknad för järn, stål och skrot [Questions concerning a Nordic market for iron, steel and scrap], 20.10.1955.

that competition between individual companies resulted in maximum social utility. This utility was, at least in the Swedish system, relatively clearly expressed. Social utility consisted in acceptable prices for consumers and rational and effective production. It was also regarded as essential that new producers should be allowed to enter the market.

Swedish prices on ordinary steel were strongly affected by the ECSC-prices. Sweden still had to import steel and the continental steel competed with the Swedish steel producers. There was a close parallelism between the movement of ECSC export prices and Swedish internal prices. The problem for Swedish producers was that Brussels cartel could increase prices above their own home market price in good times and reduce prices in bad times. This was also what had happened – continental export prices had fluctuated much more than home market prices.[49]

In the beginning of the 1960s investigations were made by the Swedish organization Jernkontoret considering the level of Swedish prices in case of an adaptation to ECSC rules. The conclusion was that the Swedish price levels would increase with 13-25%.[50] This indicates that the Swedish price level was generally lower than within the ECSC, even if the situation differed between products. National statistics on Swedish steel prices also indicates relatively small variations in price level. There were of course differences between special steel and ordinary steel. Special steel prices were much more stable. The Swedish price level on ordinary steel was higher than on steel imported from ECSC. This was explained by the fact that ECSC-producers used export markets to get rid of their surplus quantities during good times. On the other hand the quantitative expansion of ordinary steel had been more stable than for special steel.

Productivity is one way of measuring if production is organized rationally. The Swedish plants were generally smaller than the continental plants. On the other hand the Swedish equipment was relatively modern. This could partly be explained by the fact that Swedish production capacity had been doubled during a period of 9 years. Compared to big plants localised by the sea the Swedish productivity was not that impressing but on the whole Swedish labour per unit was remarkably low in spite of its size disadvantage.[51]

---

[49] RUIST E., *op. cit.*, p. 73.
[50] NORDELL B. et al., *Svensk järnhantering och den gemensamma marknaden för kol och stål, utredningar angående anpassningsproblem och marknadsfrågor verkställda av Jernkontorets marknadskommitté* [Swedish iron industry and the common market for coal and steel, investigations made by the market committee of the Swedish steel producers association], Jernkontoret, Stockholm, 30.05.1963, p. 164.
[51] RUIST E., *op. cit.*, pp. 21-22 and 96.

Table 2: Labour per produced unit in steel industry 1960
Swedish ordinary steel producers = 100

Holland	78
Sweden	100
Luxemburg	97
Italy	120
West Germany	128
Belgium	147
France	152
Great Britain	184

There are of course a lot of factors determining productivity and prices than the institutional competition structure. Nevertheless it is hard to find indications that the ECSC would contribute more to social utility than the Swedish system. The Swedish system of cartels, low tariffs and small State interventions seems to have created as much social utility as the ESCS system of prohibition of cartels, stronger State intervention and higher tariffs towards outsiders.

Conclusions

The normal way of describing the creation of ECSC as steps towards free competition and liberalism has been questioned in this article. It is argued that free competition is a political concept and that the real problem has been how to achieve an institutional setting in which competition is regulated in a way that provides maximum social utility. The ECSC institution meant a large amount of State regulation, producers had to publish their prices and competition could only take place through alignment. The High Authority also had influence over investment and in times of crises also over production. Cartels were forbidden but in reality many agreements continued to exist. Liberalisation took place on a regional level, not only that tariffs were removed but transport costs were harmonized to make it possible for increased competition on fair conditions between the different national producers. The regional character of liberalisation was also underlined by the fact that export was not regulated. The Brussels cartel was allowed to maintain private regulation of exports. Tariffs towards outsiders were in the beginning quite high but were later reduced. With a little twist it can be argued that freedom (as in free competition) was interpreted as free trade within the region and State influence of pricing and investments.

The ECSC prohibition of discriminating customers was thus not valid for outsiders. This meant that the Swedish producers' fear for dumping was realistic. Nevertheless it was the ECSC which wanted Sweden to enter into an agreement of non-dumping on the European market. It is illuminating that the ECSC wanted the agreement to take place on the governmental level and that this proposal was flatly rejected by the Swedish producers. When it came to Swedish export of special steel it is obvious that old cartel structures survived under the ECSC surface. It is also instructive to analyse the actions of ECSC special steel producers when ECSC regulation forced them to publish their prices. They could then threaten the Swedish producers with the High Authority's possibilities to stop disloyal competition from the outside.

The Swedish institutional competition structure meant less State regulation. Private regulation in the form of cartels was accepted as long as it contributed to social utility. Steel cartels were many and organised after products which meant that Swedish companies were woven together in an intricate network of cartels. Many of the cartels had price agreements but for the producers it was important to uphold the principle that the State was not to decide over prices. Tariffs were generally lower than the ECSC tariffs. With another little twist it can be argued that freedom (as in free competition) was interpreted as free trade within a global context and private regulation of prices and investments.

Through the lens of the outsider it becomes visible that ECSC concept of free trade was confined to the region, that it meant State regulation and increased economic power towards outsiders. The Swedish producers adapted to ECSC demands and during this period of economic expansion they did not suffer economically. The fact that this was a period of economic expansion, not least within the steel sector also make it difficult to make any verdict on which institutional setting that functioned best. Nevertheless it is at least hard to find support for that the Swedish regulation of competition was worse in terms of social utility than the ECSC institutions. Investigations from the beginning of the 1960s indicated that adaptation to ECSC rules would mean possibility for Swedish producers to increase prices.

Les Comptoirs internationaux provisoires de 1930

Une nouvelle tentative de régulation privée à l'aube de la crise mondiale

Paul FELTES

Centre d'études et de recherches européennes Robert Schuman

Depuis leur apparition à la fin du XIXe siècle, il y a eu une controverse sur le bien-fondé des cartels. Cette controverse s'est intensifiée dans l'entre-deux guerre, notamment dans le cadre des discussions sur les origines et les remèdes à apporter à la crise économique des années trente. Le président américain Herbert C. Hoover a vu dans les cartels une cause de la dépression, alors que dans un document publié en octobre 1931 par la Société des Nations (SDN), des industriels ont soutenu que les cartels peuvent atténuer les crises.[1] Parmi les auteurs de l'étude de la SDN, il y a Aloyse Meyer, qui depuis la mort d'Émile Mayrisch en 1928, est le patron du groupe *Arbed/Terres Rouges* (Arbed/TR) et le président de l'Entente internationale de l'acier (EIA). On notera que cette vue positive des cartels par des industriels européens en octobre 1931 est bien postérieure à l'épisode des Comptoirs de 1930. Voici comment les industriels définissent les Comptoirs en 1931 : « Les cartels sont des associations entre des entreprises indépendantes de la même branche ou de branches analogues, créées en vue d'une amélioration des conditions de la production ou de la vente ». Pour préciser alors, et c'est révélateur : « On les nomme syndicats ou comptoirs s'ils ont établi un service commun de vente ».[2]

---

[1] Pour une introduction à la problématique des cartels, voir WURM C.A., « Politik und Wirtschaft in den internationalen Beziehungen. Internationale Kartelle, Aussenpolitik und weltwirtschaftliche Beziehungen 1919-1939 : Einführung », in WURM C.A. (dir.), *Internationale Kartelle und Aussenpolitik*, Franz Steiner Verlag, Wiesbaden-Stuttgart, 1989, pp. 1-31.

[2] SOCIÉTÉ DES NATIONS, SECTION DES RELATIONS ÉCONOMIQUES, *Rapport général sur les aspects économiques des ententes industrielles internationales. Préparé pour le Comité économique par Antonio St. Benni, Clemens Lammers, Louis Marlio et Aloyse Meyer*, SDN, Genève, 1931, p. 8.

Le contexte

Il faut bien rappeler qu'en avril 1927, Émile Mayrisch, patron du groupe Arbed/TR (et président de l'EIA) n'est déjà plus opposé à l'idée que des Comptoirs de vente internationaux puissent contribuer à la régulation des marchés, quitte à souligner que son groupe (Arbed/TR) ne craint pas la concurrence ouverte grâce à ses usines modernes et à son réseau d'agences commerciales (*Columeta*). En juillet 1927, Gabriel Maugas, le directeur général de la société des *Hauts-fourneaux et Aciéries de Differdange-St. Ingbert-Rumelange* (Hadir) établie au Grand-Duché, et Hector Dieudonné, le patron de la Columeta, se disent convaincus que les sacrifices qui sont nécessaires pour réaliser les Comptoirs seront « compensés bien au delà par des avantages de prix et autres ».[3] Cependant, en décembre 1927, les négociations en vue de la création des Comptoirs échouent par suite, probablement, des prétentions belges que leurs partenaires jugent excessives.[4]

Mais, en 1929, devant la saturation des marchés et le risque d'une baisse imminente des prix, les Comptoirs apparaissent de plus en plus aux maîtres de forges comme une nécessité, comme l'unique instrument efficace pour organiser le marché.

À ce moment (fin 1929), l'échec de la première EIA est évident. En d'autres mots, le cartel n'arrive pas à discipliner le marché. Fondée en 1926, la première EIA repose sur le seul principe du contingentement (c'est-à-dire de la limitation) de la production. Des quotes-parts fixes sont attribuées aux groupes nationaux. Ceux qui dépassent leur quote-part sont astreints à des pénalités. Mais, au sein de cette Entente internationale de l'acier, on assiste rapidement à une véritable « course aux tonnages » entre les différents groupes nationaux. Le 26 septembre 1929, Théodore Laurent, le chef de file de la délégation française auprès de l'EIA, le dit tout net : « Cet échec [de l'EIA] est à attribuer au fait que des producteurs sont partis de l'idée qu'ils pouvaient augmenter leur production en payant » les pénalités prévues en cas de dépassement des quotas.[5]

Fin 1929, les dirigeants des groupements sidérurgiques de la France, de l'Allemagne, de la Sarre, de la Belgique et du Luxembourg décident donc de reprendre l'étude des Comptoirs. Les Comptoirs sont depuis longtemps l'enfant chéri des Allemands. Ironie de l'histoire : le Belge Jacques

---

[3] ARBED, P.XXXVI, Conseil d'administration d'Arbed/TR, 14.04.1927 ; HADIR, 21.d.1, European Rail Makers Association (ERMA). Procès-verbaux du Groupement des Industries Sidérurgiques Luxembourgeoises (GISL), 16.07.1927.

[4] BARTHEL C., *Bras de fer. Les maîtres de forges luxembourgeois entre les débuts difficiles de l'UEBL et le Locarno sidérurgique des cartels internationaux. 1918-1929*, Saint-Paul, Luxembourg, 2006, pp. 520 sqq.

[5] HADIR, 1 (rouge), EIA. Note relative à la 2ᵉ réunion de la Commission restreinte à Vienne, 26.09.1929.

van Hoegaerden, qui d'après l'ingénieur conseil de la SGB Alexandre Galopin n'était pas étranger à l'échec d'une première tentative d'instaurer des Comptoirs en 1927,[6] pousse à leur création rapide.[7] Les nouveaux Comptoirs entrent en vigueur en février 1930, du moins en théorie.

La nature des Comptoirs

En effet, à partir du 1er février 1930, et a priori pour une période de six mois (jusqu'en été 1930), les groupes sidérurgiques allemand, belge, français, luxembourgeois et sarrois décident de réglementer les livraisons à l'exportation et cela, dans plusieurs catégories de produits (demi-produits, poutrelles, aciers marchands, tôles, feuillards et bandes à tubes). La réglementation englobe et les tonnages et les prix. En d'autres mots, on se propose d'attribuer des quotes-parts d'exportation aux groupements nationaux pour les différents produits. Elles sont par ailleurs variables en fonction de l'évolution du marché intérieur. En même temps on compte fixer des prix pour les fabrications visées. Mais, et il faut bien le dire : on se met d'accord sur le respect mutuel des marchés intérieurs ! Ceci est bien entendu une certaine garantie pour les pays qui sont dotés d'un vaste marché national. C'est le cas notamment de l'Allemagne et de la France. Les maîtres de forges de ces deux pays veulent éviter que leur marché local ne soit submergé de fabrications en provenance des pays de l'Union économique belgo-luxembourgeoise (UEBL), qui sont des exportateurs par excellence. En ce qui concerne le respect des marchés intérieurs, il y a une cependant une réserve : certains accords particuliers de pénétration des marchés restent en vigueur, comme par exemple l'accord du soi-disant « Contingent lorrain-luxembourgeois ».

Quant à la nature des Comptoirs, le délégué du groupe belge Van Hoegaerden a envisagé en décembre 1929 « une répartition par un organe de contrôle des commandes prises ». Van Hoegaerden a précisé que la répartition se fera a posteriori.[8] Comme le formulera l'Allemand Heinrich Klemme, le 30 janvier 1930 au moment où le projet des Comptoirs est encore en discussion, « les Comptoirs provisoires à former ne devront constituer, dans chaque catégorie, qu'un office de déclaration, de répartition et de décompte [Melde=Verteilungs=und Abrechnungsstelle], mais ne devront en aucun cas fonctionner comme un bureau de vente ».[9]

---

[6] BARTHEL C., *op. cit.*, p. 522.
[7] HADIR, 1 (rouge), EIA. Note relative à la 7e réunion de la Commission restreinte à Luxembourg, 24.01.1930.
[8] HADIR, 1 (vert), Maugas à Gustave Lemaire. Lettre manuscrite relative à la réunion du 13 décembre 1929 à Düsseldorf.
[9] HADIR, 1 (rouge), EIA. Note relative à la 8e réunion de la Commission restreinte à Paris, 30.01.1930.

Autrement dit, les Comptoirs envisagés ne sont pas de « vrais » Comptoirs parce qu'ils ne prévoient pas de service de vente en commun.

Disons-le d'emblée : une raison de l'échec final de ce projet est l'absence de contrôle de l'EIA sur la commercialisation des produits qui incombe entièrement aux usines elles-mêmes, à leurs agences commerciales (*Columeta* ou *Socobelge* par exemple), et à leurs représentants.[10]

Le fonctionnement de l'entente

Nous avons dit qu'à la fin de l'année 1929, les sidérurgistes se sont empressés de créer les Comptoirs. Or, force est de constater qu'il s'agit d'un accouchement difficile. Bien plus, leur fonctionnement laissera fort à désirer, et cela encore plusieurs semaines après leur naissance présumée.

Dès le départ, les frictions sont nombreuses entre les partenaires. Des usines appartenant à des groupements nationaux différents, mais liées par des participations financières, veulent échanger entre eux des droits de livraison. Dans ce cas, le règlement de l'entente prévoit des transferts de tonnage d'un groupement national à un autre pour un même produit. D'autres usines veulent renoncer à des droits dans une catégorie de produit pour avoir une part plus grande dans une autre. Ici, la tendance générale est de vouloir réduire la proportion des demi-produits au profit des produits laminés. Enfin, certaines usines demandent tout simplement une augmentation de leur part.

Véritable boîte de Pandore, la question des transferts de quotas, conduit à d'interminables tractations au sein d'une commission des transferts. Cela veut dire qu'à une semaine seulement de l'entrée en vigueur des Comptoirs, le phénomène de la redistribution des tonnages en fonction des fabrications qui rapportent le plus ou qui correspondent le mieux à la stratégie des entreprises prend de l'ampleur et pose des problèmes inextricables.

Voici se confirme donc un postulat : ce qui rend la conclusion et l'existence de cartels internationaux particulièrement difficile, ce n'est pas seulement le fait qu'ils réunissent des entreprises qui relèvent de cadres politiques, géographiques, économiques et sociaux différents, mais c'est également le fait qu'ils réunissent des usines qui se distinguent par une multitude de facteurs comme la taille, l'organisation, la production, les participations (souvent au-delà des frontières étatiques), etc., pour n'en citer que quelques-uns.

Le 3 février 1930, les responsables de l'usine de Differdange appartenant au groupe Hadir dénotent ainsi un bilan assez décevant de la

---

[10] Voir également BUSSIÈRE É., « La sidérurgie belge durant l'entre-deux-guerres : le cas d'Ougrée-Marihaye (1919-1939) », in *Revue belge d'histoire contemporaine*, 3-4 (1984), p. 331.

situation : « La question [des transferts de produit à produit] n'a pas pu être discutée utilement [au cours des réunions du 30 et 31 janvier et du 1er février], la plupart des groupes n'ayant pas encore fait connaître leurs revendications de façon précise ».[11] Il est assez significatif que la Convention des Comptoirs du 3 février 1930 porte la marque « Projet ».

En mars 1930, cinq semaines après la date présumée de l'accouchement des Comptoirs (1er février), c'est toujours la même incertitude. Voici ce qu'en dit Dieudonné devant les directeurs de la Columeta : « Les Comptoirs créés par l'EIA et qui existent depuis le 1er février dernier, ne sont pas encore organisés ; il reste à faire quelques mises au point ».[12]

En avril 1930, quand les effets de la crise économique mondiale se font de plus en plus sentir, les règles de jeu sont encore vagues et généralement peu respectées. La commercialisation abandonnée aux usines et à leurs agences commerciales conduit à des « incidents continuels » qui mettent aux prises les métallurgistes avec des confrères ou des clients. Ces incidents laissent un « sentiment excessif de défiance ».[13] Le constat de Dieudonné en ce début de mois d'avril 1930 est révélateur : « Nous devons proposer au Comité directeur [de l'EIA] d'appliquer sans retard les accords dont les principes sont déterminés. Les Comités des produits auront alors à envisager les mesures à prendre dans le cadre des statuts, c'est-à-dire demander à l'un ou l'autre groupe de se retirer du marché, d'augmenter les prix, ou de rétrocéder des commandes ».

Au total, le résultat de l'entreprise des Comptoirs est donc assez décevant. Certes, les prix d'exportation ont augmenté en février 1930 pour les aciers marchands et les tôles. Mais le phénomène reste éphémère. Très vite, les cotations en dessous des prix officiels paralysent l'action des Comptoirs. Et pourtant, en juin 1930, les Comptoirs sont prorogés jusqu'au 31 décembre 1930. Il reste que les Comptoirs ont une certaine influence sur les stratégies des entreprises. Dès avril 1930, le groupe luxembourgeois Arbed/TR cherche des affaires qui ne tombent pas sous la règle des Comptoirs. À cet égard, Dieudonné, en tant que directeur gérant de la Columeta, insiste notamment sur les poutrelles à larges ailes qui sont utilisées de plus en plus comme pylônes de lignes électriques.

---

[11] HADIR, 1.o, Comptoirs. Note « EIA-Comptoirs » du 3 février 1930 émanant des dirigeants de l'usine de Differdange (Hadir), Maringer et Audigé.

[12] ANLux, Arbed-02-0321, Conférence des directeurs commerciaux d'Arbed/TR, 07.03.1930.

[13] HADIR, 1.o, Réunion de la Commission commerciale tenue à Bruxelles, 07.04.1930. La Commission est présidée par Dieudonné.

La question de la responsabilité de l'échec des Comptoirs

J'ai déjà relevé le défaut inné des Comptoirs. Ernst Poensgen, le chargé de mission du groupe allemand pour la négociation des accords internationaux, l'a par ailleurs dit en septembre 1930 : « Nous avons essayé de constituer des Comptoirs, mais nous avons fait fausse route en faisant des gentlemen-agreement, laissant à chacun la vente de ses produits, au lieu de constituer une vraie centralisation des ventes ».[14] Les Comptoirs sont plutôt des bureaux statistiques qui répartissent les commandes. Toutes les semaines les groupes nationaux déclarent simplement les livraisons effectivement faites. Les déclarations périodiques sont contrôlées par un organisme neutre auquel les usines sont censées fournir les documents nécessaires. Mais, dans un contexte de crise croissante, les usines, animées par un réflexe naturel de survie, dépassent très vite leurs droits et pratiquent le dumping. L'insuccès s'explique par l'absence d'un réel et efficace contrôle des statistiques fournies par les groupes.

À côté de cette faiblesse congénitale, devenue de plus en plus manifeste avec les premiers effets de la crise, la littérature scientifique a attribué l'échec des Comptoirs à l'action des producteurs belgo-luxembourgeois (mais surtout belges) qui auraient du moins accéléré la faillite des Comptoirs.

En 1943, l'Américain Ervin Hexner soutient que la déconfiture des Comptoirs est provoquée par les effets de la dépression économique mondiale, la nature des Comptoirs qui ressemblaient plutôt à des bureaux statistiques et la nécessité pour les groupes belge et luxembourgeois d'exporter. Son réquisitoire vise avant tout la Belgique : « Its [Belgique] tenacious methods of bargaining and the obstructive tacticts of Belgian producers in establishing and modifying international agreements became proverbial ».[15] Cette thèse est reprise en 1954 par Günther Kiersch, qui affirme que les infractions au règlement des Comptoirs s'expliquent par la politique des producteurs de l'UEBL contraints d'exporter, l'absence d'un véritable syndicat de vente commun et, *in fine*, les répercussions de la crise mondiale.[16] Werner Tüssing enfin, dans sa thèse parue en 1970, affirme lui aussi que les usines belges sont principalement responsables de l'échec des Comptoirs de 1930 parce qu'elles auraient vendu à des prix inférieurs aux accords. Il arrive à un verdict assez sévère : « Insbesondere

---

[14] HADIR, 1 (rouge), Compte-rendu officiel de la 20ᵉ réunion du Comité directeur de l'EIA à Liège, 13.09.1930.

[15] HEXNER E., *The International Steel Cartel*, The University of North Carolina Press, Chapel Hill (second printing), 1946, pp. 80 et 121.

[16] KIERSCH G., *Internationale Eisen-und Stahlkartelle*, Rheinisch-Westfälisches Institut für Wirtschaftsforschung, Essen, 1954, p. 25.

die belgischen Werke hielten sich in keiner Weise an die getroffenen Abmachungen ».[17]

Mais, le rapport publié en 1938 à Washington par la U.S. Tariff Commission sur les Comptoirs provisoires européens est plus nuancé. Ce document fait état d'une politique générale de dumping malgré les amendes prévues en cas d'infraction. Le rapport américain retient : « On accusa d'abord les transformateurs belges, mais on vit bientôt que tout le monde en faisait autant. Cet état de choses eut un effet démoralisant sur le marché et le cartel dut abandonner progressivement tout contrôle ».[18]

L'échec de l'entreprise des Comptoirs se dessine au plus tard vers la fin du mois août 1930, lorsque le président du Comptoir des demi-produits, le Belge Émile Tonneau, constate que les renseignements demandés aux groupes nationaux sont parvenus avec du retard et qu'en plus ils sont incomplets. Surtout, les prix prescrits pour les demi-produits n'ont pas été observés à cause des dysfonctionnements du pool de vente commun de Londres. En effet, en juin 1930, les groupements nationaux ont créé un bureau de vente des demi-produits pour le marché anglais (avec interdiction de toute vente par les usines isolément).[19] Ce pool, embryon d'un véritable Comptoir au sens propre du terme, a été constitué justement pour « centraliser les ventes » de demi-produits en Angleterre.[20] Il devait permettre « d'organiser le marché anglais de façon plus précise » dans le but de « supprimer la concurrence » entre les agents commerciaux des fabricants ouest-européens et d'« empêcher que la clientèle anglaise fasse marcher une usine contre l'autre ».[21] Or, selon Tonneau, « certains » producteurs ont remis des offres de demi-produits à la clientèle anglaise sans passer par le pool. Trois usines françaises sont visées en particulier : les *Forges et Aciéries de Denain-Anzin*, la *Compagnie des Forges de Châtillon-Commentry* et la *Société métallurgique de Normandie*.

On a l'impression que cette dernière usine dissidente est au centre de la querelle. Établie devant la côte anglaise à Caen, la Société métallurgique de Normandie est un outsider dont l'action sur le marché des

---

[17] TÜSSING W., *Die internationalen Eisen- und Stahlkartelle. Ihre Entstehung, Entwicklung und Bedeutung zwischen den beiden Weltkriegen*, Inaugural-Dissertation zur Erlangung der Doktorwürde der Wirtschafts- und Sozialwissenschaftlichen Fakultät der Universität Köln, Köln, 1970, p. 163.

[18] ARBED, P.R-IV.

[19] HADIR, 1.o, Réunion de la Commission d'étude des Comptoirs des demi-produits et des profilés tenue à Liège, 30.06.1930.

[20] Le Comptoir provisoire des profilés fonctionne sans pool !

[21] HADIR, 1.o, Réunion des Comités exécutifs des Comptoirs internationaux des demi-produits et des poutrelles tenue à Liège, 28.08.1930 ; voir également le « Résumé » de la même réunion.

demi-produits est de taille. Ses livraisons de demi-produits en direction de l'Angleterre correspondent à « 30 ou 40 % des livraisons françaises » soit à « 11 % des livraisons totales [de demi-produits en provenance du continent] en Angleterre ».[22] En ce qui concerne les prix, la société est entièrement libre, tant à l'intérieur qu'à l'exportation. Il n'en demeure pas moins que le groupe français a déclaré prendre à sa charge les tonnages livrés par elle.

Il faut bien le relever : les charges rapportées fin août 1930 au cours des réunions internationales pèsent exclusivement sur les usines françaises ! Pourquoi alors les auteurs cités ont-ils principalement mis en cause les Belges et, à un moindre degré, les Luxembourgeois ? En effet, il faut savoir qu'en 1933, quand de nouveaux Comptoirs sont créés dans le sillage de la seconde EIA, certaines usines belges (notamment des transformateurs) n'y adhèrent pas. Après 1933, ces transformateurs placent librement leurs marchandises sur les marchés les plus rentables. En conséquence, ils s'exposent à des critiques virulentes de la part des fabricants allemands, français et luxembourgeois. On peut donc se demander si dans la critique sévère formulée par Hexner, Kiersch, et Tüssing il n'y a pas une part d'anachronisme. Les auteurs auraient-ils projeté sur les Comptoirs de 1930 les faits qui ont pesé sur les Comptoirs de 1933 ?

Au total, il faut retenir que la crise économique n'a pas empêché la cartellisation. Bien au contraire, la cartellisation a été conçue comme remède à la crise (et notamment à la chute des prix), du moins par les patrons de la sidérurgie. La position des maîtres de forges est restée inchangée en automne 1930. « Personne ne veut abandonner l'idée des Comptoirs ».[23] Voilà le constat du directeur général des Aciéries réunies et président de l'Entente Internationale de l'Acier, Aloyse Meyer, en octobre 1930. Cette constatation mènera finalement en 1933 à la seconde EIA et à ses Comptoirs. On essayera alors de tirer les leçons de l'épisode de 1930.

---

[22] Réunion des Comités exécutifs des Comptoirs internationaux des demi-produits et des poutrelles tenue à Liège, 28.08.1930, *op. cit.*
[23] HADIR, 1 (rouge), EIA. Réunion, 18.10.1930.

Conclusion de la première partie

Denis WORONOFF

Université Paris I Panthéon Sorbonne

L'Europe semble être l'homme malade de la sidérurgie mondiale, tant de hauts-fourneaux y sont désormais éteints, tant de capacités productives y sont inemployées. Ce colloque de Luxembourg s'est donné pour tâche de dépasser les évidences du déclin et d'interroger, dans la durée du XXe siècle, les mutations de la sidérurgie continentale. Il s'est agi de saisir cette industrie dans ses territoires anciens comme dans ses dispositifs nouveaux, de préciser la dialectique si particulière du public et du privé à l'œuvre ici, de comprendre les modes de production, les produits et les marchés. L'ensemble des communications a largement répondu à cette attente, même si l'on doit déplorer que la Grande-Bretagne ait été absente de cette confrontation. Plusieurs intervenants ont considéré l'entreprise comme la meilleure cible d'analyse. Mais il y a eu d'autres échelles, d'autres regards. Ainsi, le pôle sidérurgique régional, formé d'un tissu d'entreprises, a été de bonne prise pour comprendre, d'une région à l'autre, le poids de l'histoire et les contrastes des résultats. Il était nécessaire de travailler également à l'échelle nationale, parce que l'État est au moins partenaire, sinon provisoirement leader de cette branche d'industrie. Enfin, l'horizon international s'imposait aussi pour mesurer l'étendue des aires d'approvisionnement, la protection et la conquête des marchés.

Parler de sidérurgie, c'est évoquer des territoires où s'est enraciné, souvent depuis plusieurs siècles, cette activité. Le voisinage du minerai et charbon est la condition de la réussite, jusqu'à ce que la révolution des transports permette de dissocier les deux facteurs. L'exigence de la qualité l'emporte alors sur celle de la proximité. Les pôles emblématiques de l'acier en Europe – Lorraine, Ruhr, Pays de Liège, parmi d'autres – sont ainsi adossés à une longue histoire, faite de la valorisation intensive des ressources locales et de la transmission continue de savoir-faire entre les générations d'entrepreneurs et d'ouvriers. Un véritable humus technique s'est ainsi développé, chance et contrainte tout à la fois. En effet, la tradition d'excellence, la capacité de susciter l'innovation renforcent, dans la durée, l'hégémonie des principaux bassins. En retour, cet enracinement rend dramatique toute remise en cause de la fonction industrielle du territoire et donc du lien social, si puissant en temps de prospérité.

Être implanté dans un de ces territoires n'implique pas que l'entreprise s'y limite. À partir de la fin du XIXe siècle, l'emprise d'une usine sidérurgique ne se construit pas seulement sur des ressources locales mais aussi sur des flux extérieurs. L'exemple le plus connu est l'échange qui s'instaure alors entre la minette lorraine et le charbon cokéfiable de la Ruhr. Chacune des entreprises concernées, en manque de charbon côté français, en manque de minerai côté allemand, dilate ainsi son espace d'approvisionnement. Une communication sur l'internationalisation de la *August Thyssen AG* avant la Grande Guerre montre bien que cette pratique de l'achat de minerai à distance change la donne ; l'horizon d'activité et l'image même de l'entreprise en sortent modifiés. En effet, la firme de Duisburg ne peut se suffire du minerai de la Lorraine et doit se pourvoir aussi en Afrique du Nord, en Russie et en Suède. Il lui faut établir des ports privés et louer des navires ; autrement dit, se faire transporteur et négociant. S'agissant de l'échange franco-allemand, les opinions publiques, de chaque côté du Rhin, ne voient pas forcément ce « combinat » d'un bon œil. Les maîtres de forges les plus en vue dans ces échanges (François de Wendel, pour la France) ont été parfois critiqués pour ce manque de patriotisme. En Normandie, le capital allemand cherche à contrôler les approvisionnements en minerai. August Thyssen, après s'être introduit dans une société minière du Calvados en 1903 crée six ans plus tard la *Société des hauts-fourneaux de Caen* (avec *Cail* et Louis Le Chatelier). Ici l'internationalisme tourne court, pour cause de guerre : la participation de *Thyssen* est séquestrée en 1917. Toujours en 1903, *Schneider*, *Krupp* et Thyssen fondent une société chargée d'évaluer les gisements de fer d'Ouenza (Algérie). Enfin, le maître du Creusot a établi en 1900 une usine sidérurgique à Sète qui consomme les minerais méditerranéens dont la Maison Schneider avait obtenu la concession. L'idée d'une sidérurgie sur l'eau n'est donc pas neuve, mais il fallait un changement dans l'économie maritime pour qu'elle devienne un trait caractéristique de la sidérurgie contemporaine.

Précisément, la seconde moitié du XXe siècle a connu une révolution dans ces transports. Les « vraquiers », à un moindre degré que les porte-conteneurs, ont été les artisans de cette révolution du commerce international. La baisse radicale et continue des coûts du fret amène les industriels et les pouvoirs publics à envisager la constitution d'une sidérurgie littorale en installant les hauts-fourneaux au lieu de la rupture de charge. Les États-Unis, les Pays-Bas, l'Italie avaient montré l'exemple. En France, la création du pôle de Dunkerque en 1963 puis celle de Fos (1974) a marqué une mutation décisive. Est-ce pour autant le début de l'internationalisme, voire de la mondialisation ? Pour ses promoteurs,

Dunkerque devait d'abord servir le marché intérieur. Le flux de retour attendra. On est donc dans une configuration à l'ancienne, qui ne pense pas encore en termes globaux. Il faudra que l'interpénétration des capitaux et des courants d'échange, le croisement des implantations, la mise en place de stratégies à l'échelle planétaire pour faire perdre du sens à un ancrage territorial. C'est « la fin du nationalisme sidérurgique » (Philippe Mioche) qui avait jusqu'ici résisté au vent du large.

Aux journées de Luxembourg, l'accent a été mis sur les rapports qui unissent ou divisent le public et le privé. Ces liens ne sont pas propres à la période ou au continent. La sidérurgie a toujours été, en quelque sorte, une affaire d'État. Mais ce qui change, c'est sans doute la vigueur des politiques qui passent de la nationalisation à la privatisation, qui s'expriment dans la coordination ou dans l'affrontement. Du côté des pouvoirs publics, on voit apparaître dans les phases les plus actives une véritable technostructure, particulièrement visible et durable dans l'exemple italien de l'*IRI*, de *Finsider* et de *ILVA*. De nouveaux organismes à compétence plurinationale s'ajoutent à l'appareil sidérurgique de l'État. L'histoire de la Haute-Autorité et celle de la Commission de Bruxelles au regard de l'acier n'avait pas à être refaite ici.

Mais l'on a bien senti leur poids, surtout en période de crise. Les enjeux divergent entre les organes nationaux et les institutions européennes. Les premiers veulent conforter le secteur public, là où il existe. L'acharnement du gouvernement roumain à accroître, vers 1930, la puissance des usines de la Hunedoara serait un exemple de cette constante. Ailleurs, les autorités visent d'abord à réguler les prix contre les distorsions et les ententes. L'économie de guerre a permis d'inaugurer cet élément de la politique. Mais il s'agit en même temps d'aider à moderniser les installations et les techniques des entreprises. Le soutien donné aux emprunts de la sidérurgie française, dans les années 1960, correspond à cet état d'esprit. Cela conduit, aux moments les plus durs, à mettre en œuvre des formes de nationalisation. De ce point de vue, l'étude consacrée à la sidérurgie suédoise face aux crises est venue utilement enrichir le panorama. Au début des années 1980, l'instauration de quotas et la déclaration d'état de crise manifeste, par décision de la Commission, ont montré que le libéralisme congénital des institutions communautaires pouvait céder provisoirement la place à un interventionnisme d'urgence.

Que dire du versant patronal ? L'historiographie récente a mis l'accent sur les modes d'association et les réseaux qui tendent à donner une certaine unité à un milieu qui, par définition, vit dans l'individualisme. Le point de départ peut avoir été la nécessité de résister à une politique trop dirigiste. Ainsi, dans la Roumanie des années 1930, la croissance insolente du secteur public a poussé plusieurs des sidérurgistes à se coaliser. On retiendra davantage une pratique qui mériterait une étude spéciale, celle de l'appel

Les mutations de la sidérurgie mondiale du XXe siècle à nos jours

aux experts. En Belgique (1967) et en Allemagne au moins (1982), une entente a paru se dégager pour penser dans le long terme l'avenir de la production d'acier. Il s'agissait de créer sur les décombres du système sidérurgique deux ou trois très grandes entreprises. Cela rappelle fort le projet d'Alexis Aron, en 1945, d'aboutir, par regroupement, à la mise en place de trois « aciéries réunies ».

Plus raisonnable mais considérable quand même, le lancement du pôle de Dunkerque a bénéficié de l'alliance efficace des patrons de la sidérurgie (*Usinor* et ses associés), de hauts-fonctionnaires, d'hommes politiques et de banquiers. Les mutations de la sidérurgie européenne ne se sont pas toujours produits dans le sens d'un managériat généralisé ainsi que d'une croissance linéaire de la taille et des volumes produits. La réussite des « Bresciani » est devenue le symbole d'un capitalisme inventif dans les techniques et novateur dans les méthodes. Ils ne pouvaient remplacer les grandes structures italiennes de la sidérurgie intégrée, comme *Falck*, mais constituaient un des pôles de la production péninsulaire d'acier. Petits, sans doute, mais très rentables, ils ont fait un atout de leur taille modeste qui donnait la souplesse et autorisait la résilience. L'autre enseignement que l'on peut tirer d'une analyse du patronat sidérurgique en Europe est la résistance du capitalisme familial, illustrée par les Bresciani, mais également encore visible dans quelques-unes des plus grandes entreprises. En cela, le Vieux Continent ne se démarque d'ailleurs pas d'un des héritages de la sidérurgie mondiale au XXe siècle et plus largement du capitalisme contemporain.

Le système productif de la sidérurgie européenne, au XXe siècle, est en renouvellement permanent. Les laboratoires d'usines sont devenus des composants indispensables des entreprises. Les pouvoirs publics, dans la seconde moitié du siècle aident à l'effort de recherche. La coulée continue et plus encore les « minimills » évoquent cette modernité de la fabrication de l'acier. L'information circule bien, les ingénieurs aussi. Dès l'Entre-deux-guerres, la mission d'études aux États-Unis devient une démarche usuelle pour les grands groupes sidérurgistes. Le souci stratégique des entrepreneurs dans le dernier tiers du siècle est de viser une production de qualité, « dédiée » à des usages spécifiques. C'est vouloir rompre avec la production de masse d'un acier banal pour lequel les sidérurgies des pays émergents sont désormais imbattables.

Les usines qui tardent trop à effectuer ce virage le payent cher, que ce soit en Lorraine ou dans la Ruhr. Deux configurations d'entreprises s'opposent en Europe au cours du XXe siècle, qui se sont constituées à la fin du siècle précédent. On distingue d'une part, l'association horizontale qui réunit au sein de l'entreprise des usines des usines de même type, hauts-fourneaux, convertisseurs et fours électriques, autrement dit la sidérurgie lourde, de l'autre, l'association verticale, qui va du minerai aux machines et autres

Conclusion de la première partie

équipements industriels. Si le premier modèle est très présent en France, le second correspond bien à une des formules d'organisation de la sidérurgie allemande. Outre-Rhin, la montée en puissance de l'industrie des machines-outils est patente bien avant la Grande Guerre. En privilégiant le principe de la filière, les grands sidérurgistes comme Thyssen misent à juste titre sur la valorisation en aval de leur acier. L'avantage spécifique de l'association verticale qui multiplie les types de produits et donc de débouchés, tient, nous a-t-on dit, à une meilleure résistance aux crises, grâce à cette variété même.

La compétition pour les marchés est une donnée permanente de la sidérurgie européenne. Si les grandes puissances peuvent compter largement sur les consommateurs nationaux, d'autres producteurs, comme la Belgique et plus encore le Luxembourg ne peuvent pas trouver une clientèle à la mesure de leur production d'acier à l'intérieur de leurs frontières. Il est vrai que les qualités de métal créent des consommations distinctes et par là des flux sans conflits ouverts. On le voit entre la France et l'Allemagne ou entre la Suède et le reste de l'Europe. La conjoncture, quand elle est défavorable, pousse à la coopération. Face à une baisse générale des prix, les sidérurgistes sont conduits à penser qu'il faut réguler ces prix et établir des quotas nationaux. Ce sont les fameuses « ententes », tout à tour encouragées dans les années 1920-1930 et critiquées par la suite. Toute la philosophie de la CECA et de la Commission est de bannir les ententes, non seulement interdites, mais aussi discréditées. Au cœur de la crise, lorsque l'autorégulation des producteurs aurait le plus d'intérêt pour la profession, les décisions collectives sont difficilement appliquées.

La question des prix n'a pas été la seule à peser sur l'avenir de la sidérurgie européenne. Dans les années 1970 et suivantes, il semble que l'appareil de production soit à la fois vieilli et redondant. Le mot d'ordre est donc de changer la donne technique et géopolitique ; d'où Dunkerque et Fos et, malgré tout, la Lorraine. Il convient aussi de restructurer le restant. C'est la grande saignée, qui n'a pas fait périr le malade mais a laissé une poignée de méga-entreprises, ainsi *ArcelorMittal* ou Thyssen, qui a absorbé *Hoesch* et dominé Krupp. La question a été posée de savoir pourquoi certaines entreprises de taille moyenne ont survécu dans cet effondrement général. Seules des monographies sur ces entreprises, leur management et leur stratégie de diversification permettront d'y voir plus clair. À la veille de la Grande Guerre, il n'y avait que les États-Unis pour faire un peu d'ombre à la sidérurgie européenne. Un siècle plus tard, celle-ci n'est plus hégémonique, mais elle n'a pas disparu. Elle est à la fois vaillante et fragile, dans le double défi des sidérurgies émergentes et des matériaux concurrents.

Deuxième partie

Les mutations de la sidérurgie mondiale du XXe siècle à nos jours

Part two

Changing in World Steel Industry from 20th Century to Nowadays

MUTATIONS DES TERRITOIRES DE LA SIDÉRURGIE

CHANGING STEEL PRODUCTION AREAS

Politics and Technology

The First Continuous Hot Strip Mill in the Steel Industry of the Federal Republic of Germany (1952-1964)

Tobias WITSCHKE

European Agency for Competitiveness and Innovation, Brussels

The *August Thyssen-Hütte* (ATH) in Duisburg, integrated in the biggest steel trust in Europe before the Second World War, the *Vereinigte Stahlwerke* (VSt), was before 1945 by far the biggest and most performant crude steel producing plant in the Ruhr area.[1] The August Thyssen-Hütte (ATH) is also a symbol for the comeback of the Ruhr steel industry in the 1950s. Until the agreements of Petersberg in November 1949, when the end of the dismantlement policy was decided, the "flagship" of the Ruhr Steel industry was to be teared down completely.[2] Only two years later, the first blast furnace started to produce again. In 1953, the ATH was officially founded as one of the thirteen successor companies of the VSt in the framework of the allied "decartelization" or "deconcentration" (Entflechtung) policy of the West German steel industry. Only ten years later, the ATH group was the biggest steel company – measured in turnover and employment – in the European Coal and Steel Community (ECSC).[3] Between 1952 and 1964, the ATH acquired the majority control in shares of a number of other successor companies of the VSt: the *Niederrheinische Hütte AG* (NH), a wire producer, the *Deutsche Edelstahlwerke AG* (DEW), a special steel producer, the *Hüttenwerke Phoenix Rheinrohr AG* (PR), which produced semi-finished steel and tubes, a 50% share in the *Rasselstein-Andernach AG*, a tin plate producer, as well as the majority control of the *Handelsunion AG*, the biggest steel trading company of the Federal Republic of Germany

---

[1] HUFFSCHMIDT B., « Das veränderte Gesicht der Montanindustrie », in *Zum Eisenhüttentag 1954*, Beilage of the *Der Volkswirt*, 30.10.1954, p. 31.

[2] GILLINGHAM J., *Coal, steel and the rebirth of Europe, 1945-1955. The Germans and French from Ruhr conflict to economic community*, Cambridge University Press, Cambridge/New York, 1991, p. 225.

[3] FOCK D., *Die Oligopole in der Stahlindustrie in der Montanunion. Ihre Struktur und ihr Einfluß auf die Wettbewerbsintensität*, Heymann, Köln/Berlin, 1967, p. 43.

(FRG).[4] These acquisitions or mergers had to be compliant with the newly established European competition policy, namely the merger control of the European Coal and Steel Community set up in 1952.

The merger control provisions of the ECSC Treaty were also introduced to maintain the structure of the West German steel industry as set out by the allied "deconcentration" measures – at least this was what Jean Monnet and the French government said during the ratification debate of the Schuman Plan in the French parliament.[5] However, the mergers of ATH were then all approved by the ECSC High Authority (HA). Only in one case in 1960, the ATH refused to accept the conditions set out by the HA and withdrew a merger request – all in all a very first example how business strategies had to take into account European competition policy legislation. This rise of the ATH, which started only in 1951 to produce pig iron, seems to be close to a miracle, similar of the "Wirtschaftswunder" in the FRG. When the ATH was officially founded the 2nd May 1953, the most important decision regarding its future development was already taken: The first continuous wide hot strip mill in the Federal Republic after 1945 would be installed at the ATH plant in Duisburg on the shores of the Rhine and Ruhr rivers.[6]

This paper wants to highlight how this expansion strategy based on newly available technology, the hot strip mill, was embedded in a very particular local and international political context.[7] The efficient operation of the strip mill required an important amount of crude steel production upstream and rolling capacities downstream, in order to transform the coils of the strip mills into different flat steel products (tin plates, sheets etc.). This could of

---

[4] MÜLLER G., *Strukturwandel und Arbeitnehmerrechte. Die wirtschaftliche Mitbestimmung in der Eisen- und Stahlindustrie 1945-1975*, Klartext Verlag, Essen, 1991, pp. 89-109 and 294-300.

[5] WITSCHKE T., « The evolution of a 'Protoplasmic Organisation'? Origins and Fate of Europe's First Law on Merger control », in GUIRAO F., LYNCH F.M.B., RAMÍREZ PÉREZ Sigfrido (eds.), *Alan S. Milward and a Century of European Change*, Routledge, New York/London, 2012, pp. 333-350.

[6] A first mill existed already in the pre-war period at a plant of the VSt in Dinslaken, near Duisburg, but was dismantled and shipped to the Soviet Union after 1945. See articles of RASCH M., « The first wide strip mill in Europe, Dinslaken Works of August Thyssen-Hütte », and WITSCHKE T., « The first post-war German wide strip mill at Thyssen », in AYLEN J., RANIERI R. (eds.), *Ribbon of Fire. How Europe adopted and developed US strip mill technology (1920-2000)*, Pendragon, San Giovanni in Persiceto, 2012, pp. 181-192 and 251-264.

[7] These aspects on the West German steel industry are only marginally covered in HERRIGEL G., *Manufacturing Possibilities. Creative Action and Industrial Recomposition in the United States, Germany and Japan*, Oxford University Press, Oxford, 2010, pp. 51-56. The article is based on a published PhD using company archives and government records: WITSCHKE T., *Gefahr für den Wettbewerb. Die Fusionskontrolle der Europäischen Gemeinschaft für Kohle und Stahl und die 'Rekonzentration' der Ruhrstahlindustrie 1950-1963*, Akademie-Verlag, Berlin, 2009.

course be achieved by linking different steel production plants together – for example via long term contracting schemes or by establishing durable ownership ties via mergers. However, in the case of the ATH, the ownership linkages and possible cooperation schemes with other companies was firstly regulated by allied "deconcentration" measures and then by European competition policy. Constraints of (local and international) politics and technology were intertwined. The question is therefore not so much whether politics matters, but how policies shaped by politics, such as in the field of competition and merger control, did influence the company's strategy.

The first continuous rolling mill in the Federal Republic of Germany

The fact that the importance of flat steel would increase within the European steel industry was already perceptible before the Second World War. Based on this market development, an internal study of VSt from August 1945 predicted the rise of consumption of flat steel, and especially of sheets.[8] The rapid development of continuous rolling mills in the United States was seen as clear sign for this trend.[9] These mills allowed the rolling of sheets with lower costs and better quality.[10] Already in 1948, the directory board of the VSt took the decision to install a wide hot strip mill at the ATH – if the plant would not be completely dismantled. The ATH with its direct access to the Rhine was seen as the best place to carry out such an important investment.[11] However, the VSt board had not the legal competence – not mentioning the financial means – to implement such a decision. No decisions on investment could be realised without the approval of the allied authorities. Therefore, only in summer 1952, the official order to construct the mill was issued. With the entry in force of the ECSC Treaty, the investment control of the allied powers was abolished.

At this time, in other ECSC Member States a number of mills were already in operation or under construction. Until 1952, a semi-continuous mill, less costly than a continuous one, but also with lower capacity, was constructed in Italy, the Netherlands and in Belgium. Two continuous mills were operating

---

[8] TA [Thyssen Archiv], A 5518, Gutachten Brandi zur Inbetriebnahme der SM Stahlwerke, 30.08.1945.

[9] About the development of the hot rolling mills, see UNITED NATIONS, Economic Division of Europe, *The European Steel Industry and the wide strip-mill. A study of production and consumption trends in flat products*, Geneva, 1953; see also AYLEN J., RANIERI R. (eds.), *op. cit.*

[10] SEELY B.E., *Iron and Steel in the Twentieth Century*, Facts of File, New York, Michigan, 1994, pp. 373 f.

[11] TREUE W., UEBBING H., *Die Feuer verlöschen nie. August Thyssen Hütte 1926-1966*, Econ, Düsseldorf, 1969, p. 177.

in France.[12] Most of these projects were supported by funds from the Marshall Plan. Of particular importance for the West German market was the continuous mill constructed by *Sollac*. The mill was built in Lorraine, in the East of France, and the coils produced in the mill could easily be exported to the FRG.

Therefore, it is understandable that these investments were a topic, which was already discussed – not openly but behind the scenes – during the Schuman Plan negotiations in Paris. In a first reaction to the Schuman Plan declaration, Hans-Günther Sohl, at the time member of board of directors of VSt, and later head of the board of directors of ATH, already thought that the French side would try to block the construction of a wide hot strip mill in West Germany in the name of a "European investment policy". Sohl recommended to answer such a request with a very optimistic forecast of the demand for flat steel in Europe.[13] The French Foreign Ministry, however, qualified hopes that the West German industry would abandon its project to develop its own flat steel industry after the Schuman Plan proposal as not very realistic.[14] An official plan by the French government to maintain in the long term its advantage in flat steel production did therefore not exist.

A strategy for expansion: A new steel group to support the ATH

A part from political problems, the construction of a rolling mill did also impose some serious economic and technical constraints. It was a very costly investment, which could not be realised without public financial assistance in the Member States of the ECSC in the beginning of the fifties. In addition to this, a high amount of crude steel production was needed to ensure the efficient occupation of the mill's capacity.[15] The coils produced in the rolling mill have to be rolled on cold rolling mills to finished products

---

[12] KIPPING M., RANIERI R., DANKERS J., « The Emergence of new Competitor Nations in the European Steel Industry: Italy and the Netherlands, 1945-65 », in *Business History*, 43(2001), pp. 69-96; RANIERI R., « Remodelling the Italian Steel Industry: Americanization. Modernization, and Mass Production » and KIPPING M., « A slow and difficult process: The Americanization of the French Steel-Producing and Using Industries after The Second World War », both in ZEITLIN J., HERRIGEL G. (eds.), *Americanization and its limits: reworking US technology and management in post-war Europe and Japan*, Oxford University Press, 2000, pp. 236-268 and pp. 209-235

[13] Aufzeichnung: Direktor der „Vereinigten Stahlwerke", SOHL H.-G, « Gedanken zum Schumanplan », 02.06.1950, pp. 596 f., in MÖLLER H., HILDEBRAND K. (eds.), *Die Bundesrepublik Deutschland und Frankreich. Dokumente 1949-1963*, vol.2, *Wirtschaft*, K.G. Saur Verlag, München, 1997.

[14] Aufzeichnung: Leiter der Unterabteilung Beziehungen mit Deutschland und Österreich in der Wirtschafts- und Finanzabteilung des Ministeriums für Auswärtige Angelegenheiten Valéry, 22.05.1950, in MÖLLER H., HILDEBRAND K. (eds.), *op. cit.*, pp. 587 f.

[15] The occupation of all mills in Europe were limited because of a lack of crude steel supply. UNITED NATIONS, *op. cit.*, p. 19.

with higher value added, such as tin plates and sheets. Therefore, an efficient operation of such a project depended on regular crude steel supply and on downstream capacities to produce finished flat steel products.

These constraints were particularly strong for the ATH. Only in 1951, the plant recommenced producing pig iron.[16] In July 1952, the OEEC approved finally the construction of a warm and a cold rolling mill as well as capacities for the production of 1.4 crude steel. The planned costs for these investments were 400 millions DM. Only the hot continuous rolling mill incurred costs of 100 millions DM.[17] This amount could not be raised on private capital markets. The Land Nordrhein-Westfalen offered a credit of about 40 millions DM. In the framework of the investment aid law, an assistance programme for the basic industries, which was adopted by the parliament but managed by the industry itself, the ATH obtained 72 millions DM. Further loans were backed by guarantees from the Federal government and the government of the Land Nordrhein Westfalen.

Only the rolling mill of the ATH could process 2 million tons of crude steel. With other mills, the ATH had rolling capacities for 3,000,000 t. A priority for further investment of the ATH was therefore the expansion of crude steel production capacities.

There were different figures about the capacity of the continuous rolling mill. According to the annual business report of the ATH for the year 1955/56, the mill produced 55,000 t. coils per months during this year, and the capacity of the mill was only occupied by one third. This would correspond to a yearly capacity about 1,800,000 t. Other sources do mention a maximum capacity of 2.16 million t. The warm rolling mill operated since March 1955; the cold rolling mill started producing in May 1956.[18] The ATH was therefore faced with the problem of a lack of crude steel supply to occupy fully the capacities of the rolling mill. Moreover, the production programme risked to be mainly limited to semi-finished products, such as coils. As coils were not finished products, but used as intermediary product, to produce sheet, such a production programme was for the medium and long term unsatisfactory. The production of highly value added finished products would have been left to competitors.

In this context, the speech of Hans Günther Sohl, which he held on 23rd of July 1953 during the reconstruction ceremony at the ATH, is particularly interesting.[19] In this speech, Sohl emphasised that the European

---

[16] TREUE W., UEBBING H., *op. cit.*, p. 194.
[17] Institut für Bilanzanalysen, Wochendienst, August Thyssen Hütte AG, 24.10.1955.
[18] August Thyssen Hütte, Bericht über das Geschäftsjahr 1955/1956, p. 21; TREUE W., UEBBING H., *op. cit.*, p. 207.
[19] « Lebenswichtige Fragen der westdeutschen Stahlindustrie », in *Stahl und Eisen*, 30.07.1953, p. 1077.

steel industry had to be competitive on the world market. Therefore, the European industry should take the big steel trusts of the US as orientation. Europe would need, he explained, large companies with rationalised and efficient plants. In order to benefit from economies of scale, the production of single steel products should be concentrated on one, or at least a very small number of plants, which could produce them at the lowest price. In order to avoid risks because of sudden up- and downturns of steel demand, these plants should be grouped into companies, which would then offer a very wide production programme in order to spread risks. This speech can be seen as a "reconstruction programme". Sohl was asking here for a big steel trust, which was producing all types of finished steel products in order not to depend completely on the demand for a single product. It is clear that the ATH did not correspond to this model in the year 1953. At this time, it produced only semi finished products. Therefore, it is interesting to know how this programme was realised.

For doing this, it is necessary to clarify the results of the allied deconcentration of the steel industry regarding ownership.

The basis for expansion – the result of th allied "deconcentration" on ownership in the Steel Industry

The new foundation of the ATH was realised in the framework of the deconcentration of the steel industry. In 1938, six Konzerne, all located in the Ruhr area, produced 72.7% of the German crude steel output.[20] The biggest Konzern, the VSt, produced 38% of the German crude steel output in 1938.[21] It was followed by the *Friedrich Krupp AG* with 10.5%, *Gutehoffnungshütte* (GHH) (6.5%), *Hoesch AG* (5.4%), *Klöckner Werke AG* (5.4%) and *Mannesmannröhrenwerke AG* (5.2%). These six groups controlled also over 50% of German coal production. With regard to the market structure of the steel industry in 1938, VSt was by far the biggest group, producing more crude steel than all the other groups together. It is therefore no surprise that deconcentration measures were more radical regarding VSt as compared with the other Konzerne. As a result of deconcentration, VSt ceased to exist. The trust was replaced by thirteen independent steel producing companies and a fewer number of companies for

---

[20] The central role of the Ruhr area was strengthened by the division of Germany after 1945. The steel companies were nearly exclusively located in the Ruhr; in 1959 for instance, they produced nearly 90% of the crude steel output of the Federal Republic of Germany. LISTER L., *Europe's Coal and Steel Community: An Experiment in Economic Union*, Twentieth Century Fund, New York, 1960, pp. 461 f.

[21] RECKENDREES A., *Das „Stahltrust"-Projekt. Die Gründung der Vereinigte Stahlwerke A.G. und ihre Unternehmensentwicklung 1926-1933/34*, C.H. Beck, München, 2000.

the mining sector, the manufacturing and the trade sector. The smaller Konzerne (Mannesmann, Hoesch, GHH, Klöckner) were separated into one bigger company, mostly comprising one important steel producing company linked with small firms of the mining and steel using sector, and two other companies uniting the biggest firms of the old Konzern of the mining and the manufacturing sector. Whether the creation of these new steel companies was beneficial for competition in the West German steel industry is contested and is not the main question here.[22] However, little importance has been given to the development of ownership of the new deconcentrated steel companies.

The shares of the thirteen new ex-VSt companies were given to the old shareholders of VSt. The big shareholders of VSt, however, should concentrate their shares only on one successor company. For five years, they could also choose a "transitory concentration" on a second company. It is astonishing that none of the old important shareholders of the VSt did choose the ATH as final concentration – although the construction of the first rolling mill was already under way. The widow of Fritz Thyssen, Amélie Thyssen, selected the Rheinische Röhrenwerke as final concentration, and the Hüttenwerke Phoenix as transitory concentration. The daughter selected the Deutsche Edelstahlwerke as final concentration, and as transitory concentration the Niederrheinische Hütte AG. At the end of this process, the widow and daughter of Fritz Thyssen, a shareholder of VSt, had concentrated their shares in the successor companies in such a way, that they just had to combine their shares in order to realise the programme of Sohl. The Sohl programme on the other hand was based on plans, which were elaborated after 1945 in the board of directors of the VSt. A new company based on the mass production of a large number of steel products by plants located at the Rhine around Duisburg should replace the VSt. The heart of the concept was the rolling mill of the ATH.[23]

This participation in companies was administered by two financial holdings. The only shareholder of the *Fritz Thyssen Vermögensverwaltung* (FTV), holding the shares of the Röhrenwerke and Phoenix, was Amélie

---

[22] Gary Herrigel argues that the deconcentration process enhanced competition in the industry, whereas Werner Plumpe states that the new companies were much too small and hampered the competitiveness of the industry. HERRIGEL G., « American Occupation, Market Order, and Democracy: Reconfiguring the Steel Industry in Japan and Germany after the Second World War », in ZEITLIN J., HERRIGEL G. (eds.), *op. cit.*, pp. 340-399; PLUMPE W., « Desintegration und Reintegration: Anpassungszwänge und Handlungsstrategien der Schwerindustrie des Ruhrgebiets in der Nachkriegszeit », in SCHREMMER E. (ed.), Wirtschaftliche *und soziale Integration in historischer Sicht*, Franz Steiner Verlag, Stuttgart, 1996, pp. 290-303; see also WARNER I., *The Deconcentration of the West German Steel Industry 1949-54*, Verlag Philipp von Zabern, Mainz, 1996.

[23] TREUE W., UEBBING H, *op. cit.*, pp. 170 f.; PLUMPE W., *op. cit.*, p. 298.

Thyssen. The financial holding of her daughter, the *Thyssen AG für Beteiligungen* (TfB), owned the shares of the Deutsche Edelstahlwerke and the Niederrheinische Hütte. Interestingly most of these companies were already integrated as part of the ATH group within VSt before 1945. The deconcentration plans, which were elaborated within the board of directors of VSt itsself since 1945, also foresaw the foundation of a company with the plants of ATH, Phoenix and Rheinische Röhrenwerke.[24]

An internal document from February 1954, the director of the board of administration of Phoenix, confirmed that the final aim was "August Thyssen Hütte, Phoenix, Niederrhein und Rheinrohr".[25] Plans for reconcentration were therefore already there, they corresponded to plans developed since 1945, and they were the basis for Sohl's reconstruction programme.[26]

Until 1958, the ATH offered than through an increase of its own capital its own shares against shares of the Niederrheinische Hütte and the Deutsche Edelstahlwerke. On the one hand, the ATH gained majority control over Niederrheinische and Deutsche Edelstahlwerke. On the other hand, the main shareholder of these two companies, the TfB, exchanged its shares against ATH shares and became the main shareholder of the ATH! The ATH managed to enlarge its production programme to wire and special steel, the main products of Niederrheinische and Edelstahlwerke. Phoenix and Rheinische Röhrenwerke, both controlled by FTV, merged in 1955 by founding a new company *Phoenix-Rheinrohr AG*. The main products of this company were tubes and thick plates. The ECSC High Authority (HA) approved all these mergers, as their respective market shares and size did not exceed the one of already existing companies. Thus, the policy discussion within the ECSC was much focused on the question whether the size of a company, measures in its relative crude steel output, could endanger competition.[27] However, the relationship between the size of a company – and its capacity to raise prices, and control output and distribution of production, which was at the heart of the merger control in article 66 of the ECSC Treaty, was never clearly explained.

---

[24] Thyssen Archives (TA), VSt (Vereinigte Stahlwerke)1436, Vorschlag für die Dekonzentrierung der Vereinigten Stahlwerke AG, 14.08.1950; VSt 4467 Abschrift Memordandum Anspruch Thyssen.

[25] TA, NSt (Nachlass Wilhelm Steinberg) 48, Betrifft: Hüttenwerke Phoenix. Aktenvermerk Düsseldorf, 10.02.1954.

[26] Mannesmann-Archiv, PR 17191, Ellscheid an Goergen, 17.11.1953.

[27] See for example the report of the Committee for the Common Market of the ECSC Common Assembly, FAYAT H., « Unternehmenszusammesnchlüsse in der Europäischen Gemeinschaft für Kohle und Stahl », in *Wirtschaft und Wettbwerb*, pp. 771-783.

The first wide hot strip mill and the steel market structure – an example of market power for ATH?

Nevertheless, it seems that the installation of the wide hot strip mill gave the ATH as "first mover" in coils production at least temporarily a certain market power. Less consideration than ATH mergers has been given to long term delivery contracts between ATH and other new steel companies founded after deconcentration about the supply of coils. These companies had one point in common: They all depended on the supply of coils for the alimentation of cold rolled mills. Thanks to these contracts, the ATH had the advantage that the occupation of the mill was secured. This was extremely important in order to recover the costs for the investment of the mill. At the same time, it was not necessary at least for a certain time for the ATH to invest in its own cold rolling capacities. The coils were delivered to existing sheet producers. With some companies, the ATH even agreed on cooperation regarding investment. The ATH could therefore concentrate on the development of its own crude steel capacities. This was again necessary for a high occupation of the rolling mills. Long term delivery contracts obviously implied also a certain security regarding sales. As the ATH company History wrote in 1969, such a machine (the mill) could not be build only in the blind faith that the market would absorb the entire production. Moreover, when competitors of ATH started to install as well wide strip mills, potential clients in the market were already bound by long term contracts with ATH. It is not surprising that some of the long term contracts were contested by competitors of ATH even in terms of the principles of European competition policy.

As the rolling mill started to produce in March 1955, the ATH had already obligations to deliver 68,500 t coils per month. The biggest client was the *Hüttenwerke Siegerland* (HWS) with 44,000 t per months. For the own cold rolling mill, ATH reserved a production of around 20,000 t per months. In total, it was envisaged to produce 111,000 t coils per months. For this, a crude steel production per month of 138,400 t was needed.[28] However, in October 1955, the ATH produced only 35,000 t coils. It is therefore possible that the ATH had committed itself to deliver a volume of production that it could not produce at that time.

Already in spring 1953, the ATH concluded a delivery contract for coils with the Hüttenwerke Siegerland (HWS). As the mill of the ATH did not operate at this time, the first deliveries were undertaken from Hoogovens. Hoogovens supplied also the *Stahlwerke Bochum*, a "deconcentrated company" from the old *Otto Wolff group*. The ATH used the

---

[28] WITSCHKE T., *The first post-war German wide strip mill ...*, op. cit., pp. 257 f.

mill in Belgium from *Espérance-Longdoz*, to produce coils from crude steel supplied by the ATH which were then re-imported to the FRG for its own future clients.

There were plans to coordinate investments between ATH and HWS. It was envisaged to build together modern capacities for the production of tin plates.[29] The HWS was specialised within the old VSt in the production of sheets. Together with the Rasselstein Andernach AG, a company belonging to the Otto Wolff group, the HWS was the biggest producer for tin plates and sheets in the FRG. However, these common plans were never realised. Another successor company of the VSt, the *Dortmund Hörder Hüttenunion* (DHHU), acquired 51% of the shares of the HWS, and asked in April 1957 for the authorisation by the ECSC. The DHHU justified the acquisition of the shares with its own aims to build a rolling mill in Dortmund. Only two days later, the ATH made public that it had also acquired shares of HWS – just a bit less than 35%. The ATH informed the HA and justified this acquisition that it wanted to have enough bargaining power in order to maintain and even renew the delivery contracts with HWS. The ATH ensured that it had no intention to control HWS on a long-term basis. The DHHU also declared that it planned not to control HWS together with ATH. DHHU announced that it wanted to start negotiations with the ATH in order to buy the remaining HWS shares from the ATH. This was necessary for the DHHU as only a participation of 75% allowed the derogation from turnover tax between a company and its legally independent subsidiary, as well as the pooling of profits.[30] In order to obtain 75% of shares, DHHU needed the shares of the ATH. The latter, however, wanted to be sure that HWS continued to buy coils from the ATH. At the time, HWS absorbed 40% of coils production of the ATH.[31]

Now, the common plans for investment in the tinplate sector between ATH and HWS could not be realised any more. This was a serious problem for ATH, as the ATH wanted to benefit from the booming tinplate sector at this time. However, the ATH already negotiated with another partner. It asked for a loan at the *US Export-Import Bank*, which was granted at the end of April 1956. Thanks to this loan, the ATH wanted to buy a modern machine for the production of tinplates.[32] These were

---

[29] WITSCHKE T., *Gefahr für den Wettbewerb ...*, *op. cit.*, pp. 239 f.

[30] NÖRR K.N., *Die Republik der Wirtschaft. Teil I. Von der Besatzungszeit bis zur Groben Koalition*, Mohr Siebeck, Tübingen, 1999, pp. 184 f.

[31] « August Thyssen Hütte AG, Duisburg-Hamborn », in *Stahl und Eisen*, 30.05.1957, p. 767.

[32] FRUS [Foreign Relations of the United States], 1955-1957, IV, Minutes of the 244th Meeting of the National Advisory Council on International Monetary and Financial Problems, 20.04.1956, pp. 430 f.

however not installed at the ATH but at the Rasselstein Andernach AG. For this purpose, the ATH acquired 25% plus one share of the Rasselsetin Andernach AG, the biggest tinplate producer in the FRG. Both companies had already concluded a contract about the supply of coils. The minority participation of the ATH in Rasselstein of 25% plus one share also included an option of 50% participation in the capital of ATH. It clearly had the aim to maintain a certain control of the ATH over Rasselstein after the experience with DHHU. The production programme of the ATH was enlarged to tinplates thanks to this minority participations and delivery contracts.

The relationship of the ATH to the Stahlwerke Bochum demonstrates very well the economic reasoning behind these contracts. Already in 1954, a long-term delivery contract was concluded between these companies. The High Authority was not informed about these, as both companies came to the conclusion that the contract did not exceed the normal volume and duration in trade. Following their legal analysis, the conditions of the concerned antitrust articles did therefore not apply and any notification of the High Authority was not required.[33]

The Stahlwerke Bochum established in the early 1950s a modern new cold rolling mill. Therefore they needed coils. In its annual report for the year 1954/55, the company complained about the fact that the German market did not produce enough coils, and that coils had to be imported. Moreover, the price level was too high. It is interesting that the Stahlwerke Bochum complained about the supply of coils on the German market. Taking into account the price and the volume, the situation was not satisfactory for Stahlwerke Bochum – despite the fact that Stahlwerke Bochum had a long term delivery contract with the ATH. Also for the following year, the Stahlwerke Bochum complained about the prices of the coils. For the year 1957, the Stahlwerke Bochum mentioned a big relief concerning the supply of coils – although the price question was still not completely resolved. One year later the report confirmed that the coil supply was good, although the price question was still not optimal. In the year 1959, the question was not mentioned anymore.[34] These relationships are interesting, because the ATH was at least in the Federal Republic of Germany the only producer for coils from a continuous rolling mill until 1958.

---

[33] WITSCHKE T., *Gefahr für den Wettbewerb ...*, op. cit., pp. 240 f.
[34] STAHLWERKE BOCHUM AG, *Bericht über das Geschäftsjahr 1.10.54 bis 30.9.1955*, p. 9; *Bericht über das 10. Geschäftsjahr vom 1.10.1955 bis 30.9.1956 und 11. Geschäftsjahr (Rumpfgeschäftsjahr) vom 1.10.1956 bis 31.12.1956*, pp. 10 f.; *Bericht über das 12. Geschäftsjahr vom 1.1.1957 bis 31.12.57*, pp. 10 f.; *Bericht über das 13. Geschäftsjahr vom 1.1.1958 bis 31.12.1958*, p. 11; *Bericht über das 14. Geschäftsjahr vom 1.1.1959 bis 31.12.1959*.

These are indications for market power of the ATH: The conditions of supply for coils seemed to improve with increasing contractual relationships with the ATH. The Stahlwerke Bochum, as well as the Rasselstein Andernach AG, were before the 'deconcentration' integrated in the group of Otto Wolff. Wolff had to sell his shares following the allied decartelization regulations. However, he seemed to have maintained its influence over the Stahlwerke Bochum and acquired official control again in 1960.[35] In his negotiations with the ATH about the relationship with Rasselstein, he mentioned also that he was interested in the steady supply of the Stahlwerke Bochum with coils. Therefore the mechanism was as follows: the closer the relationship between ATH and Rasselstein became, or more precisely between the ATH and Otto Wolff, the main shareholder of Rasselstein, the better became the supply of Stahlwerke Bochum. In the year 1958, when the agreement about a minority participation of the ATH in Rasselstein was made, the ATH acquired also an option with a bank about a minority participation in the Stahlwerke Bochum. The problems with supply of Stahlwerke Bochum then ceased to exist. The function of these minority participations were very clear: the better the long term relationship with a client was institutionally ensured, the better the conditions of supply granted by the ATH were.

The long-term contracts, and the minority participations, do show very well the price policy of ATH regarding the production of the coils – the products of the rolling mill. ATH tried to secure clients on a long-term basis. Minority participation were one mean to institutionalise these long-term relationships. The better the long-term cooperation was secured, the lower were the prices.

ATH offered also a contract to the Mannesmann AG in 1955. Mannesmann was offered to roll its own crude steel on the mill of the ATH. At this time, Mannesmann planned to co-operation with the Hoesch AG with regard to flat steel.[36] Mannesmann wanted to participate in the financing of a semi-continuous mill in Dortmund, at the Hoesch AG, with a production capacity of 45,000 tonnes per month.[37] Mannesmann wanted to roll then steel on this mill. Mannesmann also affirmed that the conditions of Hoesch – in particular regarding prices for the use of the mill – were much more attractive than the ones offered by

---

[35] MÜLLER G., *op. cit.*, p. 309; WITSCHKE T., *Gefahr für den Wettbewerb ...*, *op. cit.*, pp. 239 f.; *The first post-war German wide strip mill ...*, *op. cit.*, pp. 259-262.

[36] WESSEL H.A., *Kontinuität im Wandel. 100 Jahre Mannesmann, 1980-1990*, Verlag, Düsseldorf, 1990; MÖNNICH H., *Aufbruch ins Revier. Aufbruch nach Europa. Hoesch 1871-1971*, Bruckmann, München, 1971, p. 398.

[37] TA=Thyssen Archives, VSt (Vereinigte Stahlwerke) 2001, Mannesmann an ATH, 30.03.1955.

the ATH. When the ATH learned about the common project of Hoesch and Mannesmann to build a semi-continuous mill, they offered both companies capacities on its own mill.[38] However, Mannesmann did refuse any prolongation of the negotiations. They said that Hoesch's prices would not contain profits, which would never be the case for the ATH.[39] These negotiations are interesting, because they seem to be an attempt of the ATH to maintain the position as sole owner of such a mill on the West German market. However, they were not ready to lower the price for the coils in order to avoid the installation of the second mill. Apparently, it was more profitable to face a second mill in West Germany as competitor, than being the only supplier for coils but being forced to supply offering competitors with coils as a price very close to real costs.[40]

The expansion strategy and European competition policy

Regarding the merger control policy of the High Authority, it is interesting that minority participations and delivery contracts were realised often with the knowledge of the ECSC, however, most of the time without the authorisation. In the first years of the existence of the Steel and Coal Community, the High Authority approved the mergers in the 'deconcentrated' West German steel industry unconditionally, as they resulted in merged companies which were in terms of steel production of smaller or comparable size as steel groups in the other ECSC countries. This changed, however, when the ATH asked to merge with the Phoenix-Rheinrohr AG, also a group resulting from mergers between successor companies of the VSt, which would have been the biggest steel company in the European steel market. Due to its size, the merger request became a real 'political' contentious issue and the "cause célèbre"[41] of the early European competition policy. The HA was increasingly criticised in the media – especially in France – that it never objected to a merger request from the 'deconcentrated' steel industry in West Germany. During the investigation process, there were direct interventions from the federal government and informal contacts between French and German Ministers on this merger and the members of the High Authority were themselves deeply divided over the issue. The High Authority considered finally the authorisation of the merger but only linked with a future control and prior

---

[38] TA, VSt 2001, ATH an Mannesmann AG, 05.04.1955; ATH an Mannesmann, 29.04.1955.
[39] TA, VSt 2001, Mannesmann Vorstand an ATH, 27.04.1955.
[40] TA, VSt 2001, Sohl an Cordes, 14.04.1955.
[41] SWANN D., McLACHLAN D.L., *Competition Policy in the European Community*, Oxford, 1967, 205.

authorisation of the investments of the new company. This condition was rejected by the ATH and the merger request withdrawn. Even if they were not in the centre of the public debate and attention of this process, the long term delivery contracts of the ATH were from now on increasingly discussed and sometimes challenged during the merger authorisation procedure.

At the beginning of 1958, the semi-continuous mill of the Hoesch AG started to run as well as the one of the Klöckner AG in Bremen.[42] The ATH had therefore lost its privileged market position. However, it was still delivering coils due to contract commitments with the most important coils consumers in the FRG, such as HWS and Rasselstein. The long-term delivery contract between HWS and the ATH should play an important role in the following negotiations about the authorisation of a merger by the High Authority – the first one who failed since the operation of the ECSC competition policy in 1952. When the ATH asked finally to acquire the majority control of Phoenix Rheinrohr AG, one important condition set out by the supranational board was that the ATH should sell its minority participation in HWS.[43] Otherwise, the ATH would have at least an indirect economic control – via participation in shares and long term delivery contracts – of the two most important tinplate and sheet producers of the FRG (HWS and Rasselsetin).

There were already other companies available to 'step in' and replace the ATH as coils supplier. Willy Ochel, the director of the Hoesch AG, another crude steel producer, suggested that ATH should stop the contract with HWS in order to obtain the authorisation of the HA to acquire the majority control of Phoenix Rheinrohr. Hoesch could then do the delivery of HWS.[44] He contacted in this sense the directory board of DHHU, the potential majority controller of HWS, and Hoogovens, which was the main shareholder of DHHU. Hoesch would then also refrain from constructing an own cold rolling mill. These efforts to disentangle the links between the ATH and the specialised flat steel producers were also informally backed by the French government. Firstly, it was argued that the High Authority could set an example to demonstrate the effectiveness of its merger control policy in order to refuse for the first time the authorisation or – at least – impose clear conditions. Moreover, the French steel industry was an important exporter of flat steel products, especially

---

[42] HENLE G., *Weggenosse des Jahrhunderts*, Deutsche Verlags-Anstalt, Stuttgart, 1969, p. 189.
[43] Regarding the requests for authorisation to the High Authority, see SPIERENBURG D., POIDEVIN R., *Histoire de la Haute Autorite de la Communauté Européenne du Charbon et de l'Acier*, Bruylant, Bruxelles, 1993, pp. 707-718.
[44] Hoesch Archiv, Hoesch 5217, Ochel an Bechtholff, 21.04.1959.

tinplates, to the West German market. The expansion strategy of ATH in this area was therefore followed with special attention. Finally, the High Authority was only ready to grant the authorisation for the merger if the ATH would accept an unlimited control of the ECSC for the realisation of an investment above a certain ceiling. This was not accepted by the ATH and it withdrew the merger request. Therefore, everything remained the same. The ATH announced then the construction of a second continuous mill. The dominant position of the ATH on the flat steel sector was therefore even strengthened.

In the next merger authorisation concerning the acquisition of the majority control of Handelsunion by the ATH, and a 50% participation in Rasselstein, the ATH was asked by the ECSC to sell the HWS minority participation. This condition was implemented by the ATH – it also corresponded to informal discussions between the French and the West German government on the future development of the steel industry, especially on the lifting of the last allied control measures for some important shareholders from the Thyssen or Krupp family. The French government seemed to be worried that the ATH would become the "emperor" of tinplates in West Germany.[45] However, the ATH managed to maintain the long term contract with HWS even when the duration of the contract was shortened in compliance with the request of the High Autority. The fact that the long time delivery contract could be maintained is somehow surprising. But the High Authority probably did not want to interfere in what was considered basic commercial decision of companies, even when the contract was signed at a time when only the ATH produced coils. Indeed, the ATH requested a higher coil price from HWS than from its competitor Rasselstein, where ATH held now a 50% participation.

In spring 1962, the ATH asked for the second time to acquire the control of Phoenix Rheinrohr. In the final negotiations, the High Authoriy asked suddenly to finish completely the contract with HWS. This request, however, was responded by an appeal to the Court of Justice in Luxembourg by the ATH against the High Authority decision. Finally, DHHU and ATH agreed to shorten the period of the contract, so that the ATH withdrew the appeal. By doing this, the long awaited authorisation of the majority control of Phoenix Rheinrohr by the ATH was finally accomplished.[46] The establishment of a group of successor companies of VSt – all grouped around the ATH – was finally achieved.

---

[45] WITSCHKE T., *Gefahr für den Wettbewerb ...*, *op. cit.*, p. 293.
[46] TREUE W., UEBBING H, *op. cit.*, pp. 230 f.

Conclusion

The construction of the wide hot strip rolling mill had therefore a considerable impact on the formation of the ATH group and on the West German steel industry. The expansion strategy of the ATH aimed at the integration of the most modern technology, the continuous rolling mill. This strategy was already elaborated during the deconcentration period. Therefore, a blue print existed to resemble the plants as well as the shares of the 'deconcentrated' companies within one company group. In this group the most important plant produced crude steel and the coils from the rolling mill. The other plants where specialised in the production of a limited number of rolled finished products.

However, a new political framework or constraint existed for this strategy: the West German steel industry was under special scrutiny in the 1950s, following the allied 'decontration' measures, and mergers needed now to be compliant with European competition policy. In a first stage, minority participations and long term delivery contracts – and not direct ownership control – had the aim to secure the distribution of the coils production of the ATH and establish linkages to specialised flat steel producers. By this, the ATH avoided also the need for lengthy authorisation request for mergers. However, after 1958, the merger authorisation procedures related to the ATH were increasingly dealing with this complex relationship between coil producers and coils users. This was not at least due to the pressure of competitors and the French government aiming to limit the ATH's contracts with special steel producers. Nevertheless, the implementation of the expansion strategy was never fundamentally questioned or challenged by European competition policy. In terms of business and politics, it might be interesting to enquire further how business responded to new policy initiatives, such as anti trust legislation, which concerned them directly.[47] In this concrete case, the expansion strategy of the ATH group took into account the political framework of the allied 'deconcentration' measures and the newly established European competition law. As a result, the final objectives of the strategy remained the same and were achieved. The result was the biggest steel company in FRG which the ATH group, later Thyssen AG and now the ThyssenKrupp AG – remained until today.[48]

---

[47] Also historical accounts of competition policy often leave out completely the impact on business, see HAMBLOCH S., « EEC Competition Policy in the early phase of European integration », in *Journal of European Integration History*, 2(2011), pp. 237-251.

[48] SCHRÖTER H.G., *The European Enterprise. Historical Investigation into a Future Species*, 2009 Heidelberg, p. 292.

Table 1: Companies' share in % German Steel production[49]
in italics: successor companies of VSt

	1936-1937	1961
VSt	39.8	
VSt Successor companies:		
ATH (incl. Rasselstein, Niederrhein, DEW)		*11.9*
Phoenix Rheinrohr		*9.4*
DHHU (incl. HWS)		*9.3*
Rheinstahl		*3.9*
SSW		*1.5*
Krupp (incl. Bochumer Verein)	9.3	11.0
Hoesch	5.8	6.6
HOAG	5.7	6.3
Mannesmann	5.1	6.9
Klöckner	4.8	7.5
Share of Total German Production	**70.5**	**74.3**

Table 2: 'De- and reconcentration' within the Vereinigte Stahlwerke (VSt) 1953-1964[50]

Law 27 Company 1952/53	Main Activity	1964 Main control
ATH	Iron / crude steel	Thyssen family
DEW	Special steel	Thyssen
Niederrhein	Wire	Thyssen
Phoenix	Iron / crude steel	Thyssen
Rheinrohr	Tubes	Thyssen
Rasselstein	Tinplates, sheets	Thyssen/O. Wolff
Stahlwerke Bochum	Special steel	O. Wolff
Bochumer Verein	Iron / steel, steel casting	Krupp
DHHU	Iron / crude steel	Hoogovens
HWS	Sheets, tinplates	Hoogovens
Ruhrstahl AG	Iron / crude steel	Rheinstahl
Oberkassel	Steel casting	Rheinstahl
Witten	Steel casting	Rheinstahl
Südwestfalen	Special steel	-
Rheinwesteisen	Steel casting	Rheinstahl
GBAG	Coal	-
Hamborner Bergbau	Coal	-
Erin Bergbau	Coal	GBAG
Rheinstahlunion	Manufacturing (ships, cars, etc.)	Rheinstahl
Handelsunion	Trade	Thyssen

---

[49] EGKS, *Ergebnisse, Grenzen, Perspektiven*, Office des publications des Communautés européennes, Luxembourg, 1963, p. 368.
[50] MÜLLER G., *op. cit.*, pp. 294-300.

The Emergence of a Leader
The Case of the Brazilian Company Gerdau (1901-2011)

Hildete de Moraes Vodopives

Université Paris IV Sorbonne

During the second half of the XXth century, the global steel industry showed significant change. Until the 1950s, the US accounted for half of the global production. At that time, Brazil was an agriculture-based economy, struggling to implement a modern industrial society. From Southern Brazil, a family of German ascendency – the Gerdau-Johannpeters – was expanding the family business with the acquisition of a steel factory. In the following decades, Gerdau became the tenth largest long steel producer worldwide, behind only *ArcelorMittal* (Appendix 2).[1]

This paper looks into 110 years of Gerdau's history. We start with Brazil's political and economic events that are in the backdrop of our story in the first part of the XXth century. Next, we will examine the roots of this entrepreneurial family and the steps towards a long-term strategy of growth. Finally, we will look into the challenges that the company faces in a world of abundant steel, competition and low prices.

Understanding Brazilian economy and history

Brazil is a country reputed for its natural resources. Iron ore discovery dates back to 1590, when Afonso Sardinha set the first mill in the Americas in Ipecó, in the region of São Paulo. But the production system would soon be disrupted. Under Portuguese ruling, all factories were banished from Brazilian territory, so that the colony would carry out only agriculture and gold mining. Until the arrival of the Portuguese royal family in Brazil in 1808, the manufacture of iron was monitored in the colony, and was allowed only in restricted periods. It was not before Getulio Vargas' first administration (1930-1945) that the kick-off for industrialization was set. To that end, Vargas created state companies such as *Vale*, *Petrobras* and *CSN*. Those three were responsible for the exploitation and production of iron ore, oil and steel. Steel

---

[1] Worldsteel, Steel on the Net. Gerdau, meeting with investor Apimec, August 2011.

had an important role to play in country's industrialization, as it was a key component for many sectors. For this reason, in 1973, the government created *Siderbras* to be the holding company for the owned steel plants under federal control. But industrialization driven under the state fuelling would soon fade.

After the first oil shock in 1973, successive global economic crises triggered the reengineering of the current model; the government could no longer be a major economic player. Brazil was no different from other countries in terms of macroeconomic challenges. Most Brazilian states coped with increasing financial difficulties and had to finance production, therefore creating larger public deficits. On top of that, Brazil faced aggravating factors. In the following years, the transition from military rule to democracy combined with hyperinflation complicated things.

The competitiveness of the Brazilian steel industry has been sustained by low cost of labour and high quality non-expensive iron ore. On the other hand, it was restrained by the high cost of capital and coal (Table 1). The inefficiency of productivity coupled with antiquated methods translated in low-end steel, which means low added value. Only half of Brazilian steel production used continued stamping and hot laminating processes, while in Europe it was 80% and in Japan and South Korea 94%. With the worsening of macroeconomic conditions, access to international credit became more difficult; rendering state-owned steel companies extremely indebted.[2] Unproductive and dependent of public financial aid, they could not hold on for long.

Table 1: Production costs of cold rolled sheet steel – April 2001 (in US dollars/ton)[3]

	US	Japan	Germany	UK	South Korea	China	Brazil
Raw materials	115	106	109	105	112	118	103
Coal	27	27	26	24	28	28	37
Iron ore	55	56	62	58	59	75	40
Scrap/direct reduction iron	33	26	21	23	25	15	26
Labor costs man-hours/t.	154	142	136	113	62	26	57
Hourly wage	38	36	34	27.6	13	1.25	10.5
Financial costs	39	60	40	46	42	50	67
Total cost	**480**	**458**	**432**	**417**	**350**	**347**	**362**

[2] MONTERO A.P., « State Interests and the New Industrial Policy in Brazil: The Privatization of Steel, 1990-1994 », in *Journal of Interamerican Studies and World Affairs*, 3(1998), Internet: http://.jtor.org/stable/166199), pp. 35.

[3] *Ibid.*, p. 27

The liberalization of the Brazilian economy in the 1990s, turned out to be a turning point for the industry's competiveness, when twelve steel companies were privatized. From that moment on, investment started to flow in having a positive impact on efficiency levels. The modernization of plants led to significant cost reduction in the lines of raw materials, transport and energy. For example, between 1989 and 2000, jobs were cut at an average annual rate of 7.6%, while the production remained around 25 million tons. These measures improved productivity levels, which went from 11 to 5.4 man-hours per ton between 1991 and 2000.[4] Beyond that, companies were able to develop new products with higher aggregate value.

Another effect of privatization was to promote the consolidation of the Brazilian steel industry (Appendix 5). In 1994, towards the end of the privatization process, six groups dominated the Brazilian steel sector: *Usiminas-Cosipa*, CSN, *CST*, Gerdau, *Mendes Jr.-Açominas*, and *Acesita*.[5]

Forging a family business

When Johannes Heinrich Kaspar Gerdau left the port of Hamburg, Germany, in 1869, Brazil was a country undergoing structural change. Immigrants like him came from Europe to populate uninhabited parts of the country. They were also needed to fill the growing gap in the workforce as there was increasing pressure to abolish slavery. The monarchy had its days counted.[6] Upon arriving in Brazil, the 20-year-old Johannes became João Gerdau. He settled in Colonia Santo Angelo, where he became a businessman, with investments in land, transport and trade.[7] The development of an agricultural export hub in the South served as the basis for the evolution of his family's business. Under the influence of his wife, Alvine, João moved his family to the town of Cachoeira do Sul in 1884, and later in 1901, to Porto Alegre. The family was looking for the social environment necessary for the reproduction of the bourgeois ethos.[8] In Porto Alegre, they bought the nail factory *Fabrica de Pregos*

---

[4] FERRAZ J.C., KUNFER D., IOTTY M., « Industrial competitiveness in Brazil ten years after economic liberalization », in *Cepal Review*, 82(2004), p. 99.

[5] « Aleluia! Um negocio bom para todos », in *Exame Magazine*, 31.08.1994, pp. 51-52; MONTERO A.P., *op. cit.*, p. 46.

[6] The Republic was proclaimed on 15th November 1889.

[7] Later became the town of Agudo, state of Rio Grande do Sul.

[8] LANNES J., « A Família Gerdau, o comércio e as Fábricas de Pregos Pontas de Paris e de Móveis », in *Segundo Congreso Latinoamericano de Historia Económica, Ciudad de México – 03 a 05 de febrero de 2010*, http://www.economia.unam.mx/cladhe/registro/ponencias/371_abstract.pdf.

Pontas de Paris. João's son, Hugo, was in charge of the nail factory while Walter, the other son, took care of the second family business, the furniture factory. Educated in Europe, Hugo proved to be an entrepreneur like his father and expanded the family assets by acquiring a second plant. In 1916, the trade name *João Gerdau & Son* changed to *Hugo Gerdau*. Hugo would run the business until his untimely death in 1939. Having no male heir, on more than one occasion, Hugo invited his son-in-law, Curt Johannpeter to join the company. Curt declined, justifying that he "knew nothing about nails".[9] The truth was that he preferred his job as branch manager of the *German Transatlantic Bank*, a subsidiary of the *Deutsche Bank*.

After Germany's defeat in the Second World War, the German Transatlantic Bank was terminated leaving Curt without a job. In 1946, his better chance was to take care of his wife's assets, and he became president of the Hugo Gerdau Nail Factory.[10] As an executive of an international bank, Curt started to implement innovative managerial practices that would mold the future of Gerdau. In 1948, the Hugo Gerdau Nail Factory began its history as a steel-maker, acquiring the *Siderurgica Riograndense*. The plan was to control the supply of raw materials (steel) for the operation of the nail factory. Since this point, Gerdau's main business shifted from nails to the decentralized production of long steel.[11]

The corporate model began to be crafted in 1969. The business name *Fábrica Metalúrgica Hugo Gerdau SA* was changed to *Metalúrgica Gerdau SA* and it became the holding company for the Gerdau group. In 1975, this model was consolidated with the formal organization of the board of directors and the executive board. The fourth generation – Curt's sons – were gradually involved in the management of the company. Curt and Roberto Nickhorn sat on the board of directors charged with general strategic decisions, and Curt's four sons in the executive board were charged with central executive functions. Germano, was in charge of sales, Frederico of finances and administration, Klaus of the technical area, and Jorge of the areas of planning, human resources, social communication, and general management. When Curt died in 1983, succession was not traumatic. His son Jorge, was appointed the new CEO.

---

[9] ASSIS C. de (dir), *Entrepreneurial flame: the history and culture of the Gerdau Group: 1901-2001*, Prêmio Editorial Ltda., São Paulo, 2001, p. 31.

[10] Ibid., p. 30.

[11] Long steel refers to continuous strips of steel used in construction as a structural element. BOWER J.L., *Gerdau (A)*, Harvard Business School, Boston, 2003, p. 1.

The corporate business structure was reorganized in 1995. Metalúrgica Gerdau remained as the holding company, and all steel-making business was brought under a second holding company: Gerdau SA This process was concluded in 1997. This corporate model allowed the family to control the company with only 8.3% of the capital.[12] Both are traded in the Brazilian stock exchange and Gerdau SA is also traded in the stock exchanges of New York (NYSE) and Madrid (*Bolsa de Madrid*).

Command would change in 2006 when Jorge Johannpeter stepped down as CEO and was appointed chairman. The succession process is well perceived by market analysts even if the new CEO is André Johannpeter, Jorge's son. Educating heirs was value perceived as essential for the preservation of the business. As the previous generation, André and his cousins started in the company in junior positions.

That same year, when André became the new CEO, an incident overshadowed Gerdau's soaring performance. It happened that the brand Gerdau was detained by the family and the company paid royalties for its use. A drastic and high increase in royalty payments was reported to the market along with the first quarter results. The provision that was less than U$1 million Reais per quarter for such royalties, was increased to 0.6% of sales of the Brazilian operation after reassessment made by the consultancy *Interbrand*. The group companies – *Açominas, Gerdau Long Steel, Gerdau Steels Special* and *Gerdau Comercial* – together paid a total of $16.2 millions reais to *Gerdau Group Ventures* (GGV), the family's holding company who retained the brand Gerdau. GGV controlled 25.57% of Metalurgica Gerdau. In a report titled *Negative signal of an excellent company*, analysts at *Crédit Suisse* said that "the financial impact of royalty payments was not substantial, but it sent a negative corporate governance message to shareholders". The stocks collapsed. In three days the preferred shares of Metalurgica Gerdau fell 7% and Gerdau SA dipped 8%.[13] At the end, the family stepped back and the payment of royalties was not only suspended, but the family donated the brand to the company. Goodwill was restored.

---

[12] RABELO F.M., COUTINHO L., *Corporate Governance in Brazil. Policy Dialogue Meeting on Corporate Governance in Developing Countries and Emerging Economies*, OECD Development Centre, Paris, 2001, cited by PAULA G. de, « Estratégias corporativas e de internacionalização de grandes empresas na América Latina », in *Cepal Review*, May (2003), p. 24. Intenet: http://www.eclac.cl/publicaciones/xml/7/12507/LCL1850P.pdf.

[13] BINELLI R., « Aula de Cidadania », in *Revista Capital Aberto*, 34(2006), p. 60, http://www.capitalaberto.com.br/ler_artigo.php?pag=2&sec=3&i=739.

The Company's core competencies and strategies

Since the beginning of its activity in the steel industry, Gerdau has preferred the mini mills technology. Rather than process base materials – iron ore, coke and limestone – mini mills used scrap iron or steel in electric arc furnaces. If the early mini mills produced a narrow range of low-value-added products (used in construction), they were also less capital-intensive, facilitating entry in new markets. The decentralized production was a response to the geographical dimensions of Brazil, its limited infrastructure and its high freight costs.[14] By the end of 2005, Gerdau operated 22 mini-mill plants in Brazil and abroad, and four integrated units in Brazil; the different processes can be understood in the figure below. By 2011, Gerdau reached 80% self-sufficiency on scrap, therefore granting substantial cost advantage to the company as pig-iron prices have not gone up as much as iron ore and coking coal.

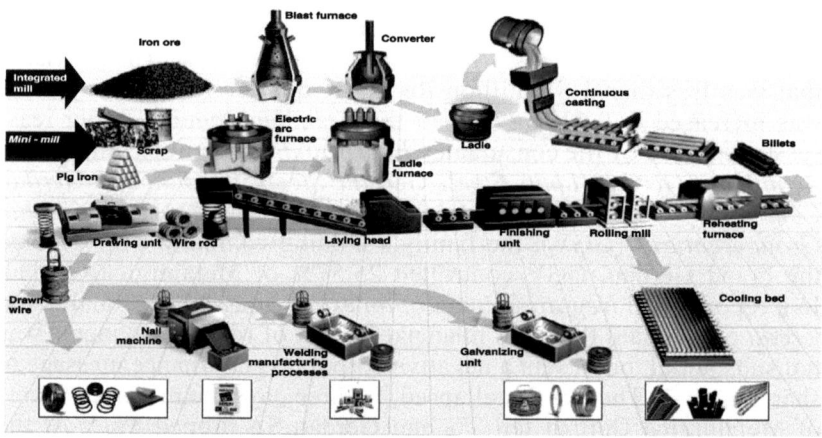

Figure 1. Illustration of Gerdau's vertical integration[15]

Gerdau specialized in a variety of products in the long steel segment, from nails and wires to billets, blooms, slabs and SBQ (Figure 2). In Brazil, these products were used in housing, infrastructure, industry and commercial buildings and agriculture, notably industries with a high correlation with the Brazilian economy. In 1975, Gerdau was responsible for 14% of Brazilian long-steel production. By 1999, the Group held 48% of the total tonnage produced in the country.[16]

---

[14] BOWER J.L., *op. cit.*, p. 1.
[15] *Gerdau Investors Presentation 2011.*
[16] BOWER J.L., *op. cit.*, p. 1.

Lombard Steel Companies During the 20th Century

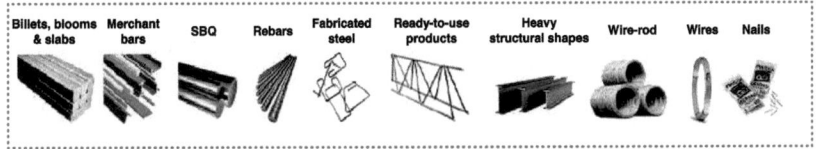

Figure 2. Products[17]

Regional markets were divided in four. Brazil accounted for 35% of sales, followed by the North American market, with 32%. Brazil was the region with larger diversification than the other regions where Gerdau operates.

Brazil	North America	Latin America	Specialty Steel
Housing Infrastructure Industry and commercial buildings Agriculture	Infrastructure Non-residential Industrial	Housing Infrastructure Industry and commercial buildings	Automotive Shipbuilding Energy
35% of Net Sales 36% of EBITDA	32% of Net Sales 30% of EBITDA	12% of Net Sales 12% of EBITDA	21% of Net Sales 22% of EBITDA

Figure 3. Regional markets[18]

Curt Johannpeter's banking expertise opened the door to capital markets and Gerdau was a pioneer among Brazilian companies in this field. The access to capital was a key element for its growth strategy, allowing the company to expand at a reasonable cost. Gerdau's financial model relied on a mix of bank financing and retained earnings.

As early as 1962, an institutional investor – the *Fundo Crescinco* – bought 14% of Siderurgica Riograndense and the company began paying continuous biannual dividends. Four years later, the company became a publicly traded company in the Stock Exchange of Porto Alegre. In the following years, Gerdau used government financing programs carried by BNDES, the *Brazilian National Bank for Social and Economic Development*. Gerdau did not need to use much cash to finance its expansion. One example is the acquisition of *Courtice Steel* in Canada for U$50 million, when Gerdau invested only U$8 million in cash.[19]

The Gerdau-Johannpeters were conscious they had to create value and rise from the industry commoditization. It was necessary to invest in the reorganization of the group before continuing to grow. In 1971, the

---

[17] *Gerdau Investors Presentation 2011.*
[18] Ibid.
[19] BOWER J.L., *op. cit.*, p. 9.

subsidiary Comercial Gerdau was set up dedicated to retail sale of its products, both long and flat steel. Later in 1991, Gerdau was reorganized into three kinds of operations: business units, industrial and support units. This new organization chart intended to achieve higher performance by separating client and operational focus. In order to raise productivity and eliminate waste of steel on construction sites, Gerdau implemented service centres for cutting and bending steel. By 2000, there were 9 service centre units in Brazil and 18 abroad. Once the Company had achieved larger scale, Gerdau's next move was to undermine the scrap suppliers who were few and powerful. By creating a network of small suppliers, Gerdau succeeded in shifting power in its favour and traditional suppliers went out of business.

The kick off of the quality program was done in the 1980s based on the Japanese method of the 5 dimensions: product quality, competitive cost, timely delivery (metrics of time delivery, the right amount at the right place), staff morale and safety. Gerdau's management recognized the role of quality in the achievement of positive results and the group continuously implemented programs to enhance the operational efficiency. In the early 1990s, the Company began to use the method of Management Focused on the Operator. Another important step was the implementation of the Six Sigma methodology and the Total Safety System by 2000s.[20] In 2002, the company created the Gerdau Busines System (GBS), a program designed to consolidate the best practices among operations, through standardized processes.

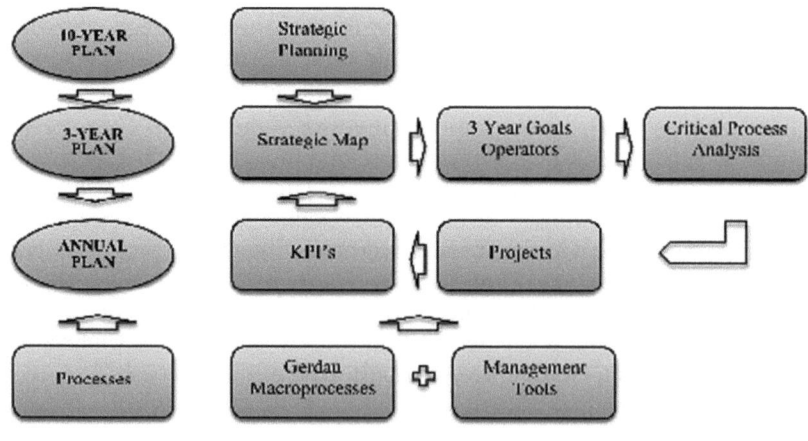

Figure 4. GBS diagram[21]

---

[20] Six Sigma related strategic goals with financial return, while reducing the variability of processes.
[21] Gerdau website.

GBS allowed Gerdau to compare its practices not only to other steel companies throughout the world but also to companies from other economic sectors. Ultimately, it made it easier for different levels of the Group's management and staff to align with Gerdau's long-term strategic objectives. Gerdau kept investing in business intelligence during the years, implementing in 2011 the first phase of the Gerdau Global SAP Template, a tool designed to manage information from all operations worldwide.

A strategy of growth

Gerdau had started its expansion with the Siderurgica Riograndense. The years following the acquisition would be challenging. The new venture was a much larger business than the nail factory. Siderurgica Riograndense demanded infrastructure investments to raise productivity. In order to raise funds, Curt and Helga sold estates and mortgaged the family house.[22] The good news was that on the track of the industrialization initiated by Vargas and higher social standards of a growing population, steel consumption was climbing. Curt and his partner Roberto Nickhorn decided to expand and in 1955 started constructing a second plant – Rio dos Sinos – in Sapucaia do Sul. The difficulties were plenty. Financing and importing equipment was not an easy task in a time of scarce capital. In order to grant finance and import licenses, Curt spent 3 months in the capital, Rio de Janeiro, in talks with the Ministry of Finance, the *Brazilian Development Bank* (BNDE) and *Banco do Brasil*.

At the dawn of the 1970s, Brazil entered a period known as "Economic Miracle". From 1968 to 1974, the economy grew at more than 10% per year, fuelled by large infrastructure projects promoted by the Brazilian government. Gerdau took advantage of the economic growth and expanded. In 1967, Gerdau began its acquisitions outside Rio Grande do Sul, buying a nail and barbed-wire factory in São Paulo, the *Indústria de Arames São Judas Tadeu*. Before the end of 1971, Gerdau, the "gaucho"[23] company, acquired four other plants, in the states of Pernambuco, Paraná and Rio de Janeiro. Times were changing and the "Economic Miracle" was replaced by successive crises. Unlike many entrepreneurs, Curt was cautious. "We need to be prudent, so that we don't let ourselves be carried away by euphoria", he said to his sons.[24]

---

[22] ASSIS C. de, *op. cit.*, p. 16.
[23] Inhabitant of Rio Grande do Sul. Also: rural people of Argentina and Uruguay who live in the pampas and are dedicated to raising cattle. Dicionario Online de Português: http://www.dicio.com.br/gaucho/.
[24] ASSIS C. de, *op. cit.*, p. 66.

Table 2: Acquisitions 1947-1971[25]

Year Industrial units	1947	1957	1967	1969	1971
Rio Grande do Sul	RGS	Rio dos Sinos			
São Paulo			Arames S. Judas Tadeu		
Pernanbuco				Açonorte	
Paraná					Guaira
Rio de Janeiro					Cosigua
Total of units	1	2	3	4	6

Curt intended to achieve balanced growth, winning and consolidating positions with low risk. This concept was translated in a plan called "regionalization".[26] Consolidating its regional presence fitted the mini mills technology, which covered its immediate region, in small volumes. With Rio Grandense and Guaira, Gerdau had a strong base in Southern Brazil. *Cosigua* in Rio de Janeiro supplied to the important South-East region and Açonorte answered to the demand of the North-East. Sales operations were set in São Paulo. When Gerdau's presence was consolidated in these markets, the group would resume acquisitions during the privatization in the 1990s. During that decade, Gerdau made two important acquisitions: *Acos Finos Piratini* in 1992, and *Açominas* in 1997.[27]

Gerdau began its internationalization in 1980 with the acquisition of *Laisa* in Uruguay. It was a timid move as the new plant was close to the company's headquarters in Porto Alegre. But the experience tested Gerdau's ability to do business in a different environment.

Gerdau stepped into North America with the acquisition of Courtice Steel (Canada) in 1988. Unlike Laisa, this was an audacious move as it meant competing in a completely different environment. Gerdau had to learn how to work with different legal systems, market regulations, and trade union organization.[28] These transactions encompass the first phase of Gerdau's internationalization, when the Company purchased small businesses, which required large restructuring but held potential for higher returns.

---

[25] *Gerdau Annual Report 2011.*
[26] *Ibid.*, p. 64.
[27] Gerdau took over control at the end of 2001. Gerdau website.
[28] ASSIS C. de, *op. cit.*, p. 167.

Growth took on a different dimension with the incorporation of *AmeriSteel* (USA) in 1999. Unlike Gerdau's previous acquisitions, AmeriSteel was a large operation. At the time, Gerdau's existing plants produced around 4.6 million tons of crude steel.[29] AmeriSteel alone had an installed capacity of 3.5 million tons per year of rolled and crude steel. Furthermore, Gerdau was getting into the most competitive market in the world: the United States. In the figure below we can compare the evolution of the production of crude and rolled steel along with the acquisitions both domestic and international. In 1980 the crude steel production was 1.3 million metric tons and the rolled products accounted for 1.2 million metric tons. By 2002, the crude production was 8.8 times higher or 11.5 million metric tons while the rolled products had grown 7.4 times, reaching 8.8 million metric tons.[30] That year the company climbed 11 positions in the Iron and Steel Institute (IISI) ranking, becoming the 14th largest steel producer in the world.

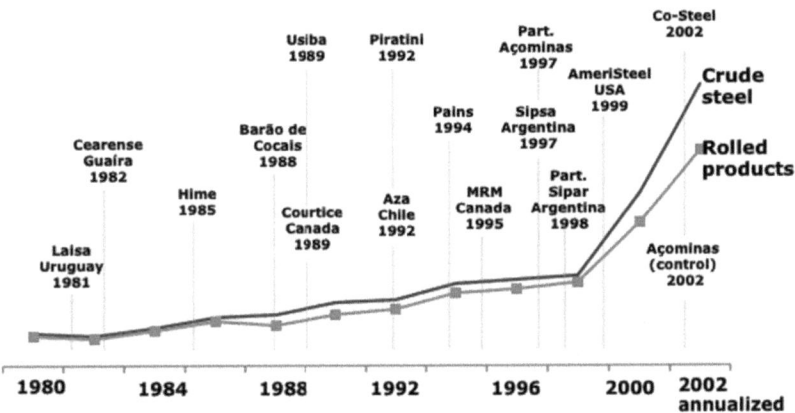

Figure 5. Evolution of crude and rolled steel production and acquisitions[31]

AmeriSteel later merged with *Canadian Co-Steel*, creating *Gerdau Ameristeel* and triggering potential synergies between recycling units, steel mills and downstream operations.[32] Gerdau became leader in the American long steel segment. After consolidating in the Americas, the company made its move in Asia in 2008 through a joint venture with an Indian company: the *Kalyani Group*. The integration with a completely

---

[29] BOWER J.L., *op. cit.*, p. 1.
[30] GERDAU, *Latibex presentation 28-29 November 2002*, Madrid.
[31] Ibid.
[32] Operations that take place after the production phase through the point of sale.

The Transformation of the World Steel Industry

different culture required attention. Indian executives came to Gerdau's headquarters in Porto Alegre. Their goal was to spend time understanding the culture of the company in Brazil. At the same time, they shared with their Brazilian colleagues the Indian culture business environment. In 2009, Gerdau intensified the pace of acquisitions with *Macsteel Inc.* in the United States, *Sidenor* in Spain, and the *Corsa Controller*, Mexico, totalling almost U$1.8 billion in investments overseas that year.

Figure 6. Gerdau's operations[33]

The map above shows the geographical distribution of Gerdau's operation and offices throughout the world. We observe that the company consolidated its presence in the Americas, subsequently granting the title of leader in the long steel industry. The next table represents the ensemble of countries and industrial units where Gerdau acquired a stake.

In 2011, Gerdau came third in the ranking of transnational Brazilian companies. 58% of its assets and 35% of its revenue came from abroad. Almost half of Gerdau's employees are outside Brazil, 45%.[34]

---

[33] Gerdau website.
[34] Gerdau's level of transnationality was 46.2%. Fundacao Dom Cabral, Ranking das Transnacionais Brasileiras 2011, https://www.fdc.org.br/hotsites/mail/relatorio_transnacionais/relatorio_ranking_2011_final.pdf.

Table 3: Evolution of countries and industrial units 1980-2011[35]

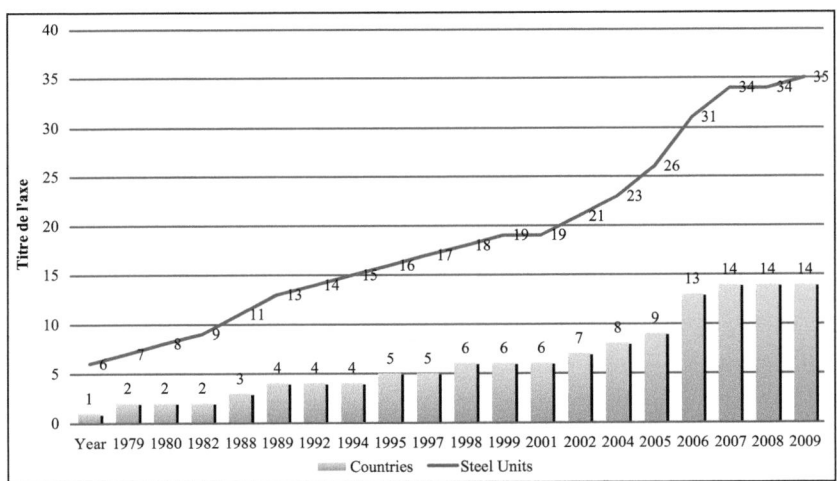

A stress test: the world of abundant steel

The growth of global crude steel capacity after 2000 had a negative impact over steel prices. In the first years of the decade the compound annual growth rate (CAGR) was 5%, and hit 7% from 2006 to 2010, which meant an excess capacity of over 500 million tons per year. In Brazil, competition was coming from China and Turkey. China's crude steel output alone grew 8.5% in 2011 to about 680 million metric tons.[36] Turkey was the third fastest growing steel producer in the world between 2001 and 2010 after China and India. Steel production in Turkey has increased significantly since 2001, rising from 15 million tons in 2001 to 29.1 million tons in 2010. As for Turkey, the share of steel products in Turkey's total exports increased from 1.9% in 1981 to 10% in 2010.[37]

---

[35] Gerdau website.
[36] KINCH D., « Iron Ore Prices Set To Fall On China Growth Slowdown », in *Dow Jones Newswire*, 09.01.2012.
[37] Turkish Steel Association, http://www.turkishsteel.eu/index.php?option=com_content &view=article&id=6&Itemid=6&lang=en.

Table 1: Global Crude Steel Capacity 2000-2013[38]

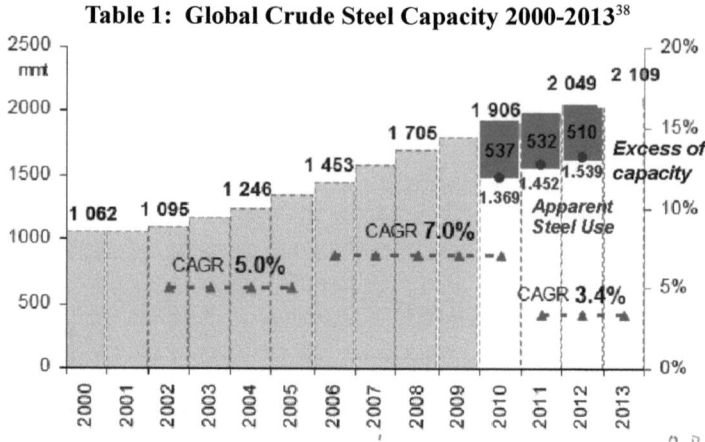

At the same time, demand for steel products in the NAFTA countries continually dipped, having an extremely negative impact on the world's demand for steel. "We live in an environment of increasing global competitiveness, raw material and supply costs rising, and prices impacted by a global surplus of steel and an exchange rate war" wrote Jorge in the opening paragraph of the 2010 Annual Report.[39]

Table 2: World wide demand 2002-2010[40]

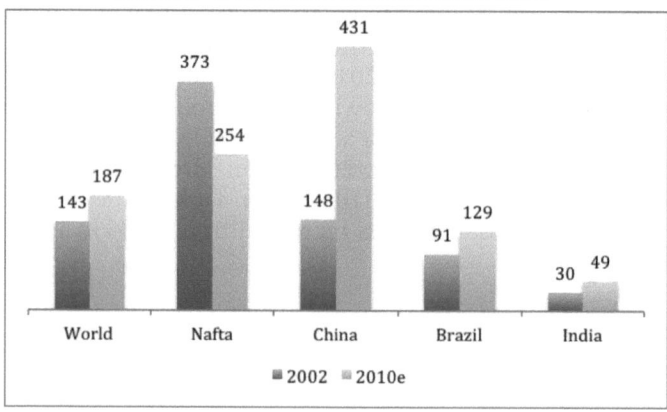

With the contraction of the developed countries, the fight for new markets increased. Moreover, Brazil's strong currency contributed to

---

[38] WorldSteel, Instituto do Aço.
[39] *Gerdau Annual Report 2010*, internet: http://www.gerdau.com.br/relatoriogerdau/2010/ra-en/download/RA2010-GERDAU-ParteI-GestaoCorporativa.pdf.
[40] *Gerdau investors presentation 2011*.

a growth of imports of indirect steel.[41] In 2011, indirect import of steel reached around 20% of the Brazilian market.[42] As the indirect steel is associated with products like cars, refrigerators, etc. it affected directly the flat steel industry. The importation of these goods lowered the consumption of flat steel in Brazil. Long steel however, was protected by a very basic fact: buildings and houses could not be imported. All things considered, the Ebitda margins, that used to range from 20 to 30%, fell significantly, reaching 9.8% in 2009 (see table 3).

Table 3: Ebitda Margin (%) 1996-2010[43]

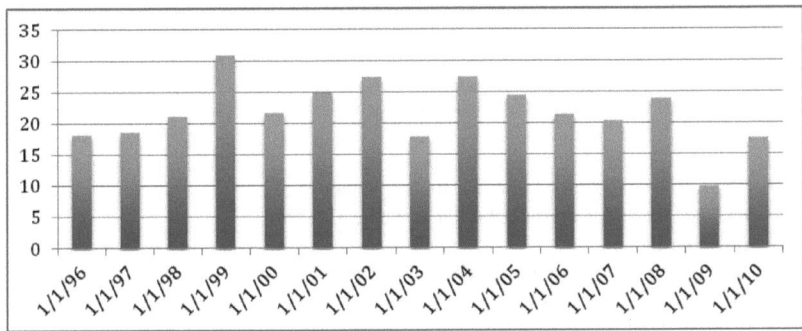

Conclusion

The emergence of Gerdau as an international leader in the steel industry is the result of a consistent business strategy, fostered by a family-based culture. Early in its history, Gerdau understood the need to forestall commoditization of its product. Its competitive edge was achieved by implementing verticalization as well as by investing in commercial infrastructure and business intelligence.

The Company was part of two important moments in Brazil's recent economic history: the country's industrialization and the modernization of steel companies after privatization. From the early 1950s, Brazil went from being an agricultural and primary goods exporter to figure among the ten most industrialized countries in the world. In the late 1980s, steel companies were privatized, which shaped the modern Brazilian steel industry by substantial investments in stages of the production process. Moving cautiously, with a finger on the pulse of the market,[44] Gerdau adopted a risk-averse expansion

---

[41] Finished goods containing steel. BIDERMAN R., *Bradesco Securities*, São Paulo, 16.09.2011.
[42] *Ibid.*
[43] *Economatica.*
[44] ASSIS C. de, *op. cit.*, p. 64.

strategy, which was ratified by starting operations abroad with small-scale plants, growing in magnitude until the purchase of AmeriSteel.[45]

Recently, the centennial company faces new challenges. The industry's over-capacity draws back profitability, compelling the Company to re-think its strategies. Gerdau announced plans to enter in the flat steel business, to increase the rolling capacity and expand its mining activity.[46] As his grandfather Curt decades before him, André Johnnapeter is certainly imbued with the mission to preserve the group's legacy. At the same time, he also seems to understand that "one can not do today's job with yesterday's methods and still be in business tomorrow".[47]

Appendix 1: Comparative Timeline

	Company	Brazil
1901	João and Hugo Gerdau buy Pontas de Paris Nail Factory	Brazil opens to immigration; agriculture is the main economic driver
1907	The business is divided in two: Hugo manages the nail factory and his brother Walter is the head of the furniture factory	
1914	Hugo Gerdau buys Companhia Geral de Industrias, producer of geral stoves	
1916	Trading name João Gerdau & Son changed into Hugo Gerdau	
1930	Hugo and Walter Gerdau are among the founders of the regional industrial association: CNIFA, later named Federation of Industries of Rio Grande do Sul – Fiergs	Coup d'état: Getulio Vargas becomes President of Brazil
1933	The Hugo Gerdau Nail Factory acquires a new plant in Passo Fundo, state of Rio Grande do Sul	
1942		Brazil joins the Allied Forces World War II
1945		Definitive closure of Transatlantic Bank
1946	Curt Johannpeter, Hugo's son-in-law, becomes CEO	Vargas renounces office
1947	The Hugo Gerdau Nail Factory is listed in the Porto Alegre Stock Exchange	
1948	Gerdau begins steel-making with the Riograndense mill	
1950		Suicide of Vargas
1955		Election of Juscelino Kubsheck

---

[45] PAULA G. de, *op. cit.*, p. 24.
[46] JUNIOR C., « Gerdau intensifica produção de minério e mira autossuficiência », in *Folha.com*, 31.05.2011, http://www1.folha.uol.com.br/mercado/923228-gerdau-intensifica-producao-de-minerio-e-mira-autossuficiencia.shtml.
[47] Source unknown.

	Company	Brazil
1957	Second Riograndense mill at Sapucaia do Sul (RG)	
1963	Gerdau Foundation is launched to help employees and their families with education, health and housing projects	
1964		Military coup
1967	Acquires São Judas Plant in São Paulo. Metalurgica Hugo Gerdau public offering at Sao Paulo Stock Exchange. (Bovespa)	
1969	Fábrica Metalúrgica Hugo Gerdau SA becomes Metalúrgica Gerdau S.A.	
1980	First international acquisition: Laisa in Uruguay	
1988	Acquisition Barão de Cocais (MG), the largest steel complex in Brazil. Gerdau's annual steel production surpasses 2 million metric tons	New constitution
1989	Gerdau enters North American market with the acquisition of the Courtice Steel Mill in Canada; in Brazil, acquisition of Usina (BA), Gerdau's only direct reduction process plant	Election of Fernando Collor de Mello
1991	Gerdau is reorganized into 3 kinds of operations: business units, industrial units and support units; first Corporate Social Responsibility Statement	
1992	Acquisition of AZA in Chile and Paratini in Brazil	
1994	Acquisition of Siderurgica Pains (MG), renamed Gerdau Divinopolis; Gerdau launches a financial arm: Gerdau Bank	Plan Real – inflation stabilization
1995	Acquisition of Manitoba Rolling Mills -MRM – in Canada; corporate restructuring program (1995-1997): 28 companies are merged and the 6 listed companies are reduced to 2	Election of Fernando Henrique Cardoso
1996	Gerdau launches its website; new operational restructure	
1997	Acquisition of a stake in Açominas; take over control of Sipsa in Argentina; launches Project 2000 to integrate all business into a single fast-response system	
1999	Gerdau acquires Ameristeel, the second-largest rebar producer in the US, with four mills in Florida, North Carolina and Tennessee	Re-election of President Cardoso
2002	Ameristeel and Co-Steel complete the merger of their North American steelmaking operations, creating the Gerdau Ameristeel Corporation; listing on the Latibex the index for Latin American companies on the Madrid Stock Exchange, increases visibility on the European stock market	Election of President Luiz Inacio Lula
2004	Acquisition of 4 mills from North Star	
2006	Acquisition of Pacific Coast Steel, Sheffield Steel and Fargo Iron and Metal in the US	Re-election of President Lula

The Transformation of the World Steel Industry

	Company	Brazil
2007	Gerdau acquires GSB in Spain; Gerdau Ameristeel acquires several companies in North America, including Chaparral Steel, a large producer of structural and rebar steel, Enco Materials, Re-Bars Inc, Valley Placers, and D&R	
2008	Acquisition of Century Steel, Metro Recycling and Sand Springs Metal Processing	
2010	Gerdau SA buys remaining stakes of Gerdau Ameristeel. Gerdau Ameristeel, acquires TAMCO	
2011	Gerdau celebrates 110 years in business; the company launches a new global brand; Gerdau Ameristeel's changes name to Gerdau	

Appendix 2: World Ranking of Long Steel Producers 2010[48]

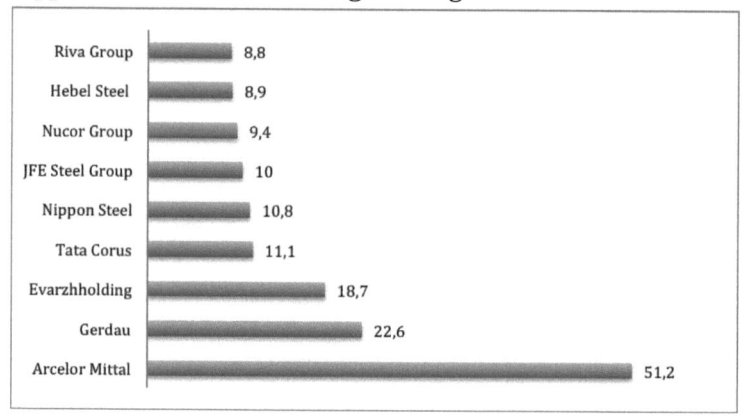

Riva Group	8,8
Hebel Steel	8,9
Nucor Group	9,4
JFE Steel Group	10
Nippon Steel	10,8
Tata Corus	11,1
Evarzhholding	18,7
Gerdau	22,6
Arcelor Mittal	51,2

Appendix 3: Valuation table of peers in the steel industry[49]

	Country	Mkt Cap (USD MM)	Performance 1Year (in USD)	P/E 2011E	Dividend Yield (%)
Latin America	-	5,044	35.1%	9.4	3.9%
Cap	CL	7,318	56.2%	11.8	3.9%
Siderar-A	AR	2,769	14.1%	6.9	
North America	-	4,483	6.9%	13.3	2.2%
AK Steel Holdings	US	1,703	15.5%	12.2	1.3%
Commercial Metal	US	1,599	4.6%	21.9	3.5%
Grupo Semic-B	MX	1,272	5.9%	7.0	
Nucor Corp	US	12,586	0.5%	14.9	3.6%
Steel Dynamics	US	3,479	9.7%	9.5	2.2%
US Stell Corp	US	6,260	5.1%	14.5	0.5%

---

[48] *Gerdau investors presentation 2011.*

[49] ITAU BBA Siderurgia, *Atualização sectorial*, 11.07.2011.

	Country	Mkt Cap (USD MM)	Performance 1Year (in USD)	P/E 2011E	Dividend Yield (%)
Europe	-	17,245	37.5%	12.2	2.0%
Arcelormittal	LX	51,804	16.9%	11.7	2.5%
Evraz Group-GDR	LX	14,154	37.9%	10.3	2.6%
Magnitogorsk-GDR	RU	9,790	23.8%	11.3	1.5%
Mechel-Spon ADR	RU	9,757	17.8%	6.0	2.2%
Novolipet-GDR WI	RU	23,505	36.8%	11.9	2.2%
Salzgitter Ag	GE	4,526	20.4%	22.7	1.3%
Severstal-GDR	RU	18,038	74.6%	8.2	2.8%
Sidenor Steel	GR	397	43.2%	15.2	1.0%
Thyssenkrupp Ag	GE	23,234	65.5%	12.1	2.2%
Asia Pacific & Others	-	11,967	-2.5%	17.1	2.3%
Angang Steel-H	CH	7,615	-19.3%	24.9	2.1%
Baoshan Iron & S	CH	16,410	3.2%	8.2	5.5%
Bluescope Steel	AU	2,470	-29.9%	79.7	3.3%
Jindal Steel & P	IN	13,331	5.5%	13.1	0.4%
Kobe Steel Ltd	JN	7,099	13.9%	35.6	1.9%
Maanshan Iron-H	CH	4,020	-0.5%	21.8	2.0%
Posco	SK	38,368	4.5%	9.2	2.1%
Steel Authority	IN	12,256	-28.7%	9.3	1.8%
Sumitomo Met Ind	JN	10,952	-2.1%	(34.1)	1.9%
Tata Steel Ltd	IN	12,673	24.3%	6.4	1.9%
Wuhan Iron & S-A	CH	6,446	1.7%	14.2	2.8%
Brazil	-	12,034	-30.3%	13.5	3.3%
CSN	BR	16,941	-26.3%	10.3	6.9%
Gerdau	BR	17,234	-27.2%	10.2	2.7%
Usiminas	BR	8,060	-45.4%	22.5	1.2%
Ternium	AR	5,900	-22.4%	10.8	2.5%
Global Peer Average	-	**11,565**	**15.0%**	**9.2**	**2.3%**

Appendix 4: Steel Production 1948-2011[50]

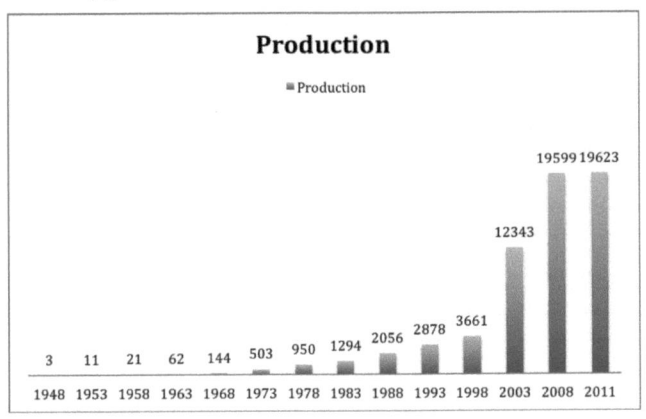

---

[50] *Gerdau Annual Report 2010.*

Appendix 5: Brazilian Steel Sector Privatizations (1991-1993)[51]

Firm	Sale date	Sale price	Former Owner	Buyers	Shares
Cosinor	Nov. 1991	13.6	Siderbrás	Gerdau Group	100.00%
Usiminas	Oct. 1991	1,112	Siderbrás	Foundations	27.89%
				Banks	15.83%
				CVRD	10.00%
				Nippon	13.84%
				Workers	10.00%
				Bozano Group	7.60%
				Distrb. Aço	4.39%
				Others	10.45%
Piratini	Feb. 1992	106	Siderbrás	Gerdau Group	100.00%
CST	Jul. 1992	332	Siderbrás	Bozano Group	29.59%
				Unibanco	21.82%
				CVRD	19.05%
				Workers	12.22%
				Ilva Group	5.24%
				KSC Group	5.24%
				Others	6.84%
Acesita	Oct. 1992	450	Banco do Brasil	Previ	15.00%
				Banco do Brasil	5.94%
				Ciga	9.89%
				Sistel	9.16%
				Albatroz	6.80%
				Banco Real	5.56%
				Bancesa	4.21%
				Others	41.55%
CSN	Apr. 1993	1,057	Siderbrás	Vicunha Group	9.20%
				Bamerindus	9.20%
				CVRD	9.40%
				Workers	20.00%
				Banco Nacional	4.00%
				Banco Real	2.50%
				Itau	7.30%
				Others	38.40%
Cosipa	Aug. 1993	331	Siderbrás	Usiminas	48.78%
				Brastubo	12.40%
				Workers	20.00%
				Distrib. Aço	8.90%
				Others	8.92%
Açominas	Sep. 1993	597.6	Siderbrás	Mendes Jr.	31.69%
				Workers	20.00%
				BCN	10.00%

---

[51] ANDRADE A. de, LUCIA M., SILVA CUNHA L.M. da, VIERA J.R., « 1994. A siderurgia Brasileira no contexto mundial. Revista do BNDES », in MONTERO A.P., *op. cit.*, p. 46.

Firm	Sale date	Sale price	Former Owner	Buyers	Shares
				Banco Econômico	10.00%
				Villares Group	6.19%
				CVRD	5.00%
				Banco Real	6.46%
				Bemge	4.19%
				Others	6.47%

L'émergence d'un leader asiatique de la sidérurgie : POSCO (1968-2010)

Dominique BARJOT et Rang-Ri PARK-BARJOT

Université Paris Sorbonne (Paris IV)

La Corée du Sud s'impose aujourd'hui comme l'une des économies résistantes à la crise.[1] Elle se situe aujourd'hui, par le montant de son produit national brut au treizième ou quatorzième rang mondial.[2] Il est vraisemblable, comme le montrent les prévisions de l'OCDE ou de l'ONU, qu'elle maintiendra ce rang en 2051, en dépit de la montée des puissances émergentes. Elle le devra au déclin relatif de l'Amérique du Nord (Canada) et de l'Europe (Espagne, Italie). Bénéficiant aujourd'hui du quinzième fonds souverain mondial, elle se situe au onzième rang en termes de compétitivité, derrière l'Allemagne, les États-Unis, le Royaume-Uni et le Japon, mais devant le Canada, la France, l'Australie, l'Espagne, l'Italie, la Chine et l'Inde. Entre 2000 et 2007, elle s'affichait comme le leader mondial en termes de gains de productivité horaire du travail. Elle tire toujours bénéfice de la puissance de ses

---

[1] Cet article s'appuie sur la bibliographie suivante (toujours en coréen) : POSCO (ed.), *POSCO, 10 ans d'histoire*, Posco, Seoul, 1979 ; POSCO (ed.), *Posco, 20 ans d'histoire*, Posco, Séoul, 1989 ; POSCO (ed.), *Posco, 25 ans d'histoire*, Posco, Seoul, 1994 ; COMITÉ D'HISTOIRE DE POSCO (ed.), *Posco, 35 ans d'histoire*, Posco, Seoul, 2004 ; SONG Bok (ed.), *Posco, Étude sur Park Tae-Joon*, Asia, Seoul, 2012. Pour la période 1998 à 2012, l'étude s'appuie sur un dépouillement exhaustif des rapports annuels, toujours publiés en anglais (informations financières complètes depuis 1996). Voir aussi http://www.posco.com. Voir aussi BARJOT D. (dir.), « Globalization-La Mondialisation », in *Entreprises et Histoire*, 32(2003), pp. 1-188 ; BARJOT D., PARK-BARJOT R.-R. (eds.), « Aux origines du miracle coréen », in *Conflits Actuels*, 2(2008), pp. 1-183 ; THE KOREAN OVERSEAS INFORMATION SERVICE, *Handbook of Korea*, Jung Moon Sa Printing Co. Ltd., Seoul, 1978, 12ᵉ édition 2003 ; *Corée du Sud (République de Corée)*, Focus export pays, UBIFRANCE et les missions économiques, www.ubifrance.fr.

[2] BARJOT D., « Le développement économique de la Corée depuis 1950 », in *Les Cahiers de Framespa*, http://framespa.revues.org, 2011.

groupes : *Samsung Electronics* (38ᵉ rang mondial), *LG* (67ᵉ), *Hyundai Motors* (82ᵉ) et *SK Holding* (87ᵉ).[3]

Surtout, elle se caractérise par l'importance de ses dépenses de recherche-développement. En 2010, elle se situait au sixième rang mondial par le niveau de ses dépenses de recherche-développement, derrière les États-Unis, le Japon, la Chine, l'Allemagne et la France, mais au cinquième en pourcentage du produit national brut : 3 % environ. C'est moins que le Japon, mais plus que la France et, même, que les États-Unis. Ces dépenses sont pour l'essentiel d'origine privée (23 % de dépenses publiques). En conséquence de quoi, la Corée du Sud occupait, en 2010, la place de numéro trois mondial par le nombre de brevets, derrière les États-Unis et le Japon. De même, pour le niveau des dépenses d'enseignement, elle se plaçait au troisième rang de l'OCDE, surclassée par les États-Unis et le Canada, mais devant le Japon, le Royaume-Uni, la France et l'Allemagne.

Sur le plan industriel, la Corée du Sud se positionne très bien grâce à un certain nombre de créneaux porteurs. Électronique et technologies de l'information et de la communication constituent ainsi, avec 28 % du total en 2010, le second poste d'exportation pour le pays, qui, par ailleurs, occupe le second rang mondial en matière de connexions internet. Le premier revient aux constructions navales, puisque la Corée du Sud reste encore le premier constructeur mondial (40 % des commandes en 2007, mais 36 % du carnet de commandes). Elle s'appuie sur les trois plus grosses firmes spécialisées du monde : *Hyundai Heavy Industries* (15 % du marché mondial), *Daewoo Shipbuilding & Marine Engineering* (DSME) et *Samsung Heavy Industries*. À elles seules, elles produisent 70 % de la production coréenne. S'y ajoute la sixième industrie automobile mondiale. Les deux marques (Kia et Hyundai) de Hyundai Motors représentent 78 % des 3,5 millions de véhicules produits en Corée. Troisième poste d'exportations, l'automobile coréenne vaut à Hyundai Motors d'être aujourd'hui, avec *Volkswagen*, le seul constructeur à pouvoir racheter l'un des ses grands concurrents mondiaux. Enfin la Corée du Sud demeure le cinquième producteur mondial d'acier (avec 4,2 % de la production mondiale en 2011) : la sidérurgie constitue donc l'un des moteurs du développement économique depuis les années 1960.

---

[3] Voir notamment PARK-BARJOT R.-R., *Samsung. L'œuvre d'un entrepreneur hors pair, Byung Chull Lee*, Economica, Paris, 2008. L'on pourra se reporter aussi à KANG M.-H., *The Korean Business conglomerate. Chaebol then and now*, Institute of East Asian Studies, University of California, Berkeley, 1996 ; KWON S.-H., O'DONNELL M. (eds.), *The Chaebol and Labour in Korea: The Development of Management Strategy in Hyundai*, Routledge, London, 2001.

Ce dynamisme de la sidérurgie coréenne repose principalement sur *POSCO*, troisième producteur mondial en 2008, mais cinquième en 2010 :

Les grands sidérurgistes mondiaux[4]

Rang	Compagnies	Siège social	Production en millions de tonnes			
			2007	2008	2009	2010
1	Arcelor Mittal	Luxembourg	116,4	103,3	77,5	98,2
2	Heibei Iron and Steel	Chine	31,1	33,3	40,2	52,9
3	Baosteel Group	Chine	28,6	35,4	31,3	37,0
4	Wuhan Iron and Steel	Chine	20,2	27,7	30,3	36,6
5	Posco	Corée du Sud	31,1	34,7	31,1	35,4
6	Nippon Steel	Japon	35,7	37,5	26,5	35,0
7	JFE	Japon	34,0	33,0	25,8	31,1
8	Jiangsu Sagang	Chine	22,9	23,3	26,4	30,1
9	Shougang	Chine	12,9	12,2	17,3	25,8
10	Tata Steel	Inde	26,5	24,4	21,9	23,5

De plus en plus dominée par les pays émergents (Chine, Inde, Russie, Brésil), la sidérurgie mondiale voit cependant une résistance certaine des économies développées les plus dynamiques (Japon, Corée du Sud, États-Unis). À cette résistance, POSCO participe de manière décisive. Son histoire comporte trois phases bien marquées.

Le décollage (1968-1981)

La naissance de Posco concrétise une ambition née à l'époque du pouvoir d'occupation japonais. L'idée se trouve relancée dans les années 1960 par les plans visant à construire des établissements sidérurgiques. En effet, à l'époque, le Président Park Chung-Hee et son administration concluent à la nécessité d'atteindre à l'autosuffisance en matière de production d'acier, avec la création en décembre 1965 de la *Korea Iron & Steel Association*, puis la construction d'une aciérie intégrée pour le développement économique, en juillet 1967 à Pohang.

La création (1965-1969)

Aux origines de Posco, il y a sans aucun doute la visite effectuée par Park Chung-Hee aux États-Unis. À cette occasion, il établit des contacts avec le président Poy de Koppers en vue de la construction d'une aciérie intégrée. L'instrument de cette réalisation réside dans la conclusion d'une *joint-venture* entre le gouvernement coréen de l'époque et *Taegu Tech*, alors dirigée par Park Tae-Joon. L'entreprise démarre en fait le premier avril 1968, sous la raison sociale *Pohang Iron Steel & Co*. En effet,

---

[4] World Steel Association.

il n'a pas été possible d'installer des équipements opérationnels avant cette date. Il s'agit de débuts extrêmement modestes : Pohang ne compte alors que 39 employés. En dépit du scepticisme que suscite la décision d'investir de manière aussi lourde dans le développement de l'industrie sud-coréenne, le démarrage réel s'effectue en 1972, soit quatre ans après l'inauguration.

À ce stade, la collaboration avec le Japon se révèle décisive. Elle découle en droite ligne de la normalisation des relations avec ce même Japon que prône Park Chung-Hee et qui se concrétise par un accord international. Ce rapprochement apparaît comme une priorité pour les États-Unis : lors de la rencontre entre le Président Richard Nixon et le Premier ministre japonais Eisaku Sato, le premier déclare : « la sécurité nationale de la République de Corée est essentielle à la sécurité du Japon ». Il s'ensuit un accord bilatéral, conclu lors du troisième meeting ministériel entre la Corée du Sud et le Japon. Il comporte :

- l'apport de 73,7 millions de dollars de subvention et de prêts gouvernementaux ;
- la fourniture de 50 millions de dollars en crédit de la *Japan Export Import Bank* ;
- l'assistance technique de *Nippon Steel* et autres grandes entreprises japonaises.

Le développement (1970-1981)

Désormais, l'entreprise connaît une montée en puissance régulière de ses capacités de production :

- 1er avril 1970, début de la construction de Pohang phase 1 ;
- 3 juillet 1973, achèvement de la construction de Pohang phase 1. La production s'élève dès cette époque à 1,03 million de tonnes par an d'acier ;
- 31 mai 1975, achèvement de l'usine de Pohang phase 2. La production atteint 2,6 millions de tonnes d'acier ;
- 8 décembre 1978, fin de Pohang phase 3. La production se monte à 5,5 millions de tonnes d'acier ;
- 8 février 1981, achèvement de l'usine de Pohang phase 4. Elle produit 8,5 millions de tonnes d'acier par an ;
- l'année 1983, construction de l'usine de Pohang phase 5. Il en sort annuellement 9,1 millions de tonnes d'acier.

Cette montée en puissance s'accompagne de progrès importants. Dès 1972, Posco 1 commence à livrer des produits plats. Il s'agit d'abord de contribuer à l'autosuffisance coréenne et d'améliorer la qualité du fer et de l'acier produits, mais aussi d'exporter à des prix plus bas afin de renforcer la compétitivité. Dès 1980, l'entreprise fournit 6,2 millions de tonnes (+13 % par rapport à 1979). Pourtant, à l'époque, presque tous les secteurs de l'économie coréenne sont en crise. Les industries domestiques absorbent la majeure partie des produits de Posco : les laminés à chaud échoient à l'automobile, les tôles aux constructions navales ou mécaniques et au BTP, les fils à l'électricité et aux manufactures de transformation. En définitive, si la Corée du Sud demeure importateur net, elle fait montre déjà de compétitivité pour certains produits.

Une croissance économique soutenue (1981-1997)

Durant les années 1980, Posco connaît un très rapide développement.

Posco, cinquième entreprise sidérurgique mondiale

Différentes étapes se succèdent. Le 5 mars 1985, débute la construction de l'usine Gwangyang phase 1. Le 3 décembre 1986, Posco crée POSTECH (*Pohang University of Science and Technology*),[5] puis, le 3 mars de l'année suivante, RIST (*Research Institution Science & Technology*) : dès cette époque, Posco mise sur la technologie et la science. Par ailleurs sa croissance se poursuit : en termes de capacité de production, l'entreprise passe de 11,8 millions de tonnes en 1987 (construction de Gwangyang Works phase 1, inaugurée le 7 mai) à 14,5 millions en 1988 (inauguration de Gwangyang Works 2, le 12 juillet), puis à 17,5 millions en 1990 (ouverture de Gwangyang Works 3 le 4 décembre). Dès le 2 octobre 1992, la livraison d'une dernière tranche de l'usine permet d'atteindre 20,8 millions de tonnes de capacité.

Posco devient ainsi, dès cette époque, la cinquième entreprise sidérurgique mondiale. Elle continue d'accroître sa productivité, dans un contexte marqué par le déclin des sidérurgies américaine, puis japonaise. En termes de productivité, Posco s'impose même comme le leader mondial. Cette évolution favorise le développement de Pohang : avec ses quelques 52 000 habitants dès 1996, la cité se constitue de manière progressive en un complexe industriel fabriquant des produits finis à partir des matières premières acheminés sur place et des produits intermédiaires fournis par la sidérurgie.

Une internationalisation croissante

En même temps, la firme connaît une internationalisation croissante. Quelques succès balisent, entre 1992 et 1997, cette percée internationale :[6]

---

[5] Pour une histoire de Postech, voir http://www.postech.ac.kr.
[6] Sur cette internationalisation : PARK-BARJOT R.-R., « Mondialisation et avantage concurrentiel. La percée internationale de Samsung (1953-1986) », in *Revue Économique*, 1(2007), pp. 231-258.

Les étapes de l'internationalisation de Posco (1993-1997)[7]

Dates	Étapes
9 décembre 1993	Certification Iso 9002
14 octobre 1994	Introduction au New York Stock Exchange (NYSE)
7 décembre 1994	Construction du Pohang Light Source (PLS)
1er septembre 1995	Ouverture de Posco Center
27 octobre 1995	Cotation de Posco au London Stock Exchange (LSE)
28 novembre 1995	Renforcement du haut fourneau de Pohang
15 octobre 1996	Construction de cinq hauts fourneaux à Pohang. À la même date débute la construction de la première mini-mill (micro-usine)

Cette internationalisation s'accompagne de changements profonds. En 1993, le fondateur, Park Tae-Joon (1927-2011), doit démissionner de ses fonctions de chairman. Le nouveau Président de la République, Kim Young-Sam, fraîchement élu à l'issue de la première élection réellement démocratique qu'ait connue la Corée du Sud, lui retire sa confiance. S'engage contre Park Tae-Joon un procès pour mauvaise gestion, qui s'avère sans fondement réel, mais pousse l'ancien dirigeant à un exil volontaire au Japon. L'arrivée de Kim Dae-Jung à la Présidence de la République entraîne la réhabilitation de Park Tae-Joon et, avec lui, le retour des anciens managers. Plus, Park Tae-Joon devient Premier ministre de Corée. Ses successeurs à la tête de Posco, Yoo Sung-Boo (*chairman et representative director*) et Lee Ku-Taek (*president* et *representative director*), poursuivent son action dans le sens d'un renforcement de la décentralisation et de la diversification. Il s'agit d'atteindre à une flexibilité et à une autonomie accrue, tout en recherchant des décisions consensuelles et sans remettre en cause une structure demeurée strictement hiérarchique. Enfin, en juillet 1994, Posco se dote de deux filiales, *POSTEEL*, pour les ventes sur le marché domestique, et *POSTRADE* pour le *trading* international. Elles entrent en opération en septembre 1994 : Postrade contrôle alors toutes les filiales internationales.

Park Tae-Joon, un grand serviteur de l'État

Né le 29 septembre 1927 à Jangan, aujourd'hui quartier de Busan, le grand port de Corée du Sud, Park Tae-Joon a six ans lorsqu'il accompagne son père au Japon où ce dernier travaille.[8] Il retourne en Corée dès 1945, interrompant ses études à l'Université Waseda. Il entre aussitôt à la Korea Military Academy, dont il sort diplômé en 1948, se montre courageux pendant la guerre de Corée. Cette carrière militaire s'accompagne d'études à la Dankook University, puis à la National Defense University Graduate School. Il obtient notamment un Master en Science politique. Devenu général, il prend part, au côté de Park Chung-Hee, au coup d'État

---

[7] *Posco's Annual Reports.*

[8] Cf. notamment SONG B. (ed.), *op. cit.* ; HEVESI D., CHOE S.-H., « Park Tae-joon, Founder of a Giant in Steel, Dies at 84 », in *The New York Times*, 13.12.2011.

du 16 mai 1961, tout en s'appliquant, à l'époque, à mettre à l'abri sa famille, pour le cas où l'affaire aurait mal tournée.

Les deux hommes se connaissent bien. Dès 1947, Park Chung-Hee, commandant et instructeur en balistique, remarque Park Tae-Joon en raison de ses capacités en mathématiques. Ils se retrouvent dix ans plus tard, alors que Park Tae-Joon est devenu colonel. Le général Park Chung-Hee le recrute au siège de l'État-major et le prend comme adjoint. Deux mois après le coup d'État, Park Chung-Hee nomme Park Tae-Joon secrétaire du président du Conseil de la Reconstruction nationale, puis, en septembre de la même année, responsable de la division commerciale et industrielle du même conseil. Dès 1963, Park Chung-Hee et le major général Park Tae-Joon quittent l'armée. La plupart des officiers, supérieurs qui ont pris part au coup d'État suivent le premier en politique, mais Park Tae-Joon s'oriente vers les affaires. Fin 1963, il devient *chief executive officer* de la société *Korean Tungsten*. En un an, il redresse l'entreprise qui retrouve la voie du profit. Cela lui vaut d'en devenir le président (*president* et non *chairman*, avec donc une fonction exécutive). En 1967, Park Chung-Hee l'appelle à prendre la direction de Pohang Iron & Steel Co, dont il devient président dès avril 1968. Après l'assassinat de Park Chung-Hee, Park Tae-Joon s'impose comme le tuteur du fils du Président, Park Jiman. Il l'aide à prendre le contrôle de *Samyang Industries*.

En 1980, Park Tae-Joon entre en politique en tant que premier membre du Nation Preservation Legislation Council. Il est élu onzième membre de l'Assemblée nationale, sous l'étiquette Democratic Justice Party. L'Assemblée le porte presqu'aussitôt aux fonctions de directeur de son Comité des finances. Après la fusion de trois partis politiques proches, il accède à la présidence du Democratic Liberal Party en 1992. Pendant longtemps, Park Tae-Joon a protégé Posco des aléas de la politique. Mais son désaccord avec le nouveau président Kim Young-Sam et son gouvernement le contraint à remettre, le 5 octobre 1992, une lettre de démission de ses fonctions de président exécutif de Posco. Le même jour, un conseil d'administration exceptionnel de Posco a pourtant tenté de le faire revenir sur sa décision.

Le conflit avec Kim Young-Sam le contraint aussi à démissionner de ses fonctions à l'Assemblée nationale. Il est suspecté par la justice d'avoir reçu 3,9 milliards de wons de pot-de-vin de la part des revendeurs de Posco. Mais l'enquête le blanchit, faute d'une preuve quelconque. Exilé au Japon, il opère son retour avec succès en 1997. Il est élu député à l'Assemblée nationale en tant que représentant de Buk-ku à Pohang. Dénonçant l'échec économique du président Kim, il accède de nouveau à la présidence du Liberal Democratic Party. Associé à Kim Jong-Pil, ancien Premier ministre de Park Chung-Hee (et son beau-frère), il soutient l'élection à la présidence de Kim Dae-Jung. Park Tae-Joon devient même, en 2000, Premier ministre de Corée du Sud à la demande de Kim Dae-Jung. Il quitte rapidement ses fonctions suite à des accusations – non démontrées une fois encore – de fraude fiscale.

Il termine sa carrière comme Président d'honneur de Posco, non sans avoir marié sa fille Park Yua avec Ko Sung-Duk, gouverneur membre du Liberal Democratic Party et ancien *chief executive officer* de Posco. Considéré par les anglo-saxons comme le « Korean Andrew Carnegie », connu sous le diminutif de Chungam, il est fait docteur *honoris causa* ou honoré dans de nombreuses universités, dont la Carnegie Mellon University, la Harvard Business School et la Seoul National University. Une étude de la Stanford Business School attribue « à son leadership […] une contribution décisive au développement de la Corée du Sud ». Il s'illustre aussi par son action sociale, en offrant à ses employés de Posco des logements ainsi que des services publics, tels que des classes préscolaires. Ayant fondé la Posco Scholarship Foundation en 1971, puis Postech, il lance en septembre 2005 la Park Tae-Joon Foundation, en vue de promouvoir la coopération en Asie, le développement des ressources humaines pour la prochaine génération et la promotion du rayonnement coréen en Asie. Devenu en 2008 le président de cette fondation, il accorde sa caution à l'attribution par Postech du Park Tae-Joon Prize destiné à des chercheurs de grande valeur. Il décède le 13 décembre 2011, à l'âge de quatre-vingt quatre ans à l'hôpital de l'Université de Yonsei, laissant le souvenir d'un des acteurs majeurs de l'industrialisation coréenne.

De la privatisation à la multinationalisation

L'histoire de Posco offre l'exemple d'une privatisation réussie, sans véritable rupture avec le passé. Elle constitue aussi l'une des clés permettant de comprendre le rebond de l'économie coréenne après la crise financière et économique de 1997.

1996-1998. Du public au privé

L'idée d'une ouverture du capital au public remonte en fait à 1988 : à cette date, Posco procède à la première offre d'actions dans le public. Il s'agit alors simplement d'ouvrir le capital de l'entreprise au financement privé afin de limiter le recours à l'endettement obligataire. La décision de privatiser Posco ne survient qu'en 1997. Dans le contexte d'une très grave crise frappant l'économie coréenne, le Président Kim Young-Sam s'engage, plutôt contraint et forcé, dans une politique de privatisation des sociétés anonymes par actions à capital d'État. Mais, au moment de passer à l'action, l'administration dirigée par Kim Young-Sam change de ligne politique et décide de ne pas vendre ces actions contrôlées par l'État.

L'élection de Kim Dae-Jung relance le processus. Le nouveau président en fait une priorité, en raison de la crise économique. La décision est prise de privatiser Posco. À partir de 1998, la part du gouvernement dans le capital de Posco ne cesse de diminuer, tombant jusqu'à moins de 20 %

en fin d'année. Plus de 50 % du capital de l'entreprise passe aux mains d'investisseurs étrangers. Dès 2000, la privatisation paraît complète. De fait, entre 1996 et 1998, l'actionnariat a évolué comme suit :

Évolution de l'actionnariat de Posco (en % du total) de 1996 à 1998[9]

	1996	1997	1998
Gouvernement coréen	33,7	33,8	21,1
Autres	66,3	66,2	78,9

De 1996 à 1998, la privatisation s'est trouvée favorisée par l'essor de la production.

Évolution de la production et des capacités de production de Posco (en millions de tonnes)[10]

	1994	1995	1996	1997	1998	Taux de croissance annuel moyen en %
Capacité de production	21,2	21,2	23,4	23,9	24,5	+3,6
Production	22,1	23,4	24,2	26,4	26,0	+4,1
% d'utilisation des capacités de production	104,4	110,6	103,5	110,6	106,1	Ns
Ventes	23,2	23,5	25,4	28,0	29,8	+6,3

La période a vu en effet une amélioration du coefficient d'utilisation des capacités de production, elle-même portée par la vigoureuse progression des ventes ainsi que des gains significatifs de productivité horaire du travail : en 1998, il ne fallait plus que 1,36 heure de travail pour produire 1 tonne d'acier brut contre 1,80 en 1994.

Ces gains de productivité ont permis une percée à l'exportation, même si le marché intérieur coréen est demeuré prépondérant :

Évolution des ventes de Posco entre 1996 et 1998 par nature géographique des marchés (en % du total)[11]

Pays	1996	1997	1998
Corée du Sud	68,4	69,0	60,8
Japon	11,1	11,2	9,4
Chine	5,9	5,2	8,5
Autres pays d'Asie	9,5	9,3	8,1
États-Unis	4,6	4,8	8,2
Europe	0,2	0,2	3,5
Moyen-Orient	0,3	0,3	1,5

---

[9] *Posco's Annual Reports.*
[10] *Ibid.*
[11] *Ibid.*

Les mutations de la sidérurgie mondiale du XXe siècle à nos jours

En outre, le repli de la demande japonaise a été plus que largement compensé par une percée en Chine, aux États-Unis et même en Europe. Cet essor des ventes et, corrélativement, de la production s'est accompagné d'une vive progression des profits :

Évolution comparée des différents indicateurs de performance de Posco de 1996 à 1998 (en %, à partir de donnée en wons courants)[12]

Chiffre d'affaires hors taxes	+ 17,2
Valeur Ajoutée brute	+ 15,2
Résultats d'exploitation	+ 17,6
Bénéfice net	+ 11,9
Dividendes	+ 11,6

De fait, la marge d'exploitation (résultats d'exploitation/chiffre d'affaires hors taxes) est passée durant la période de 13,8 % en 1996 à 14 % en 1998, en dépit de la gravité de la crise économique frappant alors la Corée du Sud. Une telle situation a permis une restauration rapide du dividende par action versés aux actionnaires :

Évolution du dividende par action versé aux actionnaires (en US dollars)[13]

1994	1995	1996	1997	1998
0,85	1,23	1,18	0,59	1,04

Entre 1994 et 1998, la progression a été donc de 5 % par an en moyenne, d'où l'intérêt du capital étranger, notamment américain, pour un investissement dans Posco. Trois facteurs ont favorisé cette évolution. Le premier réside dans un niveau élevé d'investissement :

Posco : la stratégie des investissements (en %)[14]

	1996	1997	1998
Taux d'investissement = Investissements bruts / Chiffre d'affaires hors taxes[674]	20,5	22,2	22,4

Il est à noter que l'effort d'investissement s'est maintenu et même accru dans la crise. Un second facteur a joué dans le même sens qui découlait

---

[12] *Ibid.*
[13] *Ibid.*
[14] *Ibid.*
[15] En stricte rigueur comptable, il aurait été préférable de rapporter les investissements bruts au chiffre d'affaires, toutes taxes comprises. Néanmoins, le ratio demeure intéressant, dans la mesure où le chiffre d'affaires hors taxes inclut aussi les amortissements annuels.

et justifiait pour partie cet effort massif d'investissement : les gains de productivité du travail. De fait, les coûts du travail ont subi, entre 1996 et 1998, une réduction relative importante en pourcentage du total des charges d'exploitation : 10 % en 1996, 8,3 % en 1997, 6,8 % en 1998. Toutefois, l'expansion poursuivie des ventes tant en valeur qu'en volume a permis le maintien du niveau de l'emploi :

Évolution de l'emploi chez Posco de 1996 à 1998[16]

	1996	1997	1998
Effectifs employés du groupe (total)	27 507	27 580	28 485
Filiales seulement	7 303	8 027	9 222
% du total des filiales	26,6	29,1	32,4

La recherche de gains de productivité comme la percée à l'exportation ont poussé à un développement relatif de l'emploi au profit des filiales. Dotés d'un syndicat puissant depuis juin 1988, les salariés de Posco (80 % de techniciens et d'ouvriers qualifiés, 20 % d'employés en 1998) bénéficient entre 1996 et 1998 des salaires parmi les plus élevés de Corée grâce à une bonne coopération entre managers et représentants des salariés.

Le dernier facteur favorable à la réussite du redéploiement en période de crise et, de façon consécutive, de la privatisation tient, à l'époque, à un effort de recherche-développement non négligeable (0,9 % du chiffre d'affaires en 1998, mais 1,8 % en 1996), appuyé sur les quelques 290 chercheurs du Research Institute of Industrial Science & Technology et les 229 du Posco Technical Research Laboratory (dont 93 de niveau doctorat ou post-doctorat). À quoi s'ajoute, depuis 1997 au moins, une coopération technique avec Nippon Steel, principal concurrent japonais. Signe de cette réussite, avec ses quelques 25,6 millions de tonnes d'acier produites en 1998, Posco figurait au premier rang mondial de l'industrie sidérurgique.

Après la crise, une reprise hésitante (1998-2002)

La firme a bien surmonté la crise, mais sa croissance s'essouffle. Les ventes connaissent alors une quasi-stagnation :

Évolution de la production et des ventes de 1998 à 2002
(taux de croissance annuels moyens)[17]

Production (en millions de tonnes)	+ 1,9 %
Production (en wons)	+ 1,2 %
Ventes (en wons)	+ 1,3 %

---

[16] *Posco's Annual Reports.*
[17] *Ibid.*

En effet, avec 28,1 millions de tonnes d'acier brut produites en 2002, Posco ne se situe désormais plus qu'au second rang mondial. Cette situation s'explique notamment par la montée de la concurrence. Dès les années 1996-1998, Posco se heurte, sur le marché mondial, à la concurrence japonaise, américaine et brésilienne. Elle se manifeste aussi sur le marché intérieur. Posco y demeure certes en position dominante, puisque l'entreprise satisfait 73 % de la demande coréenne en acier inoxydable, 75 % pour les laminés à froid et 78 % pour les laminés à chaud, en dépit, dans cette spécialité de la concurrence locale d'un opérateur mini-mills (micro-usines) produisant des qualités plus basses d'acier. Sur le marché domestique, le principal concurrent est Hyundai Group. Afin de fournir ses filiales (automobiles, constructions navales, construction), ce groupe s'est doté en mai 1990 d'une usine de laminés à froid (tout en achetant annuellement à Posco pour 2,2 millions de tonnes). Cette concurrence interne se trouve encouragée par le soutien qu'apporte, depuis 1996, le gouvernement coréen au prix de l'acier, par le biais d'une surtaxe de 8 % sur les produits sidérurgiques importés et, ceci, avec l'accord du General Agreement on Tariffs and Trade (GATT). Traduction de cette concurrence croissante, Posco ne cesse de céder du terrain sur le marché intérieur entre 1998 et 2001 :

Répartition des ventes d'acier sur le marché national coréen de 1998 à 2002 (en tonnes et en % du total)[18]

	1998	1999	2000	2001	2002
Ventes de Posco (en %)	77,6 %	56,3 %	52,2 %	54,6 %	48,2 %
Vente des autres compagnies sidérurgiques coréennes (en %)	15,9 %	37,2 %	39,3 %	37,0 %	40,6 %
Importations (en %)	6,5 %	7,3 %	8,5 %	8,5 %	11,2 %
Total (millions de tonnes)	25,0	34,0	38,4	38,3	43,7

Non seulement, les importations progressent de façon spectaculaire, mais encore la concurrence intérieure devient considérable.

Face à la montée de la concurrence, Posco cherche la solution dans une double diversification technique et géographique. La firme tire avantage de la diversification de sa gamme de produits :

Évolution des différentes catégories de produits sidérurgiques livrés par Posco entre 1998 et 2002 (en % du total)[19]

	1998	1999	2000	2001	2002
Laminés à chaud	37,1	38,2	35,0	37,9	37,8
Tôles	10,9	10,8	10,9	10,5	10,1

---

[18] *Ibid.*
[19] *Ibid.*

	1998	1999	2000	2001	2002
Laminés à froid	29,8	31,3	32,7	31,3	31,3
Tréfilés	9,9	7,7	9,2	9,3	9,3
Aciers électriques	1,0	1,7	1,9	2,0	1,9
Aciers inoxydables	3,8	5,9	4,9	4,2	4,6
Divers	7,5	4,4	5,4	4,8	5,0
Total	100	100	100	100	100

La domination conjointe des laminés s'accompagne en effet d'une importante production de tôles et de tréfilés, tandis que s'amorce une percée sur le marché des aciers spéciaux. Toutefois, à l'exportation, la demande semble alors plus favorable aux laminés à chaud et aux aciers inoxydables.

Du point de vue géographique, le fait majeur réside dans une réorientation des ventes au profit de la Chine et des pays émergents :

Évolution des exportations de Posco par zones géographiques (en % du total et en tonnage)[20]

	1998	1999	2000	2001	2002
Chine	20,6	21,6	31,7	32,7	30,6
Asie (hors Chine et Japon)	21,1	22,3	22,6	21,4	26,1
Japon	21,7	25,0	24,2	22,2	19,3
Amérique du Nord	21,5	20,6	12,4	7,2	10,6
Europe	9,5	6,4	3,2	3,4	3,2
Moyen-Orient	2,8	1,2	1,7	0,1	0,1
Autres	2,8	2,9	4,1	13,1	10,2
Total	100	100	100	100	100

Il est clair que les marchés chinois et, de façon plus éphémère, japonais ont permis la relance avant la percée dans les pays émergents d'Amérique latine et d'Afrique.

Une autre façon d'affronter la concurrence a constitué à conclure des accords de coopération avec un certain nombre de concurrents majeurs. Dès 1998, Posco et Nippon Steel renforcent leur coopération par l'entremise d'une participation croisée de montant équivalent : 1 % du capital de Posco cédé à Nippon Steel contre 0,7 % de celui de Nippon Steel acquis par Posco. Cette alliance monte à nouveau en puissance au cours de l'année 2002 : la participation de Nippon Steel au capital de Posco monte à 3,2 %, tandis que Posco élève la sienne dans Nippon Steel à 2,2 %. Ces accords de coopération visent notamment à garantir les approvisionnements en minerais et en charbon : le fer est en effet importé d'Australie, du Brésil et de l'Inde, tandis que le charbon arrive d'Australie, de Chine, du Canada et de Russie. Dans cette perspective, dès janvier 1995, Posco a conclu un accord avec la *Compania*

---

[20] *Ibid.*

Vale do Rio Doce (VRD), producteur de minerai. Il prend la forme d'une joint venture (à 50 %/50 %) en vue de construire une usine d'exploitation. À partir d'octobre 1998, l'usine livre 4,1 millions de tonnes de minerai par an. En avril 2002, des accords du même type sont conclus avec l'australien *BHP Billington*, *Itochu Corporation* et *Mitsui Corporation*.

Cette stratégie s'avère payante, car l'entreprise préserve sa rentabilité :

**Évolution des ratios de rentabilité de Posco
de 1998 à 2002 (en % du total)**[21]

	1998	1999	2000	2001	2002
1. Marge opérationnelle : Résultat d'exploitation Chiffre d'affaires TTC	14,0	15,8	16,7	12,1	14,3
2. Rentabilité des capitaux investis : Résultat d'exploitation Immobilisations	17,0	18,6	22,1	15,0	19,9
3. Rendement de l'action : Dividendes Capital social total	11,4	16,9	17,1	15,3	17,7

La relative stabilité de la marge opérationnelle s'accompagne d'un retour sur investissement accru ainsi que d'un progrès du rendement de l'action. Quant à la trésorerie, mesurée par le fond de roulement net (capitaux propres-capitaux fixes), elle demeure toujours positive de 1998 à 2002, en dépit d'un léger fléchissement en 2000. Une telle évolution favorise l'achèvement du processus de privatisation : entre juillet 1998 et septembre 2000 la *Korea Development Bank* cède par étapes les quelques 35 % du capital qu'elle possédait encore en juin 1998. Au terme d'une succession de ventes d'actions (juillet 1998, juillet 1999, juin 2000, septembre 2000), le capital se trouve entièrement privatisé.

Ces bonnes performances doivent beaucoup à la stratégie de croissance externe. À partir de février 1998, l'entreprise s'engage dans une active politique de restructuration (rachat de *Posco Refractories*, filiale indirecte, absorption de deux autres filiales, fusion de *POS-AC Co Ltd* et de *Pohang Engineering & Construction Co Ltd*) et de croissance externe (rachat de 50 % des actions de *Pohang Steel Industrie Co Ltd*). Cette stratégie de groupe s'accompagne d'une diversification : création en 1990 de *POS Data* pour l'informatique, joint venture lancées en vue de la fabrication de silicone (1990 et, avec *Shinsegae Telecom*, à hauteur de 15 % (1994), puis 22,1 % (1998), en vue de développer la téléphonie mobile, coopération avec *Mitsui Corporation* (51 % du capital de *Posco*

---

[21] *Ibid.*

Terminal Co) en 2002, prise de participation de 6,8 % dans le capital de *SK Telecom*, le numéro 1 coréen de la téléphonie mobile. Posco se trouve ainsi armée pour affronter avec succès une nouvelle phase de croissance.

Une nouvelle phase de croissance (2002-2007)

De 2002 à 2007, l'entreprise voit une nette relance de sa production et de ses ventes :

**Évolution de la production et des ventes de 2002 à 2007
(taux de croissance annuels moyens en %)[22]**

Production (en millions de tonnes)	+1,5 %
Production (en wons)	+14,3 %
Ventes (en wons)	+15,8 %
Ventes (en dollars)	+20,5 %

Cette expansion résulte pour l'essentiel de l'évolution favorable des prix mondiaux, la progression de la production en volume apparaissant modeste. L'évolution favorable de la parité won/dollar renforce encore la tendance. Pourtant l'entreprise continue de faire face à une concurrence croissante. Tel est le cas sur le marché intérieur, que Posco fournit à hauteur de 40 % en 2006-2007 :

**Répartition des ventes d'acier sur le marché national coréen
de 2003 à 2007 (en tonnes et en % du total)[23]**

	2003	2004	2005	2006	2007
Ventes de Posco (en %)	46,6	50,0	48,5	42,3	38,6
Ventes des autres compagnies sidérurgiques coréennes (en %)	39,3	33,9	33,9	36,4	55,1
Importations (en %)	14,1	16,1	17,6	21,3	22,9
Total (en %)	100	100	100	100	100
Total (millions de tonnes)	45,3	47,2	47,1	49,6	55,1

Bénéficiant d'un marché domestique porteur, l'entreprise doit cependant y faire face à des importations croissantes issues du Japon, de Chine et de Russie, mais aussi à l'existence en Corée du Sud même de concurrents compétitifs et puissants, utilisant des mini-mills (mini-usines) pour produire des laminés à chaud. Posco résiste mieux pour les laminés à froid (45 % du marché national en 2007) et surtout les aciers inoxydables (60 % toujours 2007). Le principal concurrent reste néanmoins Hyundai Steel. Ce producteur d'acier électrique fournissait 11,3 millions de tonnes d'acier en 2007 (contre 32,1 pour Posco).

---

[22] *Ibid.*
[23] *Ibid.*

Posco bénéficie, entre 2002 et 2007, de la nette reprise de la demande mondiale.

Taux de croissance annuel de la production d'acier brut de 2003 à 2007 (en %)[24]

2003	2004	2005	2006	2007
+ 7,3	+ 10,9	+ 2,0	+ 5,8	+ 6,1

En particulier, et malgré les effets négatifs de l'appréciation du won par rapport au dollar, Posco se trouve portée par la demande chinoise (29,4 % des exportations en 2007). Entre 2005 et 2007, les exportations de Posco progressent de +9,2 % en valeur (mais de +1,4 % seulement en volume). Elles poursuivent ainsi leur redéploiement en direction des pays émergents non asiatiques :

Évolution des exportations de Posco par zones géographiques (en % du total et en tonnage)[25]

	2003	2004	2005	2006	2007
Chine	36,8	38,3	32,1	25,3	29,4
Japon	18,0	20,3	22,4	19,6	19,7
Asie (hors Chine et Japon)	23,7	18,3	19,9	19,0	19,5
Amérique du Nord	7,5	9,0	9,2	9,6	7,0
Europe	2,5	1,4	0,4	3,2	5,0
Autres	11,5	12,7	16,0	23,3	19,4
Total (en %)	100	100	100	100	100
Total (en tonnes)	9,5	8,2	8,2	10,0	10,9

L'évolution majeure concerne l'ampleur du décrochage en Chine survenu en 2005 et en 2006. Il résulte de mesures anti-dumping prises par le pays à partir de 2000 et appliquées alors avec une plus grande rigueur. Posco surmonte en partie le problème par des accords avec les autorités du pays, d'où la reprise de 2007. En revanche, l'entreprise maintient bien ses positions au Japon et en Amérique du Nord et parvient même à reprendre pied sur les marchés européens. Cette activité d'exportation se fonde principalement sur des ventes croissantes de laminés à froid :

Évolution des exportations de Posco par types de produits (en % et en tonnage) de 2003 à 2007[26]

	2003	2004	2005	2006	2007
Laminés à chaud	25,8	25,0	23,8	24,8	14,1
Tôles	3,8	3,6	2,8	2,3	2,1

---

[24] *International Iron and Steel Institute.*
[25] *Posco's Annual Reports.*
[26] *Ibid.*

	2003	2004	2005	2006	2007
Laminés à froid	48,8	50,5	50,3	47,8	57,0
Tréfilés	6,3	3,1	4,1	5,0	4,6
Aciers au silicone	2,3	3,0	3,2	3,7	4,7
Aciers électriques	8,3	12,4	12,5	12,4	15,6
Autres	4,7	2,4	3,3	4,0	1,9
Total (%)	100	100	100	100	100
Total (tonnes)	9,5	8,2	8,2	10,0	10,9

La montée spectaculaire, au sein des exportations, des aciers électriques et siliconés atteste d'une volonté de relancer la croissance en misant sur le haut de gamme et l'innovation technologique afin de compenser un déclin de la compétitivité s'agissant des produits de base. Il s'ensuit une réorientation des ventes au profit des laminés à froid et, surtout, des aciers spéciaux (électriques et à la silicone) :

Évolution des ventes de Posco par types de produits (en % du total et en wons)[27]

	2003	2004	2005	2006	2007
Laminés à chaud	26,1	25,1	25,0	20,8	16 ?1
Tôles	8,2	9,1	9,6	10,7	10,2
Laminés à froid	32,4	30,2	32,0	30,3	31,1
Tréfilés	6,6	6,2	6,5	5,6	5,2
Aciers au silicone	2,7	2,4	2,9	3,0	4,0
Aciers électriques	19,7	22,6	19,3	25,8	29,7
Autres	4,3	4,4	4,7	3,8	3,7

Cette réorientation assure à l'entreprise une trésorerie continuellement positive et un niveau élevé de rentabilité. De fait, la trésorerie du groupe demeure nettement positive. Elle tend même à s'améliorer : le fond de roulement net présente un solde positif de 16,6 % du total des actifs en 2003, mais de 21,4 % en 2007. Cette situation traduit la très rapide progression des profits :

Taux de croissance annuel moyens des différents indicateurs du profit de 2003 à 2007 (en %)[28]

Résultat d'exploitation (en US dollars)	+ 22,3
Bénéfice net (en US dollars)	+ 29,1
Dividendes (en US dollars)	+ 32,5

Posco constitue donc, durant la période, une entreprise attractive pour le capital international : pour preuve, au début de 2007, l'acquisition par *Warren Buffett's Berkshire Hathaway* de 4 % de son capital.

---

[27] *Ibid.*
[28] *Ibid.*

De fait, l'entreprise se maintient à un niveau de rentabilité particulièrement élevé en dépit du fléchissement observé en 2006 et 2007 :

Évolution des ratios de rentabilité de Posco de 2003 à 2007 (en % du total)[29]

	2003	2004	2005	2006	2007
1. Marge opérationnelle : Résultat d'exploitation Chiffre d'affaires TTC	18,3	22,2	23,1	17,0	15,6
2. Rentabilité des capitaux investis : Résultat d'exploitation Immobilisations brutes	33,1	51,0	49,6	30,0	31,6

Toutefois, entre 2003 et 2007, Posco se situe à des niveaux de rentabilité très supérieurs à ceux de la période antérieure. Cela favorise la stabilité de son actionnariat :

Structure du capital de Posco au 31 décembre 2007 (en % du total des actions)[30]

Nippon Steel Corporation	5,0
Mirae Asset Investment Co., Ltd	4,2
National Pension Service	3,9
SK Telecom	2,9
Pohang University of Science and Technology	2,3
Public	68,4
Auto-contrôle	13,3
Total	100

La période 2002 à 2007 voit cependant une évolution marquée. Dès le 15 mars 2002, la société change de raison sociale et devient *Pohang Iron & Steel Co. Ltd* (ou Posco Ltd). Tout en poursuivant le processus de privatisation, le nouveau *chairman*, Lee Ku-Taek introduit un système de gouvernance adapté aux standards internationaux accordant la priorité aux intérêts des actionnaires et fondé sur un nouveau système d'évaluation des performances, grâce auquel Posco devient l'entreprise sidérurgique la plus rentable du monde. Cette organisation s'appuie sur le Posco Center, siège social d'abord établi à Pohang (1987), puis dans la Seoul's Teheran Valley, quartier *high tech* (1995). Il s'agit alors du premier immeuble intelligent de la profession sidérurgique. Lee Ku-Taek met en œuvre une stratégie d'exportation tournée vers la Chine et l'Inde. Poussé par le niveau trop élevé des salaires en Corée du Sud, le

---

[29] *Ibid.*
[30] *Ibid.*

groupe s'implante en Chine dès novembre 2003 et y démarre, en 2006, *Zhangjiang Pohang Steinless Steel* (SPSS) : Posco est alors la première firme étrangère à réaliser une usine intégrée en Chine.

L'intérêt porté à l'Inde apparaît plus tardif. Le 30 juin 2005, Posco signe un mémorandum de coopération avec l'État d'Orissa. Contre la garantie d'un approvisionnement de 60 millions de tonnes de réserves de fer (soit 30 ans de production), Posco s'engage à réaliser 12 milliards de dollars d'investissement, soit quatre hauts fourneaux, une usine électrique, des logements pour le personnel, une capacité de production annuelle de 12 millions de tonnes d'acier et 13 000 personne directement employés. Le 25 août de la même année naît *Posco India*. Presqu'aussitôt se manifeste une forte opposition locale, l'État fédéral et le gouvernement de l'État ayant essayé de récupérer illégalement des terres en violation du Forest Rights Act. Ces oppositions dénoncent un projet conçu d'abord au profit de Posco, conduisant à des déplacements de population et fondé sur une appropriation des ressources minérales de l'État à un prix trop bas. Posco se tourne aussi vers d'autres pays : le Vietnam, avec la construction en août 2006, d'une usine pour laminés à chaud et à froid capable de livrer 3 millions de tonnes d'acier par an ; le Mexique, avec à l'ouverture, en 2008, de l'usine d'Altamira. Grâce à l'ensemble de ses installations étrangères et coréenne (Pohang, Gwangyang), Posco s'impose ainsi comme le second producteur mondial de tôles d'acier après *Arcelor-Mittal*.

Conclusion : à la recherche des ressorts de la croissance

Dans son ascension, Posco a bénéficié d'atouts spécifiques, en particulier du développement des activités de service.

Des atouts spécifiques

Parmi ces atouts, l'innovation technologique ne paraît pas le moindre.[31] Posco fournit une vaste gamme de produits diversifiés. Ils profitent notamment du *Finex Iron Making Process*, procédé réduisant les émissions polluantes, introduit à Pohang en novembre 2007 et assurant une production de 1,5 million de tonnes d'acier par an. Un autre procédé nouveau est le *Strip Casting*. Destiné à la fourniture de produits laminés à chaud, il permet une réduction des investissements et des coûts de fabrication ainsi que des économies d'énergie. Testé avec succès en juin 2006, il autorise, dès 2008, une production de masse. Mais les efforts de l'entreprise portent aussi sur les trains de laminoirs eux-mêmes, pour en accroître la productivité, en améliorer la qualité des produits et réduire la production, ainsi que sur la promotion de techniques permettant d'accoler rapidement des tôles avec des résines.

---

[31] *POSCO 2005 & 2007 Digital e-Brochure*, sur http://www.posco.com.

Un second atout réside dans l'implantation asiatique et américaine du groupe. Ce dernier s'appuie sur six sites majeurs. Deux sont coréens : Pohang, sur la côte Sud-Est du pays, construit d'avril 1970 à février 1981 et capable de produire 12,7 millions de tonnes d'acier par an ; Gwangyang, sur la côte Sud, installé de septembre 1982 à octobre 1992, l'usine la plus moderne, tournée vers les besoins de l'automobile et la production d'aciers de haute qualité, et dotée d'une capacité de production annuelle de 16,2 millions de tonnes. En Asie, s'y ajoutent : Zhangjiang en Chine, une usine intégrée produisant des aciers inoxydables (2,6 millions de tonnes par an) et renforcée de deux filiales (Zhangjiang Posco Stainless Steel ; *Quingdao Posco Stainless Steel*) ; Phu My, au Vietnam, près d'Ho-Chi-Minh ville (1,2 million de tonnes de laminés à froid par an) ; Paradip, en Inde, troisième plus grande usine sidérurgique du monde. Hors d'Asie, Posco travaille à Altamira, au Mexique, dans le cadre d'une joint venture avec *US Steel* et *Sean Steel*, destinée à produire des tubes d'acier, et à Pitbara, en Australie, un investissement fondé sur la recherche d'une autosuffisance en minerai, selon une politique conduite aussi au Brésil.

Bénéficiant d'un actionnariat mondial (45 % d'investisseurs étrangers, 33 % de nationaux), Posco mise sur le développement durable, autour de cinq objectifs. Le premier réside dans la protection de l'environnement : en 2008, celui-ci absorbe 12 % des investissements. Il s'agit d'utiliser 98 % d'énergie propre et 98,8 % de produits recyclés, notamment les PME. Cette politique implique des accords d'amélioration écologique avec les organisations gouvernementales et non gouvernementales (NGO). Le second objectif consiste à réduire les émissions de gaz carbonique, notamment par le recours à des énergies alternatives. À cela s'ajoute un troisième objectif de transparence (instauration de *labour-management councils* et de *stock ownership programs* destinés aux salariés). Le quatrième objectif vise à un *win-win partnership*, grâce à la constitution d'un groupe de 596 experts, servant de conseillers en technologie.

Le dernier objectif vise à la contribution sociale du groupe. En relèvent quatre programmes :

1. *Education to morrow's talents*. Outre le financement d'une douzaine de jardins d'enfant privés, ce programme s'appuie sur le Graduate Institute of Ferrous Technology, première *graduate school* mondiale de technologie ferreuse (2006), établie à la Pohang University of Science & Technology, et la Posco TT. Park Foundation finançant notamment le Posco Asia Fellowship.

2. *Sharing Time and Hearth through Community Service*. Il consiste à ce que 92 % des employés et des dirigeants donnent 24 heures en moyenne par an à des actions d'intérêt collectif (Posco Volunteers Organization).

3. *Enriching Life through Culture and Arts.* Posco mène une activité importante de sponsoring (concerts réguliers au Posco Center, festivals symphoniques, halle des arts à Pohang et Gwangyang, Pohang International Fireworks Festival, Gwangyang Korean Classical Music Festival.
4. *Contributing to Society with Non-Governmental Organization.* En relèvent les champagne « L'Habitat pour l'humanité », en Thaïlande et en Inde, et « Korea Food for the Hungry International », ainsi que des programmes d'ouverture d'écoles élémentaires (Chine, Vietnam) et de computer centers pour développer les technologies de l'informatique au Bengladesh.

Un développement marqué des activités de service

Posco s'est imposé, en outre, avec Samsung et Hyundai, comme l'une des grandes sociétés mondiales d'ingénierie, sur le modèle américain (*Bechtel, Fluor*). En 1994 est née *Posco Engineering of construction* (Posec). Cette filiale connaît, de 1995 à 1999, une rapide percée internationale. 1995 voit la création de deux filiales, l'une au Vietnam (*IBC*), l'autre à Shanghai (*POS-Plaza*), et la construction d'une aciérie pour *Arco Steel* en Égypte. Puis la société multiplie les réalisations techniques innovantes en Corée du Sud, en Chine, pour le compte de LG, au Brésil, au Vietnam et en Iran (hauts fourneaux). L'entreprise connaît un certain ralentissement de 2000 à 2003, sauf en Chine et au Vietnam. Cependant, à partir de 2004, la croissance s'accélère avec l'implantation à Taiwan (février 2004), en Arabie Saoudite (septembre 2006) à Dubaï (février 2007) et au Cambodge (avril 2007). Elle s'illustre par quelques réalisations majeures au Vietnam et, surtout, en Corée du Sud (construction en 55 jours seulement d'un nouveau haut-fourneau à Gwangyang). Surtout, en avril 2008, Posec rachète les droits de Daewoo Engineering et s'impose comme l'un des leaders coréens de l'ingénierie. Cette percée dans les services ouvre de nouveaux horizons à Posco.

PATRIMOINES ET REPRÉSENTATIONS DE LA SIDÉRURGIE

INHERITANCE AND REPRESENTATION OF STEEL INDUSTRY

Quelques portraits de la sidérurgie, paysages, machines, ouvriers du Creusot au XXᵉ siècle
Les œuvres de Raymond Rochette et Christian Segaud, deux peintres creusotins, et des regards d'élèves

Françoise BOUCHET

Lycée Léon Blum, Le Creusot

« Le monde industriel élargit la notion même du beau »[1]

Dès la fondation de la Fonderie royale et plus encore au temps des Schneider, la ville, les usines, les productions, le paysage du Creusot ont fait l'objet de représentations multiples, de témoignages, d'œuvres picturales et littéraires, autant d'éléments révélant l'importance du site sidérurgique pour des artistes et des auteurs : pour mémoire, au moins un poème de Sully Prudhomme,[2] les tableaux de François Bonhommé,[3] le

---

[1] Propos attribué à Fernand Léger et cité par Leterrier J.-M., « Le travail, l'art et l'esthétique », in *Usine. Le regard de soixante-treize artistes contemporains sur l'usine*, catalogue d'exposition, L'Usine Nouvelle, Un sourire de toi et je quitte ma mère, Paris, 2000, p. 8.

[2] Le poète vécut deux ans au Creusot (1858-1860). Il évoqua l'usine creusotine dans un sonnet intitulé « La damnée », qui fait partie du recueil *Les Epreuves*. Le poème est cité par HOPNEAU L., « Le Creusot et la littérature française », in ASSOCIATION BOURGUIGNONNE DES SOCIÉTÉS SAVANTES, *Actes du Congrès, Le Creusot, 4-6 juin 1982*, Société d'Histoire Naturelle du Creusot, Le Creusot, 1983, p. 176.

[3] Deux toiles sont exposées au Musée de l'Homme et de l'Industrie (Château de la Verrerie, Communauté Creusot-Montceau, écomusée). Sur François Bonhommé, l'ouvrage de référence est GRIFFATON M.-L., *François Bonhommé, peintre, témoin de la vie industrielle au XIXᵉ siècle*, Musée de l'Histoire du Fer, CCSTI du Fer et de la Métallurgie, Éd. Serpenoise, Metz, 1996 ; sur le thème de la représentation du travail, voir le travail pionnier réalisé par l'écomusée de la Communauté Creusot-Montceau, *La représentation du travail*, catalogue d'exposition, Écomusée de la Communauté Urbaine Le Creusot-Montceau, Le Creusot, 1977. Pour une approche d'ensemble de la représentation du monde industriel par les artistes dans la seconde moitié du XIXᵉ siècle, nous renvoyons à PIERROT N., « Le silence des artistes ? Thématique industrielle et diversification des supports (v.1850-fin XIXᵉ siècle) », in COMITÉ POUR L'HISTOIRE ÉCONOMIQUE ET FINANCIÈRE DE LA FRANCE, *Les images de*

manuel scolaire « Le Tour de la France par deux enfants »,[4] le texte « Au Creusot » de Guy de Maupassant[5] pour citer les plus célèbres au XIXe siècle.[6] Au XXe siècle, la sidérurgie creusotine continue encore à inspirer les artistes. Le plus connu d'entre eux, l'écrivain Christian Bobin, a rédigé dans plusieurs de ses textes des portraits de la ville industrielle allant jusqu'à proclamer dans une affiche réalisée en 1994 que « Le Creusot [est] la plus belle ville du monde ».[7] Les œuvres des peintres Raymond Rochette et Christian Segaud s'inscrivent pour le XXe siècle dans cette lignée de représentations de la sidérurgie creusotine.

Que montrent-elles ? En quoi ces toiles sont-elles tout autant des œuvres d'art et des témoignages d'un état du monde et du travail sidérurgiques ? Comment les jeunes générations s'emparent-elles actuellement de ces traces et lisent-elles, par leur truchement, l'industrie ? Comment ces œuvres « parlent-elles » à un public qui ignore largement tout de l'histoire, des techniques et du procès de la sidérurgie et réduit encore souvent le milieu local à sa dimension de « pays noir » ? Ces interrogations sont au cœur du travail mené par un groupe d'enseignants autour de (et avec) Florence Amiel-Rochette, fille de Raymond Rochette, profondément engagée dans la valorisation de l'œuvre de son père.[8] Il s'agit d'une réflexion menée dans un cadre à la fois institutionnel (l'Éducation Nationale et le service éducatif de l'Écomusée de la Communauté Creusot-Montceau) et informel, reposant sur le désir partagé de travailler à la valorisation du patrimoine local et des œuvres d'artistes largement méconnus mais dont l'intérêt dépasse le seul milieu creusotin.

Après une présentation des deux peintres, cette communication expose quelques caractéristiques d'œuvres consacrées au Creusot ainsi

---

l'industrie de 1850 à nos jours, Actes du colloque tenu à Bercy les 28-29 juin 2001, Ministère de l'Économie et de l'Industrie, Paris, 2002, pp. 10-20. Voir également PIERROT N., « À l'époque où l'ouvrier sévissait dans l'art... La représentation du travail industriel en France dans la peinture de chevalet, 1870-1914 », in *Des plaines à l'usine*, catalogue d'exposition, Somogy, Paris, 2001, pp. 95-113.

[4] Bruno G., *Le tour de la France par deux enfants*, Éd. Eugène Belin, Paris, réédition 1978, pp. 108-116.

[5] Maupassant G. de, *Au Soleil et autres récits de voyage*, (éd. originale : 1884-1888), réédition Pockett, Paris, 1998, pp. 156-160.

[6] Les artistes « ne se sont jamais désintéressés du problème de la représentation dans le paysage d'un ensemble ou d'un complexe industriel, ni même de la beauté des machines ou des produits de l'industrie ». SURLAPIERRE N., « Des artistes à l'usine, quelques remarques en marge », in BELOT R., LAMARD P. (dir.), *Image[s] de l'industrie XIXe-XXe siècles*, E-T-A-I, Anthony, 2011 p. 19.

[7] *Le Journal de Saône-et-Loire*, 15.04.1994.

[8] Ce groupe est composé de six professeures des Écoles, un professeur de Sciences Physiques au collège, deux professeures d'Histoire et de Géographie en lycée (et professeures-relais au service éducatif de l'Écomusée de la Communauté Creusot-Montceau).

que le regard d'un groupe d'élèves de Seconde générale sur des tableaux montrant le monde du travail sidérurgique.⁹

Les peintres : quelques repères biographiques

Raymond Rochette, *Laminoirs : le train fil, face ouest*. Avril 1958, 95,2 x 118,5 cm.
© Communauté Creusot-Montceau, Ecomusée, dépôt Rochette, reproduction D. Busseuil

Raymond Rochette est né le 25 mai 1906. Dès 1921, à l'âge de 15 ans, il réalise ses premières huiles sur toile qui représentent les paysages du Morvan et des scènes de la vie rurale. Cependant, dès son plus jeune âge, le peintre éprouva une fascination absolue pour l'usine :

« Quand j'étais enfant, j'avais sept ans, je sortais de classe à cinq heures et j'allais jusqu'à six heures rejoindre mon père qui était chef de bureau aux laminoirs. En attendant qu'il me reconduise à la maison, je regardais par la porte l'intérieur des ateliers. C'était pour moi une vision fascinante, en dehors du monde réel : des hommes masqués, protégés par des tabliers qui s'agitaient au milieu de serpents de feu. [...] Cette vision infernale, un peu effrayante, restait merveilleuse. J'y retrouvais le fracas et le jaillissement des étincelles et des feux d'artifice de la Saint Laurent.¹⁰ [...] Ainsi, tout s'est

---

⁹ Cette communication est fondée essentiellement sur les échanges et rencontres entre le groupe d'enseignants, Florence Amiel-Rochette et Christian Segaud. Il ne s'agit pas d'une recherche au sens universitaire du terme, mais de l'état d'une réflexion sur les représentations de la sidérurgie à partir des œuvres consacrées au Creusot et explorées à des fins pédagogiques et culturelles.

¹⁰ Fête foraine locale annuelle, en l'honneur du saint patron des verriers.

mêlé dans ma vision d'enfant : l'usine était pour moi une fête foraine avec son vacarme et ses lumières ; elle était aussi une forêt enchantée où je me promenais avec émerveillement. Plus tard, lorsque j'ai appris à dessiner, on m'a enseigné le dessin industriel. Je n'ai donc pas connu les feuilles d'acanthe, ni les bustes antiques, mais les boulons, les bielles, les pièces de machine ».[11]

Cet émerveillement précoce devant les activités industrielles ne s'est jamais démenti. Rochette a été formé au dessin technique (à l'École Spéciale Schneider) et s'est familiarisé très tôt avec la représentation des objets industriels. Il n'est pas entré à l'usine, contrairement à ses frères, mais est devenu instituteur et a conjugué tout au long de sa vie la passion pour la peinture et l'enseignement. Du Maroc, où il effectuait son service national, en 1927, il écrit à sa famille : « Je crois qu'il serait intéressant de peindre les hommes au travail, suant, rouges avec les énormes machines, la poussière et la vapeur ».[12]

En 1924, Raymond Rochette avait rencontré Honoré Hugrel, peintre régional qui le mit en relation avec Jules Adler ;[13] ce dernier devint son parrain à la Société des Artistes Français en 1933. En 1933 également, Raymond Rochette rencontra Louis Charlot, peintre du Morvan,[14] à qui il demanda souvent conseil et avis sur ses toiles. Honoré Hugrel, Jules Adler, Louis Charlot, trois artistes qui montraient un grand intérêt pour la représentation du quotidien, et encouragèrent le peintre du Creusot.

Dès 1936, celui-ci sollicita l'autorisation de peindre les ateliers ; cela lui fut refusé et pendant une dizaine d'années il a représenté de nombreux paysages dans lesquels l'usine apparaît en arrière-plan. En 1949, il obtint finalement de Charles Schneider, alors maître de forges, l'autorisation de pénétrer dans l'usine et d'y peindre. Dès lors, le monde industriel habita son œuvre et devint son sujet de prédilection. Raymond Rochette se rendit inlassablement dans les ateliers où il devint peu à peu familier des lieux et des personnes, mais sans jamais recevoir de commande patronale.

Il reçut la médaille de peintre populiste en 1975, distinction honorant les artistes reconnus pour leur attachement à représenter la vie quotidienne. Il a peint toute sa vie à l'écart d'une grande notoriété. Les critiques élogieuses exprimées lors d'expositions parisiennes soulignent

---

[11] Raymond Rochette, entretien à la Maison des Arts et Loisirs du Creusot (LARC/Scène Nationale actuelle), 26.09.1970, cité par SERRA P.-A., *Raymond Rochette, peintre du Creusot*, Mémoire de maîtrise d'histoire, Université de Bourgogne, Dijon, 1995, p. 19.

[12] Lettre conservée dans les archives familiales Rochette.

[13] Jules Adler (1865-1952) est un peintre naturaliste parisien qui avait réalisé en 1899 un grand tableau, « La Grève », évoquant l'important mouvement revendicatif creusotin de cette même année. La toile se trouve au Musée de Pau.

[14] Le Musée Rolin à Autun expose plusieurs œuvres de ce peintre dans ses collections permanentes. Le Musée de l'Homme et de l'Industrie (Communauté Creusot-Montceau, écomusée) présente quant à lui une toile intitulée « Le Creusot : vue des ateliers de la plaines des Riaux » (vers 1916).

la puissance évocatrice, la qualité intrinsèque des toiles, une expression très personnelle, d'une grande force.

Il est décédé le 26 décembre 1993. Ses œuvres ont été acquises de son vivant par l'État et la ville de Paris, et figurent dans une dizaine de musées en France et à l'étranger. Ses tableaux (des centaines) sont actuellement conservés dans le donjon du village de Saint Sernin-du-Bois (à proximité du Creusot), à l'Écomusée de la Communauté Creusot-Montceau-les-Mines et dans sa maison, conservée intacte depuis son décès et maintenant ouverte au public. En plus d'expositions particulières dans des galeries en France, des rétrospectives sont régulièrement organisées dans différents musées, en France et à l'étranger.

Christian Segaud est également creusotin ; né en 1950, fils de boucher, il n'appartient pas au monde de la sidérurgie, d'où une perception et une vision de l'usine totalement différentes de celle de Raymond Rochette : il s'est toujours trouvé à l'extérieur de l'entreprise et l'observe, la représente à distance. Il a étudié à l'École d'Arts appliqués de Chalon-sur-Saône pendant trois ans et a commencé la peinture comme artiste en 1970. Il exerce cette activité de peintre dans des domaines très variés : il a travaillé comme décorateur au Centre de Création pour les Enfants en Bourgogne, où il a réalisé de nombreuses expositions et décors de théâtre destinés à l'enfance. Il a également produit des fresques (exemple en 1991 pour les *Établissements Picard* à Chagny), des décors de commerces, des dessins pour l'entreprise de mode *Studio Aventures*, ... Des productions éclectiques et une vie vouée à la peinture, dans une grande discrétion médiatique.

Christian Segaud, *Vue partielle des usines du Creusot*. Mai 1989, 13 x 18cm.
© Communauté Creusot-Montceau, Ecomusée, coll. Segaud, reproduction D. Busseuil

Il a participé à de nombreuses expositions collectives ou personnelles avec un goût récurrent pour les choses du quotidien : les fruits et légumes, la chasse, la forêt, les insectes et, bien sûr, Le Creusot dont il ne cesse d'arpenter les rues pour saisir l'atmosphère si particulière de ce qui est encore le royaume de la sidérurgie. Il n'a jamais travaillé à l'usine, n'a jamais cherché à y entrer contrairement à Raymond Rochette, mais il ne cesse de la représenter, de montrer sa présence permanente (obsédante ?), incontournable dans la vie quotidienne et dans l'espace urbain.

Manières de peindre, manières de voir et dire la sidérurgie contemporaine : Raymond Rochette, Christian Segaud et leurs regards sur Le Creusot

Raymond Rochette, interviewé en 1983 par la revue de l'entreprise *Framatome*, présente ainsi sa vision de l'activité sidérurgique : « Ce spectacle [est] étonnant avec le gigantisme écrasant de son architecture, la monumentalité de ses machines. Spectacle merveilleusement réglé, orchestré par des hommes dont l'organisation, la réflexion, la peine, la sueur, la fatigue deviennent source d'une humaine et étrange beauté ».[15] Quant à Christian Segaud, il porte sur la sidérurgie creusotine « la vision du voyageur, celle du type qui voit de l'extérieur l'empreinte de l'usine sur un lieu. Il y a un mystère, il faut parler poésie quand on parle du Creusot. La poésie, c'est porter un autre regard. Par rapport à l'usine, il y a toujours des choses qui m'intéressent. C'est inépuisable, on ne peut s'arrêter ».[16]

Pour restituer le gigantisme, la puissance des installations industrielles et la dimension prométhéenne du travail, Raymond Rochette a choisi, souvent sur des supports modestes,[17] le grand format : de nombreuses toiles ont été réalisées en 50F, soit 89 x 116 cm et dans des dimensions supérieures, ce qui donne à son œuvre un caractère réellement monumental, en accord avec l'immensité des halles industrielles, l'importance des machines, l'ampleur des fabrications auxquelles le peintre était si sensible. Ses points de vue, ses cadrages sont très variés : larges, ils présentent de véritables vues panoramiques des halles ou des paysages ; resserrés, pour les scènes de montage de machines ou des portraits de machines. Raymond Rochette présente deux facettes de l'usine : à l'extérieur, des teintes brunes, grises, qui renvoient sans fard aux matériaux de

---

[15] « "La marche de l'entreprise", entretien avec Raymond Rochette », in Framatome, *Bulletin CCE*, 03.04.1983, pp. 34-42.

[16] Entretien (inédit), 07.07.2011.

[17] Ses peintures ont été souvent réalisées sur du papier, carton, de l'isorel ; le support était parfois utilisé recto/verso. Le papier ou le carton ont été ensuite fixés sur support bois. Il y a aussi des toiles.

construction des grandes halles (briques et tuiles), aux chemins de fer et fumées. Des arbres en fleurs printaniers peuvent tempérer la classique vision du pays noir. Pour représenter l'intérieur des halles sidérurgiques, le peintre présente tout l'éclat et l'incandescence lumineuse des opérations industrielles. Ses toiles semblent traduire exactement ce qu'écrivait Guy de Maupassant lors de son passage au Creusot : au sombre extérieur s'oppose une sorte de féerie industrielle.[18]

Raymond Rochette, *Les voies ferrées*. 23 février 1955 [Le Creusot, quartier du Guide : *Neige sur les voies ferrées*], huile sur bois, 93,1 x 119,9 cm. S.D.b.d. : « *Rochette du Creusot*, 23 février 1955 ».
© Communauté Creusot-Montceau, Ecomusée, dépôt Rochette, reproduction D. Busseuil

Ainsi, le train à fil est-il surplombé d'un ciel étoilé qu'on peut rapprocher de certaines toiles de Vincent Van Gogh.[19] Les lampes projecteurs banales sont devenues de brillants points lumineux sur fond d'un bleu intense Ce sont bien des machines, ce sont bien des équipements industriels mais c'est aussi la particularité de l'œil et du regard de Raymond Rochette. Des

---

[18] MAUPASSANT G. de, *op. cit.*
[19] Voir photo n° 1.

ingénieurs qui l'ont connu à l'œuvre dans les ateliers et qui aident Florence Amiel-Rochette à décrypter les toiles de son père sur le plan technique rendent compte ainsi du travail du peintre sur la sidérurgie :[20] « Le tableau n'est pas réaliste, il est artistique » ; – « C'est ce qu'il a vu. C'est son œil. Cela l'intéressait peut-être que l'allonge soit oblique », ou alors : « Il y a des anomalies. Exemple : une presse qui n'existait pas. Il y avait une cage à billettes » ; – « Entre la réalité technique et l'œil du peintre, il y a une marge. Voir les couleurs des tubes d'échafaudage ». En écho, un propos de Raymond Rochette à Jean-François Odde : « Je n'ai aucune imagination, je peins ce que je vois ». Le peintre parlait lui-même de « sublimation »…[21] pour évoquer son regard d'artiste sur le monde des usines sidérurgiques creusotines. Ici sans doute, l'expression indique-t-elle que le réalisme est bien souvent l'effet de réel et non la stricte transcription de la chose vue.[22]

Raymond Rochette, *Laminoir quarto*. 1970, huile sur papier sur support bois, 130 x 141 cm. © Communauté Creusot-Montceau, Ecomusée, dépôt Rochette, reproduction D. Busseuil

---

[20] Séance de travail du 27 janvier 2012 à l'Académie François Bourdon pour l'ensemble des citations.

[21] Propos rapporté par Jean-François Odde, le 27 janvier 2012 lors de la séance de travail avec les ingénieurs ; Interview parue dans *Le Bien Public*, 24.12.1973, cité par SERRA P.-A., *op. cit.*, p. 25.

[22] Ce débat entre réalisme et effet de réel est traditionnel. Nous renvoyons par exemple à : WEISBERG G.-P., *Réalité et illusion. La propagande dans les images du travail de la fin du XIXe siècle in Des plaines à l'usine. Images du travail dans la peinture française de 1870 à 1914*, catalogue d'exposition, Somogy, Paris, p. 46.

Incessamment, il peint et repeint les halles, les machines, les hommes à la tâche, toujours fasciné par le travail industriel. « J'aime les machines comme on peut aimer les fontaines de Provence ; les ateliers me font penser aux nefs des cathédrales, et leurs lueurs aux fêtes nocturnes sur le grand canal. Les danseurs de l'opéra n'ont pas de gestes plus beaux que ceux des ouvriers, Claude Lorrain peignant ses palais n'avait pas de plus pure joie que celle que j'éprouve en dessinant les ateliers, le foisonnement des titanesques assemblages métalliques me donne la joie du Piranèse, mais c'est la joie de Le Nain que je goûte en glorifiant soudeurs, meuleurs, lamineurs qui deviennent dans mes tableaux les magiciens d'une flamboyante forêt, celle de la métallurgie lourde ».[23]

Son œuvre tient à la fois de l'impressionnisme, de l'abstraction, de la figuration, le tout dans un style très personnel, devenu selon ses propos de plus en plus « lyrique ».[24] Pour restituer cet univers qui le fascine, Raymond Rochette a employé une grande variété de techniques : la peinture à l'huile, mais aussi le fusain, l'encre de Chine, des papiers à la cuve et même le métal.[25] Il eut une préférence pour le couteau, pour une matière épaisse et un travail qui pouvait être rapidement exécuté sur place, dans les ateliers. La composition des toiles fut toujours rigoureuse ; Raymond Rochette utilise le nombre d'or[26] et travaille avec une grande précision, comme en témoignent les croquis et dessins préparatoires conservés dans les archives de l'Écomusée de la Communauté Creusot-Montceau.[27]

Outre la volonté de montrer un monde éblouissant de feu, impressionnant de puissance, le peintre a toujours porté attention aux hommes au travail : dans les premières toiles réalisées dans les halles industrielles, il a souvent « réduit » les ouvriers à des silhouettes, par pudeur, par souci de maintenir une certaine distance respectueuse envers ceux qui étaient au cœur de leur activité professionnelle pendant qu'il peignait ou dessinait.[28] Cette représentation elliptique des ouvriers renseigne toutefois sur le rapport hommes-machines à l'œuvre dans la sidérurgie des années 1950-1970/80 : les hommes sont encore nombreux à effectuer les tâches de production, à se trouver directement au contact des opérations les plus dangereuses ; ils sont aussi souvent comme écrasés par la monumentalité des lieux et des machines, mais toujours indispensables.

---

[23] Texte non publié, transmis par Luc Rochette, fils de Raymond Rochette (mai 2012).
[24] « *La marche de l'entreprise…* », *op. cit.*, pp. 34-42.
[25] La collection familiale comprend des tableaux métalliques surprenants, à mi-chemin entre œuvres picturales et sculptures.
[26] Florence Amiel-Rochette, échange oral non publié.
[27] Écomusée Creusot-Montceau, fonds Raymond Rochette.
[28] Florence Amiel-Rochette, échange oral non publié.

Raymond Rochette, *Les Chauffeurs*. Huile sur bois, 133,2 x 166,1 cm. S.D.b.g. : « *Rochette* [du Creusot]*, 18 mars 1955 RR* ». [Tableau également intitulé « *les pelleteurs* »].
© Communauté Creusot-Montceau, Ecomusée, dépôt Rochette, reproduction D. Busseuil

Fasciné par les machines, Raymond Rochette a également réalisé des portraits d'ouvriers, comme ces « chauffeurs » (chargeurs de fours), peints en plein effort Impossible de ne pas ressentir à la fois un hommage à l'humilité de ce travail et la volonté de restituer la pénibilité physique : l'un des hommes se détourne de la chaleur du four, les fronts sont plissés. Ici, le travail est inscrit dans le corps en mouvement ; les ouvriers ne sont pas héroïsés, ils ne sont pas non plus montrés de manière misérabiliste. Le travail est manifestement pénible, usant. Rochette représenta aussi à plusieurs reprises le train à fil, à un moment où les manipulations étaient encore très largement manuelles : de chaque côté des cages de laminage, les hommes guidaient le fil métallique incandescent propulsé à grande vitesse, devaient s'en saisir avec des pinces pour le replacer dans la bonne cage jusqu'à l'obtention du calibre souhaité. Sur ces toiles, le fil est un « serpent de feu »,[29] aussi dangereux que possible, cause dans la réalité industrielle d'accidents graves, souvent mortels …

Des croquis pris sur le vif, des esquisses, permettaient au peintre de se saisir dans l'usine d'éléments repris, retravaillés ensuite à l'atelier. Raymond Rochette procédait de manière diverse : à ces éléments dissociés

---

[29] Propos de Raymond Rochette. Cf. note 11.

des dessins réalisés sur place, il ajoutait selon les cas, la réalisation de tableaux miniatures avant de passer à la dimension qui lui paraissait la plus adaptée, ainsi que des croquis et dessins à l'échelle 1. Il peignait dans l'usine, directement mais aussi dans son atelier, souvent avec des enregistrements de bruits d'usine ou l'ouverture de l'opéra Tannhäuser de Richard Wagner ...[30]

Christian Segaud, *Croquis de voyage dans les rues du Creusot*. 7 avril 1990, huile sur papier, 18 x 13 cm.
© Communauté Creusot-Montceau, Ecomusée, coll. Segaud, reproduction D. Busseuil

C'est un univers totalement différent que révèle l'œuvre de Christian Segaud, dans la forme, comme dans le fond : au lieu des formats imposants, il exprime une prédilection pour la miniature et les vignettes : ses œuvres sont réalisées sur des surfaces de quelques cm² (format 13 x 18 ou 18 x 13 cm pour les croquis reproduits ici, mais parfois beaucoup plus petites encore) sur lesquelles il parvient, avec une grande efficacité, à une vraie puissance évocatrice. Il aime les cadrages serrés, les points de vue tronqués : il affectionne les vues de détail, les toits, les cheminées, aime présenter la partie pour le tout, a le goût du détail signifiant. Il dit que ses cadrages sont de type cinématographique ; il peint « en hauteur », là où les usines se détachent sur le ciel. Son attention se porte particulièrement sur les cheminées bien présentes dans le paysage creusotin, ces lignes verticales qui ordonnent, rythment le paysage et restent encore (même si elles ne fument plus, ou moins) les emblèmes de tout paysage industriel.

---

[30] Florence Amiel-Rochette, échange oral non publié.

Les mutations de la sidérurgie mondiale du XXᵉ siècle à nos jours

Le peintre présente ainsi ce qu'il considère comme leur qualité esthétique : « Les cheminées sont proches de la mode à cause des dégradés de couleurs, ce sont de beaux objets. [Les dessiner à répétition], c'est comme une collection ».

En dehors des halles industrielles, Christian Segaud peint également les rues de la ville, la modestie des maisons à l'architecture extrêmement simple : façades sans décors, constructions à deux niveaux, toits de tuiles, crépis inégalement dégradés. À côté des usines, un lieu de vie très particulier, et plutôt ingrat. La ville est fleurie, est bien tenue mais elle n'est pas belle : elle est intéressante, atypique ; les déambulations incessantes du peintre, la multiplication des croquis, la répétition des motifs, pour Christian Segaud (comme pour Raymond Rochette) témoignent d'une recherche permanente pour rendre compte de la singularité de l'esprit du lieu comme si quelque chose échappait toujours au regard et au pinceau …

Christian Segaud, *Rue Bessemer*. Non daté [années 1980-90], huile sur papier, 13 x 18 cm.
© Communauté Creusot-Montceau, Ecomusée, coll. Segaud, reproduction D. Busseuil

Sur le plan technique, Christian Segaud travaille l'huile, souvent délavée, emploie du crayon graphite ordinaire ; jamais de gouache ni d'aquarelle. Une touche marquée par la fluidité et l'importance du trait.

La palette de couleurs est soumise à l'air du temps, et reflète souvent les nuages et la grisaille : le peintre aime les ciels chargés de nuages, les brumes qui enveloppent les lieux d'un charme particulier, les bâtiments marqués par le temps : les usines, ce sont « des histoires de matières, de tôles qui vieillissent ». Un regard aux antipodes de la performance technique et du flamboiement des fours. L'obsolescence, l'usure sont valorisées. Son support préféré est le papier, parfois de récupération : beaucoup de modestie dans les moyens utilisés, ce qui correspond au goût du peintre pour les croquis faits sur le vif, non retouchés, sur le matériau disponible au moment de la réalisation.

À Florence Amiel-Rochette, qui lui demande « tu peins tous les jours ? », Christian Segaud répond : « Je regarde. L'insignifiant, l'ordinaire de tous les jours m'intéressent. Je ne cherche pas l'exceptionnel. Ce qui compte, c'est l'ombre, la lumière. Simplement, voir les choses simplement. Voir les choses comme si c'était la première et la dernière fois ».[31]

En ce qui concerne les machines, aucun point commun entre les productions des deux peintres : l'œuvre de Raymond Rochette montre et restitue l'ensemble du procès industriel, de la matière première au produit fini. L'observateur peut suivre l'ensemble des opérations de l'aciérie au montage des machines (moteurs, turbines, etc.). Au contraire, dans les croquis de voyage de Christian Segaud conservés par l'Écomusée, une seule machine : un treuil dessiné dans les anciens abattoirs du Creusot et qui servait à l'abattage rituel des bêtes pour les célébrations judaïques. La représentation des hommes est également dissemblable dans les deux œuvres mais, en même temps, complémentaire. Alors que Raymond Rochette saisit les ouvriers dans leurs postures et leurs gestes professionnels, les croquis ou dessins de Christian Segaud sont réalisés totalement en dehors du monde du travail. Ils présentent des scènes de la vie quotidienne, imprégnées de silence ou des conversations à bâtons rompus au café. Dans les paysages, l'homme est absent. Les portraits (par exemple, celui du *Capitaine du reste à terre*) sont consacrés à ceux qui semblent poser sur le monde un regard plutôt circonspect et se tiennent (volontairement ou non) à distance du foyer d'activité industrielle. Les traits sont marqués, l'expression dubitative ; lorsque le peintre rapporte les propos échangés, il n'est pas question de travail, et pas du tout de sidérurgie, comme si deux mondes se côtoyaient au Creusot : l'usine d'une part, dans son mystère plutôt imposant et d'autre part, des existences totalement dissociées, parallèles à celles du monde productif.

---

[31] Entretien, 07.07.2011.

Les mutations de la sidérurgie mondiale du XXe siècle à nos jours

Christian Segaud, *Le Capitaine du reste à terre*. 15 février 1990, 18 x 13 cm.
© Communauté Creusot-Montceau, Ecomusée, coll. Segaud, reproduction D. Busseuil

Christian Segaud, *Le boulanger*. 26 avril 1978, 18 x 13 cm.
© Communauté Creusot-Montceau, Ecomusée, coll. Segaud, reproduction D. Busseuil

Ces différences peuvent s'expliquer par les personnalités des deux peintres : Raymond Rochette a éprouvé toute sa vie une fascination pour le travail industriel, le talent des hommes dans la maîtrise du feu, dans la réalisation des pièces monumentales, complexes. Christian Segaud est issu d'un milieu totalement extérieur au monde sidérurgique, qui existe en dehors de lui et qui ne concerne pas directement ses personnages. Des raisons qui tiennent aussi à une question de génération et de contexte économique et technique : Christian Segaud est né en 1950, soit un an après que Raymond Rochette, alors âgé de 43 ans, eut obtenu l'autorisation de peindre dans les usines en pleine période des « Trente Glorieuses ». Raymond Rochette se trouve ainsi le témoin de l'expansion économique, de la croissance et de la diversification des productions. Les toiles expriment une sorte d'exaltation, d'enthousiasme face aux performances techniques et humaines dans l'industrie sidérurgique.

Christian Segaud appartient en revanche à la génération suivante et peint dans une conjoncture totalement opposée. Il est né au début des Trente Glorieuses et entame sa carrière d'artiste en 1970, à l'orée de profondes mutations économiques et techniques. Le Creusot décrit dans les années 80 est celui du doute et de la faillite du groupe Creusot-Loire (survenue en 1984) avec son cortège de licenciements et de restructurations. Christian Segaud exprime dans ses croquis une situation paradoxale : les usines sont encore nombreuses, elles occupent un large espace dans la ville, nous savons qu'elles sont actives, mais elles emploient moins de salariés et restent fermées au monde de la rue, aux arpenteurs du quotidien. L'usine est un monde clos, mystérieux, inscrit dans des bâtiments vieillissants qui ne laissent rien paraître de leur activité. Pendant plusieurs années de la fin du XXe siècle, le doute quant à la pérennité de l'activité industrielle existe au Creusot. Christian Segaud peint ce qui accompagne l'activité sidérurgique, qu'il s'agisse ou non de laissés pour compte : toute la population n'éprouve pas nécessairement d'enthousiasme pour les arts du fer. Réalisme poétique,[32] charme des choses et gens ordinaires mais aussi un peu l'esthétique de la désolation. Peintre d'un quotidien local dont il cherche à saisir les variations subtiles en fonction de l'humeur du jour, il sait aussi saisir l'exceptionnel dans ce quotidien, tel le déplacement de la statue « La Reconnaissance »[33] du centre de la Place Schneider où elle était installée depuis son inauguration en 1879 à l'orée du parc de

---

[32] Le peintre se reconnaît dans ce propos (entretien inédit, 20.05.2012).

[33] Statue réalisée en 1878 en hommage à Eugène Ier Schneider (décédé en 1875) par Antoine Chapu et Paul Sédille. Ce monument, financé par une souscription auprès des ouvriers et de la population du Creusot, est une illustration remarquable de la société industrielle. Au Creusot, chaque membre de la dynastie Schneider est honoré par un monument public. La statue d'Eugène Ier Schneider fut déplacée en 1982, officiellement pour agrandir les possibilités de parking sur la place Schneider.

la Verrerie, quelques dizaines de mètres plus loin. Le croquis montre la sculpture représentant le grand chef d'entreprise du XIXe siècle pendant son transfert. C'est la fin d'un monde, le prestigieux maître de forges est remisé de côté. On ne fait pas totalement table rase du passé (la statue a été conservée et est encore bien visible du public), mais on change d'époque et Christian Segaud y est sensible. Un événement incontestablement iconoclaste et discrètement impertinent qui aurait réjoui Jean-Baptiste Dumay.[34]

Christian Segaud, *Déplacement de la statue d'Eugène Schneider*. Juin 1982, huile sur papier, 18 x 13 cm.
© Communauté Creusot-Montceau, Ecomusée, coll. Segaud, reproduction D. Busseuil

Par delà les différences manifestes entre leurs visions, de nombreux points communs relient les deux œuvres : pas de militantisme, pas de démonstration, pas de réalisme de type socialiste, pas de caricature, mais au contraire, un « éloge du quotidien » pour reprendre l'expression de Tzvetan Todorov. Les deux peintres nourrissent une empathie profonde

---

[34] Jean-Baptiste Dumay (1841-1926), militant républicain et socialiste, irréductible adversaire d'Eugène Ier Schneider, maire du Creusot après la chute de l'Empire en 1870, animateur de la brève Commune locale en mars 1871, défenseur infatigable de l'amélioration de la condition ouvrière.

pour le monde des humbles, qu'ils ont arpenté (ou continue d'arpenter pour Christian Segaud) inlassablement ; chacun a produit des séries, des variations sur le même thème de ce monde de la sidérurgie, paysages, halles, vues d'usines, portraits de Creusotins : une quête inlassable de sens, de captation du moment dans et/ou en dehors de l'usine. Ce sont donc deux œuvres qui conjuguent art et ethnographie, qui portent des regards profondément attentifs au monde industriel, qui témoignent d'un profond humanisme, qui procèdent d'un intérêt personnel pour Le Creusot et ses activités : ni Raymond Rochette ni Christian Segaud n'ont travaillé sur commande. Aucun des deux ne sombre dans le mélodrame ou le pittoresque misérabiliste. Tous deux révèlent à leur manière l'ambivalence de la lecture du monde sidérurgique, qui est aussi l'ambivalence de l'industrie : splendeur et misère, grandeur et dureté du travail, particularité d'un espace modelé par l'usine.

Les œuvres de Raymond Rochette et de Christian Segaud se situent donc bien dans la lignée de tous ces artistes qui sont sensibles à ces beautés particulières que constituent le monde industriel et qui, en les peignant, offrent au public à la fois l'occasion de lire, voir, ressentir le monde du travail tout en entrant dans des univers formels et stylistiques particuliers.[35]

Les tableaux de la sidérurgie dans le regard des élèves (et de leurs enseignants)

Les enseignants membres du groupe de travail animé par Florence Amiel-Rochette ont développé diverses activités à tous les niveaux de l'enseignement, sur des aspects divers de l'œuvre de Raymond Rochette,[36] donc pas nécessairement ce qui concerne la sidérurgie, avec

---

[35] Pour en savoir plus sur Raymond Rochette, cf. BERNARD J. (dir.), *Des Morvandiaux, de l'ombre à la lumière II*, Autoédition, Moulins-Engilbert, 2011, pp. 272-275 ; BERTOUX A, *Raymond Rochette, le peintre du Creusot et son attraction pour l'usine et les ouvriers. L'exemple d'un tableau peint dans les ateliers : Le Train à fil (1955)*, Maîtrise d'Histoire de l'Art/Séminaire mineur en Art contemporain [inédite], Université de Bourgogne, 2002/03 ; CATTANEO D., *Artistes peintres creusotins d'hier*, Les Nouvelles Éditions du Creusot Arts et Lettres, Le Creusot, 2001, pp. 93-97 ; CLÉMENT B., « Raymond Rochette au Creusot : peintures d'usine, 1950-1990 », in *La Revue, Musée des Arts et Métiers*, n° 46-47(2006) ; Écomusée CUCM, *Raymond Rochette, dessins. L'industrie, source d'inspiration de l'œuvre d'art*, catalogue d'exposition, Le Creusot, 1997 ; LARC-Centre d'Action Culturelle, *Rochette*, catalogue d'exposition, Le Creusot, 1981 ; LEGER P., BRELIER R., « Raymond Rochette, de la terre à l'usine », in *Vents du Morvan, l'air du pays*, 19(2005), pp. 48-56. Christian Segaud n'a, quant à lui, fait l'objet d'aucune publication. Voir aussi les sites Internet : www.ecomusee-creusot-montceau.fr et www.raymondrochette.fr.

[36] Les productions de Christian Segaud n'ont pas encore fait l'objet d'un travail pédagogique équivalent.

des objectifs variés : initiation à l'art, à l'expression plastique, au patrimoine local[37] mais aussi un travail plus inattendu dans le cadre des Sciences physiques au service de l'Histoire des Arts.[38] Ce travail sur les œuvres de Raymond Rochette, comme sur l'ensemble du patrimoine industriel de la communauté Le Creusot-Monceau, est mené selon quelques principes :

- une approche fondamentalement pluridisciplinaire ;
- le refus de s'enfermer dans le milieu local et la volonté de construire des démarches transférables sur d'autres œuvres, d'autres lieux ;
- la volonté de mettre en évidence la dimension culturelle du patrimoine industriel ;[39]
- enfin, la participation des élèves : leurs productions sont sollicitées, qu'il s'agisse de réalisations plastiques pour les plus jeunes qui disposent d'un enseignement artistique, ou de textes, pour les lycéens.

Ainsi, quelques uns de ces témoignages d'élèves permettent-ils de présenter un troisième regard sur la sidérurgie ; leurs réactions face aux

---

[37] Particulièrement pour les travaux menés dès la classe maternelle.

[38] *Raymond Rochette, l'Histoire des Arts et les Sciences Physiques* : « Les sciences physiques sont partie prenante de l'enseignement et de l'évaluation de l'Histoire des arts en s'appuyant sur le programme de sciences physiques (BO n° 6 du 28 août 2008) et sur le socle commun de connaissances et de compétences (décret du 11 juillet 2006). Le choix de l'œuvre d'un peintre du patrimoine sidérurgique local a plusieurs avantages dont le fait de pouvoir travailler directement sur des toiles originales. Les élèves reconnaissent des lieux et des métiers exercés par leurs grands-parents et l'intérêt s'installe rapidement. L'étude s'étale sur les 3 années du collège où les sciences physiques interviennent. En voici quelques exemples. En classe de 5e la question « quels sont les types de peintures utilisées par le peintre ? » permet d'illustrer le chapitre sur l'eau solvant. En classe de 5e encore, la recherche sur un tableau des sources lumineuses, des ombres, de la position du soleil donne l'occasion d'aborder quasiment tout le chapitre sur la lumière. En classe de 4e on demande aux élèves d'observer un tableau éclairé sous différentes lumières pour illustrer le cours sur les couleurs. En classe de 3e on peut aborder les notions de combustion et de propriétés des métaux en observant le métal en fusion sur les tableaux de Rochette. Enfin, des questions relatives à la sécurité émergent en observant situations professionnelles représentées par le peintre. Au niveau de la méthode, nous avons utilisé la démarche scientifique en 6 étapes : situation déclenchante, questionnement, hypothèse, expérience, conclusion, bilan ». Alain Perruchet, professeur de Sciences Physiques, Collège Centre, Le Creusot.

[39] Nous reprenons ici largement les démarches mises en œuvre au service éducatif de l'Ecomusée de la Communauté Creusot-Montceau ; voir BOUCHET F., THIBON N., *Ecomusée Creusot-Montceau. L'homme et l'industrie*, CRDP de Bourgogne, Dijon, 2007, pp. 14-17. Pour en savoir plus sur les démarches pédagogiques préconisées en arts visuels et utilisées avec les élèves, voir : CPAV (Conseillers pédagogiques en arts visuels) Bourgogne, THÉMIOT P. (coordination), *Les arts visuels au quotidien : rencontre sensible avec l'œuvre. Primaire et collège*, CRDP Bourgogne, Dijon, 2010.

toiles peuvent déconcerter les adultes ; elles sont livrées pour alimenter la réflexion sur la question des représentations. La sidérurgie est ici vue par les élèves qui observent les toiles : pas de contact direct avec l'usine et les tâches industrielles, mais un jeu de miroirs plus ou moins déformants/ déformés.

Ces textes ont été écrits dans le cadre de la préparation d'une exposition montée au Lycée Léon Blum (Le Creusot), en avril 2012, et intitulée « Tableaux d'usine ». Les douze toiles originales prêtées à l'établissement par Florence Amiel-Rochette restituaient l'ensemble du processus sidérurgique, de l'aciérie électrique à la réalisation de diverses machines, dont un moteur diesel. Elle a été conçue comme l'occasion de faire entrer les élèves dans l'univers du travail du métal et dans celui du peintre. Les tableaux avaient été choisis comme devant former le cœur de l'exposition « Couleurs d'acier » organisée au Sénat en août 2012.[40] Des élèves de Seconde générale ont organisé la présentation du lycée avec leur professeure d'Histoire[41] et ont été invités à exprimer leurs visions des toiles. Ces textes ont été présentés à l'ensemble des visiteurs de l'exposition, au lycée ainsi qu'à Paris.

À propos du « Jeune soudeur »,[42] deux commentaires :

« En le regardant attentivement, l'homme paraît efféminé parce que les lèvres sont peintes en rouge ce qui nous fait penser à du rouge à lèvres, ses traits sont fins, les cheveux sont plutôt longs pour un homme, ondulés et blonds. Le peintre a peut-être voulu représenter un ange, puisque le visage montre une grande douceur. Il brise là les stéréotypes de l'ouvrier robuste, brusque, alors que la soudure est un travail de précision qu'une femme pourrait effectuer ».

« L'œuvre est réalisée au couteau car c'est une technique plus rapide pour peindre un sujet sur le vif et elle donne du relief au tableau, qu'il n'aurait pas s'il avait été exécuté au pinceau. Rochette a représenté le soudeur maniant ses outils avec beaucoup de délicatesse, ce qui le fait ressembler à un musicien jouant de la contrebasse. L'expression sérieuse et passionnée du jeune homme vient renforcer cette ressemblance. Son visage androgyne le fait ressembler à un ange et lui donne une douceur particulière. Le peintre a sûrement voulu casser les clichés qui représentaient l'ouvrier comme une brute très masculine et montrer que le métier d'ouvrier exige du sérieux et de la concentration. Le décor du tableau

---

[40] L'exposition parisienne s'est tenue au Pavillon Davioud du Jardin du Luxembourg du 16 au 26 août 2012.
[41] Marie-Claude Carlet, Lycée Léon Blum, Le Creusot.
[42] Collection Rochette, date non précisée (années 1970). Huile sur papier monté sur bois, peinture au couteau – 110 x 90cm.

surprend aussi par ses couleurs. En effet, on se représente plutôt l'usine comme un endroit sale et sombre, noir et gris. Et là, Raymond Rochette peint l'atelier du soudeur en rose, vert pâle et violet et en fait un endroit féerique, clair et aéré où il fait bon travailler. Il représente aussi les lumières de l'atelier avec une couleur rouge du côté gauche pour représenter la chaleur que dégage le fer à souder et une couleur verte pour représenter l'éclairage au néon de l'usine. On peut dire que Raymond Rochette représente l'usine sous un jour paisible et joyeux ».

À propos du « Train à fil »,[43] *deux commentaires :*

« Raymond Rochette a voulu dans ce tableau témoigner de la dangerosité du laminoir. Mais le deuxième message est celui de la beauté de ce travail exprimée dans la couleur rouge qui fait contraste avec les autres couleurs ».

« Au premier plan, il y a le train à fil. Les couleurs sont lumineuses vers la machine, cela donne une impression de coulée de lave due aux différentes teintes de rouge utilisées ; ces couleurs illuminent l'usine. […] La fumée se dégageant de la machine donne une impression d'asphyxie. En regardant le tableau, il y a l'impression de regarder à travers un voile, une impression de flou, le tableau emporte les personnes qui le regardent dans l'univers de l'usine ».

À propos de la toile « Moteur diesel »[44] *(1970) :*

« Le moteur nous fait penser à un robot-jouet très coloré (bleu, rouge, orange). On n'a pas l'impression d'un travail pénible mais plutôt quelque chose de joyeux, comme une fabrique de jouets ou un jeu de construction pour enfants. Les couleurs ne sont pas tristes et sombres comme on peut le penser d'une usine ».

À propos de la toile « Les trois ouvriers » :[45]

« L'œuvre est chaleureuse, on pourrait penser que les hommes ne travaillent pas mais dansent. Ce tableau nous fait penser à un tag urbain, on dirait que l'œuvre a été peinte sur un mur car il n'y a pas de décors, le fond du tableau n'est pas terminé. Le mouvement des corps nous donne l'impression que les hommes exécutent des pas de *break danse*, d'une danse hip-hop. L'homme de droite semble exécuter le *moon walk* de Michael Jackson. Le câble de manutention donne l'effet d'un ruban emmêlé. On dirait aussi qu'ils ne sont pas habillés mais déguisés en arlequin ».

---

[43] Collection Rochette, 22.02.1951. Huile sur toile, peinture au pinceau – 60 x 73 cm.
[44] Collection Rochette, 1970. Huile sur papier thermocollé sur toile – 89 x 116 cm.
[45] Collection Rochette, fin des années 1970. Huile sur papier tendu sur bois – 100 x 72,5 cm.

Ces textes ont été rédigés après l'intervention en classe de Florence Amiel-Rochette, alors que les précisions techniques avaient été apportées. Exprimant ce que les élèves voyaient et percevaient du monde sidérurgique, ces propos n'ont pas été retouchés par les adultes : ils nous semblent intéressants en l'état, car révélateurs d'une distance sinon d'une étrangeté à l'égard du monde industriel bien compréhensibles en raison de l'âge des rédacteurs et de la réalité même de l'activité très largement fermée au public et dissimulée aux regards néophytes. Cherchant à interpréter les scènes, les élèves font usage de grilles de lecture non conventionnelles qui intègrent les toiles à leurs propres références. Ceci étant, plusieurs élèves ayant participé au travail avaient entendu parler de Raymond Rochette ou avaient déjà vu certains tableaux dans leur famille.

Conclusion

Art, regards et commentaires : au XXe siècle la sidérurgie, comme l'ensemble de l'industrie, continue à « faire parler d'elle » et à inspirer des artistes.[46]

Les toiles de Raymond Rochette, les croquis de Christian Segaud et les textes des élèves révèlent la diversité des regards portés sur cette industrie, entre fascination, distance et étrangeté, admiration pour un travail gigantesque, acceptation d'un univers dominé par le labeur pénible et souvent dangereux, évocation de paysages ingrats. Chacun à leur manière, les deux peintres montrent sur le plan esthétique et formel la vitalité et le renouvellement du réalisme tout en fournissant beaucoup d'informations sur les mutations de la sidérurgie au XXe siècle. Leurs œuvres confirment ainsi qu'il y a de l'art dans les images du travail, que la lecture du monde sidérurgique se fait dans la complexité, comme peuvent en témoigner d'une certaine façon les mots des élèves qui échappent aux propos convenus sur l'industrie mais aussi à un manichéisme préconçu et réducteur. « Personne ne rêve de venir vivre au Creusot : cette disgrâce suffit pour donner à cette ville le sacrement de la plus sûre beauté, dévolue aux recalés, aux illettrés et aux boiteux de toutes sortes. Il n'y a rien ici, ni église baroque, ni demeures somptueuses. [...] C'est dans la mesure où il n'y a rien à voir que les yeux commencent à s'ouvrir : les apparitions alors se multiplient ».[47]

---

[46] Ici et ailleurs et/ou dans d'autres domaines que celui de la sidérurgie. Voir en particulier, *Usine. Le regard de soixante-treize artistes ...*, *op. cit.* ; BELOT R., LAMARD P., *op. cit.*

[47] BOBIN C., *Prisonnier au berceau*, Mercure de France, Paris, 2005, p. 8.

Grandeur et déclin d'une entreprise sidérurgique

Les *Forges de la Providence* en Belgique et en France de 1838 à 1966

Jean-Louis DELAET

Directeur du Bois du Cazier, Charleroi

Entreprise sidérurgique remarquable entre toutes celles du pays de Charleroi ; bien nommée *La Providence* par le lieu-dit où la première usine fut érigée ; elle fut la première dans bien des domaines et elle se distingua par des spécificités que cette contribution met successivement en lumière. Par la richesse de son histoire, l'étude de son évolution permet de retracer la grandeur et le déclin de la sidérurgie de la Wallonie, plus particulièrement, mais aussi de la Flandre, du Nord de la France, de la Lorraine et même de l'Ukraine.

Aux origines de la Révolution industrielle

En Belgique, la Révolution industrielle déplace les centres de production métallurgique des vallées forestières de l'Ardenne et de l'Entre-Sambre-et-Meuse vers les bassins charbonniers de Liège et de Charleroi, avec l'adoption comme combustible du coke au lieu du charbon de bois pour la fonte du minerai, et avec l'emploi des machines à vapeur au lieu des roues hydrauliques comme source d'énergie.[1] Parce que le charbon est la principale source d'énergie, le pays de Charleroi devient terre d'industries grâce à la clairvoyance de maîtres de forges ambitieux et à la compétence technique d'hommes nouveaux issus de la bourgeoisie locale ou venus d'ailleurs.[2]

En 1832, Ferdinand Puissant d'Agimont (1785-1833), maître de forges et bourgmestre de la ville de Charleroi de 1824 à 1830, et Thomas Bonehill

---

[1] LE HARDY DE BEAULIEU C., « L'industrie minière et métallurgique dans le Hainaut. Son passé, son présent et son avenir », in *Mémoires et publications de la Société des Sciences, des Arts et des Lettres du Hainaut*, Imp. Dequesne-Masquillier, Mons, 1866.

[2] DELAET J.-L., « Aux origines de la Révolution industrielle au Pays de Charleroi : les entreprises industrielles de Paul Huart-Chapel (1771-1850) », in *La sidérurgie aux XVIIIe et XIXe siècles*, Centre hennuyer d'Histoire et d'Archéologie Industrielles, La Louvière, 1987, pp. 53-70.

(1796-1858), technicien anglais, créent un laminoir à Marchienne-au-Pont, au cœur du bassin houiller, qu'ils préfèrent à l'ancien site de Gougnies dans l'Entre-Sambre-et-Meuse.[3] Puissant d'Agimont meurt l'année suivante, peu de temps après l'achèvement des installations. Epaulée par Bonehill, sa veuve poursuit l'œuvre entreprise, mais elle meurt à son tour en 1837, laissant quatre enfants encore jeunes.[4]

En 1838, la société anonyme est créée par les deux fils de Puissant d'Agimont, Edmond et Jules, et Thomas Bonehill rejoints par une quinzaine de propriétaires issus de la bourgeoisie du pays de Charleroi et de maîtres de forges de l'Entre-Sambre-et-Meuse.[5] Vu les succès commerciaux du laminoir, la décision est prise en 1841 de créer un haut fourneau au coke, accompagné de fours à puddler et d'une batterie à four à coke. Le haut fourneau est en activité l'année suivante.

Une entreprise franco-belge

Cinq ans après sa création, la Providence fonde une nouvelle usine en France. Le système protectionniste français était très rigoureux : 60 % de droits de douane pour les fontes et 100 à 150 % pour les fers.[6] Pour contourner les tarifs douaniers qui protègent la production de fonte française encore majoritairement au charbon de bois, la Providence crée un laminoir à Hautmont en 1843, près de Maubeuge, sur la Sambre française, voie de liaison tout indiquée pour les expéditions de fonte de Marchienne-au-Pont, et sur le tracé probable de la ligne de chemin de fer Paris-Cologne. Le bassin de la Sambre française doit d'ailleurs son origine aux industriels belges qui suivront l'exemple de l'entreprise marchiennoise.[7]

Le but de la Providence est de concurrencer les industriels français sur leur propre marché pour la construction des lignes de chemin de

---

[3] KURGAN-VAN HENTENRIJK G., JAUMAIN S., MONTENS V., *Dictionnaire des Patrons en Belgique. Les hommes, les entreprises, les réseaux*, De Boeck Université, Bruxelles, 1996, pp. 519 sqq ; PORINIOT L., *Thomas Bonehill*, Tamines, 1913 ; JACQUET P., *Fer, Fonte et "Maîtres" de forges à Biesme et Gougnies (1395-1852) et de la Providence-Marchiennes (1838...)*, Sart-Eustache, 1991.

[4] ANONYME, *Forges de la Providence. (1838-1963)*, Maison du Livre, Marchienne-au-Pont, 1963, pp. 19 sqq.

[5] MAIGRET de PRICHES G., *Nos familles de Maîtres de forges (1446-1860)*, Imp. Alphonse Ballieu, Bruxelles 1937 ; SPINEUX A., « Le passé de l'industrie sidérurgique, Les fondateurs de la Société des Forges de la Providence », in *Union Sociale*, 19.04.1938.

[6] WARZEE A., « Exposé historique et statistique de l'industrie métallurgique dans le Hainaut », in *Mémoires et publications de la Société des Sciences, des Arts et des Lettres du Hainaut*, t.8, 1860-1862, 1863.

[7] PREVOT J., « Les débuts de l'industrie métallurgique à Hautmont "La Providence" », in *Mémoires de la Société archéologique et historique de l'arrondissement d'Avesnes*, t.XXVIII, 1983, pp. 265-279.

fer décidée par le gouvernement français en 1842. Les fonds pour ces nouveaux investissements sont réunis par l'engagement des actionnaires de laisser provisoirement à la trésorerie de la société leurs dividendes. En 1847, un haut fourneau et des fours à puddler sont ajoutés car il est, pour la Providence, plus avantageux de fabriquer la fonte sur place que d'en importer de Belgique afin d'éviter les droits de douane à leur entrée en France. Le succès est rapide : un deuxième haut fourneau est mis à feu en 1853 et un troisième en 1854.[8]

Une politique commerciale intelligente

De 1848 à 1873, le pays de Charleroi est le principal centre sidérurgique belge grâce à la qualité de ses fontes de moulage et d'affinage. Son fleuron est la Providence qui doit son succès au développement d'une politique commerciale intelligente. La société remporte, en 1845, son premier marché de rails à la grande exportation pour la Haute-Silésie, dans la partie autrichienne de la Pologne.

Par ses contacts étroits avec la clientèle française, afin de remplacer les structures en bois, la Providence dépose un brevet en 1849 pour des « fers à double T perfectionnés pour être adaptés spécialement à la construction des planchers, des combles et des fermes en fer », primés à l'Exposition universelle de Paris de 1855. Les poutrelles double T sont dès lors produites dans les deux usines de Marchienne-au-Pont et d'Hautmont. D'autres produits connaissent une grande renommée comme la tôle de marine, les rails laminés (fournis à la *Compagnie des chemins de fer du Nord* et au *Grand Luxembourg*) ou les roues pleines laminées en fer pour wagon.[9]

La Providence se dote d'un réseau de dépôts et d'agences commerciales remarquable. Par son dépôt de Paris, la société fournit les fers aux grands chantiers de rénovation urbaine entrepris par Georges-Eugène Haussmann et livre poutrelles et fers profilés pour la nouvelle galerie du Louvre, la gare du Nord ou encore l'opéra de Paris. La société possède également à Bruxelles un dépôt pour l'écoulement des produits de l'usine de Marchienne-au-Pont.

Un dépôt de fers est établi à Lille pour alimenter les centres industriels du Nord-Pas de Calais. À Londres, il y a un bureau pour le marché anglais qui est le plus grand consommateur de gros fers ; à Constantinople, on établit également un bureau pour le marché d'Orient. Enfin, la société possède dans le monde jusqu'à 46 agences destinées à la vente de ses produits. La multiplicité de ses relations commerciales amène ainsi aux usines un courant continu de travail, même dans les plus fortes crises.

---

[8] PREVOT J., *La révolution industrielle et l'essor du bassin de la Sambre*, in SIVERY G, *Histoire de Maubeuge*, Éd. du Beffroi, Dunkerque, 1984.

[9] Archives du Ministère des Affaires étrangères, Fonds des Sociétés anonymes 3639.

La ruée vers le fer lorrain

La Providence est à la recherche de gisements de minerai de fer pour remplacer les limonites de l'Entre-Sambre-et-Meuse dont le gisement s'épuise. Elle se tourne bien entendu vers la Lorraine et le Grand-Duché de Luxembourg.[10] Après de premières prospections, la Providence participe, en 1862, à la constitution de la *Société des Mines d'Esch-sur-Alzette*.

Mais la société est consciente de la portée du mouvement qui allait voir se déplacer la sidérurgie vers la Lorraine, car l'utilisation sur place est la solution logique pour les minerais de fer à basse teneur auprès desquels on a intérêt à acheminer le coke. La Providence décide donc en 1864 la construction d'un troisième site à Réhon, dans la vallée de la Chiers, en Meurthe-et-Moselle, sur le gisement de Longwy-Briey-Thionville dont la teneur en fer de 32 % est remarquable.

L'entreprise poursuit ses travaux d'exploration qui reçoivent leur récompense par l'octroi, en 1867, de la concession de Lexy d'une superficie de 469 ha. Pendant nombre d'années, cette minière sert à alimenter exclusivement les hauts fourneaux de Réhon et la qualité des fontes de moulage produites est appréciée par les fonderies françaises. Les deux hauts fourneaux de 60 et de 80 tonnes sont mis à feu au courant de l'année 1866, et l'usine est raccordée aux *Chemins de fer de l'Est*.[11]

Durant cinquante ans, la seule activité de cette usine sera d'être la pourvoyeuse de fonte des usines de Marchienne-au-Pont et d'Hautmont. Cependant, la teneur en phosphore (2 %) ralentit l'essor sidérurgique de la Lorraine jusqu'à l'invention du procédé Thomas et Gilchrist en 1877. La présence de phosphore dans la fonte rend, en effet, celle-ci cassante.

Une politique paternaliste

En 1867, la récession économique frappe l'industrie, à un moment où le coût des denrées alimentaires amorce une des hausses les plus importantes du siècle. À l'usine de Marchienne-au-Pont, on annonce en janvier une baisse de salaire mais sans en préciser le chiffre. Le 1er février, les ouvriers exigent de connaître le montant de la baisse. Sans réponse, ils partent en grève et font arrêter le travail dans les établissements sidérurgiques en amont de Charleroi. Le lendemain, le pillage et l'incendie du moulin à vapeur de Marchienne-au-Pont est notamment le fait d'ouvriers de la Providence. Trois émeutiers sont tués par les gendarmes.[12]

---

[10] WIBAIL A., « L'évolution économique de la sidérurgie belge de 1830 à 1913 », in *Bulletin de l'Institut des sciences économiques*, novembre 1933, pp. 31-61.

[11] ASSOCIATION DES ANCIENS DE LA PROVIDENCE, *La Providence Réhon 1866-1987*, Éd. Serpenoise, Metz, 1996.

[12] MASSET P.-A., *Histoire de Marchienne-au-Pont*, Ed. Paul Ryckmans, Malines, 1893-1895.

Une politique sociale paternaliste est la réponse donnée par l'entreprise qui émet un emprunt obligataire d'un million de francs notamment pour la construction d'un hôpital, d'une école primaire et d'une école industrielle à Marchienne-au-Pont. Une attention particulière est apportée aux épouses et aux filles des ouvriers. La Providence estime, en effet, que l'ouvrier, qui a une vie de famille équilibrée, est moins sujet à fréquenter les cabarets et à se laisser influencer par les idées socialistes. L'école ménagère est créée en 1887, suivront une école professionnelle féminine en 1902, la goutte de lait et le cours de puériculture en 1908.[13]

À l'entrée de chaque bâtiment, atelier ou bureau, gravé dans la pierre bleue, l'œil enfermé dans un triangle, qui signifie que la Trinité voit tout à tout instant mais avec bienveillance, accueille les travailleurs. C'est l'œil de la Providence qui deviendra la marque de fabrique de la société.

Un actionnariat très familial

Les actionnaires de la Providence sont des capitalistes heureux. Par exemple, de 1852 à 1862, le dividende annuel moyen a été de 128,31 francs par action de 1 000 francs, soit un intérêt annuel de 12,83 % ! « Il est peu d'entreprises industrielles qui puissent offrir de pareils avantages », constate un ingénieur de l'Administration des mines. La Providence devient un placement recherché mais son capital reste dans les mains des familles fondatrices. Le caractère familial donne comme avantage que les actionnaires, confiants et solidaires, sont prêts à faire certains sacrifices. Chaque année, une part des bénéfices est consacrée à l'investissement ou à l'amortissement de nouvelles installations.

L'assemblée générale de 1877 donne la photographie de la répartition du capital de la société entre les actionnaires. 4 597 actions sur les 6 650 actions émises sont en effet représentées et la plupart sont donc détenues par les familles fondatrices : les Biourge (apparentés aux de Villiers) 10,8 %, les Puissant d'Agimont (apparentés aux Dulait) 6,9 %, les de Haussy de Fontaine-l'Évêque (apparentés aux Dewandre, De Prelle de la Nieppe et Demeure) 5,2 %, les Dumont de Chassart de Wagnelée 3,9 %, les Licot de Nismes de Couvin 3,8 %, les de Crawhez de Dampremy 3,7 %, les Trémouroux 2,8 %, les Piret de Gougnies 2,7 % (16).[14]

De 1838 à 1925, la société anonyme ne connaît que trois hommes qui président aux destinées de l'entreprise. Charles Biourge de 1838 à 1878, Louis Biourge-Puissant de 1878 à 1907 et Gustave Dulait-Puissant de 1907 à 1925. Chacun d'une longévité exceptionnelle. Charles Biourge (1784-1881) est juge suppléant près le Tribunal de Première instance de Charleroi,

---

[13] ANONYME, *Forges de la Providence ...*, *op. cit.*, pp. 57 sqq.
[14] Archives du Ministère des Affaires étrangères, Fonds des Sociétés anonymes 3639.

également bâtonnier de l'Ordre des avocats. En 1856, aux côtés de Victor Tesch, futur gouverneur de la *Société Générale de Belgique*, il participe à la fondation des *Forges de Sarrebrück* dont le centre industriel se situe à Burbach qui deviendra en 1911 l'*Arbed*.[15]

En 1862, Charles Biourge et Edmond Puissant d'Agimont (1813-1870) souhaitent nouer plus intimement encore les destins de l'entreprise et celui de ses fondateurs en mariant leurs fils et fille aînés : Louis Biourge épouse en 1862 Louise Puissant d'Agimont. Louis Biourge-Puissant (1829-1907) succède à son père aussi bien comme censeur de la *Banque Nationale* que comme président des *Forges de la Providence* et administrateur des *Forges de Sarrebrück*.[16]

Gustave Dulait (1842-1925) est issu d'une famille d'industriels : son oncle Jules Dulait est ingénieur métallurgiste et le fils de ce dernier Julien Dulait est le fondateur des *Ateliers de Constructions Électriques* de Charleroi. Docteur en droit, Gustave Dulait est juge d'instruction, puis vice-président du Tribunal de Première instance de Charleroi. Suite au stage qu'il effectue chez maître Barthel Dewandre, administrateur des Forges de la Providence, il épouse en 1869 Delphine, la deuxième fille d'Edmond Puissant d'Agimont. En 1905, au décès de cette dernière, il épouse Marie, sœur de la précédente restée jusque-là célibataire. Grâce à ces unions, Dulait accède à la présidence du Conseil d'administration en 1907 au décès de son beau-frère Louis Biourge-Puissant.[17]

L'avènement de l'acier

La sidérurgie subit à partir des années 1880 une nouvelle mutation technique, marquée principalement par la généralisation de l'emploi de l'acier aux dépens du fer. Les victoires sur le procédé Bessemer, des aciers Martin bien adaptés à la fourniture de produits de qualité, et surtout Thomas, qui permet l'emploi de fontes phosphoreuses issues de minerais pauvres de Lorraine, sont les faits essentiels de cette évolution.[18]

La Providence construit, en 1888, à Hautmont, une aciérie Martin-Siemens pour la production des aciers coulés appréciés pour la fabrication de tôles. Ce procédé ne nécessite l'emploi que d'une quantité minime de fonte et est ainsi tout indiqué pour l'usine de la Sambre qui trouvait sur

---

[15] KURGAN-VAN HENTENRIJK G., JAUMAIN S., MONTENS V., *Dictionnaire ...*, op. cit., p. 52.

[16] ANONYME, *Généalogie de la famille de Biourge*, in *Recueil généalogique*, supplément à la revue Le Parchemin, 1937, fasc. 1-2.

[17] KURGAN-VAN HENTENRIJK G., JAUMAIN S., MONTENS V., *Dictionnaire ...*, op. cit., pp. 255 sqq.

[18] DE NIMAL H., *La métallurgie à l'exposition de Charleroi en 1911*, in DREZE G., *Livre d'or de l'exposition de Charleroi*, Imp. Bénard, Liège, 1913.

place les riblons, ces déchets de fer bon pour la refonte, nécessaires à sa production. L'aciérie comporte à sa création deux fours Siemens.

Le procédé mis au point par Thomas et Gilchrist en Angleterre connaît un grand succès car les sidérurgistes peuvent s'approvisionner en minerais phosphoreux ce qui entraîne une nouvelle ruée vers le fer lorrain à laquelle la Providence participe pour s'assurer l'approvisionnement en minerai de ses usines (Concessions d'Amermont, Ottange, ...). L'adoption de ce procédé Thomas était d'ailleurs aisée pour les entreprises qui disposaient déjà de convertisseurs Bessemer, puisqu'il suffisait de remplacer le revêtement de ses derniers par un revêtement en dolomie. C'est ce qui se passe à Angleur, près de Liège, où la première coulée Thomas a lieu dès 1879.

Le bassin sidérurgique de Liège prend alors la première place en Belgique en s'orientant plus promptement vers l'acier et en résistant mieux à la dépression des années 1874 à 1895 alors que le pays de Charleroi demeure longtemps le plus gros producteur de fer qui n'avait pourtant aucune chance de soutenir à terme la concurrence de l'acier. Il faut attendre que le brevet Thomas tombe dans le domaine public pour voir enfin les aciéries se multiplier.[19] C'est la Providence, encore elle, qui installe en 1893 la première aciérie Thomas du pays de Charleroi – qui en comptera jusqu'à six avant la Première Guerre mondiale –, avant d'en installer une autre sur son site de Réhon en 1911.

C'est une nouvelle complémentarité qui naît entre les deux sites français. Le surplus de la production de fonte de Réhon est expédié à Hautmont où il est transformé. Car, contrairement à Réhon, Hautmont est à proximité des consommateurs de produits sidérurgiques, des approvisionnements en combustibles et d'une main-d'œuvre disponible.[20] Le dernier haut fourneau y est arrêté en 1912 et il n'y subsiste plus que l'aciérie Martin-Siemens, où un troisième four est installé, et les laminoirs.

La grande industrie lourde

L'accroissement de la taille des hauts fourneaux, qui atteignent 250 t. de capacité par vingt-quatre heures à la veille de 1914, est remarquable.[21] À Marchienne-au-Pont, la production de fonte, qui était de 68 000 t. en 1894, passe à 260 555 t. en 1913-1914. Dans le même temps, la production d'acier brut saute de 65 000 à 275 000 t. En produits finis, le tonnage

---

[19] GADISSEUR J., *Le malaise sidérurgique dans la crise belge 1873-1895*, in *La sidérurgie aux XVIIIe et XIXe siècles*, Centre hennuyer d'Histoire et d'Archéologie Industrielles, La Louvière, 1987, pp. 80-103.

[20] BONNET S., *L'homme du fer. Mineurs de fer et ouvriers sidérurgistes lorrains 1889-1930*, t.1 : *1889-1930*, CNRS, Centre lorrain d'études sociologiques, Nancy, 1986.

[21] DE LAVELEYE É., *Aperçu historique de la sidérurgie belge*, in *Revue universelle des Mines*, octobre 1913.

annuel atteint 245 000 t. dont les trois quarts vont à l'exportation. La Providence fabrique les aciers marchands, les ronds, les verges, les gros ronds, les poutres rivées, les charpentes et tout spécialement les grands profilés I, U, T, L. Elle achète les *Tréfileries de Belle-Vue* à Marchienne-au-Pont en 1891 et celle de *Dampremy* en 1908.

L'emploi de l'électricité dans l'outillage des usines fait un énorme pas en avant grâce à l'emploi de moteurs à gaz pauvre, notamment pour la propulsion des soufflantes de hauts fourneaux. La société installe ces moteurs à gaz à Marchienne-au-Pont en 1903 et y construit une centrale électrique à gaz et une centrale électrique à vapeur en 1905. Une soufflante à gaz est installée en 1909 à l'aciérie. La société apporte aux installations de Réhon les mêmes perfectionnements que ceux apportés à Marchienne-au-Pont : des moteurs utilisent les gaz des hauts fourneaux et donnent la force motrice aux usines ; et une centrale électrique est construite en 1909.[22]

L'approvisionnement en coke pour son usine de Réhon, ainsi que l'approvisionnement en charbon de ses cokeries modernisées de Marchienne-au-Pont (100 fours à coke) et d'Hautmont (15 fours) sont de nouvelles préoccupations de la Providence. Elle participe ainsi à la constitution de trois sociétés : en 1900, la *Société des Fours à Coke de Willebroeck* et la *Société Lorraine de Carbonisation à Auby*, dans le département du Nord ; et, en 1911, de l'*Association Coopérative Zélandaise de Carbonisation*, dont le siège est à Terneuzen aux Pays-Bas.

Une entreprise toujours florissante

De 1860 à 1910, le dividende annuel moyen est de 99,9 francs par action soit presque du 10 % par an ! Une grande stabilité existe au niveau de la direction générale puisque, pour ainsi dire, de la création en 1838 à la Première Guerre mondiale, on ne compte guère que quatre ingénieurs : Alphonse Halbou de 1839 à 1849, Théophile Ziane de 1851 à 1878, Donat Hovine de 1878 à 1903 et Félix Lacanne de 1903 à 1914.

En 1911, la Providence participe à l'Exposition internationale de Charleroi. C'est l'apogée de la puissance économique du pays de Charleroi qui est l'un des maillons majeurs du sillon industriel du Nord-Ouest européen entre l'Angleterre et la Ruhr. L'exposition comprend 24 groupes dont le huitième est consacré à la métallurgie dont le comité organisateur est, bien entendu, présidé par Félix Lacanne, directeur-général de la Providence, et dont le trésorier est Nestor Germeau, directeur de l'usine de Marchienne-au-Pont.

---

[22] ANONYME, *Forges de la Providence ...*, *op. cit.*, pp. 69 sqq.

L'aventure de la Providence russe

L'expansion du capitalisme belge en Russie se situe au cœur de la période 1895-1914 qui correspond à un remarquable mouvement général d'expansion de la Belgique à l'étranger. Les entreprises belges contribuent à l'industrialisation de l'Est de l'Ukraine et du Sud de l'Oural, tant au point de vue de l'apport de capital que de la transmission de savoir-faire technologique et de l'envoi de personnel qualifié.

En 1900, sur les 130 sociétés belges ayant leurs sièges d'exploitation en Russie, 40 sont métallurgiques. Au printemps 1895, le directeur général Donat Hovine, prend l'initiative, pour son compte personnel, d'accomplir un voyage d'exploration industrielle dans l'Empire des tsars où il s'intéresse plus particulièrement aux gisements de charbon du Donbass et de minerais de fer de Crimée.

De retour en Belgique, il fait un rapport enthousiaste au conseil d'administration de la société, qui se range à ses propositions et décide d'envoyer en Ukraine une mission technique constituée de quatre ingénieurs sélectionnés pour leurs connaissances minérales dont fait partie Félix Lacanne, alors régisseur de Réhon. Elle s'assure aussi du concours d'un financier russe Alexis Altschevsky.

Le choix se porte en 1896 sur le site de Mariupol sur la mer d'Azov à mi-chemin entre le Donbass et la Crimée. La nouvelle société la *Providence russe*, distincte de la Providence belge, est constituée en 1897. Cependant, elles ont toutes deux en grande partie les mêmes actionnaires. Le capital de 15 millions de francs est réparti en 15 000 actions souscrites par 381 comparants, la plus grande partie pour moins de 100 titres. Au cours de l'année 1899, le capital de la Providence russe passe à vingt millions, puis à trente millions de francs.[23]

Bientôt une usine sidérurgique, appelée Sartana, naît comprenant fours à coke, hauts fourneaux, aciérie et laminoirs, centrale électrique et logements pour le personnel. Les premiers résultats financiers d'exploitation répondent aux espérances. Malheureusement, la situation de la Providence russe, endettée, devient inquiétante suite au krach financier de 1901, couplé avec une grave surproduction d'acier dans le pays. La mort prématurée d'Altschevsky, qui se jette sous une locomotive, ajoute au désarroi du conseil d'administration.

Après la crise financière russe, une véritable imbrication des intérêts belges et français a lieu et notamment au sein de la Providence russe. C'est la *Banque de l'Union Parisienne* qui apporte son concours à la reprise des activités par une première avance de 3 000 000 de francs,

---

[23] JOLIN R., *La Providence russe*, in *Revue de l'Histoire de la Sidérurgie*, 3(1967).

consentie en 1904 qui assure un fond de roulement suffisant à la reprise des activités. Un nouveau conseil d'administration, presqu'entièrement composé de Français, est nommé en 1905.

Après la Révolution de 1917, la Providence franco-russe deviendra l'usine *Ilytcha* en l'honneur de Lénine sur la proposition de Gregori Petrovski, ancien ouvrier à la Providence russe, président du Comité central du parti communiste de l'Ukraine.

Dans le giron de la Société Générale de Belgique

La Première Guerre mondiale va mettre un terme brutal à la prospérité économique de la Providence. Dès août 1914, l'activité cesse aux hauts fourneaux, aciéries et laminoirs tant en Belgique qu'en France. À partir de 1917, l'occupant allemand entreprend le démantèlement systématique des meilleurs outils de production de la métallurgie belge et principalement Cockerill à Seraing et la Providence à Marchienne-au-Pont. En 1918, la société est particulièrement meurtrie avec l'anéantissement de ses trois sites en zone occupée.

La visite du site de Marchienne-au-Pont par le président américain Woodrow Wilson, accompagné par le roi Albert Ier, en 1919, pendant le Congrès de Versailles, marque les esprits. Ce dernier revient en 1923, cette fois avec le roi d'Espagne Alphonse XIII, pour la fin de la reconstruction à laquelle s'attache particulièrement Nestor Germeau (1873-1933), directeur général de 1914 à sa mort, auquel les ouvriers du pays de Charleroi, volontiers irrévérencieux, donneront le surnom familier de « l'pousseu ».[24]

Le programme de reconstruction des installations, la non-liquidation des dommages de guerre, le fond de roulement insuffisant, l'endettement de l'entreprise provoquent son entrée dans le giron de la *Société Générale de Belgique* (SGB) avec laquelle elle a des liens anciens et partage des participations dans les charbonnages du nouveau gisement de Campine en Flandre : *Charbonnages André Dumont*, *Charbonnages d'Helchteren et Zolder* et *Charbonnages d'Houthalen*. Cette entrée du groupe financier bruxellois dans le capital de la Providence coïncide symboliquement, à quelques mois près, avec le décès de deux représentants des familles fondatrices : Gustave Dulait, président de la société, et Franz Dewandre, administrateur.[25]

Le développement continu et la modernisation des installations restent la caractéristique de la politique industrielle de la Providence. À Rehon, en 1925, on construit deux trains à feuillards munis des derniers perfectionnements mis en marche en 1927 qui allaient décider de la

---

[24] ANONYME, *Nestor Germeau 1873-1933*, Imp. F. Henry-Quinet, Charleroi, 1933.
[25] ANONYME, *Forges de la Providence ...*, *op. cit.*, pp. 87 sqq.

spécialisation de cette usine ; et, en 1928, on y commence la construction d'un cinquième haut fourneau de grande capacité, mis à feu en 1930. En Belgique, la Providence acquiert, en 1934, les *Aciéries et Tôleries de Marchiennes*, en 1936, les *Aciéries Saint-Victor* et, en 1937, les *Ateliers Pâris*, également à Marchienne-au-Pont.

Une politique plus sociale

La longue grève des métallurgistes du pays de Charleroi en 1925, d'une durée de six mois, engage la société à développer mutuelles et caisses de retraite. Cette politique sociale est aussi axée sur le logement, tant par l'octroi de prêts à taux réduit que par la construction de cités. C'est à la Providence, toujours à l'avance sur son temps, que la puissante Fédération des Métallurgistes socialiste obtient son premier délégué permanent en 1937 près de vingt ans avant l'application de la loi sur les délégations syndicales.[26] Les relations avec les organisations ouvrières sont plus conflictuelles en France et il faudra attendre 1948 pour voir s'engager à Réhon un certain dialogue social.

À Réhon, la politique de logement est un instrument de gestion par la volonté d'attirer et de stabiliser la main-d'œuvre rare en Lorraine. La Providence y mène une politique dynamique de construction de maisons ouvrières qui culmine, en 1927, avec l'inauguration de la cité jardin d'Heumont d'une superficie de 25 ha. Une église sera même érigée aux frais de la société à l'image de l'église d'Hayange offerte par les de Wendel.

Le centenaire de la société en 1938 est marqué à Marchienne-au-Pont par un banquet offert en l'honneur des ouvriers comptant au moins 25 années de prestation. Leur doyen, Henri Massart, s'honore de 69 années de bons et loyaux services et on dit qu'il avait attendu la célébration du centenaire pour prendre sa retraite ! Dans son discours, Alexandre Galopin (1879-1944), gouverneur de la SGB, président du conseil d'administration de 1935 à 1944, souligne que

> tous ceux qui connaissent notre société sont frappés de constater la fidélité et l'attachement que lui témoignent ses actionnaires, ses dirigeants, ses employés et ses ouvriers. Les traditions de notre Maison, dont nous sommes légitimement fiers, trouvent leurs bases dans un large esprit de travail et d'union soigneusement entretenu par les générations qui suivirent les artisans habiles du début. [...] Un des traits marquants de notre société fut que ceux qui présidèrent à ses destinées restèrent, pour la plupart, de longues années en fonction, assurant ainsi une précieuse continuité de vues dans la conduite de l'entreprise.[27]

---

[26] PUISSANT J., BEAUPAIN T. DELAET J.-L., *et al.*, *Fer de lance, Histoire de la Centrale des métallurgistes, 1887-1987*, CMB, Bruxelles, 1987.

[27] Archives du Bois du Cazier, Fonds des Forges de la Providence, Centenaire de la société en 1938.

Diversification et transformation des produits

La faiblesse fondamentale de l'industrie sidérurgique belge, encore essentiellement wallonne, réside dans le haut niveau de ses prix de revient. Depuis la crise des années 1930 jusqu'aux années 1950, c'est à peine si des investissements ont été réalisés. Pour leur plus grande part, les installations laissées intactes par la Deuxième Guerre mondiale datent des années 1920. Des aciéries intégrées, avec de grandes capacités de production, ne sont pas construites au contraire des pays voisins dont l'industrie avait subi de lourds dégâts.[28]

La Providence, cependant, réussit mieux que d'autres en privilégiant une politique nouvelle de diversification de la production et de transformation de ses produits semi-finis. Dès 1938, elle acquiert les *Aciéries et Laminoirs de Beautor* en France, dans l'Aisne, spécialisés dans la fabrication de tôles fines, par le procédé Martin, qui complète ainsi sa gamme de production. En 1955, la Providence met sur pied un programme d'investissements échelonné sur neuf années qui a pour buts : d'accroître la capacité de production des usines dont la réalisation lui permettrait de réduire les prix de revient ; de mettre à la disposition des utilisateurs des produits de qualité ; et d'étendre la gamme de ces produits en engageant de plus en plus l'entreprise dans la première transformation de l'acier : fils machine de Marchienne-au-Pont, feuillards de Réhon et aciers de qualité d'Hautmont.

La Providence s'applique aussi à répondre aux demandes de l'industrie automobile, de l'énergie nucléaire et de l'armement.[29] Pour atteindre ces objectifs, elle prend des participations dans diverses sociétés tant belges que françaises. Marchienne-au-Pont expédie une partie importante de sa production de fil machine vers les tréfileries de Fontaine-l'Evêque, près de Charleroi : les sociétés *Dercq* et la *Fontainoise* sont acquises en 1953. Et on y développe la dénaturation du fil machine et la fabrication d'acier soudé et le tréfilage d'acier dur !

Pour les aciers spéciaux d'Hautmont, la Providence prend une participation en 1955 dans les *Établissements Brunon-Vallette* à Rive-de-Gier dans la Loire spécialisés dans la fabrication de corps creux à partir d'acier Martin, qui fusionne en 1961 avec les établissements voisins *Lacombe-Bedel* pour former la *Société de Forgeage de Rive-de-Gier*. Les productions de bouteilles à gaz comprimés en acier à haute résistance et d'éviers en acier inoxydable progressent sensiblement. En 1962, la Providence

---

[28] REUSS C., KOUTNY E. et TYCHON L., *Le progrès économique en sidérurgie 1830-1955*, Nauwelaerts, Louvain, 1960.

[29] ANONYME, *Les Forges de la Providence à Marchienne-au-Pont*, Marchienne-au-Pont, [1958].

acquiert également une participation majoritaire dans les *Établissements Demangel et Manestamp Réunis* qui ont deux usines, à Charleville-Mézières et à Châteauneuf-sur-Loire dans le Loiret, et qui change de nom en 1966 pour devenir la *Société Ardennaise de Forge*.

Pour assurer un nouveau débouché à ses feuillards de Réhon, la Providence prend en 1952 un intérêt dans la société *Profilafroid* à Bailleul-sur-Thérain dans l'Oise qui développe dans son usine de Chauny, dans le département voisin de l'Aisne, la fabrication de profilés de couverture et de bardage. Toujours dans le même but, la Providence acquiert en 1955 une participation majoritaire dans une nouvelle société de tubes soudés dont l'unité de production sera à Réhon (Lexy), dénommée *Réhon-Aisne*. Celle-ci deviendra la *Société des Tubes de la Providence* mise en activité en 1959 et absorbera en 1964 la *Société Métallurgique de l'Aisne* à Fresnoy-le-Grand. La même année, sa production atteint le chiffre de 120 880 t. de tubes. L'orientation vers les aciers spéciaux de qualité nécessite la construction à Réhon d'un laboratoire pour l'étude et la recherche en 1961.[30]

Pour assurer les approvisionnements en coke de l'usine de Réhon, complémentairement aux fournitures de l'*Association Coopérative Zélandaise* à Terneuzen, la Providence prend avec d'autres sociétés sidérurgiques françaises une participation dans la mine allemande *Harpener Bergbau AG* qui permet de couvrir une large part des besoins en coke de Réhon, privée d'une source importante depuis 1946, date de la nationalisation en 1946 de la *Cokerie d'Auby*, dans le Nord, par les *Charbonnages de France*.

Le groupe industriel

À l'orée des années 1960, le groupe compte onze usines sans compter les dépôts de vente. Par l'intermédiaire de ses filiales et de leurs produits finis, la Providence a acquis une place importante sur certains marchés : tubes soudés, tubes gaz et tubes minces, profilés à froid, pièces forgées et estampées ; corps creux, notamment les bouteilles à gaz comprimés ; barres tournées, tournées polies, rectifiées ou comprimées.[31] Cet essor, le groupe industriel le doit particulièrement à Arthur Decoux (1881-1961), régisseur de l'usine de Réhon en 1925, directeur général en 1933. Il entre au conseil d'administration en 1946 et est nommé administrateur-délégué en 1950. Il assume la présidence de l'Association des maîtres de forges du Hainaut de 1933 à sa retraite en 1958.[32] Dans la pure tradition familiale

---

[30] Fonds des Forges de la Providence, Conférence de la direction générale aux cadres de la société, de 1959 à 1965.

[31] *Association des Maîtres de Forges du Hainaut*, s.l., s.d.

[32] KURGAN-VAN HENTENRIJK G., JAUMAIN S., MONTENS V., *Dictionnaire* ..., *op. cit.*, pp. 161-162.

de la Providence, sa fille épouse le fils de Jean Coudel (1900-2001), régisseur de Réhon en 1944 qui lui succédera tant comme directeur général que comme administrateur-délégué. Coudel est le premier français à accéder à ces fonctions.

Pour l'exercice 1963-1964, la production d'acier est de 1 585 000 t. : 825 000 t. à Marchienne-au-Pont et 761 000 t. à Réhon/Hautmont. Si on ajoute l'aciérie de Beautor, elle atteint 1 754 000 t. Marchienne-au-Pont assure 10,3 % de la production belge, tandis que les aciéries françaises, y compris Beautor, représentent 5 % de l'ensemble français. Enfin, le pourcentage des aciéries du groupe de la Providence dans la CECA est de 2,9 %. Sur le plan humain, le groupe industriel réunit 14 616 ouvriers, 2 405 agents de maîtrise et employés et 312 cadres (chiffres du 30 juin 1964).[33]

La création de la sidérurgie maritime

Un produit se distingue par ses perspectives d'avenir : la tôle fine laminée à froid. Plusieurs sociétés, telles que Cockerill, la Providence, et l'Arbed, souhaitent, soit prendre pied sur ce marché, soit élargir les positions qu'elles y détiennent déjà. Cependant, la taille d'une unité de production est telle que la multiplication des usines nouvelles entraînerait une surcapacité rendant aléatoire la rentabilité des capitaux à investir.[34]

Les anciens complexes industriels s'étaient érigés sur les gisements de minerai et de charbon. Une fois ces gisements épuisés ou inexploitables dans des conditions rentables, la sidérurgie a naturellement tendance à se rapprocher de la mer, devenue la principale voie de communication entre les usines et leurs nouvelles sources d'approvisionnement, particulièrement minerai de fer (Suède, Mauritanie). *SIDMAR*, abrégé de Sidérurgie Maritime, est donc créée par l'Arbed et le groupe de la SGB, par l'intermédiaire de Cockerill et de la Providence. Elle représente un investissement initial de 18 milliards de francs (9 milliards en capital dont un à charge de la société marchiennoise et 9 milliards d'emprunts). Le site choisi est à Zelzaete sur les rives du canal Gand-Terneuzen. C'est le premier complexe sidérurgique de Flandre.

La constitution de Cockerill-Ougrée-Providence

Devant l'énormité des capitaux pour la réalisation de SIDMAR, la SGB décide de concentrer ses intérêts dans une seule société de taille européenne : *Cockerill-Ougrée-Providence*. Depuis quelques années, pour

---

[33] Rapports annuels de la société de 1952 à 1966.
[34] COLLECTIF *Les Sidérurgistes*, Archives de Wallonie, Mont-sur-Marchienne, 1994.

assurer la modernisation de ses entreprises sidérurgiques, la SGB concentrait ses moyens sur les intérêts les plus importants. Cockerill-Ougrée est constitué en 1955. Des participations minoritaires, comme dans *Hainaut-Sambre*, à Charleroi, sont cédées en 1958 à l'autre groupe qui contrôle l'industrie sidérurgique belge *Brufina-Cofinindus*.

La fusion avec Cockerill-Ougrée est décidée lors de l'Assemblée générale des Forges de la Providence du 28 novembre 1966 présidée par Max Nokin, gouverneur de la SGB.[35] L'administrateur-délégué Jean Coudel s'oppose fermement à cette fusion dans un vibrant plaidoyer mais sans beaucoup d'espoir. Son argumentation repose sur 3 éléments. D'abord, chaque année, la Providence rémunère son capital ce qui n'est pas le cas de Cockerill-Ougrée. Ensuite, la situation financière de la Providence est meilleure si l'on se réfère à la proportion importante d'emprunts à long terme par rapport aux fonds propres : 6 555 000 000 francs belges contre seulement 1 787 000 000. Enfin, la survie industrielle du site marchiennois réside dans une fusion avec les autres sites de production carolorégiens principalement Hainaut-Sambre.

Après la fusion, tandis que les sites liégeois se spécialisent dans les produits plats et le fil machine, la division de Marchienne-au-Pont abandonne progressivement la production de rails, de matériel de voies et de fil machine. Elle se voit dotée en 1971 d'un nouveau laminoir à profilés moyens et légers et aciers marchands lourds, le train de 600 d'une capacité de 400 000 t. par an.[36] En 1974, la division recourt exclusivement au procédé à l'oxygène OBM avec cornues LD Kaldo pour la fabrication de l'acier.

Cependant, la fusion se déroule dans de mauvaises conditions. Avec le ton caustique qui le caractérisait, l'hebdomadaire *Pourquoi pas ?* du 28 janvier 1982 rappelait que « Cockerill avait absorbé la Providence de Marchienne-au-Pont pour dépiauter l'entreprise. Ce n'était plus une opération financière mais bien une expédition qui tenait de la rapine coloniale ». Les séquelles du passage de la Providence sous le contrôle de Cockerill enveniment le contentieux déjà lourd entre Liège et Charleroi où on aspire à réaliser l'unité du bassin sidérurgique. Les appréhensions carolorégiennes devant une fusion, qui deviendra inévitable avec la crise sidérurgique, des deux bassins wallons trouvent leur origine dans l'expérience vécue par la société marchiennoise qui, au lieu d'être un modèle à suivre, sera pour beaucoup un repoussoir.

---

[35] Rapports annuels de la société de 1952 à 1966.
[36] *Cockerill : Nouveau train des laminoirs*, in *Mercure. Hebdomadaire financier, économique et politique*, 25.11.1971, pp. 7-8.

Épilogue

Pendant les « Trente glorieuses », l'absence de politique sidérurgique cohérente au niveau belge a conduit les groupes financiers à se livrer à une véritable course aux armements qui multiplient les capacités de production. En 1973, la production d'acier atteint des records mondiaux. Un an plus tard, la crise pétrolière transforme l'euphorie en pessimisme et la sidérurgie est une des premières industries à être touchée de plein fouet. Il en résulte un brutal ralentissement de la consommation d'acier qui coïncide avec le démarrage d'importantes capacités nouvelles, notamment au Japon, en Corée du Sud, en Afrique du Sud ou en Espagne. La crise sidérurgique est ressentie comme un véritable cataclysme au pays de Charleroi qui s'est spécialisé dans les produits longs particulièrement concurrencés par ces nouveaux pays producteurs.

La fusion des sites industriels sidérurgiques se fait trop tard en 1979 avec la création du « Triangle de Charleroi » sous la houlette du clairvoyant Albert Frère, actionnaire principal d'Hainaut-Sambre dont il assure la survie par la création de *CARLAM* spécialisé dans la fabrication de tôles fines, car la Providence n'est plus que l'ombre d'elle-même. L'aciérie de Marchienne-au-Pont OBM-LDK est aussitôt arrêtée et les divisions françaises sont cédées : Réhon et les différentes participations françaises, qui lui sont liées, à *Usinor* ; tandis que Hautmont devient *Cockerill DRC*. Les deux sites français seront démantelés et rasés par la suite.

Sous la conduite du français Jean Gandois, Cockerill Sambre, fondé en 1981, entreprend une restructuration exigeante grâce au renforcement des moyens financiers par la participation des pouvoirs publics, État belge puis Région wallonne. Cockerill Sambre est ensuite apporté à *Arcelor*. À Marchienne-au-Pont, après l'aciérie, ce sont les laminoirs, le train de 900 (qui date de 1920) et le train de 600, le dernier haut fourneau et enfin, en 2009, la cokerie qui sont fermés.[37]

L'œil de la Providence est désormais présent à l'entrée des ateliers de l'ancien charbonnage du Bois du Cazier à Marcinelle, inscrit sur la Liste du Patrimoine mondial de l'UNESCO depuis 2012, qui accueille le Musée de l'Industrie créé auparavant sur le site de la Providence à Marchienne-au-Pont. Dans son ancien bâtiment, depuis quelques années, un lieu culturel, appelé par un jeu de mot Rockerill, présente une programmation musicale alternative.

---

[37] CAPRON M., *Les métamorphoses de la sidérurgie*, in *Acier wallon. Un héritage pour l'avenir ?, Des Usines et des Hommes. Revue annuelle de l'asbl Patrimoine Industriel Wallonie-Bruxelles*, 3(2011), pp. 16-23.

INNOVATIONS ET TECHNIQUES DE LA SIDÉRURGIE

INNOVATION AND TECHNOLOGY IN STEEL INDUSTRY

Technological Trajectories

The Wide Strip Mill for Steel in Europe (1920 to the Present)

Ruggero RANIERI and Jonathan AYLEN

University of Padova
University of Manchester

Like railways in the 19th century and the internet in the 21st century, steel strip production was a technology that unlocked growth in a wide range of user industries during the 20th century. Invented in America in the 1920s to supply the fast growing automobile industry with steel sheets, the wide strip mill spread to Europe from the 1930s onwards, allowing a wide range of modern manufacturing industries to emerge before and after the Second World War. Coils of strip steel fed car makers, food canners and a range of consumer durable industries that underpinned growth in European living standards. At the same time, the wide strip mill was responsible for transforming European steel from a craft industry into large scale, continuous mass production. Batch production of small lots of individual sheets on hand-mills was swept aside by flow line processing of heavy slabs into steel coils suitable for automated handling by downstream processes. The wide strip mill represented a quantum jump in the scale of output for those firms that adopted the new technology, putting pressure on iron and steel output capacity upstream and bringing technical economies of scale in its wake.

The continuous wide strip mill was first developed in the United States in the 1920s in response to car industry needs (*Columbia Steel* at Butler, 1926). The new mills brought marked reductions in costs, gains in quality, much wider sheet suitable for press lines and improved material handling techniques. European producers were initially reluctant to adopt the new technology, fearing capacity of a large continuous mill would be too great for limited local markets. Two innovative firms in the UK (*Richard Thomas* at Ebbw Vale and *J. Summers* at Shotton) and in Germany (*Vestag* at Dinslaken) took the risk of adopting this large scale technology. On the other hand, transfer of US technology fitted very well with patterns of Soviet pre-war industrialization.

Here we discuss the transfer of this wide strip mill technology from the US to Europe, looking at the initial introduction of this American technology in the 1930s in Britain, Germany and the Soviet Union. The second part looks at widespread diffusion of 1st generation wide strip mills, after the war, influenced by the Marshall Plan. In the second part of the paper we show how consumers of thin sheet, especially automobile producers, helped shape the location and size of wide strip mill investments across Western Europe after the Second World War. In this period Marshall Aid encouraged technological conformity to the US model and favoured wholesale adoption of US design, operating practices and management culture. Nevertheless some European plants adapted and made compromises with the new technology. We compare new wide strip mill plants in different countries in the period between 1945 and 1960.

While Government plans determined the allocation of Marshall Plan funds to various major strip mill projects, an important role was also played by contacts between steelmakers and steel users, especially major automobile firms in Italy (*Fiat*) and France (*Renault*), in shaping the location and output of the new plants. The role of the public sector varied across countries too: in Belgium and West Germany the investments were led by the private sector; in Austria, France and Italy the investment initiative lay with the Government and/or publicly owned firms; in Britain and in the Netherlands the Government played a supportive role.[1]

We briefly consider the evolving trajectory of successive generations of strip mills. For the first fifty years wide strip mills got larger and larger as markets grew. Then the trajectory of technical development shifted as the need to conserve capital and energy led to more compact designs. European plant suppliers offered new generations of low output, energy saving strip mills which were attractive to US entrepreneurs from the mid-1980s. Smaller mills were also built in Europe to supplement existing wide strip mill capacity and as a route to new products.

The American origins of the Wide Strip Mill

Unavailability of wide steel sheets was a key bottleneck for the early US auto industry. The need for sheet steel became all the more acute during the 1920s due to the development of the all-steel car body pioneered by Edward Gowan Budd and Joe Ledwinka. In 1920, 85 % of car bodies in the US were still timber-framed. By 1926, 70 % were steel, putting acute pressure on steel supplies.[2] The steel sheet that was available had been

---

[1] AYLEN J., RANIERI R. (eds.), *Ribbon of Fire. How Europe adopted and developed US strip mill technology (1920-2000)*, Pendragon, Bologna, 2012.

[2] NIEUWENHUIS P., WELLS P., « The all-steel body as a cornerstone to the foundations of the mass production car industry », in *Industrial and Corporate Change*, 2(2007), pp. 183-211.

made on hand mills and was not sufficiently wide, uniform or ductile and exhibited poor surface quality. Poor quality, limited dimensions and restricted supply of steel sheet constrained early car body design, raised costs and inhibited output.[3]

There were two rival attempts to overcome this "reverse salient" which was restricting progress in vehicle production during the mid-1920s.[4] The less successful team at *Armco* was highly secretive and developed a complicated flow line for individual steel sheets commissioned at Ashland in 1924. The real breakthrough came from two entrepreneurs, Arthur J. "Gene" Townsend and Harry M. Naugle at Columbia Steel at Butler, Pennsylvania who built the first continuous wide strip mill for rolling steel coils. Columbia Steel collaborated closely with machinery suppliers, used independent advice on bearing technology and learned from precursors in copper rolling. This enabled them to build a successful strip mill complex for rolling and finishing wide, thin steel sheet, commissioned in 1926 which embodied a wide range of innovations including four high mill stands, use of roller bearings, continuous rolling of strip, use of coils and continuous cold rolling and annealing. This novel mill at Butler established the dominant design of the wide strip mill for the next 80 years. The leading equipment supplier at Butler, the *United Engineering and Foundry Co.*, led global sales of the technology for four decades.

Armco realised the success of their entrepreneurial rivals and, quite simply, bought Columbia Steel, Butler and the rights to all their novel technology. The wide hot strip mill diffused very rapidly in the USA. A total of 28 wide strip mills were built in the USA between 1924 and 1939, then equivalent to 16 million metric tons of capacity.[5] Most of these mills were built by just two suppliers, United Engineering and *Mesta*, although there were a fringe of smaller mill builders including *Bliss*, *Continental* and later *Blaw-Knox* and a large number of key component suppliers. American technology was to dominate wide strip mill supply until the end of the 1960s.

---

[3] FANNING F.H., « Wide Strip Mills. Evolution or Revolution? », in *Yearbook of A.I.S.I.*, 1952, pp. 194-221. Speaking of the radical developments in wide strip rolling during the mid-1920s, the American trade journal *The Iron Age* asserted: "It is the large volume buyer, such as the automobile builder, who has given encouragement to the new pioneering". See « The revolution in sheet rolling », in *The Iron Age*, 20(1927), p. 1462.

[4] AYLEN J., « Open versus closed innovation: development of the wide strip mill for steel in the USA during the 1920s », in *R&D Management*, 1(2010), pp. 67-80.

[5] ESS T.J., *The Modern Strip Mill: a recording of the continuous wide strip mill installations and practices in the United States*, Association of Iron and Steel Engineers, Pittsburgh, 1941, p. 5.

Pre-war adopters in Europe

European steelmakers faced a dilemma: should they adopt this disruptive but large scale technology? Their markets were too small to cope with the big output of a continuous wide strip mill. Taking the United Kingdom as an example, at the beginning of the 1930s, *John Summers and Sons* were the largest sheet makers, accounting for well over a quarter of UK sheet production with almost twice the output of their nearest rival, Richard Thomas and Co. Estimates suggest Summers output was 241,000 imperial tons of sheet a year in 1932, compared with 131,000 from Richard Thomas & Co and 97,000 tons at *John Lysaght & Co.*[6] Total UK sheet output that year was 859,000 tons. Yet the average hot strip mill in the USA in 1932 had a capacity equivalent to 570,000 imperial tons – twice the market of the biggest UK producer at the time.[7]

Moreover, as Ruggero Ranieri recognises wide strip mills were not just a new rolling technology, but they also represented a cluster of technical, organisational, logistic and marketing innovations.[8] They were a radically new way of working. The advantages of continuous wide strip production lay in dynamic and organisational factors, a combination of economies of scale and integration of successive stages of the production. American plants wide strip mills were fed by an array of blast furnaces and open hearth steel plants and supported by separate cold reduction mills for both sheet and tinplate. Substantial economies of scale in production were accompanied by economies of scope across different product markets. The large US producers were characterised by adequate works size, a lay-out where individual plant items were matched in terms of capacity, efficient materials handling and an appreciation of the wide market for strip.

In the event, two wide strip mills were completed in pre-war Britain, at Ebbw Vale by Richard Thomas and Baldwin and at Shotton by John Summers and Sons. In Germany one wide strip mill was installed by the *Vereinigte Stahlwerke* at Dinslaken. The British mills were American designed and American made. The exception was the German mill, which was developed by the German heavy engineering firm, *Demag*, most

---

[6] TOLLIDAY S., *Business, banking and politics: the case of British steel, 1918-1939*, Harvard University Press, Cambridge Mass., 1987, p. 146. The imperial ton is equivalent to 1,016 kg; where unspecified we refer to metric tons.

[7] ESS T.J., *op. cit.*, table 3.

[8] RANIERI R., « Remodelling the Italian Steel Industry: Americanization, Modernization and Mass Production », in ZEITLIN J., HERRIGEL G. (eds.), *Americanization and Its Limits. Reworking US Technology and Management in Post-War Europe and Japan*, Oxford University Press, Oxford, 2004.

likely drawing on a US blueprints with, it appears, very mixed results in terms of output and performance. Common features were also the lengthy debate that accompanied the installation of the mills: both in Britain and Germany markets were firmly cartelized and any new investment, with scope for large additional capacity, was bound to lead to internal strife, attempted or actual amalgamations, rival strategies to undermine the acquisition of market leadership.

In the case of Ebbw Vale, suboptimal location, in an area in South Wales characterized by high unemployment, resulted out of a need to attract government support. The project was also shaped by difficulties and rivalries within the industry. It was a large and ambitious development, with new blast furnaces and steel shop and an array of cold rolling facilities to compliment the wide strip mill from United.[9] The scheme was big enough to plunge the company into financial distress, forcing Richard Thomas to seek outside help from the *Bank of England* and the industrial trade association, the British Iron and Steel Federation. The installation of the wide strip mill in Shotton was more cost-conscious and less ambitious in scale and only fed by existing cold-charge open hearth steelmaking, although it also led to some financial difficulties.[10] The fact that these two wide strip mills came into operation just before the outbreak of the war, or in fact, in the case of Shotton, when the war already started, affected their early performance since they were immediately used to roll war related products, a feature which they had in common with Dinslaken.[11] Still, despite all the difficulties and limitations, the history of these first mills brings forward a story of pioneering innovation and bold leadership.

In contrast, the large capacity of the wide strip mill was ideally suited to the pattern of industrialisation adopted by the Soviet Union between the wars. The wide strip mill at Zaporozhye city, in the Ukraine, which came into operation in 1938, soon accounted for a very large share of total strip production in the USSR. Both this mill from *United* and a smaller strip mill from *Mesta*, set up in Siberia during the war, are part of the extraordinary transfer of Western technology, skills and entrepreneurship to the Soviet Union between 1930 and 1945 from the USA, UK, Germany, Switzerland and France.[12]

---

[9] ESS T.J., KELLY J.D., « Richard Thomas and Co., Ltd. Installs First Wide Strip Mill in United Kingdom », in *Iron and Steel Engineer*, 7(1939), Supplement pp. RT1-15.

[10] SUMMERS R.F., *The New Mill 1940*, Jonathan Cape for John Summers & Sons, Chester, 1940.

[11] RASCH M., « The first mill in Europe, Dinslaken Works of August Thyssen-Hütte », in AYLEN J., RANIERI R. (eds.), *Ribbon of Fire ...*, *op. cit.*, pp. 181-192.

[12] SUTTON A.C., *Western Technology and Soviet Economic Development 1930 to 1945*, Hoover Institution Press at Stanford University, Stanford, Cal., 1971.

Post-war wide strip mills in Western Europe

Seven countries installed wide strip mills in Western Europe after WW2: Britain, France, Italy, the Netherlands, Belgium, Austria and the Federal Republic of Germany. The FDR was the last: its first post-war installation, at *August Thyssen Hütte* in Hamborn, had to wait until 1955, West German industry having been subject to Allied controls, dismantlement and, finally, deconcentration. Full property rights and international sovereignty were restored only after the FDR entered into a number of international agreements, including the Treaty establishing the European Coal and Steel Community.[13]

The first post-war mill was installed in Belgium, by the company *SA Métallurgique d'Espérance Longdoz*, at Jemeppe-sur-Meuse, near the city of Liège, in December 1950, seemingly using second hand parts from the United States.[14] It was followed, in 1951, by two larger wide strip mills in France and Britain: in March 1951, the first French wide strip mill was started up by *Usinor*, at Denain, in North-Eastern France, while three months later in the UK, a wide strip mill, belonging to the *Steel Company of Wales*, started operations at the Abbey Works, Port Talbot, on the Welsh coast. In October 1952 it was the turn of the Netherlands, where the wide strip mill belonging to *NV Breedband*, a new company affiliated with the steel maker *Hoogovens*, was inaugurated at IJmuiden, just North-West of Amsterdam. The year 1953 saw the installations of three more wide strip mills: in January it was the turn of the Austrian one, belonging to *Vöest*, at Linz[15] and of the second French one, the *Sollac* mill, at Hayange in Lorraine. At the end of the same year, the strip mill at Cornigliano, on the outskirts of Genoa, belonging to the Italian public sector conglomerate *IRI-Finsider*, started operations. In 1954, a second Belgian wide strip mill was started by the company *SA d'Ougrée Marihaye*, located close to the earlier mill at Longdoz, in the Liège region. The first West German post-war mill was the August Thyssen Hütte one, at Bruckhausen, Hamborn in Duisburg started up in 1955. During 1958, two more German wide strip mills became operational: *Klöckner*'s first mill at Bremen, on the North Sea Coast, and *Hoesch*'s mill Westfalenhütte, in Dortmund.[16]

---

[13] RANIERI R., « Introduction: Wide strip mills in Europe from the 1930s to the 1960s: A comparative perspective », in AYLEN J., RANIERI R. (eds.), *Ribbon of Fire ...*, *op. cit.*, pp. 86-87.

[14] Hogan Archive at the Walsh Library Archives, Fordham University, the Bronx, New York. Box 6, File: Countries, Steel Producing – Belgium-Luxembourg, Espérance Longdoz, The Semi-Continuous Wide Hot Strip Mill of Jemeppe, mimeo in English, 26.02.1968.

[15] LOVAY A., « Walzwerksanlagen der Vereinigten Österreichishen Eisen- und Stahlwerke in Linz a.d. Donau », in *Berg und Hüttenmännische Monatshefte*, 4(1957), pp. 135-146.

[16] Detail in AYLEN J., RANIERI R. (eds.), *Ribbon of Fire ...*, *op. cit.*, Appendix I. First Generation of Wide Strip Mills in Europe. Plant and company detail, pp. 275-280.

These wide strip mills, except the German ones, were US imports, partly financed through the Marshall Plan. In Germany, the local plant suppliers Demag, *Siemag* and *Sack* worked as licensees to their American plant supply counterparts. Therefore, the Marshall Plan was the focal point for this important chapter of the transfer of US strip technology to Europe. These Western European post-war wide strip mill projects were diverse in size and scope, although they all belonged, as did their US counterparts, to Generation I of wide strip mill technology.

Fully continuous or semi-continuous wide strip mills

US mills of Generation I were, with few exceptions, of the continuous kind. In a continuous mill each slab from the moment it leaves the slab-heating furnace, down to the final winding coiler, goes through the production line in uninterrupted motion. They were huge installations. For example, the Sollac mill, commissioned from United Engineering, had 4 roughing stands, and 6 finishing stands for a capacity of 1 mt/y. Semi-continuous mills had also been first developed in the US, but had enjoyed only marginal success there. In Europe, however, they came be widely appreciated for their flexibility and good quality output. In a semi-continuous mill a slab would take up to five passes on a reversing one-stand (or universal) roughing mill, to come out as a "plate" (called breakdown strip or "bar" in US) of about 0.3 inches (7.6 mm) in gauge, which would then be finished on a four or six stand continuous finishing mill. Various combinations were possible, depending on the preferred capital outlay and on the desired output, which could be fixed anywhere between 350,000 and 600,000 t/y. Sheet quality uniformity was just about as good as in continuous mills and although the unit costs of energy were slightly higher, semi-continuous mills were particularly well suited for a combined output of light and medium plate and coil. Continuous mills were: Denain (Usinor), Sollac, Port Talbot (Steel Company of Wales), Hamborn (ATH). Semi-continuous wide strip mills were: Cornigliano (Finsider), IJmuiden (Breedband), Linz (Vöest Alpine), Bremen (Klöckner), Westfalenhütte (Hoesch), Jemeppe (SA Métallurgique d'Espérance Longdoz) and Ougrée (SA d'Ougrée Marihaye). For example, Cornigliano's wide strip mill was commissioned from Mesta and had a reversing rougher and 6 finishing stands. Its initial projected output was 400,000 t/y, but it soon surpassed that level. However it soon needed, in 1959, a substantial revamp in the form of a new slabbing mill to meet increases in output.[17]

The Breedband mill was located on the North Sea coast, at IJmuiden, North-West of Amsterdam, next to the parent company, Hoogovens.

---

[17] AYLEN J., « A Technical History of the Hot Strip Mill for Steel », in AYLEN J., RANIERI R. (eds.), *Ribbon of Fire* ..., *op. cit.*, pp. 49-75.

A tidewater coastal site was understood by Hoogovens to be a key asset, allowing shipping in of overseas high quality iron ore and coking coal. The Breedband plant consisted of a combination slabbing-blooming mill, which supplied a reversing rougher. The slabs were partly used for the plate mill of the *Royal Netherlands Iron and Steel Works*. The wide strip mill was supplied by United Engineering, 56 inch, semi-continuous, with four finishing stands, instead of the standard six, an economical solution which required more work on the cold rolling side to reduce the coil to the appropriate thickness. In fact, the hot strip mill was flanked by a large cold strip mill designed for both tinplate and sheet, as well as by an electrolytic tinning line. It was a low output solution, with a projected capacity of 500,000 t/y, but with actual output, in the initial years, half or less of that figure. This was partly due to a steel capacity bottleneck, which was overcome through successive investments in blast furnaces and steel making plant. The strip mill, however, had been designed for staged expansion, with plenty of room on the site for adding new capacity.[18]

At Jemeppe in Belgium, the wide strip mill was a 44 inch, semi-continuous one, with limited capacity. The roughing train, moreover, acted also as slabbing mill, which made the mill shorter and reduced output. Even so, the plant did not have enough crude steel capacity to feed the wide strip mill and it had to bring in ingots and slabs from another plant, belonging to the rival *Cockerill* group.

Another important feature was the width of the mills: only the 80" ones – Port Talbot, Sollac and Cornigliano – were fully able to meet the entire range of specifications of auto-body sheet, although slightly narrower mills, like Shotton and Usinor, were also capable of supplying part of that market.

Some of the wide strip mills were part of a more ambitious plan for a newly designed steelmaking plant. In fact there was only one entirely greenfield development and that was at Sollac in Lorraine. The plant there was, expressly designed for the new wide strip mill, with steelmaking facilities added on later. The Sollac wide strip mill was, thus, part of a new company, with two plants, in the valley of the Fentsch, downstream along the Moselle from Hayange, the main plant of the *De Wendel* group. The location was not ideal, since the valley was fairly narrow, which hampered further expansion later. Sollac was conceived as a two plant company: at the first plant, at Serémange the new wide strip mill was first installed, followed later by a steelmaking plant, and by a cold strip mill; at the second plant at Erzange, 4 km away, also a greenfield plant, started off with a cold strip mill, with a later addition of a pickling line, 2 cold strip mills,

---

[18] DANKERS J., BOOM R., HAMELS D., « The wide strip mill: cornerstone to the success of Dutch steel industry », in AYLEN J., RANIERI R. (eds.), *Ribbon of Fire* ..., *op. cit.*, pp. 238-249.

an electrolytic tinning line, and other finishing facilities were set up. Even with these additions and developments Sollac was not fully integrated backwards, it had no blast furnaces and much of its steel supply, at the early stage, came from other plants owned by De Wendel, especially Hayange.

At Port Talbot, the wide strip mill was constructed on new ground at the so called Margam site, adjacent to two existing plants, which had blast furnaces, primary steel making and some rolling equipment.[19] At Cornigliano, the wide strip mill was part of the reconstruction and redevelopment of a former integrated plant, which had been destroyed during the war and part of which had been removed by German troops. The sea lanes could be filled and made into an excellent site for expansion. There were adequate docks and modern handling facilities for incoming raw materials for the new blast furnaces. The plant adjoined a large shipbuilding yard and there were several other industries in the area that assured a pool of skilled workmen. Finsider, thus, adopted open hearth to replace the prewar Thomas converters. They chose a state-of-the-art Mesta 80-inch strip mill, with exactly the same design of *United Steel*'s Fairless mill, also commissioned in those years. They were also careful to tailor all the units of the new plant to fit the requirements of the strip mill, building cold and finishing facilities to match. In particular two cold strip mills were acquired, one for sheet and one for tinplate.

Other wide strip mills were more a result of patching up and compromising with existing plants at existing sites. A good case study is the Longdoz mill at Jemeppe-sur-Meuse. This was installed at a site, which was close to two other divisions of the company across the Meuse from Seraing. A private bridge was built linking the two facilities to form a single plant, combining energy supply and bringing down transport costs. The older Longdoz plant was kept as a finishing plant. At Ougrée, the wide strip mill was more modern, but the finishing plant was very limited, since Ougrée relied on supplying other companies belonging to the same Cockerill-Ougrée group, particularly the nearby *Ferblatil*, to finish it products. There were also problems of space in adding more units to the plant.

How much did they cost?

The most expensive industrial development involving wide strip mills seems to have been Port Talbot, estimated to have cost, at the time, around $240 million, the figure including expenses both in foreign and domestic currency. At some distance came Sollac and Cornigliano, the cost of each of which was estimated at around $150 million. The other projects were far less expensive, Usinor being estimated at $60 million,

---

[19] CARTWRIGHT W.F., « The Steel Company of Wales Limited – its development to date », in *Iron and Steel Engineer*, 5(1963), pp. 69-96.

IJmuiden at less than $50 million and the Austrian and Belgian Longdoz mill at around $20 million. These figures, however, provide only a rough comparative indication of the scale of the projects. The more ambitious developments like Port Talbot, Sollac, Cornigliano, involved new upstream as well as downstream units such as open hearth steel shops and so these estimates cover expenditure related not just to the wide strip mills but to the entire set of new installations, whereas in other cases they refer only to the wide strip mill and, where they were installed, cold strip mills and finishing units.

The financial contribution in dollars from ERP (European Recovery Program) Industrial Project loans was used mainly for the purchase of wide strip mills and cold strip mills, which could not be bought from other sources and were shipped from the US. In many cases ERP loans were topped up by Counterpart Funds, which national governments made available to companies in the form of subsidized loans. The proportion of each scheme covered by ERP loans differed. It was very high – more than half – for example, in the case of Vöest and lower, although still above 15%, in the case of Port Talbot. For Sollac nearly 40% of the total came from US loans, whereas in Cornigliano the proportion was below 20%, although more came from Counterpart Fund loans. In the case of Usinor while ERP loans covered only 20% of the cost, there had been a previous loan in dollars extended by the World Bank. If we consider the entire financial aid, received from various US sources (not just related to the Marshall Plan), we can reasonably estimate that, across Western Europe, it contributed, possibly, just under half of the outlay for introducing new wide strip mills after 1945.[20]

Decisions to invest

These post-war decisions to invest were strongly influenced by governments, either through the central planning agency as in France (Commissariat général du Plan) or through State-owned steel companies, such as in Italy, Austria and the Netherlands. In Britain the government also played a role: through regional subsidies and investment guarantees it encouraged the required company amalgamation, creating the SCOW (Steel Company of Wales), thus allowing the investment to take place. The threat of pending nationalization of the industry was also a factor in shaping the attitudes of the steel industry and determining post war investment patterns, both in Britain and in France, with the difference that in Britain nationalization actually took place in 1951. Only in Belgium and in Germany did the private sector retain a dominant

---

[20] RANIERI R., AYLEN J., « The importance of the wide strip mill and its impact », in AYLEN J., RANIERI R. (eds.), *Ribbon of Fire* ..., *op. cit.*, pp. 13-47.

role, although especially in Germany, the State was an important actor in supporting the reorganization of the industry internationally, as well as domestically.

An essential part was played by automobile producers, eager to achieve captive supplies of cold-rolled sheet of the appropriate width and quality, particularly in Italy by Fiat and in France by Renault. The pressure was brought to bear most effectively when automobile makers confronted steel makers with a threat of installing new wide strip mill themselves. In France, with the Sollac wide strip mill, and in Italy, with Cornigliano, the role of the automobile companies, respectively Renault and Fiat was influential in shaping the technical details of the new installation. Fiat went as far as creating a joint venture with Finsider and of installing her own cold strip mill in Turin to rework the coils supplied by Cornigliano.

The story in Italy and Austria had more than one point in common: in both cases the ECA became involved in a heated domestic debate, helping to shift the outcome in favour of the modernizers, who wanted to install a wide strip mill as part of the planning for postwar Reconstruction.[21] The decision to set up a wide strip mill had been taken by Finsider as part of the Sinigaglia Plan, but had been opposed by private steel firms, led by the *Falck Group* and their political allies in the Government. The ECA found itself split between the Rome Mission, which was opposed to Finsider and Washington headquarters which was favourable and eventually had a decisive voice. In Austria the plan to rebuild Linz as a major producer, equipped with a wide strip mill, ran against the opposition of conservative politicians, liberal academics and private business interests, including the Austrian national employers association (Vereinigung Oesterreichischer Industrieller), who favoured concentrating output in the traditional steelmaking region of Styria. Their arguments mirrored closely those put forward, in Italy, by the Falcks and their allies against Cornigliano and the Sinigaglia Plan. They pointed to prospective overcapacity and opposed the idea of a big, publicly owned firm, which, they claimed, would upset the traditional balance in the steel industry. They thought Austrian industry should develop in the finishing good trades and not in mass production and capital goods. As in Italy, the planners and modernizers operating within the public sector managed to prevail. An important factor was the support of the Americans, who had brought in consultants favourable to a Linz wide strip mill. A regional dimension

---

[21] TWERASER K., « The Marshall Plan and the Reconstruction of the Austrian Steel Industry, 1945-1953. The Bureaucratic Politics of Trusteeship, Nationalization, and Planning as Reflected in the Rise of the United Steel Iron and Steel Works in Linz », in BISCHOFF G., PELINKA A., STIEFEL D. (eds.), *The Marshall Plan in Austria*, Transaction Publishers, London, 2000; RANIERI R., « Remodelling the Italian Steel Industry: Americanization, Modernization and Mass Production », *op. cit.*, pp. 236-268.

was also part of the controversy and in the end it was decided that the steel plants in Styria were to specialize in long products, while Vöest was to produce sheet.

National champions compromises and the role of innovators

At company level there was a need to ensure adequate scale and resources. Existing steel firms were just too small to take on continuous wide strip production. In Britain and in France scale was achieved through partial amalgamation of existing companies, which led to the creation of Usinor and the Steel Company of Wales, whereas in Italy, Austria and the Netherlands the answer was to encourage the emergence of a national champion. In Belgium wide strip mills unveiled a complex web of mergers, crossholdings, and long term contracts between the country's key financial holding groups. A similar pattern was at work in Germany, where Thyssen's wide strip mill was part of a strategy of amalgamations and re-concentration along pre-war lines.[22]

A comparative observation of the performance of wide strip mills suggests that European steel producers might have erred on the side of caution and more ambitious choices would have offered a better pay-off in the medium and long term. For example, Belgian wide strip mills were soon found inadequate and within little more than a decade were replaced by more modern mills. In many plants the wide strip mill was not adequately supported by steel production, and therefore more investment was needed later to reach full production potential. Tidewater location, provided the dock was deep enough to allow access to large ore carriers, provided a crucial advantage, bringing down raw material costs. Some plants which might have seemed to have a suboptimal configuration, such as Linz, went on to achieve good results.[23] On the whole, however, it would appear that compromise mills, patch up investment and retention of more traditional organizational and managerial practices were not particularly successful and required large and costly follow up investment.

The pioneers of the wide strip mill revolution deserve a particular mention. Men like William Firth and Fred Cartwright in the UK, Oscar Sinigaglia and Vittorio Valletta in Italy, René Damien, Alexis Aron, Pierre Lafaucheux in France, Fritz Winterhoff in Germany, Arnold Ingen Housz in the Netherlands and many others, some already active in the interwar

---

[22] WITSCHKE T., « The Evolution of a 'Protoplasmic Organisation'? Origins and Fate of Europe's First Law on Merger Control », in GUIRAO F., LYNCH F.M.B., RAMÍREZ PÉREZ S.M. (eds.), *Alan S. Milward and a Century of European Change*, Routledge, London, 2012, pp. 317-332.

[23] AYLEN J., « Stretch: how innovation continues once investment is made », in *R&D Management*, forthcoming.

period, were protagonists of this chapter of European industrial innovation. Some of these men had acquired a good technical insight into the advantages of US strip technology and its potential for Europe and had in common a great optimism on the prospects of mass consumption in Europe. The consumer durable revolution in Europe came rather late after the Second World War: the first indications however, were quite evident in Britain, Germany and France well before and pre-war contacts with US industry had been a common and widespread feature. Rising European living standards, in the 1950s and 1960s, were marked by rapid acquisition of consumer durables, as well as cars and cans. Construction of wide strip mills across Europe after the Second World War underpinned the rise of these industries, vindicating the difficult choices which had been made by these innovators.

The Search for Scale Generation II and III of Wide Strip Mill Technology

Development of the European wide strip mill was driven by a combination of economic incentive and technical opportunity. Rapidly growing demand from the car and consumer durable industries and the imperative of scale economies drove strip mills to higher and higher outputs until the energy crises of 1974 and 1979 forced a rethink in mill design.

Rising European living standards, especially in the 1950s and 1960s, were marked by rapid acquisition of consumer durables. The post-war consumer durable revolution in Europe echoed the spread of automobiles and household goods in the USA during the 1920s and 1930s. What was remarkable about post-war consumer demand in Europe was the sheer scale and rate of growth as a range of consumer goods diffused rapidly with rising real incomes. Hard evidence on the impact of rising consumer demand on the steel sector is hard to come by. Official statistics on wide strip mill output are not available. But, industry sources suggest that after the War, European wide strip mill production jumped from 1.2 million tonnes in 1948 to 10.5 million tonnes by 1958 among the six largest producers. From then on, output growth in Europe was relentless: 31 million tonnes of coil by 1968 and 45.5 million tonnes by 1978 (see table).

Rapid market growth prompted a new wave of investment in wide strip mills right across Europe during the 1960s and early 1970s. New, large scale strip mill technology coincided with adoption of high throughput basic oxygen steelmaking in place of open hearth steelmaking and the early developments in continuous casting.[24] New greenfield steelworks were built at Llanwern, South Wales; Sidmar, near Ghent in Belgium;

---

[24] AYLEN J., « Innovation in the British steel industry », in PAVITT K. (ed.), *Technical Innovation and British Economic Performance*, Macmillan, London, 1980, pp. 200-234.

Dunkerque in Northern France; and Taranto in Southern Italy during the 1960s. In addition, second mills were built close to existing mills at Hoogovens, IJmuiden; Beeckerwerth in Duisburg and Ougrée-Chertal in Belgium, along with other new mills in Germany, Sweden, Greece, Belgium, Spain and then Finland in 1971.

These new developments were not without controversy. In Italy, plans for a new mill were first tabled by the government in 1956. After a protracted debate, in 1959 it was decided to build the new state owned wide strip mill at Taranto and the plant went into production in 1964. In 1956 René Damien at Usinor planned the coastal works at Dunkerque, which was completed in 1963. In the UK the decision to build new plant with a wide strip mill was taken by the government in 1957. Controversially it was decided to split the investment between South Wales and Scotland. The Llanwern works came into production in 1962. Again, this was state sponsored investment as Richard Thomas and Baldwins had not been returned to private ownership after the brief nationalisation of the steel industry in the UK in the late 1940s.

The new wide strip mills built during the 1960s were Generation II designs developed in the USA. They represented a step change on what had gone before. The keynotes were scale and automation. The new Generation II mills made even higher outputs than the preceding fully continuous mills. Heavier slabs were rolled at higher speeds on more powerful mills to make much heavier individual coils in excess of 30 tons with – in American parlance – a maximum weight of 1,000 lb per inch of width. Heavier slabs required more power: mill powers doubled from 30 to nearer 60 thousand kW. Maximum speed at the last stand of the finishing train rose from a stately 12 metres per second to nearer 20. A large number of minor, incremental improvements enabled this speeding up and scaling up to take place. Developments included heavier stands, higher motor powers, more substantial coilers, automatic gauge control and, on some mills, direct digital control of motors by computer.

The first Generation 2 mill in Europe was Richard Thomas and Baldwin's new 68 inch mill at Spencer Works, Newport Wales. This was built for a potential capacity of 3 million tonnes a year. Llanwern was also the first hot strip mill worldwide to be fully computer controlled from October 1964, after earlier pioneering work by the computer supplier *General Electric* on the finishing train of a mill at McLouth in the USA. At this stage US mill builders Mesta, United and Blaw-Knox could still lay claim to world leadership in strip rolling technology having built eleven Generation II mills between them in America during the 1960s.[25]

---

[25] ESS T.J., *The Hot Strip Mill. Generation II*, Association of Iron and Steel Engineers, Pittsburgh, 1970.

Generation II mills spread worldwide through US mill builders licence agreements, including ten mills in Japan. Yet, at the same time, European mill builders were learning to build mills for themselves as they translated US designs into European engineering standards and manufactured and procured items of equipment for mills sold by their American partners.

**European Wide Strip Mill Output (in six countries)[26]
in million of tonnes of coil per year**

Year	UK	Germany	France	Italy	Belgium	Netherl.	Total
1948	1.02	*0.10*	*0.10*	-	-	-	**1.2**
1958	*3.30*	*1.50*	*2.00*	0.90	*2.00*	0.80	**10.5**
1968	*4.90*	*10.00*	*6.00*	3.80	*5.00*	1.70	**31.4**
1978	5.46	14.09	10.29	5.62	6.60	3.45	**45.5**
1988	*6.50*	17.58	9.69	7.60	*8.00*	2.92	**52.3**
1998	7.23	20.69	11.24	8.22	10.50	4.34	**62.2**
Notes	\multicolumn{7}{l}{– figures in italics are inferred on the basis of mill capacity at these dates;}

Notes
– figures in italics are inferred on the basis of mill capacity at these dates;
– figures for 1978 are benchmark estimates derived from output of every mill for this date;
– limited output in Eastern Germany is omitted prior to unification.

Growth in demand for wide strip in Europe and Japan led to the next stage in mill development, the so called Generation III mills. Unfortunately, completion of these huge, energy hungry huge mills coincided with the first oil crisis of 1974 and the subsequent recession.

Generation III mills are huge.[27] In 1969, *Nippon Steel* commissioned Kimitsu, the first mill in the world capable of rolling coil weights up to 45 tonnes and specific weights up to 36 kg per mm of width. The mill rolling train is 0.74 kilometres long, contained in a building 1.35 kilometres long. The maximum rolling speed is 1,400 metres per minute.

At total of six mills were built along these lines worldwide; three in Japan and three in Europe (Italsider, Taranto2; SOLMER, Fos-sur-Mer; Klöckner, Bremen). Among the European mills, Italsider 2 was an expansion of the new 1960s site, while Klöckner was a replacement for the small continuous mill completed in 1958. However, Fos was a complete new greenfield site at the edge of the Mediterranean in Southern France complete with new blast furnaces and Basic Oxygen Steelmaking shop with a potential output of 5 million tonnes of coil commissioned in 1974 just as the first oil shock hit the world economy.

---

[26] Sources: compiled from numerous industry sources on individual mill output.
[27] KEEFE J.M., EARNSHAW I., SCHOFIELD P.A., « Review of hot strip mill developments », in *Flat Rolling: A Comparison of Rolling Mill Types*, Metals Society, London, 1979, pp. 1-22.

These super mills represent the ultimate in speeding-up and scaling-up. The simple aim was to extend the fully continuous Generation II mill to its limit in order to obtain all the economies of scale available in hot strip rolling. With these mills, total mill power, mill exit speed and unit coil weight had increased six-fold within fifty years. They were stronger to take heavier slabs; they were longer to make the output; and they were built to be wider, all of which pushed up the capital costs and the scale of civil engineering. Technical economies of scale for operating and capital costs were offset by poor thermal efficiency at low rates of working. Although there were drawbacks to Generation III mills, they introduced many innovations which became universal thereafter. Walking beam furnaces were adopted by Bremen, Taranto and Solmer and were widely adopted during mill rebuilds and expansion schemes such as the rebuilds of Port Talbot and Rautaruukki Oy, Raahe. Generation III mills also marked the end of US ascendancy in strip mill technology. These mills were built with Japanese advice. Bremen was built by German plant suppliers Sack and *Schloemann-Siemag*.

The Move to Compact Designs – Generation IV and V

The energy crises of the 1974 and 1979, and the recessions of the early 1980s brought new pressures on the steel industry. Existing capital stock was more than adequate to meet demand and there was a dearth of new investment. Steel had become a mature industry. Steelmakers were looking for mill designs that would economise on capital and energy. By 1982 a couple of radical developments had emerged: The first true Generation IV mill was commissioned at Nippon Steel, Yawata 3. The Japanese mill was technically sophisticated and complex, but smaller than its predecessors. The other development was the Stelco coilbox incorporated into the design of *Lake Erie Works*, Canada. The Lake Erie mill was simple and small. Yet they were both attempts to cut capital outlays and reduce energy consumption. Both these technical developments influenced the reconstruction of existing mills in Europe. The Generation I wide strip mill at Port Talbot was radically rebuilt into a semi-continuous layout, including a massive reversing rougher with attached edgers, front and back, and a coil box in place of the continuous roughing train.[28]

At the same time, it was recognised that the high capital outlay associated with conventional hot strip mills precluded smaller firms from strip production. Attempts have long been made to promote single stand reversing Steckel hot mills as an entry route to small-scale coil production

---

[28] KIDD P.G., DIMBLEBEE R.A., *The rebuilding of Port Talbot Works hot strip mill*, Proceedings of the Institution of Mechanical Engineers, vol.201, part A, 4(1987), pp. 223-240.

but they had yield and quality problems. The technical breakthrough pioneered by the German plant builder Schloemann-Siemag was the development of thin slab casting which obviated the roughing train of a conventional hot strip mill, known as CSP (Compact Steel Production).[29] Casting of thin slabs which were re-heated in a long continuous tunnel furnace allowed uninterrupted casting and rolling in one continuous sequence. The design took a long time to catch on. Richard Preston recounts how 300 steelmakers and engineers from over 100 different steel companies visited the SMS foundry at Hilchenbach, near Seigen throughout the 1980s.[30] Yet the first mill did not go into operation until July 22 1989.

This first commercial adoption of thin slab casting famously took place at *Nucor*'s Crawfordsville plant in Indiana. It became a legend of US industrial history and the first greenfield strip mill in the USA for just under thirty years. Nucor built Chinese copies of the plant at Hickman, Arkansas and Berkeley, South Carolina and spawned imitators, notably *Steel Dynamics* at Butler, *Indiana* and *Gallatin* in Kentucky.

Arvedi in Italy pursued another approach to direct strip production in collaboration with European steelmakers *Mannesmann*, Hoesch and Hoogovens, known as ISP – "integrated strip production".[31] Their first mill integrated the casting and rolling stage through high reduction of hot slab by immediate rolling at the exit end of the caster. The resulting thin slab is then temperature adjusted using electric induction heating and accumulated into a form of coilbox in a gas-fired furnace, before being subsequently paid off through a finishing train. This design results in a very short plant – the initial Cremona mill is only 180 metres long from caster to coil, whereas a typical CSP plant would be 570 metres long. There is no tunnel furnace to elongate the layout. Instead a short induction heater and coiling of the slab reduced the length of the mill. Arvedi's debt to Stelco is obvious.

The small capacity of these new mills fitted European steelmakers ambitions for limited expansion in slow growing European markets. German CSP plants were built in Spain at Bilbao and in Germany at Thyssen Bruckhausen. Hoogovens at IJmuiden pioneered a new thin slab casting mill for semi-endless rolling of ultra-thin strip partly based on know-how gained at Arvedi, Cremona. Both Bruckhausen and IJmuiden

---

[29] HENNIG W., HOFMAN F., KRÜGER B., « CSP Technology: an Update », in RANIERI R., AYLEN J. (eds.), *The Steel Industry in the New Millennium*, vol.1: *Technology and the Market*, Institute of Materials, London, 1998, pp. 157-178.

[30] PRESTON R., *American Steel: Hot Metal Men and the Resurrection of the Rust Belt*, Prentice Hall Press, New York, 1991.

[31] MAZZOLARI F., « The minimill compared with the integrated cycle: ISP technology », in RANIERI R., AYLEN J. (eds.), *The Steel Industry in the New Millennium*, op. cit., pp. 179-186.

had the advantages of high purity basic oxygen steel and sophisticated ladle steelmaking facilities which helped quality and scheduling, while maintaining the very high temperatures needed for thin slab casting.

The story of continuous production of strip from molten metal through to coil is brought up to date by the construction of a second mill at Arvedi, Cremona in collaboration with *Siemens*, commissioned in 2009.[32] Known formally as the ESP mill – "Endless Strip Production" – it allows rapid casting rates of up to 7 tonnes per minute giving a continuous mass flow through a compact roughing train of three stands and into the finishing train without any division of the slab. This brings yields of 97% as there is no head or tail end loss in the rolling process. Energy consumption is some 40% less than a conventional strip mill as there is no reheating furnace for the slabs, although there is an intermediate heating at low casting rates. The small "footprint" of the mill, yield gains and energy savings point the way towards endless strip production.

Conclusion

Development of the wide strip mill in Europe shows how technology has been shaped, first by market growth and the search for economies of scale and then by the need to cut-back on capital outlays, improve energy efficiency and match equipment to market size. In the immediate post-war period investment schemes were strongly shaped by state actors and key customers, particularly in France, Italy and Austria. By the 1980s European steel became a mature industrial sector and the focus of innovation shifted towards efficiency improvements and rebuilding existing plants to incorporate new techniques. The few new mills that have been built in Europe have been incremental investments with low capacity to meet emerging market requirements. But with few exceptions, innovative new design has originated within Europe.

---

[32] ARVEDI G., « Achievements of ISP steelmaking technology », in *Ironmaking and Steelmaking*, 4(2010), pp. 251-256.

Développements récents et perspectives pour l'acier dans l'industrie automobile

Thierry IUNG

ArcelorMittal Expert, Group research manager in metallurgy, Automotive product research center

Les demandes des constructeurs automobiles (réduction de poids, amélioration de la sécurité, ...) représentent un challenge technique continu pour l'industrie de l'acier. Pour y répondre, *ArcelorMittal* étudie et développe une gamme toujours renouvelée d'acier permettant de remplir ces exigences.

L'ensemble des fonctionnalités auxquelles doit répondre un produit acier est large. Au premier rang de celles-ci on trouve la résistance et la ductilité. Mais d'autres fonctionnalités telles que la capacité de l'acier à être découpé, mis en forme, assemblé ... entrent en ligne de compte dans le développement d'un nouveau produit. De même les aspects liés à la surface du produit (revêtabilité, aspect, capacité à être mis en peinture, ...) sont clés pour la réussite d'un nouvel acier.

Dans cet article, nous nous concentrons exclusivement aux réalisations et perspectives de développement sur les axes résistance et ductilité, basés essentiellement sur le design des microstructures permettant d'obtenir les performances attendues par le marché automobile. Les développements en matière de revêtements, ainsi que les produits multi-matériaux ne seront pas abordés. Après avoir présenté les grandes orientations qui ont imposé et continueront à imposer des développements d'acier à haute résistance et haute ductilité, nous rappellerons quelques développements récents des aciers pour l'automobile, avant de terminer par les perspectives pour les années à venir.

Quelques grandes tendances du marché automobile

Environ 70 millions de véhicules sont produits chaque année dans le monde. Le marché européen constitue une partie importante de ce volume, avec en moyenne 20 millions de véhicules par an. L'effet de la crise s'est fait sentir puisque en 2010 17,5 millions de véhicules ont été produits contre 21 millions en 2008. Cependant les perspectives placent ce marché sur un volume constant de l'ordre de 20-22 millions de véhicules produits annuellement à l'horizon 2020. Actuellement, environ une tonne d'acier est engagée pour produire un véhicule (pour 650 kg d'acier implantés dans le véhicule). Nous voyons donc que le marché acier pour automobile est important (environ 20 millions de tonnes en Europe).

L'une des tendances fortes de ce marché est la globalisation. Sur ce sujet, la sidérurgie a entamé un effort de concentration (création du groupe ArcelorMittal en 2006 ; fusion récente au Japon entre *NSC* et *Sumitomo Metal* pour donner naissance en octobre 2012 au groupe *NSSMC*, …) mais reste bien loin des constructeurs automobiles. En effet les 10 plus grands groupes automobiles représentent 90 % du marché alors que pour la sidérurgie, ils ne couvrent que 50 %.

Une autre tendance est liée à la pression mise sur les aspects environnementaux. Elle se traduit par la mise en place de normes contraignantes. Ces normes de régulations de plus en plus sévères concernent la réduction des émissions de CO_2 (en Europe) ou des consommations maximale autorisées (en miles par gallon) aux États Unis. L'évolution des règlements est illustrée sur les figures suivantes. La figure 1 présente l'évolution de la norme CAFE (norme américaine) sur l'évolution de la consommation. Après une évolution des règlements au moment du premier choc pétrolier (1975-1985), nous constatons une stagnation sur les trente dernières années. Un point d'inflexion est clairement visible en 2010 et les exigences évoluent maintenant radicalement et continûment, avec un doublement exigé sur la distance parcourue avec une quantité fixée de carburant entre 2010 et 2025. Cette tendance est vraie pour les voitures (cars) comme pour les camions (trucks).

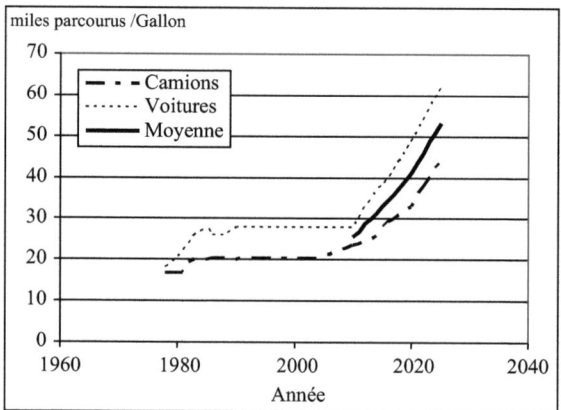

Figure 1. Évolution des règles américaines de consommation entre 1975 et 2025[1]

---

[1] Source interne ArcelorMittal.

Afin d'évaluer l'ampleur actuelle de la demande d'effort sur l'impact environnemental, la figure 2 synthétise la situation en 2009 des principaux constructeurs automobiles face à l'émission de CO_2 en regard du poids moyen de leur flotte ainsi que leur positionnement vis-à-vis des normes 2015.[2] Sur cette figure, nous avons placé, pour chaque constructeur, le poids moyen de sa flotte en fonction des émissions moyennes de CO_2 (en g par km parcouru). La courbe verte présente les normes européennes qui seront en vigueur en 2015 et qui limitent les émissions en fonction du poids des véhicules. Sans exception, les constructeurs automobiles devront faire des efforts sur les émissions de gaz à effet de serre, sous peine de se voir infliger des pénalités proportionnelles à l'écart à la norme, ce qui peut représenter des sommes de plusieurs millions de dollars par an.

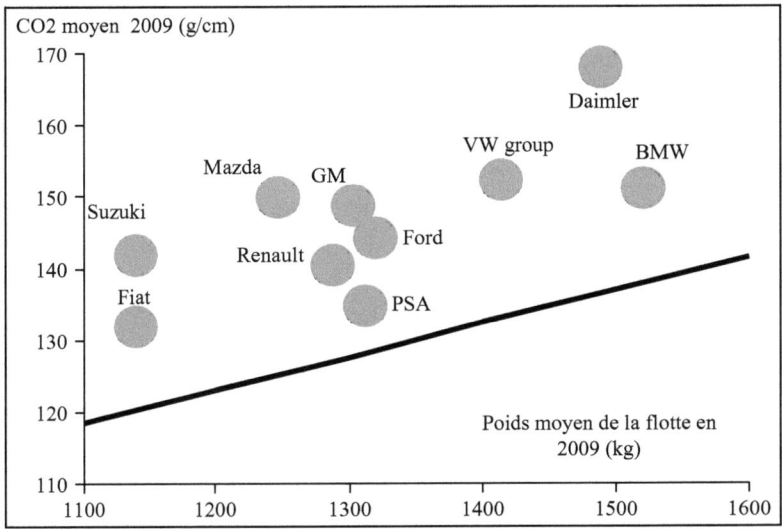

Figure 2. **Positionnement des principaux constructeurs automobile en 2009 par rapport aux normes européennes de rejet de CO2 en 2015**[3]

L'acier a toujours anticipé ses développements pour répondre aux besoins de ses différents marchés, et en particulier l'automobile. Dans les années 1980, le point clé était la résistance à la corrosion. Grâce aux développements des aciers revêtus de zinc (revêtement par électrodéposition

---

[2] BOUAZIZ O., « Aciers Avancés pour Applications Automobiles, forces motrices et logique de développement », in *Revue de métallurgie*, à paraître ; DINGS J., *How clean are Europe' cars*, European Federation for Transport and Environment, November 2010, p. 19

[3] BOUAZIZ O., *op. cit.*

ou à chaud, au trempé) les constructeurs ont pu proposer des garanties toujours plus longues en anticorrosion. Dans les années 1990-2000, l'accent des développements a été mis sur la sécurité et a vu apparaître la première génération des aciers à très haute résistance (voir la section II). Pour les années 2010-2020, les contraintes environnementales imposent des développements forts pour l'allègement des structures. Il existe d'autres solutions pour réduire les émissions de CO_2 : changement de motorisation, réduction de la taille des véhicules, ... cependant les études montrent que la diminution du poids de la structure (caisse en blanc, ouvrants, ...) reste un élément déterminant pour atteindre ces objectifs.

Un changement de paradigme se produit actuellement puisque, compte tenu des pénalités liées à des rejets trop importants de CO_2, les constructeurs automobiles sont prêts à intégrer en masse dans leur véhicule des matériaux plus chers (alliages légers à base d'aluminium, plastiques ou composites). La concurrence va devenir plus sévère mais les avantages de l'acier sont :

- le positionnement « coût » très attractif (prix du matériau et transformation) ;
- la facilité de recyclage (circuits bien établis et performants) ;
- les performances « sécurité » ;
- la disponibilité mondiale de ce matériau ;
- l'utilisation de moyens de production existants (en Europe occidentale notamment) ;
- la robustesse utilisation et la large gamme de propriétés mécaniques ;
- le positionnent comme le matériau d'avenir sur ce marché. Pour cela il est nécessaire que les développements en cours (voir paragraphe III) débouchent sur des produits industriels d'ici 3 à 8 ans.[4]

Développements récents dans le domaine des aciers

Le développement des aciers à très haute résistance constitue une avancée majeure dans les applications pour l'automobile. Il a permis deux progrès notables : l'augmentation des performances sécurité, mais également une diminution de poids des véhicules.

---

[4] "We have shown that with the use of current advanced high-strength steels, a vehicle's body structure mass can be reduced by at least **25 percent** [...] However, with the new **third generation steels** now under development, we expect to achieve more than **35 percent** in structural mass reduction, which will significantly help automakers improve fuel efficiency and reduce greenhouse gas emissions". KRUPITZER R. (AISI), *Advanced High Strength Steel Application Guidelines, International Iron and Steel Institute, Committee on Automotive Applications*, Middletown, OH, www.worldautosteel.org.

Les aciers à très haute résistance regroupent l'ensemble des aciers présentant des résistances maximales à la traction supérieures à 600MPa. Leur développement a débuté dans les années 1980 et leur utilisation massive dans l'automobile est maintenant avérée. Leur principale fonction concerne la sécurité passive. Ils permettent ainsi de garantir l'intégrité des passagers lors de chocs accidentels. Pour ce faire, ils jouent un rôle grâce à leur capacité à absorber l'énergie cinétique ou à empêcher l'intrusion dans l'habitacle. La figure 3 illustre une des configurations de choc sur véhicule utilisée par les constructeurs automobiles pour valider leurs performances en sécurité. Des corrélations statistiques ont permis de relier les performances des matériaux en crash à trois propriétés mécaniques majeures : la limite d'élasticité, la résistance maximale à la traction et l'allongement (résiduel après mise en forme de la pièce).

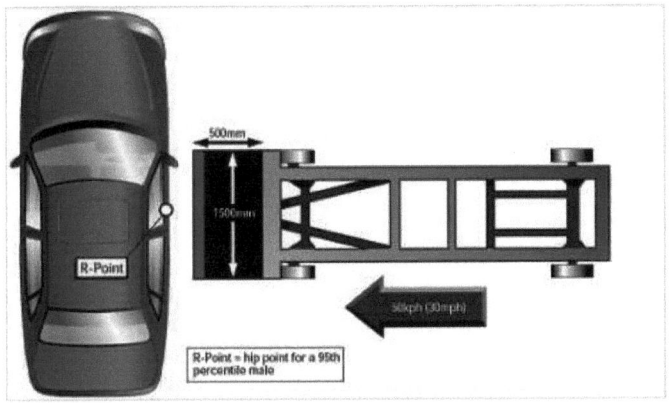

Figure 3. Évaluation des performances en choc latéral

La figure 4 illustre dans un diagramme résistance – allongement à rupture les propriétés des différents aciers utilisés dans l'automobile. Leur domaine de propriétés est marqué par des zones bleues sur le graphique 4. Nous constatons que les résistances ont été multipliées par 2, voire plus par rapport aux aciers conventionnels (aciers doux, aciers micro alliés) et dans certains cas, comme celui des aciers TRIP, la ductilité (allongement) a été conservée.

Les aciers à très haute résistance (THR) dits de première génération sont actuellement industriels et représentent selon les constructeurs entre 10 et 40 % des aciers utilisés dans les pièces de structure. Sur la figure 5, nous illustrons en rouge les principales pièces utilisant les aciers THR. Cette figure présente la caisse en blanc d'un véhicule et nous voyons clairement que ces pièces constituent une coque de protection tout autour du conducteur et des passagers.

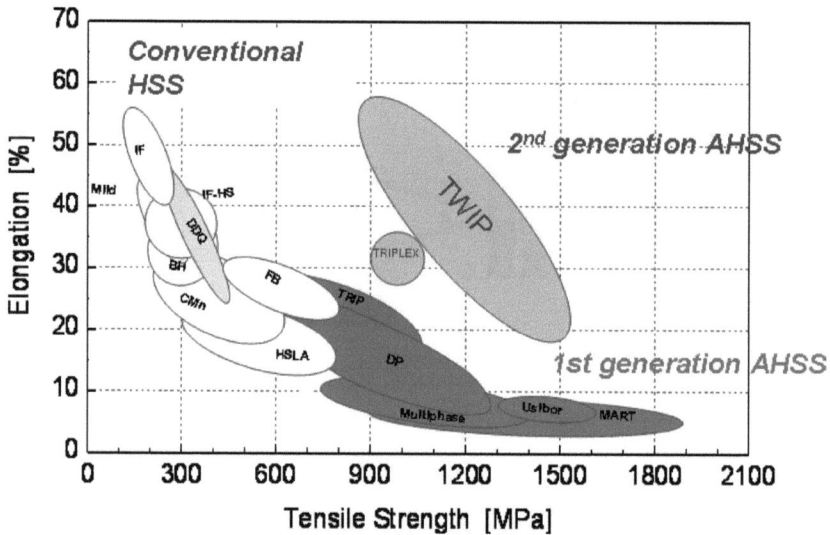

Figure 4. Gamme des aciers THR de première génération (1st generation AHSS) dans un diagramme allongement (elongation) résistance (tensile strength)

Les principes métallurgiques du développement des aciers THR de première génération reposent sur un design fin et contrôlé des microstructures en s'appuyant sur les possibilités naturelles qu'offre l'acier en termes de constituants microstructuraux (figure 6), principalement :
- la ferrite : ductile, formable et dont la résistance maximale (300MPa) peut être augmentée par ajout d'éléments d'alliage en solution solide, par affinement de la taille de grains ou par précipitation de fins carbures (de niobium, titane ou vanadium) ;

- la martensite : très dure, sa résistance est principalement fonction de la teneur en carbone et atteint 1500MPa pour une concentration en carbone de 0,2 % massique. Elle est cependant fragile et des traitements de revenus (tempering) sont souvent nécessaires pour améliorer sa ductilité au prix d'une légère baisse de la résistance ;
- la bainite : association de ferrite en lattes et de très fins carbures de fer (cémentite) présente une très bon compromis entre résistance mécanique et résistance à l'endommagement et à la rupture (ténacité).

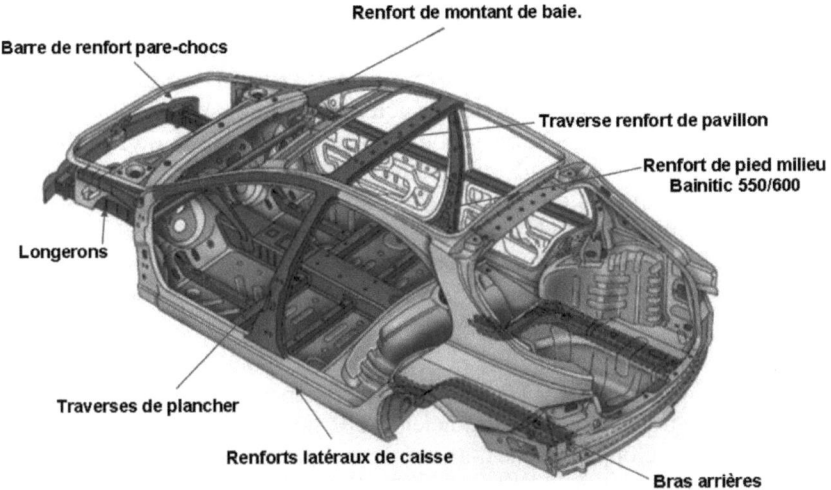

Figure 5. Exemple d'utilisation des aciers THR pour assurer la sécurité passive des véhicules

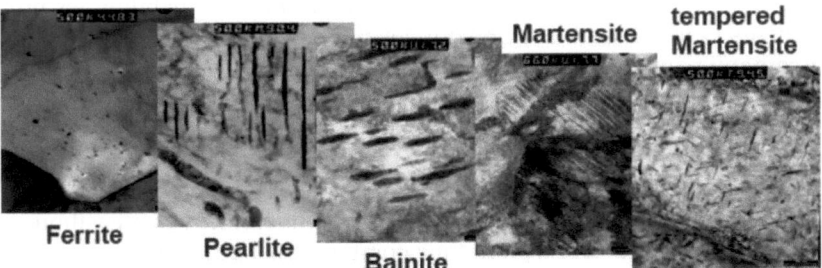

Figure 6. Images en microscopie électronique en transmission des principaux constituants des aciers à très haute résistance

Comme nous le voyons, chaque constituant possède des propriétés spécifiques et le design métallurgique des aciers THR a consisté en le développement de matériaux combinant différents type de constituants pour obtenir un matériau « composite » alliant les bénéfices de chacun d'entre eux.

L'exemple le plus connu et le plus largement utilisé dans l'industrie automobile est la famille des aciers Dual Phase (aciers DP), dont la résistance mécanique varie de 450 à 1200MPa. Ils sont obtenus par une combinaison de ferrite (qui constitue la matrice) et de martensite (qui joue le rôle de renfort, comme dans les composites). Le niveau de résistance étant au premier ordre contrôlé par la fraction volumique de martensite. En raison des fortes différences de propriétés mécaniques entre les deux constituants, ces aciers présentent une très bonne écrouissabilité (durcissement progressif du matériau lors de la déformation) ce qui a pour conséquence une bonne capacité des aciers DP à la mise en forme à froid. La présence de martensite présentait cependant un risque de fragilité de ces aciers, qui a été contrôlé en introduisant de la bainite ou en faisant un revenu de la martensite. Le contrôle global de la microstructure se fait alors par le choix des éléments d'alliage et un contrôle précis des paramètres de fabrication. Actuellement (en 2012) les aciers DP représentent 60 % des aciers THR vendus en Europe soit environ un million de tonnes.

Cependant, comme le décrit la figure 4, il existe une « loi » difficile à contredire : la perte de ductilité et de formabilité pour une famille de matériaux (par exemple les DP) lorsque la résistance mécanique augmente. Poursuivre le développement des aciers THR nécessite de contourner cette tendance en développement de nouveaux concepts. La première idée sera développée dans la section 3. Elle consiste en l'introduction dans la microstructure d'un nouveau constituant : l'austénite. La seconde utilise une propriété fondamentale de l'acier qui est d'être plus formable à haute température.

Afin d'utiliser des aciers de toujours plus haute résistance mécanique tout en s'affranchissant des limites liées à la faible formabilité, les producteurs et utilisateurs d'aciers ont développé et industrialisé le procédé d'emboutissage à haute température. Le principe de l'emboutissage à chaud est le suivant : une plaque fine d'acier (appelée flan) est chauffée dans un four vers 850°C-900°C, température à laquelle l'acier est entièrement austénitique. Ce flan est ensuite transféré dans une presse qui forme la pièce tout en la refroidissant à des vitesses suffisantes pour obtenir, après la mise en forme, une microstructure entièrement martensitique à température ambiante. La pièce finie combine ainsi une forme assez complexe et une résistance supérieure à 1500MPa, ce qui n'est pas possible par emboutissage classique des nuances THR.

Cette stratégie a connu un essor considérable dans les années 2000. L'utilisation des aciers pour emboutissage à chaud représente actuellement environ 25 % des aciers THR et offre de grandes perspectives de croissance.

Perspectives de développement des aciers

Comme nous l'avons expliqué dans la première section, la pression pour la réduction de poids des véhicules s'accentue. L'utilisation massive des aciers THR, associée à des solutions de design et de motorisation performante, permet aux constructeurs automobiles de disposer de solutions pour l'atteinte des régulations en 2015. Par contre, un effort d'allègement supplémentaire est nécessaire pour continuer à respecter des règles toujours plus restrictives. On estime qu'un gain de poids supplémentaire de 50 kg sur les pièces visibles et les pièces de structure est nécessaire à horizon 2020.

Plusieurs pistes de développement des aciers sont actuellement à l'étude dans les laboratoires de recherche et commencent à apparaître (avec des tonnages confidentiels, mais à fort potentiel de croissance pour le marché automobile). Nous détaillerons ici les pistes associées à la mise en forme à froid.

L'un des éléments clés est de poursuivre le développement de nouveaux aciers associant résistance et ductilité. Pour ce faire, l'introduction dans la microstructure d'un nouveau constituant – l'austénite – est nécessaire. Malheureusement, ce constituant n'est habituellement pas stable à température ambiante dans les aciers. Pour le rendre stable, il est nécessaire d'y adjoindre une quantité d'alliage importante. Ces éléments chimiques modifient les valeurs des énergies libres qui contrôlent la stabilité des phases.

Peu d'éléments ont cette capacité dans l'acier : le plus connu et utilisé est le Nickel. Il intervient en quantité importante dans les aciers inoxydables austénitiques. Compte tenu de leur prix élevé (2 à 3 fois plus chers que les aciers dits au carbone), leur utilisation dans l'automobile reste limitée.

Deux autres éléments présentent un intérêt pour rendre l'austénite stable, il s'agit du carbone et du manganèse, qui sont les deux éléments principaux qui entrent dans la composition des aciers automobile. Usuellement la teneur en ces éléments est limitée. Par exemple dans les aciers THR, le carbone ne dépasse pas 0,22 % et le manganèse 2 à 2,5 %. Cette limitation est liée à plusieurs aspects de l'utilisation de l'acier notamment sa soudabilité et son coût. Deux voies sont actuellement poursuivies pour contourner ces limites et développer les aciers THR dits de deuxième et troisième génération. La première voie consiste à utiliser massivement le manganèse. Pour arriver à stabiliser l'austénite à température ambiante des teneurs comprises entre 15 et 30 % sont envisagées. Ces aciers présentent des comportements en traction exceptionnels avec des résistances de 1000MPa associées à des allongements supérieurs à 50 %. Ils apparaissent sur la figure 4 sous le nom de TWIP (TWinning

Induced Plasticity), nom lié au mécanisme responsable de ces excellentes propriétés : l'apparition de macles (twins) induites par la déformation plastique.[5] Ces aciers permettent la réalisation de pièces très complexes en aciers à très hautes résistances comme l'illustre la figure 7.

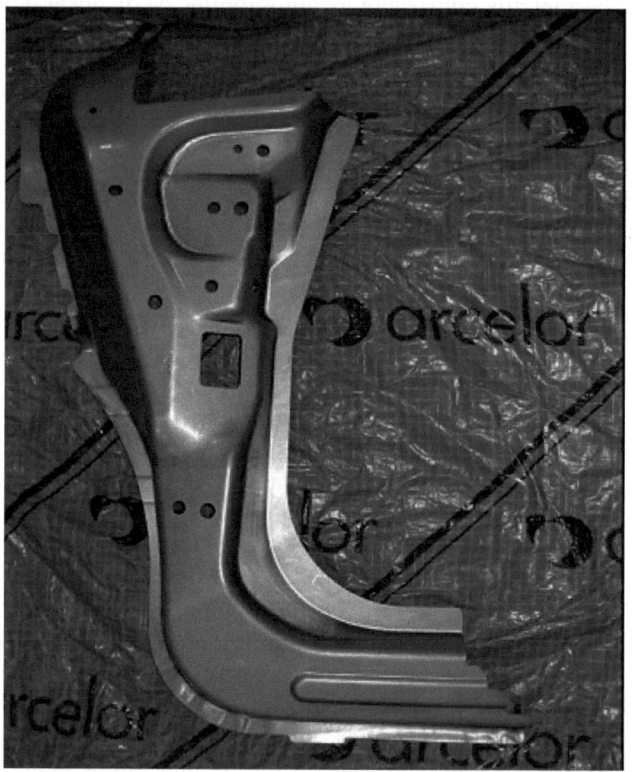

Figure 7. Exemple de pièce complexe réalisée par emboutissage classique avec un acier TWIP

La seconde voie consiste à utiliser la capacité du carbone à diffuser rapidement dans l'acier. Il est en effet, à haute température et pendant les transformations de phases, rejeté de la ferrite (qui ne peut pas contenir plus de 0,02 % de C) pour enrichir l'austénite. Habituellement cet enrichissement en carbone de l'austénite provoque rapidement la précipitation de carbures de fer pour donner les constituants, perlite ou bainite, composés

---

[5] BOUAZIZ O., ALLAIN S., SCOTT C.P., CUGY, BARBIER P.D., « High manganese austenitic twinning induced plasticity steels: A review of the microstructure properties relationships », in *Current Opinion in Solid State and Materials Science*, 15(2011), pp. 141-168.

de ferrite et carbures de fer. Cependant certains éléments d'alliage (Si et Al notamment) empêchent cette précipitation de carbures. L'austénite continue alors à s'enrichir en carbone suffisamment pour être métastable à température ambiante. Nous disons métastable car, sous l'effet de la déformation plastique en emboutissage, cette austénite se transforme en martensite. Cette transformation induite par la plasticité (effet TRIP) confère à l'acier une meilleure écrouissabilité (capacité à se durcir en cours de déformation) dont la conséquence directe est un compromis résistance-allongement amélioré. Les premiers aciers THR utilisant ce mécanisme sont appelés aciers TRIP et se situent dans le domaine supérieur de la figure 4 pour les aciers à très haute résistance.

L'un des axes majeurs de développement pour les années à venir est de généraliser l'utilisation de ce mécanisme dans des aciers dont l'ambition est de combler le vide qui existe entre les aciers THR de première et de deuxième génération. Sur la figure 8, le domaine de propriétés mécaniques visées par ces aciers dits THR de 3e génération est représenté par l'ellipse verte. Ces aciers sont en cours de développement et doivent être industrialisés à partir de 2015. La figure 9 présente un exemple de microstructure obtenue dans un acier dit « med-Mn »[6] où la teneur en manganèse est de 4,5 %. Nous constatons que la microstructure obtenue est très fine (1μm) ce qui est un élément important pour atteindre des hautes résistances et contient une proportion importante d'austénite résiduelle (plus de 20 %, plages plus sombres sur la photo).[7] Avec un choix adapté des températures de traitements pour ces aciers, il est possible d'atteindre des résistances mécaniques de 1200MPa en conservant des allongements supérieurs à 20 %.

La stratégie choisie pour ces développements des différentes générations d'aciers à très haute résistance repose sur le principe que l'allègement sera finalement obtenu par diminution des épaisseurs rendue possible par l'augmentation de la résistance. Deux limites vont alors s'imposer. La première concerne la difficulté industrielle à produire des aciers toujours plus durs et toujours plus minces. Il est nécessaire d'envisager des développements industriels (augmentation des capacités de laminage, coulée minces, …) et les études sont en cours pour accompagner le développement des aciers de 2e et 3e génération. La deuxième limite concerne une propriété de la structure automobile : sa rigidité élastique. Pour une tôle en flexion par exemple, la déflection est proportionnelle au rapport entre le module d'Young et

---

[6] JUN H.J., YAKUBOVSKY O., FONSTEIN N., *On the Stability of Retained Austenite in Medium Mn TRIP Steels*, The 1st Int. Conf. on High Manganese Steels, Seoul, South Korea (May 15-18, 2011).

[7] *THERMEC2006 Conference Proceedings*, Mater. Sci. Forum 539-543 (2007) p. 4327 ; ARLAZAROV A., HAZOTTE A., BOUAZI O., GOUNÉ M., KEGEL F., *Characterization of microstructure formation and mechanical behavior of an advanced medium Mn steel*, The 2012 Int. Conf. on Material Sciences and Technology.

l'épaisseur de la tôle au cube. La stratégie de diminution de l'épaisseur pour l'allègement se trouve alors limitée par le seuil critique de rigidité. Pour certaines pièces de la voiture, ce seuil est atteint et l'augmentation des caractéristiques mécaniques n'est plus un levier pertinent pour alléger.

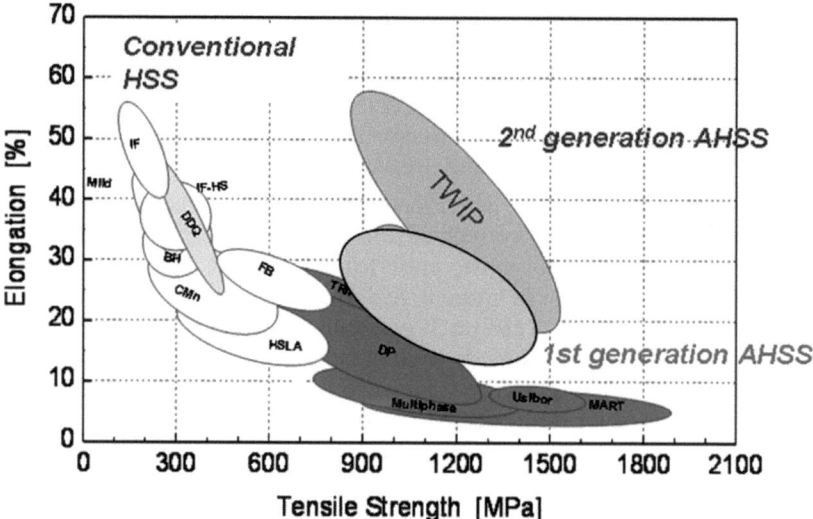

Figure 8. Positionnement visé pour les aciers THR de 3e génération dans un diagramme allongement (elongation) résistance (tensile strength)

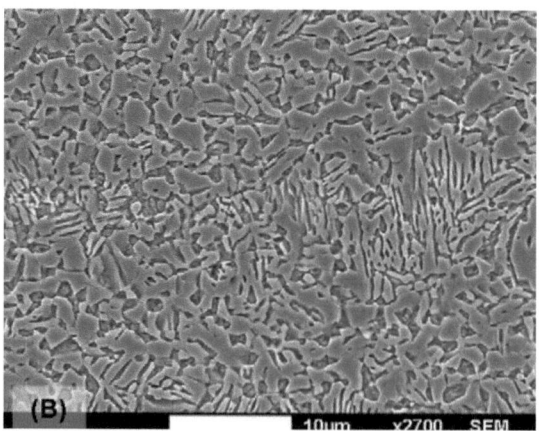

Figure 9. Exemple de microstructure d'acier moyen Mn[8]

---

[8] ARLAZAROV A., HAZOTTE A., BOUAZI O., GOUNÉ M., KEGEL F., *op. cit.*

Deux voies sont maintenant envisagées pour repousser ces limites : développer des aciers à basse densité et /ou module d'Young amélioré.

Les aciers à basse densité sont une réponse directe pour l'allègement, sans nécessité de réduction d'épaisseur. La voie la plus directe est l'ajout d'éléments d'alliage légers comme par exemple l'aluminium. Toute une gamme de produits peut alors être obtenue en faisant varier la teneur dans les autres éléments d'alliage (C, Mn, ...). Deux exemples sont particulièrement étudiés car ils combinent de très bonnes propriétés mécaniques à une réduction de densité allant de 10 à 15 %. Les aciers Duplex contiennent par exemple jusqu'à 8 % de Mn et Al.[9] Ils sont constitués d'un mélange de ferrite et d'austénite comme décrit sur la figure 10, où l'austénite apparaît sous forme de plages allongées. La présence d'austénite, stabilisée grâce à la teneur élevée en Mn, peut également permettre d'obtenir un effet TRIP qui, comme nous l'avons dit précédemment, améliore considérablement les compromis résistance ductilité. Avec le même principe, nous envisageons d'introduire de l'aluminium dans les aciers haut Mn dit TWIP. Ces aciers sont alors appelés TRIPLEX[10] car constitués de trois phases ; austénite principalement mais également ferrite et carbures. La quantité d'éléments d'alliage (Mn + Al) peut alors atteindre 30 à 40 %. Notons que ces aciers permettent par exemple d'obtenir plus de 30 % d'allègement par rapport un acier THR de première génération DP de résistance 600MPa. La moitié de l'allègement est donné par la réduction de densité, l'autre moitié par les propriétés mécaniques exceptionnelles de ces aciers (plus de 1000MPa pour 30 % d'allongement, voir figure 4).

Dans le cas où la limite de rigidité élastique est atteinte, les composites à matrice acier sont une des réponses étudiées pour, en même temps, augmenter le module d'élasticité de l'acier et réduire sa densité. Un choix adapté des particules de renfort de type céramique (nature, fraction volumique, taille) permet d'atteindre des augmentations notables du ratio module d'élasticité/densité, jusqu'à 20 %. La formabilité, la résistance, la ténacité de ces produits se situent dans la gamme des aciers à très haute résistance. Ces aciers doivent pouvoir être élaborés en coulée continue ce qui limite les particules de renfort envisageables. Un exemple est donné sur la figure 11. Ce produit contient plus de 10 % en volume de renforts céramiques et présente un module d'Young supérieur de 15 % à l'acier. Il ouvre des perspectives claires d'allègement des pièces en acier pour

---

[9] ZUAZO I., *Microstructural evolution in Fe-Mn-Al-C lightweight alloys*, PhD thesis, June 2009.

[10] FROMMEYER G., BRÜX U., NEUMANN P., « Supra-ductile and high-strength manganese-TRIP/TWIP steels for high energy absorption purposes », in *ISIJ Int.*, 43(2003), pp. 438-446.

lesquelles la limite de rigidité élastique est atteinte, comme par exemple certaines pièces de châssis ou suspension.

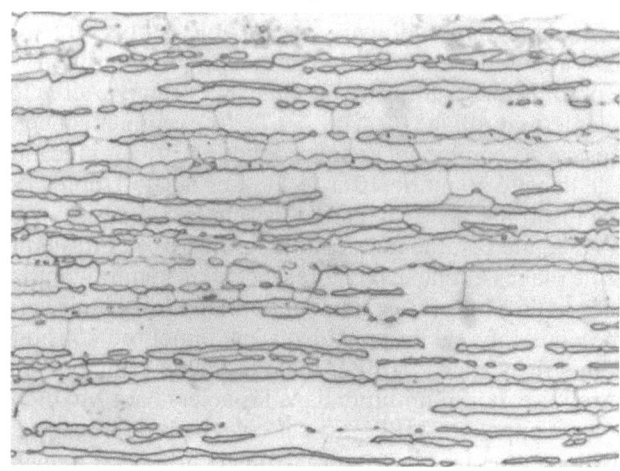

Figure 10. Exemple de microstructure d'acier duplex à basse densité[11]

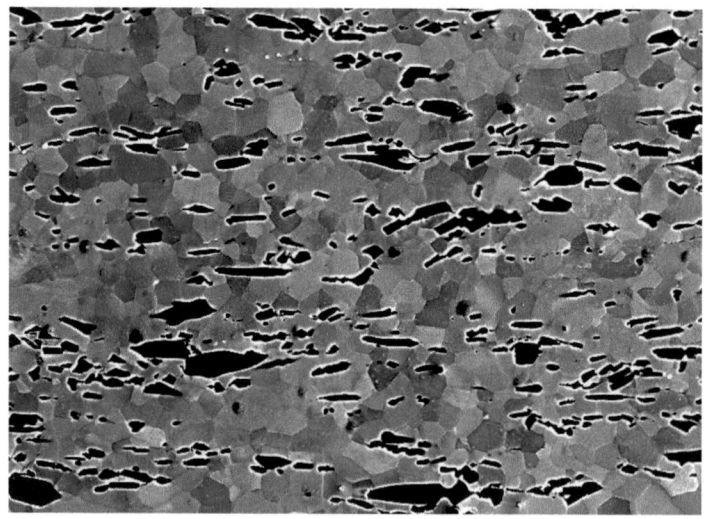

Figure 11. Exemple de microstructure d'acier à module de Young amélioré (les phases noires sont des particules de céramique)

---
[11] ZUAZO I., BRÉCHET Y., LACAZE J., SUNDMAN B., MAUGIS P., *Solidification of Fe-Mn-Al-C alloys*, Proc. Int. Conf. Solidification Processing, University of Sheffield, Sheffield, 2007, pp. 340-344.

Comme nous le décrivons dans ce paragraphe, les concepts en cours d'étude pour répondre aux besoins de l'automobile sortent assez largement du cadre classique des aciers dits « C-Mn » vendus dans l'automobile. Les éléments d'alliage sont en quantité nettement plus importante et des challenges pour la réalisation à l'échelle industrielle sont attendus et également étudiés. L'objectif est de réaliser les développements les plus pertinents, ainsi que les investissements industriels nécessaires en conservant l'un des avantages majeurs de l'acier : rester compétitif en termes de coût par rapport aux principaux matériaux concurrents.

Conclusions

Les demandes des constructeurs automobiles (réduction de poids, amélioration de la sécurité, etc.) représentent un challenge technique continu pour l'industrie de l'acier. Une tendance forte est liée à la pression mise sur les aspects environnementaux. Elle se traduit par la mise en place de normes de régulations de plus en plus sévères concernent la réduction des émissions de CO_2 (en Europe) ou des consommations maximale autorisées (en miles par gallon) aux États-Unis.

Pour y répondre, AreclorMittal étudie et développe une gamme toujours renouvelée d'acier permettant de remplir ces exigences. Dans cette article, nous avons présentés les développements récents et maintenant largement industriels concernant les aciers à très haute résistance. Atteindre les objectifs environnementaux 2020 nécessitera l'industrialisation dans les années à venir de nouveaux concepts incluant des aciers à haute formabilité, des aciers à basse densité ou des aciers à module de Young amélioré. Ces concepts en cours d'étude sortent largement du cadre classique des aciers dits « C-Mn » et des challenges pour la réalisation à l'échelle industrielle sont attendus et également étudiés. L'objectif est de réaliser les développements les plus pertinents, ainsi que les investissements industriels nécessaires en conservant l'un des avantages majeurs de l'acier : rester compétitif en termes de coût par rapport aux principaux matériaux concurrents.

Nickel et sidérurgie

Quelques éléments sur les relations entre les deux industries à partir de l'exemple de la société *Le Nickel* (de la fin du XIXᵉ siècle à nos jours)

Yann BENCIVENGO

Lycée de Lannion – CH2ST

Cette courte étude a pour but de présenter quelques éléments des relations entre la sidérurgie et l'industrie du nickel depuis la fin du XIXᵉ siècle. Elle s'appuie sur l'exemple de la société *Le Nickel-SLN*, la plus ancienne société minière et métallurgique pour le nickel au monde. Cette société a été fondée à Paris en 1880 sous l'impulsion d'un affairiste de Nouvelle-Calédonie, John Higginson, d'un industriel, Henry Marbeau, et de Jules Garnier, découvreur du nickel calédonien et inventeur d'un procédé pour son traitement. Elle a été contrôlée par la banque *Rothschild* de 1883 à 1974. Elle se réduit aujourd'hui à la partie calédonienne de la branche nickel du groupe français *ERAMET*. Au plan mondial, jusqu'à son absorption par *CVRD* (Brésil) en 2006, la firme canadienne *International Nickel* (Inco) fondée en 1902 a été le leader incontesté de l'industrie du nickel.

En Nouvelle-Calédonie, la société Le Nickel a longtemps dominé presque sans partage la production locale, du minerai aux produits semi-finis (mattes et ferronickels). Depuis 1931, après deux brèves expériences industrielles et l'exploitation d'une fonderie située à Thio (1912-1931), elle transforme ses minerais dans l'usine de Doniambo située à Nouméa.[1] Parallèlement, elle a traité une partie de ses minerais à Yaté dans une usine électrométallurgique qui a fonctionné par intermittences de 1927 à 1950. Depuis les années 1990, le paysage industriel calédonien a connu de profonds changements avec l'arrivée d'opérateurs très importants. À l'orée du XXIᵉ siècle, aux côtés d'*Inco-Vale*, qui a construit une grosse unité hydrométallurgique à Goro dans le Sud de la Grande Terre, et de

---

[1] Cette usine a été construite en 1910 par un concurrent local, la maison *Ballande*. Elle entre dans le giron de la société Le Nickel en 1931.

Glencore-Xstrata, qui développe une usine pyrométallurgique à Voh-Koné en province Nord, la société Le Nickel fait figure "d'opérateur historique".

Depuis la mise au point des aciers au nickel dans la dernière décennie du XIXe siècle, l'acier représente une part prépondérante des emplois du nickel. De nos jours, environ les deux tiers du nickel extrait dans le monde entrent dans la confection d'une grande variété de nuances d'aciers inoxydables. Les deux industries sont donc indissociables. Quelle a été l'évolution de leurs relations au cours du XXe siècle ? Cette question recoupe deux des cinq thèmes du présent colloque. En ce qui concerne l'axe « innovations et technologie », nous essaierons de montrer l'évolution des emplois et de la production des aciers au nickel, notamment à travers leur caractère stratégique, mais aussi leurs usages civils. Nous essaierons de comprendre comment l'évolution des technologies a été liée à l'élargissement des emplois de ces types d'aciers. Enfin, dans le cadre du thème « matières premières et approvisionnement », nous nous intéresserons aux rapports commerciaux qu'ont entretenu les deux branches industrielles.

Les emplois des aciers au nickel

Jusqu'à la fin du XIXe siècle, le nickel était un métal marginal, au prix élevé, dont les principaux gisements se trouvaient en Europe (Scandinavie notamment) et aux États-Unis. Il entrait principalement dans une gamme très large d'alliages à base de cuivre qui servaient à remplacer l'argent dans la confection d'objets de luxe ou de semi luxe. La mise en exploitation des gisements de la Nouvelle-Calédonie en 1874-1875, puis celle des gisements canadiens de la région de Sudbury (Ontario) à partir de 1886, ont abaissé le prix de revient du métal. Cette baisse des prix, attisée par la guerre commerciale que se livrent alors les différents producteurs, va favoriser la multiplication des usages du nickel. C'est son emploi dans les aciers destinés à l'armement qui déclenche le véritable décollage de l'industrie du nickel.

Plusieurs acteurs ont participé à la mise au point des aciers au nickel. En France, Henry Marbeau, oublié aujourd'hui, a joué un rôle très actif dans cette mise au point, ainsi que dans le développement des ferronickels. Après avoir quitté la société Le Nickel dont il a été l'un des dirigeants de 1880 à 1883, il fonde la société *Le Ferro-Nickel*. Avec son ingénieur chimiste Le Chesne, Marbeau aurait élaboré une plaque de blindage d'acier au nickel dès 1885 dans son usine de Montataire (Oise). En tout cas, il dépose plusieurs brevets sur le ferronickel et sur la fabrication des aciers au nickel. Mais c'est la firme *Schneider* qui va imposer ses procédés. En 1888, grâce au travail de Jean Werth qui dirige le laboratoire du Creusot, la société Schneider dépose un brevet sur les aciers au nickel. La course aux armements, et notamment la recherche de nouveaux blindages pour la marine de guerre, accélère les travaux sur les alliages d'acier et de nickel.

De nombreux essais sur les plaques de blindage en acier ont déjà été menés depuis le milieu des années 1870. Le concours organisé en 1890 par la marine américaine à Annapolis (Maryland) est décisif. Le 18 septembre 1890, en présence du secrétaire d'État à la Marine des États-Unis, Benjamin Tracy, des essais de tirs sont effectués sur trois plaques de blindage (Figure 1). La plaque en acier au nickel de Schneider est la seule à retenir les quatre projectiles alors que la plaque compound de la firme anglaise *Cammell* a été détruite et que l'autre plaque en acier pur présentée par Schneider présente d'importantes fissures. La plaque en acier au nickel est donc reconnue comme étant la meilleure par la commission américaine. D'autres essais ultérieurs démontrent que l'introduction de nickel dans l'acier permet d'éliminer totalement les fissures sous le coup d'un obus.

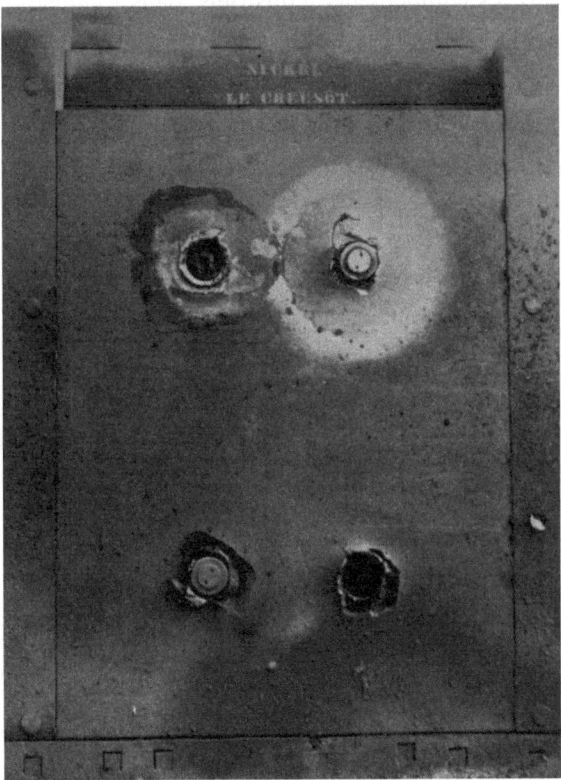

Figure 1. Concours d'Annapolis – résultat de la plaque Schneider n° 2 en acier au nickel[2]

---

[2] HOWARD-WHITE F.B., *Nickel an historical review*, Methuen & Co ltd, London, 1963, p. 101.

Schneider fabrique désormais les blindages destinés à la marine avec des aciers au nickel. D'ailleurs, c'est avec l'entreprise de Marbeau, le Ferro-Nickel, qu'une association est formée pour exploiter les brevets sur ces aciers. D'autres aciers spéciaux contenant du nickel, souvent associé au chrome, sont mis au point pour les canons. Pendant la Première Guerre mondiale, les commandes militaires représentent 90 % de la production mondiale de nickel.

Le retour à la paix provoque une récession et la nécessité de trouver d'autres débouchés. Déjà, avant la guerre, les aciers au nickel avaient trouvé des usages dans les constructions mécaniques, les automobiles, les ponts, les chemins de fer. Mais c'est dans les années 1920 que les usages civils se multiplient notamment dans la fabrication d'ustensiles ménagers, dans les équipements industriels, dans l'industrie automobile (Figure 2).

Figure 2. Un exemple d'application du nickel : les robinets de l'installation de benzol d'une grande raffinerie sont fabriqués à l'aide d'un alliage riche en nickel et en chrome afin de résister à la corrosion[3]

Les nuances d'acier adaptées à ces différents usages sont mises au point. C'est particulièrement le cas de l'acier inoxydable nickel-chrome

---

[3] *La Revue du Nickel*, janvier-février-mars 1947, p. 38.

10-18 qui apparaît en Allemagne et aux États-Unis, et qui fait l'objet d'une première fabrication en France aux aciéries électriques d'Ugine (Savoie) en 1925. La course aux armements qui précède la Seconde Guerre mondiale marque le retour à un emploi militaire massif. Après 1945, les usages civils et militaires se multiplient. Tout au long des Trente Glorieuses la production des aciers spéciaux connaît une progression remarquable. Ils jouent un rôle important dans les secteurs de pointe comme l'aéronautique. De nouveaux alliages à base de nickel, les superalliages, permettent de construire des pièces qui peuvent supporter des températures supérieures à 600° C (Figure 3). Leur développement est à la fois cause et conséquence d'innovations dans l'élaboration du nickel.

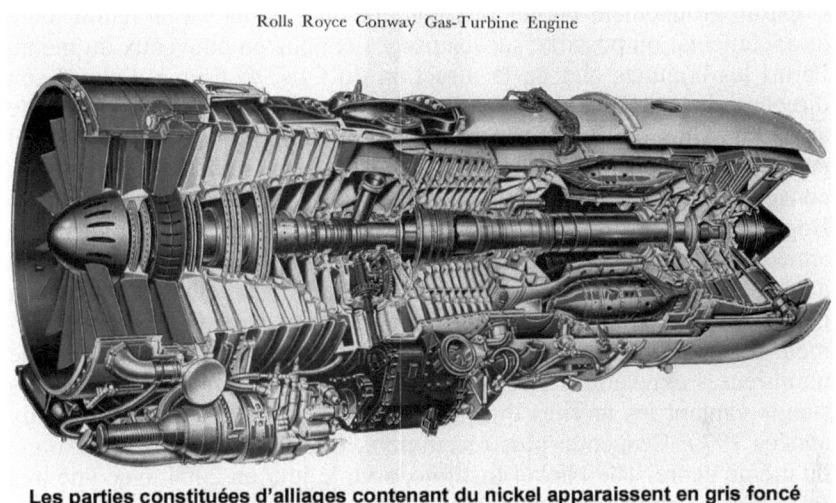

Les parties constituées d'alliages contenant du nickel apparaissent en gris foncé

Figure 3. Turboréacteur Rolls-Royce Conway[4]

Innovation, recherche et propagande

La recherche sur les aciers spéciaux est principalement le fait des aciéries. Nous l'avons vu, le laboratoire du Creusot a eu un rôle décisif dans la mise au point des premiers aciers spéciaux au nickel. Le Centre de recherches métallurgiques d'Ugine (CRMU) présente un autre exemple de laboratoire dont les travaux ont eu un grand impact sur l'évolution des aciers spéciaux. Ce centre de recherches est installé par René Perrin en 1922. Il a pour mission d'assurer le contrôle de la qualité des produits, de mener des recherches fondamentales sur des problèmes purement

---

[4] HOWARD-WHITE F.B., *op. cit.*, p. 247.

métallurgiques ainsi que des recherches appliquées pour l'amélioration des aciers selon les besoins des clients, notamment pour les roulements à billes des automobiles. Il contribue aussi à la formation des ingénieurs et à l'invention de nouveaux produits.

Cependant, les producteurs de nickel, soucieux de placer leur métal et d'en développer la production, ont aussi participé à la promotion des emplois du nickel dans les aciers ainsi qu'à la recherche et au développement des applications. En 1927, Inco et Le Nickel s'entendent pour créer en France le Centre d'information du nickel (CIN). Cette institution est financée par Inco et ses locaux sont fournis par la société Le Nickel qui est représentée dans son conseil d'administration. Cet organisme se veut indépendant et ne s'occupe jamais d'opérations commerciales. C'est un groupement purement technique dont le but est de réunir toute la documentation possible sur les usages connus ou nouveaux du métal. Parmi les hommes clef de la direction du CIN, se trouve d'abord son directeur Joseph Dhavernas, qui a dirigé auparavant l'usine construite aux Etats-Unis par la maison *Ballande*, principal concurrent du Nickel en Nouvelle-Calédonie de 1910 à 1931. Plusieurs membres éminents du conseil d'administration viennent de la société Le Nickel comme Basile Bogitch qui a dirigé son laboratoire de recherches pendant quatorze années ou comme Charles Guéneau qui en a été son directeur général à partir de 1935. Le CIN publie une revue trimestrielle, La Revue du Nickel, qui décrit les dernières avancées de la recherche et de l'élargissement des emplois du nickel (Figure 4). Par ailleurs, le CIN participe à de nombreuses expositions techniques ou industrielles en y établissant des stands vantant les mérites du nickel. Le CIN semble exister jusqu'aux années 1970. Beaucoup plus récemment, une institution anglo-saxonne du même genre, The Nickel Institute, a vu le jour en 2004 avec une très forte dimension environnementale.

Par ailleurs, cette propagande peut être directement le fait des opérateurs. En 1937, la société Le Nickel, en liaison avec les efforts de propagande du Centre d'information du nickel, envoie l'un de ses ingénieurs, Christian Thurneyssen, en Amérique afin qu'il étudie les méthodes de propagande d'Inco. Dans les années 1960, la SLN organise un centre de documentation interne qui édite des brochures destinées aux sociétés métallurgiques.

Les opérateurs s'occupent donc aussi de la recherche dans le but de trouver de nouvelles applications. En ce qui concerne la SLN, à la suite de son rapprochement avec les sociétés *Peñarroya* et *Mokta*, ses centres de recherches sont regroupés à Trappes (Yvelines) en 1972. Trois axes pour la recherche et développement sont assignés à ce centre : le perfectionnement des procédés d'élaboration (qualité et coût), le développement des applications, la recherche et la mise au point de produits nouveaux à partir d'études prévisionnelles.

De façon tout à fait classique, les innovations font l'objet d'un constant va et vient entre les producteurs de nickel et les aciéristes. Les premiers modifient l'élaboration de leurs produits en fonction des besoins des aciéries, et les seconds s'adaptent aux produits qui leur sont proposés notamment pour abaisser les coûts de production. Le développement des ferronickels par la société Le Nickel présente un bon exemple de cet échange entre producteurs et aciéristes.

Figure 4. La Revue du Nickel (janvier-février-mars 1930)

L'exemple des ferronickels

À l'origine, les minerais calédoniens présentant un nouveau type, il a fallu inventer de nouveaux procédés de traitement. Le premier procédé appliqué par Le Nickel a été celui mis au point en 1876 par Jules Garnier, l'ingénieur des mines qui a découvert le minéral qui porte son nom, la garniérite. Garnier s'inspire de la métallurgie du fer et dépose un brevet qui prévoit deux phases : une première fusion est effectuée en Nouvelle-Calédonie pour obtenir des fontes (ferronickels) qui sont affinées en métal pur à Septèmes (près de Marseille). Si la première étape du traitement donne toute satisfaction, l'affinage occasionne des déboires importants qui conduisent la société Le Nickel à abandonner ce procédé. À part le fait que Garnier était surtout un spécialiste de la métallurgie du fer, son idée était déjà, à l'instar de son associé Henry Marbeau, de produire des ferronickels qui pourraient être directement utilisés par les aciéristes.

L'abandon du procédé Garnier conduit la société à adopter des procédés dérivant de la métallurgie du cuivre. Il s'agit paradoxalement d'introduire du souffre lors de la première fusion afin d'obtenir des mattes (sulfures de fer et de nickel) que l'on peut aisément déferrer pour obtenir du métal pur ou divers produits intermédiaires (oxydes). Pourtant le raisonnement de Garnier demeure valide. L'idée d'introduire directement des ferronickels dans les hauts fourneaux permettrait de réaliser des économies appréciables. Du côté du producteur, le traitement des minerais en Nouvelle-Calédonie ne nécessiterait qu'une seule étape et le coût du transport s'en trouverait abaissé. Du côté des consommateurs, l'introduction de ferronickels dans les hauts fourneaux devrait permettre d'utiliser le fer contenu dans les minerais et non plus de l'éliminer au cours du déferrage.

Mais dans la pratique l'utilisation directe de ferronickels dans des hauts fourneaux n'est alors pas viable. L'électrométallurgie permettrait de le faire mais la mise au point de la fusion électrique des minerais de nickel prend du temps. En Nouvelle-Calédonie, une première usine expérimentale est démarrée près de la chute de Tao (côte Est au Nord de Hienghène) en 1910 par une firme locale concurrente du Nickel. Cette usine est reprise en 1914 par la société Le Nickel qui l'utilise comme usine d'essais. Les résultats des études qui y sont réalisées sont réinvestis dans une nouvelle usine électrométallurgique située dans le Sud de la Grande Terre, à Yaté, où un barrage a été édifié afin d'alimenter une centrale hydroélectrique. Mais le ferronickel produit à Yaté doit être transformé en matte afin de pouvoir être traité par les usines d'affinage de la société. Résultat, en 1931, la matte produite à partir du ferronickel de Yaté, présente un surcoût par rapport à celle produite dans l'usine classique au coke de Doniambo (Nouméa). Des essais sont donc faits en vue d'utiliser directement le ferronickel dans les aciéries. Deux lots de ferronickel sont expédiés en France pour y être traités par les aciéries électriques d'Ugine et par la maison *Aubert et Duval*. Ces essais demeurent sans suite. La question traîne pour plusieurs raisons. Du côté des opérateurs, la voie classique de traitement des minerais à l'aide de fours de type water jacket alimentés par du coke est préférée car elle est éprouvée. C'est la voie choisie par la maison Ballande quand elle ouvre l'usine de Doniambo (Nouméa) en 1910. C'est aussi celle choisie par la société Le Nickel à Thio-Mission en 1912. Du côté des aciéristes, c'est du nickel pur qui est demandé. Il est introduit avec les autres adjuvants (chrome par exemple) à la fin des opérations au convertisseur. Du coup, comme le nickel pur produit à partir des ferronickels de l'usine métallurgique de Yaté revient beaucoup plus cher, les opérations à Yaté sont suspendues. L'usine est gardée en réserve. Quand au début de 1938, il est nécessaire d'augmenter la production et que l'usine de Doniambo est confrontée à un problème d'approvisionnement en coke en raison des difficultés rencontrées à la cokerie locale, la société Le Nickel préfère importer du coke d'Australie plutôt que de réactiver l'unité de Yaté. À ce propos il est déclaré au conseil d'administration de la société que grâce à cette importation « il est possible d'éviter la remise en marche de Yaté qui n'aurait été envisagée qu'en dernier ressort ».[5] Les choses en restent là quand la Deuxième Guerre mondiale éclate.

Après la guerre la question revient. En 1946, un programme d'essais est lancé pour étudier la fusion électrique des minerais pour ferronickel et pour matte, et séparation du fer et du nickel dans les ferronickels. Philippe Gros, qui a participé à la direction de la SLN en Nouvelle-Calédonie dans les années 1970, puis dans les années 1990, écrit : « La filière de la SLN passait par la matte, en Nouvelle-Calédonie, et la production de métal, au Havre. Cependant, la première étape métallurgique consistait bien à produire, à la coulée du four, un ferronickel, transformé en matte, par apport de gypse, à l'affinage. Ce ferronickel, comme son nom l'indique, était donc susceptible d'apporter deux des trois composants des inox, économisant ainsi toute les étapes conduisant au métal ; mais encore fallait-il non seulement en convaincre les aciéristes, mais les amener à adopter le procédé AOD (Argon-Oxygen Decarbonisation), leur permettant d'utiliser des produits moins nobles ».[6]

Durant les années 1950, la SLN conduit un grand programme de modernisation de son usine de Doniambo. Dans l'usine dite "A" de type classique,

---

[5] Archives de la société Le Nickel-SLN, Procès-verbal du conseil d'administration, 25.02.1938.
[6] GROS P., « La société Le Nickel », in *Réalités industrielles,* août 2008, p. 22.

Les mutations de la sidérurgie mondiale du XXe siècle à nos jours

les anciens fours water jacket cèdent la place à trois bas fourneaux qui produisent de la matte. Une nouvelle usine "B" électrométallurgique commence la production de ferronickels en 1959. Ainsi Philippe Gros explique-t-il : « Tel fut, donc, à l'issue de la période de remise en ordre des installations, l'axe stratégique : produire des ferronickels destinés à la production d'aciers inox, tout en maintenant et en modernisant la filière conduisant au métal destiné, pour l'essentiel, au marché des aciers de très haute qualité. Cet axe était bien celui d'une intégration verticale des mines jusqu'à la métallurgie, allant jusqu'à la création d'un réseau commercial international. Il limitait, à terme, l'exportation directe de minerai brut auprès de fondeurs japonais ».[7]

Le développement de la production des ferronickels s'est poursuivi jusqu'à nos jours. Aujourd'hui la production de matte est minoritaire. Quatre types de ferronickels, plus ou moins élaborés selon les besoins des clients, sont produits à Doniambo (Figure 5).

Désignation	Obtention	Applications	Part
FN 4	produit brut de la fusion	aciers de construction	41 %
FN 3	désulfuration du FN 4	aciers de construction, fontes spéciales et aciers inoxydables	25 %
FN 2	affinage du FN3 au convertisseur		4 %
FN 1	affinage plus poussé du FN2	applications spéciales exigeant un ferronickel exempt de tout parasite, aciers inoxydables	30 %

Figure 5. **Les quatre catégories de ferronickels par qualité croissante, leurs principaux usages et leur part dans la production de ferronickels à l'usine de Doniambo en 1970**[8]

Ces ferronickels, comme les mattes, sont alors produits sous forme de lingots qu'il faut conditionner à la main (figure 6). En 1978, la SLN inaugure un nouvel atelier où le ferronickel est grenaillé afin de faciliter l'automatisation des opérations. Le ferronickel liquide est dirigé sur un éclateur et immédiatement refroidi, formant ainsi une grenaille qui est facilement reprise, homogénéisée, convoyée, versée en vrac dans des containers, puis stockée. En outre, les nouveaux produits obtenus ainsi

---

[7] *Ibid.*
[8] BOUYE B., *Les activités de la société Le Nickel en Nouvelle-Calédonie, travail de recherche et d'étude en géographie tropicale*, Université de Bordeaux III, 1972, pp. 135-139.

(SLN 25 et SLN Si) conviennent bien aux aciéries qui sont automatisées à la même époque (Figure 8).

Figure 6. Ebarbage et mise en palette des lingots de ferronickel
(Usine de Doniambo, Nouméa, Nouvelle-Calédonie, vers 1970)[9]

Le résultat de cette évolution des produits de Doniambo est qu'à partir des années 1960 et jusque dans les années 1990, la SLN est le premier producteur de ferronickels au monde. En outre, le lancement de cette production lui a permis d'abaisser son coût de fabrication qui était plus élevé que celui d'Inco.

L'évolution de la fabrication des ferronickels illustre bien le véritable dialogue qui s'établit entre l'opérateur et ses clients. Afin d'abaisser ses coûts de fabrication, la SLN a mené des essais destinés à convaincre ses clients d'adopter les ferronickels. Elle a dû cependant attendre que les aciéristes disposent du type d'équipement qui convenait à leur traitement.

---

[9] Source : Le Nickel-SLN.

Une fois les ferronickels acceptés par les sidérurgistes, la SLN a adapté son produit à l'automatisation des aciéries tout en réalisant des économies sur le conditionnement et le transport.

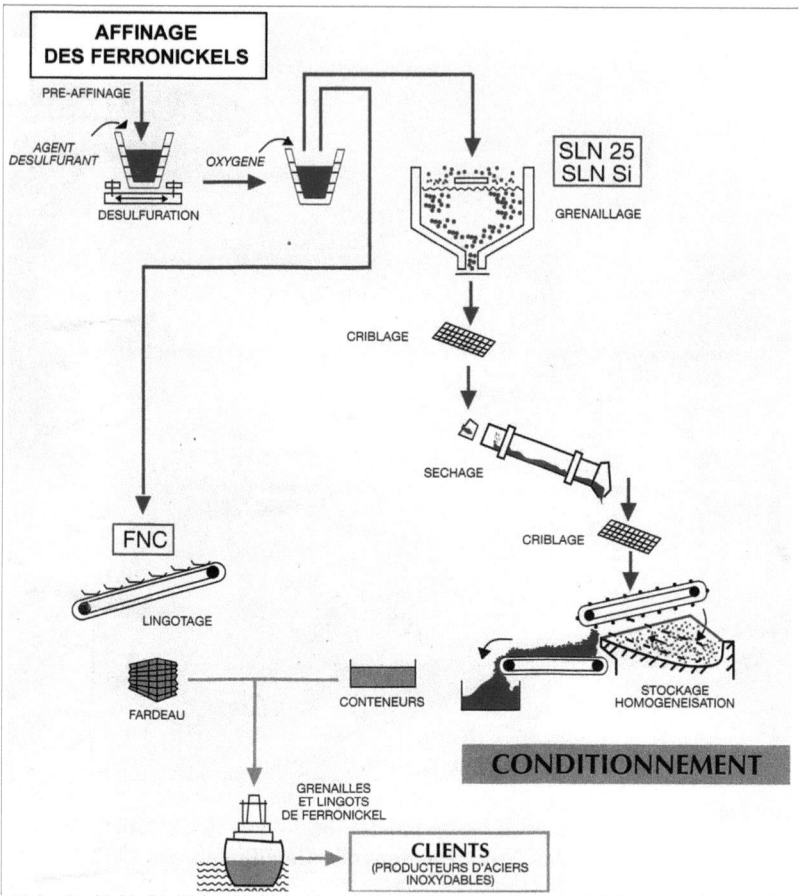

Figure 7. **Le processus de l'affinage des ferronickels à l'usine de Doniambo (Nouméa)**[10]

Assurer l'approvisionnement en nickel des aciéries

Une fois les aciers au nickel mis au point, la demande s'est rapidement élevée en raison de leur caractère stratégique. La régularité et la montée en puissance des approvisionnements en nickel deviennent un enjeu important. Fournisseurs et acheteurs s'organisent donc.

---

[10] Source : Le Nickel-SLN.

La société Le Nickel s'efforce de répondre au mieux aux à-coups de la demande. Vu la localisation de ses mines en Nouvelle-Calédonie et celle de ses unités de fusion et d'affinage éparpillées dans trois pays européens (Le Havre en France, Birmingham et Glasgow au Royaume-Uni, Iserlohn (Ruhr) en Allemagne), elle doit surmonter les contraintes que présente un cycle de production qui s'étend à la fois dans l'espace et le temps. Le processus qui mène du carreau de la mine au produit final peut facilement atteindre une année. La première contrainte est la distance géographique et les aléas (retards, naufrages) qui pèsent sur l'expédition des minerais et des produits semi-finis au départ de la Nouvelle-Calédonie. Pour éviter que la perte ou le retard d'un chargement ne perturbe le cycle de production, la société constitue des stocks importants dans ses usines européennes. La question de la mobilisation rapide des stocks en cas de conflit apporte d'ailleurs un argument aux promoteurs de l'introduction du nickel dans la monnaie (qui n'a lieu en France qu'à partir de 1903) : la masse de nickel contenue dans la monnaie en circulation pourrait constituer un stock facilement récupérable. À la distance s'ajoute le fait que le processus de fabrication de la société Le Nickel a lieu en grande partie hors de France, notamment en Allemagne. Après la mise en marche d'une unité d'affinage au Havre (en remplacement de l'usine de Septèmes) en 1888, la société agrandit cette usine afin d'y regrouper toutes les étapes menant du minerai au métal pur. Ainsi, à partir de 1892, la société dispose de deux filières indépendantes et en cas de guerre, la France dispose de l'usine du Havre. Après la Première Guerre mondiale, la société ferme progressivement ses unités européennes pour ne conserver que l'usine du Havre. Depuis 1978, cette usine a été fermée et les opérations d'affinage ont été transférées, non loin de là, à Sandouville.

Les sidérurgistes s'organisent aussi pour s'assurer un approvisionnement régulier en nickel. À peine les premiers aciers au nickel mis au point, les aciéristes britanniques, sous la houlette de *Vickers*, créent en 1892 le *Steel Manufacturers Nickel Syndicate*. D'autres grands sidérurgistes européens entrent peu à peu dans ce syndicat : l'Anglais *Armstrong and Whitworth* en 1902, les Allemands *Krupp* et *Dillingen* en 1903, les sociétés françaises Schneider, *Châtillon-Commentry et Neuves-Maison* en 1904. Par ailleurs, le marché du nickel donne lieu à un partage entre les trois premiers producteurs. En 1901, les sociétés américaines (regroupées l'année suivante au sein d'Inco[11]), la firme britannique *Mond* et la société Le Nickel forment une entente sur les prix et sur les secteurs géographiques du marché. Ces accords sont régulièrement reconduits. Ils donnent lieu à des réunions à Londres d'où il ressort des ajustements sur les prix et sur les quantités. En 1923 par exemple, la répartition est la suivante : 41 % pour Inco, 41 % pour

---

[11] Au départ, en 1902, Inco est une holding formée aux États-Unis sous la pression des aciéristes américains. Devenue un véritable opérateur en 1912, elle est absorbée par sa filiale canadienne en 1928.

Mond et 18 % pour Le Nickel (total 100 %). Cette répartition en quantité se double d'une répartition géographique issue d'un rapport de force nettement favorable à Inco. Comme le montre la figure 8, la clientèle du Nickel se concentre en France. Après la Seconde Guerre mondiale, le syndicat n'est pas reconduit. Durant les Trente Glorieuses, c'est le « prix producteur » qui s'impose, c'est-à-dire le prix fixé par Inco qui domine largement le marché. Ce prix est normalement fonction du coût de fabrication. Le coût du nickel calédonien étant plus élevé, il bénéficie de subventions. Dans les années 1960, la société Le Nickel parvient, nous l'avons vu, à réduire son prix de revient grâce au lancement de la production de ferronickels dans son usine de Doniambo. Cette situation prend fin dans les années 1970 quand Inco se lance dans une guerre des prix. Désormais, c'est le *London Metal Exchange* (marché des métaux de Londres) qui sert de référence aux prix.

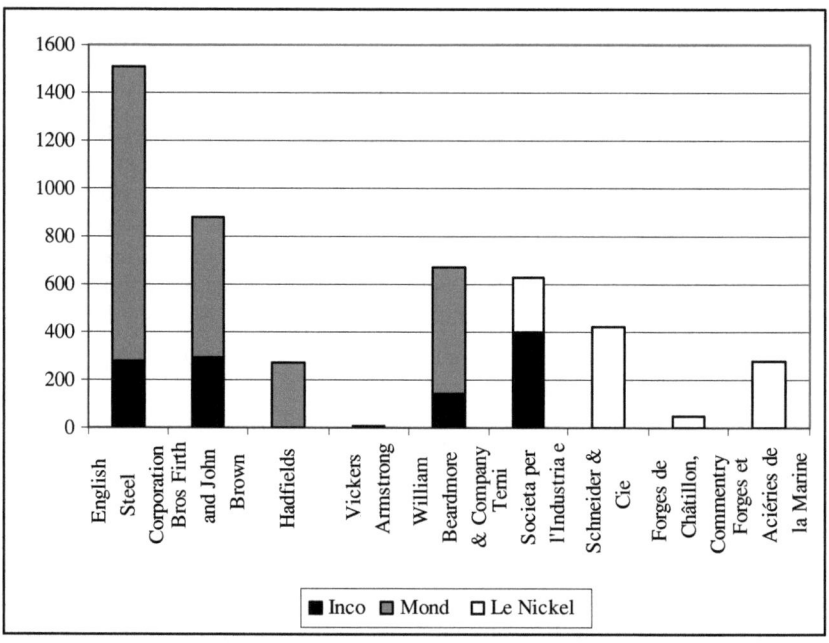

Figure 8. Nickel affiné livré par Le Nickel, Mond et Inco aux membres du Steel manufacturer's Nickel Syndicate en 1939 (en tonnes)

À la suite de cette guerre des prix dans un contexte de crise économique, la société Le Nickel connaît de profonds changements. Déjà, en 1968, elle avait pris une part majoritaire dans le capital de Peñarroya, une autre société du groupe Rothschild s'occupant de non ferreux (zinc). L'année suivante, Mokta (uranium) était passée sous son contrôle. À partir de 1974, une série de restructurations conduit finalement à la formation du groupe ERAMET-SLN en 1985, puis ERAMET en 1992. La société Le Nickel devient la filiale du groupe dont elle est le berceau et ne comprend que les actifs calédoniens de la branche nickel d'ERAMET. En 1999, le groupe connaît un nouveau changement avec l'entrée des sociétés du groupe Duval dans le cadre d'un pacte d'actionnaires régulièrement renouvelé depuis 2006 (Figure 9).

Ainsi la société Le Nickel dont la politique définie dès la fin du XIXe siècle consistait à ne pas prendre d'intérêts au sein d'entreprises métallurgiques qui faisaient partie de sa clientèle, se retrouve aujourd'hui au sein d'un groupe qui comprend des activités minières et métallurgiques de non ferreux (nickel, manganèse) mais aussi des activités liées aux aciers dans la branche alliage, avec Albert et Duval (A&D) et Erasteel.

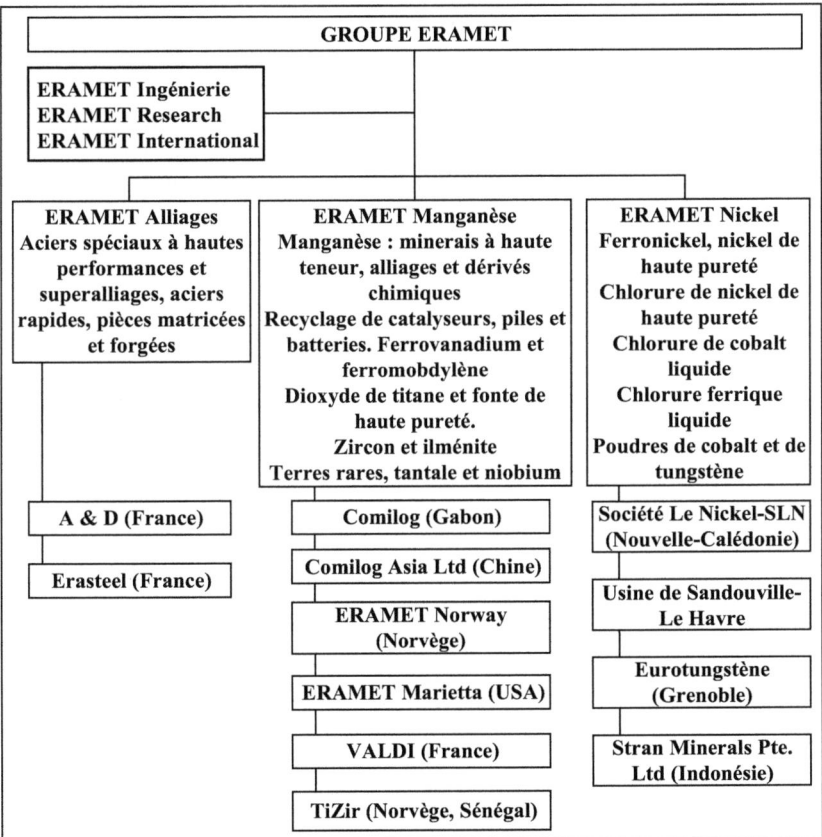

Figure 9. Schéma simplifié de la structure du groupe ERAMET (2013)[12]

---

[12] Site internet d'ERAMET www.eramet.com, consulté en février 2013.

L'industrie du nickel, notamment la société Le Nickel, et la sidérurgie ont partie liée depuis la mise au point des aciers au nickel dans les années 1890. Depuis cette époque, les aciers inoxydables constituent le principal débouché du nickel. Les commandes militaires ont joué un rôle décisif dans le développement de l'industrie du nickel à la veille de la Première Guerre mondiale. Par la suite, elles conservent un rôle important, mais les usages civils se multiplient. Aciéristes et producteurs de nickel s'attachent à développer de nouvelles nuances d'aciers spéciaux au nickel et de faire connaître les nouveaux emplois qu'ils peuvent trouver. Ce développement fait l'objet d'un constant va-et-vient entre producteurs et aciéristes dans l'amélioration du processus de fabrication et l'adaptation des produits aux besoins des aciéries. La nécessité d'assurer un approvisionnement régulier conduit la société Le Nickel à réorganiser ses filières et les aciéristes à se regrouper en syndicats jusqu'à la Seconde Guerre mondiale. Pendant les Trente Glorieuses, la production se développe de façon spectaculaire sous la domination d'Inco. À partir des années 1970, la crise économique et la guerre des prix conduisent à une nouvelle organisation du marché, désormais réglé par le London Metal Exchange, et à d'importantes restructurations. La formation, à partir de la société Le Nickel, du groupe ERAMET en 1992 au bout d'une vingtaine d'années de remaniements en constitue un bon exemple.

Économies d'énergie et localisation des usines sidérurgiques en Europe occidentale au début du XXe siècle

Jean-Philippe Passaqui

Université Paris 1 Panthéon-Sorbonne – CH2ST/IHMC

Au cours de la période 1880-1914, l'économie industrielle cesse d'être fondée sur de multiples raisonnements empiriques. Elle ne s'appuie plus seulement sur une expérience déterminée par la rencontre de différents problèmes, au cours de la conduite du processus de production. Elle devient le fruit d'une réflexion rigoureuse qui associe les différents stades de la fabrication et tente de mettre en rapport la complémentarité des principaux services sidérurgiques.

Au tout début du XXe siècle, dans un contexte économique favorable, marqué par la sortie de la longue dépression, la croissance de la production sidérurgique est forte. Elle s'appuie sur de nombreuses innovations, sur l'apparition de nouvelles usines qui profitent des bouleversements que connaissent les conditions de production de la fonte, de l'acier ainsi que des produits laminés. Cette transformation rapide de la sidérurgie au cours des années qui précèdent la Première Guerre mondiale est parfaitement perçue par les contemporains, économistes comme ingénieurs. La création de grands complexes intégrés suscite une attention soutenue, prétexte à la publication d'articles dans les revues techniques, comme le *Génie civil* ou la *Revue de métallurgie*. Cependant, la réflexion des économistes semble assez classique. Ils échafaudent, à partir de l'évolution de la sidérurgie, les bases de nouveaux concepts d'économie industrielle qui s'inscrivent en rupture avec les idées du temps, reposant sur la dispersion de la production. Dans le cas de la sidérurgie, c'est au contraire le renforcement de la concentration verticale qui est prôné. Il découle d'un nouveau rapport à l'énergie.

Présentation des solutions techniques envisagées
La question énergétique

À cette époque, survient un renouvellement complet de la réflexion sur l'énergie. Il serait donc intéressant d'étudier quel fut l'impact des travaux consacrés à la valorisation des gaz de hauts fourneaux sur la localisation des usines sidérurgiques, sur le degré de concentration verticale des entreprises, en fonction d'un mode de production qui tend à devenir un modèle, au sein des grands complexes sidérurgiques. À la fin du XIXe siècle, l'intégration est recherchée par la quasi-totalité des acteurs déterminants du secteur. Se pose la question de savoir dans quelle mesure la localisation d'une usine doit être conditionnée par la proximité des ressources en combustibles ou de minerai de fer qui sont destinées à l'alimenter ? À partir de quelle teneur en fer le choix s'effectue-t-il en faveur d'une présence sur un bassin houiller ? Certains établissements ont pu aussi se développer, sans pour autant être placés près des sources d'approvisionnement, en privilégiant le renforcement de leurs relations avec la clientèle, orientation commerciale particulièrement originale dans une industrie qui repose sur le transport et la manutention d'importantes quantités de matières particulièrement pondéreuses. La nouvelle localisation de la sidérurgie européenne s'appuie presque exclusivement sur des critères économiques et techniques. Elle s'affranchit des intérêts politiques et militaires de certains pays, de la France et de l'Allemagne notamment, en accentuant le regroupement, dans un espace réduit, de capacités de production considérables. Le regard que ces États portent sur la politique industrielle de leurs entrepreneurs, les tentatives pour atténuer les mutations qui remettent en cause les fondements stratégiques, encore très peu perçus par ailleurs, sont autant de thèmes qui sont contrebalancés par l'attitude propre aux maîtres de forges, confrontés à la rapidité du changement technique comme à l'exacerbation de la concurrence sur les demi-produits, en dehors du champ national relativement protégé.[1]

Cela conduit à dresser un tableau renouvelé de la sidérurgie, en Europe occidentale, entre 1900 et 1914. Ce cadre chronologique correspond à la période de diffusion de la fabrication de l'acier au convertisseur par déphosphoration, dans le prolongement des découvertes de Sidney Thomas. Par les minerais traités, moins riches que par le passé, par les volumes de coke utilisés, la grande usine sidérurgique intégrée s'impose comme le modèle du site industriel rentable, de la mer du Nord aux confins de la Lorraine annexée et de la Meurthe-et-Moselle. Le procédé Thomas a connu, au cours des années qui ont suivi sa découverte, en 1878, une diffusion assez lente,

---

[1] Cf. sur ce point, PASSAQUI J.-P., *La stratégie des Schneider, du marché à la firme intégrée (1836-1914)*, Presses universitaires de Rennes, Rennes, 2006, en particulier le chapitre IX intitulé « La Lorraine, enfin ! ».

du fait des garanties offertes par les brevets, mais aussi en raison des particularités des minerais auxquels il convient. Les fontes phosphoreuses passées dans les convertisseurs Thomas sont obtenues à partir de minerais relativement pauvres, dont la teneur oscille entre 30 et 38 %. Dans ces conditions, la réduction des coûts, obtenue par l'utilisation de minerais abondants et bon marché, est contrebalancée par la question énergique. La mise au mille de coke est élevée. Néanmoins, elle n'empêche pas, à partir de 1893, de vastes usines de sortir de terre en Lorraine annexée, au Luxembourg et en Meurthe-et-Moselle. Elles concourent à propager le procédé Thomas tout en rendant plus évidentes les nécessaires recherches pour économiser la houille dans ce type d'établissements industriels.[2] Car, avec la création de capacités de production supplémentaires, associée à une reprise économique généralisée, le charbon, en Europe, a tendance à se faire rare pour la clientèle industrielle. Elle doit subir, pour les différents types de combustible, un renchérissement qui semble en passe de s'accélérer à partir de 1901.

Découverte et diffusion des moteurs à gaz pauvres

Comme souvent, l'information se diffuse par le biais de la communauté scientifique et technique. Les moments de rencontre, congrès, expositions universelles, ou plus modestement les visites d'usines, offrent des cadres propices à des échanges fructueux et la possibilité de faire connaître l'intérêt, l'importance d'un nouvel équipement. La fin du XIXe siècle et les premières années du XXe siècle sont marquées par une répétition des manifestations destinées à confronter les travaux des sidérurgistes européens. Un Congrès de métallurgie se tient à Paris, en 1900, en marge de l'Exposition universelle. À cette occasion, la société *Cockerill* présente un moteur à gaz de 200 chevaux, installé au cours des mois suivants dans une de ses usines pour être associé à une dynamo. Il fait forte impression et retient notamment l'attention d'Henri de Wendel.[3] Déjà, deux ans plus tôt, à Londres, au cours d'une conférence de l'*Iron and Steel institute*, Léon Greiner, le directeur général de Cockerill, avait exposé les recherches en cours devant un auditoire attentif.[4]

Au début du XXe siècle, les moteurs à gaz sont déjà très présents dans le paysage de l'industrie sidérurgique d'Europe continentale. Mais ces moteurs sont exclusivement alimentés par du gaz riche d'éclairage, récupéré des batteries cokières. Rien ne laisse supposer qu'un engouement

---

[2] LEVAINVILLE J., *L'industrie du fer en France*, A. Colin, Paris, 1932 (1922), pp. 96-97.

[3] WORONOFF D., *François de Wendel*, Presses de Sciences Po, Paris, 2001, p. 189.

[4] DUTREUX A., « Utilisation directe des gaz de hauts fourneaux dans les moteurs à explosion », in *Mois scientifique et industriel*, juin 1899. Sur le rôle de Greiner et plus généralement de la logique qui a conduit à l'invention des moteurs à gaz pauvres au sein de Cockerill, cf. HALLEUX R., *Cockerill, deux siècles de technologie*, Éds du Perron, Alleur-Liège, 2002, p. 123.

particulier doit se manifester en faveur des gaz pauvres, récupérés des hauts fourneaux, dont le pouvoir calorifique par mètre cube est beaucoup plus faible. Du fait des facilités d'épuration des gaz de cokerie et de leur pouvoir calorifique élevé, ils restent privilégiés comme source d'énergie pour les grandes usines sidérurgiques.[5] Mais pour les usines incomplètes, qui ne possèdent pas de batteries de fours à coke, la solution préconisée par Cockerill semble tentante. Elle se heurte tout de même, au cours des premières années, au faible retour d'expériences à propos des réalisations industrielles pionnières. Ainsi, *Pont-à-Mousson* manifeste un intérêt certain pour les moteurs à gaz pauvres dès leur présentation, mais attend que la phase de mise au point soit achevée avant de s'engager dans des commandes fermes de machines de ce type.[6]

Depuis quelques années déjà, les recherches se multiplient en Europe en vue d'améliorer la valorisation des gaz générés par les établissements sidérurgiques. Les expériences sont conduites concurremment en Écosse, à partir de 1894, avec la récupération des gaz aux gueulards de hauts fourneaux de l'usine de Wishaw de la *Glasgow Iron Company*. Il ne s'agit pas de produire de la force, mais d'alimenter un moteur destiné à fournir de l'éclairage à l'usine.[7] Les buts divergent mais les difficultés techniques sont communes.

Sur le continent, des tentatives similaires débutent l'année suivante, à Seraing, en Belgique et à Hœrde, près de Dortmund, en Allemagne.[8] D'ailleurs, les sidérurgistes allemands se réunissent à ce sujet, à Düsseldorf, en avril 1899.[9] Quant au Luxembourg, ses entreprises sont parmi les premières à se doter d'équipements de valorisation des gaz de hauts fourneaux. Parmi les grands pays sidérurgiques européens, seule la France semble en retard, au moins jusqu'à ce que l'Exposition universelle de 1900 ne vienne démontrer la portée pratique des premières réalisations. Comme souvent, plusieurs initiatives innovantes ont coïncidé dans le temps, sans pour autant avoir disposé, à l'origine, du croisement de l'information technique et ceci d'autant plus que certaines entreprises ont adopté une attitude opposée à celle de Cockerill, grand promoteur des moteurs à gaz. Cette société a déposé son premier brevet à ce sujet le

---

[5] AFB [Académie François Bourdon], 01G0138, Visites des usines de Sambre-et-Moselle et d'Ougrée, épuration primaire des gaz de hauts fourneaux. Note de Divary et Cohade, mars 1908.

[6] AFB, 01G0138, Voyage dans l'Est, en Luxembourg et en Belgique, [note de Divary], 01.07.1901.

[7] De MONCOMBLE C., « Utilisation des gaz de haut-fourneau », in *Revue de métallurgie*, 1907, p. 42.

[8] Voyage dans l'Est, en Luxembourg et en Belgique, *op. cit.*

[9] DUTREUX A., « Utilisation directe des gaz de hauts fourneaux dans les moteurs à explosion », in *Génie civil*, tiré à part, 26.08.1899, p. 1.

15 mai 1895.¹⁰ À Hœrde, la logique est de cacher aux visiteurs les réalisations en cours ou de les laisser entrevoir, mais sans que les dispositifs les plus importants puissent être décrits précisément, à partir d'un coup d'œil aussi lointain. Enfin, l'information en provenance des États-Unis est assez lacunaire. Il semble cependant qu'au moment où les Européens s'intéressent à cette question, des entreprises américaines commencent aussi à infléchir leurs orientations énergétiques.¹¹

À partir de 1897, les publications se multiplient dans les revues techniques européennes. Elles découlent de la présentation des premiers travaux de Greiner et d'un article ayant connu un grand retentissement. Publié par Hermann Hubert, ingénieur au corps des Mines de Belgique, l'article se présente d'abord comme une réflexion théorique sur la thermodynamique. Après des essais concluants à partir d'un petit moteur de 8 chevaux, les premières réalisations pratiques pour l'application du gaz de haut fourneau surviennent avec un moteur de la force de 200 chevaux. Hubert profite à nouveau de la caisse de résonance technique que constitue l'Exposition universelle de Paris, en 1900, pour assurer la promotion des dispositifs imaginés à Seraing. Cette fois, c'est un moteur de 600 chevaux alimenté par les gaz de cinq hauts fourneaux qui est présenté à la profession.¹² La montée en puissance de ces moteurs est logique, dans la mesure où elle correspond d'abord au besoin des producteurs de gaz pauvres, c'est-à-dire les grands établissements sidérurgiques.

Dès 1898, certains ingénieurs européens considèrent que la valorisation de la ressource énergétique des gaz pauvres de hauts fourneaux est entrée dans l'ère pratique et industrielle.¹³ Un moteur à gaz pauvre développant une force de 750 chevaux semble avoir été mis en service par Westinghouse, aux États-Unis quand, en Europe, les premiers moteurs de 600 chevaux sont sur le point d'être mis en route. Pourtant, la solution soulève encore un certain scepticisme, ou plutôt un degré d'insatisfaction. En dehors de Seraing, les premiers résultats obtenus n'ont pas été prolongés

---

[10] HUBERT H., « Utilisation directe des gaz de hauts-fourneaux pour la production de force motrice », in *Annales des Mines de Belgique*, 1898, p. 1468. Hubert est ingénieur au Corps des Mines belge. Il a rédigé son article à partir de données fournies par l'entreprise John Cockerill.

[11] DUTREUX A., « Utilisation directe ... », *op. cit.*, 1898, pp. 17 et 19.

[12] HUBERT H., « Utilisation directe des gaz de hauts-fourneaux », in *Congrès de Métallurgie*, Paris, 1900. Voir aussi les articles publiés par Greiner, directeur de Cockerill, sur ce sujet. A. DUTREUX, « Utilisation directe ... », 1898, *op. cit.*

[13] À ce propos, Dutreux, ingénieur de l'usine de Saint-Jacques, dans l'Allier, note : « Il serait imprudent de se laisser entraîner à des affirmations trop catégoriques dès aujourd'hui, et de vouloir tout actionner par des moteurs à gaz. Cependant, de jour en jour, les usines métallurgiques, surtout celles comprenant des aciéries et des laminoirs, reconnaîtront davantage la nécessité d'établir toute une série de machines annexes électriques ».

par des applications industrielles, comme le rappelle l'ingénieur allemand Joachim Lürmann, lors d'une conférence devant les membres de la Société des Ingénieurs métallurgistes allemands : « le haut-fourneau est le gazogène le plus parfait que nous connaissions, car son gaz qui n'est qu'un sous-produit, renferme de 24 à 34 % de gaz combustible. Mais il y a cependant quelques difficultés à l'utilisation de ce gaz dans les moteurs. Elles résident : 1° dans la variation de la composition du gaz, 2° dans sa faible teneur en gaz combustibles, 3° dans les poussières et les vapeurs métalliques ou autres qu'il entraîne, 4° dans sa teneur en vapeur d'eau ».[14]

Le tournant de 1905

Après Paris, un autre congrès majeur se réunit à Liège en 1905, au cœur des entreprises à l'origine du nouveau rapport que l'industrie de la fonte entretient avec l'énergie. Son organisation n'est pas sans incidence sur le paysage industriel des environs. L'usine d'Ougrée fait l'objet d'importants investissements pour être équipée de moteurs à gaz. Un premier train électrique est monté en 1905. Devant la qualité des résultats obtenus, de nouveaux moteurs à gaz sont installés, dans le but de poursuivre l'électrification des équipements en aval de l'usine. Or, ces congrès de métallurgie ne sont pas seulement destinés à écouter les différentes communications. Ils servent d'abord à visiter des établissements industriels, pour en étudier les transformations récentes, car si l'on cache à ses concurrents les produits obtenus, les équipements périphériques, les moteurs à gaz pauvres en font partie, ne font pas toujours l'objet d'un culte du secret. Chaque utilisateur est enclin à fournir, mais aussi à recevoir, des informations qui faciliteraient la mise au point des installations récentes. Ernest Divary, un des ingénieurs du service des *Hauts Fourneaux et Aciéries de Schneider et Cie*, note d'ailleurs, à propos du congrès de Liège, qu'il « a été des plus intéressants par l'importance des questions qui y ont été traitées, et par les visites d'usines qui ont été faites ». Il ajoute, au terme de sa visite des usines d'*Ougrée-Marihaye*, situées à proximité de Liège : « Cette société, l'une des plus considérables de la région de Liège [...] est en pleine transformation et la partie intéressante pour nous est le développement qu'y a pris la production de la force motrice des hauts fourneaux et l'utilisation de l'électricité dans tous les services. [...] Depuis 1901, la société d'Ougrée a tiré grand parti de l'emploi rationnel des gaz de hauts fourneaux, qui sont devenus les grands pourvoyeurs de force motrice de toute l'usine d'Ougrée ».[15] Car on découvre par un calcul simple qu'une tonne de coke consommée dans un haut fourneau dégage une quantité de gaz correspondant à la force que produit en une heure une

---

[14] De MONCOMBLE C., *op. cit.*, p. 43.
[15] AFB, 01G0138, Divary, Congrès de métallurgie de Liège, juillet 1905.

machine à vapeur de 25 chevaux. À nouveau, en 1910 et 1911, les maîtres de forges européens se retrouvent à Düsseldorf puis dans le Nord-Pas-de-Calais. Une douzaine d'années ont suffi pour établir un premier bilan et faire que cette jeune activité réalise, en quelque sorte, un point d'étape.

Comment cette innovation majeure s'est-elle imposée ?
Suivre la démarche innovante de la filière sidérurgique européenne

En 1909, l'économiste Jean Lescure signale un point fondamental à propos des bouleversements techniques qui préoccupent les sidérurgistes. Il note : « Une découverte toute récente vient d'ajouter encore aux supériorités techniques de l'entreprise intégrée : c'est l'utilisation des gaz de hauts fourneaux comme force motrice. Ces gaz, il y a dix ans à peine, s'échappaient encore dans l'air libre, ou étaient utilisés simplement pour chauffer les chaudières à vapeur ».[16] L'impression laissée par cette citation laisse supposer que le progrès technique s'est déroulé sans heurts. Mais si l'idée de valoriser les calories contenues dans les gaz pauvres des usines sidérurgiques semble séduisante et assez facile à obtenir, la phase de tâtonnements et de déception est beaucoup plus importante que ce qui avait été anticipé. Les gaz récupérés des hauts fourneaux doivent être séparés de leurs poussières. Or, la question de l'épuration des gaz a nécessité plusieurs années de recherches avant de recevoir des solutions efficientes. D'ailleurs, les premières expériences conduites à Seraing n'avaient pas fait de cet aspect le cœur de la démarche, impliquant une découverte à contretemps des conséquences de cette relative négligence.[17] Car les gaz de l'usine de Seraing présentaient la particularité de posséder des poussières faciles à épurer, ce qui n'est pas le cas le plus fréquent.[18] Ainsi, les premières installations de moteurs à gaz pauvres Delamarre conçus par Seraing ont fini par jeter un véritable discrédit envers cette innovation, qui, au moment de sa présentation, avait pourtant suscité un engouement immédiat de la part des industriels du Centre-Est de l'Europe occidentale.[19] On peine à comprendre pourquoi le même équipement donne, à l'usine de Differdange, des résultats beaucoup moins probants

---

[16] LESCURE J., « Aspects récents de la concentration industrielle : l'intégration dans la métallurgie », in *Revue économique internationale*, 1909, p. 261.

[17] DUTREUX A., « Utilisation directe des gaz des hauts fourneaux dans les moteurs à explosion », in *Le Génie Civil*, 1901.

[18] AFB, 01G0138, Rabeau, Réunion des concessionnaires de la Société Cockerill pour la construction des moteurs à gaz, visites d'usines, juin 1906.

[19] DANTIN C., « Production économique de la force motrice au moyen des gaz métallurgiques », in *Le Génie Civil*, juin 1907, pp. 137-142.

que le moteur à gaz de 600 chevaux de l'usine de Seraing.[20] Le fonctionnement de Differdange concentre les regards car, du fait du mode de fonctionnement des hauts fourneaux, les gaz qui sortent du gueulard y sont 20 fois plus chargés que ceux passant à l'épuration à l'usine de Seraing.[21] En fait, plus que le moteur à gaz, c'est l'état général de cette usine qui explique les échecs à répétition. Le Theisen, appareil installé pour achever le dépoussiérage des gaz, est incapable de fonctionner. Le même dispositif rencontre d'ailleurs des déconvenues à Homécourt et dans l'usine Schneider de Cette/Sète[22] où les résultats sont bien inférieurs à ceux présentés par l'inventeur.[23]

Le terme de discrédit général commence à se répandre pour constater la difficile mise au point de l'invention belge.[24] Devant la défiance qui s'installe face aux premières applications industrielles à grande échelle, Cockerill organise en juin 1906, à Seraing, une réunion-conférence destinée à rassurer les utilisateurs et les clients potentiels.[25] Les congressistes en profitent pour visiter un certain nombre d'installations, notamment les usines d'Ougrée, de la Providence, de Longwy et d'Homécourt. Mais c'est surtout celle de Rheinhausen[26] qui retient l'attention par le nombre de machines à gaz déjà installées.[27] Deux dizaines d'unités sont déjà en fonctionnement. Au cours des mois suivants, les commandes de moteurs à gaz à grande puissance se multiplient en faveur de Cockerill. En 1910, les laminoirs de l'usine de Rheinhausen possèdent déjà quatre trains équipés de moteurs à gaz. Les ingénieurs du Creusot qui visitent l'usine signalent, à son propos : « L'emploi du moteur à gaz de hauts fourneaux, pour conduire des trains de laminoirs, paraît donner satisfaction, mais la dépense de gaz est assez élevée, car ce moteur n'est pas aussi élastique que le moteur électrique, mais il est plus robuste et donne moins d'ennuis et moins d'arrêts ».

En outre, une valorisation complète impose de posséder une entreprise complète, intégrée, depuis la production de fonte jusqu'aux laminoirs, ce qui est rarement le cas au moment de la généralisation du procédé Thomas. En Meurthe-et-Moselle, l'usine de Jœuf a été conçue pour

---

[20] Voyage dans l'Est, en Luxembourg et en Belgique, *op. cit.*
[21] DUTREUX A., « Usine de Differdange », in *Le génie civil*, 28.06.1901.
[22] Sur l'histoire de cette usine, cf. PASSAQUI J.-P., *Intégration vers l'amont, politique d'approvisionnements en matières premières et combustibles minérales au sein des établissements Schneider et Cie, du Creusot, de 1836 à 1914*, thèse de doctorat d'histoire, Université de Bourgogne, Dijon, 2001, pp. 447-506.
[23] De MONCOMBLE C., *op. cit.*, p. 106.
[24] Voyage dans l'Est, en Luxembourg et en Belgique, *op. cit.*
[25] Réunion des concessionnaires de la Société Cockerill …, *op. cit.*
[26] AFB, 01G0134, Husson et Divary, Rapport de voyage dans l'Est, en Luxembourg, en Allemagne et en Belgique, juillet 1910.
[27] Usine de la société Krupp située près de Duisburg.

produire de la fonte et de l'acier dont la plus grande partie est ensuite acheminée vers les usines du centre de la France, pour être laminée. À l'opposé, l'usine de Dudelange est caractéristique de ce nouveau rapport à l'énergie.[28] Le site, dirigé par Émile Mayrisch, possède en particulier un haut fourneau à grande capacité dont les gaz entraînent 2 machines de 600 chevaux, une autre de 1000 chevaux, destinées à alimenter des dynamos. Le courant de celles-ci sert à actionner des pompes, des ventilateurs, des monte-charges et on songe déjà à engager l'électrification des trains de laminoirs les moins puissants.

Le point de départ des changements

La crainte de l'échec est encore patente en 1906. Pourtant, quelques années plus tard, la réussite de la technique de valorisation des gaz pauvres contraste avec les errements initiaux. En 1910, les usines de Senelle (*Senelle-Maubeuge*) et des *Forges de la Providence* à Rehon connaissent une transformation complète. À l'origine, elles étaient limitées à la présence de hauts fourneaux et expédiaient leur fonte aux usines de Maubeuge et d'Haumont. Mais avec la valorisation de l'énergie disponible fournie par les hauts fourneaux, il est désormais possible, sans consommation supplémentaire de charbon, de convertir sur place la fonte en acier, avant de l'écouler sous forme de blooms et non plus de lingots de fonte. C'est d'ailleurs pourquoi les usines les plus modernes de Meurthe-et-Moselle réorganisent leur production. *Châtillon-Commentry* abandonne l'expédition des lingots de fonte qui alimentaient ses usines du Centre de la France, situées à Commentry et Montluçon, dans l'Allier, ainsi que celles de *Saint-Chamond*, dans la Loire. Au fil des ans, les capacités de production s'étendent vers l'aval. À Rehon, la Providence, après avoir adapté ses hauts fourneaux, s'engage dans la construction d'une aciérie Thomas, d'un blooming, pour s'équiper de trains à laminer les rails et les billettes. La transformation permet à certaines usines de ne plus se contenter de productions courantes, mais de s'engager vers des marchés plus porteurs.[29] À Dommeldange, la société *Le Gallais, Metz et Cie* décide d'associer à ses hauts fourneaux une aciérie électrique dont le courant est obtenu par la valorisation des gaz des hauts fourneaux, ce qui lui permet de réaliser des produits à plus haute valeur ajoutée, destinés au marché automobile notamment.

Mais il ne faudrait pas imaginer que le rapprochement des établissements sidérurgiques des gisements de minerais de fer constitue la seule voie possible. Le processus d'intégration joue dans les deux sens et certaines usines isolées connaissent des transformations générales pour

---

[28] Voyage dans l'Est, en Luxembourg et en Belgique, *op. cit.*

[29] Rapport de voyage dans l'Est, en Luxembourg, en Allemagne et en Belgique, *op. cit.*

pouvoir être adaptées à la nouvelle donne énergétique. L'usine de *Clabecq*, située à proximité de Bruxelles, était à l'origine spécialisée dans la production de petits profilés. Pour ce faire, elle contractait des marchés pour se fournir en blooms d'acier. Avec la possibilité de valoriser les gaz pauvres, elle est équipée de deux hauts fourneaux associés à trois convertisseurs Thomas. Quant au laminoir, le blooming trio et les deux trains trio sont munis de commandes électriques. Mais la réalisation la plus spectaculaire dans ce domaine se dessine à Montignies-sur-Sambre, près de Charleroi, où une usine de la société *Sambre-et-Moselle*,[30] proche par ses capitaux de *Thyssen*, sort de terre, dans un environnement dépourvu de minerai de fer. Elle doit aussi organiser son approvisionnement charbonnier, sans pouvoir disposer de ses propres ressources.[31] Elle reçoit pourtant deux hauts fourneaux à grande capacité, une importante station centrale, approvisionnée exclusivement par les gaz de l'usine, ceux des hauts fourneaux comme de la batterie cokière. Le but était, au terme de la transformation de ce site industriel, de pouvoir fournir l'ensemble des besoins en énergie nécessaires au laminage. Car avec une capacité de production de fonte qui s'élève à près de 700 tonnes par jour, l'usine dispose d'une production quotidienne de 140 000 mètres cubes de gaz pauvres qui peut être valorisée. Le projet industriel autour duquel s'articulent les investissements à Montignies présente une certaine originalité par rapport à ceux adoptés par le reste de la profession. Ses administrateurs considèrent que les nouvelles conditions énergétiques modifient la relation à la localisation.[32] Ils estiment, au moment où les usines se multiplient dans le bassin de Briey, au Luxembourg et en Lorraine annexée, que l'avantage reste aux usines situées sur les gisements charbonniers, pourvu qu'elles se trouvent à proximité d'un canal à grand gabarit ou de la mer. On anticipe déjà les surcapacités qui risquent de se produire du fait de la multiplication des usines. Les industriels qui ont tardé à adopter le changement technique bénéficient d'une meilleure connaissance du nouvel environnement commercial. Ils cherchent à se rapprocher des marchés dynamiques, en direction des pays où les investissements d'infrastructure sont importants.[33] La *Société du Nord et de l'Est* n'est d'ailleurs pas si éloignée de cette logique. Elle possède cinq hauts fourneaux à Jarville-les-Nancy, mais elle considère qu'il est nécessaire de se doter de trois nouveaux hauts fourneaux à proximité de Valenciennes.[34] L'arbitrage se fait par rapport au coût de transport. Les réseaux de chemin de fer encouragent les convois de minerais de fer de Briey.

---

[30] HALLEUX R., *op. cit.*, pp. 92-93.
[31] Congrès de métallurgie de Liège, juillet 1905, *op. cit.*
[32] Rapport de voyage dans l'Est, en Luxembourg, en Allemagne et en Belgique, juillet 1910, *op. cit.*
[33] AFB, 01G0138, Divary et Rabeau, Voyage en Belgique, mai 1909.
[34] Voyage dans l'Est, en Luxembourg et en Belgique, *op. cit.*

Dans le même temps, les produits sidérurgiques peuvent être facilement chargés sur l'Escaut pour prendre la direction de Dunkerque ou d'Anvers.

Mais la rapidité du changement technique dans l'industrie sidérurgique peut s'avérer assez paralysante, car le moteur à gaz surprend des investissements ambitieux qui doivent être adaptés à la nouvelle donne technique et économique. Ainsi, la question des moteurs à gaz conditionne le développement de l'usine d'Homécourt, dont la construction a été engagée par la société *Vezin-Aulnoye*.[35] Mais alors que celle-ci s'est immédiatement préoccupée d'obtenir la force motrice nécessaire par la valorisation des gaz de hauts fourneaux, ses projets sont contrariés par les premiers moteurs reçus, censés actionner les dynamos destinées à fournir l'ensemble de l'électricité nécessaire à l'usine. Leur fonctionnement chaotique se répercute sur la marche de l'ensemble du site.

Le haut fourneau, nouveau cœur d'une usine sidérurgique

Dans le même temps, la réflexion sur la production énergétique est poursuivie. Elle fait rapidement ressortir des progrès très importants. Dans le prolongement du concept de mine-usine apparu dans les bassins ferrifères, à la fin du XIXe siècle, pour profiter de la valeur calorifique des gaz riches issus de la carbonisation du charbon et des gaz pauvres émis par les hauts fourneaux, des recherches sont lancées en vue de produire de l'électricité, à partir de turbines à gaz. Les progrès sont spectaculaires.[36] À la veille de la Première Guerre mondiale, les établissements sidérurgiques les plus intégrés sont en mesure de se passer de la presque totalité des charbons, autrefois si consommés, à l'exception des fines destinées à la cokéfaction. En effet, les moteurs à gaz deviennent l'élément principal de la centrale thermique dont se dotent les usines sidérurgiques dans le but de produire de l'électricité. En 1905, un ingénieur des établissements Schneider et Cie de retour de mission dans les grandes usines sidérurgiques européennes note : « Dans ce voyage, j'ai été particulièrement frappé du développement de plus en plus grand du rôle nouveau attribué au haut fourneau, la production de la fonte semble, en effet, passer au second plan, car c'est surtout la production de la force motrice qui décide de son implantation auprès des usines de transformation. Ce rôle n'a pu être envisagé que grâce à la parfaite marche industrielle des gros moteurs à gaz qu'il permet d'actionner ».[37]

---

[35] AFB, 01G0134, Hannebicque, Notes de voyages, usines de Rombach, Micheville, Homécourt, Differdange, novembre 1901. Sur l'intégration de cette usine au sein du groupe Marine, cf. MIOCHE P., « La compagnie de la Marine et Homécourt en Lorraine, 1912-1974 », in *Annales de l'Est*, 1(1989).

[36] AFB, 01G0062, Gagneux, Renseignements pris au cours des visites de stations centrales, voyage en Allemagne, 1910.

[37] Congrès de métallurgie de Liège, juillet 1905, *op. cit.*

Or, il devient évident, dans la continuité des réussites rencontrées par les sidérurgistes américains, que plusieurs types d'appareils pourraient être adaptés aux caractéristiques des moteurs électriques. Outre les trains de laminage déjà évoqués, cela concerne les machines d'extraction.[38] Par conséquent, au-delà des simples économies d'échelle, le modèle de la mine-usine à très grande production est conforté. L'organe vital de l'usine n'est plus l'aciérie, mais redevient le haut fourneau dont la fonte, sans être devenue un simple sous-produit, ne constitue plus la seule raison d'être de ce type d'appareil. Autre constat qui se dessine au cours des années qui précèdent la Première Guerre mondiale, les services séparés, les usines qui ne sont pas intégrées sur place, ne sont plus viables, notamment certaines aciéries spécialisées dans les produits courants, incapables de répondre à la réduction des coûts sur laquelle repose la prospérité des établissements les plus récents.

Les conséquences commerciales de la diminution des coûts d'approvisionnement en énergie

Croissance des capacités de production

À partir de 1905, la sidérurgie européenne est marquée par la généralisation des usines géantes qui offrent la double particularité de s'appuyer sur une importante capacité de production,[39] tout en étant à même de poursuivre vers l'aval la transformation de leurs produits sidérurgiques. Ce phénomène atteint son paroxysme à la veille de la Première Guerre mondiale. Les maîtres de forges européens, dans la continuité des acquis tirés de la connaissance des méthodes américaines, se lancent, à leur tour, dans la construction de hauts fourneaux gigantesques. En l'espace de quelques années, la capacité unitaire journalière de ces appareils s'élève d'une centaine à près de 400 tonnes de fonte. Bien que cette volonté suive différentes voies, elle poursuit des objectifs communs à l'ensemble de la sidérurgie européenne. Des hauts fourneaux à grande capacité se dressent, à la même époque, au Pays de Galles, en Normandie et en Lorraine annexée. Ces installations ne sont que rarement achevées au moment du déclenchement de la Première Guerre mondiale, mais elles préfigurent le profil des installations sidérurgiques postérieures. Dans la continuité de ce qui vient d'être évoqué, les usines complètes qui sont érigées à la même époque sont, elles aussi, établies en fonction de deux objectifs complémentaires. Elles couvrent des surfaces immenses qui limitent les problèmes de circulation des matières premières, des combustibles, d'évacuation régulière des fontes et des laitiers, ainsi que de

---

[38] Voyage en Belgique, *op. cit.*
[39] Congrès de métallurgie de Liège, juillet 1905, *op. cit.*

transfert de la production de fonte liquide vers les aciéries, puis de l'acier vers les laminoirs.[40]

Tombé dans le domaine public, le procédé Thomas, associé à la transformation des conditions d'accès à l'énergie, entraîne un bouleversement brutal de la sidérurgie européenne marqué par le déclin des entreprises britanniques, le déplacement du centre de gravité de la sidérurgie française et l'apparition, dans l'Empire allemand, de très gros complexes sidérurgiques intégrés. Une des premières constatations réside dans la nouvelle orientation de la localisation de l'industrie sidérurgique. Dans la plupart des cas, les bassins les plus dynamiques ne sont plus situés à proximité des ressources charbonnières. Pont-à-Mousson érige l'usine d'Auboué, sur le carreau même de sa mine de fer.[41] Marine fait de même, avec le rachat du site d'Homécourt. La mutation s'opère assez rapidement en faveur des gisements de minerai, ce qui s'explique par le fait que les importantes ressources mises en valeur à la fin du XIXe siècle, notamment à la limite entre les deux Lorraine, recèlent un minerai dont la teneur en fer, le plus souvent inférieure à 40 %, ne permet pas, en dehors de dispositifs particuliers s'apparentant à des subventions, d'envisager un transport sur de longues distances. Aussi devient-il plus intéressant de déplacer le charbon et non plus le minerai, comme auparavant, lorsque celui-ci venait essentiellement d'Afrique du Nord et d'Espagne.

Les nouvelles usines, placées sur les gisements de minerai de fer, font ressortir de nettes différences quant aux stratégies de rapport à l'espace.[42] En France, les implantations sont lentes comme en atteste l'exemple de l'usine d'Homécourt. En Lorraine annexée et, plus généralement, dans l'ensemble de l'Empire allemand, les constructions sont plus rapides et reposent sur des plans qui peuvent être reproduits dans d'autres lieux. Ils laissent aussi une place importante aux possibilités d'extension ultérieures.

Dans le même temps, bien que la diffusion du procédé Thomas se fasse, au début du XXe siècle, avec promptitude, elle ne permet pas de répondre à l'ensemble des demandes des consommateurs. Les produits plats, les aciers à canons et à projectiles doivent toujours être obtenus par le biais de méthodes traditionnelles, elles-mêmes concurrencées par l'apparition de l'acier électrique. Cette stratégie industrielle s'explique d'autant plus facilement que certains procédés de fabrication de l'acier s'appuient désormais sur la capacité à utiliser les riblons, les battitures, c'est-à-dire l'ensemble des déchets ferreux.

---

[40] HALLEUX R., *op. cit.*, p. 111.
[41] *Voyage dans l'Est, en Luxembourg et en Belgique*, *op. cit.*
[42] PASSAQUI J.-P., *Intégration vers l'amont ...*, *op. cit.*, pp. 495-496.

Or, dans ce domaine, certains États acquièrent une nette supériorité. Le Royaume-Uni conserve une grande partie de ses convertisseurs Bessemer, déjà abandonnés sur le continent, et développe sa capacité de production d'acier Martin. L'Est de la France et la Belgique s'orientent presque exclusivement vers un développement de la production d'acier Thomas.

L'Allemagne s'appuie sur une industrie sidérurgique beaucoup plus équilibrée où ni les fours Martin, ni les convertisseurs Thomas n'occupent une place dominante. Du fait du développement de ses exploitations minières, elle s'oriente aussi rapidement vers l'installation de moteurs à gaz de fours à coke, comme en atteste la présence d'un équipement de ce type, d'une force de 750 chevaux, à Dillingen.[43] Dans ces conditions, la France comme la Belgique sont dans l'incapacité de consommer l'ensemble de leurs déchets ferreux, de leurs chutes de laminage, alors que l'Allemagne reste importatrice de ce type de matières. Elle a su mettre en place une industrie sidérurgique au sein de laquelle produits courants et produits fins sont obtenus de manière complémentaire. Ce phénomène profite à l'ensemble des activités situées en aval. Les entreprises de travaux publics, les constructions mécaniques, voire les premières entreprises de fabrication d'automobiles trouvent, auprès de leurs fournisseurs nationaux, de quoi couvrir l'intégralité de leurs besoins, dans des conditions particulièrement favorables.

Même si les stocks de riblons ne sont pas encore très importants en Europe, par rapport à la demande en produits métallurgiques, le développement rapide des capacités de laminage multiplie l'offre de déchets et apporte la possibilité à certains pays, pauvres en minerais et en combustibles, de devenir des acteurs secondaires de la production sidérurgique, sans pour autant avoir à subir les conséquences de conditions minérales défavorables. Certains bassins anciens, basés sur le charbon, profitent parfois de ce phénomène. C'est le cas de la Ruhr où est obtenue, avant-guerre, la plus grande partie de l'acier Martin allemand dont la part atteint déjà 42 % de la production totale. Davantage que leurs concurrentes françaises, les usines allemandes associent, sur un même site, la production des différentes sortes d'acier, en profitant de la complémentarité technique qui permet à une aciérie Martin de vivre, en grande partie, des déchets d'une aciérie Thomas. Dans ce domaine, la France prend du retard. Tardivement et marginalement, les usines de l'Est incorporent la production d'acier Martin. Une grande partie des déficiences qui mettent en échec les projets de domination des sidérurgistes français, au lendemain de la Première Guerre mondiale, est déjà en germe dans ce processus. L'autre orientation consiste dans l'association, sur un même

---

[43] De MONCOMBLE C., *op. cit.*, p. 60.

site, de toutes les étapes de la production sidérurgique, depuis le haut fourneau jusqu'au train de laminage. Il est évident que le renouvellement des conditions de la production d'énergie conforte la logique de l'intégration sur place.[44] C'est un des premiers aspects mis en avant par les promoteurs de la valorisation des gaz de hauts fourneaux : « la question de l'utilisation directe des gaz de hauts fourneaux commence à sortir de la période des tâtonnements et d'essais plus ou moins concluants, pour entrer dans le domaine de la pratique. Les ténèbres qui l'entouraient sont en train de se dissiper, et il est certain que le problème se présente déjà sous un jour tout autre qu'au début de cette année. Il serait imprudent de se laisser entraîner à des affirmations trop catégoriques dès aujourd'hui, et de vouloir tout actionner par des moteurs à gaz. Cependant, de jour en jour, des usines métallurgiques, surtout celles comprenant des aciéries et des laminoirs, reconnaîtront davantage la nécessité d'établir toute une série de machines annexes électriques ».[45]

Nouveau rapport à l'espace industriel

En même temps, ce nouveau rapport à l'espace, l'organisation rationnelle des flux, outre les évidentes économies d'énergie qui en découlent, permettent d'homogénéiser les produits sidérurgiques, grâce à la généralisation de certains équipements, comme les mélangeurs de fonte, à grande capacité, qui ne sont utilisables que dans le cas d'une forte production journalière et du transfert de la fonte, sous forme liquide et non en lingots, vers les aciéries. Des usines comme celle d'Hagondange, construite par August Thyssen, offrent une parfaite illustration de ce phénomène. Elles sont établies à partir de plans tracés dès l'origine pour prendre en compte les agrandissements ultérieurs et pour réduire autant que possible les circulations de matières, les flux de marchandises, les ruptures de charges et les mises en stock, afin de limiter la main-d'œuvre. Enfin, c'est avant la Première Guerre mondiale, toujours sous la pression des progrès enregistrés aux États-Unis, que les métallurgistes européens cherchent, de plus en plus, à comprimer la partie du personnel la moins qualifiée et la moins stable, afin de surmonter les difficultés de recrutement qu'ils rencontrent de manière récurrente. Plusieurs solutions doivent être envisagées devant la menace d'une concurrence accrue.

En terme de coût de production, la nouvelle relation à l'énergie n'est pas sans conséquence, dans un environnement plus concurrentiel. L'ingénieur Aimé Witz la résume ainsi : « L'économie de chaleur n'a d'intérêt pratique pour l'industrie que si elle se traduit par une économie réelle d'argent ; le bon emploi des calories est en effet une condition

---

[44] LESCURE J., *op. cit.*
[45] DUTREUX A., « Utilisation directe … », *op. cit.*, 1898, p. 26.

primordiale dans l'espèce, mais elle resterait fictive, si elle n'aboutissait en dernière analyse à un abaissement du prix de l'unité de travail ; le rendement thermique est, pour ainsi dire, la coquetterie d'un système, le prix du cheval-heure effectif en est la réalité pratique ».[46]

Ainsi que nous l'avons constaté, la question de la valorisation des gaz de hauts fourneaux atteint une industrie sidérurgique en pleine transformation, au sein de laquelle les usines se multiplient, du fait de la mise en valeur du potentiel minier lorrain, et à la suite de la reprise industrielle dont les premiers effets se manifestent depuis le milieu des années 1890. Or, les usines anciennes se retrouvent placées dans une situation d'infériorité évidente, avec un outillage frappé, en quelques années, d'une obsolescence qui se signale notamment par le renchérissement des prix de revient vis-à-vis des usines plus récentes. Car la transformation des équipements de production de force exige des investissements considérables pour les usines équipées de machines à vapeur, qui subissent en parallèle l'envolée des cours de la houille au début du XXe siècle. La concurrence naissante n'a plus à se préoccuper de ses approvisionnements en charbon à vapeur. En outre, les usines qui n'accueillent sur le site où elles sont érigées que quelques étapes de la chaîne productive sidérurgique sont, là encore, grandement pénalisées.[47] Des hauts fourneaux seuls provoquent la perte des gaz qu'ils génèrent, une aciérie et des laminoirs non associés à des hauts fourneaux supportent des intrants en énergie plus élevés.[48]

La nouvelle géographie de la sidérurgie européenne à l'orée du XXe siècle

La comparaison des orientations techniques des différents bassins sidérurgiques se révèle fructueuse. D'une entreprise à l'autre, la réflexion quant à la production énergétique est plus ou moins achevée. Si les usines de Moselle apparaissent comme des modèles et figurent parmi les premières à recevoir des équipements électriques à forte puissance, les établissements des sociétés allemandes, situés sur les bassins charbonniers, ne connaissent pas la même évolution. Outre la proximité du charbon qui menace moins la présence des machines à vapeur, l'histoire des entreprises allemandes explique cette particularité. En Allemagne, les mines

---

[46] WITZ A., *L'éclairage électrique*, mai 1902, cité par De MONCOMBLE C., *op. cit.*, p. 55.
[47] AFB, 01G0138, Hannebicque et Cottard, Voyage en Belgique, visite d'installations de laminoirs actionnées par moteurs électriques, août 1906.
[48] GOUVY A., « Utilisation rationnelle des gaz de hauts fourneaux et des fours à coke dans les usines métallurgiques, mémoire présenté au Congrès du Nord et du Pas-de-Calais, juin 1911 », in *Bulletin de la Société de l'Industrie Minérale*, mars 1912, pp. 297-326.

de charbon sont souvent à l'origine de grandes entreprises sidérurgiques, comme en atteste l'exemple de la *Gelsenkirchener Bergwerks-AG*.

À l'inverse, en France, rares sont les compagnies minières à s'être lancées dans pareille aventure. À la veille de la Première Guerre mondiale, les *Mines de Lens*, intéressées avec *Commentry-Fourchambault* dans la création d'une usine à Pont-à-Vendin, font figure d'exception. La tendance est plutôt inverse. Les compagnies sidérurgiques sont omniprésentes dans la reconnaissance des nouveaux gisements houillers, en Isère, dans le Pas-de-Calais et en Meurthe-et-Moselle. Elles prennent aussi d'importantes participations au sein des compagnies qui sont constituées pour mettre en valeur les grands gisements de Campine belge, du Limbourg hollandais et de la région d'Aix-la-Chapelle. Leur intérêt se porte alors non sur la houille, au sens générique du terme, mais vers des faisceaux dont on s'est assuré de l'aptitude à la cokéfaction.

Conclusion

La transformation des conditions énergétiques au début du XXe siècle modifie profondément la géographie de l'industrie sidérurgique européenne. Mais elle induit pour les industriels une prise de risque considérable, dans la mesure où les premiers équipements installés connaissent une mise au point laborieuse, tout en étant vite dépassés par les améliorations rapides que connaissent ces machines, en terme de puissance et de fiabilité. Les premiers moteurs, dits Delamarre-Cockerill, sont déjà abandonnés en 1906 par les premiers industriels qui s'en sont dotés.[49] Le changement technique s'impose à une vitesse étonnante, quand on le compare avec le rythme précédent de l'innovation, pour la partie de l'activité sidérurgique en lien avec la relation à l'énergie. En 1907, quelques années après les premières présentations, des moteurs à gaz de 6 000 chevaux sont en activité. Ils commencent à créer les conditions de la diffusion de cette nouvelle ressource énergétique pour étendre l'usine et pour alimenter l'industrie au-delà de l'usine productrice.[50]

Mais certains coûts du changement ont été mal appréhendés. Le renchérissement des prix des charbons, au début du XXe siècle, milite en faveur de l'abandon des machines à vapeur au profit des moteurs. Mais en fait, alors que le moteur à gaz pauvre représente un investissement considérable, il est, nous venons de le voir, rapidement frappé d'obsolescence. Il est aussi rapidement usé et relégué à l'état de ferraille. Le processus est trop avancé pour ne pas être devenu irréversible, entraînant la diffusion de concert des moteurs à gaz et des alternateurs dans les usines sidérurgiques.

---

[49] Réunion des concessionnaires de la Société Cockerill …, *op. cit.*
[50] De MONCOMBLE C., *op. cit.*, p. 62.

Une articulation plus grande entre les différents ateliers d'une usine en découle. En 1901, l'ingénieur Auguste Dutreux avait décrit en ces termes ce que serait la sidérurgie des années à venir : « Il est permis de prévoir le jour où l'on réalisera la commande des grands laminoirs réversibles, soit par des moteurs électriques à mouvement continu avec embrayages pour le renversement, soit même peut-être par des moteurs réversibles. On verra donc des usines sidérurgiques desquelles seront presque complètement proscrites les chaudières et les machines à vapeur, et dans lesquelles le combustible n'entrera plus guère que sous forme de coke pour l'alimentation des hauts fourneaux qui seront non seulement des producteurs de fonte, mais aussi des gazogènes parfaits, distribuant autour d'eux toute la puissance motrice nécessaire ». Plus qu'une prédiction, c'est une prévision lucide du spécialiste franco-luxembourgeois de la question des moteurs à gaz pauvre. Quelques années plus tard, le mouvement a profondément modifié le paysage sidérurgique européen. Mais dans certains bassins, dans le Centre de la France par exemple, la proximité par rapport au charbon provoque encore quelques hésitations face à l'ampleur des transformations à réaliser. Comme le rappelle Alexandre Gouvy : « Le but essentiel de l'utilisation des gaz de hauts fourneaux ou de fours à coke dans une usine doit être la suppression, soit partielle, soit totale, de la consommation de houille pour chaudières à vapeur, voire même l'obtention d'une disponibilité supplémentaire permettant de fournir la force motrice sous une forme quelconque à l'extérieur ».[51] Or ce type de solution est facilement applicable aux usines nouvelles, mais il efface les avantages initiaux des entreprises nées de la présence d'un bassin houiller, ce qui constitue le lot commun de nombreux établissements français, belges, britanniques et allemands. La rapidité du rythme de l'innovation, ainsi que de sa diffusion, créent une forme d'incertitude qui ne concourt pas à garantir les positions acquises. Les entreprises multiplient les risques au moment de se lancer dans un investissement majeur à une époque où, qui plus est, la conjoncture de l'industrie sidérurgique reste marquée par des retournements et une série de fluctuations qui peuvent rendre caduques, au bout de quelques mois, des projets industriels d'envergure. Les difficultés rencontrées par les usines de Differdange en sont un exemple frappant. Peuvent en découler des décisions contradictoires et des conflits d'intérêt. Houillères et usines sidérurgiques ont désormais en commun d'avoir intérêt à disposer, en leur sein, de batteries cokières. Les premières récupèrent les sous-produits grâce à des fours qui se perfectionnent rapidement.

Pour l'industrie sidérurgique, disposer d'une batterie cokière apporte une source de gaz à haute valeur calorifique. On comprend donc que la possession d'une houillère, si recherchée par les industriels de la filière

---

[51] GOUVY A., *op. cit.*, p. 318.

sidérurgique au début du XXe siècle, ne renvoie pas à une simple question de sécurité des approvisionnements. Elle participe à la refonte des orientations énergétiques de la profession. Mais quelles que soient les solutions adoptées, elles s'inscrivent dans un cadre contraint, celui évoqué en 1912 par Alexandre Gouvy, en conclusion de son article publié dans le *Bulletin de la Société de l'Industrie Minérale* : « Je crois toutefois avoir fait ressortir une fois de plus l'intérêt qu'il y a, surtout pour les grandes usines métallurgiques, à tendre vers l'utilisation la plus complète possible des richesses contenues dans les gaz de leurs hauts fourneaux et de leurs fours à coke, par des aménagements méthodiques judicieusement combinés et soigneusement étudiés dans chaque cas particulier. Des sacrifices paraissent d'autant plus nécessaires dans ce sens que l'on constate dans tous les pays industriels un accroissement rapide de la production en produits sidérurgiques, que des régions jusqu'ici oubliées cherchent à se soustraire aux produits importés en créant elles-mêmes des usines à fer et à acier de toutes pièces, et que la lutte pour le marché mondial ne pourra être efficacement soutenue dans l'avenir qu'à ce prix, les progrès techniques appliquées en temps voulu assurant surtout la victoire ».[52]

Il serait intéressant de prolonger cet article mais en le plaçant sur une autre échelle, car si le grand district industriel situé au carrefour de la Belgique, du Luxembourg, de l'Allemagne et de la France s'est avéré un des lieux les plus propices au renouvellement du rapport à l'énergie et plus généralement de ce que doit être une usine sidérurgique moderne, d'autres régions semblent avoir participé au même mouvement. En effet, la Silésie a été un des premiers territoires à recevoir, non pas un moteur isolé, mais tout un ensemble capable de développer une force de 1 000 chevaux, quand le matériel de Seraing était encore en phase d'essais.[53]

---

[52] GOUVY A., *op. cit.*, p. 326.
[53] A. DUTREUX, « Utilisation directe … », *op. cit.*, 1898, p. 20.

**ORGANISATION DU TRAVAIL
ET DES RAPPORTS SOCIAUX DANS LA SIDÉRURGIE**

**ORGANIZATION OF LABOR FORCE AN SOCIAL
RELATIONS IN STEEL INDUSTRY**

Notes sur le rôle économique et social des entrepreneurs et des travailleurs de la sidérurgie italienne au XXᵉ siècle

Paolo TEDESCHI

Université de Milan-Bicocca

Cette contribution entend montrer, de manière synthétique, l'évolution du rôle économique et social des entrepreneurs et des travailleurs de la sidérurgie en Italie au XXᵉ siècle, une période pendant laquelle, dépassant des moments de grande crise, l'industrie sidérurgique italienne améliore progressivement la qualité et augmente la quantité de ses productions en arrivant également à assumer une importance accrue tant au niveau national qu'international. Cet article n'expose pas l'histoire de la sidérurgie italienne ou de ses principales entreprises, ce qui a déjà fait l'objet de nombreuses études importantes ;[1] il ne s'agit pas non plus d'un résumé concernant l'évolution des entreprises sidérurgiques italiennes et de leurs systèmes productifs face aux différentes conjonctures économiques du XXᵉ siècle. Au contraire, la contribution relate le processus de changement vécu par le monde sidérurgique durant ces périodes, son influence sur la société italienne et ses changements économiques et sociaux.

---

[1] SINIGAGLIA O., *Alcune note sulla siderurgia italiana*, Tip. Senato, Rome, 1946 ; BONELLI F., *Lo sviluppo di una grande impresa in Italia. La Terni dal 1884 al 1962*, Einaudi, Turin, 1975 ; OSTI G.L., *L'industria di stato dall'ascesa al degrado. Trent'anni nel Gruppo Finsider. Conversazioni con Ruggero Ranieri*, Il Mulino, Bologne, 1993 ; COLLI A., *Legami di ferro. Storia del distretto metallurgico lecchese tra Otto e Novecento*, Donzelli, Rome, 1999 ; PEDROCCO G., *Dal rottame al tondino. Mezzo secolo di siderurgia (1946-2000)*, Jacabook, Milan, 2000 ; TEDESCHI P., « Aux origines de l'intégration européenne: les AFL Falck, les industriels italiens de l'acier et la création de la CECA », in DUMOULIN M. (dir.), *Economics Networks and European Integration*, PIE Peter Lang, Bruxelles, 2004, pp. 189-214 ; AMATORI F., LICINI S. (dir.), *Dalmine 1906-2006: un secolo di industria*, Fondazione Dalmine, Dalmine, 2006 ; VARINI V., *L'opera condivisa. La città delle fabbriche. Sesto san Giovanni 1901-1952*, Angeli, Milan, 2006 ; NESTI A., *La siderurgia a Piombino. Impianti, politiche industriali e territorio dall'Unità alla seconda guerra mondiale nel contesto della siderurgia italiana*, Crace, Narni, 2012.

L'attention se concentre donc en particulier sur les activités et les idées des organisations syndicales des travailleurs et des entrepreneurs et leur influence sur l'économie et la société italienne. Cela explique pourquoi les sources comprennent les études sur les principaux syndicats de la sidérurgie et celles concernant l'Assolombarda (l'association des industriels milanais, la plus importante association patronale italienne au niveau local à partir du 1946) et la Confindustria (l'association regroupant la plupart des entrepreneurs italiens), c'est-à-dire deux organisations dont les choix stratégiques ont été influencés par les industriels sidérurgiques.

Avant de se pencher sur l'évolution du rôle du monde sidérurgique en Italie, il convient d'indiquer les limites dues aux sources utilisées, surtout des données quantitatives. Celles relatives aux membres des organisations des travailleurs (et ayant parfois trait aux entrepreneurs) ne se réfèrent pas seulement à la sidérurgie, mais aussi à la mécanique ainsi qu'à la métallurgie (comprenant donc toutes les activités transformant des minéraux bruts en outils ou en produits finis et semi-finis). Dans les documents émanant des préfectures et dans les articles des journaux, il est en effet possible de trouver l'adjectif « métallurgiques » ou « métal-mécaniques » pour indiquer l'ensemble des ouvriers sidérurgistes, mécaniques et d'autres secteurs métallurgiques. Toutefois, même s'il est difficile d'indiquer le nombre d'ouvriers sidérurgistes inscrits aux syndicats, le rôle social qui leur est attribué n'est pas surévalué, car ne sont considérés que les grèves proclamées et les contrats signés dans les entreprises sidérurgiques.

De plus, existe le cas des dirigeants des entreprises opérant dans la mécanique et aussi dans la sidérurgie, ce qui complique l'attribution d'un rôle social en qualité d'entrepreneur sidérurgique. Dans certains cas, l'histoire de l'entreprise sous leur direction fait clairement comprendre le core business de leur activité industrielle : la *Fiat* et la *Breda* créent par exemple de grandes implantations sidérurgiques pour se procurer l'acier nécessaire à leurs productions mécaniques. Il y en a d'autres par contre où le classement au sein d'un secteur déterminé est plus aléatoire car le core business de l'entrepreneur change avec le temps par suite d'une intégration verticale (entre la mécanique et/ou la sidérurgie et/ou d'autres branches de la métallurgie).

L'affirmation de la sidérurgie italienne et le rôle socio-économique de ses « acteurs » du début du XXe siècle au fascisme

C'est au cours des premières années du nouveau siècle que les entreprises sidérurgiques italiennes commencent à croître (en dimension des implantations ainsi qu'en quantité de produit obtenus): leur industrie devient progressivement fondamentale pour le développement économique italien tant pour la production réalisée que pour le travail créé. À cela correspond, déjà avant la Grande Guerre, une réelle progression de l'importance sociale des organisations patronales et des syndicats de travailleurs. Si les premiers doivent partager leur force de pression sur le gouvernement avec les industriels du textile et ceux de la mécanique et de l'électricité, les seconds représentent la majeure partie des syndicats ouvriers et le nombre de leurs adhérents n'est dépassé que par celui des organisations des travailleurs agricoles, ce qui n'est pas une surprise dans un pays où les travailleurs agricoles représentent pour toute la première moitié du XXe siècle la majorité absolue de la main-d'œuvre occupée.[2]

Les relations sociales existant dans de nombreuses villes industrielles dépendent aussi de la présence des industries sidérurgiques et de leurs travailleurs qui, selon les données du recensement industriel de 1911, sont 69 206 (3 % des occupés dans l'industrie manufacturière). Cela arrive non seulement dans les régions du « triangle industriel » reliant le Piémont, la Lombardie et la Ligurie où sont localisées la plupart des entreprises sidérurgiques italiennes, mais aussi dans les villes industrielles du Centre et du Sud dont le développement est basé sur l'existence d'implantations sidérurgiques. Ainsi, l'île d'Elba et Piombino (avec les aciéries *Elba* et *La Magona d'Italia*, incorporées dans l'*Ilva*, nouvelle société de Gênes qui se donne le nom latin de l'île d'Elba), *Terni* (où l'État soutient le développement de l'homonyme société de hauts-fourneaux, aciéries et fonderies) et Naples (avec l'ouverture des hauts-fourneaux de l'Ilva à Bagnoli). Grâce à leurs dimensions et à la disponibilité de ressources financières considérables, les entreprises sidérurgiques deviennent des mannes d'emploi pour des milliers des salariés. De plus, la présence des industries sidérurgiques favorise la naissance d'entreprises mécaniques et la création de zones industrielles attirant des milliers d'ouvriers : de nombreux magasins pour nourrir et vêtir les travailleurs et leurs familles ouvrent. Ce mécanisme permet le développement des entreprises du bâtiment nécessaires à l'érection des quartiers ouvriers ainsi que des infrastructures reliant les lieux de production aux marchés d'achat des matières premières et à ceux de la distribution des produits finis. Ainsi, de nouvelles réalités urbaines apparaissent là où les travailleurs de la sidérurgie (et les organisations syndicales et politiques qui les représentent) assument un rôle social toujours plus important.

---

[2] En 1911 les travailleurs agricoles représentent 59,1 % de la force du travail italienne tandis que les occupés dans toutes les industries arrivent à 23,6 %. En 1936, les premiers sont à 52 % et les seconds à 25,6 %. Pour les donnés concernant les occupés dans la sidérurgie cf. ZAMAGNI V., « A Century of Change. Trends in the Composition of the Italian Labour Force, 1881-1981 », in *Historical Social Research*, 1(1987), pp. 36-97 ; GIANNETTI R., VASTA M. (dir.), *L'impresa italiana nel Novecento*, Il Mulino, Bologne, 2003.

De plus, quelques entrepreneurs sidérurgiques font des villes où leur industries sont localisées des foyers d'un paternalisme qui réalise, jusqu'aux années 1960, d'importantes œuvres sociales (écoles, hôpitaux, villages ouvriers etc.). Les avantages pour l'entreprise en termes de paix sociale (l'ouvrier, disposant d'une assurance-maladie et d'une maison avec potager au loyer convenable et pouvant s'adresser à des économats, a évidemment moins de raisons d'entrer en conflit avec les dirigeants des entreprises permettant cela) se mélangent parfois avec une conception de la vie des entrepreneurs voulant conjuguer leur rôle dirigeant au sein de la nouvelle société industrialisée avec leurs sentiments religieux et philosophiques, ce qui les rend désireux d'établir de nouvelles relations parmi les classes sociales (surtout s'ils habitent et vivent dans la même ville où est implantée leur entreprise). Dans certains cas, la croissance économique et sociale accompagnant le développement des grandes entreprises sidérurgiques est aussi le résultat d'une « action partagée » des industriels et de leurs travailleurs, ce qui explique le rôle social et politique attribué à quelques familles d'industriels sidérurgiques.[3]

Il est en outre important de noter que l'État considère comme essentiel le développement de l'industrie sidérurgique afin de s'affranchir des importations étrangères et de permettre la croissance économique et sociale. La politique d'intervention dans ce secteur, commencée aux années 1880 lorsque le gouvernement favorise la création de la Terni en finançant par anticipation les fournitures futures, est répétée tout au long du XXe siècle, ce qui se traduit dans le projet d'installation d'entreprises sidérurgiques dans le nouveau zoning industriel prévu par les lois de 1904 pour le développement de Naples et, à partir des années 1930, dans la réalisation de grands investissements dans la sidérurgie publique.

---

[3] L'un de cas plus connus est celui des Afl Falck ayant plusieurs implantations en Italie dont la principales est à Sesto San Giovanni dans la banlieue milanaise où le développement économique et social est lié aux activités des nombreuses entreprises présentes. Les Afl Falck créent le village Falck pour leurs travailleurs (1 000 locaux aux années 1930), le village Diaz (en 1939), ainsi que 1 300 appartements à loyer modéré (disponibles des années 1920 jusqu'aux années 1950 et dédiés surtout aux dirigeants et employés). De plus, pour les travailleurs sans famille, une auberge et six dortoirs sont disponibles. À cela vient s'ajouter la coopérative interne qui vend des aliments et de l'habillement. Les Afl Falck garantissent en outre l'assistance en cas de maladie et l'aide financière aux ouvriers et employés pensionnés. Une école élémentaire Falck est ouverte en 1923 ; elle est suivie d'un institut professionnel. Enfin, en 1961/62 les Afl Falck financent la création de la chaire de Sidérurgie au Polytechnique de Milan. Cf. TEDESCHI P., TREZZI L., *L'opera condivisa. La città delle fabbriche: Sesto San Giovanni 1903-1952. La società*, Angeli, Milan, 2007 ; TREZZI L. (dir.), *Sesto San Giovanni 1953-1973. Economia e società: equilibrio e mutamento*, Skirà, Milan, 2007 ; TREZZI L., VARINI V. (dir.), *Comunità di lavoro. Le opere sociali delle imprese e degli imprenditori tra Ottocento e Novecento*, Guerini, Milan, 2012.

En ce qui concerne le poids social du monde sidérurgique, c'est surtout dans les usines sidérurgiques que les travailleurs assument leur essence de « classe ouvrière » : cela arrive aussi parmi les ouvriers des autres secteurs industriels, mais c'est dans la sidérurgie que les grandes dimensions des usines, les horaires de travail basés sur le turnover des équipes ainsi que la pénibilité du travail rendent possible la formation de milliers de travailleurs partageant le même style de vie (rétribution et horaires) et donc les mêmes problèmes quotidiens et les mêmes aspirations. Ce sont les ouvriers des entreprises sidérurgiques qui, avec ceux de la mécanique et des autres secteurs métallurgiques, font pression afin d'obtenir, en particulier pendant l'immédiat après-guerre, de meilleurs salaires et horaires de travail. Ils sont aussi les protagonistes des plus importantes grèves organisées à partir du début du XXe siècle jusqu'à l'arrivée au pouvoir du fascisme. Ce qui s'avère très intéressant si l'on considère que les travailleurs sidérurgiques représentent toujours une minorité dans la force du travail de l'industrie italienne où la mécanique et le textile comptabilisent beaucoup plus d'ouvriers.[4]

Le rôle socio-économique des organisations des travailleurs sidérurgistes

Les premières organisations des travailleurs sidérurgiques sont représentées par des ligues de résistance qui, fondées à l'intérieur d'une Società Operaia di Mutuo Soccorso (l'association mutualiste s'occupant du bien-être des ouvriers et non de leur salaire), demandent de meilleures conditions de travail. Elles se regroupent d'abord au sein des Camere del Lavoro locales. Ces dernières, fondées à partir de 1891, ont en effet comme but de soutenir les intérêts des ouvriers. Par la suite, les ligues s'organisent en syndicat professionnel par la création en 1901 de la Fiom, la Fédération Italienne des Ouvriers Métallurgiques qui compte 18 000 adhérents et constitue le principal syndicat ouvrier. Du début du siècle à 1906, les syndicats italiens subissent les effets négatifs des discussions entre les réformistes et les révolutionnaires, ce qui divise le « front ouvrier ». C'est la Fiom dès lors qui convoque le congrès rassemblant l'ensemble des fédérations de métiers afin d'établir une stratégie d'action commune : le résultat en est la création de la Confédération Générale du Travail (Cgl) cherchant à regrouper toutes les organisations des travailleurs et ayant d'étroites liaisons avec le mouvement socialiste.

---

[4] Dans l'industrie italienne, les travailleurs de la métallurgie représentent 1,9 % en 1911, 3,2 % et 1927 et 3 % en 1937. Dans les mêmes années, ceux de la mécanique et du textile sont respectivement 16,7 % et 22,9 % (1911), 18 % et 23 % (1927), 24,9 % et 17,6 % (1937).

C'est exactement le choix fait en faveur de ce dernier qui empêche l'adhésion à la Fiom (à l'instar de ce qui était arrivé pour les Camere ayant perdu leur neutralité politique initiale) des ouvriers catholiques. Ils représentent une petite minorité dans les grandes entreprises sidérurgiques, tandis qu'ils sont plus nombreux dans les petites et moyennes entreprises. Ils sont réunis dans les Unioni del Lavoro (l'équivalent catholique des Camere), plus présents surtout parmi les ouvriers plus spécialisés et n'ont pas d'organisation professionnelle nationale jusqu'au début de 1919 lorsqu'ils forment le Syndicat national des ouvriers métallurgiques (Snom). Ce dernier adhère à la Cil (la Confédération italienne du travail fondée en décembre 1918 et liée au mouvement catholique) et compte presque 15 500 adhérents en 1920, 25 760 l'année suivante. Les ouvriers métallurgistes catholiques sont clairement en minorité face aux adhérents de la Fiom (47 000 en 1919, 160 000 en 1920 et 128 800 en 1921), surtout si on considère que celle-ci a perdu en 1912 les ouvriers révolutionnaires et anarchiques ainsi qu'en 1914 les nationalistes, adeptes de Benito Mussolini et favorables à l'entrée de l'Italie dans la guerre contre les empires centraux. En 1921, lorsqu'on arrive au sommet du processus de syndicalisation des travailleurs italiens (avant le fascisme), on dénombre 30 000 adhérents à l'Usi (l'Union syndicale italienne, anarchique et révolutionnaire) parmi les ouvriers métallurgistes et de la mécanique, et 10 000 inscrits à l'Uil (l'Union italienne du travail, nationaliste et comptant la plupart des ouvriers qui vont former le petit syndicat « tri-colore » d'idéologie fasciste).[5]

Face au fascisme et dans un contexte syndical prévoyant des institutions interprofessionnelles locales (les Camere et les Unioni) et nationales (telles la Cgl et la Cil), des fédérations de métiers (telles la Fiom et le Snom) ainsi que d'étroites liaisons avec le monde mutualiste et coopératif, les ouvriers métallurgistes représentent la majorité des inscrits non paysans aux syndicats socialistes, tandis que parmi les catholiques, ils sont dépassés par les travailleurs du textile (où la majorité est féminine, plus proche des valeurs du catholicisme social). Ils sont donc nombreux et parmi les mieux payés. Leurs cotisations constituent une part importante des financements qui permettent aux ligues syndicales, sociétés de secours mutuels et coopératives rouges (socialistes) et blanches (catholiques) d'exercer leurs nombreuses activités : revendications salariales (négociations de contrats de travail et éventuel soutien économique aux travailleurs en grève), mutualité (subsides en cas de maladie, accidents de travail, invalidité, chômage ainsi qu'une petite pension pour les vieux ou les veuves), instruction de base et professionnelle (cours et petites bibliothèques pour les inscrits), propagande politique (et, pour les catholiques,

---

[5] Les chiffres concernant les adhérents aux syndicats varient en fonction des sources utilisées. Voir *Bollettino dell'Ufficio del Lavoro (BUL)*, 1918-1923.

religieuse). Tout cela signifie que ces ouvriers représentent, jusqu'à l'arrivée au pouvoir du fascisme, l'un des piliers des mouvements socialiste et catholique italiens. Cet état de fait explique qu'ils deviennent, avec les syndicats ruraux, la cible préférée de qui veut affaiblir ces deux mouvements représentant la plus forte opposition au système économique libéral-capitaliste soutenu par les entrepreneurs italiens.[6]

La présence de plusieurs syndicats concurrents ne réduit pas la force contractuelle des travailleurs sidérurgistes. Ainsi, dans les grandes entreprises, la Fiom s'impose comme interlocuteur unique des industriels tandis que dans les autres usines, elle partage son rôle avec les représentants catholiques. Même s'il existe des cas où un syndicat ne soutient pas les revendications de l'autre, les intérêts communs des ouvriers ont priorité, ce qui permet d'obtenir une grande participation aux grèves portant sur des revendications économiques. Seules les grèves de nature politique, voient les ouvriers divisés, mais cela n'a aucun effet sur leur force contractuelle pendant les négociations avec les organisations patronales et avec les entreprises.

Les grèves des ouvriers sidérurgiques ont un grand impact social : elles bloquent les établissements avec beaucoup de travailleurs et surtout ralentissent les fournitures aux entreprises utilisant des produits en fonte, fer et acier. La Fiom sait en outre que ses conquêtes contractuelles constituent d'importants exemples pour les travailleurs des autres secteurs industriels. Cette idée est partagée par les dirigeants d'entreprises : tous veulent donc une limitation des améliorations des contrats des ouvriers sidérurgistes. Même lorsque les budgets de la plupart des industries sidérurgiques toléreraient une augmentation du coût du travail, les industriels résistent, ce qui provoque les grèves des ouvriers. Si avant la Grande Guerre, c'est dans les secteurs textile et du bâtiment qu'on relève le plus de grèves, dans le premier après-guerre, ce sont les ouvriers métallurgistes et mécaniques qui en organisent beaucoup plus en se mettant *de facto* à la tête des revendications économiques des salariés de l'industrie.[7]

Cependant, les syndicats des travailleurs obtiennent aussi de bons résultats durant les conjonctures plus négatives comme celle de 1907-1911 et surtout pendant le processus de reconversion industrielle suivant la fin de la guerre de 14-18. La première crise démontre la fragilité financière de la sidérurgie italienne en obligeant la *Banque d'Italie* à coordonner le sauvetage de plusieurs entreprises trop endettées et à créer *de facto*

---

[6] Sur les relations étroites entre syndicats et coopératives cf. SABA V., *Le esperienze associative in Italia (1861-1922)*, Angeli, Milan, 1978 ; TREZZI L., *Sindacalismo e cooperazione dalla fine dell'ottocento all'avvento del fascismo*, Angeli, Milan, 1982.

[7] Dans la période 1919-1922, les ouvriers métallurgistes et de la mécanique organisent 615 grèves mobilisant 936 000 travailleurs. Cf. DE SANCTIS G., *Il ricorso allo sciopero*, Angeli, Milan, 1979, pp. 110-111.

un cartel protectionniste réunissant les producteurs sidérurgiques italiens avec le but d'éviter la « concurrence ruineuse ».[8] La reconversion est liée à l'excessive croissance productive réalisée pendant la guerre, lorsqu'elle est dopée par la demande d'État, et la nécessité de réduire des productions désormais incompatibles avec l'économie de paix. Les productions d'acier et de fonte atteignent leur maximum en 1917 (respectivement 1 332 000 et 471 000 t.), puis se réduisent rapidement dans l'après-guerre pour atteindre le minimum en 1921 (700 000 et 61 000 t.), ce qui met en crise surtout les entreprises qui, dans le but d'arriver à une pleine intégration horizontale et verticale, ont acheté des entreprises d'autres secteurs et souffrent du « gigantisme industriel » dans un marché en pleine récession. C'est le cas de l'*Ilva* et de la *Franchi-Gregorini* qui doivent être restructurées en revendant toutes les activités non sidérurgiques.

Les deux conjonctures négatives indiquées créent du chômage sans nuire à l'amélioration des conditions des ouvriers sidérurgiques. Ainsi, de 1900 à 1913, les salaires réels augmentent de 35 % permettant à chaque ouvrier d'accroître son niveau de vie. Seuls les ouvriers travaillant dans le secteur chimique reçoivent des salaires moyens plus élevés, ce qui s'explique par les conditions de travail dangereuses, la fréquence de maladies (surtout pulmonaires) et d'accidents graves.

Les 12 heures de travail journalières du début du siècle sont réduites à 8 en 1919 : les entreprises peuvent demander d'ajouter 2 h. lorsqu'elles sont considérées absolument nécessaires, qui sont payées comme « heures extraordinaires », c.-à-d. de 50 à 100 % en plus. En outre, le droit à six jours de vacances annuelles payées est acquis. En effet, c'est dans l'après-guerre que les syndicats de la sidérurgie demandent de meilleures conditions de travail et surtout un rôle plus actif des ouvriers dans la gestion des entreprises : il s'agit d'une demande commune à toutes les organisations des travailleurs, mais c'est dans les grandes usines métallurgiques (et de la mécanique) qu'on demande la participation de représentants ouvriers aux conseils gérant les entreprises. Il est possible d'atteindre cet objectif en distribuant aux travailleurs des actions de travail qui leur permettent d'élire un représentant (proposition des catholiques) ou par l'élection directe par les ouvriers (proposition des socialistes). Le refus catégorique des entrepreneurs renforce les protestations et provoque l'occupation des usines. Les ouvriers sidérurgistes en sont les protagonistes : à la fin d'août 1920,

---

[8] Sur les relations entre les grandes banques mixtes italiennes et l'industrie sidérurgique ainsi que sur l'intervention des autorités publiques pour développer et régler le crédit industriel en Italie cf. CONFALONIERI A., *Banca e industria in Italia dalla crisi del 1907 al 1914*, Comit, Milan, 1982 ; CONTI G., « Le banche e il finanziamento industriale, in Storia d'Italia », in *Annali*, vol.15, *L'industria*, Einaudi, Turin, 1999, pp. 441-504 ; PILUSO G., « Gli istituti di credito speciale », in *Ibid.*, pp. 507-547.

pour éviter le *lock out* des entrepreneurs adhérents à la Confidustria (débordés par le succès de l'« ostruzionismo »), presque 500 000 ouvriers métallurgistes et de la mécanique occupent les entreprises et en prennent la direction. Ils cherchent à faire valoir leurs revendications, mais aussi à démontrer que la classe ouvrière peut se substituer aux dirigeants et gérer le système productif. La tentative (« l'assaut au ciel ») se termine quelques semaine plus tard avec la signature d'un accord entre le gouvernement, la Cgl et la Confindustria : les ouvriers obtiennent toutes les améliorations salariales demandées et acceptent le retour dans les entreprises des dirigeants. Le résultat final montre la force contractuelle des travailleurs (dont le succès a aussi des effets sur les contrats d'autres secteurs industriels) et indique la volonté des syndicats ouvriers socialistes réformistes et de la minorité catholique de ne pas précipiter l'Italie dans une guerre civile (ce qui est au contraire recherché par les syndicats anarchiques et révolutionnaires). Le succès des négociations menées par la Fiom et le Snom en 1919-1921 est évident : les salaires réels des ouvriers récupèrent toutes les pertes liées à l'inflation de guerre et augmentent de 38 % par rapport à 1913.[9]

De plus, ce sont ces ouvriers qui constituent le dernier rempart à l'occupation totale des institutions socio-économiques par le fascisme : les sections de la Fiom et du Snom sont en effet les dernières organisations ouvrières non fascistes à arrêter leur activité, en 1925, même si leurs adeptes font l'objet dès 1922 de menaces et d'attentats. Emblématique du poids social que représente le monde sidérurgique est le fait que le régime fasciste cherche sa légitimation au sein des classes ouvrières par la proclamation en 1925 d'une grève qui, organisée au début par les syndicats socialistes, passe sous la direction effective des fascistes. Le régime oblige *de facto* les industriels à accepter la plupart des revendications des travailleurs sidérurgistes afin de s'affirmer dans un milieu où le consensus est rare. La grève de 1925 constitue en effet l'un des pics conflictuels au niveau contractuel entre les organisations patronales et le fascisme : pour en empêcher la répétition, la Confindustria et les syndicats fascistes des travailleurs se reconnaissent comme seules représentantes des entrepreneurs et travailleurs, ce qui signifie l'exclusion de toutes les autres organisations socialistes et catholiques des futures négociations contractuelles.[10]

---

[9] L'« ostruzionismo » consiste dans le ralentissement de l'activité productive par l'application à la lettre des règlements (surtout en ce qui concerne la sécurité au travail), ce qui réduit fortement la production. Sur l'occupation des entreprises cf. *BUL*, 1920, septembre-novembre, pp. I/281-I/296. Sur les salaires ouvriers cf. ZAMAGNI V., « Industrial Wages and Workers Protest in Italy during the "Biennio Rosso" (1919-1920) », in *Journal of European Economic History*, 20(1991), pp. 137-153.

[10] La Fiom compte 50 400 inscrits à la fin de 1922 tombés à 23 500 à la fin de 1923 ; le SNOM, quant à lui, ne dénombre que quelques milliers d'adhérents en 1924.

Les entrepreneurs de la sidérurgie et le développement de leurs entreprises

L'opposition aux organisations ouvrières sidérurgistes est menée par les propriétaires des entreprises et leurs dirigeants : ces derniers cherchent à faire signer aux travailleurs des contrats individuels, mais, surtout dans les grandes entreprises, ils doivent se mesurer aux premiers représentants des syndicats socialistes et catholiques demandant des accords valables pour tous ceux ayant la même spécialisation professionnelle. Face aux organisations disposant d'une structure reliant tous les travailleurs d'une ville (et bientôt d'un département, de la région et enfin de l'Italie entière), les industriels sidérurgistes doivent s'organiser de la même façon. Le Consorzio tra industriali meccanici e metallurgici de Milan (l'association regroupant les industriels mécaniciens et métallurgistes milanais) est constitué en 1898 avec le but « de résoudre les conflits entre les employeurs et les travailleurs, d'étudier l'évolution de la législation dans ce domaine, de fournir des conseils juridiques aux membres ». En 1909, il compte 24 entreprises (représentant 15 000 ouvriers) et est soutenu, dès 1900 par l'Associazione fra gli industriali metallurgici italiani réunissant la plupart des industriels métallurgistes italiens.

Au début, les industriels sidérurgistes veulent développer une négociation au niveau local, puis ils sont obligés de fonder, avec les entrepreneurs des principaux secteurs industriels, la Confindustria (1910) dont le but est de disposer d'une organisation patronale capable de défendre au niveau national les « intérêts industriels » face aux syndicats ouvriers et aux partis politiques présents au sein du parlement italien. Si la confrontation avec les travailleurs est liée aux salaires et aux conditions de travail, celle avec le gouvernement et le monde politique concerne la demande d'une réduction des taxes et une protection accrue face aux importations étrangères. Les industriels sidérurgistes ont en effet un rapport parfois conflictuel avec les institutions publiques : ils ont besoin de leur aide dans le domaine fiscal et celui des droits de douane, mais ils n'apprécient pas les décisions du gouvernement accordant aux représentants des travailleurs plus d'espace dans l'appareil d'État. C'est le cas de l'entrée en fonction en 1903 du Consiglio Superiore del Lavoro (Csl), un organisme réunissant les organisations patronales et les syndicats chargés de résoudre le problème du monde du travail en cherchant, entre autres, à stimuler le développement économique grâce au dialogue social.[11]

La plupart d'entre eux ont quitté le syndicat sans passer aux organisations fascistes. Sur la grève de 1925 cf. UVA B., « Gli scioperi dei metallurgici italiani del marzo 1925 », in *Storia Contemporanea*, 4(1970), pp. 1011-1083.

[11] Au Csl, participent aussi les représentants du Parlement, des Chambres de commerce et du mouvement coopératif. Il est supprimé en 1923 par le fascisme.

L'entrée de l'Italie dans la Grande Guerre en mai 1915 modifie de façon importante la structure de la sidérurgie italienne : les entreprises doivent désormais faire face aux exigences croissantes des forces armées et, surtout, en tant qu'auxiliaires, elles sont insérées dans les Comités Régionaux de Mobilisation planifiant et organisant la production industrielle de l'économie de guerre. La guerre réduit en revanche aussi la puissance des syndicats travailleurs. Dans les usines auxiliaires, les ouvriers sont soumis à la même discipline que les soldats et chaque insubordination est punie par la prison et l'envoi au front. Jusqu'en été 1917, les grands profits réalisés permettent aux entreprises de garantir aux travailleurs des salaires suffisants pour compenser l'inflation. Les conflits sont ainsi peu nombreux. À partir de l'automne 1917, la réduction des commandes reçues par le ministère de la Guerre conduit à une réduction des salaires réels qui donne lieu à des protestations et grèves surtout là où un nombre élevé de femmes remplace les ouvriers non spécialisés : pendant la guerre, dans les entreprises métallurgiques et mécaniques sont proclamées 297 grèves concernant au total plus de 147 000 travailleurs.

Les industriels sidérurgistes, comme la plupart des entrepreneurs italiens, observent les succès des revendications ouvrières (et l'extension des charges sociales payées par les entreprises) et sont préoccupés par les événements du biennio rosso 1919-1920. Ils sont donc fascinés par les promesses fascistes d'un État fort et empêchant tout ce qui fait obstacle à l'activité productive ou qui nuit à l'économie nationale. De nombreux industriels sidérurgistes italiens contribuent à l'avènement du fascisme au moyen de l'appui financier garanti à Mussolini. Ils imaginent utiliser temporairement le mouvement fasciste pour contrer la multiplication des grèves et, une fois affaiblie la force des syndicats socialistes et catholiques, ils pensent pouvoir se débarrasser aisément de Mussolini.

Les industriels sidérurgistes attendent du fascisme un retour complet à la situation d'avant-guerre. Mais ils sont déçus : c'est le gouvernement dirigé par Mussolini qui impose au niveau législatif les 8 heures en Italie. Il est vrai que dans la plupart des entreprises les 8 heures sont déjà introduites dans presque tous les contrats signés par les organisations patronales et les syndicats des travailleurs, mais leur caractère obligatoire au sein de toutes les industries montre que le fascisme reste indépendant des souhaits de ceux qui en ont financé le succès. En même temps, le fascisme réduit le pouvoir de négociation de la main-d'œuvre en favorisant une baisse des salaires, mais celle-ci est limitée par rapport aux attentes des industriels. La grève de 1925 montre que le fascisme doit en effet tenir compte de la volonté de ses syndicats ouvriers et trouver un minimum de

---

Cf. VECCHIO G. (dir.), *Il Consiglio superiore del lavoro (1903-1923)*, Angeli, Milan, 1988.

consensus parmi les 99 537 travailleurs sidérurgistes qui, en 1927, représentent 4 % des travailleurs de l'industrie italienne.

Les industriels sidérurgistes doivent s'adapter au choix du gouvernement fasciste qui ne semble pas considérer comme essentielle la protection de la sidérurgie nationale à cycle intégral. En 1923, les protections tarifaires sont affaiblies en particulier pour la fonte ; elles sont abolies pour la ferraille. Le fascisme favorise donc les aciéries utilisant les ferrailles et les fonte importées. On abandonne l'idée d'avant-guerre de créer une « sidérurgie de masse » produisant de grandes quantités et, au contraire, on prône une sidérurgie de qualité. Le manque de matières premières et une demande intérieure insuffisante justifient ce choix qui limite le rôle économique et social du secteur. De plus, l'affaiblissement de quelques entreprises sidérurgiques est compensé par les prix avantageux garantis à une industrie mécanique en plein essor, où se créent des dizaines de milliers de nouvelles places de travail. C'est la preuve évidente de l'importance mineure accordée par la politique industrielle fasciste à la sidérurgie.

Le fascisme n'oublie toutefois pas la nécessité de garantir la rentabilité des plus grandes entreprises sidérurgiques et n'empêche donc pas la réalisation d'accords limitant la concurrence et favorisant les entreprises produisant la fonte. Le cartel ainsi formé ne perdure cependant pas à cause de la violation des accords par quelques grandes entreprises ayant des difficultés à réduire leurs coûts de production. Toutefois le gouvernement fasciste accorde des aides fiscales aux sidérurgistes, mais ne leur concède jamais l'importante réduction du coût du travail qu'ils attendent. De fait, les salaires réels ne baissent pas et les syndicats fascistes s'opposent aux industriels qui cherchent à réduire le coût du travail en licenciant des travailleurs pour les réengager à un salaire inférieur. Cette façon de procéder est finalement sanctionnée par le régime. De plus, de nombreux ouvriers disposent d'une qualification qui les rend difficiles à remplacer. Autant dire qu'ils sont en position de force, même dans un contexte syndical bien plus faible qu'avant le fascisme.

De plus, ce dernier limite la liberté d'action des organisations patronales : la loi 563 du 3 avril 1926 modifie les relations industrielles en prévoyant la création d'une seule organisation syndicale ayant une personnalité juridique pour chaque secteur productif et l'obligation pour les entrepreneurs et travailleurs d'adhérer aux syndicats fascistes. Cela signifie aussi l'application obligatoire à toutes les entreprises des nouveaux contrats signés par les organisations fascistes ; la constitution d'une magistrature spéciale chargée de résoudre les conflits sociaux et l'interdiction des grèves ou du lock-out. Les entrepreneurs sont en effet obligés de s'inscrire aux organisation syndicales fascistes et puis de donner leur adhésion au système corporatif : en 1934 entrent en fonction les

Corporazioni, organismes d'État réunissant les organisations des entrepreneurs et des travailleurs.[12]

Dans ce contexte, le fascisme organise plusieurs comités regroupant politiciens et industriels. Leur but est le contrôle du monde sidérurgique et la planification de son développement au moment même où son importance économique croît. Toutefois la réelle nouveauté est imposée par la sévère conjoncture économique des années 1930 suite à l'arrivée en Europe de la crise mondiale. Une grande partie des industries italiennes ainsi que les grandes banques qui les ont financées risquent en effet la faillite et doivent être sauvées. En janvier 1933, l'*Istituto di Ricostruzione Industriale* (Iri) est institué et assume le contrôle de 40 % des entreprises sidérurgiques italiennes. L'Iri, conçu comme un institut temporaire, devient en 1937 permanent et ne vend plus aux privés ses industries : l'État devient donc le premier entrepreneur italien. La *Finsider*, la société gérant les entreprises sidérurgiques de l'Iri, devient le principal producteur italien de fonte et acier. La gestion de la plupart des entreprises sidérurgiques, reconnue fondamentale pour la construction des infrastructures et des bâtiments ainsi que pour le développement de la mécanique, passe donc sous le contrôle direct de l'État.[13]

En tout cas les événements qui suivent la crise ne réduisent pas la progressive croissance de la sidérurgie italienne. À la fin des années 1930, le progrès réalisé par rapport au début du siècle est évident. En 1901, l'Italie produisait moins de 130 000 t. d'acier et 15 800 de fonte ; en 1913, on arrive à 933 500 tonnes d'acier et 426 750 t. de fonte, soit une production insuffisante pour le marché intérieur comme le montrent les importations de fonte, de fer et d'acier qui totalisent 488 745 t. (auxquelles, il faut ajouter 326 230 t. de ferraille) ; en 1923, après les excès positifs et négatifs liés à la guerre et à la reconversion qui la suit, les productions retournent à la hausse avec 1 141 760 t. d'acier et 236 250 t. de fonte ; en 1939 (dernière année avant la guerre) les productions arrivent respectivement à 2 283 400 et 1 005 100 t.[14] Le bilan est presque positif en ce qui concerne

---

[12] Sur la formation des syndicats fascistes et la création du système corporatif, cf. PERFETTI F., *Il sindacalismo fascista. Dalle origini alla vigilia dello Stato corporativo (1919-1930)*, Bonacci, Rome, 1988 ; PARLATO G., *Il sindacalismo fascista. Dalla grande crisi alla vigilia dello Stato corporativo (1930-1943)*, Bonacci, Rome, 1989.

[13] L'IRI possède 42 % des sociétés anonymes italiennes. Sur la naissance de l'État entrepreneur et ses choix stratégiques jusqu'à la reconstruction d'après-guerre, cf. DOMENICANTONIO F. (dir.), *Intervento pubblico e politica economica fascista*, Angeli, Milan, 2007 ; CASTRONOVO V., *Storia dell'IRI*, vol.1, *Dalle origini al dopoguerra (1933-1948)*, Laterza, Rome-Bari, 2012.

[14] Sur les données concernant les productions des entreprises sidérurgiques italiennes cf. ISTAT, *Sommario di statistiche storiche italiane 1861-1955*, Ist. Poligrafico dello Stato, Rome, 1958, p. 129.

la main-d'œuvre : en 1937, la sidérurgie occupe 98 466 travailleurs, soit 1 % de moins par rapport à 1927. La réduction semble d'ailleurs intéresser davantage les employés (11 % du total en 1910, 10,2 % en 1927 et 6,6 % en 1937). On doit enfin noter que la dimension des entreprises sidérurgiques augmente : en 1911 on note en moyenne 24,2 travailleurs par entreprise, tandis qu'en 1927 ils sont 31 et en 1937 ils deviennent 38.

Même si, par rapport à la concurrence internationale, l'Italie ne possède qu'une « demi sidérurgie », la croissance de la production d'acier permet de planifier un développement industriel progressif valable aussi au sein de l'autarcie découlant des sanctions votées par la Société des Nations (suite à l'invasion de l'Abyssinie). De plus, les dirigeants de la sidérurgie publique cherchent à favoriser la réalisation d'un plan autarcique permettant une modernisation progressive des technologies utilisées (prévoyant aussi de nouvelles implantations à cycle intégral) et une meilleure coordination des productions d'acier des grandes entreprises avec celles des petites et moyennes aciéries utilisant la ferraille (et parfois les fours électriques). Enfin, les stratégies liées à la diversification des productions vers la mécanique ou la transformation des autres métaux confèrent aux sociétés sidérurgiques un pouvoir économique majeur. Les perspectives pour les années 1940 semblent donc favorables, mais l'entrée dans la Deuxième Guerre mondiale change tout. Elle plonge le secteur dans un abîme.

La sidérurgie italienne et ses « acteurs » de la reconstruction d'après-guerre à la fin du XXe siècle : de l'apogée à la grande crise

La guerre ne s'accompagne pas d'une hausse des productions sidérurgiques, car les entreprises du secteur ont déjà atteint leur capacité maximale. En plus, les matière premières et l'électricité manquent. Surtout à partir de 1941 on note une diminution progressive de la production. Elle s'accentue au moment de la guerre civile survenue après l'armistice de septembre 1943 qui touche particulièrement la sidérurgie italienne car la plupart des implantations se trouvent sur le territoire occupé par les nazis. Le secteur subit donc tant les bombardements des alliés que les réquisitions allemandes. Pendant la guerre, presqu'un quart de la valeur capital de la métallurgie italienne a été perdu : les productions n'atteignent en 1945 plus que 395 750 t. d'acier et 64 720 t. de fonte, ce qui signifie une baisse de respectivement 83,5 % et 94 % par rapport à 1940. Encore les ouvriers ont-ils réussi à empêcher que les Allemands s'emparent ou détruisent toutes les installations. Seuls les nouveaux équipements de Cornigliano sont démontés et envoyés en Allemagne. De plus, c'est aussi parmi les travailleurs sidérurgistes que se forment les cellules clandestines liées à la résistance et c'est dans la sidérurgie que sont déclenchées les grèves antifascistes et antinazies. Les partisans reçoivent d'ailleurs l'appui de quelques industriels, par exemple de la famille Falck. Cela explique qu'à la fin du conflit, les organisations des travailleurs et des entrepreneurs de la sidérurgie peuvent se reformer sans trop subir les effets des épurations.

Les travailleurs renforcent leur position grâce à la naissance de la nouvelle Fiom qui compte 638 700 adhérents au sein du plus grand syndicat non agricole italien. La Fiom regroupe tous les ouvriers métallurgistes et de la mécanique membres de la Cgil unitaire où la majorité communiste et socialiste est réunie à la minorité catholique et républicaine. Elle comprend aussi les employés qui, jusqu'à l'ère fasciste, avaient un syndicat séparé de celui des ouvriers (dans l'acronyme Fiom le mot « italiana » est en effet substitué par « impiegati », employés). L'unité demeure jusqu'à l'été 1948: la guerre froide provoque l'exclusion du gouvernement des partis liés à l'URSS et ensuite l'abandon de la Cgil par les travailleurs favorables au « choix occidental ». En 1950, deux nouvelles confédérations sont fondées, à savoir la Cisl rassemblant surtout les travailleurs catholiques et la Uil réunissant les sociaux-démocrates et républicains, ce qui signifie la création de deux alternatives à la Fiom (où restent les communistes et socialistes): la Fim (catholique) et Uilm (social-démocratique et républicaine). Au cours des années 1950, ces nouvelles structures s'opposent à l'action de la Fiom et, dans plusieurs entreprises, grâce aussi aux votes des employés, la Fim obtient la majorité des travailleurs inscrits. Les métallurgistes indiquent ainsi aux gouvernements du centre les objectifs de la société italienne à atteindre : améliorer les conditions de travail et de vie de la classe ouvrière en restant fidèle aux choix occidentaux et à la nouvelle Europe en création (la Fiom y est absolument opposée).[15]

Les entrepreneurs sidérurgistes sont eux aussi divisés en deux organisations patronales qui adhèrent à la Confindustria reconstituée : l'*Associazione industrie siderurgiche italiane* (Assider) formée par les grandes entreprises dont celles du secteur public ; l'*Industrie siderurgiche associate* (Isa) représentant les moyennes et petites aciéries contestant les privilèges obtenus par les membres de l'Assider (qui influencent les autorités publiques au moyen du grand nombre de travailleurs qu'elles emploient).

---

[15] Sur la Fiom et la Fim il existe plusieurs livres dédiés aux sections locales: PORTA G.F. (dir.), *Cento anni con i lavoratori: la FIOM di Brescia dal 1901 al 2001*, Fiom Brescia, 2001 ; PAGANI Z., *Cinquant'anni della Fim-Cisl di Bergamo: valori, storia, protagonisti*, Cisl, Bergamo, 2004 ; CORBARI C., *Memorie in tuta blu. Gli anni caldi dei metalmeccanici bresciani*, Ed. Lavoro, Sesto San Giovanni, 2005. Sur la Cgil, Cisl et Uil cf. TURONE S., *Storia del sindacato in Italia dal 1943 al crollo del comunismo*, Laterza, Rome/Bari, 1995 ; TURONE S., *Storia dell'Unione Italiana del Lavoro*, Angeli, Milan, 1990 ; BAGLIONI G., *La lunga marcia della Cisl. 1950-2010*, Il Mulino, Bologne, 2011.

L'Assider même est divisée : les dirigeants Finsider (représentant les objectifs du gouvernement) se heurtent aux sidérurgistes privés qui, ayant survécu à la conjoncture négative des années 1930 et de la guerre, accusent l'État de favoriser ses entreprises en particulier grâce aux aides du Plan Marshall (Erp).

La polémique est liée au rôle économique croissant du secteur sidérurgique dans le processus de reconstruction et de modernisation du pays. Les entreprises du secteur bénéficient d'un management de haute qualité et d'installations encore compétitives, mais leur avenir dépend surtout de la capacité de convaincre les autorités publiques à investir massivement. De plus, l'accès aux riches dons et crédits de l'Erp est lié en contrepartie à l'amélioration de la productivité et de la compétitivité, ce qui signifie aussi la possibilité de modifier les équilibres formés pendant les années 1930 sur le marché intérieur ainsi qu'en Europe. Il n'est possible de survivre sans aide publique que dans les productions de niche de petites aciéries et forges et là aussi les petits entrepreneurs font valoir leur droit. Cela explique évidemment les polémiques entre les entrepreneurs : les petits contre les grands, les privés contre les publics, tous voulant recevoir plus d'aides.

On doit enfin ajouter les doutes exprimés par les externes au monde sidérurgique. Étant donné qu'il s'agit d'un secteur à haute intensité de capital, quels sont les avantages pour la réduction du taux de chômage élevé existant ? Vaut-il mieux financer la sidérurgie ou destiner l'argent aux autres secteurs et aux infrastructures ?

Le poids des entreprises et syndicats de la sidérurgie pendant le **golden age**

Dès 1946, les discussions commencent. Elles concernent les perspectives de la sidérurgie italienne désireuse de se moderniser. Les dirigeants de la sidérurgie publique veulent créer de nouvelles grandes usines intégrées verticalement pour profiter des économies d'échelle et fournir au secteur mécanique des produits en acier à bon prix, ce qui assure le développement de ce dernier et garantit les emplois. Les entrepreneurs privés (tel Giovanni Falck) pensent au contraire que le marché italien ne pourra jamais garantir la demande pour une production de masse et qu'il faut dès lors privilégier les produits spéciaux de qualité à haute valeur ajoutée réalisés en petites quantités.

Le gouvernement décide d'investir massivement dans la sidérurgie publique pour en réaliser « l'américanisation » par une amélioration de la qualité des produits et la réduction des frais de production. Le Plan d'Oscar Sinigaglia, président de la Finsider, prévoit la reconstruction de Cornigliano (premier laminoir semi-continu italien pour coils), l'utilisation des dérivés du charbon, la modernisation et la réorganisation des équipements à cycle intégral favorisant la spécialisation des produits à bas prix destinés à la mécanique de masse (voitures, électroménagers, etc.). À l'opposé, il laisse aux petites aciéries les autres productions spécialisées avec la possibilité de minimiser la dépendance aux importations de ferraille. Le choix du gouvernement signifie que la plupart des aides Erp sont destinées à la sidérurgie à l'instar de Cornigliano, qui absorbe presque 44 % des fonds. À cela s'ajoutent les aides massives accordées aux Afl Falck (16 %) et Fiat (12,5 %) ainsi qu'aux implantations de Cogne (publiques, même si n'appartenant pas à la Finsider et recevant 9 % du fonds de contrepartie).

Des discussions sur l'utilité de ce choix sont soulevées non seulement par les entreprises privées, mais aussi par ceux qui signalent que la sidérurgie est déjà très protégée, c'est-à-dire les citoyens et les autres secteurs productifs qui paient deux fois, car ils sont obligés de renoncer aux aides Erp et achètent des produits sidérurgiques renchéris par des tarifs protecteurs. La sidérurgie est surnommée le « grand parasite », d'autant que les perspectives de succès du cycle intégral et d'une réduction des prix par suite de la production de masse ne semblent guère réelles. La polémique concerne aussi la répartition des aides qui accroît davantage la division déjà existante entre les deux associations patronales du secteur : au début des années 1950, l'utilisation des fonds Erp permet de réduire les différences de traitement, mais la préférence donnée aux grandes entreprises (et en particulier aux publiques) reste évidente.[16]

Le gouvernement menace aussi de remettre en cause son adhésion à la CECA si la rationalisation demandée des productions communautaires empêche la création de Cornigliano. Suivant les suggestions des dirigeants de la Finsider, le gouvernement accorde une grande importance sociale et économique à la sidérurgie publique considérée comme l'un des instruments fondamentaux du processus de développement du pays. Les entrepreneurs sidérurgistes assument en effet un rôle de premier plan lors de la naissance de la CECA : les délégations italiennes chargées de participer aux négociations doivent tenir compte des précieux conseils techniques des représentants des entreprises sidérurgiques qui, *de facto*, discutent les détails des accords. De plus, Enrico Falck, un homme politique fortement européiste venant d'une famille d'entrepreneurs sidérurgistes, listant les

---

[16] ROSSI E., « La grande parassitaria », in *Il Mondo*, 16.04.1949 ; « sur les discussions concernant les stratégies de développement de la sidérurgie italienne pendant la reconstruction et lors de la naissance de la CECA », cf. e.a. WENGENROTH U., « Il mito del ciclo integrale: considerazioni sulla produzione di acciaio in Italia », in *Società e Storia*, 30(1985), pp. 907-927 ; RANIERI R., « Il Piano Marshall e la ricostruzione della siderurgia a ciclo integrale », in *Studi storici*, 1(1996), pp. 145-190 ; TEDESCHI P., « Gli industriali lombardi e il piano Marshall: verso un "nuovo sistema d'impresa" », in COVA A. (dir.), *Il dilemma dell'integrazione. L'inserimento dell'economia italiana nel sistema occidentale (1945-1957)*, Angeli, Milan, 2008, pp. 403-449.

avantages et les limites de la CECA, déclare un « oui à l'Europe, mais pas à n'importe quel prix ». C'est donc du monde sidérurgique qu'émane la règle de base à observer pour la future Europe communautaire.[17]

Les aides fournies par l'Erp et les avantages liés à l'entrée dans la CECA, en particulier durant la période transitoire, permettent aux entreprises sidérurgiques italiennes d'atteindre une hausse réelle de la production qui, entre 1950 et 1955, passe de 2 362 430 à 5 394 640 tonnes l'acier tandis que la fonte passe de 503 770 à 1 624 910 t. À cela on doit ajouter que la ferraille reste abondante sur les marchés mondiaux. Elle s'achète donc à un prix réduit, ce qui permet le développement de petites aciéries situées dans les vallées alpines. Elles utilisent des laminoirs toujours plus modernes pour réaliser des ronds à béton dont la demande est croissante surtout pour le bâtiment et les infrastructures routières. La sidérurgie devient alors l'un des secteurs actifs du « miracle économique » permettant à l'Italie de passer de la périphérie au centre de l'économie mondiale. Les emplois en 1951 atteignent 165 334 unités, presque 68 % en plus que ceux recensés avant la guerre. Leur nombre continue à augmenter : 239 462 en 1961 (+45 % par rapport au 1951) et la croissance des entreprises de petite et moyenne dimension est montrée par la réduction de 67,4 à 44,3 du nombre moyen de travailleurs par entreprise. Même si les sidérurgistes représentent toujours un faible pourcentage des travailleurs italiens (±5 %), leur rôle social progresse et se renforce.

Selon les entrepreneurs privés, la concurrence de la sidérurgie publique est déloyale, car elle jouit d'aides directes et indirectes de l'État (crédits à taux réduits ; garanties de prêts ; etc.). Si cette accusation semble simplement exprimer la demande de mesures compensatoires (réduction des charges fiscales et des taux d'intérêts à verser aux banques), les discussions s'enveniment avec l'arrivée au gouvernement de la gauche de la Démocratie Chrétienne. Son avènement implique de nouveaux débats sur le rôle social des entrepreneurs privés et, en même temps, une attention majeure est accordée aux demandes des syndicats des travailleurs (en particulier, pour la sidérurgie, les catholiques de la Fim). En 1956, un ministère en charge des entreprises publiques est créé ; en 1958, il est suivi de la formation de l'Intersind, l'association patronale regroupant les industries publiques en les séparant de la Confindustria, est formée. L'Intersind n'est utilisée que lors des négociations avec les organisations des travailleurs : tandis que tous les autres services restent fournis par les

---

[17] RANIERI R., TOSI L. (dir.), *La Comunità Europea del Carbone e dell'Acciaio (1952-2002). Gli esiti del trattato in Europa e in Italia*, Cedam, Padoue, 2004 ; WILKENS A. (dir.), *Le Plan Schuman dans l'histoire. Intérêts nationaux et projet européen*, Bruylant, Bruxelles, 2004 ; TEDESCHI P., « Une nouvelle Europe à construire: la section italienne de la LECE du 1948 à la création du Marché Commun », in *Journal of European Integration History*, 1(2006), pp. 87-104.

organisations verticales et horizontales déjà existantes des entrepreneurs. L'Intersind a donc la comme principale fonction de créer de nouvelles relations syndicales et les contrats qu'elle signe (à partir de 1960) obligent *de facto* les grandes entreprises privées à s'adapter en signant des contrats plus favorables aux travailleurs. Étant donné que les plus grandes entreprises entrées dans l'Intersind sont celles du secteur métallurgique, ce sont les travailleurs adhérents à la Fiom, la Fim et l'Uilm qui en tirent le plus de bénéfices. De plus, si dans la mécanique, la présence de la Fiat donne aux industriels privés un pouvoir de négociation majeur, cela n'arrive pas dans la sidérurgie où même le grand groupe privé des Afl Falck ne peut faire face aux grandes entreprises publiques qui accordent en 1960 à leurs travailleurs une réduction horaire d'une heure et demie par semaine avec maintien de salaire.[18]

Dans les années 1960, les syndicats du secteur sidérurgique ont la possibilité de renforcer leur position. En 1961 les entreprises s'ouvrent à la « job evaluation » et à la possibilité, pour le syndicat, de contrôler l'organisation du travail et de participer aux organismes chargés de résoudre les conflits entre les travailleurs et les dirigeants. En 1962, les ouvriers de la sidérurgie sont les premiers à proclamer les grandes grèves en vue de participer plus largement aux richesses accumulées pendant le « miracle économique » de 1958 à 1962. Le contrat national signé en février 1963 change en effet les relations industrielles en Italie : aux nouveaux salaires réels plus élevés s'ajoutent les 40 heures, une réduction des différences entre hommes et femmes ainsi qu'entre ouvriers et employés. La grande nouveauté est cependant la possibilité de la *contrattazione integrativa*, à savoir des négociations au niveau de l'entreprise (ou de la commune, du département, de la région) pour obtenir des conditions contractuelles meilleures par rapport au contrat national reprenant uniquement les droits minima. Cette clause favorise les syndicats minoritaires au niveau national (Fim et Uilm) ; elle sera reprise par tous les autres secteurs productifs.

Dès lors, la compétitivité de la sidérurgie italienne ne peut plus se baser sur le faible coût de travail et doit s'orienter soit vers des produits où les économies d'échelle permettent de réaliser une grande épargne soit vers des produits de haute qualité. En même temps, l'augmentation généralisée des salaires réels et du niveau des consommations des familles italiennes engendre une croissance de la demande des produits sidérurgiques (surtout pour les voitures et les bâtiments) qui rend moins urgente la modernisation des systèmes productifs : les salaires réels plus élevés

---

[18] Sur l'Intersind et ses effets à niveau contractuel cf. SAPELLI G. (dir.), *Impresa e sindacato. Storia dell'Intersind*, Il Mulino, Bologne, 1996 ; NAPOLI M. (dir.), *L'Intersind dall'interno. Le relazioni sull'attività della delegazione per la Lombardia (1959-1996)*, Vita e Pensiero, Milan, 2001.

semblent en effet garantir, un meilleur niveau de vie pour l'ensemble de la société italienne.

Les tensions sociales augmentent surtout à la fin de l'année 1969, lorsque les grèves pour obtenir le renouvellement du contrat des travailleurs de la métallurgie et de la mécanique déclenchent un automne « chaud », c'est-à-dire la plus grande mobilisation des syndicats ouvriers enregistrée au XXe siècle. Les travailleurs sidérurgistes se trouvent à la tête d'un mouvement auquel adhèrent les étudiants et qui a pour but non seulement des revendications salariales, mais aussi une réforme de la société italienne. On demande plus de pouvoir pour les travailleurs dans la gestion des entreprises ; on demande aussi une réforme du système éducatif permettant aux classes moins aisées de s'inscrire à l'école secondaire et à l'université. Les syndicats des travailleurs obtiennent finalement l'augmentation des salaires réels ainsi que les autres droits syndicaux demandés, comme p.ex. le droit de se rassembler sur le lieu de travail, qui est repris dans la loi (Statuto dei lavoratori) de 1970 sur les rapports contractuels à l'intérieur des entreprises.

Les syndicats de la métallurgie sont investis d'une grande importance sociale et constituent l'exemple à suivre pour les autres organisations des travailleurs. Dans un contexte prévoyant jusqu'alors une étroite liaison entre syndicats et partis politiques, la Fim et la Fiom sont les premières à poser la question de l'« incompatibilité » du cumul entre un poste de député/sénateur avec celui de dirigeant syndical et vice-versa, ou de « l'unité syndicale » dépassant les divisions idéologiques pour le bien des travailleurs. C'est en effet parmi les métallurgistes que le syndicat retrouve l'unité : en 1972, Fiom, Fim et Uilm se réunissent dans la Flm, la fédération des travailleurs métal-mécaniques ayant une grande audience pour imposer les revendications salariales des années 1970. Ils organisent des grèves impliquant peu de travailleurs, mais ayant des répercussions très négatives sur la production. Ainsi, dans les implantations à cycle intégral, les grèves de courte durée dans un seul maillon de la production peuvent interrompre toute l'activité.

Les succès de la Flm donnent aux travailleurs métallurgiques des salaires plus élevés et des règles très innovantes comme le contrat unique pour ouvriers et employés, ce qui grève le coût du travail. La réduction des revenus des entreprises sidérurgiques qui en découle est, selon la logique syndicale de la période, justifiée car elle permet de transférer la richesse accumulée par le capital au monde du travail. L'effet final est toutefois la réduction des investissements et de la compétitivité lorsque, comme dans le cas des entreprises publiques, sont cumulés la faible qualité moyenne du nouveau management (nommé pour des raisons politiques et non pour ses qualités professionnelles) et l'obstruction systématique d'une minorité non négligeable des travailleurs qui refuse toute flexibilité dans le turnover nécessaire au fonctionnement continu des installations. Il s'ensuit une baisse de la productivité et des perspectives peu rassurantes pour la sidérurgie publique pour résister à une éventuelle crise du marché intérieur et/ou à une hausse de la compétitivité des entreprises étrangères. En réalité, les dirigeants de Finsider ne commencent à se préoccuper de la situation qu'au cours de la seconde moitié des années 1970 lorsque la conjoncture mauvaise oblige à réduire les emplois. Jusqu'à ce moment, ils avaient géré l'entreprise comme pendant l'âge d'or des années 1960, quand la sidérurgie publique représente avec presque 39 % du chiffre d'affaires le gros des activités de l'Iri.

En 1961, presque toutes les entreprises publiques sont en effet réunies au sein de l'*Italsider* (à qui s'ajoute en 1967 la SIAC, *Società delle acciaierie di Cornigliano*). La même année est créé le nouveau centre sidérurgique à cycle intégral de Tarente. Le gouvernement italien décide de localiser les nouvelles implantations sidérurgiques dans le Mezzogiorno, même si les principaux marchés se situent au Nord de l'Italie et dans les pays transalpins. Ce choix affaiblit la compétitivité du site. Le projet industriel se base sur la perspective de créer des implantations nécessitant une main-d'œuvre importante et assurant donc le développement de la partie « la plus arriérée » du pays dans laquelle, grâce à notamment la sidérurgie, on compte réduire l'émigration vers les régions industrialisées du Nord du pays ou vers les autres pays du Marché commun. Avec les financements octroyés par la *Banque Européenne d'Investissement* (Bei), l'Europe communautaire soutient cette politique.[19] Ses investissements contribuent ainsi à gonfler jusqu'à 265 105 les emplois dans la sidérurgie italienne (1971), c'est-à-dire une augmentation de presque 11 % par rapport à 1961. Le projet ne rencontre cependant pas le succès escompté, car de nombreuses nouvelles entreprises se révèlent des « cathédrales dans le désert » incapables de développer un milieu manufacturier et de justifier les investissements réalisés.[20] De plus, la sidérurgie publique n'arrive à améliorer ni sa productivité ni la qualité des productions. Face à un marché caractérisé par une demande d'acier en hausse, ces problèmes se traduisent par une réduction des profits qui, selon les syndicats, est justifiée par les avantages liés à l'augmentation des emplois : face à une

---

[19] TEDESCHI P., « La BEI et le développement économique et social de l'Italie du 1958 au début des années 1970 », in DUMOULIN M., BUSSIÈRE É., WILLAERT É. (dir.), *La Banque de l'Union Européenne. La BEI 1958-2008*, Imprimerie Centrale, Luxembourg, 2008, pp. 73-90.

[20] Un cas de gaspillage emblématique est celui du centre de Gioia Tauro en Calabre dont la réalisation, prévue pour le milieu des années 1970, est suspendue tandis que le port destiné à expédier les futures productions d'acier avait déjà été construit.

production croissante, ces problèmes sont donc sous-évalués par les organisations syndicales et les autorités politiques.

La progressive diminution du rôle socio-économique du monde sidérurgique

Le choc pétrolier de l'automne 1973 et ses effets négatifs sur la demande mettent en évidence les limites de la sidérurgie italienne et de celle publique en particulier. Le choc intervient en effet lorsque cette dernière jouit des effets du choix d'augmenter la quantité produite pour réduire les coûts unitaires sans chercher à investir dans les nouvelles technologiques. En 1974, l'industrie sidérurgique produit plus de 23 millions de tonnes d'acier, ce qui signifie que l'Italie est, en Europe, le second producteur (derrière la RFA). Le problème réside en la vente de cette production à des prix non compétitifs dans une conjoncture très négative. Il n'est donc pas étonnant que l'année suivante se caractérise par une dépression qui, entre 1975 et 1977, se caractérise par une forte réduction de la production qui ne sera que partiellement récupérée dans les années 1980.

La baisse de la consommation est liée non seulement à la hausse des prix de l'énergie et des transports, mais aussi au développement de l'aluminium et des composants plastiques, ainsi qu'à la récession du secteur automobile. La nécessité d'une restructuration avec diminution des capacités productives représente donc un problème pour tous les pays, mais il est évident que la crise est plus forte là où la localisation de grandes usines sidérurgiques est éloignée des principaux marchés et où le retard technologique ne permet pas de faire face à la concurrence étrangère. Dés la seconde moitié des années 1970, l'industrie sidérurgique publique devient donc l'un des symboles des erreurs de programmation du gouvernement italien qui non seulement échoue dans sa tentative de développer le Mezzogiorno, mais qui paye aussi les conséquences de sa politique de nomination des managers publics choisis pour leur appartenance politique plutôt que pour leurs compétences. Tandis que les grands complexes accumulent les pertes, les mini-aciéries lombardes, spécialisées dans les productions de niche et dotées d'une haute flexibilité, continuent à se développer et à s'imposer sur les marchés internationaux. Les industriels sidérurgiques des vallées de la Lombardie orientale deviennent ainsi l'exemple de l'entrepreneur capable d'organiser au mieux la production et la distribution tout en faisant face à une conjoncture négative.

Les mini-aciéries représentent en réalité des exceptions (elles rencontrent elles aussi quelques problèmes au début des années 1980), car la forte crise est intensifiée par la concurrence des pays non communautaires. Le données positive enregistrées en 1981 (275 306 travailleurs, presque 4 % de plus qu'en 1971) sont seulement le résultat temporaire des nouveaux ouvriers spécialisés et employés engagés dans la grande industrie du Mezzogiorno compensant les pertes enregistrées dans les autres implantations privées. Beaucoup d'entre elles arrêtent en effet leur production et d'autres (comme les Afl Falck) survivent grâce à la réduction de la main-d'œuvre et la réorientation de la production vers des produits de haute qualité.

À partir de 1977, la politique communautaire cherche à adapter l'offre à la demande, c'est-à-dire à réduire les capacités de production, à moderniser et à rationaliser les installations les plus viables. Durant la première moitié des années 1980, le plan Davignon (contesté par les travailleurs sidérurgistes) prévoit une forte réduction de la production d'acier. Il établit des quotas de production afin de réduire l'offre sur le marché communautaire ainsi que des prix minima pour éviter la concurrence ruineuse. Ses directives aboutissent à une réduction progressive du nombre d'entreprises et des emplois, surtout dans la grande sidérurgie, ce qui engendre de graves problèmes sociaux malgré les aides prévues pour les travailleurs touchés par la fermeture des entreprises les moins efficaces. Au nom de la modernisation et de la recherche de l'équilibre financier des entreprises restées en activité, les ouvriers qui restent sont obligés d'allonger les heures de travail et de prester de nombreuses heures supplémentaires. La réorganisation et la modernisation des entreprises sidérurgiques ont évidemment un grand impact également sur le rôle social et économique des travailleurs sidérurgistes. Durant les années 1960, ils étaient parmi les protagonistes des grandes conquêtes syndicales permettant la grande amélioration de la qualité de la vie en Italie ; dans la deuxième partie des années 1970, ils représentaient encore une réelle force qui réussit à décrocher l'indexation des salaires à l'inflation. Au cours des années 1980, ils doivent en revanche accepter malgré eux une indexation basée sur un taux déterminé a priori et pouvant être inférieur au taux réel (un choix divisant le syndicat et conduisant en 1983 à la fin de la Flm). Pour ceux d'entre eux qui ne peuvent ni passer à la retraite ni se reconvertir dans un autre métier, la sortie du monde sidérurgique représente l'entrée dans une condition sociale très précaire qui les contraint à vivre des aides publiques.

En Italie, le nouveau plan sidérurgique établi par la loi 675 (août 1977) entend réduire les coûts de production soit en augmentant le taux d'exploitation des usines les plus modernes soit en procédant à la reconversion des sites les moins performants. En 1980, la crise est déclarée au niveau communautaire, ce qui permet d'établir des quotas de production pour certains produits (en particulier les laminés à chaud). De plus, sidérurgie publique et privée doivent s'entendre pour réaliser une réduction graduelle de la production et l'État finance la fermeture ou la modernisation des implantations toujours actives. En 1982, Finsider achète aussi la *Teksid*, la branche sidérurgique du group Fiat. De cette manière de l'argent public est utilisé pour aider une entreprise fortement endettée, puis démantelée. Pendant les années 1980, la sidérurgie publique réduit ses emplois de moitié (ils passent de 121 000 à 60 000), mais, cas unique en Europe, continue à recevoir de l'argent de la CECA.[21]

Au cours de la même période, les entreprises privées, notamment les mini-aciéries, progressent grâce à l'application de nouvelles technologies et à la diversification des produits de qualité ; elles profitent en même temps des aides publiques ainsi que de la volonté de l'État de vendre ses installations et son savoir-faire mis en valeur par la compétences de managers capables de naviguer au sein d'une conjoncture négative pour l'acier communautaire. Par rapport à la rigidité bureaucratique des entreprises publiques, les managers des mini-aciéries portent une grande attention aux fluctuations des marchés. Ils sont capables de comprendre les trends nouveaux ; ils sont aussi assez flexibles pour réagir correctement. De plus, leurs prix effectifs de vente descendent parfois astucieusement en-dessous des limites établies par les règle communautaires pour donner un rapport prix/qualité imbattable.[22]

Les entrepreneurs issus des mini-aciéries peuvent se permettre de renoncer aux quotas de production qui, à l'opposé, permettent aux entreprises publiques de survivre et de sauver des milliers d'emplois. Le succès des représentants de cette nouvelle philosophie productive est illustré par l'arrivée d'un des leurs, Luigi Lucchini, à la présidence de la Confindustria (de 1984 à 1988) et surtout par la scission de l'Assider et de l'Isa et la naissance, en 1987, de l'*Unione Siderurgici Italiani* (Usi). Cette dernière constitue la nouvelle organisation des entrepreneurs spécialisés dans les produits longs : les Afl Falck et le *Group Roda* venant de l'Assider (où ils avaient un rôle de premier plan) y adhèrent ainsi que *Lucchini, Leali, Riva* et *Bellicini*. L'Usi regroupe donc les plus importantes entreprises privées italiennes et, plus généralement, tous les entrepreneurs ayant géré au mieux la production et la vente d'acier pendant la longue crise des années 1970 et 1980. En décembre 1988 elle s'unit à l'Isa (aciéries privées) et à l'Assider (où restaient *de facto* seulement les entreprises publiques), fondant la nouvelle Federacciai,

---

[21] Sur la crise de la sidérurgie italienne, cf. e.a. EISENHAMMER J., RHODES M., « The Politics of Public Sector Steel in Italy: from the "Economic Miracle" to the crisis of the Eightees », in MÉNY Y., WRIGHT V. (dir.), *The Politics of Steel: Western Europe and the Steel Industry in the Crisis Years (1974-1984)*, de Gruyter, Berlin/ New York, 1986, pp. 416-475 ; MASI A.C., « Nuova Italsider-Taranto and the Steel Crisis: Problems, Innovations and Prospects », in *Ibid.*, pp. 476-501 ; MOMIGLIANO F., « Ristrutturazione e riconversione industriale, politica industriale e programmazione economica », in *Rivista di Economia e Politica Industriale*, 1(1979), pp. 51-90.

[22] Même si les livraisons interviennent en vérité le jour voulu par les clients, on s'arrange à faire apparaître la date de livraison comme étant en retard sur la date convenue contractuellement. L'entreprise soi-disant « fautive » est dès lors obligée de payer des « pénalités » pour non respect des délais, alors qu'en réalité il s'agit bien entendu d'une ristourne occulte.

association devant gérer le marché sidérurgique italien en défendant les intérêts des entreprises du secteur, en soutenant les politiques industrielles en leur faveur et en promouvant les produits italiens sur les marchés internationaux. Si pendant les années 1960 et 1970, c'était les dirigeants de la Finsider qui décidaient des stratégies de développement de la sidérurgie italienne, à la fin des années 1980, ce rôle est passé aux industriels privés.

La restructuration du secteur sidérurgique continue dans les années 1990: face à la fin de la sidérurgie publique, progressivement privatisée, on relève l'abandon progressif du monde sidérurgique par les « vieilles » familles se tournant vers des occupations plus rentables. À partir de 1996, les Afl Falck par exemple démantèlent leurs implantations et diversifient leur *core business* en remplaçant la vente de produits sidérurgiques par celle d'énergie hydro-électrique ou en créant une nouvelle division du real estate qui s'occupe de la valorisation à des fins résidentielles des surfaces autrefois industrielles. Cette évolution s'accompagne évidemment d'une forte réduction des emplois de 170 381 en 1991 à 136 123 en 1996. Au début du nouveau millénaire, la sidérurgie italienne dénombre donc beaucoup moins d'ouvriers qu'auparavant : ils sont presque la moitié des sidérurgistes du début des années 1970 et un sixième de moins qu'au début de la CECA. De plus, les syndicats ouvriers de la sidérurgie amorcent un déclin visible. À partir des années 1990, on dénombre parmi leurs membres plus de pensionnés que d'actifs. À cela s'ajoute une réduction du nombre moyen des personnes occupées par entreprise de 42 à 33,7 unités. Cette baisse est liée à la fermeture de quelques grandes usines et à l'utilisation de nouvelle technologies « labour saving ». D'importantes niches productives continuent toutefois à exister et à résister à la concurrence accrue due à la « globalisation ». S'il reste une sidérurgie italienne, son importance a beaucoup diminué par rapport au passé. Son rôle social est ravalé au rang de témoignage du passé et, dans le discours public, les grandes aciéries qui subsistent font parler d'elles pour raison de pollution environnementale.

Conclusions

Le rôle social et économique du monde sidérurgique italien est naturellement lié à l'évolution de l'importance, en termes d'emplois et de richesse créés, des activités productives des entreprises sidérurgique (et de celles dont les productions sont étroitement liées à l'utilisation de fonte, d'acier et, en général, de produits en fer) et des revenus garantis aux travailleurs (ainsi qu'aux entreprises et magasins chargés de les nourrir et de leur fournir des vêtements et une habitation confortable). Les ouvriers sidérurgistes représentent, pendant la majeure partie du XXe siècle, la fraction la plus combative du monde ouvrier. Aussi ont-ils largement contribué au changement progressif du système de répartition de la richesse produite par le système industriel. Même si le nombre d'adhérents aux différents syndicats est inférieur à celui des organisations paysannes jusqu'aux années 1960, l'impact social de l'action syndicale des ouvriers sidérurgistes est bien plus significatif que celui des mouvements ruraux. Il a non seulement contribué à améliorer les conditions de vie des familles ouvrières de la sidérurgie, mais encore, de la classe ouvrière italienne en général. Les travailleurs sidérurgistes sont ainsi les protagonistes des grandes revendications du *biennio rosso*. Ce sont eux encore qui sont à l'origine de la dernière grève avant le début du régime fasciste et qui, deux décennies plus tard, ont organisé les grèves contre l'occupant nazi. Ils sont parmi les plus actifs également pendant la Reconstruction et ce, jusqu'au début des années 1970: ils sont les premiers à demander les réforme du système de travail dans le cadre de l'intégration économique européenne et surtout lors des grands conflits sociaux du 1969 et des années 1970 face aux restructurations du secteur sidérurgique qui réduisent fortement les productions et surtout le nombre des ouvriers employés. C'est dans le secteur sidérurgique qu'on compte la plupart de travailleurs au chômage ou prépensionnés, c'est-à-dire les effets de la restructuration de la sidérurgie communautaire établie par les plans Davignon. Ils représentent une partie importante de ce qui reste du monde ouvrier et leurs revendications syndicales entendent toujours réformer le monde du travail en favorisant la qualité de vie des ouvriers. Toutefois, si jusqu'aux années 1970, les revendications des travailleurs sidérurgistes concernent l'augmentation des salaires réels et l'amélioration de la sécurité des lieux de travail, à partir des années 1980, elles se concentrent sur le maintien de l'emploi et sur les procédures garantissant de quoi vivre aux ouvriers au chômage et à les aider à trouver un autre travail ou, pour les plus âgés, d'accéder à une prépension. Cela signifie que les syndicats des travailleurs sidérurgiques demeurent jusqu'à la fin du XXe siècle parmi les plus actifs.

Les résultats obtenus par l'industrie sidérurgique italienne dépendent d'un autre côté aussi de l'œuvre des entrepreneurs et des organisations qui les représentent : leurs associations sectorielles sont en effet en première ligne dans le conflit avec les syndicats ouvriers et elles influencent toutes les décisions des associations patronales intersectorielles. L'action des industriels sidérurgistes ne peut se réduire à l'obtention des objectifs classiques, c'est-à-dire l'octroi par l'État de meilleures conditions, fiscales, douanières, sociales etc. Elle vise en même temps la fragilisation de la position de force des syndicats des ouvriers dans les négociations syndicales.

Les meilleures entreprises sidérurgiques démontrent toujours leur capacité de se rénover pour augmenter à la fois la productivité et la qualité. Dans un contexte où les aides des autorité publiques ont garanti le sauvetage d'une partie importante des établissement sidérurgique italiens (en particulier au début des années 1930 et aux années 1980), il faut prendre en compte que certains entrepreneurs ont su faire face à la chute de la demande sans perdre leur compétitivité et garantir de nombreux emplois pendant les périodes de crise ou lors de la hausse de la concurrence étrangère sur les marchés (à savoir la grande dépression des années 1930, l'entrée dans la nouvelle Europe des marchés intégrés, la stagflation des années 1970). À cela, il faut ajouter les avantages accordés par les œuvres sociales qui, organisées par quelques entrepreneurs sidérurgistes, ont amélioré la qualité de la vie de nombreuses familles ouvrières, surtout celles vivant dans les cités ouvrières des compagnies.

Enfin, il faut relever l'influence exercée par les entrepreneurs sidérurgistes sur les stratégies à suivre. Quoique parfois divisés entre propriétaires de grands groupes et patrons de mini-aciéries, et malgré la diminution de l'importance du secteur, les entrepreneurs sidérurgiques italiens continuent à jouer un rôle clé parmi les industriels italiens. Cela explique aussi l'arrivée d'Emma Marcegaglia au sommet de la Confindustria (2008-2012). Issue d'une famille d'entrepreneurs sidérurgiques et surtout première femme à diriger la plus importante association nationale des industriels, elle représente aussi une exception notable dans un monde où la présence féminine parmi les grands managers reste très limitée.

Le recrutement comparé des dirigeants de la sidérurgie en France et en Allemagne

Hervé Joly

CNRS – Triangle

L'objet de cette contribution est de souligner l'exceptionnalité du recrutement des dirigeants de la sidérurgie française pendant la seconde moitié du XXe siècle, avec l'extraordinaire emprise d'un groupe très restreint, celui des ingénieurs du corps des Mines. Le phénomène avait commencé avant 1945, mais il s'est accentué ensuite, avec la concentration et la marginalisation des familles propriétaires. Il a résisté un temps à la crise et à la nationalisation, mais, à force de fusions, il a fini par scier la branche sur lequel il était assis avec la disparition d'une industrie nationale indépendante. L'exceptionnalité du cas français apparaît d'autant mieux quand on le compare à l'Allemagne, où le recrutement s'effectue selon des logiques très différentes, même si l'élitisme n'en est pas exempt, et où l'industrie nationale, même si elle a été fortement restructurée, a survécu.

Seront successivement examinés l'évolution comparée du paysage des entreprises, du profil des dirigeants et de leurs viviers de recrutement.

Le paysage comparé des entreprises

L'industrie sidérurgique française était peu concentrée jusque dans les années 1950, avec une vingtaine d'entreprises impliquées dans la fabrication de l'acier traditionnel (hauts-fourneaux et aciéries) (cf. tableau 1).[1]

---

[1] Sur le processus de concentration de la sidérurgie française dans la deuxième moitié du XXe siècle, voir FREYSSENET M., *La Sidérurgie française*, Savelli, Paris, 1979 ; BAUMIER J., *La Fin des maîtres de forges*, Plon, Paris, 1981 ; MIOCHE P., *La Sidérurgie et l'État en France des années 1940 aux années 1970*, thèse de doctorat d'État d'histoire, Paris IV, 1992 ; d'AINVAL H., *Deux siècles de sidérurgie française*, Presses universitaires de Grenoble, Grenoble, 1994 ; GODELIER É., *Usinor-Arcelor. Du local au global*, Hermès-Lavoisier, Paris, 2006. Un ouvrage d'entretiens avec un ancien dirigeant fournit également des fiches sur les principales entreprises en annexe ; MIOCHE P., ROUX J., *Henri Malcor. Un héritier des maîtres de forges*, Éd. du CNRS, Paris, 1988.

En 1948 commence avec la création d'*Usinor* par apport en commun des activités sidérurgiques de la *Compagnie des forges et aciéries du Nord et de l'Est* et des *Hauts-fourneaux, forges et aciéries de Denain-Anzin* une première vague de regroupements qui se prolonge ensuite avec la formation de *Sidélor* en 1950, de *Lorraine-Escaut* en 1953 et de la *Compagnie des forges et ateliers de la Loire* en 1954. Une deuxième vague arrive dans la deuxième moitié des années 1960, avec l'absorption de Lorraine-Escaut par Usinor en 1966, la fusion de *Wendel* et de Sidélor en 1968 et la formation de Creusot-Loire en 1970. On arrive à la fin des années 1970 à trois acteurs, avec Usinor, *Wendel-Sidélor* rebaptisé *Sacilor* et Creusot-Loire. Les deux premiers, en difficultés financière, sont passés sous le contrôle de l'État en 1978, avant d'être entièrement nationalisés par la gauche à l'automne 1981. Le troisième, filiale de *Schneider*, est liquidé en 1984, ses actifs sidérurgiques étant apportés à Usinor. Finalement, en 1986, le gouvernement Chirac fusionne Usinor et Sacilor, dont la privatisation n'intervient toutefois que bien plus tard, en 1995. L'entreprise redevenue Usinor tout court en 1997 ne survit de manière indépendante que jusqu'en 2002 ; elle est alors regroupée avec les groupes luxembourgeois (*Arbed*) et espagnol (*Aceralia*) pour former *Arcelor*, qui passe finalement sous le contrôle du groupe familial d'origine indienne *Mittal* en 2006.

Ce long processus de concentration, jusqu'à la réduction à un acteur unique puis sa dissolution dans un conglomérat international, a correspondu à une réduction massive des sites de production et des emplois en général. Il a aussi fortement réduit le marché des fonctions dirigeantes, qu'il s'agisse des postes de PDG ou directeurs généraux et des mandats d'administrateur, même si des sociétés holdings comme *Denain-Nord-Est* ou *Marine-Wendel* ont subsisté un temps à côté des entreprises industrielles. Aujourd'hui, le marché a quasiment disparu : le comité exécutif restreint (Group management board) d'*ArcelorMittal* ne compte fin 2012 qu'un seul Français parmi ses huit membres ; la version élargie de vingt-quatre membres (Management committee) n'en comprend que trois autres ...[2] La puissante Chambre syndicale de la sidérurgie française, héritière en 1945 du Comité des forges, n'a survécu en 1991 qu'en intégrant les transformateurs dans le cadre de la nouvelle Fédération française de l'acier. Ses actuels président (Philippe Darmayan, ancien d'ArcelorMittal devenu directeur général d'*Aperam*, une société luxembourgeoise spécialisée dans l'acier inoxydable propriété à plus de 40 % de la famille Mittal) et son vice-président (Hervé Bourrier, PDG d'ArcelorMittal France) sont cependant liés au groupe sidérurgiste dominant.

---

[2] Site institutionnel du groupe, www.arcelormittal.com/corp/who-we-are/leadership.

Tableau 1 : Schéma synthétique de la concentration de la sidérurgie française des années 1940 à 1986

Années 1940	Années 1950	Années 1960	Années 1970	Années 1980
Marine-Homécourt	Loire	Loire	Creusot-Loire	Usinor-Sacilor
Saint-Étienne				
Holtzer				
Firminy				
Schneider	Creusot	Creusot		
Commentry-Fourchambault-Decazeville	Imphy			
Denain-Anzin	Usinor	Usinor	Usinor	
Nord-Est				
Longwy	Lorraine-Escaut			
Senelle-Maubeuge				
Escaut et Meuse				
Châtillon-Commentry		Chiers-Châtillon		
Chiers				
Wendel	Sidélor	Wendel-Sidelor	Sacilor	
Rombas				
Micheville				
Knutange	Soc. mosellane de sidérurgie			
UCPMI				
Pompey				
Sacilor				
Sollac				

En Allemagne, on a un paysage assez stable entre les années 1920, après la constitution du gigantesque conglomérat de la Ruhr des *Vereinigte Stahlwerke* (Aciéries réunies) en 1926, et les années 1990 (cf. tableau 2).[3] Les seules évolutions sont, d'une part, la constitution d'un groupe public sous l'égide d'Hermann Göring sous le nazisme (*Reichswerke Hermann Göring*) à partir des gisements de minerai de fer de Salzgitter expropriés par le Reich à l'industrie privée,[4] qui survit sous la forme d'une entreprise fédérale après la guerre, et, d'autre part, la déconcentration ou

---

[3] La bibliographie sur l'industrie sidérurgique allemande de l'après-guerre est étonnamment moins riche, avec une seule étude de branche ancienne : HEMPEL G., *Die Deutsche Montanindustrie. Ihre Entwicklung und Gestaltung*, Vulkan, Essen, 1969. S'y ajoute une unique monographie d'entreprise récente, GALL L., *Krupp im 20. Jahrhundert*, Siedler, Berlin, 2002.

[4] Sur l'histoire des Reichwerke Hermann Göring, voir MOLLIN G.T., *Montankonzerne und "Drittes Reich". Der Gegensatz zwischen Monopolindustrie und Befehlwirtschaft in der deutschen Rüstung und Expansion 1936-1944*, Vandenhoeck & Ruprecht, Göttingen, 1988.

décartellisation (Entflechtung) imposée par les Alliés après 1945 ;[5] celle-ci ne touche toutefois pour les activités sidérurgiques que les seules Aciéries réunies, les autres konzerns voyant seulement leurs branches houillères, sidérurgiques et de transformation formellement dissociées. Malgré les freins apportés par la Communauté européenne du charbon et de l'acier (CECA), les principales entreprises issues des Aciéries réunies (*Deutsche Edelstahlwerke, Niederrheinische Hütte, Phoenix-Rheinrohr*) sont à nouveau rassemblées au sein du groupe de la *Thyssen AG* dès le début des années 1960, les héritiers Thyssen étant restés les actionnaires dominants des différentes sociétés faute de remise en cause de la propriété du capital. Le déséquilibre est cependant un peu moins grand qu'avant 1945, dans la mesure où la reconcentration profite aussi à Hoesch (*Dortmund-Hörder-Union*) et Krupp (*Stahlwerke Südwestfalen*). Le nombre d'acteurs indépendants de la branche n'a en revanche pas augmenté durablement.

Les autres transformations importantes, qui marquent la sortie de la branche de deux grands groupes, sont les reprises des activités sidérurgiques de la famille Haniel (*Hüttenwerk Oberhausen AG*, ex-*Gutehoffnungshütte*) et de *Mannesmann* par Thyssen, respectivement en 1968 et 1969, le même groupe Thyssen cédant en échange ses fabrications de tubes à Mannesmann. Sous réserve d'une association avortée dans les années 1970 entre Hoesch et le groupe néerlandais *Hoogovens*, on a ensuite une relative stabilité du paysage, avec jusqu'au début des années 1990 cinq acteurs majeurs dans l'acier, alors que la France n'en connaît plus qu'un (nationalisé) : quatre groupes privées (Thyssen, Krupp, Hoesch, *Klöckner-Werke*) et une entreprise publique (*Salzgitter*). Ce n'est que dans les années 1990 qu'on a fusion de Krupp et de Hoesch (1992), puis de cet ensemble avec Thyssen (1997) pour former *ThyssenKrupp*, et par ailleurs cession de la branche aciers de Klöckner au groupe luxembourgeois Arbed (1994) ; seul subsiste de manière indépendante par ailleurs Salzgitter, entre-temps privatisé. La particularité des groupes allemands est aussi que, malgré les tentatives contraires des alliés après 1945, ils ont toujours pratiqué une forte intégration verticale. S'ils se sont opportunément débarrassés de leurs gisements houillers regroupés en 1968 dans l'entreprise *Ruhrkohle*, ils ont développé leurs activités aval dans la construction mécanique, Thyssen reprenant notamment en 1973 le contrôle de la société *Rheinstahl* issue des Aciéries réunies. La diversification s'est poursuivie ensuite dans la construction électrique ou l'équipement automobile. L'acier ne représente ainsi plus que 30 % des ventes de ThyssenKrupp.[6] Cette diversification qui obéit à

---

[5] Sur la déconcentration de l'acier, la seule référence reste un ouvrage proche des milieux patronaux de l'époque, Herchenröder K.-H., Schäfer J., Zapp M., *Die Nachfolger der Ruhrkonzerne. Die "Neuordnung" der Montanindustrie*, Econ, Düsseldorf, 1953.

[6] *Annual report 2010-2011*, p. 46, site institutionnel du groupe.

des cycles différents de l'acier explique probablement la meilleure résistance des groupes allemands.

Tableau 2 : Schéma synthétique de la concentration
de la sidérurgie allemande des années 1920 à nos jours

1926-1945	Années 1950	Années 1960	Années 1970-1980	Années 1990-2000
Aciéries réunies	Thyssen	Thyssen	Thyssen	Thyssen-Krupp
	Deutsche Edelstahlw.			
	Niederrhein. Hütte			
	Phoenix-Rheinrohr			
	Dortmund-Hörder	(Hoesch)		
	Bochumer Verein			
	Stahlwerke Südwestfalen	Krupp	Krupp	
Krupp	Krupp			
Hoesch	Hoesch	Hoesch		
Mannesmann	Mannesmann	(Thyssen)	(Thyssen)	
Gutehoffnungshütte	Hüttenwerke Oberhausen			
Klöckner-Werke	Klöckner-Werke	Klöckner-Werke	Klöckner-Werke	(Arbed)
Salzgitter	Salzgitter	Salzgitter	Preussag	Salzgitter

Des profils dirigeants différents

Le poids des familles propriétaires reste important dans les deux pays encore dans l'après-guerre, mais, d'une part, il décline avec les fusions ; d'autre part, elles n'exercent souvent pas de responsabilités dirigeantes opérationnelles et se cantonnent alors dans des présidences non exécutives. C'est le cas en France des Nervo (descendants Talabot) chez Denain-Anzin, des Darcy chez Châtillon-Commentry ou des Raty et Labbé chez Longwy/Lorraine-Escaut, qui ne possèdent il est vrai que des fractions très minoritaires du capital des sociétés concernées ; seuls les Wendel font exception avec un contrôle exclusif jusqu'en 1951, majoritaire ensuite avec la transformation en société anonyme de Wendel & Cie, du capital et une mainmise sur les principales fonctions dirigeantes (cf. tableau 3).[7] Le phénomène est encore plus net en Allemagne (cf. tableau 4) avec le système dualiste du directoire et du conseil de surveillance obligatoire dans les sociétés anonymes (Aktiengesellschaften) : les héritiers des familles tendent,

---

[7] Sur la survivance des dynasties patronales dans la sidérurgie française, voir JOLY H., *Diriger une grande entreprise française au XXe siècle : l'élite industrielle française*, Presses universitaires François-Rabelais, Tours, 2013, chapitre 2.

à l'image des Thyssen, Haniel,[8] Krupp ou Klöckner, à se contenter de siéger dans le second organe, le premier étant laissé aux mains de managers.[9]

Tableau 3: Entreprises de la sidérurgie française sous contrôle familial au moins partiel dans les années 1940 à 1986
(en grisé, avec nom des dynasties en gras si différent de la raison sociale)

Années 1940	Années 1950	Années 1960	Années 1970	Années 1980
Marine-Homécourt	Loire		Creusot-Loire	Usinor-Sacilor
Saint-Étienne				
Cholat				
Holtzer				
Firminy				
Schneider	Creusot **Schneider**	Creusot		
Commentry-Fourchambault-Decazeville	Imphy			
Denain-Anzin **de Nervo**	Usinor	Usinor	Usinor	
Nord-Est				
Longwy **Raty/Labbé**	Lorraine-Escaut **Raty/Labbé**	Usinor		
Senelle-Maubeuge **d'Huart**				
Escaut et Meuse **Laveissière**				
Châtillon-Commentry **Darcy**		Chiers-Châtillon		
Chiers				
Wendel **Wendel**		Wendel-Sidelor **Wendel**	Sacilor **Wendel**	
Rombas	Sidélor			
Micheville **Ferry/Curicque**				
Knutange	Soc. mosellane de sidérurgie			
UCPMI **Petiet**				
Pompey **Fould**				
Sacilor				
Sollac				

---

[8] Pour une étude comparée entre les familles Haniel et de Wendel notamment, voir JAMES H., *Family Capitalism: Wendels, Haniels, Falcks and the Continental European Model*, Belknap Press of Harvard University Press, Cambridge Mass., 2006.

[9] Voir JOLY H., *Patrons d'Allemagne, Sociologie d'une élite industrielle 1933-1989*, Presses de sciences Po, Paris, 1996, chapitre 1.

Tableau 4 : Entreprises de la sidérurgie allemande sous contrôle familial au moins partiel dans les années 1920 à 1986
(en grisé, avec nom des dynasties en gras si différent de la raison sociale)

1926-1945	Années 1950	Années 1960	Années 1970-1980	Années 1990-2000
	Thyssen			
	Deutsche Edelstahlw. **Thyssen**	Thyssen	Thyssen	
	Niederrhein. Hütte **Thyssen**			
Aciéries réunies **Thyssen**	Phoenix-Rheinrohr **Thyssen**			Thyssen-Krupp
	Dortmund-Hörder	(Hoesch)		
	Bochumer Verein			
	Stahlwerke Südwestfalen	Krupp Krupp	Krupp	
Krupp	Krupp			
Krupp	**Krupp**			
Hoesch	Hoesch	Hoesch		
Mannesmann	Mannesmann			
Gutehoffnungshütte **Haniel**	Hüttenwerke Oberhausen **Haniel**	**Thyssen**	**Thyssen**	
Klöckner-Werke **Klöckner**	Klöckner-Werke	Klöckner-Werke	Klöckner-Werke	(Arbed)
Salzgitter	Salzgitter	Salzgitter	Preussag	Salzgitter

En France, la mainmise des ingénieurs sur les fonctions de direction générale (PDG et directeurs généraux à la loi de 1940 sur les sociétés anonymes) est quasi-complète. On ne relève, en dehors des héritiers Wendel, quasiment aucune exception dans les grands groupes, sauf au Creusot avec l'inspecteur des Finances Jean Forgeot et l'ancien élève de l'École libre des sciences politiques Jean-Laurent Delpech, ainsi que, après la prise de contrôle par l'État, les PDG successifs nommés par les gouvernements Barre puis Mauroy à la tête de Sacilor, l'énarque Jacques Mayoux et le HEC Claude Dollé.

En Allemagne, il n'existe souvent plus de Generaldirektor formel dans l'après-guerre, mais des directoires collégiaux qui se composent au moins d'un directeur technique, toujours ingénieur, d'un directeur commercial et d'un directeur du travail désigné par les représentants des salariés dans le cadre de la codétermination du charbon et de l'acier (Montanmitbestimmung), les deux à peu près jamais ingénieurs. Progressivement émerge en général parmi eux

Les mutations de la sidérurgie mondiale du XXe siècle à nos jours

un *primus inter pares*, au départ souvent le directeur technique, qui prend le titre de président du directoire, mais il existe ensuite des exceptions beaucoup plus nombreuses qu'en France : ainsi, chez Thyssen de 1973 à 1996, avec un juriste puis un gestionnaire, chez Mannesmann, Krupp, Hoesch ou Salzgitter à plusieurs reprises, et même de manière continue chez Klöckner avec des juristes (cf. tableau 5) ; ces exceptions rendent même les ingénieurs largement minoritaires (avec un total de 84 années-mandats sur 251, soit 33 %). Il est vrai que ces konzerns ont des activités plus diversifiées, avec une branche transformation qui prend une importance croissante, et que la branche aciers, filialisée plus ou moins tardivement à partir des années 1960, est beaucoup plus souvent dirigée par un ingénieur (89 années-mandats sur 122, soit 73 % ; cf. tableau 6).

Tableau 5: Part des ingénieurs parmi les présidents de directoire des groupes sidérurgiques allemands, années 1950-2012 (en grisé)[10]

Thyssen				ThyssenKrupp	
1952-1973	1973-1991	1991-1996	1996-1998	1998-2011	2011-
Ing. des mines TU Berlin	juriste	gestionnaire	Dr. ing. construction mécan. TU München	Dr. ing. métal. TU Claustahl	Dr. ing. électromécan. TU München

Mannesmann		
1955-1957	1957-1962	1962-(1969)
apprenti commercial	ing. des mines TU Berlin	gestionnaire

Krupp						
1953-1967	1967-1972	1972	1973-1975	1975-1980	1980-1989	1989-1999
apprenti commercial	gestionnaire	juriste	juriste	ing. construction mécan. TH Stuttgart	économiste	juriste

Hoesch					
1955-1968	1968-1973	1973-1976	1976-1979	1980-1990	1991-1992
ing.	Dr. ing. métal. TU Clausthal	financier	apprenti commercial	juriste	gestionnaire

Klöckner-Werke			
1952-1963	1963-1974	1974-1981	1991-1995
collégial	sans formation sup.	juriste	juriste

---

[10] NB : l'établissement d'enseignement supérieur mentionné est en principe celui d'obtention du dernier diplôme (ingénieur ou doctorat).

Le recrutement comparé des dirigeants de la sidérurgie en France et en Allemagne

Salzgitter				Preussag	Salzigtter	
1950-1965	1965-1968	1968-1979	1979-1993	1994-1998	2000-2011	2011-
Dr. ing. des mines TH Breslau	Dr. ing. métal. TH Aix-la-Chapelle	juriste	gestionnaire	juriste	gestionnaire	Dr. ing. métal. TH Aix-la-Chapelle

Tableau 6 : Part des ingénieurs parmi les présidents de directoire des filiales aciers des groupes allemands, années 1950-2012 (en grisé)

Krupp Stahl						Krupp Hoesch Stahl
1965-1973	1973-1978	1978-1980	1980-1986	1986-1989	1989-1992	1993-1997
Dr. ing. métal. TH Aix-la-Ch.	Dr. ing. métal. TH Aix-la-Ch.	économiste	gestionnaire	juriste	Dr. ing. métal. TH Aix-la-Ch.	Dr. ing. métal. TH Aix-la-Ch.

Stahlwerke-Peine-Salzgitter			Preussag-Stahl	Salzgitter Stahl			
1972-1977	1977-1984	1984-1994	1994-1999	1999-2003	2003-2005	2006-2009	2010-
ing. métal. TH Aix-la-Ch.	ing.	ing. méca. Hagen	Dr. ing. métal. TU Berlin	collégial	Dr. ing. métal. TH Aix-la-Ch.	Ingénieur méca. Eindhoven	ing. méca. Kaiserslautern

Thyssen Stahl	Thyssen Krupp Steel		Thyssen Krupp Steel Europe	
1983-1991	1991-2001	2001-2005	2005-2009	2009-
gestionnaire	Dr. ing. métal. TU Clausthal	gestionnaire	Dr. ing. métal. TU Clausthal	ing. Informatique Universität der Bundeswehr Neubiberg

Hoesch Stahl	
1984-1986	1986-1992
Dr. ing. métal. TU Clausthal	Dr. ing. métal. TH Aix-la-Ch.

Klöckner-Stahl			
1986-1989	1989-1990	1990-1991	1991-1993
juriste	Dr. ing. métal. TH Aix-la-Ch.	Dr. ing. métal. TH Aix-la-Ch.	Dr. ing. métal. TU Berlin

Les mutations de la sidérurgie mondiale du XXᵉ siècle à nos jours

La plus grande différence repose dans le profil des dirigeants : il existe en France une extraordinaire hégémonie dans les directions générales d'une seule école, l'École polytechnique, dont les élèves n'ont d'ailleurs formellement le titre d'ingénieur que tardivement, en 1937, et sont pourtant en principe destinés à des fonctions publiques civiles et militaires.

Parmi les managers (administrateurs délégués, directeurs généraux et PDG) ingénieurs, les polytechniciens sont en position à peu près exclusive dans des groupes comme Châtillon-Commentry (aucune exception entre 1891 et 1977), Marine/CFAL (aucune exception entre 1911 et 1972), Denain-Anzin/Usinor/Arcelor (à la seule exception dans la période 1901 à 2006 du PDG d'Usinor Fernand Balthasar, ingénieur d'origine belge, entre 1948 et 1955), et même, aux côtés des dirigeants héritiers, chez Schneider/Creusot/Creusot-Loire et, plus tardivement, chez Wendel, avec Robert Murard (X[11] 1939, directeur général de Wendel-Sidelor en 1968-1973) et Louis Dherse (X 1924, président du directoire de Wendel-Sidelor en 1970-1973).[12] Il n'y a guère que le groupe Longwy/Lorraine-Escaut qui se distingue durablement avec trois ingénieurs civils non polytechniciens (anciens élèves des écoles des mines ou de l'École centrale des arts et manufactures) à la direction générale : à l'autodidacte Alexandre Dreux succède en 1931 comme directeur général de Longwy l'ingénieur des mines de Saint-Étienne Eugène Roy, remplacé à sa mort en 1949 par le centralien Pierre Epron, qui occupe ensuite la même fonction en 1953 à la tête du nouvel ensemble Lorraine-Escaut, avant de céder son poste en 1962 à Jean-Paul Tannery, ingénieur civil des mines de Paris.[13] Mais les concentrations successives bénéficient largement aux polytechniciens, à l'image de leur extrême implantation à la direction générale élargie d'Usinor (cf. tableau 7) ou, à l'héritier Wendel près, du directoire de Sacilor en 1978 (tableau 8).

---

[11] X est le surnom commun de l'École polytechnique, qui sert d'abréviation pour désigner la promotion ; son origine viendrait de la présence de deux canons croisés sur le blason de l'École, mais l'importance des mathématiques dans le recrutement et la formation pourrait aussi l'expliquer.

[12] Sur le poids des polytechniciens dans l'industrie sidérurgique française, voir JOLY H., *Diriger une grande entreprise ...*, *op. cit.*, chap. 4.

[13] Après l'absorption de Lorraine-Escaut par Usinor en 1966, Jean-Paul Tannery est nommé codirecteur général d'Usinor aux côtés du polytechnicien Jean Hüe de la Colombe, mais il rejoint le fabricant de tubes Vallourec en 1972.

Tableau 7 : **Direction générale d'Usinor, juin 1978**[14]

Dirigeant	Fonction	Formation	Carrière
Jean Hüe de la Colombe	PDG	X 1935 Mines	Denain-Anzin
Paul Aussure	Adm. DG	X 1943 Mines	Longwy/ Lorraine-Escaut
Jean Lerebours-Pigeonnière	Adm. DG	X 1942 Mines	Firminy / Dunkerquoise
Jacques Bouvet	DGA	X 1953 Mines	Usinor
Jacques Michel	DGA	X 1945 démis.	Usinor
Jean-Marie Nathan-Hudson	DGA (personnel)	Sciences Po 1949 Service public	Lorraine-Escaut

Tableau 8 : **Membres du directoire de Sacilor, juin 1978**[15]

Dirigeant	Fonction	Formation	Carrière
Pierre Célier	Président du directoire	Licences lettres et droit, Inspecteur des finances	(Gendre Wendel)
Pierre Durand-Rival	DG	X 1949 Ponts	Solmer
Claude Ink	DGA	X 1949 dém.	Sollac
Robert Piron	DG technique	X 1937 Génie maritime	Sollac

Rien ne change, au contraire, après la prise de contrôle par l'État en 1979 et la nationalisation en 1981, à l'image des équipes mises en place par les PDG successifs Claude Etchegaray, Raymond Lévy, René Loubert (tous polytechniciens eux-mêmes) chez Usinor (cf. tableau 9) ; le phénomène est, en revanche, beaucoup moins net chez Sacilor, à l'image des PDG nommés par l'État, Jacques Mayoux (énarque) puis Claude Dollé (HEC), avec moins d'ingénieurs en général et de polytechniciens en particulier (cf. tableau 10). Après la fusion puis la privatisation d'Usinor-Sacilor, l'équipe du PDG Francis Mer, lui-même polytechnicien, est marquée par le retour à l'hégémonie des ingénieurs, avec de nombreux polytechniciens, mais aussi d'autres profils issus d'écoles de second rang comme l'École nationale supérieure d'électricité et de mécanique (ENSEM) de Nancy ou l'École supérieure de physique et de chimie industrielles (ESCPI) de Paris (cf. tableau 11).

---

[14] Rapport annuel Usinor, exercice 1977, AG 29 juin 1978, AG microfiche DEEF Crédit lyonnais.
[15] Rapport annuel Sacilor, exercice 1977, AG 22 juin 1978, microfiche DEEF Crédit lyonnais.

Les mutations de la sidérurgie mondiale du XXe siècle à nos jours

Tableau 9: Équipe dirigeante d'Usinor, janvier 1986[16]

Dirigeant	Fonction	Formation	Carrière
René Loubert	PDG	X 1948 Ponts	administration
Pierre Cordier	DG finances, stratégie industrielle, recherche et développement	X 1952 dém.	Sidelor, BSN, DGA Chiers-Châtillon 1977-1978
Pierre Calame	DG secrétaire général	X 1963 Ponts	administration
Jacques Bouvet	DG sidérurgie, PDG Usinor Aciers	X 1953 Mines	Usinor
N. (n.i. source)	DG transformation, métallurgie, négoce		
Guy Dollé	DGA Usinor-Aciers	X 1963 dém.	IRSID/Usinor
Jacques Français	DGA Usinor-Aciers	X 1953 dém.	Usinor
Bernard Rogy	DGA Usinor-Aciers	X 1963 Mines	Usinor

Tableau 10: Équipe dirigeante de Sacilor, juin 1986[17]

Dirigeant	Fonction	Formation	Carrière
Claude Dollé	PDG	HEC 1954	ex-DG Stinox, Cabinet min. Ind. 1981-82
Jean-Pierre Hugon	DG (aciers inox et alliages)	X 1965 Mines	Société générale / CdF
Jean Jacquet	DG (aciers longs et de construction)	Sciences Po Paris 1954 SP	RVI
Edmond Pachura	DG (aciers plats)	Ensem Nancy	CdF / Renault
Pierre Jullien	DGA (stratégie) / Secr. général	ENS Ulm ENA 1975 adm. civil	Havas
Denis Georges-Picot	DGA (finances)	ENA 1960 adm. civil	Cabinet VGE ministre EF CdF Chimie
Jean-Baptiste Santoni	DGA (affaires sociales)	DES Droit	Renault
Henri Hubert	Directeur transformation	nsp	nsp
Robert Monnot	Directeur négoce	HEC 1954	Wendel
Philippe Choppin de Janvry	Directeur aff. internationales	ENA 1966 Adm. civil	Bendix / Poclain / Sommer-All.
Jean Marchandon	Directeur approvisionnements	Mines Paris 1951	Marine-Wendel
Charles Moulin	Directeur audit	nsp	nsp

---

[16] *Revue de la métallurgie*, décembre 1985, p. 925
[17] Rapport annuel Sacilor, exercice 1985, AG 27 juin 1986.

Le recrutement comparé des dirigeants de la sidérurgie en France et en Allemagne

Tableau 11 : Équipe dirigeante d'Usinor, 1999[18]

Dirigeant	Fonction	Formation	Carrière
Francis Mer	PDG	X 1959 Mines	Saint-Gobain PAM
Guy Dollé	DG Inox et alliages	X 1963 démis.	IRSID/Usinor
Jean-Cl. Georges-François	DG affaires sociales	Sciences Po Paris ?	Saint-Gobain PAM
Robert Hudry	DG finances	X 1965 Armement, ENA 1977, adm. Civil	cabinet Monory 1980-1981 Banque Paribas
Edmond Pachura	DG produits plats	ENSEM Nancy	CdF / Renault
Bernard Rogy	DG aciers spéciaux	X 1963 Mines	Usinor
Gilles Biau	Directeur opér. ind.	Supélec 1969	Sollac
Jacques Chabanier	Directeur comm.	ECP 1971	Usinor
Christophe Cornier	Directeur Europe du Sud	X 1971 Mines	Usinor-Sacilor
Jean-Yves Gilet	Directeur Brésil	X 1975 Mines	Usinor-Sacilor
Pierre Meyers	Directeur contrôle de gestion	Belge	
Bernard Serin	Directeur Belgique/Allemagne	ESPCI Paris	Sacilor

Cette hégémonie polytechnicienne durable à la direction générale des entreprises sidérurgiques ne signifie certes pas que tous les polytechniciens recrutés y deviennent des dirigeants de premier plan. Mais il existe un lien entre accès aux fonctions dirigeantes et embauche de polytechniciens. Dans les groupes où ils sont peu présents à la direction générale, ils sont aussi peu nombreux dans les effectifs en général. Chez Wendel, les trois recensés en 1930 sont encore assez jeunes (promotion 1914 et au-delà) et un seul est connu pour avoir exercé des responsabilités de second rang toutefois (directeur des mines et forges de Joeuf puis de Moyeuvre). Ce n'est qu'à partir des années 1950, alors que le contrôle familial devient moins exclusif, que certains obtiennent des fonctions de direction au siège parisien. De même, à Longwy, les trois polytechniciens présents en 1940 plafonnent aux postes de directeur des Ateliers de Bordeaux, d'ingénieur-chef à l'usine de Mont-Saint-Martin et de directeur de l'usine de Longwy. Les polytechniciens sont en revanche plus présents dans les groupes où ils monopolisent l'essentiel des fonctions dirigeantes, sans pour autant être très nombreux, y connaissant une probabilité de réussite exceptionnelle. Chez Denain-Anzin, parmi les 8 recensés en 1930 ou 1940, on ne compte rien moins que deux administrateurs délégués (Léopold Pralon, Henry Nanteuil de la Norville), un directeur général (René Damien), un directeur général des usines de Denain, un « chef des travaux du domaine de la société » et « un ingénieur adjoint à la direction ». Plus nettement encore,

---

[18] *Les Échos*, 28.01.1999.

à Châtillon-Commentry, parmi les 14 recensés en 1930, trois (Jacques Taffanel, Jean Dupuis, Léon Bureau) accèdent à la direction générale, cinq deviennent directeurs ou sous-directeurs d'unités régionales (établissements du Centre ou du Nord, usines de Commentry ou de Neuves-Maisons), un est ingénieur en chef des services techniques, un autre chef du service de l'exploitation technique. Seuls quatre, dont l'un qui rejoint rapidement le groupe Marine pour y devenir directeur d'usine, seraient restés simples ingénieurs.

Tableau 12 : **Nombre de polytechniciens faisant carrière dans les entreprises sidérurgiques**[19]
(dont ayant accédé à la direction générale)

Entreprises	1930	1940	1950	1965
Châtillon-Commentry	14 (3)	14 (3)	12 (2)	12 (2)
Denain-Anzin / 1948 Usinor	8 (3)	3 (2)	9 (3)	19 (4)
Longwy / 1953 Lorraine-Escaut	n.i.	n.i.	3 (0)	7 (1)
Marine / CFAL	16 (3)	19 (3)	20 (3)	26 (3)
Nord-Est	n.i.	n.i.		
Pont-à-Mousson	10 (2)	10 (2)	13 (2)	12 (1)
Schneider / Creusot	30 (1)	22 (1)	21 (1)	34 (3)
De Wendel	3 (0)	4 (0)	10 (0)	14 (1)

L'hégémonie des polytechniciens dans la sidérurgie est d'autant plus spectaculaire que les diplômés d'autres écoles d'ingénieurs n'y manquent pas dans les effectifs. Nombreux sont ainsi les centraliens (cf. tableau 13) ; s'ils peuvent y faire de belles carrières, elles restent nécessairement au second rang. Chez Marine ou Schneider, ils sont ainsi chefs de service, ingénieurs principaux, plus rarement directeurs d'usine. De même, parmi les cinq centraliens recensés chez Châtillon-Commentry, quatre sont également chefs de service. En revanche, chez Denain-Anzin, deux parviennent à se succéder, après le décès accidentel du premier, à la direction dite « générale » des usines.

La même observation peut être faite pour les ingénieurs civils sortis des écoles des mines (cf. tableau 14 pour celle de Paris). On les retrouve au départ surtout à la tête des activités minières (minerai de fer ou houille) des groupes sidérurgiques. Ainsi, à Denain-Anzin, c'est le cas de cinq des sept recensés entre 1911 et 1933, avec notamment le chef du service des mines et le directeur des Mines d'Azincourt absorbées en 1906. On trouve également deux chefs successifs du service des mines de Marine et de Pont-à-Mousson, un chef du service de l'inspection des mines de

---

[19] Annuaires d'anciens élèves de l'École polytechnique, éditions de 1930, 1940, 1950 et 1965, rubriques professions.

Schneider, un directeur des houillères de Petite-Rosselle ou des mines de Moyeuvre appartenant à de Wendel, etc. On relève également quelques belles carrières dans les activités métallurgiques, comme un directeur des usines d'Hayange chez Wendel, des chefs de service des hauts-fourneaux à Longwy et à Châtillon, ou des études techniques chez Marine, un directeur de la recherche scientifique à Pont-à-Mousson, etc. D'autres sortent de la filière technique, comme un secrétaire général chez Wendel ou des chefs du service commercial chez Châtillon et Marine.

Tableau 13: **Nombre de centraliens faisant carrière dans les entreprises sidérurgiques**[20]
(dont nombre ayant accédé à la direction générale)

Entreprises	1927	1937	1947	1960
Châtillon-Commentry	1 (0)	4 (0)	n.i.	n.i.
Denain-Anzin / 1948 Usinor	12 (0)	13 (0)	13 (0)	26 (0)
Longwy / 1953 Lorraine-Escaut	8 (0)	15 (1)	20 (1)	58 (1)
Marine	9 (0)	15 (0)	21 (0)	16 (0)
Nord-Est	5 (1)	3 (0)	n.i.	
Pont-à-Mousson	2 (0)	4 (0)	8 (0)	7 (0)
Schneider / Creusot	20 (0)	22 (0)	30 (0)	26 (0)
De Wendel	6 (0)	12 (0)	10 (0)	15 (0)

Tableau 14: **Nombre d'ingénieurs civils (non polytechniciens) de l'École des mines de Paris faisant carrière dans les groupes sidérurgiques**[21]
(dont nombre ayant accédé à la direction générale)

Entreprises	1911	1921	1933	1959
Châtillon-Commentry	4 (0)	5 (0)	8 (0)	5 (0)
Denain-Anzin / 1948 Usinor	5 (0)	3 (0)	4 (0)	4 (0)
Longwy / 1953 Lorraine-Escaut	1 (0)	1 (0)	3 (0)	7 (1)
Marine	1 (0)	8 (0)	6 (0)	1 (0)
Nord-Est	1 (0)	0	0	
Pont-à-Mousson	3 (0)	3 (0)	6 (0)	6 (0)
Schneider	2 (0)	3 (0)	3 (0)	3 (0)
De Wendel	3 (2)	12 (2)	12 (2)	3 (1)

Si les centraliens ou ingénieurs civils des mines jouent en deuxième division derrière les polytechniciens, les diplômés des arts et métiers

---

[20] Annuaire des anciens élèves de l'École centrale des arts et manufactures, éditions de 1927, 1937, 1947 et 1960.
[21] Annuaire des anciens élèves de l'École des mines de Paris, éditions de 1911, 1921, 1933 et 1959.

(« gadz'arts ») apparaissent plutôt en troisième. Ils sont nombreux à faire carrière dans les groupes sidérurgiques – Schneider emploierait 165 gadz'arts en 1900 (les meilleurs élèves d'une école pour jeunes ouvriers du Creusot étant envoyés se former au centre voisin des arts et métiers de Cluny),[22] de Wendel 50 en 1934 dans les usines de Meurthe-et-Moselle[23] –, mais on les retrouve peu au sommet, « leur avancement s'y trouva[nt] le plus souvent bloqué par les centraliens, polytechniciens et autres ». Ils sont très bien représentés aux échelons immédiatement inférieurs. C'est le cas chez Usinor où ils occupent, de 1948 à 1966, 4 des 9 postes de directeurs des deux « groupes » industriels qui se répartissent la gestion des usines ; ils y font même mieux que les centraliens (3) et que les polytechniciens (2) qui se partagent les autre postes. L'exceptionnalité du recrutement polytechnicien de la direction générale apparaît ici d'autant plus nettement.

Tableau 15 : Formation des directeurs des groupes industriels d'Usinor 1948-1966[24]

groupe A (usines de Denain et Anzin ; 1952 Denain et Montataire)		
Georges Crancée	1948-1952	ECP 1912
Maurice Geib	1952-1956	ECP 1914
Camille Bertreux	1956-1958	Arts et Métiers Lille 1913
Marcel Mallevialle	1958-1964	X 1917 dém.
Pierre Avelange	1964-	Arts et Métiers Lille 1926
groupe B (usines de Valenciennes, Louvroil, Haumont, Montataire ; 1952 Valenciennes, Louvroil, Haumont, Anzin)		
Pierre Presles	1948-1956	ECP 1914
André Coquet	1956-1958	X 1913 Artillerie
André Bertreux	1958-1962	Arts et Métiers Lille 1913
Robert Jaillard	1962-1966	Arts et Métiers Lille 1923

Au-delà de cette hégémonie polytechnicienne, un phénomène encore plus frappant en France est la place qu'occupe une catégorie très particulière de polytechniciens, ceux qui, en sortant aux premiers rangs, ont réussi à

---

[22] Sur l'importance des gadzarts parmi les ingénieurs maisons de Schneider, voir BEAUD C., « Les ingénieurs du Creusot à travers quelques destins du milieu du XIXe siècle au milieu du XXe », in THÉPOT A., *L'ingénieur dans la société française*, éd. Ouvrières, Paris, 1985, pp. 51-59.

[23] DAY C.R., *Les Écoles d'arts et métiers. L'enseignement technique en France XIXe-XXe siècle*, Belin, Paris, 1991, pp. 328-329.

[24] GODELIER É., *op. cit.*, p. 265 pour les titulaires, recherches personnelles pour les formations.

intégrer le corps des Mines (X Mines) :[25] ils ont une propension particulière à occuper les principales fonctions dirigeantes, jusqu'à former des cohortes qui se succèdent notamment chez Châtillon-Commentry (avec les directeurs généraux Léon Lévy et Jacques Taffanel de 1891 à 1946, puis à nouveau le PDG Paul Baseilhac de 1964 à 1977), Nord-Est (avec l'administrateur délégué François Villain et le directeur général Alexis Aron de 1904 à 1940), Marine (avec les directeurs généraux ou PDG Théodore Laurent, Léon Daum, Henri Malcor et André Legendre de 1911 à 1975), un temps Schneider (avec les directeurs généraux Jules Aubrun et André Vicaire de 1921 à 1948), plus tard Usinor (avec les PDG Maurice Borgeaud et Jean Hüe de la Colombe de 1966 à 1978 et plusieurs directeurs généraux).[26] Seules les entreprises où les familles jouent les premiers rôles, comme Longwy/Lorraine-Escaut et surtout de Wendel – avec des ingénieurs des Ponts et Chaussées (X Ponts) comme Louis Dherse ou Jean Gandois – probablement considérés comme plus compatibles au partage du pouvoir avec les héritiers, dans des fonctions dirigeantes – leur échappent. Le phénomène s'est logiquement poursuivi dans les deux entreprises nationalisées, moins par les PDG nommés par l'État (deux sur six seulement) que par les principaux directeurs généraux à leurs côtés.

En Allemagne, il n'y a rien de commun. Les dirigeants ingénieurs sont issus d'établissements plus divers (cf. tableaux 5 et 6 pour les présidents de directoire des konzerns et de leurs filiales aciers), avec toutefois une exclusivité de l'enseignement supérieur long des universités ou écoles supérieures techniques (technische Hochschulen), aux dépens des formations plus courtes (trois ans) d'ingénieurs dits gradués (Fachhochschulen), à l'origine accessibles à des non-bacheliers. En particulier à la tête des filiales aciers, on retrouve logiquement une forte tendance à la spécialisation au profit des ingénieurs métallurgistes (Hüttenbau), même si quelques ingénieurs mécaniciens y parviennent aussi. Dans cette spécialité, on retrouve souvent les mêmes établissements, en particulier pour la Ruhr l'école supérieure technique voisine d'Aix-la-Chapelle (RWTH Aachen) et, à un degré moindre, l'université technique de Clausthal (TU Clausthal).[27] Mais, surtout si l'on tient compte que les ingénieurs sont loin

---

[25] Sur les origines du corps des Mines, voir THÉPOT A., *Les ingénieurs des mines du XIXᵉ siècle. Histoire d'un corps technique d'État. 1810-1914*, ESKA-IDHI, Paris, 1998.

[26] Sur les ingénieurs du corps des Mines dans l'industrie sidérurgique au XXᵉ siècle, voir JOLY H., *Diriger une grande entreprise ...*, op. cit., chap. 5.

[27] Sur la formation des dirigeants de la sidérurgie allemande, voir JOLY H., « Studium der Eisenhüttenkunde, Promotion und Industriekarriere. Die Rekrutierung von Vorstandsmitgliedern des Vereins Deutscher Eisenhüttenleute 1946-1989 », in MAIER H., ZILT A., RASCH M. (dir.), *150 Jahre Stahlinstitut VDEh 1860-2010*, Klartext, Essen, 2010, pp. 461-480.

d'accaparer tous les postes dirigeants, il n'existe aucune hégémonie d'un établissement comparable à celle de l'École polytechnique. L'élitisme relatif de la formation se montre différemment, par la prolongation fréquente des études jusqu'au doctorat parmi ceux qui accèdent aux fonctions dirigeantes.

Hégémonie des X Mines *versus* concurrence des ingénieurs allemands

Les X Mines sont très peu nombreux : ils ne sont qu'une petite minorité des polytechniciens, de l'ordre de 2 % jusqu'aux années 1940, avec des promotions de 3 à 5 par an, et de 10-12 ensuite, ce qui, avec l'augmentation des effectifs de l'École polytechnique à plus de 300 élèves, ne dépasse jamais 4 %. Si plus de la moitié quittent à un moment ou un autre de leur carrière le service de l'État pour une entreprise publique ou privée, l'industrie sidérurgique ne représente qu'un débouché parmi d'autres (les compagnies minières, la chimie, le pétrole, mais aussi la banque ou les chemins de fer). Entre 1945 et 1978, on n'en recense qu'une trentaine en poste à titre principal dans la branche (hors simples mandats d'administrateurs). Il n'y en a souvent qu'un par génération et par entreprise. Le fait qu'ils n'accaparent pas toutes les fonctions dirigeantes peut donc s'expliquer déjà par quelques défaillances individuelles (décès prématurés notamment). En revanche, ils connaissent une réussite extraordinaire : presque tous deviennent dirigeants au plus haut niveau, à la direction générale. Il faut dire qu'ils commencent souvent leur carrière en entreprise, après une moyenne d'à peine dix ans au service de l'État, à proximité immédiate de celle-ci, voire directement comme directeur à Paris. Il est rare qu'ils débutent, si ce n'est sous forme de stages de découverte, dans les usines provinciales. Ils s'inscrivent souvent très vite dans une brève file d'attente pour la direction générale. Seules les nombreuses fusions à partir des années 1950 sont venues perturber les carrières programmées ; des X Mines de la même génération ont pu se retrouver en concurrence, ainsi chez Usinor ou chez Creusot-Loire. Quelques uns ont eu des carrières interrompues ou déclassées, mais personne n'est resté complètement sur la touche, des reclassements ont souvent été proposés dans des filiales ou des organismes professionnels. Leur profil apparaît plus de généralistes que de spécialistes : même si l'industrie sidérurgique fait partie de la formation à l'école des Mines, leur carrière administrative ne s'y inscrit pas nécessairement. Seule une petite minorité d'entre eux ont ainsi travaillé à la direction de la Sidérurgie du ministère de l'Industrie. Ce passage apparaît moins déterminant que la valeur intrinsèque qui leur est prêtée par l'élitisme extrême de leur recrutement (les meilleurs élèves de la plus prestigieuse des grandes écoles d'ingénieurs). Ils sont plus des professionnels de la dirigeance que des spécialistes de la branche. Le hasard des affectations aurait probablement pu les conduire tout aussi bien dans la chimie ou le pétrole.

Un changement apparaît pour les générations recrutées à partir des années 1980 chez Usinor-Sacilor. Appartenant aux promotions un peu plus nombreuses de l'après-guerre,[28] ils semblent avoir des accès moins assurés au plus haut niveau. Ils sont aussi plus mobiles, passent d'une entreprise et d'une branche à l'autre au gré des opportunités. Ils continuent d'accéder à des fonctions de cadres dirigeants, mais plus nécessairement de dirigeants de premier plan. Le phénomène s'est accentué avec la formation d'Arcelor puis ArcelorMittal, où l'on en recensait 9 corpsards dans les effectifs du groupe en 2010, sans qu'on les retrouve dans les principales dirigeantes : en 2012, même au sein du Management committee élargi de 32 membres, on n'en compte aucun parmi les 4 Français. De manière générale, il n'existe d'ailleurs plus pour eux de prime aux très grandes écoles, avec un seul polytechnicien non sorti dans les grands corps, les trois autres sortant d'établissements moins prestigieux (Institut d'études politiques de Grenoble, École supérieure de gestion et Sup de co Bordeaux). Les deux derniers corpsards à avoir occupé des fonctions de premier plan dans le groupe, comme vice-président exécutif, l'ont quitté récemment : Jean-Yves Gilet (en charge de la branche inox) en 2010 pour revenir dans le secteur public national, comme directeur général du nouveau Fonds stratégique d'investissement (FSI) et Christophe Cornier (ancien responsable des produits plats en Europe de l'Ouest, puis PDG d'ArcelorMittal France) en 2012 « pour raisons personnelles ».[29] Son successeur à la tête de la filiale française est un diplômé de la plus modeste École nationale supérieure de chimie et physique de Bordeaux, qui a fait carrière d'abord chez Rhône-Poulenc, puis Pechiney. Dans l'entreprise mondialisée des Mittal, l'X Mines n'a visiblement plus la cote … On peut se demander si les relations difficiles du groupe avec l'administration française, illustrée récemment dans l'affaire des hauts-fourneaux de Florange, ne trouvent pas ici une explication.

Les ingénieurs allemands, même en ne considérant que les diplômés des universités ou écoles supérieures aux formations spécialisées, et en particulier les docteurs, appartiennent à des cohortes plus nombreuses, de plusieurs dizaines au moins par an. La seule école supérieure technique

---

[28] Il faut signaler aussi le fait qui pèse peu dans les générations étudiées ici que, à partir des années 1970, il existe un petit recrutement complémentaire du corps des Mines en dehors de l'École polytechnique, avec chaque année un ou deux ingénieurs civils des mines de Paris ou anciens élèves de l'École normale supérieure.

[29] Usinenouvelle.com, 21 décembre 2011. D'après sa notice sur le réseau social professionnel LinkedIn, il serait aujourd'hui gérant-propriétaire d'un cabinet d'ingénierie documentaire, rédaction technique et traductions.

d'Aix-la-Chapelle formait ainsi près d'une centaine d'ingénieurs diplômés en métallurgie jusqu'au début des années 1990, et une soixantaine de docteurs. Après des études plus longues qu'en France, parfois complétées par des fonctions d'assistants à l'université, à l'âge où les X Mines occupent des fonctions dans l'administration du ministère de l'Industrie, les carrières s'effectuent ensuite uniquement en entreprise ; elles commencent souvent dans les services de recherche ou dans les usines, et comportent une première phase où les fonctions techniques l'emportent sur les responsabilités managériales. Ce n'est que dans un second temps que certains émergent au sein de leur filière pour en prendre la direction. Paradoxalement, ce sont ces ingénieurs au profil plus spécialisé, il est vrai au sein de directoires associés des compétences diverses (juristes, gestionnaires, etc.), qui ont amené les konzerns à se diversifier très tôt dans les activités de construction mécanique, alors que la plupart des entreprises françaises, dirigées par des ingénieurs généralistes, sont restées plus concentrées dans la production sidérurgique. Le profil des X Mines les amenait à privilégier plutôt les investissements dans les grands équipements, dans le cadre de programmes menés en partenariat avec l'État, que la diversification dans des activités plus fines. Les X Mines incarnent bien à la fois la réussite et les limites de la sidérurgie française.

Un point commun de cette branche dans les deux pays reste le fort élitisme académique des formations, selon des logiques certes très différentes, qu'on ne retrouve pas dans d'autres secteurs comme la construction mécanique, le textile ou la banque, qui ont longtemps laissé plus de place à des formations professionnelles ne relevant pas de l'enseignement supérieur.

Bilan

Quel bilan dresser de cette différence de profil dirigeant quant au devenir de l'industrie sidérurgique dans les deux pays ? Force est de constater que les X Mines, à force de faire des opérations de restructuration, incontestablement leur point fort, s'y sont perdus, même si l'on ne peut pas bien sûr réduire la disparition d'une sidérurgie nationale à cette seule explication. Les Allemands, au profil de professionnels très spécialisés, ont réussi à sauvegarder une industrie nationale, en s'appuyant paradoxalement sur une diversification à laquelle leur formation ne les préparait pas ; ils ont su s'appuyer sur les ressources des entreprises moyennes (Mittelstand) de la construction mécanique et électrique progressivement intégrées dans les konzerns.

Restructurations entrepreneuriales et évolutions du travail dans la sidérurgie lorraine (1966-2006)

Pascal RAGGI

Université de Lorraine – CRULH

En 1976, évoquant les restructurations des entreprises sidérurgiques françaises, Michel D'Ornano, le ministre de l'Industrie de l'époque, écrit : « On sait que notre sidérurgie, quatrième du monde occidental, de nouveau exportatrice nette, est engagée dans un long processus de modernisation encore inachevé ».[1] Dix ans après le « plan professionnel » qui prévoyait d'importantes diminutions d'effectifs dans cette branche industrielle,[2] et alors que la crise mondiale commence à y entraîner des pertes d'emplois importantes, ces propos ministériels prouvent que les pouvoirs publics envisagent les évolutions de la sidérurgie française sur une longue période. En Lorraine, à l'échelle des travailleurs de ce secteur d'activité, cette modernisation de long terme signifie que les périodes de suppressions d'emplois risquent de durer ou, en tout cas, d'être fréquentes avant de permettre aux installations industrielles d'arriver à un niveau de compétitivité important. D'ailleurs, dès les années 1970-1980, l'activité sidérurgique régionale, dont les effectifs ont pu atteindre plus de 80 000 personnes (au milieu des années 1960), subit la poursuite des difficultés sur le marché mondial de l'acier qui aboutissent à des fermetures de sites et à des licenciements massifs.[3] Cependant, la mécanisation, l'automatisation et la robotisation mises en œuvre dans les usines lorraines préservées et modernisées montrent l'adaptation de ce secteur aux nouvelles conditions économiques. Du milieu des années 1960 au début du XXIe siècle, les sidérurgistes lorrains qui n'ont pas été licenciés ont ainsi vécu une profonde transformation de l'expérience individuelle et collective de leur travail.

Les conséquences des restructurations entrepreneuriales sur les évolutions du travail peuvent être mises en évidence en croisant les témoignages

---

[1] *Annales des mines*, 6(1976), p. 7.
[2] 15 000 suppressions d'emplois, en partie compensées par de nouvelles embauches.
[3] Voir CREUSAT J. (dir.), *La Lorraine face à son avenir*, INSEE, Paris, 2003, p. 63.

des anciens travailleurs de la sidérurgie lorraine, recueillis lorsqu'ils travaillaient ou après leurs départs en retraite, avec les sources écrites présentant les modifications de l'implantation et de l'organisation des usines.

La modernisation consécutive au « plan professionnel » de 1966 débute un cycle de diminution du nombre d'emplois dans la sidérurgie lorraine lié, à la fois, à l'abandon de sites de production considérés comme technologiquement dépassés et à la mise en place de nouvelles façons de travailler pour les sidérurgistes. Cette évolution vers la recherche de la performance technologique est accentuée par la crise du milieu des années 1970. Dans les trois décennies suivantes, ce processus entraîne des fermetures de sites et des licenciements, non seulement dans l'objectif de rationaliser encore davantage la production d'acier et de produits dérivés, mais aussi afin de renforcer les entreprises régionales face à la concurrence internationale. Pendant cette période, les transformations du travail en usine subissent – et/ou s'adaptent – à cette double contrainte. Jusqu'au début du XXIe siècle, les changements de procès de production se développent en relation encore plus étroite avec les transformations entrepreneuriales liées, quant à elles, et davantage qu'auparavant, à la financiarisation poussée du secteur sidérurgique européen et mondial.

Les conséquences du « plan professionnel » de 1966 : concentration de la production et réorganisation du travail

La constitution de « champions nationaux »

L'objectif de la convention État-sidérurgie du 29 juillet 1966 est la rationalisation de la production sidérurgique française. Les entreprises de ce secteur industriel doivent améliorer leur productivité grâce à la concentration de leur production et avec la fermeture de leurs sites les moins rentables. L'accord concerne alors les 5 sociétés sidérurgiques les plus importantes du territoire français. Quatre d'entre elles sont fortement et historiquement implantées en Lorraine : *De Wendel* avec notamment les usines de Joeuf et de Moyeuvre et une participation dans la *SOLLAC*,[4] *Lorraine-Escaut* à Longwy et Thionville, la *Mosellane de sidérurgie* à Hagondange et Knutange ainsi que *Sidélor* pour Homécourt, Rombas et Micheville. Cependant, la même année, *Usinor*, en absorbant Lorraine-Escaut, s'installe aussi dans la région. D'autant plus solidement que, de 1966 à 1970, ce groupe fondé en 1948 par la fusion de sociétés

---

[4] La « Société Lorraine de Laminage Continu » (SOLLAC) est un groupement sidérurgique créé en 1948 par les entreprises suivantes : les Aciéries et forges de Rombas, Canaud Basse-Indre, la Compagnie des forges et aciéries de la Marine et d'Homécourt, De Wendel, les Forges et aciéries de Gueugnon, les Hauts-fourneaux et aciéries de Dilling (Sarre), les Hauts-fourneaux et aciéries de Longwy et l'UCPMI (Union des Consommateurs de Produits Métallurgiques et Industriels) d'Hagondange.

métallurgiques et sidérurgiques principalement situés dans le Nord de la France, développe prioritairement et à la fois le site de Dunkerque et celui de Longwy : le train de laminoir de Valenciennes ainsi que les deux hauts-fourneaux et l'aciérie de l'usine de Louvroil sont alors fermés.

Usinor met en œuvre deux types de sidérurgie : sur l'eau, dans ses installations dunkerquoises, et continentale dans les établissements longoviciens. Dans ce contexte, en Meurthe-et-Moselle, les restructurations du groupe sidérurgique aboutissent à la fermeture de l'aciérie Thomas de Mont-Saint-Martin dont la production est transférée sur le site proche de Senelle. La concentration s'accompagne donc du renforcement des sites les plus modernes ou les plus modernisés. Cette évolution s'inscrit dans une stratégie de constitution de champions sidérurgiques nationaux. Et si, à la fin des « Trente Glorieuses », le redimensionnement d'Usinor n'est pas défavorable à la Lorraine, les choix stratégiques effectués pour l'autre champion national français conduisent à des suppressions d'emplois.

En effet, en 1968, si le groupe Wendel-Sidelor, constitué par la fusion de De Wendel, de Sidelor et de la Société mosellane de sidérurgie, détient la moitié des capacités de production de la sidérurgie lorraine, il doit encore progresser sur le plan de la productivité. Au-delà des problèmes liés à sa mise en place, pour devenir un ensemble cohérent, ce groupe de taille internationale va devoir se réorganiser. Le plan de conversion pour la période 1971-1975 prévoit ainsi le maintien du niveau de la production d'acier mais aussi la fermeture de sites régionaux. En 1971 et 1972, les aciéries Thomas d'Hayange et de Knutange sont arrêtées ainsi que toutes les aciéries Martin à l'exception de celle de la Fenderie (à Hayange) ; de 1971 à 1974, l'aciérie Thomas, les fours pits[5] et les trains à demi-produits de l'usine d'Homécourt sont arrêtés, les haut-fourneaux de Knutange, l'aciérie Martin et les laminoirs hayangeois le sont également alors que l'usine de Micheville est fermée.[6] Des suppressions de postes dans divers services centraux s'ajoutent aux pertes d'emplois liées à ces fermetures totales ou partielles de sites. Malgré une augmentation des effectifs là où Wendel-Sidelor a choisi de renforcer sa production, notamment à Gandrange, usine qui doit être équipée pour atteindre une production annuelle d'acier de 2,5 millions de tonnes,

---

[5] Les fours pits « sont des chambres en forme de puits munies de couvercles de fermeture et chauffées dans lesquelles sont introduits les lingots fraîchement coulés, avec le cœur liquide pour atteindre leur solidification complète, tout en assurant le niveau et l'uniformité de température appropriés pour le laminage. [...] Les coulées continues des installations modernes produisant directement des brames [ébauches d'acier servant à la fabrication de la tôle] et des blooms [demi-produits métallurgiques obtenus par passage d'un lingot d'acier dans un laminoir dégrossisseur (blooming)] ont fait pratiquement disparaître les fours pits ». Cf. MILLA GRAVALOS P., « Fours de réchauffage de la sidérurgie », in *Techniques de l'ingénieur. Traité de génie énergétique*, BE 8843, 10.04.1998, p. 3.

[6] Voir GAUGER Ch., *Évolution et restructurations de la branche sidérurgique en France*, thèse de sciences économiques, Paris, 1978, pp. 187-194 et 201.

ce plan de conversion entraîne la suppression d'environ 10 000 postes en Lorraine. Toutefois, ses conséquences sociales sont limitées par un dispositif de rééquilibrage de l'emploi régional mis en œuvre par Wendel-Sidelor. Celui-ci comprend 5 axes : la prise en compte des départs naturels, le non-renouvellement des contrats temporaires, les préretraites, des transferts de personnels, notamment des mutations vers Fos-sur-Mer, et la création de nouveaux emplois.[7] En 1973-1974, à l'issue d'une première vague de grandes restructurations, 6 500 emplois sont finalement supprimés chez Wendel-Sidelor.

Le travail ouvrier dans la sidérurgie restructurée de la fin des « Trente Glorieuses »

Comme le signalent Christine Agache et Michel Sueur en revenant sur ce qu'il convient d'appeler la fin de l'époque taylorienne de l'organisation des métiers sidérurgiques, « le niveau de formation initiale des sidérurgistes est relativement faible ». En effet, les critères en vigueur alors pour sélectionner les ouvriers des usines où l'on fabrique l'acier et ses dérivés reposent sur « les aptitudes physiques [qui] ont prévalu lors des recrutements compte tenu du régime de travail en feux continus et des qualités particulières recherchées pour certains postes de travail (résistance physique au bruit ; à la chaleur et aux poussières pour les fondeurs/couleurs ; aptitudes à la conduite des ponts roulants pour les pontonniers …) ».[8] Cependant, les hauts-fourneaux, les aciéries et les laminoirs ont beaucoup évolué pendant les années 1960.[9] Les commandes à distance et la mécanisation ont permis de remplacer l'intervention des sidérurgistes à de nombreux stades de la production. Les restructurations s'effectuent donc dans le cadre d'une modernisation globale dont les travailleurs tirent profit puisque les nuisances et les risques professionnels diminuent. Les savoirs traditionnels de ces sidérurgistes cèdent alors du terrain par rapport aux connaissances des ingénieurs.[10] Pour caractériser cette évolution, Michel Freyssenet évoque un « mouvement de déqualification-surqualification ».[11] En effet, consécutivement

---

[7] Le site de Fos-sur-Mer commence à produire en 1975.

[8] AGACHE C., SUEUR M., « Restructuration et qualifications : le cas de la sidérurgie », in *Revue d'économie industrielle*, 31(1985) : *Les restructurations de la sidérurgie française*, p. 155.

[9] Voir DOFNY J., DURAND C., REYNAUD J.-D., TOURAINE A., *Les ouvriers et le progrès technique. Étude de cas : un nouveau laminoir*, Armand Colin, Paris, 1966.

[10] Voir FREYSSENET M., *Division du travail, pratiques ouvrières et pratiques patronales. Les ouvriers sidérurgistes chez de Wendel, 1880-1974*, CSU, Paris, 1978, Éd. numérique, freyssenet.com, 2006, p. 22.

[11] FREYSSENET M., *La division intellectuelle du travail de laminage de l'acier*, communication au 2e séminaire international *Crisis, nuevas tecnologías y proceso de tra-*

au processus de modernisation, les emplois de la sidérurgie nécessitent de plus en plus de qualification. Les postes d'OS (Ouvriers Spécialisés) disparaissent. À partir de la fin des années 1970, ils subsistent dans « des noyaux d'autant plus marginalisés que leurs possibilités d'évolution professionnelle sont très limitées ».[12]

Les hauts-fourneaux deviennent plus grands : environ 8,5 m de diamètre en moyenne au milieu des années 1960, contre 5 m après la reconstruction de l'après-guerre. Ils sont aussi plus sûrs : les risques de percée et d'explosion ont considérablement diminué. Surtout, certaines opérations régulières qui s'effectuaient à proximité sont désormais réalisées grâce à des appareils manœuvrés à distance. Jusqu'aux années 1950, les fondeurs sont souvent à proximité de la matière en fusion : « il fallait travailler juste au-dessus du magma brûlant pour voir la crasse arriver et la séparer de la fonte. Parfois des morceaux de coke venaient dans le trou de coulée, il fallait les enlever avec une barre. J'étais à trente centimètre de la rigole. Je sentais le chaud qui montait le long de mes jambes ».[13] À la fin de la décennie suivante, les trous de coulée sont bouchés et débouchés par des machines. Mais, beaucoup de travaux de maintenance sont encore effectués par des ouvriers exposés à la chaleur et aux fumées. Les ajusteurs-tuyauteurs qui doivent intervenir pour souder des tuyaux lors des pannes continuent de faire un travail physique, même s'ils utilisent des porte-palettes de type Fenwick pour déplacer des éléments jusqu'à l'endroit où ils vont les mettre en place. À Uckange, les ajusteurs-tuyauteurs qui apprennent leur métier en binôme jusqu'aux années 1960,[14] doivent encore, à la fin de la décennie, procéder au levage de pièces lourdes sur certaines interventions. Pour le changement des tympes-tuyères, bien qu'aidés par d'autres personnels du haut-fourneau, ils fournissent des efforts physiques importants : « pour lever cette pièce-là, nous on levait tout avec le dos ».[15] Cependant, le développement des automatismes et des systèmes de surveillance à distance des hauts-fourneaux nécessitent le recours accru à des ouvriers électriciens, à des électromécaniciens et à des hydrauliciens.

---

bajo, Mexico, 1981, Éd. numérique, freyssenet.com, 2006, p. 10.

[12] KIRSCH E., « Sidérurgie : des aciers de plus en plus spéciaux… De moins en moins d'ouvriers spécialisés », in *Bulletin de recherches sur l'emploi et la formation*, janvier-février (1984), p. 5.

[13] Extrait du témoignage d'Alfio Leidi cité in : ROUSSEAU A., GAY M., JOLIN J.-L., ROUPPERT R., *De fonte et d'acier*, Éd. Gérard Klopp, Thionville, 1995, p. 21.

[14] À cette époque, la grande majorité des entreprises sidérurgiques françaises procède de la même façon : « Une grande importance était accordée à la formation sur le tas et à la mise au travail sous la forme de "mise en doublure" », in AGACHE C., SUEUR M., *op. cit.*, p. 155.

[15] Extrait de l'interview de Marcel Kastendeutsch enregistrée chez lui le 19 mars 2012.

Jusqu'au début des années 1970, ces métiers, devenus fondamentaux pour le fonctionnement des aciéries, peuvent néanmoins être effectués dans des environnements techniques très différents. En effet, à cette époque, le niveau de modernisation varie selon les sites : « quoiqu'il en soit, si l'on observe une mécanisation plus poussée dans les installations neuves, concernant la manutention, le nettoyage, les transports, on ne peut dire que le métier d'aciériste a fondamentalement changé. Certaines opérations sont encore faites à proximité des fours avec les risques que cela comporte et les règles de sécurité qu'il convient d'exiger ».[16]

Ainsi, aux aciéries, comme dans les laminoirs, les opérations les plus centrales évoluent rapidement vers un niveau de sécurité très satisfaisant tandis que les tâches de manutentions sont encore exposées à des risques liés au déplacement et au fonctionnement d'installations de grande taille. Par exemple, le laminage à la pince a disparu des grands laminoirs lorrains. Il ne subsiste alors plus que dans les installations les plus anciennes et les plus petites que les choix stratégiques en matière de développement de la sidérurgie française condamnent d'ailleurs à la disparition. Devenus des machinistes-électroniciens et des thermiciens, les lamineurs interviennent surtout en cas de panne. Ces nouveaux sidérurgistes ont une attitude singulière vis-à-vis du fonctionnement automatisé : « le blooming consiste, vous le savez sans doute, dans le laminage des très gros lingots sortant des fours pour les transformer en blooms qui seront acheminés ensuite vers les laminoirs gros trains. Il faut donc avoir l'œil pour suivre les déformations du métal et provoquer le basculement du lingot au bon moment à chaque passage. Tout ceci se fait à partir d'une cabine où nous sommes installés bien calés dans notre fauteuil, une commande à chaque main, l'œil passant alternativement de l'écran de télé qui nous donne l'image de ce qui se passe derrière les cylindres au bloom qui passe sous la cabine. L'installation permet également de marcher entièrement en automatique, mais cela n'est pas moins éprouvant pour les nerfs, au contraire, puisqu'il faut rester là à ne rien faire et sans cesse se méfier des lubies possibles du calculateur ».[17]

---

[16] GAUTHIER G., GODARD J., BOULANGÉ E, DELABROISE M., DURRMEYER G., « Évolution des nuisances du travail dans la sidérurgie et les mines de fer au cours des vingt dernières années », in *Archives des maladies professionnelles de médecine du travail et de sécurité sociale*, n°s 1-2, tome 28, janvier-février 1967, p. 83.

[17] Témoignage de Maurice Baraldi, chef-lamineur au laminoir SACILOR, réalisé pour *Lorraine Magazine*, novembre 1971 (éditée par le bureau commun des 4 chambres syndicales des Mines et de la Sidérurgie, ce journal patronal de la sidérurgie lorraine contient des articles de vulgarisation technique, des reportages sur les réalisations sociales et des sujets régionaux) cité par BONNET S., *L'Homme du fer. Mineurs de fer et ouvriers sidérurgistes lorrains*, tome III, *1960-1973*, Presses universitaires de Nancy-Ed. Serpenoise, Nancy-Metz, 1984, p. 352.

Ce comportement tient, à la fois, de l'attention au processus en cours de réalisation et à la méfiance à l'égard d'un outil automatisé qui, bien que performant, n'en garde pas moins des limites. Ces dernières sont d'autant mieux prises en compte par les opérateurs que ceux-ci ont une bonne expérience des procès de travail sidérurgiques. Néanmoins, Michel Freyssenet écrit à propos de cette évolution du laminage que « l'automatisation telle qu'elle est conçue aujourd'hui [(1981)] est un nouveau stade de la division intellectuelle du travail dans lequel non seulement l'ouvrier perd la maîtrise de son travail, mais dans lequel il perd aussi le contact avec la matière à transformer et avec l'outil de production ».[18] L'automatisation entraîne une augmentation des cadences de travail et donc la nécessité de surveiller de près les phases de production successives dans les aciéries afin d'éviter des accidents qui peuvent survenir encore plus rapidement qu'auparavant. Par exemple, la concentration des installations autour de trains continus à bandes, permet à certains d'entre eux d'atteindre la vitesse de 120 km/h.

Plus largement, et avant même la crise de la sidérurgie, la recherche de productivité s'étend à l'ensemble de l'activité sidérurgique régionale. Dans le bassin de Longwy, l'usine de la Chiers est emblématique d'une vague de modernisation dont l'objectif est la rationalisation la production : « dès 1963, elle possédait une aciérie à l'oxygène LWS[19] ; en 1974 on vient d'y adjoindre un four électrique ; on y fabrique surtout du feuillard et du fil machine ». Dans le secteur Thionville-Metz où plus de 54 000 personnes travaillent dans la sidérurgie, la réorganisation productive est également importante : « le tissu industriel est profondément modernisé, tout en s'étant à la fois densifié et aéré entre 1965 et 1974 ». Les installations sont redimensionnées : « on augmente le volume utile de certains hauts-fourneaux comme ceux d'Hayange Patural, on les équipe d'injecteurs au fuel, mais trop rares encore sont ceux qui sont pilotés par informatique ».[20] À cause des conséquences de la crise économique sur le marché européen de l'acier, les entreprises sidérurgiques sont contraintes, non seulement d'accélérer la modernisation mais aussi de se séparer des sites les moins rentables que ceux-ci aient été modernisés ou non. Ces fermetures d'usines (voir annexe n° 1) entraînent de nombreuses suppressions de postes de travail et donc des licenciements à des niveaux sans précédent.

---

[18] FREYSSENET M., *La division intellectuelle du travail ...*, *op. cit.*, p. 9.

[19] Le procédé LWS (Loire, Wendel, Sprunck) permet de fabriquer de l'acier grâce au soufflage d'oxygène par le fond du convertisseur.

[20] BOUR R., « Histoire des sciences et techniques », in GRIGNON G. (dir.), *Encyclopédie illustrée de la Lorraine. Sciences et techniques*, tome 2, *L'épopée industrielle*, Éd. Serpenoise-PUN, Metz-Nancy, 1995, p. 106-107.

L'évolution du travail en usine pendant « la crise manifeste »[21] de la sidérurgie et ses suites (années 1970-années 2000)

Le laminage des effectifs

En France, la sidérurgie est touchée par la crise mondiale à partir de 1975. L'année précédente, les usines sidérurgiques lorraines réalisent environ 50 % de la production française d'acier qui atteint alors plus de 27 millions de tonnes.[22] Elles viennent d'être restructurées et parient sur leur modernité pour s'adapter au nouveau marché mondial de l'acier. L'ampleur des difficultés économiques les conduit à accélérer les réductions d'effectifs et l'abandon des installations les plus anciennes et même l'arrêt de certains sites plus récents dont la réalisation avait été prévue pour un contexte plus favorable.

Le plan « acier » de 1977 doit aboutir à la suppression de 12 540 emplois dont 5 000 licenciements « secs » pour l'ensemble de la région.[23] À Thionville, un haut-fourneau rénové est abandonné en même temps que le projet d'aciérie OBM.[24] En 1978, un nouveau plan « acier » prend le relais de celui de l'année précédente car la situation de la sidérurgie lorraine continue de se détériorer rapidement. Il entraîne la fermeture de l'usine de la Chiers à Longwy. Malgré un mouvement social violent,[25] les populations locales ne peuvent empêcher le démantèlement du site victime d'un redéploiement industriel dans lequel les installations de Neuves-Maisons lui ont été préférées, car placées sur la Moselle canalisée.[26]

---

[21] La formule concerne initialement l'article 58 du traité de la CECA. L'état de « crise manifeste » dans une branche industrielle communautaire permet la mise en place de quotas de production par la Commission. En 1980, le plan du commissaire européen Étienne Davignon aboutit à l'instauration de quotas sur les productions de référence des entreprises sidérurgiques de la Communauté Économique Européenne. Prévu pour durer 5 ans, le plan Davignon est prolongé finalement jusqu'en 1988. Voir MIOCHE P., « L'enfer c'est les autres ! La crise de la sidérurgie européenne 1974-1988 », in COMMAILLE L. (dir.), *Entreprises et crises économiques au XXe siècle*, CRULH, Metz, 2009, pp. 237-240. La période de « crise manifeste » est étendue aux années 1990 qui précèdent le « boom chinois » dans le marché mondial de l'acier au début du XXIe siècle. Voir FAURE P., *La filière acier en France et l'avenir du site de Florange*, Rapport, Ministère du Redressement productif, 2012, p. 17.

[22] CHAMBRE SYNDICALE DE LA SIDÉRURGIE FRANÇAISE, *Annuaire 1975*, p. 1.

[23] BOUR R., *op. cit.*, p. 109.

[24] Oxygen Boden Maxhütte (OBM). Grâce à ce procédé, l'acier est élaboré avec de l'oxygène pur insufflé par des tuyères réparties dans le fond du convertisseur. L'injection simultanée de propane protège le fond du convertisseur de la détérioration.

[25] Voir NEZOSI G., *La fin de l'homme du fer. Syndicalisme et crise de la sidérurgie*, L'Harmattan, Paris, 1999.

[26] En 1978-1979, au sein de la population régionale, ce choix de stratégie industrielle a aussi pu être interprété comme une décision liée aux caractéristiques politiques,

Grâce à la mise en place de la Convention Générale de Protection Sociale (CGPS), les conséquences sociales de l'abandon d'une grande partie des installations sidérurgiques régionales sont atténuées. Signées le 24 juillet 1979 par tous les syndicats à l'exception de la CGT, la CGPS permet, notamment, des départs en préretraite : à 50 ans avec 79 % du salaire ou avec 70 % de celui-ci pour une retraite anticipée à 55 ans (avec un salaire plancher de 2 590 francs par mois). Elle donne aussi la possibilité de toucher des primes en cas de départ volontaire. Dans le bassin de Longwy, cette convention concerne des milliers de personnes : « entre 12 000 et 12 500 travailleurs bénéficient des préretraites, 4 000 personnes sont mutées, 4 800 primes sont distribuées ».[27] À l'échelle régionale, le groupe Sacilor-Sollac, issu de la restructuration de Wendel-Sidelor de 1972, perd plus de 42 % de ses effectifs entre 1974 et 1980 soient près de 20 000 salariés tandis qu'au sein du groupe Usinor, les réductions d'effectifs entraînent une baisse de plus de 35 % du nombre d'emplois soient près de 8 000 personnes.[28] De 1974 à 1984, la région sidérurgique « Est » dont la majorité des sites de production se situent en Lorraine connaît donc une baisse d'effectifs sans précédent (voir tableau n° 1). Cette décennie de désindustrialisation a été particulièrement difficile pour la sidérurgie régionale :[29] « Les années de plus fortes réductions sont 1977-1980 et 1985-1987. L'année 1980 est le record absolu avec 15 000 suppressions d'emplois ».[30] Il n'est pas exagéré de qualifier cette période de naufrage.[31]

De 1974 à 1985, la part de la région « Est » dans les effectifs nationaux recule. Elle passe d'environ la moitié à 38,2 %. Le développement de la sidérurgie sur l'eau à Dunkerque et à Fos-sur-Mer explique, d'une part, le maintien du pourcentage de la région « Nord » malgré la suppression de 18 000 postes en une décennie, et, d'autre part, la croissance relative du « Centre-Midi » alors que cette zone subit une érosion importante de ses effectifs (9 000 postes en moins sur la période). Les usines lorraines s'adaptent aussi au marché de l'acier qui donne des avantages aux petites installations avec des fours électriques et à la sidérurgie

---

sociologiques et syndicales des ouvriers du bassin de Longwy : l'appartenance à la CGT et au PCF aurait joué en leur défaveur.

[27] NEZOSI G., *op. cit.*, p. 212.

[28] EAAM [Espace Archives Arcelor-Mittal, Florange], Ministère du travail et de la participation, *Le processus de restructuration industrielle du groupe Sacilor-Sollac depuis 1948*, 1980, p. 75 et 1981, p. 100.

[29] LAMARD P., STOSKOPF N. (dir.), *1974-1984 Une décennie de désindustrialisation ?*, Éd. Picard, Paris, 2009.

[30] MIOCHE P., « La sidérurgie française de 1973 à nos jours. Dégénérescence et transformation », in *Vingtième siècle. Revue d'histoire*, 42(1994), p. 19.

[31] HAU M., « Les grands naufrages industriels français », in LAMARD P., STOSKOPF N. (dir.), *op. cit.*, pp. 15-35.

littorale. Les entreprises sidérurgiques ont deux objectifs majeurs avec la crise qui touche leur secteur : améliorer la qualité et réduire les coûts de production. Les personnels, mieux formés, sont associés à cette double recherche. Cette évolution a pu être interprétée comme une confiscation des savoirs faire traditionnels des sidérurgistes par leur encadrement.[32] Mais, il s'agit aussi d'un rapprochement entre les ouvriers de plus en plus qualifiés, la maîtrise et les ingénieurs de moins en moins séparés des employés.[33]

Tableau 1 : Évolution des effectifs (E) de la sidérurgie française par régions de 1974 à 1985 (en milliers)[34]

	1. Est		2. Nord		3. Centre-Midi		4. France					
	1974		1980		1981		1983		1984		1985	
	E	%	E	%	E	%	E	%	E	%	E	%
1	80,6	51,1	45,8	43,7	41,8	43	38,3	42,2	34,4	40,5	29,1	38,2
2	40,9	26	28,5	27,2	26,7	27,5	25,4	28	24,4	28,7	22,7	29,9
3	28,8	18,3	23	21,9	22,8	23,4	21,5	23,7	21	24,7	19,7	25,9
4	157,8	100	104,9	100	104,9	100	97,3	100	85,1	100	76,1	100

Tableau 2 : La diminution de l'emploi dans la sidérurgie lorraine (1962-1999)[35]

	1962	1968	1975	1982	1990	1999
Effectifs salariés dans la sidérurgie	88 000	80 000	78 000	39 000	12 000	8 700

Dans les années 1980-1990, l'hémorragie d'emplois sidérurgiques se poursuit (voir tableau n° 2). En 1999, avec 8 700 employés, la sidérurgie ne représente plus que 5 % de l'emploi salarié régional contre 25 % en 1962, avec des effectifs totaux alors près de 10 fois supérieurs. Pour l'emploi total, on est passé, pour les mêmes années, de 11 % à 1 % ! Cette diminution considérable a renforcé la qualification ouvrière et le taux d'encadrement intermédiaire. En 1999, le taux de qualification ouvrière (part des ouvriers qualifiés parmi les ouvriers) était de 70,2 % dans la métallurgie lorraine et le taux de technicité (part des cadres et des techniciens parmi les emplois de production industrielle)

---

[32] FREYSSENET M., *La division intellectuelle du travail ...*, *op. cit.*
[33] Michel Freyssenet relativise cette augmentation de la qualification pour les postes de travail où la formation aux nouvelles techniques se fait relativement rapidement ; 3 mois maximum par exemple pour les opérateurs travaillant sur les laminoirs « automatiques ». Voir FREYSSENET M., *La division intellectuelle du travail ...*, *op. cit.*, pp. 8-9.
[34] EAAM, Dossier thématique « Personnel-effectif ».
[35] Source : Joël CREUSAT (dir.), *La Lorraine face à son avenir*, Paris, INSEE, 2003, p. 63.

y était de 17,9 % contre, et respectivement, 59,1 % et 14,4 % pour l'ensemble de l'industrie régionale.[36]

Les qualifications des sidérurgistes

La gestion managériale qui s'impose dans les entreprises sidérurgiques et qui met un terme à une organisation liée aux maîtres de forges (les De Wendel quittent la Lorraine en 1978) nécessite une collaboration étroite entre les différents niveaux hiérarchiques. Cet avatar du toyotisme n'est pas seulement le résultat de l'application d'une volonté patronale d'amélioration du contrôle du processus de production. Les témoignages des sidérurgistes recueillis à la fin des années 1970 évoquent d'ailleurs un changement dans les relations hiérarchiques.[37] Les supérieurs hiérarchiques sont, à la fois, plus proches des ouvriers, mais aussi davantage absorbés par un ensemble de tâches différentes qui retient beaucoup leur attention au détriment des relations avec leurs subalternes. « Et avant les ingénieurs allaient comme ça vers les ouvriers leur serrer la main ? J'ai toujours connu ça, oui, tandis que maintenant, ils sont un peu dépassés par le travail, ils oublient des fois, tandis qu'avant, c'était la première des choses : "Bonjour", "Ça va", mains sales ou pas ».[38] Mais, à la fin des années 1970, la proximité avec la hiérarchie n'est pas encore de mise dans les usines où les anciens modes de fonctionnement se perpétuent : « l'ingénieur a très peu de contacts avec l'ouvrier aujourd'hui. Il a des contacts avec les cadres. L'ingénieur donne ses ordres aux cadres et les cadres répercutent ses ordres sur la classe ouvrière. L'ingénieur avec l'ouvrier, non... ça se répercute par échelle, c'est comme dans l'armée, le général ne donne pas ses mots d'ordre aux soldats, il passe par le colonel et ainsi de suite, eh bien, à l'usine, c'est pareil ».[39] Dans les deux décennies suivantes, la diminution du nombre de postes de travail ainsi que le rajeunissement des personnels entraînent un rapprochement entre les ingénieurs, les contremaîtres et les ouvriers. « L'ingénieur venait et discutait. "Salut", "Ça va", "Comment que c'est ?" Il aimait bien le contact. C'était peut-être pour nous faire parler ... Mais, il était bien ».[40] L'élévation du niveau technique des sidérurgistes contribue également à renforcer la proximité entre les différents niveaux hiérarchiques.

---

[36] *Ibid.*, pp. 60-61 et 76.
[37] BONNET S., *op. cit.*, tome IV, *1974-1985*, Presses universitaires de Nancy-Ed. Serpenoise, Nancy-Metz, 1985, pp. 192-202.
[38] Extrait du témoignage de M. Meyer de Sérémange, cité par BONNET S., tome IV, *op. cit.*, p. 199.
[39] Extrait de l'entretien réalisé avec M. Decker sidérurgiste à l'usine d'Hagondange cité par BONNET S., tome IV, *op. cit.*, p. 201.
[40] Extrait de l'interview de Jean-Marie Horejda réalisée chez lui, le 5 décembre 2011.

La hausse du niveau de qualification des emplois dans la sidérurgie lorraine se poursuit pendant les années de crise. Les sidérurgistes participent systématiquement à des actions de formation continue. Les itinéraires professionnels des personnels qui ont échappé aux licenciements portent la marque de cette évolution. Comparable à des processus d'ascension professionnelle que l'on retrouve dans d'autres activités industrielles, voire dans des secteurs très différents, l'amélioration des qualifications est une des caractéristiques majeures de l'évolution de l'emploi dans les années 1970-1990. Elle s'observe aussi bien dans la petite usine d'Uckange, spécialisée dans la production de fonte, que dans les aciéries de Neuves-Maisons ou de Sérémange. Les parcours professionnels de trois sidérurgistes qui ont travaillé sur ces sites le prouvent.

À l'usine de Neuves-Maisons, au début des années 1960, Claude Martin (né en 1943) après avoir eu un CAP d'ajusteur intègre l'atelier électrique comme ouvrier professionnel (P1). Dans le cadre de son travail, alors qu'il est P2, il obtient également un CAP d'électromécanicien. Il est affecté à la maintenance du train à fil. À 23 ans, il est P3 et débute une formation continue dans le cadre du Centre universitaire de coopération économique et Sociale (CUCES) de Nancy. Elle dure 5 ans et lui permet de suivre des cours du soir à l'École des Mines pour préparer un DEST (diplôme d'études supérieures techniques) en électronique. Ce titre, obtenu en 1971, constitue une condition nécessaire à une progression dans l'entreprise liée aux transformations du travail sidérurgique. La rencontre entre la modernisation rapide de la production et son niveau technique est décisive dans son évolution de carrière. « Comme j'avais cette formation, je me suis bien retrouvé dans l'évolution ». À partir des années 1970, les connaissances acquises et entretenues par Claude Martin lui permette de suivre les transformations de l'aciérie de Neuves-Maisons. Devenue électrique à partir de 1986, elle perd une grande partie de ses effectifs dans le cadre du passage à un autre mode de production d'acier et, conjointement, à la rationalisation de la production. Par exemple, sur le train à fil n° 2, les effectifs passent d'une cinquantaine de travailleurs à moins d'une vingtaine. À l'échelle de l'ensemble du site, l'année de la mise en route du four électrique, il ne reste plus que 550 employés contre environ 4 000 au début des années 1970. En 2001, il prend sa retraite après avoir connu, l'année précédente, le rachat de l'aciérie de Neuves-Maisons par le groupe italien *Riva*.[41]

Dans les usines de la vallée de la Fensch, le parcours de Jean-Marie Horejda (né en 1951) est aussi emblématique de l'adaptation d'un sidérurgiste au nouveau contexte productif.[42] Après l'obtention d'un CAP

---

[41] Extrait de l'entretien avec Claude Martin effectué chez lui, le 17 avril 2012.
[42] Éléments biographiques issus de l'interview de Jean-Marie Horejda, *op. cit.*

d'ajusteur, il devient, pendant deux ans, mécanicien sur pont roulant à l'usine d'Homécourt. De 1973 à 1980, il travaille comme hydraulicien à Gandrange où il a reçu une formation en binôme puis a effectué des stages destinés à compléter ses connaissances techniques. En 1980, après avoir passé des essais, il entre à la SOLLAC dans un contexte difficile pour l'emploi. Ses qualifications lui permettent de continuer à travailler malgré le licenciement du tiers de l'équipe d'hydraulicien : 5 sur 15. D'après lui, les licenciés sont les employés les moins compétents, mais aussi des victimes de règlements de compte professionnels dans lesquels la prise en compte, défavorable aux intéressés, du militantisme syndical semble être déterminante. Dans les années 1980, il suit des stages d'hydraulique à Metz. En 1992, il constate qu'il y a de moins en moins de travail à réaliser et que les sous-traitants sont de plus en plus nombreux. En 1993, il obtient une mutation pour l'usine de Sérémange où il travaille à la coulée continue. Malgré un accueil hostile, les personnels sans formation déjà sur place le considérant comme un concurrent susceptible de prendre leur place – ce qui n'était pas le cas –, il s'adapte rapidement et estime qu'il y avait une bonne ambiance dans son travail. À son départ en retraite en 2007, la coulée continue du site de Sérémange, désormais propriété d'Arcelor-Mittal, fonctionne à plein régime.

Des sidérurgistes peuvent aussi rester la majeure partie de leur carrière dans une même usine. À Uckange, Christian Cadoret (né en 1937) a ainsi gravi tous les échelons de son domaine de spécialité. Titulaire d'un CAP d'électricien, il devient chef d'équipe, puis contremaître et termine sa carrière comme chef-contremaître responsable des automatismes des hauts-fourneaux. Il prend sa retraite en 1987 et ne vit donc pas, cinq ans plus tard, l'arrêt du dernier haut-fourneau uckangeois. Il considère que les fermetures de sites sidérurgiques s'apparentent à un gâchis d'autant qu'il a vécu l'adaptation technologique continue de sa branche d'activité à une échelle particulière.[43] En effet, la relative petite taille des installations de production d'Uckange permettait le changement rapide de la qualité de la fonte produite par les hauts-fourneaux. Il existait donc une réactivité importante vis-à-vis des clients.

Les sidérurgistes qui sont restés sur les différents sites de production connaissent donc une transformation profonde de l'expérience individuelle

---

[43] Éléments biographiques extraits de l'entretien réalisé avec Christian Cadoret chez lui, le 5 mars 2012. À la suite des problèmes du site sidérurgique florangeois d'Arcelor-Mittal, Christian Cadoret déclare : « Aujourd'hui quand je vois ce qui se passe à Florange, je dois dire que je me sens coupable d'avoir eu autant de chance quand notre haut-fourneau a fermé. En 1987, j'ai pu quitter l'usine avec les plans "Chirac" en cessation d'activité. Eux [les sidérurgistes des installations florangeoises], ils seront licenciés, ça me fait peur, je ne vois aucune solution ». Cf. « Saga de l'acier lorrain », in L'Est Républicain, 06.10.2012, page spéciale.

et collective de leur travail. D'autant que les évolutions techniques se poursuivent pendant les périodes de difficultés. L'IRSID (Institut de la Recherche de la Sidérurgie) symbolise le haut niveau technologique atteint dans les installations sidérurgiques lorraines. Même après l'abandon des recherches sur la minette,[44] cet institut continue d'œuvrer à l'amélioration de l'exploitation du minerai et des différents combustibles dans les usines de Lorraine.

Comme le signale Philippe Mioche, dans les années 1990, trois voies sont explorées pour améliorer les performances de la sidérurgie. Tout d'abord, la recherche liée au processus de réduction directe c'est-à-dire l'abandon du haut-fourneau pour produire de l'acier. Ensuite, la poursuite de l'innovation pour la coulée continue afin de réaliser l'économie des opérations de laminage. Enfin, l'informatisation de plus en plus poussée de l'ensemble du processus de production. Cette recherche s'effectue alors dans un contexte d'amélioration globale de la santé économique du secteur sidérurgique : de 1974 à 1992, « la productivité apparente a été multipliée par huit en valeur et elle a plus que doublé en volume ».[45] Mais, pendant les années 1990, les fermetures de sites et les licenciements se poursuivent.

Travail et transformations entrepreneuriales autour de l'an 2000 : Les sidérurgistes lorrains dans les grands groupes sidérurgiques mondiaux

En 1987, le groupe *Usinor-Sacilor* est créé. Il emploie 14 000 salariés en Lorraine et environ 90 000 sur toute la planète.[46] De 1988 à 1990, il verse 1,4 milliard de francs de dividendes à l'État actionnaire. Après le plan *Unimétal* de 1992-1995, qui entraîne 2 850 suppressions de postes dans la sidérurgie française, sa privatisation rapporte encore 10 milliards de francs à l'État. Les sites lorrains de production sidérurgique sont alors réorganisés (voir annexe n° 2), tandis que, depuis 1992, 90 % des 12 200 sidérurgistes lorrains travaillent déjà en Moselle dont les trois quart à la SOLLAC de Florange et chez Unimétal à Gandrange.[47] Les décisions prises par la direction d'Unimétal accentuent un processus en cours depuis la crise des années 1970 qui lie la concentration et la

---

[44] Nom familier donné au minerai de fer lorrain dont l'inconvénient majeur réside dans sa pauvreté en fer (environ 35 % de teneur).

[45] MIOCHE P., « La sidérurgie française de 1973 à nos jours. Dégénérescence et transformation », in *Vingtième Siècle. Revue d'histoire*, avril-juin (1994), pp. 20 et 24.

[46] ROTH F., « L'époque contemporaine. Le vingtième siècle 1914-1994 », in CABOURDIN G. (dir.), *Encyclopédie illustrée de la Lorraine*, tome 4.2, Éd. Serpenoise-PUN, Metz-Nancy, 1994, p. 187.

[47] BOUR R., *op. cit.*, p. 120.

modernisation des usines à d'importantes réductions d'effectifs. Ainsi, le plan Unimétal permet de redéployer la filière électrique : en augmentant la production du site de Neuves-Maisons, faisant passer la production annuelle de 470 000 à 800 000 tonnes, en transformant Gandrange en aciérie électrique d'une capacité de 900 000 tonnes par an et en arrêtant l'aciérie électrique de Thionville. Par ailleurs, les sites de production de fil machine de Longwy et de Neuves-Maisons sont modernisés. Des installations industrielles d'élaboration de profilés lourds le sont également : à Longwy et à l'usine Saint-Jacques d'Hayange. Conjointement, la fermeture du train à palplanches de Rombas entraîne la suppression de 300 emplois, l'arrêt de la coulée continue thionvilloise en fait disparaître 210 comme la transformation de Gandrange qui en supprime 400. Il est aussi prévu de procéder à 640 suppressions d'emplois liées aux gains de productivité réalisés dans l'ensemble du groupe Unimétal.[48] Plus de 1 500 emplois sont donc supprimés dans la sidérurgie lorraine entre 1992 et 1995.

Cette évolution symbolise le nouveau contexte économique dans lequel évoluent les entreprises du secteur sidérurgique : dans un marché mondial de l'acier changeant, la privatisation a été préparée par une amélioration de la compétitivité réalisée au détriment de l'emploi. La sidérurgie lorraine est ainsi recentrée sur des secteurs de production à haute valeur ajoutée. Les travailleurs se retrouvent donc avec de nouveaux objectifs de production. Comme l'a montré Éric Godelier, « la privatisation amène les milieux financiers à porter leur regard sur l'organisation et les structures de l'entreprise ». Les départs en retraite anticipée ont même pu favoriser la mise en place d'une nouvelle forme d'organisation du travail : « la mise à la retraite des personnes les plus âgées a favorisé de fait la modernisation des techniques de production, même si ce n'était pas son objectif initial ». L'évolution vers des emplois de plus en plus qualifiés se poursuit. « Un nouveau type de salariés intègre la sidérurgie, les jeunes diplômés titulaires d'un BTS ou d'un DUT ». Chez Usinor, « ils sont environ 500 par an à partir du début des années 1980 ».[49] Le recours accru à l'externalisation de certaines opérations, notamment de maintenance se développent également. Toutefois, certaines entreprises, face au coût que représentent les interventions des sous-traitants, décident de se réapproprier certaines tâches liées à la production d'acier. Ainsi, le groupe italien RIVA, propriétaire de l'aciérie électrique de Neuves-Maisons depuis l'an 2000,

---

[48] Ces chiffres précis ont été communiqués au moment de l'annonce officielle du plan Unimétal par le journal régional *Le Républicain Lorrain*, 16.11.1991, p. 28.

[49] GODELIER É., *Usinor-Arcelor du local au global*, Lavoisier, Paris, 2006, pp. 391, 425 et 433.

Les mutations de la sidérurgie mondiale du XXe siècle à nos jours

a choisi de récupérer l'acheminement et le contrôle des ferrailles qui alimentent le four électrique.

La recherche d'une meilleure rentabilité financière explique aussi l'évolution entrepreneuriale des années 1990-2000. Usinor-Sacilor, la plus grande entreprise sidérurgique française, change ainsi de raison sociale pour s'adapter aux règles des marchés internationaux devenant Usinor en 1997.[50] En 2001, la fusion d'Usinor, de l'entreprise luxembourgeoise *Arbed* et de la société espagnole *Aceralia* aboutit à la création d'un grand groupe sidérurgique européen de niveau mondial : *Arcelor*. Ses performances financières sont à la hauteur de sa dimension : en 2004, Arcelor réalise un chiffre d'affaires de plus de 30 milliards d'euros soit une hausse de plus de 4 milliards par rapport à l'année précédente. Le groupe sidérurgique devient alors attractif non seulement pour d'éventuels investisseurs mais également pour des firmes en mesure de se l'approprier.

Le 25 juin 2006, la création d'*Arcelor-Mittal* consécutivement au rachat par *Mittal Steel* de la grande entreprise sidérurgique européenne est emblématique de l'importance du processus de financiarisation alors à l'œuvre dans les logiques de recomposition entrepreneuriale du secteur de l'acier.[51] À l'aménagement des territoires sur lesquels les usines sont implantées et à la cohérence industrielle nationale de certaines filières de production succède une organisation mondialisée : « ainsi, si la production était en 2001 encore issue d'un nombre important d'acteurs d'importance relativement limitée, la vague des concentrations a pris de l'ampleur en 2006 avec la naissance d'Arcelor-Mittal, géant par la production ».[52] Désormais, la majorité des emplois de la sidérurgie lorraine, soit encore plus du quart des emplois régionaux dans la métallurgie avec 8 500 salariés,[53] est concentrée dans les usines de cette entreprise aux nombreuses ramifications mondiales. « En 2011, le groupe emploie environ 260 000 employés (dont 37 % dans l'Union européenne) et a réalisé un chiffre d'affaires de plus de 95 milliards de dollars. À l'issue de sa stratégie de croissance externe, il est présent dans plus de 60 pays avec une spécialisation sur l'Europe et l'Amérique du Nord, qui représentent à elles deux 62 % de la production d'acier du groupe ».[54] À la veille de

---

[50] Voir « Usinor s'apprête à abandonner le nom de Sacilor », in *Les Échos*, 19.02.1997.
[51] En 2012, Pascal Faure note que « la stratégie du groupe est davantage marquée par des contraintes financières de court terme qu'inspirée par des considérations industrielles de long terme ». FAURE P., *op. cit.*, p. 67.
[52] *Ibid.*, p. 36.
[53] INSEE, « La métallurgie en Lorraine : après le déclin », in *Économie Lorraine*, 34(2005), p. 3.
[54] FAURE P., *op. cit.*, p. 43.

la crise économique de 2008, et à côté d'Arcelor-Mittal, d'autres grands sidérurgistes mondiaux sont présents en Lorraine. Par exemple, et pour ne signaler que les plus importants en effectifs régionaux : le groupe allemand *Saarstahl* dans la Meuse avec *Sodetal*, l'espagnol *Condesa* présent notamment à Lexy, l'indien *Tata Steel* à Hayange avec l'entreprise de fabrique de rail de chemin de fer Corus, l'italien Riva à Neuves-Maisons, le russe *Severstal* avec *Ascométal* dans la vallée de l'Orne. Si les stratégies d'échelles régionales de ces entités sont difficiles à saisir pour les travailleurs, les possibilités d'actions syndicales unitaires sont aussi moins évidentes.[55]

Conclusion

Les entreprises sidérurgiques de Lorraine ont mené des restructurations afin de s'adapter aux évolutions du marché de l'acier. Ces changements se sont déroulés dans des contextes économiques et sociaux très différents : de la fin des « Trente Glorieuses », en passant par la longue crise sidérurgique des années 1970-1980 et pour finir dans le cadre de la financiarisation accrue du fonctionnement des activités économiques de la fin du XXe siècle et du début du XXIe siècle. Les conséquences négatives sur l'emploi ont bouleversé profondément le territoire régional, à tel point qu'aujourd'hui encore certaines zones n'ont pas pu retrouver un tissu économique équivalent à celui développé par les entreprises sidérurgiques.[56] Les sidérurgistes sont beaucoup moins nombreux et moins visibles, sauf lors des manifestations liées aux problèmes économiques de leur branche d'activité. Toutefois, ils sont mieux formés et ont pu bénéficier de formations tout au long de leur carrière. Depuis 2006, la stabilité de leur emploi est moins assurée. C'est là aussi une des conséquences de l'accroissement du rôle de la finance dans les processus industriels. Désormais, les métiers de la sidérurgie régionale, pourtant potentiellement plus attractifs consécutivement à l'élévation de leur niveau de technicité, apparaissent comme des survivances d'un passé industriel révolu. Mais, les connaissances techniques et les savoir-faire accumulés pendant la période de l'industrialisation, et encore améliorés lors des périodes les plus récentes d'accélération des performances techniques de la sidérurgie, constituent d'indéniables atouts dans le cadre des courants d'échanges commerciaux et industriels mondialisés. Au XXIe siècle, il faut espérer que des visions économiques et sociales de long terme, au sein des entreprises et des pouvoirs publics, et notamment la poursuite de l'innovation industrielle, contribueront à les préserver dans le cadre d'un

---

[55] Voir COLOMA T., « Arcelor-Mittal, espoirs et obstacles d'un syndicalisme sans frontières », in *Le Monde Diplomatique*, mai (2012), pp. 6-7.
[56] Voir CREUSAT J. (dir.), *op. cit.*, p. 80-84.

marché de l'acier où la production des anciens pays industriels est moins importante que celle des pays dits émergents.[57]

Annexe n° 1

La réorganisation des implantations des usines sidérurgiques lorraines à l'issue des difficultés économiques de la fin des années 1970[58]

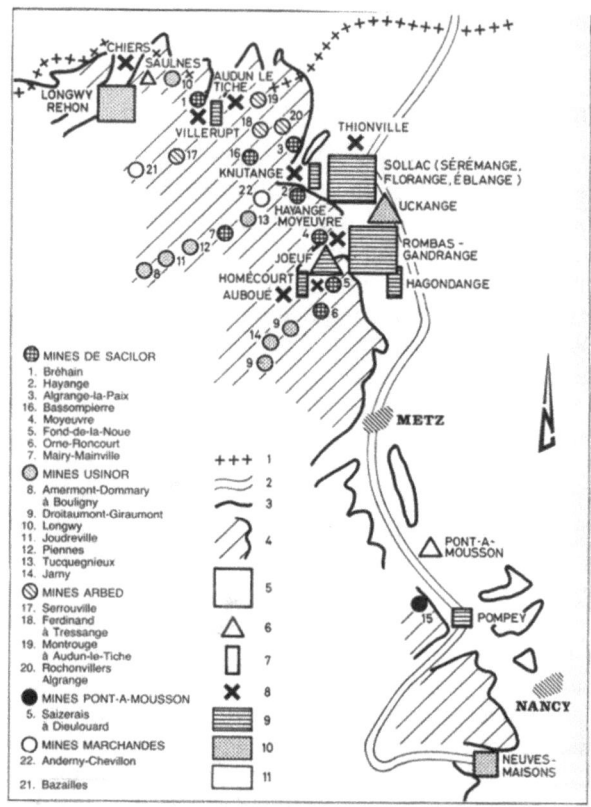

1. Frontière ; 2. Moselle canalisée ; 3. Côte de Moselle ; 4. Concessions de mines de fer ; 5. Usines intégrées ; 6. Usines à fonte ; 7. Usines démantelées ; 8. Usines fermées ; 9. Usines Sacilor-Sollac ; 10. Usines Usinor ; 11. Autres usines.

Sources : Répertoire des Établissements industriels de Lorraine 1980, Chambre Régionale de Commerce et d'Industrie de Lorraine (3e Édition). *Actualités industrielles lorraines.*

---

[57] En 2010, le record mondial de production d'acier a été battu : 1 412 millions de tonnes ont été produites sur la planète dont 627 millions en Chine, 80,4 millions aux États-Unis …, et 15,4 millions en France. Voir FÉDÉRATION FRANÇAISE DE L'ACIER, *L'acier en France. Rapport annuel 2010*, p. 7.

[58] FRÉCAUT R., *Géographie de la Lorraine*, Presses universitaires de Nancy-Éd. Serpenoise, Nancy-Metz, 1983, p. 228.

Annexe n° 2
Évolution de l'implantation des usines sidérurgiques (1974-1994)[59]

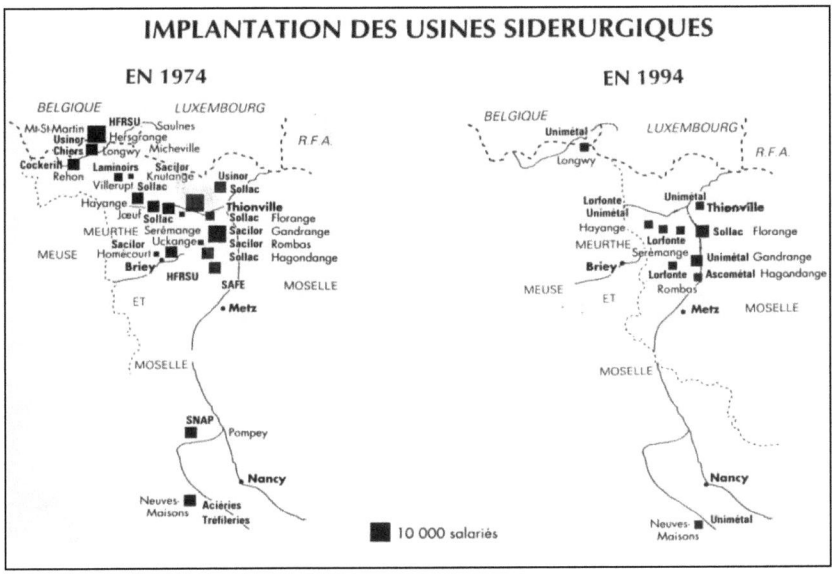

---

[59] BOUR R., *op. cit.*, p. 121.

Conclusion de la deuxième partie

Denis WORONOFF

Université Paris I Panthéon Sorbonne

Que retenir de ces journées ? Sans doute ce que l'on appellera le Grand Basculement. L'Asie est en passe de devenir le continent sidérurgique dominant. Chine, Japon, Corée du Sud, Inde sont en train de sortir vainqueurs de la compétition avec le reste du monde. Pour reprendre une formule chère au président Mao Tsé-Toung, le vent d'Est l'a emporté sur le vent d'Ouest. À vrai dire tout ne s'est pas joué en Asie. Un des grands pays émergents, le Brésil, occupe désormais une place éminente dans ce palmarès. Il faudrait aussi garder en mémoire l'existence d'une puissante sidérurgie russe et ne pas minimiser la force maintenue des pôles sidérurgiques d'Europe et d'Amérique du Nord. Il n'empêche. En 1914, les États-Unis, l'Allemagne, la Grande-Bretagne et la France dominaient la scène sidérurgique. Aujourd'hui, les mêmes pays s'efforcent d'appliquer ce qu'un journaliste nommait une « stratégie adaptative » et disons le mot, défensive. Les capitaux des nouvelles économies irriguent les usines du Vieux Continent et des États-Unis. *Mittal* a eu raison d'*Arcelor*.

D'où vient cette mutation ? Les sidérurgies des pays émergents ont un accès facile et peu coûteux à au moins deux des trois ressources nécessaires, le minerai, le combustible et la main-d'œuvre. Dans les années 1950-1960 leurs marchés intérieurs sont encore peu développés mais ils représentent des débouchés prometteurs. Les prémices d'une industrialisation au pas de charge annoncent, à terme, une demande explosive. De toute façon, même une consommation faible par tête se traduit par des volumes considérables, avec un tel multiplicateur démographique. Du côté des pays producteurs d'acier de longue date, les marchés semblent bien pourvus. En fait, ils peuvent être sinon gagnés au moins attirés par une offre d'aciers de bonne qualité, moins chers que les fabrications autochtones. C'est donc une question de productivité et de maîtrise des coûts. La baisse spectaculaire du prix du fret maritime – une des grandes révolutions de la seconde moitié du XXe siècle – a sans doute été l'atout majeur des sidérurgies émergentes. La dernière chance de ces nouveaux territoires de l'industrie est d'avoir été souvent portés par une volonté politique. L'exemple le plus spectaculaire nous est fourni par la firme *Posco*. Voici une entreprise, créée en joint venture par le gouvernement en 1965-1968, qui devient au début des années 1990 la cinquième firme sidérurgique mondiale. Son management évolue au rythme du calendrier politique, c'est-à-dire des changements plus ou moins pacifiques de la direction du pays. Son patron charismatique, Park Tae-Joon, doit s'exiler de 1993 à 1997 à la suite d'un conflit avec Kim Young-Sam, le président de la République. Il revient en grâce avec son successeur et occupe même brièvement les fonctions de Premier ministre. Enfin, la privatisation progressive de Posco, entre 1998 et 2000, met un terme à ce mélange des genres, au moins dans ses aspects les plus visibles. Il est clair que Posco a bénéficié, au moment opportun, du soutien décisif des autorités.

Le capitalisme d'État n'est pas la seule voie d'accès au succès d'une entreprise. Au Brésil, la famille Gerdau est entrée dans les affaires au début du XXe siècle. Fabricant des clous, elle devient productrice d'acier à partir de 1948 et, par croissance interne et externe. Elle figure en 2010 à la deuxième place mondiale – loin derrière *ArcelorMittal* – pour les aciers longs. L'intervention de l'État dans l'économie a été théorisé et pratiqué au Brésil dès les années 1930 (Getulio Vargas) puis à la fin des années 1950 (Juscelino Kubitschek). Un secteur public de la sidérurgie a ainsi été installé avant la Deuxième Guerre mondiale et remodelé en 1973. Les résultats en termes de produits comme de finances n'ont pas été à la hauteur des ambitions. Il a fallu malgré tout vingt ans pour que la privatisation s'impose. Gerdau a su alors ramasser une partie de la mise. Les pays émergents n'ont pas le monopole d'un lien fort entre entreprises sidérurgiques et pouvoirs publics. Au long du siècle passé, les gouvernements autoritaires n'ont pas négligé d'asseoir leur emprise sur ce secteur. Les États démocratiques ont parfois procédé à des nationalisations, fussent-elles périodiquement contestées ou tardives. De toute façon, le contrôle des prix a été – on l'a vu en France – un instrument de politique industrielle. Armes, machines, outils sont des moyens de la souveraineté. La politique n'est jamais loin des aciéries. L'acte politique essentiel dans l'histoire de l'Europe industrielle est le traité de la CECA qui a contribué à la modernisation des entreprises, à leur décloisonnement et à la pacification des relations entre les principaux groupes.

Chaque pays émergent a son champion national. Les deux monographies qui ont été présentées au colloque montrent que ces champions s'internationalisent. Jusqu'à quel point ? S'agissant de l'actionnariat, Posco est largement ouvert aux capitaux américains et japonais, comme ce le fut à l'origine, et faiblement aux autres. Les sites industriels acquis ou implantés à l'étranger appartiennent à la grande région : Chine, Inde, Vietnam, avec une récente extension au Mexique. Gerdau est principalement présent

Conclusion de la deuxième partie

dans les deux Amériques, du Canada à l'Uruguay, ainsi qu'en Espagne et en Inde. L'étude des positions d'*ArcelorMittal* conduirait aussi à constater le rôle encore dominant des premières emprises. La géographie offre une clé d'analyse de la mondialisation de l'acier ; elle ne suffit pas. Il conviendrait en effet de lui associer la conjoncture, peu présente dans notre rencontre. On sait à peu près ce qu'il faut penser des crises en Europe des années 1960, de 1975 ou de 1988, mais les intervenants parlant d'autres mondes de production se sont souvent appuyés sur des chronologies différentes. Il n'y aurait pas eu, dans le siècle écoulé, une totale concordance des temps. La mondialisation serait sur ce point une tendance pas encore aboutie, incomplète. Cela a pu ouvrir des perspectives à l'échelle régionale : la sidérurgie de la Corée du Sud aurait eu ainsi une fenêtre de tir pendant que ses concurrentes américaine et japonaise stagnaient.

La sidérurgie a traversé le siècle en état de modernisation permanente. Le dire, n'est-ce pas oublier que les innovations cardinales de la production de l'acier – le Thomas, le Martin, le four électrique – étaient déjà acquises au début du XXe siècle ? Mais l'effort a porté sur des mutations nécessaires, comme la banalité des produits du Thomas ou la trop forte consommation d'énergie du Martin. L'innovation véritable apparaît à la mi-temps du siècle. Le convertisseur à l'oxygène pur, dit LD, couplé avec la coulée continue, révolutionne l'industrie de l'acier. Le train de laminoir à larges bandes est moins une avancée technique qu'un outil majeur de production qui oblige à changer la taille et les formes de coopération des entreprises. On le vit bien quand il fallu trouver le financement du premier train, dans le Nord (1946) ; l'aide américaine du Plan Marshall compléta heureusement les moyens nationaux. Le second train, destiné à la Lorraine, bénéficia du même plan, à hauteur de la moitié de la dépense (1949). Les besoins d'approvisionnement en acier crurent considérablement. On se trouvait finalement dans une configuration qui rappelait la sidérurgie française des années 1820 quand l'adoption de la forge à l'Anglaise avait contraint à multiplier les hauts-fourneaux. Il vaudrait la peine de suivre ces innovations pour connaître le rythme de la transmission. Le LD vient de Suisse et d'Autriche. Le laminoir à larges bandes a été conçu par les Américains en 1923, repris par les Russes en 1926, passé en Allemagne (1937) puis en Grande-Bretagne (1938), et enfin en France. Celle-ci, bonne dernière plus de vingt ans après les initiateurs, a en fait reçu un équipement constamment amélioré et qui continuera de l'être.

Les innovations de produits concernent aussi bien les produits plats que les produits longs. S'agissant du premier groupe, le principal client, tout au long du XXe siècle, a été la construction automobile. Déjà en 1914, le Comité des Forges soulignait « les progrès véritablement surprenants » obtenus par cette branche « grâce à sa collaboration pour ainsi dire continue avec l'industrie sidérurgique ». Le développement du secteur

Les mutations de la sidérurgie mondiale du XXe siècle à nos jours

des alliages, ferrochrome, ferromanganèse, ferronickel, est un révélateur de cette nouvelle alliance, qui concerne aussi le domaine des blindages. Dans la dernière période, la coopération entre la sidérurgie et l'industrie automobile est devenue une sorte de coproduction, les ingénieurs des grandes marques participants, aux côtés de leurs collègues sidérurgistes, à la recherche des nuances d'acier les plus conformes au cahier des charges. L'emballage constitue un autre débouché pour le produit des aciéries. Le XIXe siècle a connu le triomphe du fer blanc et des boîtes de conserve appertisés. Le siècle suivant a surtout innové dans le revêtement intérieur et les moyens de fermeture et d'ouverture. Dans ce domaine, l'acier est en concurrence avec d'autres matériaux, tels que l'aluminium, le verre et le plastique. Il lui faut donc innover sans cesse en combinant solidité et légèreté, le poids étant le problème principal, comme pour la construction automobile. Les produits longs servent dans la construction des bâtiments et des infrastructures (rails, poutrelles de ponts) et à la fabrication des machines. C'est le débouché central, lui aussi menacé, cette fois par le béton. Une piste de recherche, insuffisamment suivie, traiterait de l'histoire des laboratoires d'entreprises, où sont élaborées des innovations de procédés – portant par exemple sur la consommation énergétique des équipements- et des innovations de produits, en particulier sur les aciers spéciaux. Elle fera aussi sa part à la recherche conduite par la profession ou par la puissance publique. Des comparaisons entre pays, dans une chronologie rigoureuse, permettraient probablement d'éclairer les conditions locales de l'innovation ou de l'imitation.

Une vue transversale de la sidérurgie au XXe siècle met en lumière l'ancrage dynastique de beaucoup d'entreprises. Le n° 1 mondial, ArcelorMittal en est évidemment l'exemple emblématique. On a vu aussi comment les familles Gerdauet et Park Tae-Joon ont marqué l'industrie sidérurgique du Brésil et de la Corée du Sud. Cela vérifie une fois de plus que le règne des managers n'est pas le seul régime moderne de la gestion. Roger Martin, dirigeant de Pont-à-Mousson moquait, après 1945, les « chefs de Maison ». Finalement, la crise a emporté toute la sidérurgie lorraine, sans distinction d'origine. Quelques biographies ne font pas un portrait de groupe. Nous sommes toujours en attente d'une mise en comparaison des patronats nationaux qui suivraient une périodisation claire. Les trajets d'apprentissage des futurs patrons devraient être pris en compte pour apprécier leurs stratégies, une fois maîtres à bord. Ainsi peut-on rapprocher, avec toutes les précautions nécessaires, l'origine X-Mines de la plupart des dirigeants de la sidérurgie française et leur gouvernance dans l'entreprise. En Allemagne, les ingénieurs aux commandes sont rarement des généralistes mais des métallurgistes confirmés. Une autre approche utile tendrait à comprendre les objectifs et le fonctionnement d'organismes professionnels regroupant des chefs d'entreprises sidérurgiques.

Conclusion de la deuxième partie

Les historiens français ont maintenant une vue assez précise de l'histoire du Comité des Forges et de l'IUMM. Les recherches menées sur les syndicats patronaux à l'échelle de l'Europe devraient contribuer à enrichir notre information.

Les ouvriers sidérurgistes, porteurs de savoir-faire d'excellence, ont été, après la Seconde guerre mondiale, les artisans des « miracles » économiques italien et allemand. En France aussi ils ont été une part de l'imaginaire collectif, même si le mineur a sans doute emporté alors la palme de l'admiration publique. On pourrait même dire que, contrairement au mineur Stakanov, le vrai héros de la sidérurgie est le haut-fourneau, le convertisseur ou le train de laminoir. Cette stature des hommes du fer vient de loin et s'accompagnait de « hautes payes », au moins selon les critères ouvriers. Il faudrait ici pouvoir détailler car la faveur de l'opinion et des employeurs vise sans doute davantage les « métallos » de la construction mécanique que les hauts-fournistes et les lamineurs. Les années 1950-1960 marquent un changement radical dans les savoirs opératoires qui se traduit par le dessaisissement, la perte de contrôle des ouvriers sur leur travail. Surtout, la main-d'œuvre a subi un véritable cataclysme à partir des années 1980, dont le traitement social de la crise a juste amorti les effets. S'agissant des pays émergents, on soupçonne seulement, faute de données suffisantes, que les ouvriers n'ont pas connu la même conjoncture, ni les mêmes ruptures. Les relations sociales dans le Vieux Monde de la sidérurgie ont poursuivi au XXe siècle la trajectoire dessinée à la fin du siècle précédent. Mais le paternalisme, comme doctrine et comme pratique, s'est effacé progressivement, à mesure que l'Etat s'investissait dans une véritable politique sociale. Un troisième acteur s'est introduit dans la pièce : le syndicat. Son poids, indépendamment du système politique, est largement déterminé par l'essor ou le recul de la production industrielle. Cela se vérifie en Europe dans les deux après-guerres. Dans l'entreprise, la situation est beaucoup plus contrastée. La résistance patronale retarde parfois longtemps l'échéance de la reconnaissance, au moins de fait, de la fonction syndicale. C'est par un mélange de répression et de manipulation, mais aussi d'avantages octroyés sans attendre les décisions des pouvoirs publiques, que le rapport de forces est établi. La représentativité des syndicats est mise à mal quand chez *Schneider* au Creusot, durant le premier tiers du XXe siècle, la direction suscite l'élection de délégués ouvriers pour connaître les demandes de la main-d'œuvre. Qu'en est-il hors du Vieux Continent ? À nouveau, on souhaiterait connaître les aléas de l'activité syndicale dans les pôles sidérurgiques des pays émergents, pour les pays et les périodes où cela était licite.

Notre colloque n'a pas voulu se limiter au cadre somme toute classique de la production et de ses acteurs. Il a aussi esquissé, comme pierres d'attente, quelques traits d'une histoire culturelle de cette industrie. L'étude de deux peintres, Raymond Rochette, actif de 1949 aux années 1980 et Christian Segaud, aux années 2000, nous offre une vision complémentaire des usines, le premier en *insider*, le second en *outsider*. La dimension esthétique – le style – et la dimension technique – le sujet – sont prises en compte dans une démarche pédagogique, à l'adresse des enfants de tous âges, de la petite école au lycée. Il y a donc une double valorisation, par les peintres puis par leur jeune public, du bâti, des équipements et finalement du paysage que ces usines ont construit. Voilà un fil directeur, déjà présent dans un précédent colloque, qui devrait susciter sur d'autres territoires sidérurgiques une semblable attention. Ce serait l'occasion de revisiter le « réalisme socialiste » et d'autres écoles avec lui.

Pour aller au bout des représentations, une avancée – sans garantie – dans le monde des textes littéraires est tentante. Il y faudrait, bien sûr, d'autres critères, une autre grille de lecture. L'essentiel est de ne pas y chercher une information sur l'activité elle-même, généralement bien documentée par d'autres sources, mais de comprendre comment la subjectivité de l'artiste comme de l'écrivain concourt à créer des sentiments, une opinion à l'égard de cette industrie. En matière de patrimoine industriel, reconnaissons que la sidérurgie est la moins mal placée des industries. Chacun de nous regrette un ou plusieurs échecs où une installation récente – les plus menacées – a été détruite en dépit de toute mise en garde, pour laisser place, parfois, à un parking. Du sauvetage au naufrage, il n'y a souvent que le retard d'une mobilisation. Pour ne prendre que des lieux-phares, il y a à apprendre dans la stratégie militante et scientifique qui a conduit à préserver et à valoriser Uckange en Lorraine, Völklingen dans la Sarre ou Nijni Tagil dans l'Oural. Au fond, cette sidérurgie patrimonialisée comme la sidérurgie vivante et productive répondent toutes deux au slogan des Sloss Furnaces à Birmingham, Alabama, magnifique monument historique : « *still producing value* », nous continuons de créer de la valeur.

Résumés / Abstracts

Pierre Chancerel, *The Metallurgical Coke Market in France from 1914 to 1921, a Price Regulation by the State*

This article focuses on the French State policy of supplying the steel industry with coke between 1914 and 1921. The National Board of Coal stopped the rise caused by the war by fixing maxima prices. It reduced the important variations which distorted competition French steel producers by introducing a price adjustment between the cokes from different origins (France, Great-Britain, Germany). Governmental intervention was reinforced after the war due to the tremendous increase of the prices of coke. It enabled all the companies in the country to beneficiate from the same prices. This policy thus encouraged a national solidarity between the forges and helped unify the French in coke market at the expense of the steel producers from the coal departments who were asking for fixed prices at the regional scale. Eventually, from the end of 1920, the objectives of price regulation were to share the benefits of low-priced German coal with the whole sector in order to stimulate French steel exports.

Ludovic Báthory, Nicolae Păun, *The Relation Between the States Owned Steel Works and the Private Metallurgical Companies in Romania during the Interwar Period*

The most prominent Romanian metallurgical companies were created in Transylvania, while it was part of the Austro-Hungarian monarchy. After the Unification of 1918, one of these enterprises, the "Hunedoara Ironworks" (*Uzinele de Fier ale Statului de la Hunedoara*), was taken over by the Romanian state and, due to its considerable potential, its development would compete with that of private metallurgical entities, such as Ironworks and "Estates of Reşiţa" (*Uzinele de Fier şi Domeniile Reşiţa*: UDR) and the "Titan-Nădrag-Călan Concern" (*Societatea Titan-Nădrag-Călan*: TNC). They had a Romanian participation of at least 60%, while the Austrian and Hungarian capital contributions faced numerous restructuring endeavours during the interwar period and the English and Swiss ones manifested an ascending trend. The government took important measures to stimulate the important metallurgical industry and, in particular, to enhance the productivity of Hunedoara. As a response, the private business sector formed a veritable cartel, in order to exert dominance on the market, and even attempted to create a Central-European iron syndicate. However, amid the Great Depression and given the strategic importance of Hunedoara, the state decided its potential should be strengthened. This enabled the Hunedoara Ironworks to massively increase its output and yield, turning it into a major actor on the Romanian metallurgical market, in the interwar period. From the analyses performed in this study, it results that the Romanian metallurgical market in the interwar period was marked by tension between the state and private capitals, but the two also manifested tendencies of cooperation, as this market experienced a remarkable increase and made a stand at the Central-European level and beyond.

Pierre Tilly, *André Oleffe, a « Grand Duke » of the Belgian Steel Industry*

From 1966 onwards a, the Belgian State had become more and more involved in the process of elaborating a Belgian steel policy. The steel industry was poorly equipped to deal with the growing competition of the new steel producers in a period (1966-1975) marked by a strong growth in the demand for steel followed by an unprecedented market collapse. It was against this backdrop that the first national institution for consultation and cooperation was created in 1967. This "Comité de Concertation de la Politique Sidérurgique" (CCPS) was a rather original and innovative way to work towards a more coordinated and cooperative steel policy in Belgium. Lead by André Oleffe ,a major figure in the Belgian political and socio-economic coterie, the CCPS had to find solutions to the problems of the steel sector by means of a tripartite consultation process between the government, the sector's employers and the trade unions. The challenge that Oleffe, as the chairman of the CCPS, had to face was not the easiest one. While he played a central and very active role in the attempt to bring some order into the chaos of an industry more preoccupied with immediate, short-term profits than with a long-term industrial policy, the institutional basis for a tripartite cooperation had become inoperative from 1972 onwards. But the holding companies were becoming more and more dependent on such a cooperation if they wanted to obtain state subsidies for their steel-producing firms. After several financial restructuring operations, a government shareholding in the steel firms was gradually acquired from 1979.

Manfred Rasch, *L'internationalisation du groupe Thyssen avant la Première Guerre mondiale*

L'internationalisation du groupe *Thyssen* à la veille de la Première Guerre mondiale trouve ses origines dans les besoins en minerai de fer de l'usine de Bruckhausen érigée en 1896 par la *Gewerkschaft Deutscher Kaiser* dans les parages de Duisburg. Le groupe Thyssen forme à l'époque un assemblage décentralisé d'entreprises qui, à travers la personne de son fondateur August Thyssen, se développe vers le tournant des siècles en un konzern vertical regroupant tous les stades de la fabrication, depuis les matières premières jusqu'aux produits finis en passant par des hauts-fourneaux et des aciéries. Puisque les ressources minières allemands – y compris celles de la Loraine annexée – ne suffisent pas pour couvrir la demande, Thyssen ne s'approvisionne pas seulement en France (Caen, Flamanville), mais encore en Afrique du Nord, en Russie et dans les pays scandinaves. Parallèlement il se dote d'une structure commerciale, en partie avec ses propres ports privés et des navires pris en commission. À cet effet il engage des jeunes ingénieurs capables, à l'instar de Wilhelm Kern, qu'il fait entrer dès 1911 dans le comité directeur des mines de la Gewerkschaft.

Une des particularités de la structure commerciale consiste en le fait que les ports et les navires opèrent en entités économiques autonomes qui s'efforcent également de trouver des cargaisons pour les voyages de retour. Ainsi on en vient à édifier une usine sidérurgique à Caen qui aurait dû être approvisionnée avec du charbon extrait des puits allemands de Thyssen, alors que le fret au retour aurait consisté en minerai de fer consommé dans les hauts-fourneaux de Thyssen le long du Rhin inférieur. Le même principe est également appliqué aux affaires latino-américaines. Il est seulement rendu caduc par la Grande Guerre qui ne manque pas de pousser Thyssen à échanger ses idées libérales contre des desseins annexionnistes. Au lendemain du conflit, le patron septuagénaire focalise son attention sur les usines qui lui sont restées. En même temps, ensemble avec la *Bank voor* Handel *en Scheepvaart N.V.* aux Pays-Bas, il jette les fondements du futur groupe *Thyssen Bornemisza*.

Karl Lauschke, *The Process of Merger and Acquisition in the German Steel Industry*

Under the influence of the economic crises that hit the steel industry in the middle of the 1970s, the companies first reduced their staff but did neither close iron and steel plants nor proceed to merge with larger companies. As the difficult situation went on, the Federal Government engaged three national experts in 1982 to make recommendations on how to get over the crises in the steel industry effectively and completely. Their plan, which called for the creation of two large steel companies, was abandoned. Instead, a voluntary regulation consistent with the conditions of a free market economy came into force and maintained the independence of the steel companies. Many iron and steel plants were closed as in Oberhausen, in Hattingen and above all in Rheinhausen but not until the 1990s did mergers take place. On the initiative of *Krupp*, assisted by banking groups and the regional government, first *Hoesch* fell victim to a hostile takeover and some years later, after a difficult and conflict-ridden process Krupp and the leading company, *Thyssen*, built up a new company, that should be competitive on a global level. On the other hand and against all expectations smaller plants like those of Klöckner in Bremen and Osnabrück outside the Ruhr region also survived but for special and different reasons.

Valerio Varini, *L'industrie sidérurgique en format de poche : de Falck aux « mini-mills ». Les producteurs d'acier lombards pendant le XXe siècle*

Le développement de la sidérurgie italienne au cours des deux derniers siècles a suivi deux parcours : le premier concerne le cycle intégral, le second a trait à l'ancienne localisation dans les vallées des Alpes. À partir du XIXe siècle, ce dernier reste compétitif grâce aux innovations tant au niveau technologique que dans le domaine de l'organisation. De plus, au cours du XXe siècle, il pénètre les nouveaux marchés en utilisant et en améliorant tout le savoir-faire et toute l'expérience liés à son enracinement territorial.

Cette contribution montre le chemin parcouru pour atteindre ce résultat en Lombardie, la région phare du processus d'industrialisation en Italie. Sont analysées en particulier les entreprises qui, pendant le XXe siècle, ont été les leaders de la sidérurgie italienne. Le début du processus de modernisation de cette dernière est lié au travail de quelques entrepreneurs très talentueux qui déployèrent des stratégies de succès. Parmi eux on distingue Giorgio Enrico Falck qui a su profiter des opportunités existantes sur les marchés : en adoptant un système de production capable de satisfaire une demande des consommateurs très diversifiée, il a réussi à maintenir son leadership jusqu'à la fin de la Deuxième Guerre mondiale. Après cette période, quelques petits entrepreneurs dont les usines étaient localisées dans les vallées alpines (en particulier dans le département de Brescia en Lombardie orientale) développent leurs activités en profitant de la hausse de la demande des produits sidérurgiques pour le bâtiment. Il s'agit des producteurs du Tondino qui, grâce à l'adoption de la coulée continue, deviennent pendant les années 1970 les principaux concurrents des grandes compagnies sidérurgiques publiques. Habitués à opérer sur un marché très compétitif et en mesure de copier les meilleures solutions trouvées par la concurrence, ils créent les « mini mills » qui conjuguent efficacité, productive élevée et flexibilité. Ces qualités leur permettent de s'adapter aisément aux conditions des marchés. On assiste donc à un processus de « création destructive » où de nouveaux producteurs arrivent et renouvellent la sidérurgie lombarde. Leur succès est le résultat et le signe d'une vitalité dont la puissance est le fruit d'une « culture du fer » animée par une tradition pluri-centenaire.

Résumés / Abstracts

Christian Marx, *Un constructeur de machines et de véhicules automoteurs dans l'industrie sidérurgique. La transformation de la Gutehoffnungshütte (GHH) sous la houlette de Paul Reusch (1909-1953)*

Pendant la première moitié du XXe siècle la *Gutehoffnungshütte* (GHH) à Oberhausen était un des plus grands sidérurgistes de l'industrie lourde allemande. Après la Première Guerre mondiale, l'entreprise familiale qui appartenant à la famille des Haniels, se diversifiait par suite d'un processus d'expansion rapide. Le directeur Paul Reusch, président du conseil de GHH depuis 1909, décidait d'acquérir plusieurs constructeurs de machines ; il consolidait ainsi la puissance de l'entreprise dans l'économie allemande. Depuis la fin du XIXe siècle la construction de machines jouissait de la réputation d'être une industrie porteuse d'avenir. Beaucoup de sidérurgistes avaient donc suivi le vaste mouvement d'intégration verticale en adjoignant à leurs entreprises des usines de fabrication de machines et des ateliers mécaniques. De cette façon Reusch s'opposait au courant d'idées privilégiant l'association horizontale. Son modèle entrepreneurial allait lui permettre de survivre la période de la Grande Dépression. Reusch ne possédait pas de droits de propriété, mais il était le leader incontestable de l'entreprise à l'époque de la République de Weimar et du régime nazi. En 1942, il était astreint à quitter l'entreprise en raison des contraires irréductibles avec les national-socialistes. Bien que son fils Hermann soit devenu le nouveau président du conseil de GHH après la Deuxième Guerre mondiale, l'entreprise devait modifier son ancienne structure verticale sous la pression de la politique de décartellisation et de décentralisation initiée après 1945 par les Alliés.

Jean-François Eck, *The Implementation of USINOR in Dunkirk at the Beginning of the 1960s: the Origins and Impact of a Major Choice Regarding Location*

The decision, taken in the mid-1950s to establish a large integrated steel complex in Dunkirk on the coast of the North Sea, forms a major turning point in the history of the French steel industry, which had so far been mainly located on inland sites in connection with the national resources of iron ore and coking coal. Many actors become involved: steel group leaders first, who, although they operate under private status, rely heavily on government aid; high ranking officials in charge of spatial development and planning; certain politicians on a national and local level; several bankers anxious to strengthen their links with the major industrial conglomerates. The relations that are established between them on this occasion highlight the numerous challenges of a choice that, far from being made by a single group of actors, is the result of a complex balance of power and reflects a process of collective decision-making. Broadly speaking, the case seems indicative of a French economy that is seeking a new balance between the state and the market. Strongly influenced by government intervention, it sets off a process of international opening, by implanting its main steel complex on a coastal site. This process is soon followed by other industrial sectors, and will align the economy with the situation in other developed capitalist countries a few years later.

Veit Damm, *L'évolution et les crises de l'industrie sidérurgique dans la région frontalière du Luxembourg et de la Sarre durant les années 1970*

Cet article porte sur l'évolution et les crises de l'industrie de l'acier dans la région frontalière du Grand-Duché de Luxembourg et de la Sarre durant la décennie des années 1970. La question de la restructuration industrielle est abordée à travers l'étude du passage d'un mode de production de masse vers un mode de production de qualité de l'acier. Cette analyse est illustrée au moyen de l'exemple de la société multinationale *Röchling-Burbach / Arbed Saarstahl* qui souligne deux aspects : Premièrement, les mutations technologiques et le processus de restructuration. Deuxièmement, les effets de la restructuration sur l'emploi. Pour conclure, nous développerons quelques éléments de réflexion ainsi que des perspectives de recherche sur le sujet.

Gian Luca Podestà, *L'autarcie, la guerre et la planification économique. La révolution technologique et organisationnelle de l'industrie sidérurgique italienne pendant la Seconde guerre mondiale*

En 1933, après la grande Dépression, les plus importantes industries sidérurgiques italiennes deviennent partie de l'*Institut de Reconstruction Industrielle* (IRI), l'organisme public qui gère les participations de l'État. En 1934 l'IRI élabore un plan pour la restructuration globale de l'industrie sidérurgique sur le modèle des aciéries étrangères les plus modernes, ouvrant ainsi la voie à la mise en production de l'acier à cycle complet (à partir du minerai jusqu'au produit fini). On crée une société holding spécifique qui gère les industries sidérurgiques publiques. À Gênes, l'on constitue la *Société Altiforni de Cornigliano*, qui va devenir la première usine pilote à cycle complet. On y recourt à la technologie et à des ingénieurs allemands pour la réalisation de l'installation. Pendant la guerre on profite des commandes militaires afin de moderniser le complexe. De la sorte jette les fondements nécessaires à la production de masse de nombreux produits et d'une spécialisation industrielle accrue, cruciale après la guerre pour susciter un véritable boom économique.

Ruggero Ranieri, *La fin de la sidérurgie étatique en Italie : l'IRI et l'aliénation d'ILVA (1992-1993)*

La décision de privatiser *ILVA*, un conglomérat sidérurgique appartenant majoritairement au secteur public, et qui faisait partie de *IRI*, a été prise en été 1933. Au cours des années 1930, l'IRI avait repris une large partie de l'industrie sidérurgique italienne qui autrefois s'était trouvée entre des mains privées pour les placer dorénavant sous l'égide d'une compagnie holding, la *Finsider*. À la suite des maigres performances réalisées pendant les années 1970 et 1980, les pertes considérables ainsi que les directives de restructuration de l'Union Européenne, Finsider a été mise en liquidation en 1988. La plupart de ses participations furent transférées à un nouveau holding – ILVA – tandis que les dettes de Finsider furent absorbées par le gouvernement. Cependant, après un redémarrage prometteur, ILVA écrivait à partir de 1992 des chiffres rouges. Elle avait besoin d'un supplément d'aide étatique. À ce moment, tant les pressions de la Commission européenne que la crise aigue des finances publiques en Italie, provoquèrent une situation d'urgence que la présente contribution cherche à élucider en retraçant les principaux épisodes le la privatisation d'ILVA grâce aux archives de l'IRI récemment ouvertes aux chercheurs. Elles jettent une lumière nouvelle sur les négociations entre l'IRI, ILVA et la Commission de Bruxelles. Jusqu'à la toute fin, l'IRI avait espéré conserver une présence du secteur public dans l'industrie métallurgique ; à la fin du compte, il dut toutefois se résigner à accepter les conditions imposées par la Commission européenne qui insistait sur une privatisation rapide ainsi que sur des réductions de capacités dans plusieurs de ses principales usines.

Gérald Arboit, *A Particular Sales Counter: Columeta*

The particular approach of information by Gaston Barbanson and Émile Mayrisch, the major Luxembourger steel industry managers, during the First World War is based on a true entrepreneurial vision of intelligence, not on political assumptions. It tackles pragmatically the business environment. Similarly, it comes to the two main problems facing the steel industry in the post-war period: supplies and markets. The Luxembourger's approach renewed the practice of private intelligence agencies constituting the first permanent monitoring structure within a company. Another benefit is its insertion as a sales counter, the *Columeta*, and as an outsourced company from Arbed. Reported to sales of the group *Arbed-Terres Rouges'* plants between 1919 and 1939, the importance of this network does not really found. In fact, Columeta was mainly a "central office of information".

Birgit Karlsson, *La libre concurrence et l'utilité sociale. La régulation dans l'industrie sidérurgique des années 1950*

Dans cet article nous comparons les institutions de la CECA avec les institutions suédoises en matière d'ententes entre producteurs de fer et d'acier pendant la période de 1950 à 1960. Dans la CECA, les cartels sont interdits, alors que les prix et les investissements sont influencés par la Haut Autorité. En Suède en revanche, les cartels sont autorisés et ils sont très nombreux dans le secteur de l'acier. Au sein de la CECA les droits de douane intérieurs ont été supprimés et les coûts de transport plafonnés ; pourtant le cartel privé dit « Cartel de Bruxelles » est en mesure de continuer à réglementer les prix à l'exportation. Peu compatible avec le principe de la non-discrimination des différents clients, cette entente est considérée par les producteurs suédois comme étant contraire à leur idéal de libre-échange mondial. En outre, ils redoutent que les usines de la CECA pratiquent du dumping des prix à plus forte raison que la Haute Autorité veut négocier avec le gouvernement de Stockholm un accord par lequel la Suède s'interdirait de drainer ses marchandises vers le marché de la CECA. Les producteurs de fer suédois ont fermement rejeté cette revendication en faisant valoir que les prix sont déterminés par les fabricants.

En poussant l'argument à la pointe, on peut dire que la structure institutionnelle de la CECA vise la libéralisation régionale et la régulation étatique, tandis que le modèle suédois aspire à la libéralisation mondiale et à la régulation privée par des cartels. Il est difficile de déterminer l'efficacité des différentes structures, mais au moins il n'y a aucune indication que la structure suédoise était pire que les autres, en termes d'avantages pour la société suédoise dans son ensemble. La productivité dans la sidérurgie suédoise était plus élevée que celle de la plupart des pays de la CECA. Les études menées prouvent ce que le débat suédois à propos de l'adaptation au système de tarification de la CECA en 1960 a montré : les producteurs suédois avaient la possibilité d'augmenter leurs prix.

Paul Feltes, *The International Provisional Syndicates of 1930: a New Attempt at Private Regulation at the Dawn of the Crisis*

This paper explores the response of the four founding members of the International Steel Cartel (the Entente Internationale de l'Acier founded in 1926) to the slump at the end of 1929 and during the first half of 1930.

The consequences of the stock exchange crash of October 1929 in addition to the saturation of steel markets – due in particular to overproduction in the countries connected by the International Steel Cartel – made the economic situation worse.

By the end of the 1920s, the members of the International Steel Cartel realized that regulating production by allocating quotas to the national groups did not permit to control prices adequately. In fact, prices tended to go down. Therefore, the steel manufacturers of Germany, France, Belgium, Luxembourg and the Saar decided to set up international export syndicates (the Comptoirs internationaux de vente) for single products. Export quotas were allocated to the national groups for every product. Export prices were determined. Moreover, the members decided on the mutual protection of national markets. As a matter of fact, however, the functioning of this system was hindered from the very beginning by never-ending discussions opposing members, especially on issues of export rights.

In the end, these export cartels did not achieve their aim. In this paper I highlight the reasons for this failure. The commercialisation had been put into the hands of the firms and their own sales organizations. There existed no common sales office so that many firms, pushed by the aggravation of the economic situation, sold their products below the official rate. I will also point out that it was not only the Belgians who were involved in practising dumping but firms of other national groups as well, in particular French companies. But even after the failure of the provisional syndicates in the summer of 1930, continental steel makers still considered the formation of private conventions to be the appropriate policy for dealing with competition effectively, by regulating markets and controlling prices.

Tobias Witschke, *Politique et technologie : Le premier train continu pour bandes larges de l'industrie sidérurgique de la RFA (1952-1964)*

L'entreprise sidérurgique *August Thyssen Hütte* (ATH) symbolise la renaissance de la sidérurgie ouest-allemande après la Deuxième Guerre mondiale. Jusqu'en novembre 1949 ses installations figuraient encore sur la liste des démontages alliés ; sa première fonte ne fut coulée qu'en 1951. Pourtant, à la fin des années cinquante, l'entreprise ATH rangeait déjà parmi les plus grands producteurs d'acier du Marché commun du charbon et de l'acier. Cette expansion n'est pas surprenante en soi. En fait, elle est le fruit d'une stratégie qui reflète la nouvelle structure de l'industrie sidérurgique ouest-allemande issue de la politique de déconcentration des alliés et de la décision d'installer le premier train continu à bandes larges à Duisburg sur le site de l'ATH.

Grâce à l'exploitation de cet outil nouveau à partir de 1955, l'ATH devient vite le plus important producteur de la RFA en produits plats dont le marché ne cesse de se développer au cours des années cinquante. ATH réussit à prendre le contrôle d'autres entreprises sidérurgiques, qui, à son instar, sont issues du géant de l'acier des *Vereinigte Stahlwerke* lesquelles avaient été dissoutes dans la foulée de la politique de déconcentration. L'ATH se dote ainsi vite d'une structure très avantageuse : d'une part, elle élargit sa gamme de produits à des tubes, des tôles fines, des fers blancs et du fil machine ; d'autre part le nouveau groupe acquiert des usines qui sont spécialisées dans la production d'un seul desdits produits, ce qui permet de générer ainsi d'importantes économies d'échelle.

Hildete de Moraes Vodopives, *L'émergence d'un Leader. Le cas de la compagnie brésilienne Gerdau (1901-2011)*

En tant que plus grand producteur d'acier long du continent américain, et deuxième producteur mondial, la société brésilienne *Gerdau* est un bon exemple de succès sur les marchés des pays émergents. L'histoire de Gerdau révèle les talents des immigrés allemands, le processus d'industrialisation du Brésil ainsi que les moteurs économiques du XXe siècle. Fondée en 1901 par João Gerdau et son fils Hugo, la société commença à se développer après la guerre, en 1948. Des pratiques de gestion innovatrices jetèrent les bases de la croissance de la société au Brésil et, plus tard, à l'étranger. Gerdau se spécialisa dans les aciers longs en se servant de la technologie des mini mills. Pendant les années 1970, la société décida d'investir dans la logistique, la distribution et l'informatique décisionnelle afin de stimuler la diversification commerciale de la société. Celle-ci commença son expansion internationale en 1980 avec l'acquisition de *Laisa* en Uruguay, puis de *Canadian Courtice Steel* en 1988 et *AmeriSteel* en 1999. Dans les années suivantes, Gerdau acquit beaucoup d'autres établissements aux deux Amériques, ainsi qu'un établissement respectivement en Espagne et en Inde. La croissance de la capacité de production globale d'acier brut baissa les prix et les marges, en créant un nouveau défi pour le groupe Gerdau

Dominique Barjot, Rang-Ri park-barjot, *The Emergence of an Asian Iron and Steel Leader: POSCO (1968–2010)*

The Korean firm *Posco* remained today the fifth world leader of the iron and steel industry, but was the third in 2007. This success symbolizes very well the Korean miracle. Indeed, the iron and steel industry constitutes always a leading sector of the South Korean growth from the 1960s. At the origin of the firm was the willing of President Park Chung-Hee to industrialize South Korean facing the communist menace, according to the project of both John Fitzgerald Kennedy and Walt W. Rostow to develop less developed countries. Thanks to the financial and technical Japanese aid, the *Pohang Iron Steel & Co*, which was state owned, was developing rapidly in response to the demand of the Korean industrialization, notably of the shipbuilding and the automobile industries.

The chance of the firm was the exceptional charisma of its founder and first chairman, Park Tae-Joon (1927-2011). Under his impulse, the firm knew a sustained and rapid growth from 1970 to 1993. Personal friend of Park Chung-Hee, Park Tae-Joon constituted an interesting example of a high civil servant becoming a remarkable manager. In spite of a strong opposition with Kim Young-Sam, the first civilian President of South Korea, Park Tae-Joon was a much respected person, who became Prime Minister in the beginning of Kim Dae-Jung Presidency, in 2000. Posco was successfully privatized in 1997. It was surprising, because in 1997–1998, South Korea knew a deep and severe economic crisis. But Park Tae-Joon had chosen excellent successors. Consequently, the firm attracted many foreign investors (Japanese and American notably, as Warren Buffet in 2007), investing massively in emerging countries (China, India, Vietnam, Mexico) and in order to control iron mines (Australia). Above all, the firm chose to develop high quality products, to innovate massively (thanks to the support of the big laboratories of the Pohang University of Science and Technology, Postech) and to diversify successfully in the engineering activities with *Posco Engineering of Construction* (Posec).

Françoise Bouchet, *Some Portraits of Steel Industry, Landscapes, Engines, Workers of the Creusot. The Paintings of Raymond Rochette and Christian Segaud, Two Local Artists, and the Pupils Way to Comprehend their Works*

This paper presents two local painters from Le Creusot whose works are closely related to heavy industry, namely iron works: Raymond Rochette (1906-1923) and Christian Segaud (born in 1950). Both artists are studied by a group of teachers who seek to arise young pupils' interest as well in the arts as in industrial heritage. The teachers work with Rochette's daughter, Florence Amiel-Rochette, who encourages them to extend the knowledge about her father; they also met Christian Segaud who explained his pictures. The contribution offers a threefold exposé giving a presentation of the two painters before explaining a few aesthetic characteristics of the pictures showing Le Creusot, its factories and its inhabitants. Finally some pedagogical experiments carried out in 2011–2012 are focussed, highlighting thus three different visions of iron and steel industry.

Jean-Louis Delaet, *Rise and Fall of a Company: the Forges de la Providence in Belgium and France from 1838 to 1966*

The adoption of coke as a fuel instead of charcoal, and the use of steam-driven machines replacing hydraulic power prompted the metallurgical centres of Belgium to move from the Entre-Sambre-et-Meuse region to the Charleroi mining area. The Englishman Thomas Bonehill helped the Puissant d'Agimont family to establish the *Forges de la Providence* in Marchienne-au-Pont, symbolising the real beginning of the Charleroi iron and steel industry in 1832.

As France was a lucrative market for Belgian industrialists, La Providence opened factories in Hautmont in Northern France in 1843 and, given the iron mines of Lorraine, in Réhon, in 1862. The company developed an intelligent commercial policy, backed up by a paternalistic approach to its workers, creating wealth for its shareholders who remained family members. In 1893, La Providence was the first company in the Charleroi region to bring into service a Thomas steel plant, marking the start of the great heavy industry of the 20th century. In 1896, it was also one of the first to move into Russia, with the Mariupol works in the Donbass basin.

Destroyed by the German occupier in 1918, when it was rebuilt La Providence became part of the *Société Générale de Belgique* in 1925. The company paid particular attention to the marketing of its products, diversifying its production from 1938, with the *Beautor* steelworks and rolling mills in the French department of Aisne, and the industrial group was restructured, taking stakes in both Belgian and French companies as part of their transformation.

La Providence also contributed towards the creation of the maritime steel industry in Ghent which, when the Société Générale adopted a more consistent policy, resulted in this jewel being taken over by the Liège-based *Cockerill* group in 1966. When *Cockerill-Sambre* was created in 1981, the apprehension felt in Charleroi, faced with the merger of the two Walloon areas, originated in the experience of La Providence which, rather than being a model to follow, became just the opposite.

Jonathan Aylen et Ruggero Ranieri, *Trajectoires technologiques dans la longue durée : les trains continus à bandes en Europe (des années 1920 à aujourd'hui)*

Nous déduisons de notre enquête sur l'histoire des trains continus à bandes en Europe qu'il y eut trois étapes dans la révolution du laminage des larges plats. La première partie de la contribution évoque le transfert de technologies américaines vers l'Europe en analysant les premières tentatives d'introduire des trains continus de type américain en Grande-Bretagne, en Allemagne et en Union soviétique au cours des années 1930. Ce faisant, nous montrons combien les Européens ont initialement été réticents à employer la nouvelle technologies de peur de créer des surcapacités. La seconde partie traite de la large diffusion des trains à bandes de la première génération après la Seconde Guerre mondiale, notamment dans le contexte du Plan Marshall. L'aide financière américaine explique dans une large mesure l'adoption, par les Européens, d'équipements conçus et fabriqués aux USA. La mise au point des installations est cependant adaptée aux besoins spécifiques des entreprises européennes et l'on doit supposer que, tant pour la localisation des usines que pour la détermination de leurs capacités productives, une influence importante a été exercée par leurs clients, en l'occurrence les constructeurs d'automobiles. La troisième partie présente finalement les développements ultérieurs de la technologie de laminage après 1970 en insistant particulièrement sur l'affranchissement accru des Européens de la technologie américaine. Des équipementiers européens se mettent en effet à partir du milieu des années 1980 à développer des trains compacts très efficaces qui par surcroît permettent d'économiser de l'énergie.

Thierry Iung, *Recent Developments and Prospects for Steel in the Car Industry*

The demands from the carmakers (weight reduction, safety improvement, ...) represent a continuous technological challenge for steel industry. To face these challenges, *ArcelorMittal* is studying the next generation of steels. These developments aim at medium to long term industrial application. However, from the very beginning of metallurgical concept definition, final properties are validated to give information on the in-use properties. Process feasibility in the steel plants (from the steelmaking up to the final coating operations) is studied in the same time to ensure the industrial application of such products.

Some examples of research development are:
- new ductile steels with ultra high strength can be obtained by a specific alloy and microstructure design. Ultimate tensile strength is in the range 1,200-1,500MPa. Multiphase microstructures and austenitic microstructures are of specific interest;
- low density very high strength steels are a direct answer to weight reduction, without the necessity of thickness reduction. One proposal is steel alloying with light elements (Al or Si). A wide range of strength is obtained by varying the level of alloying element. The reduction in density is directly connected to the amount of light elements;
- steel based composites are proposed to improve in the same time the young modulus and the density of steel, those properties being very important in structure dimensioning. The adequate choice of reinforcement particles (nature, volume fraction, size) enables to reach sensible improvement in the ratio E/r.

Yann Bencivengo, *The Nickel and Steel Industries. Some Features Regarding the Relationship Between the two Industries Focusing on the Example of the Firm Le Nickel (from the late 19th century to the present)*

The nickel industry, and in particular the firm *Le Nickel*, had been involved with the steel sector ever since the development of nickel steel in the 1890s. Military orders played a decisive role in the development of nickel steel on the eve of the First World War. Subsequently different kinds of civilian use were multiplying. This development was subject to a lot of toing and froing between producers and steelmakers with the purpose of improving manufacturing processes and adapting the product to the needs of the steel mills. The necessity to ensure a steady supply led the company Le Nickel to reorganize its supply channels and the steelmakers to join together in unions up to the Second World War. During the post-war boom, production grew dramatically under the dominance of *Inco*. From the 1970s, the economic crisis and the price war led to a new organisation of the market and to a major restructuring within the nickel industry. The establishment in 1992 of the *ERAMET* group which eventually grew out of the firm Le Nickel after twenty years of reorganising, is a good example hereof.

Jean-Philippe Passaqui, *Economies of Energy and Localization of Steel Factories in Western Europe at the Beginning of the 20th Century*

Since 1905, European steel industry has been well-known for the generalization of giant factories which offer the twofold characteristic of relying upon a very important capacity of output, as well as being able to follow in advance the transformation of the steel products. This action reached its climax on the eve of the First World War. In keeping with the knowledge of American methods, the European ironmasters have started to build giant blast furnaces. Such technical orientations can't be wellunderstood without studying the policies of supply led by great European steel companies. When they have to decide between the settlements near coal deposits or banks of iron ore, they have to determine to what extent the ongoing innovations in the field of the fuel economies determine the future of the industrial installations. Indeed, the high-power gas engines are most likely to become the main system of thermal power stations, which the steel factories acquire in order to produce the electricity they consume themselves. The essential system of the steel site is no longer steelworks as it has been the case for 40 years, but it is again the blast furnace whose cast iron does not constitute the only reason for being. The scattered workshops, the factories which are not integrated on site, cease to be sustainable, for the lack of benefiting from a decrease of the output costs which more recent installations take advantage of because they are based on an ambitious energetic reflection.

Paolo Tedeschi, *Notes on the Economic and Social Role of the Entrepreneurs and Workers of the Italian Steel Industry during the 20th Century*

During the 20th century the Italian steel sector increased its output and improved the quality of its products. Steel industry also increased during the so-called golden age; after this, it reduced its output and suffered a great loss of workers.

People working in the steel industry and their trade unions had represented for a great part of the 20th century the most active and conflicting part of the Italian workers. Their contribution was decisive for the changes of the system of distribution of wealth which the steel sector generated. The claims and strikes of steel workers asking for better real wages and labour conditions allowed the working class to improve its real wages and health conditions in the workplaces. After the oil shock, the steel trade unions represented the strong opposition to the project of restructuration of steel industry. However the reduction of the steel production linked to the Davignon plans and the modernization of plants provoked the fall down of employed and the consequent social problems. The steel trade unions had to contract the procedures to allow workers to be pre-retired or to receive subsides.

These results of the steel industry also depended on the skills of entrepreneurs and their business associations. Even if there existed divisions between the owners of great enterprises and the owners of small ones, these associations were always united in their action to obtain less taxes and tax burdens, more tariffs on foreign products and the reduction of the contractual power of trade unions. Some entrepreneurs created villages for their workers who could live with their families in small houses having kitchen garden and all necessary local services: there were also factory shops where workers could purchase food or clothes at a low price.

The best enterprises introduced new technologies and improved the quality of Italian products, but many others had to save and control by the State. This allowed the new public steel industry to receive a lot of financings: private enterprises protested against the faithless competition provoked by the great aid given by the State. The public steel industry did not overlook the effects of the oil shock: only some private entrepreneurs remained competitive thanks to their high quality products and their flexible structures. The social and economic role of entrepreneurs and workers of Italian steel industry was strongly reduced.

Hervé Joly, *A Comparison of the Recruitment of Business Leaders in the French and German Iron Industries (From the After War Until Today)*

In both countries, France and Germany, the iron industry was characterized since WW2 by a process of economic concentration which strongly limited the number of actors, as well for firms as for managers. In France, the concentration lasted until the 1986 final stage, with the merger of the last two firms, meanwhile under state control. This unique firm, later privatized, integrated a multinational company, which is today under the control of a family group of Indian origin. There is no independent French iron industry anymore. In Germany, where the concentration was at the beginning more advanced since the 1920s, six major national firms were surviving 1989 in the old FGR with diversified activities in the transformation, and even two up today.

Paradoxically the concentration in the only iron branch was conducted without diversification in France by managers with a generalist profile, almost all former alumni of the École polytechnique, often belonging to the corps of state mines engineers ("X Mines"): if they strongly contributed to the modernization and rationalisation of the branch, they put the restructuration process so far until the branch disappears. By the way the X Mines lost an important opening for their career in the industry. In Germany, the managers, who were rather branch specialists, often qualified as metallurgist engineers, succeeded in the integration of new activities in the mechanical or electrical engineering by using the resources of the industrial *Mittelstand* to build diversified groups which better resisted the global competition.

Pascal Raggi, *Entrepreneurial Restructuring and Labour Evolution in the Lorraine Steel Industry (1966-2006)*

From the mid-1960s to the dawn of the 21st century, the successive restructurings of the Lorraine steel industry led to unprecedented economic and social changes. Massive layoffs, site closures and factory destructions – socially very difficult to accept, especially because of the high level of modernization of some production facilities – are even emblematic of the deindustrialization process at the end of the 20th century. The negative consequences of these evolutions on jobs have deeply marked Lorraine's industrial areas. Labour evolution in the new industrial sites resulting from consecutive – and sometimes contradictory – processes of entrepreneurial, financial and technological reorganization has been associated with the steel sector's difficulties. However, mechanization, automation and robotization implemented in preserved and modernized plants show that the regional steel industry was able to adapt to the new economic conditions of the global steel market. The steelworkers who were not laid off experienced a deep transformation of their work in its individual and collective aspects. Their oral accounts complete past studies on the evolution of the steel industry which already had pointed out these changes. These two groups of sources contribute to shedding light on the links between innovation and labour organization in an industrial sector deeply affected by economic difficulties and at the same time particularly innovative.

Index

A

Adenauer Konrad 145
Adler Jules 326
Agache Christine 486
Albert Ier de Belgique 354
Alphonse III d'Espagne 354
Altschevsky Alexis 353
Amato Giuliano 191
Amiel-Rochette Florence 324, 330, 335, 339, 341, 343
Antonini Carlo 113, 114
Arend Jean-Pierre 218
Aron Alexis 252, 374, 479
Aubrun Jules 479
Aussure Paul 473
Avelange Pierre 478

B

Balthasar Fernand 472
Barbanson Gaston 199, 217
Baseilhac Paul 479
Baudant Alain 26, 36
Baudouin de Belgique 60
Baumgartner Wilfried 156
Bech Joseph 221
Beitz Bertold 102
Bemelmans Arthur 216
Beneduce Alberto 180
Bertrand Alfred 63
Bertreux André 478
Bertreux Camille 478

Biau Gilles 475
Bierich Marcus 97
Biourge Charles 349, 350
Biourge, famille 349
Biourge Louis 349, 350
Blanpain Raymond 219
Blum Léon 180
Bobin Christian 324
Bocciardo Arturo 173, 181, 183
Bondi Max 175, 177
Bonehill Thomas 345, 346
Bonhommé François 323
Borgeaud Maurice 144, 152, 158, 479
Bourguignon Pierre 66
Bourrier Hervé 464
Bouvet Jacques 473, 474
Bouvier Léopold 218
Brofoss Erik 237
Broms Emil 85
Broqueville Charles de 202
Bruhn Bruno 216
Brumori, famille 114
Budd Edward Gowan 364
Bureau Léon 476
Burgers Franz 82, 83
Burileanu Stefan 40

C

Cadoret Christian 495
Calame Pierre 474

Calmes Albert 221
Capron Michel 64
Cardoso Fernando Henrique 293
Carp Werner 134
Cartwright Fred 374
Casel E. 81
Célier Pierre 273
Chaban-Delmas Jacques 155
Chabanier Jacques 475
Chandler Alfred 13
Chardonnet Jean 143, 154
Charlot Louis 326
Cholat, famille 468
Choppin de Janvry Philippe 474
Chung-Hee Park 301, 302, 304, 305, 518
Ciampi Carlo Azeglio 191
Claes Willy 65, 67
Clasen Bernard 210
Clebsattel Étienne de 154, 155, 157
Clerdent Pierre 64, 65
Coppée Evence 58
Coquet André 478
Coqueugnot Claude-Henri 217
Cordier Pierre 474
Cornier Christophe 475, 481
Coudel Jean 358, 359
Crancée Georges 478
Cromme Gerhard 100
Curicque, famille 468

D

Dae-Jung Kim 304, 305, 306
Damien René 143, 144, 148, 149, 150, 151, 161, 374, 376, 475

Danieli Luigi 115
Darcy, famille 467, 468
Darmayan Philippe 464
Darou Marcel 156
Daum Léon 479
Davignon Étienne 67
Debeyre Guy 157
Debré Michel 160
Decoux Arthur 357
De Crawhez, famille 349
De Haussy, famille 349
De Koppers Poy 301
De Nervo, famille 467, 468
De Prelle, famille 349
De Villers, famille 349
De Wendel, famille 355, 467, 468, 469, 493
De Wendel François 250
De Wendel Henri 415
Delpech Jean-Laurent 469
Demeure, famille 349
Denis Albert 145, 160
Denvers Albert 156
Dewandre Barthel 350
Dewandre, famille 349
Dewandre Franz 354
Dherse Louis 472, 479
D'Huart, famille 468
Dieudonné Hector 242, 245
Dismer Henri 220
Divary Ernest 418
Dollé Claude 469, 473, 474
D'Ornano Michel 483
Draghi Mario 193
Dreux Alexandre 472

Dulait, famille 349
Dulait Gustave 349, 350, 354
Dulait Jules 350
Dulait Julien 350
Dumay Jean-Baptiste 338
Dumont de Chassart, famille 349
Dumont de Chassart Guillaume 215
Dupuis Jean 476
Durand-Rival Pierre 473
Dutreux Auguste 430

E
Epron Pierre 472
Etchegaray Claude 152, 473

F
Faber Mathias 211
Falck Bruno 110
Falck Enrico 110, 451
Falck, famille 105, 449
Falck Giorgio Enrico 105, 108, 176, 180
Falck Giovanni 110, 450
Fayol Henri 199
Ferry, famille 468
Ferry Jacques 144, 146, 160
Firth William 374
Flick Friedrich 121, 138
Forgeot Jean 469
Fould, famille 468
Français Jacques 474
François-Marsal Frédéric 203
François-Poncet André 213
Franke Ernst 137

Frère Albert 360
Freyssenet Michel 486, 489

G
Gaillard Félix 156
Galopin Alexandre 243, 355
Gambardella Giovanni 190, 192
Gandois Jean 360, 479
Garnier Jules 397, 404
Geib Maurice 478
Georges-François Jean-Claude 475
Georges-Picot Denis 474
Gerdau Alvine 279
Gerdau, famille 277, 283, 504, 506
Gerdau Hugo 280, 292
Gerdau João 279, 280, 292
Gerdau Johannes Heinrich Kaspar 279
Gerdau Walter 280, 292
Germeau Nestor 352, 354
Gilet Jean-Yves 475, 481
Gilles Bertrand 13
Giscard d'Estaing Valéry 160
Glisenti Francesco 104
Godelier Éric 144, 497
Goedert Marc 211
Goedert Michel 211
Göring Hermann 465
Gouvy Alexandre 430, 431
Grandpierre André 34
Gregorini Giovanni Andrea 104, 105, 113
Greiner Léon 415
Griffin Franchi 106
Griolet Gaston 152

Gros Philippe 405, 406
Großmann Jürgen 93
Guarnieri Felice 181

H

Halbou Alphonse 352
Haniel August 133
Haniel, famille 131, 132, 133, 134, 136, 137, 138, 139, 468, 469
Haniel Franz 133
Haniel Karl 134, 136
Harmel Pierre 56
Haussmann Georges-Eugène 347
Heimann-Kreuser Karl 207
Herrhausen Alfred 97
Hexner Ervin 246, 248
Higginson John 397
Hitler Adolf 137
Hoffmann-Bettendorf Nicolas 210
Hogan William T. 13
Holtzer, famille 468
Horejda Jean-Marie 494
Horten Alphons 81
Hovine Donat 352
Hubert Henri 474
Hubert Hermann 417
Hudry Robert 475
Hüe de la Colombe Jean 473, 479
Hugon Jean-Pierre 474
Hugrel Honoré 326
Huriaux Charles 60, 61
Hymans Paul 221

I

Ingen Housz Arnold 374
Ink Claude 473
Installé Marc 66

J

Jackson Michael 342
Jacquet Jean 474
Jaillard Robert 478
Javaux René 63
Jeanneney Jean-Marcel 160
Jiman Park 305
Johannpeter André 281, 292
Johannpeter Curt 280, 283, 285, 286, 292
Johannpeter, famille 277, 283
Johannpeter Frederico 280
Johannpeter Germano 280
Johannpeter Helga 285
Johannpeter Jorge 280, 281, 290
Johannpeter Klaus 280
Jong-Pil Kim 305
Josz Claude 58
Jullien Pierre 474

K

Kellermann Hermann 128
Kern Wilhelm 89
Kiersch Günther 246, 248
Kipgen Arthur 218
Kirdorf Emil 216
Klemme Heinrich 243
Klöckner, famille 468, 469
Krupp, famille 273, 468, 469
Krupp Gustav 138

Kubitschek de Oliveira Juscelino 504
Kuborn Paul 204
Kubsheck Juscelino 292
Ku-Taek Lee 304, 316

L
Labbé, famille 467, 468
Lacanne Félix 352, 353
Lafaucheux Pierre 374
Lambert Max 210
Laurent Théodore 209, 242, 479
Laval Léon 204, 205
Laveissière, famille 468
Le Chatelier, famille 80
Le Chatelier Henry 80
Le Chatelier Louis 79, 80, 250
Le Chatelier Louis Jr. 79, 80
Le Chesne 398
Ledwinka Joe 364
Lefort Antoine 202
Le Gallais Hugues 211
Le Gallais Norbert 206
Legendre André 479
Lemaire Maurice 145
Le Nain 331
Lerebours-Pigeonnière Jean 473
Lescure Jean 419
Lestras Charles 215
LeTellier Pol 216
Lévy Léon 26, 479
Lévy Raymond 473
Licot, famille 349
Londres Albert 218
Lorrain Claude 331
Loubert René 473, 474

Loucheur Louis 25, 35, 219
Louvel Jean-Marie 152
Lucchini Luigi 116, 117, 192, 458
Lula Luiz Inacio 293
Lürmann Joachim 418
Luzzatto Arturo 175

M
Macaux Marcel 149, 150, 161
Malaxa Nicolae 42
Malcor Henri 479
Mallevialle Marcel 478
Mao Tsé-Toung 503
Marbeau Henry 397, 398, 400, 404
Marcegaglia Emma 461
Marchandon Jean 474
Martin Claude 494
Martin Oger 113, 114
Martin Ori 113
Martin Roger 506
Massart Henri 355
Maugas Gabriel 242
Maupassant Guy de 324, 329
Mayoux Jacques 469, 473
Mayrisch Aline 216
Mayrisch Émile 200, 201, 202, 204, 206, 216, 221, 241, 242, 421
Mendès France Pierre 145, 155
Mer Françis 473, 475
Merlot Jean Joseph 61
Meyer Aloyse 241, 248
Meyers Pierre 475
Micheli Enrico 193
Michel Jacques 473
Mioche Philippe 144, 496

Mittal, famille 464, 481
Mitterrand François 146
Mollet Guy 145, 155, 156
Moulin Charles 474
Mönick Emmanuel 152
Monnet Jean 260
Monnot Robert 474
Morice André 145
Motte Bertrand 157
Moulin Charles 474
Muller-Laval René 215
Muller-Tesch Edmond 205
Murard Robert 472
Mussolini Benito 173, 179, 180, 181, 183, 440, 445

N

Nakamura Hayao 192
Nanteuil de la Norville Henry 475
Nathan-Hudson Jean-Marie 473
Naugle Harry M. 365
Nervo, famille 467
Nickhorn Roberto 280, 285
Nixon Richard 302
Nokin Max 58, 60, 359

O

Ochel Willy 272
Odde Jean-François 330
Odero Attilio 175
Oleffe André 55, 58, 59, 60, 61, 63, 64, 65, 66
Orlando Giuseppe 175

P

Pachura Edmond 474, 475
Palgen Paul 210
Parravano Nicola 179
Pasini Carlo 116
Pasini, famille 113
Paulus Adolphe 60
Pelzer Hedwig 72
Pérouse Maurice 158
Perrin René 401
Perrone Mario 177
Perrone Pio 177
Petiet, famille 468
Petrovski Gregori 354
Pflimlin Pierre 156, 160
Picot Denis Georges 474
Pietra Oddino 116, 117
Pinay Antoine 156, 159, 160
Pinot Robert 35
Pinton Auguste 155
Piret, famille 349
Piron Robert 473
Poensgen Ernst 246
Pralon Léopold 475
Presles Pierre 478
Preston Richard 379
Prodi Romano 193
Prudhomme Sully 323
Puissant d'Agimont Delphine 350
Puissant d'Agimont Edmond 346, 350
Puissant d'Agimont, famille 349
Puissant d'Agimont Ferdinand 345, 346
Puissant d'Agimont Jules 346
Puissant d'Agimont Louise 350
Puissant d'Agimont Marie 350

R

Rabes Carl 83
Raggio Edilio 175
Rakowsky Khristian 217
Rambaud Gustave 152
Ranieri Ruggero 366
Raty, famille 467
Renders Paul 60
Reusch famille 128, 129
Reusch Hermann 139
Reusch Paul 121, 131, 132, 133, 134, 135, 136, 137, 138, 139
Reynaud Paul 154, 155, 156, 160, 161
Reyre Jean 152
Ricard Pierre 155
Rieppel Anton von 125
Ripert Jean 160
Riranèse 331
Riva Emilio 115, 116
Rivaud Émile 213
Rocca Agostino 173, 174, 179, 180, 181, 182, 183, 185
Rochette Raymond 324, 325, 326, 327, 328, 329, 330, 331, 332, 334, 335, 337, 339, 340, 341, 342, 343, 508
Rogy Bernard 474, 475
Rohwedder Carsten D. 101
Roller Michel 211
Roy Eugène 472
Rueff Jacques 159

S

Saint-Geours Jean 158, 160
Santoni Jean-Baptiste 474
Sardinha Afonso 277
Sato Eisaku 302
Scalfaro Oscar Luigi 191
Schlitter Oscar 131
Schmit Nicolas 211
Schneider Carl Ludwig 207
Schneider Charles 326
Schneider, famille 323, 468
Schweitzer Pierre-Paul 144, 158
Segaud Christian 324, 327, 328, 333, 334, 335, 337, 338, 339, 343, 508
Serin Bernard 475
Serruys Daniel 219
Seydoux Jacques 219
Sinigaglia Oscar 110, 173, 174, 179, 180, 185, 374, 450
Sohl Hans-Günther 262, 263, 264, 265, 266
Solacroup Charles-Émile 81
Soutou Georges-Henri 36
Stassano Ernesto 106
Stauß Georg Emil von 131
Stefana Fratelli 113
Steichen Joseph 202
Stinnes Hugo 90, 138, 216
Sueur Michel 486
Sültemeyer Fritz 73
Sung-Boo Kim 304
Sung-Duk Ko 306

T

Tae-Joon Park 304, 305, 504, 506, 518
Taffanel Jacques 476, 479
Talabot, famille 467
Tannery Jean-Paul 472

Tătărescu Gheorghe 48
Tedeschi Michele 193
Tesch Victor 350
Thaon di Revel Paolo 181
Thomas Sidney 414
Thurneyssen Christian 402
Thyssen Amélie 265, 266
Thyssen August 71, 72, 73, 74, 75, 76, 77, 78, 79, 80, 81, 82, 83, 84, 85, 86, 87, 89, 90, 91, 92, 138, 250, 427
Thyssen August Jr. 80
Thyssen, famille 273, 466, 468, 469
Thyssen Fritz 80, 83, 84, 138, 265
Thyssen Joseph 72
Todorov Tzvetan 338
Tonneau Émile 247
Townsend Arthur J. 365
Tracy Benjamin 399
Trémouroux, famille 349
Turk Fernand 220
Tüssing Werner 246, 248

U
Urbig Franz 131

V
Valetta Vittorio 374
Vandeperre Roger 63
Van der Rest Pierre 58, 63, 66
Van Gogh Vincent 329

Van Hoegaerden Jacques 243
Vargas Getulio 277, 285, 292, 504
Vehling Heinrich 218
Vicaire André 219, 479
Villain François 479
Vlérick André 63
Vogelsang Günter 97, 102
Vögler Albert 138, 216

W
Wagner Richard 333
Warburg Max 132
Weirich Albert 211
Werth Jean 398
Widung André 211
Wilson Woodrow 354
Winterhoff Fritz 374
Witz Aimé 427
Wolff Otto 138, 270
Wurth Paul 204

Y
Young-Sam Kim 304, 305, 306, 504
Yua Park 306

Z
Zanen Jean-Pierre 210
Ziane Théophile 352
Ziegler André 154

L'Europe et les Europes
(19ᵉ et 20ᵉ siècles)

Titres parus / Series Titles

N° 10   A. FLEURY, F. KNIPPING, D. KOVAC, T. SCHRAMM (éds.), *Formation et décomposition des États en Europe au XXᵉ siècle / The Formation and Disintegration of European States in the 20th century*, 2012, ISBN 978-90-5201-860-7

N° 9   A. FLEURY, L. JILEK (éds.), *Une Europe malgré tout, 1945-1990. Contacts et réseaux culturels, intellectuels et scientifiques entre Européens dans la guerre froide / Cultural, Intellectual and Scientific Contacts and Networks among Europeans during the Cold War / Kulturelle, intellektuelle und wissenschaftliche Kontakte und Netze unter Europäern im Kalten Krieg*, 2009, ISBN 978-90-5201-097-7

N° 8   M. PETRICIOLI (éd.), *L'Europe méditerranéenne/Mediterranean Europe*, 2008, ISBN 978-90-5201-354-1

N° 7   M. PETRICIOLI, D. CHERUBINI (éds.), *Pour la paix en Europe. Institutions et société civile dans l'entre-deux-guerres / For Peace in Europe. Institutions and Civil Society between the World Wars*, 2007, ISBN 978-90-5201-364-0

N° 6   M. PETRICIOLI, D. CHERUBINI, A. ANTEGHINI (éds.), *Les États-Unis d'Europe. Un projet pacifiste / The United State of Europe. A Pacifist Project*, 2003, ISBN 978-3-906770-84-0

N° 5   C. MANIGAND, *Les Français au service de la Société des Nations*, 2003, ISBN 978-3-9606770-90-1

N° 4   J.-F. FAYET, *Karl Radek (1885-1939), Biographie politique*, 2004, ISBN 978-3-906770-31-4

N° 3   A. FLEURY, C. FINK, L. JILEK (éd.), *Les droits de l'homme en Europe depuis 1945 / Human Rights in Europe since 1945*, 2003, ISBN 978-3-606770-51-2

N° 2   J. BAUVOIS-CAUCHEPIN, *Enseignement de l'histoire et mythologie nationale*, Allemagne-France du début du XXᵉ siècle aux années 1950, 2002, ISBN 978-3-906767-06-2.

N° 1   C. BAECHLER, *L'Aigle et l'Ours, La politique russe de l'Allemagne de Bismarck à Hitler 1871-1945*, 2001, ISBN 978-3-606767-07-9.

Visitez le groupe éditorial Peter Lang
sur son site Internet commun
www.peterlang.com

Peter Lang – The website
Discover the general website of the Peter Lang publishing group:
www.peterlang.com